T0222299

Grundkurs Analysis 1

Klaus Fritzsche

Grundkurs Analysis 1

Differentiation und Integration in einer
Veränderlichen

3. Auflage

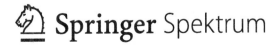 Springer Spektrum

Klaus Fritzsche
Bergische Universität Wuppertal
Wuppertal, Deutschland

ISBN 978-3-662-60812-8   ISBN 978-3-662-60813-5   (eBook)
https://doi.org/10.1007/978-3-662-60813-5

Die Deutsche Nationalbibliothek verzeichnet diese Publikation in der Deutschen Nationalbibliografie; detail-lierte bibliografische Daten sind im Internet über http://dnb.d-nb.de abrufbar.

Planung/Lektorat: Andreas Rüdinger
Springer Spektrum ist ein Imprint der eingetragenen Gesellschaft Springer-Verlag GmbH, DE und ist ein Teil von Springer Nature.
Die Anschrift der Gesellschaft ist: Heidelberger Platz 3, 14197 Berlin, Germany

Aus dem Vorwort zur 1. Auflage

Das vorliegende Buch ist der erste Teil einer zweibändigen Einführung in die Analysis und wendet sich an Studierende in Mathematik, Physik, Informatik und den Ingenieurwissenschaften. Es eignet sich zum Selbststudium, als Begleitlektüre und ganz besonders auch zur Prüfungsvorbereitung. Schwerpunkte des ersten Bandes bilden der Grenzwertbegriff und die Differential- und Integralrechnung in einer Veränderlichen. Im zweiten Band folgen die Differentialrechnung in mehreren Veränderlichen und eine Einführung in das Lebesgue-Integral.

Der Grundkurs schafft eine solide Ausgangsbasis für weiterführende Vorlesungen, vermeidet aber bewusst ein paar gefürchtete Hürden, die nur in den Ergänzungsteilen oder sehr spät behandelt werden. Durch den modularen Aufbau passt sich der Stoff auch einem sehr heterogen zusammengesetzen Kurs gut an.

Entscheidender Bestandteil des didaktischen Konzepts ist die zweifarbige Strukturierung[1] des Stoffes, begleitet von zahlreichen Illustrationen, Ablaufdiagrammen, Tabellen, Beispielen und Aufgaben.

Die einzelnen Abschnitte sind folgendermaßen strukturiert: Mit einer in der Regel kurzen **Einführung** startet der „**Grundkurs**", der fast ausnahmslos für sich alleine steht, also nicht Bezug auf Themen aus den Ergänzungsteilen nimmt. Ans Ende des Grundkurses stelle ich eine **Zusammenfassung**, um den Studierenden noch einmal in kompakter Form einen Überblick zu geben. Erst dann folgt der optionale **Ergänzungsteil**, der ebenso wichtige Themen wie der Grundkurs enthält, sich aber oft als anspruchsvoller erweist. Ganz am Schluss des Abschnittes stehen jeweils die **Übungsaufgaben**.

Ein paar Worte zum Inhalt: Ausgangspunkt ist das hoffentlich noch vorhandene Schulwissen, das bewusst aufgegriffen und mitverarbeitet wird. Auf dieser Grundlage geht es an das Erlernen präziser Mathematik und eine Einführung in die Kunst des Problemlösens. Rechentechniken werden dabei in gleicher Weise vermittelt.

Kapitel 1 widmet sich in Ruhe und Ausführlichkeit all den vorbereitenden Themen, die üblicherweise als bekannt vorausgesetzt, aus der linearen Algebra übernommen oder zu Anfang des ersten Semesters in aller Eile abgehandelt werden. Dazu gehören etwas naive Mengenlehre, die wichtigsten Sprachregelungen aus der formalen Logik und eine Erklärung der Zahlenbereiche. Weil zunächst mit Vorkenntnissen aus der Schule gearbeitet wird, findet sich eine axiomatische Einführung von $\mathbb{R}$ erst im Ergänzungsteil. Diese Stelle wird allerdings ausnahmsweise später auch im Grundkurs zitiert, um nach und nach zur axiomatischen Arbeitsweise überzugehen. Weitere Themen des ersten Kapitels sind Induktion, das Vollständigkeitsaxiom mit ersten Anwendungen, der allgemeine Funktionsbegriff, Vektoren, komplexe Zahlen, Polynome und rationale Funktionen.

---

[1]Das bezieht sich auf die erste und zweite Auflage.

In Kapitel 2 wird der Grenzwertbegriff eingeführt und mit all seinen Facetten beleuchtet, bis hin zur Flächenberechnung durch Integration. Besonders hervorzuheben ist ein Ausflug ins Mehrdimensionale (offene Mengen, stetige Funktionen und Kompaktheit), sowie der Abschnitt über Potenzreihen, in dem endlich die logisch saubere Definition der elementaren Funktionen erfolgt.

Kapitel 3 liefert das, was im Angelsächsischen Calculus und bei uns Differential- und Integralrechnung heißt. Die Überschrift „Der Calculus" ist lateinisch und als Hommage an Gottfried Wilhelm Leibniz zu verstehen. Hier lernt der Studierende vor allem den Kalkül des Differenzierens und Integrierens.

Bis zu diesem Punkt versuche ich, dem Leser einige Klippen zu ersparen. Das Cauchy'sche Konvergenzkriterium für Folgen steht im Ergänzungsbereich von 2.1, nur für Reihen wird es im Grundkurs benutzt. An Stelle der gleichmäßiger Konvergenz von Funktionenfolgen führe ich bis dahin nur die normale Konvergenz von Reihen ein und selbst die Taylorentwicklung habe ich noch nicht angesprochen. Bei zurückhaltendem Einsatz von Beweisen und besonderer Betonung der Rechentechniken kann das Buch deshalb durchaus auch im Bereich der Natur- und Ingenieurwissenschaften eingesetzt werden.

Das letzte Kapitel ist ganz der Vertauschbarkeit von Grenzprozessen gewidmet, Limes und Integral, Limes und Ableitung usw. Hier erscheinen endlich auch die gleichmäßige Konvergenz, die Taylorentwicklung, uneigentliche Integrale und – als Höhepunkt – die Behandlung von Parameterintegralen aller Art.

Einige Abschnitte können beim ersten Durcharbeiten übersprungen werden, weil auf sie später nicht Bezug genommen wird, darunter 3.5, 3.6, und 4.3.

Zum Schluss möchte ich mich bei Barbara Lühker und Andreas Rüdinger vom Spektrum-Verlag bedanken, die mich mit viel Geduld und Sachkenntnis unterstützt haben, sowie bei den Mitgliedern meiner Familie, die mich in der heißen Phase der Manuskripterstellung kaum noch zu Gesicht bekommen und mit Verständnis und Geduld reagiert haben.

Wuppertal, im Juli 2005   Klaus Fritzsche

Vorwort zur 2. Auflage

Der Grundkurs Analysis wurde ausdrücklich für Studenten geschrieben. Er behandelt deshalb die grundlegenden Themen ausführlicher als allgemein üblich, umgeht zunächst einige besonders schwierige Passagen (die aber später aufgegriffen oder zumindest im optionalen Ergänzungsteil behandelt werden), verzichtet auf allzu fernliegende Fragestellungen und bietet zur Prüfungsvorbereitung einen reichen Vorrat an Übungsaufgaben und kleine Repetitorien.

Die Reaktionen auf das Buch bestätigen, dass dieses Konzept angenommen wird. Die Nachfrage erzwingt nun eine 2. Auflage, die ich für einige Berichtigungen nutzen konnte. Dabei danke ich allen aufmerksamen Lesern, die mich auf Fehler aufmerksam gemacht haben. Ergänzend habe ich einige Beweise vereinfacht, eine Skizze zum Zwischenwertsatz hinzugefügt und ein Symbolverzeichnis erstellt. Der Textumfang ist aus guten Gründen gleich geblieben.

Wuppertal, im Oktober 2008   Klaus Fritzsche

Vorwort zur 3. Auflage

Der Verlag hat beschlossen, das Werk ab der dritten Auflage einfarbig zu drucken. Deshalb wurden alle Illustrationen sorgfältig überarbeitet und mit Graustufen neu gestaltet. Beim Layout werden jetzt folgende Gestaltungsmittel benutzt:

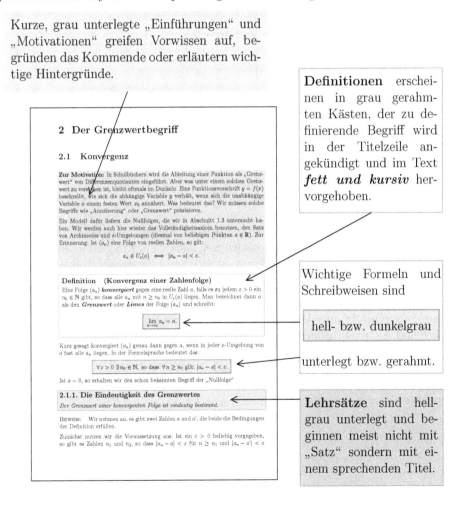

Kurze, grau unterlegte „Einführungen" und „Motivationen" greifen Vorwissen auf, begründen das Kommende oder erläutern wichtige Hintergründe.

Definitionen erscheinen in grau gerahmten Kästen, der zu definierende Begriff wird in der Titelzeile angekündigt und im Text *fett und kursiv* hervorgehoben.

Wichtige Formeln und Schreibweisen sind

hell- bzw. dunkelgrau

unterlegt bzw. gerahmt.

Lehrsätze sind hellgrau unterlegt und beginnen meist nicht mit „Satz" sondern mit einem sprechenden Titel.

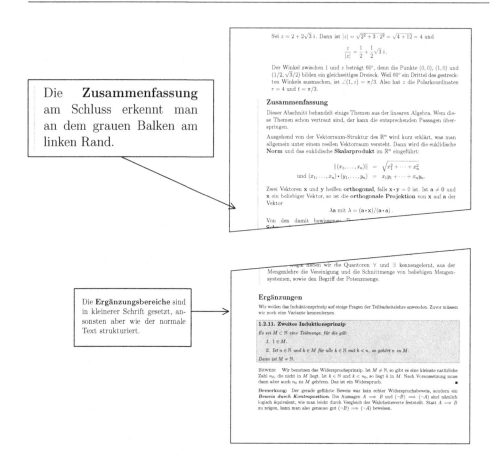

Die **Zusammenfassung** am Schluss erkennt man an dem grauen Balken am linken Rand.

Die **Ergänzungsbereiche** sind in kleinerer Schrift gesetzt, ansonsten aber wie der normale Text strukturiert.

Vorrangigstes Ziel bei der Erstellung der dritten Auflage war die Aufnahme von Lösungen oder Lösungshinweisen zu sämtlichen Aufgaben. Ein paar kleinere Druckfehler konnten dabei ebenfalls korrigiert werden, und ein großer Teil der Illustrationen wurde mit einem zusätzlichen, erklärenden Text versehen.

Noch einmal möchte ich mich bei allen Lesern bedanken, die mich auf Druckfehler aufmerksam gemacht oder Verbesserungen vorgeschlagen haben, sowie bei Barbara Lühker und Andreas Rüdinger vom Springer-Verlag, die mich wie immer prächtig unterstützt haben.

Wuppertal, im Oktober 2019

Klaus Fritzsche

Inhaltsverzeichnis

1 Die Sprache der Analysis

Im Laufe der letzten 200 Jahre hat die Analysis ihr heutiges Aussehen erlangt. Eine immer strenger werdende Auffassung von Axiomatik und Beweisführung hat genauso dazu beigetragen wie Cantors Mengenlehre. Inhaltlich hat der deutsche Mathematiker Richard Courant, der 1934 in die USA emigrierte, mit seinen Vorlesungen über Differential- und Integralrechnung Maßstäbe gesetzt, sein Einfluss ist noch immer in modernen amerikanischen Calculus-Büchern zu spüren. Im deutsch-französischen Umfeld hat die Bourbaki-Gruppe viel verändert, eine Vereinigung von Mathematikern, die sich nichts Geringeres als eine völlige Erneuerung der Mathematik auf die Fahnen geschrieben hatte. Der Versuch allerdings, diese Mathematik Studienanfängern zu vermitteln (nachzulesen z.B. in Dieudonnés „Grundzügen der modernen Analysis"), scheiterte dann doch an zu großer Abstraktheit.

Genauso scheiterte in den Siebzigern erwartungsgemäß der Versuch, die Anfänge der Mengenlehre schon in der Grundschule zu behandeln. Als Folge dieses Missgeschicks wurden Logik und Mengenlehre nahezu vollständig aus der Schule verbannt. Wenn Sie erst vor kurzem die Schule verlassen haben, dann haben Sie wahrscheinlich kaum Vorkenntnisse über Mengen mitgebracht. Sie haben normalerweise nicht erfahren, was ein Grenzwert ist, Beweise haben Sie kaum gesehen und an Stelle von analytischer Geometrie oder Vektorrechnung haben Sie wahrscheinlich nur etwas elementare Stochastik gelernt (Ausnahmen bestätigen die Regel und der Wohnort mag auch eine Rolle spielen).

Deshalb werden in diesem Kapitel die Instrumente, Hilfsmittel, Methoden und Sprechweisen bereitgestellt, die man für die Analysis braucht, manchmal vielleicht etwas ausführlicher, als Sie es für nötig halten. Außerdem nehme ich an, dass Sie zugleich eine Vorlesung über lineare Algebra besuchen oder schon besucht haben.

1.1 Mengen von Zahlen

Zur Einführung: Wir werden hier die Grundlagen der Mengenlehre und parallel dazu etwas Logik kennenlernen. Die ersten Beispiele bewegen sich im Bereich der natürlichen Zahlen, später gehen wir zu umfassenderen Zahlenbereichen über, den ganzen, rationalen und reellen Zahlen. Die in der Mathematik übliche (und wichtige) axiomatische Einführung der reellen Zahlen spielt für Naturwissenschaftler, Ingenieure oder Wirtschaftsmathematiker keine so große Rolle. Sie finden sie daher erst im Ergänzungsbereich. Gelegentlich wird später daraus zitiert werden.

Von Kindheit an kennt jeder die ***natürlichen Zahlen*** 1, 2, 3, ..., 9. Für die Darstellung größerer Zahlen brauchen wir das dezimale Stellenwertsystem, aber auch das zeigt bei wirklich großen Zahlen irgendwann seine Grenzen. Wollen wir

© Springer-Verlag GmbH Deutschland, ein Teil von Springer Nature 2020
K. Fritzsche, *Grundkurs Analysis 1*,
https://doi.org/10.1007/978-3-662-60813-5_1

gar Aussagen über die Gesamtheit aller natürlichen Zahlen treffen, so müssen wir diese gedanklich zu einer **Menge** $\mathbb{N}$ zusammenfassen. Obwohl aus den einfachsten mathematischen Objekten gebildet, entzieht sich das neue Objekt $\mathbb{N}$ eigentlich jeder anschaulichen Vorstellung. Die Mathematiker haben einen Weg gefunden, mit dieser Situation fertig zu werden. Sie beschreiben – unter Verwendung von Variablen statt konkreter Beispiele – die Zahlen durch ihre abstrakten Eigenschaften. Dann arbeiten sie nur noch mit diesen Eigenschaften und damit mit einem kleinen repräsentativen Ausschnitt der Wirklichkeit.

Erweitert man die Menge der natürlichen Zahlen um die **Null** (die nach DIN-Norm eigentlich schon zu $\mathbb{N}$ gehören sollte), so erhält man die Menge $\mathbb{N}_0$. Nimmt man zu jeder natürlichen Zahl n noch die **negative Zahl** $-n$ hinzu, so erhält man insgesamt die Menge $\mathbb{Z}$ der **ganzen Zahlen**.

Ganz allgemein versteht man unter einer **Menge** M die Zusammenfassung von (mathematischen) Objekten zu einem Ganzen. Die dabei zusammengefassten Objekte nennt man die **Elemente** von M. Die Aussage „x ist ein Element der Menge M" kürzt man mit „$x \in M$" ab.

Mengen mit nur wenigen Elementen kann man beschreiben, indem man alle ihre Elemente angibt, etwa in der Form

$$M = \{2, 3, 5, 7, 11, 13, 17, 19\}.$$

M ist die Menge aller Primzahlen, die kleiner als 20 sind, und deshalb kann man sie auch durch genau diese Eigenschaft beschreiben:

$$M = \{n \in \mathbb{N} : n \text{ ist Primzahl und kleiner als } 20\}.$$

In der Mathematik haben wir es mit **Aussagen** zu tun, die sinnvoll sein müssen und die (im Gegensatz zu Aussagen des Alltags) eindeutig in „wahre" und „falsche" Aussagen eingeteilt werden können. Vor Jahrtausenden wurde entschieden, dass es in der Logik keinen anderen Wahrheitswert gibt. Beispiele sind etwa die Aussagen

„$x^2 - x + 41$ ist für jedes $x \in \mathbb{N}$ eine Primzahl" (falsch),
„Die Menge $\mathbb{N}$ besteht aus unendlich vielen Elementen" (wahr),
„Wenn x gerade ist, dann ist $3x$ durch 6 teilbar" (wahr).

Zu jeder Aussage $\mathscr{A}$ gibt es die **logische Verneinung** „nicht $\mathscr{A}$", (in Zeichen: $\neg\mathscr{A}$) die genau dann wahr ist, wenn $\mathscr{A}$ falsch ist. Oft gibt es ein besonderes Symbol dafür. Die Verneinung der Aussage „$x \in M$" ist die Aussage „$x \notin M$".

Auch der mathematische Zugang zur Unendlichkeit beruht auf der zweiwertigen Logik. Die Verneinung der Aussage „M ist eine endliche Menge" ist die Aussage „M ist eine unendliche Menge". Eine andere Möglichkeit, den Begriff „unendlich" zu erklären, haben wir gar nicht. Beim Beweis der berühmten Aussage, dass es unendlich viele Primzahlen gibt, verwendete Euklid genau dieses Prinzip. Er nahm an, dass es nur endlich viele Primzahlen gibt, und führte das zum Widerspruch. Von unendlich vielen Zahlen brauchte er dabei gar nicht zu sprechen.

Fasst man die Elemente einer Menge M_1 und die Elemente einer Menge M_2 zu einer neuen Menge zusammen, so bildet man die **Vereinigungsmenge**

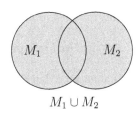

$$M_1 \cup M_2 = \{x : x \in M_1 \text{ oder } x \in M_2\}.$$

$M_1 \cup M_2$

Dabei verwendet man eine Aussagenverknüpfung. Sind $\mathscr{A}, \mathscr{B}$ zwei Aussagen, so kann man sie zur **Disjunktion** „$\mathscr{A}$ oder $\mathscr{B}$" (in Zeichen: $\mathscr{A} \vee \mathscr{B}$) bzw. zur **Konjunktion** „$\mathscr{A}$ und $\mathscr{B}$" (in Zeichen: $\mathscr{A} \wedge \mathscr{B}$) verknüpfen. Der Wahrheitswert der zusammengesetzten Aussagen ergibt sich nach festen Regeln aus den Wahrheitswerten der einzelnen Aussagen. Am einfachsten lässt sich das mit Hilfe von Wahrheitstafeln beschreiben:

$\mathscr{A}$	$\mathscr{B}$	$\mathscr{A}$ oder $\mathscr{B}$
w	w	w
w	f	w
f	w	w
f	f	f

$\mathscr{A}$	$\mathscr{B}$	$\mathscr{A}$ und $\mathscr{B}$
w	w	w
w	f	f
f	w	f
f	f	f

Auch zur Konjunktion gibt es eine entsprechende Mengenkonstruktion. Die Menge aller Elemente, die in zwei Mengen M_1 und M_2 zugleich enthalten sind, ist deren **Schnittmenge**

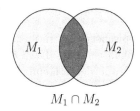

$$M_1 \cap M_2 = \{x : x \in M_1 \text{ und } x \in M_2\}.$$

$M_1 \cap M_2$

1.1.1. Beispiele

A. $\mathbb{Z} = \mathbb{N} \cup \{0\} \cup \{n : -n \in \mathbb{N}\}$ und $\{1, 3, 5, 7, 9\} \cap \{3, 6, 9, 12\} = \{3, 9\}$.

B. Eine natürliche Zahl q heißt ein **Teiler** der natürlichen Zahl n, wenn es ein $p \in \mathbb{N}$ mit $n = q \cdot p$ gibt. Für $n \in \mathbb{N}$ nennt man dann

$$T_n = \{q \in \mathbb{N} : q \text{ Teiler von } n\}$$

die *Teilermenge* von n. Zum Beispiel ist

$$T_5 = \{1, 5\}, \quad T_{12} = \{1, 2, 3, 4, 6, 12\} \quad \text{und} \quad T_{39} = \{1, 3, 13, 39\}.$$

Die Aussage „$(q \in T_a)$ **und** $(q \in T_b)$" bedeutet, dass q ein gemeinsamer Teiler von a und b ist. Mengentheoretisch kann man das so ausdrücken:

$$T_a \cap T_b = \{q \in \mathbb{N} : q \text{ ist gemeinsamer Teiler von } a \text{ und } b\}.$$

Da $T_a \cap T_b$ mindestens die 1 und insgesamt höchstens endlich viele Elemente enthält, gibt es ein größtes Element in $T_a \cap T_b$, bekannt als

$$\mathrm{ggT}(a,b) := \textit{größter gemeinsamer Teiler} \text{ von } a \text{ und } b.$$

Wir haben hier das Symbol „:=" benutzt. Es wird immer verwendet, wenn ein neuer Begriff definiert werden soll.

Wir können auch zu jeder Zahl $a \in \mathbb{N}$ die Menge $V_a := \{na : n \in \mathbb{N}\}$ der Vielfachen von a bilden. Da $V_a \cap V_b$ zumindest das Element $a \cdot b$ enthält, gibt es ein kleinstes Element in $V_a \cap V_b$, bekannt als

$$\mathrm{kgV}(a,b) := \textit{kleinstes gemeinsames Vielfaches} \text{ von } a \text{ und } b.$$

C. Im Alltag wird „oder" meist im ausschließenden Sinne gebraucht, also im Sinne von „entweder – oder". Die Wahrheitstafel zeigt dagegen, dass die aussagenlogische Verknüpfung „$\mathscr{A}$ **oder** $\mathscr{B}$" auch dann wahr ist, wenn beide Aussagen $\mathscr{A}$ und $\mathscr{B}$ wahr sind. In der Umgangssprache wird an dieser Stelle gerne das Wort „und" benutzt. „Studenten und Schwerbeschädigte zahlen die Hälfte" steht an der Kasse eines Museums. Gemeint ist: Wer Student **oder** schwerbeschädigt ist, zahlt die Hälfte. Und das gilt auch für diejenigen, die gleichzeitig schwerbeschädigt und im Besitze eines Studentenausweises sind.

D. Typischerweise treten „oder"-Verknüpfungen auf, wenn man „und"-Verknüpfungen verneint. Dass z.B. q **nicht** gemeinsamer Teiler von a und b ist, gilt genau in den folgenden drei Fällen:

    (a) q ist Teiler von a, aber nicht Teiler von b.

    (b) q ist Teiler von b, aber nicht Teiler von a.

    (c) q ist weder Teiler von a, noch Teiler von b.

Die Aussage „**nicht** $(\mathscr{A}$ **und** $\mathscr{B})$" ist also gleichbedeutend zu der Aussage „$(\textbf{nicht } \mathscr{A})$ **oder** $(\textbf{nicht } \mathscr{B})$". Das ist eine der Verneinungsregeln von de Morgan, einem Logiker des 19. Jahrhunderts. Genauso ist „**nicht** $(\mathscr{A}$ **oder** $\mathscr{B})$" gleichbedeutend zu der Aussage „$(\textbf{nicht } \mathscr{A})$ **und** $(\textbf{nicht } \mathscr{B})$". Die dritte Regel von de Morgan betrifft die doppelte Verneinung: „**nicht nicht** $\mathscr{A}$" ist gleichbedeutend zu der Aussage $\mathscr{A}$.

Mengen, die vereinigt werden, können vorher durchaus schon gemeinsame Elemente besitzen. So ist etwa $\{1,3,5,7,9\} \cup \{3,6,9,12\} = \{1,3,5,6,7,9,12\}$.

In der ursprünglichen Mengendefinition von Georg Cantor wird gefordert, dass die Elemente einer Menge „wohlunterschieden" sein müssen. Das bedeutet, dass z.B. die Menge $\{1,2,2,3,3,3\}$ genau drei Elemente besitzt, nämlich 1, 2 und 3.

Definition   (Gleichheit von Mengen)
Zwei Mengen M und N heißen **gleich** (in Zeichen: $M = N$), falls sie die gleichen Elemente besitzen.

Damit ist klar, dass $\{1, 2, 2, 3, 3, 3\} = \{1, 2, 3\}$ oder $\{x \in \mathbb{Z} : 3x + 7 = 13\} = \{2\}$ ist. Aber was für eine Menge ist $\{x \in \mathbb{Z} : (x - 1)^2 = 5\}$? Es gibt keine ganze Zahl x, so dass das Quadrat von $x - 1$ die Zahl 5 ergibt. Also haben wir eine Menge angegeben, die kein Element besitzt. Man spricht von der **leeren Menge** und bezeichnet sie mit dem Symbol $\varnothing$. Da Mengen durch ihre Elemente festgelegt werden, kann es nur eine leere Menge geben!

Sind M und N zwei Mengen, so nennt man

$$M \setminus N = \{x \in M : x \notin N\}$$

die **Differenzmenge** von M und N.

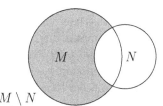

$M \setminus N$

Wir wollen uns jetzt mit dem logischen Schließen beschäftigen. Üblicherweise geht man in der Mathematik von einem Axiomensystem aus, das aus einfachen, oft als bekannt und selbstverständlich erachteten Aussagen besteht. Daraus werden nach den Regeln der formalen Logik Schlüsse gezogen und nach und nach immer tiefere Aussagen hergeleitet. Wichtigstes Hilfsmittel ist dabei die **Implikation**, die *Folgerung*

„wenn $\mathscr{A}$, dann $\mathscr{B}$"   (in Zeichen: $\mathscr{A} \implies \mathscr{B}$).

Auf eine naive Weise ist jedem klar, was damit gemeint ist. Aber das reicht nicht. Es muss eine Vorschrift geben, wie der Wahrheitswert der Implikation $\mathscr{A} \implies \mathscr{B}$ aus den Wahrheitswerten für $\mathscr{A}$ und $\mathscr{B}$ hergeleitet werden kann. Die dabei auftretende Problematik soll an einem Beispiel demonstriert werden. Wir betrachten die Aussage

$$\big((x \in \mathbb{Z}) \,\textbf{und}\, (x > 10)\big) \implies x^2 > 25\,.$$

Eigentlich ist dies keine Aussage, sondern eine sogenannte Aussageform. Erst wenn man für die Variable x eine Zahl eingesetzt hat, kann man den Wahrheitswert ermitteln und tatsächlich von einer Aussage sprechen. Das führt zu einer Fallunterscheidung:

1. Ist die **Prämisse** $\big((x \in \mathbb{Z}) \,\textbf{und}\, (x > 10)\big)$ wahr (z.B. $x = 11$), so ist mit Sicherheit auch $x^2 > 25$.

2. Ist die Prämisse falsch, so gibt es wiederum mehrere Möglichkeiten.

   (a) Ist z.B. $x = 8$, so ist $x^2 = 64$, die Aussage $x^2 > 25$ also wahr.

   (b) Ist $x = 4$, so ist $x^2 = 16$ kleiner als 25 und $x^2 > 25$ falsch.

Es scheint möglich zu sein, aus falschen Prämissen beliebige Schlüsse zu ziehen. Fest steht nur: Wenn die gefolgerte Aussage falsch ist und beim Beweis alles richtig gemacht wurde, dann muss schon die Prämisse falsch gewesen sein. Deshalb versteht man unter der Implikation $\mathscr{A} \implies \mathscr{B}$ einfach die Aussage $\mathscr{B}$ **oder nicht** $\mathscr{A}$. Das ergibt folgende Wahrheitstafel:

$\mathscr{A}$	$\mathscr{B}$	$\mathscr{A} \implies \mathscr{B}$
w	w	w
w	f	f
f	w	w
f	f	w

Im täglichen Leben erwarten wir bei einer Folgerung auch einen inhaltlichen Zusammenhang. Aussagen wie „Wenn es am Dienstag schneit, liegt Düsseldorf nördlich von Köln" kommen uns sinnlos vor. Aber auch scheinbar logische Zusammenhänge beruhen oft auf einer rein subjektiven Betrachtungsweise. „Wenn die Unternehmenssteuern gesenkt werden, dann sinken langfristig auch die Arbeitslosenzahlen". Je nach politischer Herkunft wird diese Aussage ganz unterschiedlich bewertet werden, und manch einer wird sagen, dass das eine mit dem anderen gar nichts zu tun hat.

Überraschenderweise hat sich gezeigt, dass man aus einer falschen Aussage alles folgern kann. Andeutungsweise findet sich auch diese Auffassung in der Umgangssprache, z.B. in scherzhaften Bemerkungen wie „Wenn Du Deine Arbeit bis morgen fertig hast, fress' ich einen Besen!"

Ist jedes Element einer Menge M auch Element der Menge N, so nennt man M eine ***Teilmenge*** von N und schreibt: $M \subset N$.

So ist z.B. $\{2, 3, 5, 7, 11, 13, 17, 19\} \subset \mathbb{N}$ und $\mathbb{N} \subset \mathbb{Z}$.

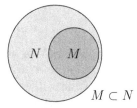

$M \subset N$

Die Verknüpfung $(A \implies B)$**und**$(B \implies A)$ bezeichnet man als ***Äquivalenz*** und kürzt sie mit $A \iff B$ ab. Zwei Aussagen sind genau dann äquivalent, wenn ihre Wahrheitswerte gleich sind.

1.1.2. Beispiel

Die Menge $M := \{n \in \mathbb{N} : n^2 - 14n + 45 \geq 0\}$ ist die „Lösungsmenge" einer Ungleichung, wobei wir nur positive ganzzahlige Lösungen zulassen. Zur genaueren Bestimmung von M müssen wir die Ungleichung auflösen. Das vollzieht man am besten mit Hilfe der „quadratischen Ergänzung":

$$
\begin{aligned}
n^2 - 14n + 45 \geq 0 \quad &\iff \quad n^2 - 2 \cdot 7 \cdot n + 7^2 \geq 7^2 - 45 \\
&\iff \quad (n-7)^2 \geq 4 \\
&\iff \quad (n - 7 \leq -2) \text{ \textbf{oder} } (n - 7 \geq 2) \\
&\iff \quad (n \leq 5) \text{ \textbf{oder} } (n \geq 9).
\end{aligned}
$$

Setzen wir $A := \{n \in \mathbb{N} : n \leq 5\} = \{1, 2, 3, 4, 5\}$ und $B := \{n \in \mathbb{N} : n \geq 9\}$, so ist

$$M = \{n \in \mathbb{N} : (n \leq 5) \text{ oder } (n \geq 9)\} = A \cup B.$$

Wir wollen dieses Beispiel zum Anlass nehmen, über Schlussrichtungen zu sprechen. Von der Schule her ist man daran gewöhnt, Gleichungen oder Ungleichungen aufzulösen, indem man – ausgehend von der Gleichung oder Ungleichung – diese so lange umformt, bis das gewünschte Ergebnis erreicht ist. Man zeigt also z.B. eine Implikation

$$n^2 - 14n + 45 = 0 \implies n = 5 \text{ oder } n = 9.$$

Die Implikation „$n^2 - 14n + 45 = 0 \implies n = 5$" wäre falsch, aber im Eifer des Gefechtes kommt es schon mal vor, dass man eine Lösung verliert.

Die Aussage „$n = 5$ **oder** $n = 9$", die aus der Gleichung folgt, bezeichnet man auch als **notwendige Bedingung** für die Gültigkeit der Gleichung. In unserem Falle folgt aber auch umgekehrt aus der Bedingung die Gleichung, das testet man bei der „Probe". Dann sagt man, die Bedingung sei **hinreichend**. Dass beides zutrifft, ist typisch für äquivalente Bedingungen.

Es gibt aber auch Fälle, bei denen die Unterscheidung zwischen „notwendig" und „hinreichend" wichtig ist. Ist z.B. p eine Primzahl > 2, so muss p notwendigerweise eine ungerade Zahl sein, d.h., es gilt die Implikation „p Primzahl **und** $p > 2 \implies$ p ungerade." Die Bedingung ist aber keineswegs hinreichend, denn es gibt viele ungerade natürliche Zahlen, die nicht prim sind. Damit sich zwei Geraden im Raum nicht treffen, reicht es hin, wenn diese Geraden parallel zueinander sind. Diese Bedingung ist aber nicht notwendig, denn auch „windschiefe" Geraden treffen sich nicht.

In der Differentialrechnung (vgl. Kapitel 3) genießen die notwendigen und hinreichenden Bedingungen für Extremwerte besonderen Ruhm. Im Alltag dagegen trifft man schon mal auf andere Bedeutungen. Wurde der Gast beim ostfriesischen Kaffeekränzchen fünfzehnmal aufgefordert, doch bitte noch ein Stück Kuchen zu nehmen, so mag dieser Gast womöglich feststellen: „Die Nötigung war hinreichend!".

Dezimalbrüche sind nicht erst seit der Einführung des Taschenrechners bekannt, inzwischen aber bei manchem beliebter als gewöhnliche Brüche. Gegen Zahlen wie 3.59 oder 14 312.3798 (bei denen wir hier in angelsächsischer Manier einen Dezimalpunkt an Stelle des Kommas verwenden) ist eigentlich nichts einzuwenden, aber statt $0.3333\ldots$ kann man natürlich mindestens genauso gut $1/3$ schreiben. In der Schule lernt man, dass jeder endliche und jeder unendliche periodische Dezimalbruch in einen gewöhnlichen Bruch verwandelt werden kann.

Ein **Bruch** ist ein Objekt der Gestalt p/q, mit einem **Zähler** $p \in \mathbb{Z}$ und einem **Nenner** $q \in \mathbb{N}$. Zwei Brüche p/q und p'/q' sind gleich, wenn $pq' = p'q$ ist. Ich will aber niemanden mit den Regeln der Bruchrechnung langweilen, die sollten allgemein bekannt sein. Die Gesamtheit aller (positiven und negativen) Brüche, zusammen mit der Null, ergibt die Menge $\mathbb{Q}$ der **rationalen Zahlen**.

Geht man vom üblichen Schulwissen aus, so ist eine **reelle Zahl** ein unendlicher Dezimalbruch

$$x = \pm\, v_N v_{N-1} \ldots v_1 v_0 \,.\, n_1 n_2 n_3 \ldots$$

Das Vorzeichen legt fest, ob es sich um eine positive oder negative Zahl handelt. Tauchen nur die endlich vielen *Vorkomma-Stellen* v_N, v_{N-1}, ..., v_0 auf, so liegt eine ganze Zahl vor, im positiven Fall sogar eine natürliche Zahl oder die Null.

Die *Nachkomma-Stellen* n_1, n_2, ... sind nicht eindeutig bestimmt. So ist z.B. $1.273999999\ldots = 1.274000000\ldots$ (wie wir später noch genau nachweisen werden). Verhalten sich die Dezimalziffern ab einer gewissen Stelle periodisch, so handelt es sich um eine rationale Zahl. Wird der Dezimalbruch nie periodisch, so spricht man von einer **irrationalen Zahl**.

Ist es überhaupt sinnvoll, irrationale Zahlen zuzulassen? Diese Frage stellten sich griechische Mathematiker schon um 500 v. Chr. Für sie war eine relle Zahl immer positiv und so etwas wie die Idee der Länge einer Strecke. Die Mathematik wurde von der Geometrie beherrscht, Zahlen fristeten ein eher stiefmütterliches Dasein. Aus Gründen der Harmonie versuchten die alten Philosophen, alles in der Welt mit rationalen Zahlen zu beschreiben. Die Gültigkeit des pythagoräischen Lehrsatzes suggerierte aber, dass es Zahlen der Gestalt $\sqrt{a^2 \pm b^2}$ geben müsse. Nimmt man nun (im Falle $a = b = 1$) an, dass $d = \sqrt{2}$ rational ist, so kann man natürliche Zahlen p und q so wählen, dass $\mathrm{ggT}(p, q) = 1$ und $\sqrt{2} = p/q$ ist, also $p^2 = 2q^2$. Das zeigt, dass p^2 gerade ist. Weil das Quadrat einer ungeraden Zahl wieder ungerade ist, muss schon p selbst gerade sein: $p = 2r$. Das ergibt die Gleichung $4r^2 = 2q^2$, also $2r^2 = q^2$. Mit dem gleichen Argument wie eben folgt, dass auch q gerade ist. Aber das kann nicht sein, denn p und q sollten keinen gemeinsamen Teiler (außer der 1) besitzen. Dieser Widerspruch zeigt, dass d tatsächlich irrational sein muss.

Das Rechnen mit reellen Zahlen wird – genau wie deren Darstellung durch unendliche Dezimalbrüche – als bekannt vorausgesetzt. Wer wissen möchte, wie man die rellen Zahlen präzise axiomatisch einführt, kann dies im Ergänzungsteil nachlesen. Dort werden zwei Gruppen von Axiomen für die Menge $\mathbb{R}$ der reellen Zahlen vorgestellt. Die *Axiome für die Addition und die Multiplikation* regeln den Umgang mit den Rechenoperationen. Die *Axiome für die Anordnung* berücksichtigen, dass es positive und negative Zahlen gibt, und klären die Zusammenhänge zwischen Anordnung und Rechenoperationen. Die Existenz irrationaler Zahlen wird dadurch allerdings noch nicht begründet. Dafür ist ein weiteres Axiom nötig, das sogenannte *Vollständigkeitsaxiom*. Wegen der besonderen Bedeutung dieses Axioms widmen wir ihm den ganzen Abschnitt 3.1.

Zusammenfassung

Die Themen dieses Abschnittes sind Voraussetzung für das Verständnis des ganzen Buches. Wir haben den Begriff der Menge (mit den Beziehungen $x \in M$ und $x \notin M$) und die Grundlagen der formalen Logik kennengelernt.

Die Negation   **nicht** $\mathscr{A}$ ist die logische Verneinung der Aussage $\mathscr{A}$.

Die Konjunktion $\mathscr{A}$ **und** $\mathscr{B}$ bedeutet: $\mathscr{A}$ und $\mathscr{B}$ sind beide wahr.

Die Disjunktion $\mathscr{A}$ **oder** $\mathscr{B}$ bedeutet: $\mathscr{A}$ oder $\mathscr{B}$ ist wahr
(im nicht ausschließenden Sinne).

$\mathscr{A} \implies \mathscr{B}$ ist die Implikation:
„wenn $\mathscr{A}$ gilt, dann auch $\mathscr{B}$".

$\mathscr{A} \iff \mathscr{B}$ ist die Äquivalenz:
„$\mathscr{A}$ gilt genau dann, wenn $\mathscr{B}$ gilt".

Mit Hilfe der logischen Verknüpfungen lassen sich Begriffe aus der Mengenlehre erklären:

$$M = N \text{ bedeutet:} \quad (x \in M) \iff (x \in N),$$
$$M \subset N \text{ bedeutet:} \quad (x \in M) \implies (x \in N) \quad \text{(Teilmenge)},$$
$$M \cup N = \{x : (x \in M) \text{ oder } (x \in N)\} \quad \text{(Vereinigung)},$$
$$M \cap N = \{x : (x \in M) \text{ und } (x \in N)\} \quad \text{(Schnittmenge)},$$
$$M \setminus N = \{x \in M : x \notin N\} \quad \text{(Differenzmenge)}.$$

Außerdem wurden die Zahlenbereiche $\mathbb{N}$ (natürliche Zahlen), $\mathbb{Z}$ (ganze Zahlen), $\mathbb{Q}$ (rationale Zahlen) und $\mathbb{R}$ (reelle Zahlen) eingeführt.

Ergänzungen

Wie versprochen, sollen hier die Axiome für die reellen Zahlen präsentiert werden:

Die reellen Zahlen bilden eine Menge $\mathbb{R}$. Je zwei Elementen $x, y \in \mathbb{R}$ ist auf eindeutige Weise ein Element $x + y \in \mathbb{R}$ und ein Element $x \cdot y \in \mathbb{R}$ zugeordnet.

I)   **Axiome für die Addition und Multiplikation:**

1. **Kommutativgesetze:** $a + b = b + a$ und $a \cdot b = b \cdot a$, für alle $a, b \in \mathbb{R}$.

2. **Assoziativgesetze:** $a + (b + c) = (a + b) + c$ und $a \cdot (b \cdot c) = (a \cdot b) \cdot c$,
für alle $a, b, c \in \mathbb{R}$.

3. **Distributivgesetz:** $a \cdot (b + c) = a \cdot b + a \cdot c$, für alle $a, b, c \in \mathbb{R}$.

4. **Existenz der Null und des Negativen:**

a) Es gibt genau ein Element $0 \in \mathbb{R}$, so dass für alle $a \in \mathbb{R}$ gilt:

$$a + 0 = a.$$

b) Zu jedem Element $a \in \mathbb{R}$ gibt es ein Element $-a \in \mathbb{R}$ mit

$$a + (-a) = 0.$$

5. **Existenz der Eins und des Inversen:**

    a) Es gibt genau ein Element $1 \neq 0$ in $\mathbb{R}$, so dass für alle $a \in \mathbb{R}$ gilt:

$$a \cdot 1 = a.$$

    b) Zu jedem Element $b \neq 0$ in $\mathbb{R}$ gibt es ein Element $b^{-1} \in \mathbb{R}$ mit

$$b \cdot b^{-1} = 1.$$

Exemplarisch wollen wir ein paar einfache Aussagen beweisen:

1.1.3. Satz

    1. Negatives und Inverses sind jeweils eindeutig bestimmt.

    2. Ist $a \in \mathbb{R}$ beliebig, so ist $a \cdot 0 = 0$.

    3. Sind $a, b \in \mathbb{R}$ mit $a \cdot b = 0$, so ist $a = 0$ oder $b = 0$.

    4. Es ist $(-1) \cdot (-1) = 1$.

BEWEIS: 1) Sei $a + (-a) = 0$. Ist außerdem auch $a + c = 0$, so ist

$$-a = -a + 0 = -a + (a + c) = \big((-a) + a\big) + c = 0 + c = c.$$

Beim Inversen argumentiert man analog.

2) Wegen $a \cdot 0 = a \cdot (0 + 0) = a \cdot 0 + a \cdot 0$ und der Eindeutigkeit der Null muss $a \cdot 0 = 0$ sein. Hier wurde ein Standardtrick benutzt, 0 wurde durch $0 + 0$ ersetzt. Das Distributivgesetz führt dann zum Erfolg.

3) Sei $a \cdot b = 0$. Ist $a \neq 0$, so ist $0 = a^{-1}(a \cdot b) = (a^{-1}a)b = 1 \cdot b = b$. Der erste Trick besteht darin, zu sehen, dass man nur den Fall $a \neq 0$ betrachten muss. Der zweite Trick ist die Erkenntnis, dass man nun das Element a^{-1} zur Verfügung hat.

4) Es ist

$$(-1) + (-1)(-1) = (-1)(1 + (-1)) = (-1) \cdot 0 = 0.$$

Weil auch $(-1) + 1 = 0$ und nach (1) das Negative von -1 eindeutig bestimmt ist, muss $(-1)(-1) = 1$ sein. Wieder wurde das Distributivgesetz trickreich ausgenutzt.   ∎

II)   **Axiome der Anordnung:**

In $\mathbb{R}$ ist eine Teilmenge $\mathbb{R}_+$ ausgezeichnet, die Menge der *positiven reellen Zahlen*. Für $x \in \mathbb{R}_+$ schreibt man: $x > 0$ („a ist größer als 0").

    1. Für eine Zahl $a \in \mathbb{R}$ gilt immer genau eine der drei Beziehungen $a > 0$, $a = 0$ oder $-a > 0$.

    2. Ist $a > 0$ und $b > 0$, so ist auch $a + b > 0$.

    3. Ist $a > 0$ und $b > 0$, so ist auch $a \cdot b > 0$.

Ist $a - b > 0$, so schreibt man $a > b$ oder $b < a$. Ist $a < b$ oder $a = b$, so schreibt man $a \leq b$ („a ist kleiner oder gleich b").

Hier sind ein paar Folgerungen:

1.1.4. Satz

1. *Ist $a > b$ und $b > c$, so ist auch $a > c$*   *(Transitivität)*.

2. *Ist $a > b$ und c beliebig, so ist auch $a + c > b + c$.*

3. *Ist $a > b$ und $c < 0$, so ist $ac < bc$.*

4. *Ist $a \leq b + \varepsilon$ für alle $\varepsilon > 0$, so ist $a \leq b$.*

BEWEIS: 1) Ist $a - b > 0$ und $b - c > 0$, so ist auch $a - c = (a - b) + (b - c) > 0$.

2) Ist $a - b > 0$ und c beliebig, so ist $(a + c) - (b + c) = a - b > 0$.

3) Sei $a - b > 0$. Wenn $c < 0$ ist, ist $-c > 0$, also $bc - ac = (a - b)(-c) > 0$ und damit $ac < bc$.

4) Wir nehmen an, es sei $a > b$. Dann ist $\varepsilon := (a - b)/2 > 0$ und

$$b + \varepsilon = \frac{2b + (a - b)}{2} = \frac{a + b}{2} < \frac{a + a}{2} = a.$$

Das ist ein Widerspruch.

Dies ist übrigens ein typisches Beispiel für eine Aussage, die **nur** mit Hilfe des Widerspruchs-prinzips auf einfache Weise aus den Axiomen abgeleitet werden kann! Ein konstruktiver Beweis müsste z.B. die Dezimalbruch-Darstellung sehr intensiv benutzen.   ■

1.1.5. Aufgaben

A. Welche der folgenden Aussagen ist wahr?

    a) $\sqrt{2} \in \mathbb{Q}$.

    b) Für beliebiges $x \in \mathbb{R}$ gehört $x\sqrt{2}$ zu $\mathbb{R} \setminus \mathbb{Q}$.

    c) $9 \in T_{39} \cap T_{81}$ **oder** $7 \in T_{12} \cup T_{56}$.

    d) $6 \in \{n \in \mathbb{Z} : n^2 - 6n - 5 \geq 0\}$.

    e) $-2 \in \{x \in \mathbb{Z} : x^2 < 2\}$.

B. Bestimmen Sie alle Elemente der folgenden Mengen:

    a) $(T_{200} \cap T_{160} \cap T_{64}) \cup T_{12}$.

    b) $\{x \in \mathbb{Z} : 3x^2 - 8x + 5 > 0\}$.

    c) $\{x \in \mathbb{Q} : \sqrt{2x - 3} + 5 - 3x = 0\}$.

    d) $\{x \in \mathbb{N} : 2x + 1 < 6\}$.

    e) $\{\mathrm{ggT}(a, b) : 4 < a < b < 12\}$.

C. Zeigen Sie, dass $A \cup (B \cap C) = (A \cup B) \cap (A \cup C)$ ist.

D. Sei $A \Delta B := (A \cup B) \setminus (A \cap B)$ die „symmetrische Differenz" von A und B. Zeigen Sie: Aus $A \Delta B = A \Delta C$ folgt $B = C$.

E. Bei dieser Aufgabe sollen nur die Axiome der reellen Zahlen (aus dem Ergänzungsbereich) benutzt werden. Die rationale Zahl a/b ist die eindeutig bestimmte Lösung der Gleichung $b \cdot x = a$.

a) Folgern Sie, dass $b \cdot (a/b) = a$ und $n = n/1$ ist.

b) Zeigen Sie, dass zwei rationale Zahlen a/b und c/d genau dann gleich sind, wenn $ad = bc$ ist.

c) Beweisen Sie die Bruch-Rechenregeln:

$$\frac{ax}{bx} = \frac{a}{b}, \quad \frac{a}{b} \cdot \frac{c}{d} = \frac{ac}{bd}, \quad \frac{a}{b} + \frac{c}{d} = \frac{ad + bc}{bd} \quad \text{und} \quad \left(\frac{a}{b}\right)^{-1} = \frac{b}{a}.$$

1.2   Induktion

Zur Motivation: Überall, wo gezählt wird, braucht man die natürlichen Zahlen. Deshalb gibt es viele mathematische Aussagen, die von einer natürlichen Zahl n abhängen. Um eine solche Aussage allgemeingültig zu beweisen, bleiben uns zwei Optionen:

1. Wir führen einen direkten Beweis und achten bei jedem Schritt darauf, dass keine speziellen Eigenschaften von n benutzt werden.

2. Wir benutzen die besondere Struktur von $\mathbb{N}$ und führen den Beweis – beginnend bei der Eins – Zahl für Zahl. Weil dies unendlich viele Schritte bedingen würde, gehen wir „rekursiv" vor. Wir formulieren eine Rekursionsformel, die es uns ermöglicht, automatisch von einer Stufe zur nächsten zu gelangen.

Im Laufe dieses Abschnittes werden wir beide Möglichkeiten kennen lernen. Der Schwerpunkt soll aber auf der rekursiven Methode liegen. Dazu ein kleines Beispiel:

Auf einer Party entbrennt ein Streit darüber, wie man eine Pizza mit möglichst wenig Schnitten in möglichst viele Teile zerschneiden kann. Klar ist, dass ein einziger Schnitt zwei Teile ergibt. Ein zweiter Schnitt liefert eventuell drei, maximal aber vier Stücke. Auf diese Weise kann man noch einige weitere Fälle erledigen, letztlich bleibt das Ergebnis unvollständig, wir brauchen ein rekursives Verfahren.

Nehmen wir also an, wir hätten herausbekommen, dass man mit einer bestimmten Anzahl von Schnitten (etwa n) maximal $S(n)$ Stücke bekommen kann. Beim nächsten Schnitt würde man jede der schon vorhandenen n Schnittlinien höchstens einmal treffen. So würde die neue Schnittlinie von den alten in maximal $n + 1$ Abschnitte unterteilt. Da jeder dieser Abschnitte ein altes Stück in zwei neue zerteilt, ist $S(n + 1) = S(n) + (n + 1)$. Das ergibt die Formel

$$S(n) = S(1) + 2 + 3 + \cdots + n = 1 + (1 + 2 + 3 + \cdots + n) = 1 + \frac{n(n+1)}{2}.$$

Die letzte Gleichung werden wir im Laufe dieses Abschnittes beweisen.

Man beachte aber, dass das Maximum in der realen Welt höchstens bei den ersten paar Schritten erreicht wird!

Wir gehen jetzt von den reellen Zahlen als Grundlage all unserer Untersuchungen aus. Dann müssen wir die Existenz der natürlichen Zahlen beweisen.

Definition   (Induktive Menge)

Eine Teilmenge $M \subset \mathbb{R}$ heißt **induktiv**, falls gilt:

1. Die 1 gehört zu M.

2. Liegt x in M, so liegt auch $x + 1$ in M.

Auf den ersten Blick scheint diese Definition ziemlich nutzlos zu sein. Ganz $\mathbb{R}$ ist induktiv, die Menge der rationalen Zahlen ist induktiv, vielleicht ist ja jede Teilmenge von $\mathbb{R}$ induktiv? Schauen wir genauer hin, so sehen wir:

1. Ist $M \subset \mathbb{R}$ induktiv, so gehört die Zahl 1 zu M.

2. Mit 1 muss auch $2 = 1 + 1$ zu M gehören. Und mit 2 gehört $3 = 2 + 1$ zu M, usw.

Das motiviert die folgende Festlegung:

Definition   (Menge der natürlichen Zahlen)

Eine Zahl $n \in \mathbb{R}$ heißt **natürliche Zahl**, falls sie in jeder induktiven Menge liegt.

Die Menge $\mathbb{N}$ aller natürlichen Zahlen ist die Schnittmenge aller induktiven Mengen (und damit die „kleinste" induktive Menge).

Wir haben bisher nur Schnittmengen von endlich vielen Mengen betrachtet. Jetzt sollten wir die Notationen erweitern:

Ist I eine beliebige Menge und zu jedem Element $i \in I$ eine Menge M_i gegeben, so sprechen wir von einer **Familie von Mengen** und schreiben dafür $(M_i)_{i \in I}$. Gemeint ist damit einfach die Menge aller M_i, also die Menge $\{M_i : i \in I\}$. Die Aussage „x ist Element jeder Menge M_i" kann abgekürzt geschrieben werden:

$$\forall\, i \in I : x \in M_i.$$

Dabei ist das Zeichen $\forall$ der sogenannte **Allquantor**. Er wird als „für alle" oder „für jedes" gelesen. Die gewünschte Schnittmenge ist dann die Menge

$$\bigcap_{i \in I} M_i := \{x \, : \, \forall \, i \in I \text{ ist } x \in M_i\}.$$

Man kann auch die Vereinigung einer ganzen Familie von Mengen bilden. Ein Element x liegt genau dann in $M_i \cup M_j \cup M_k$, wenn es in wenigstens einer der drei Mengen liegt. Dementsprechend liegt x in der Vereinigung aller M_i, wenn es wenigstens ein $i \in I$ gibt, so dass $x \in M_i$ gilt. Diese Aussage wird abgekürzt durch

$$\exists \, i \in I \, : \, x \in M_i \, .$$

Das Zeichen $\exists$ ist der **Existenzquantor** und wird als „es gibt (mindestens) ein" oder „es existiert (mindestens) ein" gelesen. Die Vereinigungsmenge ist die Menge

$$\bigcup_{i \in I} M_i := \{x \, : \, \exists \, i \in I \text{ mit } x \in M_i\}.$$

Wir kommen zurück zu den natürlichen Zahlen. Wenn wir die Menge $\mathbb{R}$ mit allen Rechenregeln als bekannt voraussetzen, können wir $\mathbb{N} \subset \mathbb{R}$ als kleinste induktive Menge definieren. So erhalten wir ein Modell für die uns intuitiv bekannte Menge der Zahlen 1, 2, 3, 4, ..., und es folgt das

1.2.1. Induktionsprinzip

Sei $M \subset \mathbb{N}$ eine Teilmenge. Ist $1 \in M$ und mit $n \in M$ stets auch $n + 1 \in M$, so ist $M = \mathbb{N}$.

BEWEIS: Definitionsgemäß ist $\mathbb{N}$ die kleinste induktive Teilmenge von $\mathbb{R}$. Die hier betrachtete Menge M ist ebenfalls induktiv und außerdem Teilmenge von $\mathbb{N}$. Das geht nur, wenn $M = \mathbb{N}$ ist. ∎

Damit steht der **Beweis durch vollständige Induktion** als neues Beweisprinzip zur Verfügung. Soll eine Aussage $A(n)$ für alle natürlichen Zahlen bewiesen werden, so genügt es zu zeigen:

1. Es gilt $A(1)$ (Induktionsanfang),

2. Aus $A(n)$ folgt stets $A(n + 1)$ (Induktionsschluss).

Wendet man das Induktionsprinzip auf die Menge $M = \{n \in \mathbb{N} \, : \, A(n)\}$ an, so folgt, dass $M = \mathbb{N}$ ist, also $A(n)$ wahr für alle $n \in \mathbb{N}$.

Das Induktionsprinzip erinnert an folgende Situation: Eine Schulklasse zieht für eine Woche ins Landschulheim. Die besorgten Eltern wollen möglichst schnell erfahren, ob die Klasse gut im Landschulheim angekommen ist. Deshalb hat der Lehrer die Eltern durchnummeriert. Er selbst verspricht, das Elternpaar Nr. 1 anzurufen und hat vereinbart, dass das Elternpaar Nr. n, sobald es die frohe Nachricht von der Ankunft der Klasse erhalten hat, seinerseits das Paar Nr. $n + 1$ anruft. Da sich tatsächlich alle an diese Vorgabe halten, wissen nach kurzer Zeit alle Eltern, dass ihre Sprösslinge wohlbehalten angekommen sind. Im Falle des Induktionsbeweises gibt es allerdings unendlich viele Schüler.

Bevor wir uns Beispiele ansehen, sei noch erwähnt, dass ein Induktionsbeweis auch bei 0 oder einer Zahl $n_0 > 1$ beginnen kann. Im ersten Fall ist die Aussage dann für alle Zahlen $n \in \mathbb{N}_0$ bewiesen, im zweiten Fall für alle natürlichen Zahlen $n \geq n_0$.

1.2.2. Beispiele

A. Die Aussage $n^2 < 2^n$ erscheint plausibel, wenn man mal gehört hat, dass jede Exponentialfunktion a^x schneller als jede Potenzfunktion x^n wächst. Zur Vorsicht kann man ein paar einfache Fälle testen. Dann stellt man fest, dass die Aussage zwar für $n = 1$ stimmt, für $n = 2, 3, 4$ aber falsch ist. Wir behaupten also:

$$n^2 < 2^n \text{ für alle natürlichen Zahlen } n \geq 5.$$

Der BEWEIS durch Induktion nach n beginnt bei $n = 5$. Tatsächlich ist $5^2 = 25 < 32 = 2^5$. Damit ist der Induktionsanfang geschafft.

Nun nehmen wir an, dass $n \geq 5$ und die Aussage für n bewiesen ist. Für den Induktionsschluss haben wir zu zeigen, dass $(n+1)^2 < 2^{n+1}$ ist. Tatsächlich ist

$$
\begin{aligned}
(n+1)^2 &= n^2 + 2n + 1 \\
&< 2^n + 2n + 1 \text{ (nach Induktionsvoraussetzung)} \\
&< 2^n + 2^n = 2^{n+1} \text{ (weil } 2n + 1 < 2^n \text{ für } n \geq 3 \text{ gilt).}
\end{aligned}
$$

Die Hilfsaussage $2n + 1 < 2^n$ kann man ebenfalls durch Induktion beweisen, oder mit Hilfe der binomischen Formel (auf die wir später zu sprechen kommen, vgl. dazu Folgerung 1.1.2.7 auf Seite 20).

B. Die sogenannte ***Bernoulli'sche Ungleichung*** besagt:

$$(1 + x)^n > 1 + nx \text{ für } x > -1, \ x \neq 0 \text{ und } n \geq 2.$$

BEWEIS durch Induktion nach n:

Induktionsanfang: Im Falle $n = 2$ ist die Ungleichung $(1+x)^2 = 1 + 2x + x^2 > 1 + 2x$ offensichtlich erfüllt.

Induktionsschluss: Nach Voraussetzung ist $1 + x > 0$. Ist die Behauptung für n bewiesen, so folgt:

$$
\begin{aligned}
(1+x)^{n+1} &= (1+x)(1+x)^n \\
&> (1+x)(1+nx) \text{ (nach Induktionsvoraussetzung)} \\
&= 1 + (n+1)x + nx^2 > 1 + (n+1)x.
\end{aligned}
$$

Definition   (Summen- und Produktzeichen)

Es sei $n \in \mathbb{N}$, und für jede natürliche Zahl i mit $1 \leq i \leq n$ sei eine reelle Zahl a_i gegeben. Dann beschreiben wir die Summe der a_i durch das Symbol

$$\sum_{i=1}^{n} a_i := a_1 + a_2 + \cdots + a_n$$

und das Produkt der a_i durch das Symbol

$$\prod_{i=1}^{n} a_i := a_1 \cdot a_2 \cdot \ldots \cdot a_n.$$

Unsere Definitionen sind noch unvollständig. Um das deutlich zu machen, formulieren wir die Summation in Form eines Computer-Algorithmus.

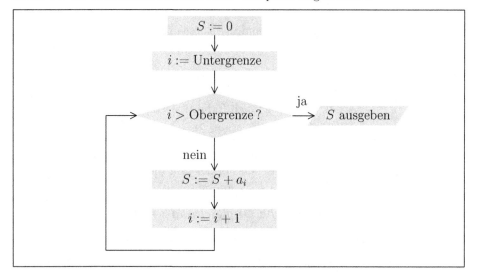

Hier ist S ein Speicherplatz, der für die Aufnahme der Summe reserviert ist. Dieser Speicherplatz muss mit einem Wert initialisiert werden, der als Summe auftreten soll, wenn der Algorithmus überhaupt nicht durchlaufen wird. Da eine Addition genau dann ohne Wirkung bleibt, wenn nur die Null addiert wird, wählt man die Null als Ausgangswert für den Summations-Algorithmus.

Der Summationsindex wird auf den gewünschten Anfangswert gesetzt. Ist er dann schon größer als die vorgesehene Obergrenze, so bleibt nichts zu tun übrig. Andernfalls ist zumindest ein Term a_i zu addieren. Danach wird der Index um 1 erhöht und dann wieder überprüft. So geht es weiter, bis der Index wirklich die Obergrenze überschritten hat.

Was lernen wir daraus? Eine „leere" Summe muss den Wert 0 erhalten. Deshalb definiert man für beliebige Indizes $k, l \in \mathbb{Z}$:

$$\sum_{i=k}^{l} a_i := \begin{cases} 0 & \text{falls } k > l, \\ a_k + a_{k+1} + \cdots + a_l & \text{sonst.} \end{cases}$$

Beim Produkt sieht es etwas anders aus. Die Multiplikation mit einer Zahl y bewirkt genau dann nichts, wenn $y = 1$ ist. Also definieren wir:

$$\prod_{i=k}^{l} a_i := \begin{cases} 1 & \text{falls } k > l, \\ a_k \cdot a_{k+1} \cdot \ldots \cdot a_l & \text{sonst.} \end{cases}$$

Aus den Axiomen für die Grundrechenarten ergeben sich folgende Regeln für den Umgang mit dem Summenzeichen:

1) **Aufteilung einer Summe**: Ist $k \leq m \leq l$, so ist

$$\sum_{i=k}^{l} a_i = \sum_{i=k}^{m} a_i + \sum_{i=m+1}^{l} a_i.$$

2) **Multiplikation mit einer Konstanten**: Ist $c \in \mathbb{R}$, so ist

$$c \cdot \sum_{i=k}^{l} a_i = \sum_{i=k}^{l} (c \cdot a_i).$$

3) **Summe von Summen**: Ist zu jedem i noch eine reelle Zahl b_i gegeben, so gilt:

$$\sum_{i=k}^{l} a_i \;+\; \sum_{i=k}^{l} b_i \;=\; \sum_{i=k}^{l} (a_i + b_i).$$

4) **Umnummerierung der Indizes**: Ist $m \leq n$ und k beliebig, so gilt:

$$\sum_{i=m}^{n} a_i = \sum_{j=k}^{n+k-m} a_{j+m-k}.$$

Das erklärt sich folgendermaßen: Will man statt über i von m bis $n = m + (n-m)$ über einen neuen Laufindex j von k bis $k + (n - m)$ summieren, so erhält der Summationsterm einen Index der Form $j + x$, wobei x so zu wählen ist, dass $a_{k+x} = a_m$ ist, also $x = m - k$.

Beim Gebrauch des Produktzeichens gelten analoge Regeln, auf die wir hier aber nicht eingehen, weil wir das Produktzeichen selten benutzen werden. Wir notieren nur, dass $x^n = \prod_{i=1}^{n} x$ und deshalb $\boxed{x^0 = 1}$ für **jede** reelle Zahl x gilt (also auch $0^0 = 1$).

Definition   (Fakultäten und Binomialkoeffizienten)

Für $n \in \mathbb{N}_0$ ist $n! := \prod_{i=1}^{n} i = 1 \cdot 2 \cdot \ldots \cdot n$ (gesprochen „n-Fakultät").

Für $0 \leq k \leq n$ wird der **Binomialkoeffizient** $\binom{n}{k}$ (gesprochen „n über k") definiert durch

$$\binom{n}{k} := \prod_{i=1}^{k} \frac{n-i+1}{i} = \frac{n(n-1)(n-2)\cdots(n-k+1)}{1 \cdot 2 \cdots k} = \frac{n!}{k!(n-k)!}.$$

Vor dem nächsten Satz müssen wir noch einen Begriff aus der Mengenlehre nachtragen. Ist M eine beliebige Menge, so kann man die Menge $P(M)$ aller Teilmengen von M bilden. Sie wird auch als die **Potenzmenge** von M bezeichnet. Nun ist

$$N \subset M \iff \left(\forall x : x \in N \implies x \in M \right).$$

Da $x \in \varnothing$ immer falsch ist, ist die Implikation $x \in \varnothing \implies x \in M$ immer wahr. Also ist die leere Menge Teilmenge jeder anderen Menge. Außerdem ist natürlich stets $M \subset M$.

1.2.3. Beispiele

A. Sei $M := \{1, 2, 3\}$. Dann ist

$$P(M) = \left\{ \varnothing, \{1\}, \{2\}, \{3\}, \{1,2\}, \{1,3\}, \{2,3\}, \{1,2,3\} \right\}.$$

B. Da auch $\varnothing \subset \varnothing$ ist, folgt: $P(\varnothing) = \{\varnothing\}$ ist eine Menge mit einem Element. Weiter ist $P(P(\varnothing)) = \left\{ \varnothing, \{\varnothing\} \right\}$ eine Menge mit 2 Elementen.

1.2.4. Satz

1. $n!$ ist die Anzahl der Möglichkeiten, n verschiedene Objekte anzuordnen.

2. $\binom{n}{k}$ ist die Anzahl der k-elementigen Teilmengen einer n-elementigen Menge.

BEWEIS:

1) Wir führen Induktion nach n. Der Fall $n = 1$ ist trivial. Für den Induktionsschluss betrachten wir eine Menge von $n+1$ Objekten. Wir stellen uns diese als die Zahlen $1, 2, 3, \ldots, n+1$ vor. Nach Induktionsvoraussetzung gibt es $n!$ Möglichkeiten, die Zahlen $1, 2, 3, \ldots, n$ anzuordnen. In jedem dieser Fälle gibt es $n+1$ Möglichkeiten, die Zahl $n+1$ einzufügen (an die erste Stelle oder die zweite oder

die dritte, usw. bis zur $(n+1)$-ten Stelle). Das ergibt insgesamt $n!(n+1) = (n+1)!$ Möglichkeiten.

2) Hier halten wir n fest und führen Induktion nach k. Wieder ist der Fall $k = 1$ trivial. Wir können $N := \{1, 2, \ldots, n\}$ als Modellmenge benutzen und schon voraussetzen, dass es $\binom{n}{k}$ k-elementige Teilmengen von N gibt. Jede dieser Teilmengen kann auf $n - k$ Arten zu einer $(k+1)$-elementigen Menge vergrößert werden. Allerdings treten die letzteren dabei mehrfach auf. Die Teilmenge $M = \{1, 2, \ldots, k+1\}$ gewinnt man z.B. aus den Mengen $M_1 = \{2, \ldots, k+1\}$, $M_2 = \{1, 3, \ldots, k+1\}$, $\ldots, M_{k+1} = \{1, 2, \ldots, k\}$.

Also ist die Anzahl der $(k+1)$-elementigen Teilmengen von N gleich der Zahl

$$\binom{n}{k} \cdot \frac{n-k}{k+1} = \frac{n!(n-k)}{k!(k+1)(n-k)!} = \frac{n!}{(k+1)!(n-(k+1))!} = \binom{n}{k+1}. \qquad \blacksquare$$

1.2.5. Satz

Es gelten folgende Formeln:

1. $\binom{n}{k} = \binom{n}{n-k}$.

2. $\binom{n}{1} = n \quad und \quad \binom{n}{0} = 1$.

3. $\binom{n}{k} = \binom{n-1}{k-1} + \binom{n-1}{k}$.

BEWEIS: Die Aussagen (1) und (2) sind trivial. Die Aussage (3) muss man nachrechnen:

$$\begin{aligned}
\binom{n-1}{k-1} + \binom{n-1}{k} &= \frac{(n-1)!}{(k-1)!(n-k)!} + \frac{(n-1)!}{k!(n-k-1)!} \\
&= \frac{k(n-1)! + (n-k)(n-1)!}{k!(n-k)!} \\
&= \frac{n(n-1)!}{k!(n-k)!} = \binom{n}{k}. \qquad \blacksquare
\end{aligned}$$

1.2.6. Die binomische Formel

Seien $a, b \in \mathbb{R}$ und $n \in \mathbb{N}$. Dann gilt:

$$(a+b)^n = \sum_{k=0}^{n} \binom{n}{k} a^{n-k} b^k = a^n + n\,a^{n-1}b + \frac{n(n-1)}{2} a^{n-2}b^2 + \cdots + nab^{n-1} + b^n.$$

BEWEIS: Wir beweisen zunächst den Spezialfall $(1 + x)^n = \sum\limits_{k=0}^{n} \binom{n}{k} x^k$.

Multipliziert man ein Produkt $(1 + x_1) \cdots (1 + x_n)$ distributiv aus, so erhält man Summanden der Gestalt 1, x_i, $x_i x_j$ (mit $i < j$) usw. Jeder k-elementigen Teilmenge $\{x_{i_1}, \ldots, x_{i_k}\}$ (mit $i_1 < \ldots < i_k$) von $\{1, \ldots, n\}$ entspricht genau ein Summand $x_{i_1} \cdots x_{i_k}$. Ist nun $x_1 = \ldots = x_n = x$, so folgt der Spezialfall.

Im allgemeinen Fall können wir $a \neq 0$ voraussetzen und erhalten

$$(a + b)^n = a^n (1 + \frac{b}{a})^n = a^n \cdot \sum_{k=0}^{n} \binom{n}{k} (\frac{b}{a})^k = \sum_{k=0}^{n} \binom{n}{k} a^{n-k} b^k .$$

Damit ist alles gezeigt. Wir hätten natürlich auch einen Induktionsbeweis führen können, aber der wäre unübersichtlicher gewesen. ■

Im Falle $n = 2$ und $n = 3$ erhält man speziell

$$\boxed{(a + b)^2 = a^2 + 2ab + b^2}$$ und $$\boxed{(a + b)^3 = a^3 + 3a^2 b + 3ab^2 + b^3.}$$

1.2.7. Folgerung

$$\sum_{k=0}^{n} \binom{n}{k} = 2^n \quad und \quad \sum_{k=0}^{n} (-1)^k \binom{n}{k} = 0.$$

BEWEIS: Setze $a = b = 1$, bzw. $a = 1$ und $b = -1$. ■

Nun folgt auch: Besitzt eine Menge M n Elemente, so besitzt $P(M)$ 2^n Elemente. Das erklärt die Bezeichnung „Potenzmenge".

1.2.8. Beispiel

Es seien Zahlen $a_m, a_{m+1}, a_{m+2}, \ldots$ gegeben und $A_j := a_{j+1} - a_j$ gesetzt. Dann nennt man $\sum_{j=m}^{n} A_j$ eine **Teleskop-Summe**, weil sich diese Summe ganz einfach zu einem kurzen Ausdruck zusammenfalten lässt:

$$\sum_{j=m}^{n} A_j = \sum_{j=m}^{n} a_{j+1} - \sum_{j=m}^{n} a_j = \sum_{j=m+1}^{n+1} a_j - \sum_{j=m}^{n} a_j = a_{n+1} - a_m .$$

Hier ist eine Illustration für den Fall $m = 1$ (und $a_{j+1} \geq a_j$):

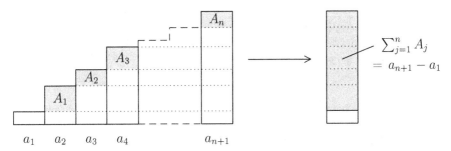

Als Anwendung betrachten wir den Fall $a_j = j^2$. Dann ist

$$A_j = (j+1)^2 - j^2 = 2j + 1$$

und $$\sum_{j=1}^{n} (2j + 1) = \sum_{j=1}^{n} A_j = a_{n+1} - a_1 = (n+1)^2 - 1 = n^2 + 2n.$$

Da die linke Seite auch als $2 \cdot \left(\sum_{j=1}^{n} j \right) + n$ geschrieben werden kann, folgt:

$$\sum_{j=1}^{n} j = \frac{n^2 + n}{2} = \frac{n(n+1)}{2}.$$

Im Falle $n = 100$ ergibt sich $1 + 2 + 3 + \cdots + 100 = 50 \cdot 101 = 5050$. Nach einer Anekdote von ihm selbst soll Carl Friedrich Gauß die Formel schon in der Volksschule gefunden haben.

Als weitere Anwendung betrachten wir $a_j = j^3$. Dann ist

$$A_j = (j+1)^3 - j^3 = 3j^2 + 3j + 1$$

und $$\sum_{j=1}^{n} (3j^2 + 3j + 1) = \sum_{j=1}^{n} A_j = (n+1)^3 - 1 = n^3 + 3n^2 + 3n.$$

Damit erhalten wir die Gleichung

$$\sum_{j=1}^{n} j^2 = \frac{1}{3}(n^3 + 3n^2 + 2n) - \frac{1}{2}n(n+1) = \frac{1}{6}(2n^3 + 3n^2 + n),$$

also

$$\sum_{j=1}^{n} j^2 = \frac{n(n+1)}{6}(2n+1).$$

Formeln wie diese werden üblicherweise durch vollständige Induktion bewiesen. Das ist allerdings nur möglich, wenn man sie kennt oder erraten kann. Die hier dargestellte Methode liefert die Formeln direkt.

1.2.9. Geometrische Summenformel

Ist $x \in \mathbb{R}$, $x \neq 1$ *und* $n \in \mathbb{N}$, *so gilt:* $\quad \displaystyle\sum_{i=0}^{n} x^i = \frac{x^{n+1} - 1}{x - 1}.$

BEWEIS: Auch hier könnten wir mit einer Teleskop-Summe arbeiten, aber man sieht das Ergebnis noch einfacher. Es ist

$$(x - 1) \cdot \sum_{i=0}^{n} x^i = \sum_{i=0}^{n} x^{i+1} - \sum_{i=0}^{n} x^i = \sum_{i=1}^{n+1} x^i - \sum_{i=0}^{n} x^i = x^{n+1} - 1.$$

∎

1.2.10. Folgerung

Sind $a, b \in \mathbb{R}$, *mit* $a \neq b$, *so ist* $\quad \displaystyle\sum_{i=0}^{n} a^i b^{n-i} = \frac{a^{n+1} - b^{n+1}}{a - b}.$

BEWEIS: Die Aussage ist trivial für $b = 0$. Es sei also o.B.d.A. (d.h. „ohne Beschränkung der Allgemeinheit") $b \neq 0$. Wir setzen $x = a/b$ in der geometrischen Summenformel. Es ist

$$\frac{a^{n+1} - b^{n+1}}{a - b} = b^n \cdot \frac{(a/b)^{n+1} - 1}{(a/b) - 1} = b^n \cdot \sum_{i=0}^{n} (a/b)^i = \sum_{i=0}^{n} a^i b^{n-i}.$$

∎

Zusammenfassung

Thema dieses Abschnittes sind Aussagen, die von einer natürlichen Zahl n abhängen. Als wichtigste Beweismethode haben wir das **Prinzip der vollständigen Induktion** kennengelernt: Eine Aussage $A(n)$ wird für alle $n \in \mathbb{N}$ bewiesen, indem man zunächst $A(1)$ (den Induktionsanfang) zeigt und dann die Implikation $A(n) \implies A(n+1)$ (Induktionsschluss). Der Induktionsschluss birgt die Gefahr von Missverständnissen. Nicht die Aussage $A(n + 1)$ soll allein für sich bewiesen werden, sondern es soll gezeigt werden, wie $A(n+1)$ rekursiv aus $A(n)$ folgt. Typisches Beispiel ist der Beweis der **Bernoulli'schen Ungleichung**:

$$(1 + x)^n > 1 + nx \text{ für } x > -1, \ x \neq 0 \text{ und } n \geq 2.$$

Eine erste Anwendung war die Einführung des Summen- und Produktzeichens. Die meisten Probleme bereitet dabei die Umnummerierung der Indizes, etwa vom Indexbereich $(m, m+1, \ldots, n)$ auf den Bereich $(k, k+1, \ldots, k+(n-m))$:

$$\sum_{i=m}^{n} a_i = \sum_{j=k}^{k+n-m} a_{j+m-k}.$$

Die Fakultäten $n! = 1 \cdot 2 \cdots n$ und die Binomialkoeffizienten $\binom{n}{k} := \dfrac{n!}{k!(n-k)!}$ wurden eingeführt. Dabei ist $n!$ die Anzahl der Möglichkeiten, die Elemente der Menge $\{1, 2, \ldots, n\}$ anzuordnen, und $\binom{n}{k}$ die Anzahl der k-elementigen Teilmengen von $\{1, \ldots, n\}$. Besonders nützlich ist die Formel

$$\binom{n}{k} = \binom{n-1}{k-1} + \binom{n-1}{k}.$$

In der Folge wurden verschiedene Summenformeln hergeleitet:

$$(a+b)^n = \sum_{k=0}^{n} \binom{n}{k} a^{n-k} b^k \quad \text{(binomische Formel)},$$

$$\sum_{k=1}^{n} k = \frac{n(n+1)}{2},$$

$$\sum_{k=1}^{n} k^2 = \frac{n(n+1)}{6} (2n+1)$$

$$\text{und} \quad \sum_{k=0}^{n} x^k = \frac{x^{n+1}-1}{x-1}, \text{ für } x \in \mathbb{R}, \ x \neq 1 \text{ und } n \in \mathbb{N}$$

(geometrische Summenformel).

Aus der Logik haben wir die Quantoren $\forall$ und $\exists$ kennengelernt, aus der Mengenlehre die Vereinigung und die Schnittmenge von beliebigen Mengensystemen, sowie den Begriff der Potenzmenge.

Ergänzungen

Wir wollen das Induktionsprinzip auf einige Fragen der Teilbarkeitslehre anwenden. Zuvor müssen wir noch eine Variante kennenlernen.

1.2.11. Zweites Induktionsprinzip

Es sei $M \subset \mathbb{N}$ eine Teilmenge, für die gilt:

1. $1 \in M$.

2. Ist $n \in \mathbb{N}$ und $k \in M$ für alle $k \in \mathbb{N}$ mit $k < n$, so gehört n zu M.

Dann ist $M = \mathbb{N}$.

BEWEIS: Wir benutzen das Widerspruchsprinzip. Ist $M \neq \mathbb{N}$, so gibt es eine kleinste natürliche Zahl n_0, die nicht in M liegt. Ist $k \in \mathbb{N}$ und $k < n_0$, so liegt k in M. Nach Voraussetzung muss dann aber auch n_0 zu M gehören. Das ist ein Widerspruch. ∎

Bemerkung: Der gerade geführte Beweis war kein echter Widerspruchsbeweis, sondern ein **Beweis durch Kontraposition**. Die Aussagen $A \implies B$ und $(\neg B) \implies (\neg A)$ sind nämlich logisch äquivalent, wie man leicht durch Vergleich der Wahrheitswerte feststellt. Statt $A \implies B$ zu zeigen, kann man also genauso gut $(\neg B) \implies (\neg A)$ beweisen.

Beim Widerspruchsbeweis würde man die Aussage A als Voraussetzung beibehalten, die Aussage $\neg B$ als zusätzliche Voraussetzung benutzen und versuchen, eine Aussage C herzuleiten, die offensichtlich falsch ist. Dann könnte man schließen, dass $A \wedge \neg B$ falsch, also $B \vee \neg A$ wahr ist. Letzteres ist aber gerade die Aussage $A \Longrightarrow B$.

Im Abschnitt 1.1 wurde schon über Teilbarkeit und Teilermengen gesprochen. Zum Beispiel gilt:

> Ist a Teiler von b und von $b + c$, so auch von c.

Ist nämlich $b = a \cdot q$ und $b + c = a \cdot p$, so ist $c = ap - b = ap - aq = a(p - q)$.

Definition   (Primzahl)

Eine natürliche Zahl $p > 1$ heißt ***Primzahl***, falls $T_p = \{1, p\}$ ist.

Dass die 1 keine Primzahl ist, liegt also an unserer Definition. Die 2 ist die kleinste Primzahl, und jede andere Primzahl muss eine ungerade Zahl sein.

1.2.12. Satz

Ist $n \in \mathbb{N}$ und $n > 1$, so ist n eine Primzahl oder ein Produkt von Primzahlen.

BEWEIS: Wir führen Induktion nach n. Für den Induktionsanfang $n = 1$ ist nichts zu zeigen. Sei nun $n > 1$ und die Behauptung für alle k mit $1 < k < n$ schon bewiesen. Ist n prim, ist man fertig. Ist n nicht prim, so ist sogar $n > 2$, und es gibt natürliche Zahlen $a, b < n$ mit $n = a \cdot b$. Dann müssen a und b beide > 1 sein. Nach Induktionsvoraussetzung sind sie jeweils Produkte von Primzahlen, und dann gilt das auch für n.   ■

1.2.13. Satz von Euklid

Es gibt unendlich viele Primzahlen.

BEWEIS: Wir nehmen an, es gibt nur endlich viele Primzahlen, etwa $p_1, p_2, \ldots, p_n$, und bilden die Zahl $P := p_1 \cdot p_2 \cdot \ldots \cdot p_n$. Dann besitzt die Zahl $P + 1$ einen kleinsten Primteiler q, der natürlich unter den Zahlen $p_1, \ldots, p_n$ vorkommen muss, also auch ein Teiler von P ist. Wenn jedoch q ein Teiler von P und von $P + 1$ ist, dann muss q auch Teiler von 1 sein. Das ist unmöglich!   ■

1.2.14. Division mit Rest

Sind a, b zwei natürliche Zahlen, $1 < b < a$, so kann man a durch b mit Rest teilen:

$$a = q \cdot b + r, \; mit \; 0 \le r < b.$$

Dass es diese Darstellung gibt, weiß jeder, man erhält sie durch sukzessives Subtrahieren (man betrachtet die Differenzen $a - b$, $a - 2b$ usw., bis der verbleibende Rest $< b$ ist). Bemerkenswert ist aber die **Eindeutigkeit:** Liegen zwei Darstellungen $a = q_1 \cdot b + r_1 = q_2 \cdot b + r_2$ vor, so ist $(q_1 - q_2) \cdot b = r_2 - r_1$. Ist $r_1 = r_2$, so muss auch $q_1 = q_2$ sein, und man ist fertig. Ist etwa $r_2 > r_1$, so muss $q_1 - q_2 > 0$, also $(q_1 - q_2) \cdot b \ge b$ sein. Aber andererseits ist $(q_1 - q_2) \cdot b = r_2 - r_1 < r_2 < b$. Das ist ein Widerspruch.

Nun kann man einen Algorithmus zur Bestimmung des größten gemeinsamen Teilers zweier natürlicher Zahlen entwickeln.

Der euklidische Algorithmus:

Gegeben seien zwei natürliche Zahlen a, b mit $a \geq b$. Dann führt man sukzessive Divisionen mit Rest aus:

$$
\begin{aligned}
a &= q \cdot b + r, & \text{mit } 0 \leq r < b. \\
b &= q_1 \cdot r + r_2, & \text{mit } 0 \leq r_2 < r. \\
r &= q_2 \cdot r_2 + r_3, & \text{mit } 0 \leq r_3 < r_2. \\
&\vdots \\
r_{n-2} &= q_{n-1} \cdot r_{n-1} + r_n, & \text{mit } 0 \leq r_n < r_{n-1}. \\
r_{n-1} &= q_n \cdot r_n.
\end{aligned}
$$

Das Verfahren muss auf jeden Fall abbrechen, weil $b > r > r_2 > r_3 > \ldots \geq 0$ ist. Weiter ist $T_a \cap T_b = T_b \cap T_r = T_r \cap T_{r_2} = \ldots = T_{r_{n-1}} \cap T_{r_n} = T_{r_n}$. Die letzte Gleichung gilt, weil $T_{r_n} \subset T_{r_{n-1}}$ ist. Daraus folgt:

$$
\mathrm{ggT}(a, b) = \mathrm{ggT}(b, r) = \mathrm{ggT}(r, r_2) = \ldots = \mathrm{ggT}(r_{n-1}, r_n) = r_n.
$$

Wir wollen nun auch noch zeigen, dass es ganze Zahlen x, y gibt, so dass $\mathrm{ggT}(a, b) = xa + yb$ ist. Offensichtlich ist $r = 1 \cdot a + (-q) \cdot b$ und $r_2 = b - q_1 r = (-q_1) \cdot a + (1 + qq_1) \cdot b$. Wenn wir nun annehmen, dass $r_{n-2} = x_0 \cdot a + y_0 \cdot b$ und $r_{n-1} = x_1 \cdot a + y_1 \cdot b$ ist, so folgt:

$$
\begin{aligned}
r_n &= r_{n-2} - q_{n-1} r_{n-1} \\
&= x_0 a + y_0 b - q_{n-1}(x_1 a + y_1 b) \\
&= (x_0 - q_{n-1} x_1) \cdot a + (y_0 - q_{n-1} y_1) \cdot b.
\end{aligned}
$$

Wir haben induktiv argumentiert, wobei die Induktion allerdings nach endlich vielen Schritten endet. Zusammen sieht der Algorithmus folgendermaßen aus:

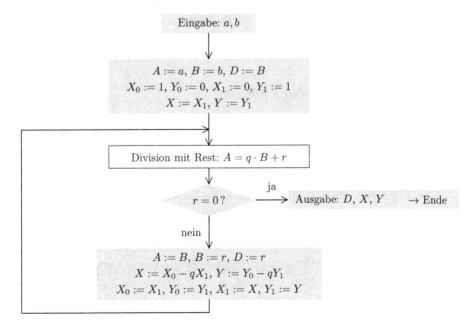

1.2.15. Beispiel

Es soll $d = \mathrm{ggT}(12378, 3054)$ berechnet werden:

$$
\begin{aligned}
12378 &= 12216 + 162 = 4 \cdot 3054 + 162, & d &= 3054,\ x = 0,\ y = 1 \\
3054 &= 2916 + 138 = 18 \cdot 162 + 138, & d &= 162,\ x = 1,\ y = -4 \\
162 &= 1 \cdot 138 + 24, & d &= 138,\ x = -18,\ y = 73 \\
138 &= 5 \cdot 24 + 18, & d &= 24,\ x = 19,\ y = -77 \\
24 &= 1 \cdot 18 + 6, & d &= 18,\ x = -113,\ y = 458 \\
18 &= 3 \cdot 6, & d &= 6,\ x = 132,\ y = -535.
\end{aligned}
$$

Also ist $\mathrm{ggT}(12378, 3054) = 6$, und tatsächlich ist

$$
132 \cdot 12378 + (-535) \cdot 3054 = 1633896 - 1633890 = 6.
$$

Zum Schluss noch ein Ergebnis, bei dem sich mancher darüber wundern wird, dass man es überhaupt beweisen muss.

1.2.16. Wohlordnungsprinzip

Jede nicht leere Teilmenge von $\mathbb{N}$ besitzt ein kleinstes Element.

BEWEIS: Wir beweisen die folgende Aussage durch Induktion nach n:

Ist $M \subset \mathbb{N}$ und $n \in M$, so besitzt M ein kleinstes Element.

Der Induktionsanfang ist trivial: Ist $1 \in M$, so ist 1 das kleinste Element von M.

Nun sei die Behauptung für n bewiesen, $M \subset \mathbb{N}$ und $n + 1 \in M$. Ist auch $n \in M$, so ist nichts mehr zu zeigen. Wir nehmen also an, dass $n \notin M$ ist und bilden die Menge $N := \{n\} \cup M$. Nach Induktionsvoraussetzung besitzt N ein kleinstes Element n_0. Liegt n_0 schon in M, sind wir fertig. Ist $n_0 = n$, so gilt $k > n$ und damit $k \geq n + 1$ für jedes $k \in M$. Dann ist $n + 1$ das kleinste Element. $\blacksquare$

1.2.17. Aufgaben

A. Verneinen Sie die folgenden Ausdrücke:

    a) Für alle x gilt die Aussage $A(x)$.

    b) Für alle x gibt es ein y, so dass die Aussage $A(x, y)$ gilt.

B. Untersuchen Sie, ob die folgenden beiden Ausdrücke äquivalent sind:

    • Für alle x existiert ein y, so dass die Aussage $A(x, y)$ gilt.

    • Es existiert ein y, so dass für alle x die Aussage $A(x, y)$ gilt.

C. Beweisen Sie die Formeln

$$
\left(\bigcup_{i \in I} A_i \right) \cap B = \bigcup_{i \in I} (A_i \cap B) \quad \text{und} \quad \left(\bigcap_{i \in I} A_i \right) \cup B = \bigcap_{i \in I} (A_i \cup B).
$$

Beweisen Sie für Teilmengen $A_i \subset X$ die Formel

$$
X \setminus \bigcup_{i \in I} A_i = \bigcap_{i \in I} (X \setminus A_i).
$$

D. Beweisen Sie: 3 teilt $n^3 + 2n$ für alle $n \in \mathbb{N}$.

E. Zeigen Sie:

    a) $n^3 + 11n$ ist durch 6 teilbar

    b) $10^n + 18n - 28$ ist durch 27 teilbar

F. Zeigen Sie: $0 < a < b \implies a^n < b^n$, $\forall n \in \mathbb{N}$. Was passiert, wenn nicht beide Zahlen positiv sind?

G. Beweisen Sie die Ungleichung $(1 - a)^n < \dfrac{n}{1 + na}$ für $n \in \mathbb{N}$ und $0 < a < 1$.

H. Beweisen Sie die binomische Formel durch vollständige Induktion.

I. Beweisen Sie durch vollständige Induktion die Formeln

$$\sum_{k=1}^{n} k = \frac{n(n+1)}{2} \quad \text{und} \quad \sum_{k=1}^{n} k^2 = \frac{n(n+1)}{6}(2n+1).$$

J. Beweisen Sie die Beziehung

$$\binom{n}{k} = \sum_{l=k}^{n} \binom{l-1}{k-1}$$

K. Benutzen Sie die Methode der Teleskopsummen zur Berechnung der Summe

$$S_n = \sum_{k=1}^{n} \frac{1}{k(k+1)}.$$

L. Beweisen Sie die Beziehung $n^2 = \sum_{i=0}^{n-1}(2i + 1)$, indem Sie beide Seiten auf die Summe $\sum(i^2 - (i-1)^2)$ zurückführen.

M. Finden Sie eine Formel für $P_n = \prod_{k=2}^{n}\left(1 - \dfrac{1}{k^2}\right)$ und beweisen Sie diese mit vollständiger Induktion.

N. Zeigen Sie: Für jede reelle Zahl x ist $x^2 \geq 0$. Folgern Sie daraus, dass $1 > 0$ ist. Zeigen Sie, dass $\{1\} \cup \{x \in \mathbb{R} : x \geq 2\}$ induktiv ist und folgern Sie daraus, dass es zwischen 1 und 2 keine natürliche Zahl gibt.

Zeigen Sie: Ist $n \in \mathbb{N}$, so ist $n = 1$ oder es gibt ein $m \in \mathbb{N}$ mit $m + 1 = n$. Folgern Sie daraus: Sind $n, m \in \mathbb{N}$ mit $n < m + 1$, so ist $n \leq m$.

1.3   Vollständigkeit

Zur Einführung: Wir haben schon in Abschnitt 1.1 darüber gesprochen, dass es irrationale Zahlen geben muss. Das wurde uns von der Geometrie suggeriert, und auch die Beschreibung von $\mathbb{R}$ durch unendliche Dezimalbrüche legt solche Gedanken nahe. Die Axiome für die Addition, Multiplikation und Anordnung liefern aber keinen Anhaltspunkt für die Existenz irrationaler Zahlen, diese Axiome werden alle auch von den rationalen Zahlen erfüllt.

Wir werden jetzt nach ein paar technischen Vorbereitungen das Vollständigkeitsaxiom für die reellen Zahlen formulieren. Dies wird uns eine solide Grundlage für alle späteren Grenzwertuntersuchungen liefern. Als erste Anwendung beweisen wir das Prinzip von Archimedes, das Konvergenzbeweise erst möglich macht. Danach zeigen wir die Existenz von Wurzeln und anderen irrationalen Zahlen.

Definition   (Betrag einer reellen Zahl)

Ist $x \in \mathbb{R}$, so heißt $|x| := \begin{cases} x & \text{falls } x \geq 0, \\ -x & \text{falls } x < 0. \end{cases}$ der *(Absolut-)Betrag* von x.

Stellen wir uns die reellen Zahlen a, b als Punkte auf einer Geraden vor, so ist $|a - b| = |b - a|$ der Abstand von a und b auf der Geraden. Speziell ist $|a|$ der Abstand der Zahl a vom Nullpunkt.

1.3.1. Satz

Sind a, b, c reelle Zahlen, so gilt:

1. *$|a \cdot b| = |a| \cdot |b|$.*

2. *Es ist stets $-|a| \leq a \leq +|a|$.*

3. *Ist $c > 0$, so gilt: $|x| < c \iff -c < x < +c$.*

4. *Es ist $|a + b| \leq |a| + |b|$ (**Dreiecksungleichung**).*

5. *Es ist $|a - b| \geq |a| - |b|$.*

Zum BEWEIS: (1) und (2) erhält man durch Fallunterscheidung.

3) Ist $|x| < c$, so ist $-|x| > -c$ und daher

$$-c < -|x| \leq x \leq |x| < c.$$

Ist umgekehrt $-c < x < +c$, so unterscheiden wir zwei Fälle: Ist $x \geq 0$, so ist $|x| = x < c$. Ist $x < 0$, so ist $|x| = -x < -(-c) = c$ (wegen $x > -c$).

4) Wegen (2) ist $-(|a| + |b|) = -|a| - |b| \le a + b \le |a| + |b|$. Wegen (3) folgt daraus die Dreiecksungleichung.

Zum Beweis von (5) benutzt man den beliebten Trick, eine Null einzufügen:
Es ist $|a| = |(a - b) + b| \le |a - b| + |b|$. ∎

Für beliebiges $a \in \mathbb{R}$ und $\varepsilon > 0$ nennt man die Menge

$$U_\varepsilon(a) := \{x \in \mathbb{R} \mid a - \varepsilon < x < a + \varepsilon\} = \{x \in \mathbb{R} : |x - a| < \varepsilon\}$$

die ε-**Umgebung** von a. Sie besteht aus allen Punkten x auf der Zahlengeraden, deren Abstand von a kleiner als ε ist.

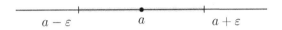

$$a - \varepsilon \qquad a \qquad a + \varepsilon$$

Definition   (Intervalle)

Sind $a < b$ zwei reelle Zahlen, so heißt

$$(a, b) := \{x \in \mathbb{R} : a < x < b\}$$

das *offene Intervall* mit den Grenzen a und b. Die Menge

$$[a, b] := \{x \in \mathbb{R} : a \le x \le b\}$$

nennt man das *abgeschlossene Intervall* mit den Grenzen a und b.

$[a, b) := \{x \in \mathbb{R} \, a \le x < b\}$ und $(a, b] := \{x \in \mathbb{R} : a < x \le b\}$ heißen *halboffene Intervalle*.

Die ε-Umgebung von a ist also das offene Intervall $(a - \varepsilon, a + \varepsilon)$.

Man führt nun zwei (voneinander verschiedene) neue Objekte $-\infty$ und $+\infty$ ein, die nicht zu den reellen Zahlen gehören (so dass man mit ihnen auch nicht rechnen kann) und die folgende Eigenschaften besitzen:

- Es ist $-\infty < +\infty$.

- Für alle reellen Zahlen x ist $-\infty < x < +\infty$.

Die Menge $\overline{\mathbb{R}} := \mathbb{R} \cup \{-\infty, +\infty\}$ nennt man die *abgeschlossene Zahlengerade*. Die Mengen $(-\infty, a)$, $(-\infty, a]$, $[a, +\infty)$ und $(a, +\infty)$ nennt man *Halbgeraden* oder *entartete Intervalle*.

1.3.2. Satz

Für eine beliebige reelle Zahl x gilt: $x = 0 \iff \forall \varepsilon > 0 : |x| < \varepsilon$.

BEWEIS: Ist $x = 0$ und $\varepsilon > 0$, so ist selbstverständlich $|x| = 0 < \varepsilon$.

Ist umgekehrt das Kriterium erfüllt, so müssen wir zeigen, dass $x = 0$ ist. Das geht nur durch Widerspruch. Wir nehmen an, es sei $x \neq 0$. Dann ist $|x| > 0$. Setzen wir $\varepsilon := |x|/2$, so ist $0 < \varepsilon < |x|$. Das ist ein Widerspruch.   ∎

Im Computer-Zeitalter benutzt man oft ein anderes Prinzip. Durch die Rechengenauigkeit eines Computers ist eine Zahl $\varepsilon_0 > 0$ bestimmt, so dass für den Computer jede Zahl x mit $|x| < \varepsilon_0$ mit der Null gleichzusetzen ist. In der Analysis ist dagegen erst dann $x = 0$, wenn $|x|$ unterhalb **jeder** Rechengenauigkeit liegt.

Definition   (Obere und untere Schranke)

Eine Menge $M \subset \mathbb{R}$ heißt **nach oben beschränkt**, falls es eine reelle Zahl c gibt, so dass $x \leq c$ für alle $x \in M$ gilt. Die Zahl c nennt man dann eine **obere Schranke** für M.

Besitzt M eine **untere Schranke**, also eine reelle Zahl c, so dass $x \geq c$ für alle $x \in M$ ist, so heißt M nach **unten beschränkt**.

Definition   (Supremum und Infimum)

Sei $M \subset \mathbb{R}$ eine nach oben beschränkte Menge. Wenn die Menge aller oberen Schranken von M ein kleinstes Element a besitzt, so nennt man diese kleinste obere Schranke das **Supremum** von M (in Zeichen: $a = \sup(M)$).

Ist M nach unten beschränkt, so nennt man die größte untere Schranke das **Infimum** von M (in Zeichen: $\inf(M)$).

1.3.3. Beispiel

Sei $M = (0, 1)$. Dann ist natürlich jede Zahl $c > 1$ eine obere Schranke von M. Und auch die 1 ist noch eine obere Schranke. Eine Zahl $c < 1$ kann dagegen keine obere Schranke sein, denn es gibt Zahlen d mit $c < d < 1$ (z.B. $d := (1 + c)/2$). Also ist $S := [1, \infty)$ die Menge der oberen Schranken von M. Tatsächlich hat S ein kleinstes Element, die 1. Damit ist $\sup(M) = 1$.

Für die Menge $N = (0, 1]$ erhalten wir die gleiche Menge von oberen Schranken. Deshalb ist auch $\sup(N) = 1$. Das Supremum einer Menge kann zu der Menge gehören, muss es aber nicht.

Zur Motivation: Bisher haben wir keinen Anhaltspunkt dafür, dass eine nicht leere, beschränkte Menge immer ein Supremum besitzen muss. Wir wollen hier eine heuristische Überlegung anstellen und dabei der Einfachheit halber annehmen, dass unsere Menge M im Intervall $(0, 1)$ enthalten ist. Dann ist $0.9999\ldots$ eine obere Schranke, und es gibt eine Zahl $A = 0.a_1 a_2 a_3 \ldots > 0$, die in M liegt.

Sei d_1 die größte Ziffer mit $a_1 \leq d_1 \leq 9$, so dass es ein Element der Gestalt $0 . d_1 \ldots$ in M gibt. Dann sei d_2 die größte Ziffer, so dass es ein Element der Gestalt $0 . d_1 d_2 \ldots$ in M gibt. Und so fahren wir fort. Nach und nach erhalten wir eine unendliche Folge von Ziffern, und die daraus gebildete Zahl $D = 0 . d_1 d_2 d_3 \ldots$ ist sicher eine obere Schranke von M, denn für jedes $x = 0 . x_1 x_2 x_3 \ldots \in M$ ist nach Konstruktion $x_i \leq d_i$ für alle $i \in \mathbb{N}$. Aber gleichzeitig ist klar, dass es keine kleinere Zahl geben kann, die immer noch obere Schranke von M ist. Es gibt nämlich zu jedem i ein Element $x \in M$, dessen erste i Stellen nach dem Dezimalpunkt mit den Ziffern $d_1, \ldots, d_i$ übereinstimmen.

Also ist D die **kleinste obere Schranke** von M.

1.3.4. Vollständigkeits-Axiom

Jede nicht leere und nach oben beschränkte Menge besitzt ein Supremum.

Unbeschränkte Mengen besitzen definitionsgemäß kein Supremum oder kein Infimum. Diesen Mangel kann man aber künstlich beheben: Ist $M \subset \mathbb{R}$ nicht nach oben beschränkt, so setzt man $\sup(M) := +\infty$; ist M nicht nach unten beschränkt, so setzt man $\inf(M) := -\infty$.

Mit dieser Notation gilt jetzt:

$$M \subset \mathbb{R} \text{ beschränkt} \quad \Longleftrightarrow \quad \sup(M) < +\infty \text{ und } \inf(M) > -\infty.$$

Eine besonders wichtige Anwendung betrifft die Verteilung der natürlichen Zahlen:

1.3.5. Satz von Archimedes

Zu jeder reellen Zahl x gibt es eine natürliche Zahl n, die größer als x ist.

BEWEIS: Mit Quantoren geschrieben, lautet die Behauptung:

$$\forall x \in \mathbb{R} \, \exists n \in \mathbb{N} \text{ mit } n > x.$$

Wir arbeiten nun mit dem Widerspruchsprinzip. Angenommen, es gibt ein $x_0 \in \mathbb{R}$, so dass $x_0 \geq n$ für alle $n \in \mathbb{N}$ gilt. Dann ist $\mathbb{N}$ nach oben beschränkt. Also existiert $a := \sup(\mathbb{N})$, die kleinste obere Schranke von $\mathbb{N}$. Dies ist eine reelle Zahl, und $a - 1$ ist keine obere Schranke mehr. Also gibt es ein $n_0 \in \mathbb{N}$ mit $a - 1 < n_0$. Dann ist $n_0 + 1 > a$. Da $n_0 + 1$ eine natürliche Zahl ist, widerspricht das der Supremums-Eigenschaft von a. ∎

Schon Euklid kannte dieses Prinzip. Er erklärte es rein geometrisch wie folgt: Ist OE eine Einheitsstrecke und OX eine beliebige Strecke gleicher Richtung, so kann man OE so oft aneinander legen, bis eine Strecke $n \cdot OE > OX$ entsteht.

Bei (nach oben beschränkten) Mengen ganzer Zahlen liefert der Satz von Archimedes noch mehr als ein Supremum.

1.3.6. Satz

Ist $M \subset \mathbb{Z}$ nach oben beschränkt und nicht leer, so besitzt M ein größtes Element.

BEWEIS: Nach Archimedes gibt es sogar eine natürliche Zahl n_0, die obere Schranke von M ist. Ist $n_0 \in M$, so ist n_0 das größte Element von M.

Ist $n_0 \notin M$, so gilt $m < n_0$ und damit $-m > -n_0$ für jedes $m \in M$. Die Menge

$$N := \{n_0 - m : m \in M\}$$

ist eine nicht leere Menge von natürlichen Zahlen und besitzt daher ein kleinstes Element k_0 („Wohlordnungsprinzip", vgl. 1.1.2.16). Die Zahl $m_0 := n_0 - k_0$ ist das größte Element von M, denn für $m \in M$ ist $k_0 \le n_0 - m$ und daher $m \le m_0$.   ∎

Der gerade bewiesene Satz rechtfertigt den folgenden Begriff.

Definition   (Gaußklammer)

Ist x eine reelle Zahl, so bezeichnen wir die größte ganze Zahl $\le x$ mit $[x]$ und nennen sie die **Gaußklammer** von x.

Jetzt zeigen wir mit Hilfe des Vollständigkeitsaxioms die Existenz von Wurzeln.

1.3.7. Existenz der n-ten Wurzel

Sei $a > 0$ eine reelle Zahl und $n \ge 2$ eine natürliche Zahl. Dann gibt es genau eine reelle Zahl $y > 0$ mit $y^n = a$.

BEWEIS: Wir nehmen zunächst an, dass $a > 1$ ist, und betrachten die Menge

$$M := \{x \in \mathbb{R} : x > 0 \text{ und } x^n < a\}.$$

Die Menge M ist nicht leer (denn $1 \in M$), und sie ist nach oben beschränkt (etwa durch a, denn $a^{n-1} > 1$ und damit $a^n > a$).

Sei $y := \sup(M)$. Offensichtlich muss $y \ge 1$ sein. Ist $y^n = a$, so ist nichts mehr zu zeigen. Andernfalls gibt es 2 Möglichkeiten:

1. Fall: $y^n < a$, also $a - y^n > 0$.

Wir wollen zeigen, dass es ein $h > 0$ gibt, so dass auch noch $(y + h)^n < a$ ist. Dazu benutzen wir die (aus der geometrischen Summenformel folgende) Beziehung

$$(y + h)^n - y^n = h \cdot \sum_{i=0}^{n-1} (y + h)^{n-1-i} y^i < h \cdot n(y + h)^{n-1}.$$

Die letzte Ungleichung folgt aus der Tatsache, dass $y < y + h$ ist. Wählt man h zwischen 0 und 1 so klein, dass $h < (a - y^n)/(n(y + 1)^{n-1})$ ist, so folgt:

$$(y + h)^n - y^n < \left(\frac{y + h}{y + 1} \right)^{n-1} \cdot (a - y^n) < a - y^n, \quad \text{also } (y + h)^n < a.$$

Das ist ein Widerspruch zur Supremumseigenschaft von y.

2. Fall: $y^n > a$, also $y^n - a > 0$.

Diesmal benutzen wir die Beziehung

$$y^n - (y - h)^n = h \cdot \sum_{i=0}^{n-1} y^{n-1-i}(y - h)^i < h \cdot ny^{n-1}.$$

Wählt man h zwischen 0 und 1 so klein, dass $h < (y^n - a)/(n \cdot y^{n-1})$ ist, so folgt:

$$y^n - (y - h)^n < y^n - a, \quad \text{also } (y - h)^n > a.$$

Auch das kann nicht sein.

Ist $0 < a < 1$, so löst man zunächst die Gleichung $y^n = 1/a$ und bildet dann den Kehrwert.

Nun fehlt bloß noch die Eindeutigkeit: Ist $y_1^n = y_2^n = a$, so ist $0 = y_1^n - y_2^n = (y_1 - y_2) \cdot \sum_{i=0}^{n-1} y_1^{n-1-i} y_2^i$, also $y_1 = y_2$. ∎

Definition **(Wurzel)**

Sei $a \geq 0$ eine reelle Zahl. Die eindeutig bestimmte reelle Zahl $y \geq 0$ mit $y^n = a$ nennt man die n-*te Wurzel* von a, in Zeichen $y = \sqrt[n]{a}$.

Im Falle $n = 2$ schreibt man einfach $y = \sqrt{a}$.

Das Quadrat einer reellen Zahl ist niemals negativ. Ist also $a < 0$ und $n \in \mathbb{N}$ eine gerade Zahl, so existiert die n-te Wurzel aus a nicht. Ist dagegen n ungerade, so ist $\sqrt[n]{a} = - \sqrt[n]{|a|}$ die eindeutig bestimmte Zahl, deren n-te Potenz a ergibt.

Insbesondere ist

$$\sqrt[n]{x^n} = \begin{cases} |x| & \text{falls } n \text{ gerade,} \\ x & \text{falls } n \text{ ungerade.} \end{cases}$$

Es gibt viele irrationale Zahlen, z.B. alle Zahlen $\sqrt[n]{p}$, $n \geq 2$ und p prim (Beweis im Ergänzungsbereich). Andererseits gilt:

1.3.8. Die rationalen Zahlen liegen „dicht" in $\mathbb{R}$

Sei $a \in \mathbb{R}$ und $\varepsilon > 0$. Dann gibt es eine Zahl $q \in \mathbb{Q}$, so dass $|q - a| < \varepsilon$ ist.

BEWEIS: Ist a selbst rational, so ist die Aussage trivial. Außerdem können wir uns auf den Fall $a > 0$ beschränken.

Zu einem vorgegebenen $\varepsilon > 0$ kann man dann ein $n \in \mathbb{N}$ finden, so dass $1/n < \varepsilon$ ist. Weiter kann man nach Archimedes ein $m \in \mathbb{N}$ finden, so dass $m > n \cdot a$ ist, und da jede Teilmenge von $\mathbb{N}$ ein kleinstes Element besitzt, können wir m minimal wählen. Dann ist $m - 1 \leq n \cdot a < m$, und es folgt:

$$\frac{m}{n} - \varepsilon < \frac{m}{n} - \frac{1}{n} \leq a < \frac{m}{n} < \frac{m}{n} + \frac{1}{n} < \frac{m}{n} + \varepsilon \,.$$

Für $q := m/n$ ist also $|a - q| < \varepsilon$.   ∎

Ist für jedes $n \in \mathbb{N}$ eine reelle Zahl a_n gegeben, so sprechen wir von einer (unendlichen) **Zahlenfolge** und bezeichnen diese Folge mit (a_n). Die Zahlen a_n selbst nennt man die **Glieder der Folge**. Man darf die Folge nicht mit der Menge ihrer Glieder verwechseln. So ist z.B. $a_n = (-1)^n$ eine unendliche Zahlenfolge, aber $\{a_n : n \in \mathbb{N}\} = \{1, -1\}$ besteht nur aus zwei Elementen.

Häufig verwendet man die folgende suggestive Sprechweise: Eine Eigenschaft der Folgeglieder a_n gilt für **fast alle** $n \in \mathbb{N}$, falls es ein $n_0 \in \mathbb{N}$ gibt, so dass alle a_n mit $n \geq n_0$ die fragliche Eigenschaft besitzen.

Definition   (Nullfolge)

Eine Folge (a_n) heißt eine **Nullfolge**, falls gilt:

Für jedes $\varepsilon > 0$ liegen fast alle a_n in $U_\varepsilon(0)$,

(in Formeln: $\forall \varepsilon > 0 \; \exists n_0$, so dass $\forall n \geq n_0 : |a_n| < \varepsilon$). Man schreibt dann auch

$$\lim_{n \to \infty} a_n = 0.$$

und sagt dazu: Die Folge (a_n) **konvergiert** gegen Null.

Jetzt möchten wir gerne zeigen, dass die Folge $a_n = 1/n$ eine Nullfolge ist. Mit dem Satz des Archimedes ist das kein Problem:

1.3.9. Satz

Sei $\varepsilon > 0$ eine reelle Zahl. Dann gibt es ein $n \in \mathbb{N}$ mit $\dfrac{1}{n} < \varepsilon$.

BEWEIS: Zu der reellen Zahl $1/\varepsilon$ gibt es nach Archimedes ein $n \in \mathbb{N}$ mit $n > 1/\varepsilon$. Da $\varepsilon > 0$ ist, ist $1/n < \varepsilon$.   ∎

1.3.10. Beispiele

A. Es soll gezeigt werden, dass durch $a_n := 1/n^2$ eine Nullfolge definiert wird. Das funktioniert wie ein Dialog: Teilnehmer A nennt willkürlich irgendwelche Genauigkeitsschranken $\varepsilon > 0$. Sein Gegenspieler, Teilnehmer B, sucht zu dem ε jeweils ein $n_0 \in \mathbb{N}$, so dass nicht nur $|a_{n_0}| < \varepsilon$, sondern sogar $|a_n| < \varepsilon$ für alle $n \geq n_0$ ist. Wenn das immer funktioniert, ist die Konvergenz gegen Null bewiesen. In der Praxis erreicht man dieses „immer funktionieren" durch die Vorgabe einer **beliebigen** Schranke $\varepsilon > 0$.[1]

Wie findet man zu dem ε das passende n_0? Da verwenden die Mathematiker einen hinterhältigen Trick, der es nachträglich so aussehen lässt, als falle alles vom Himmel: Unter Umkehrung der korrekten Schlussrichtung startet man mit der gewünschten Aussage $|a_n| < \varepsilon$ und formt diese so lange um, bis man bei einer Aussage der Form „$n > \ldots$" angekommen ist. Diese muss man begründen, und anschließend schreibt man alles in der richtigen Reihenfolge auf.

Bei dem vorliegenden Beispiel beginnt man also mit der Ungleichung $1/n^2 < \varepsilon$. Der Übergang zu den Kehrwerten liefert $n^2 > 1/\varepsilon$. Zieht man auf beiden Seiten die Wurzel, so erhält man $n > 1/\sqrt{\varepsilon}$. Jetzt ist eine Begründung fällig, aber dafür steht der Satz von Archimedes zur Verfügung! In der richtigen Reihenfolge aufgeschrieben sieht der Beweis nun folgendermaßen aus:

- Sei $\varepsilon > 0$ (beliebig) vorgegeben.
- Nach Archimedes gibt es ein $n_0 \in \mathbb{N}$ mit $n_0 > 1/\sqrt{\varepsilon}$.
- Sei $n \geq n_0$. Dann ist auch $n > 1/\sqrt{\varepsilon}$.
- Es folgt, dass $n^2 > 1/\varepsilon$ ist.
- Der Übergang zu den Kehrwerten liefert: $|a_n| = 1/n^2 < \varepsilon$.

Damit ist gezeigt, dass (a_n) eine Nullfolge ist.

B. Sei $0 < q < 1$. Wir betrachten die Folge $a_n := q^n$.

In diesem Fall führt die Ungleichung $q^n < \varepsilon$ zunächst auf $(1/q)^n > 1/\varepsilon$. Will man nun nach n auflösen, so muss man logarithmieren. Eine bessere Lösung erhält man durch einen kleinen Trick:

Weil $1/q > 1$ ist, gibt es ein $x > 0$, so dass $1/q = 1 + x$ ist. Dann liefert die Bernoulli'sche Ungleichung die Abschätzung

$$\left(\frac{1}{q}\right)^n = (1 + x)^n \geq 1 + nx.$$

Wir müssen also nur ein n finden, so dass $1 + nx > 1/\varepsilon$ ist. Dazu sei ein $\varepsilon > 0$ vorgegeben. Nach Archimedes gibt es ein $n_0 > (1/\varepsilon - 1)/x$. Für $n \geq n_0$ ist dann $nx > 1/\varepsilon - 1$, also $(1/q)^n \geq 1 + nx > 1/\varepsilon$ und damit $q^n < \varepsilon$. Also konvergiert q^n gegen Null.

---

[1]Übrigens kursierte die Aussage „Sei $\varepsilon < 0$" längere Zeit als typischer Mathematiker-Witz.

Zusammenfassung

Der **Betrag** einer reellen Zahl x stimmt mit x überein, wenn die Zahl positiv
ist. Ist $x < 0$, so ist $|x| = -x$. Von den Eigenschaften des Betrages sollte man
sich vor allem die **Dreiecksungleichungen** merken:

$$|a + b| \ \le \ |a| + |b|$$
$$\text{und} \quad |a - b| \ \ge \ |a| - |b|.$$

Sehr häufig wird auch die folgende Äquivalenz gebraucht:

$$|x| < c \ \Longleftrightarrow \ -c < x < c$$

Ist $M \subset \mathbb{R}$ eine (nicht leere) Teilmenge, so ist eine **obere Schranke** von M
eine reelle Zahl c, so dass $x \le c$ für alle $x \in M$ ist. Das **Supremum** von M
($\sup(M)$) ist die kleinste obere Schranke von M. Analog definiert man **untere
Schranken** und das **Infimum** ($\inf(M)$), die größte untere Schranke von M.

Im Zentrum steht das **Vollständigkeitsaxiom**: Jede nicht leere und nach
oben beschränkte Menge besitzt ein Supremum. Ist M nicht nach oben beschränkt, so setzt man $\sup(M) = +\infty$. Analog setzt man $\inf(M) = -\infty$,
wenn M nicht nach unten beschränkt ist.

Eine unmittelbare Folgerung aus dem Vollständigkeitsaxiom ist der **Satz von
Archimedes**: Zu jeder reellen Zahl x gibt es eine natürliche Zahl $n > x$.
Daraus folgt u.a., dass jede nicht leere nach oben beschränkte Menge von
ganzen Zahlen ein größtes Element besitzt.

Dass zu jeder positiven reellen Zahl a und jedem $n \in \mathbb{N}$, $n \ge 2$, eine eindeutig bestimmte positive n-te Wurzel $\sqrt[n]{a}$ existiert, folgt ebenfalls aus dem
Vollständigkeitsaxiom.

Eine Folge (a_n) heißt eine **Nullfolge** (oder **konvergent** gegen Null), falls gilt:

$$\forall \, \varepsilon > 0 \ \exists \, n_0 \in \mathbb{N}, \text{ so dass für alle } n \ge n_0 \text{ gilt: } |a_n| < \varepsilon.$$

Mit Hilfe des Satzes von Archimedes wurde gezeigt, dass die Folgen $(1/n)$,
$(1/n^2)$ und (q^n) (für $0 < q < 1$) Nullfolgen sind. Im letzten Fall wurde $1/q =
1 + x$ gesetzt und die Bernoulli'sche Ungleichung $(1 + x)^n \ge 1 + nx$ benutzt.

Ergänzungen

1.3.11. Satz

Ist p eine Primzahl und ein Teiler von ab, so ist p Teiler von a oder von b.

BEWEIS: Wir nehmen an, dass p kein Teiler von a ist. Sei $d := \mathrm{ggT}(p, a)$. Dann ist d ein Teiler von p, also $d = 1$ oder $d = p$. Offensichtlich muss $d = 1$ sein. Es gibt dann ganze Zahlen x, y mit $1 = xp + ya$, also $b = p(bx) + y(ab)$. Weil p ein Teiler von ab ist, muss p ein Teiler von b sein. ∎

Wir können jetzt den Beweis der folgenden Aussage nachtragen:

1.3.12. Wurzeln aus Primzahlen sind irrational

Sei p eine Primzahl und $n \geq 2$ eine natürliche Zahl. Dann gibt es keine rationale Zahl x mit $x^n = p$.

BEWEIS: Wir nehmen an, es gebe eine rationale Zahl $x = u/v$ mit $x^n = p$. Da wir mit dem größten gemeinsamen Teiler von u und v kürzen können, nehmen wir zusätzlich an, dass u und v teilerfremd sind.

Wegen $x^n = p$ ist $u^n = p \cdot v^n$. Es folgt: p teilt u^n und (weil p Primzahl ist) auch u. Wir schreiben $u = r \cdot p$. Dann ist $r^n \cdot p^{n-1} = v^n$. Wegen $n \geq 2$ hat das zur Folge, dass p ein Teiler von v ist. Das ist ein Widerspruch, denn u und v sollten teilerfremd sein. ∎

Wir haben schon gesehen, dass es viele irrationale Zahlen gibt, und wollen uns nun davon überzeugen, dass es sogar viel mehr irrationale als rationale Zahlen gibt.

Definition   (abzählbare Menge)

Eine Teilmenge $M \subset \mathbb{R}$ heißt **abzählbar**, wenn es eine Folge (a_n) gibt, deren zugehörige Menge genau M ist.

Damit sind auch endliche Mengen abzählbar!

1.3.13. Satz

Die Menge $\mathbb{Q}$ der rationalen Zahlen ist abzählbar.

Wir verwenden das ***Cantorsche Diagonalverfahren:***

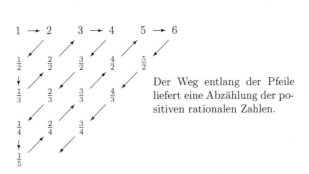

Der Weg entlang der Pfeile liefert eine Abzählung der positiven rationalen Zahlen.

1.3.14. Satz

Die Menge $\mathbb{R}$ der reellen Zahlen ist nicht abzählbar.

BEWEIS: Wir beschränken uns auf reelle Zahlen zwischen 0 und 1 und führen den Beweis durch Widerspruch. Wäre die Menge der reellen Zahlen zwischen 0 und 1 abzählbar, so könnte man alle diese Zahlen in einer unendlichen Kolonne hintereinander aufschreiben:

$$
\begin{aligned}
x_1 &= 0.a_{11}a_{12}a_{13}\ldots, \\
x_2 &= 0.a_{21}a_{22}a_{23}\ldots, \\
x_3 &= 0.a_{31}a_{32}a_{33}\ldots, \\
&\vdots
\end{aligned}
$$

Die Ziffern a_{ij} nehmen dabei wie üblich Werte zwischen 0 und 9 an.

Nun konstruieren wir eine reelle Zahl $y = 0.c_1c_2c_3\ldots$ wie folgt:

$$
\text{Es sei}\quad c_i := \begin{cases} 5 & \text{falls } a_{ii} \neq 5 \\ 4 & \text{falls } a_{ii} = 5 \end{cases}
$$

Offensichtlich liegt y zwischen 0 und 1 und muss unter den Folgegliedern $x_1, x_2, x_3, \ldots$ vorkommen. Es gibt also ein $n \in \mathbb{N}$, so dass $y = x_n$ ist. Dann ist $c_n = a_{nn}$, im Widerspruch zur Definition. ∎

1.3.15. Aufgaben

A.   a) Zeigen Sie, dass $\big||a| - |b|\big| \leq |a - b|$ für alle $a, b \in \mathbb{R}$ gilt.

b) Lösen Sie die Gleichung $|x + 1| + |x - 1| + |x - 3| = 3 + x$.

c) Lösen Sie die Ungleichung $|2x - 1| < |x - 1|$.

B. Bestimmen Sie Infimum und Supremum der folgenden Mengen und untersuchen Sie jeweils, ob sie zur Menge gehören oder nicht.

a) $M_1 := (0, 1) \setminus \{1/n : n \in \mathbb{N}\}$,

b) $M_2 := \bigcup_{n \in \mathbb{N}} [1/n,\, 1 - 1/n]$,

c) $M_3 := \{x \in \mathbb{R} : |x^2 - 1| < 2\}$.

C. Zeigen Sie, dass $a_n = 2/(1 - 3n)$ eine Nullfolge ist.

D. Ist $b_n := 1 - n/(n + 1)$ eine Nullfolge?

E. Zeigen Sie, dass $c_n := (1 + 2 + \cdots + n)/n^2$ keine Nullfolge ist.

F. Es seien (a_n) und (b_n) Nullfolgen mit positiven Gliedern. Ist dann

$$
c_n := (a_n^2 + b_n^2)/(a_n + b_n)
$$

ebenfalls eine Nullfolge?

G. Es seien $x, y \geq 0$ reelle Zahlen. Zeigen Sie:

a) $\sqrt{xy} = \sqrt{x} \cdot \sqrt{y}$.

b) Im allgemeinen ist $\sqrt{a + b} \neq \sqrt{a} + \sqrt{b}$.

c) Ist $x > y$, so ist auch $\sqrt{x} > \sqrt{y}$.

d) Es ist $\sqrt{xy} \leq \dfrac{x + y}{2}$.

1.4   Funktionen

Zur Motivation: In diesem Abschnitt geht es um Koordinaten und Funktionen. Sicher weiß jeder, wie man Orte durch Koordinaten beschreiben und reelle Funktionen einer Veränderlichen mit Hilfe eines Koordinatensystems anschaulich darstellen kann. Weil der Funktionsbegriff aber umfassender ist, wird er noch einmal von Anfang an genau analysiert.

Ein Punkt in der Ebene wird durch zwei Koordinaten beschrieben. Hier sind einige Beispiele von Mengen mit zwei Elementen:

$$\{1, 2\}, \quad \{2, 1\}, \quad \{1, 2, 1, 2, 2\}.$$

Alle diese drei Mengen sind gleich, sie alle haben die gleichen Elemente 1 und 2, und eine Reihenfolge ist nicht festgelegt. Mengen sind also nicht so gut zur Beschreibung von Koordinaten geeignet.

Ist x Element einer Menge A und y Element einer Menge B, so bilden wir ein neues Objekt, das **Paar** (x, y). Hier ist die Reihenfolge wichtig![2] Die Elemente x und y nennen wir die beiden **Komponenten** (oder **Koordinaten**) des Paares (x, y). Manchmal stammen beide Komponenten aus der gleichen (vorher schon bekannten) Menge, häufig auch aus zwei verschiedenen Mengen.

1.4.1. Beispiele

A. Ein Punkt (Pixel) auf einem Computer-Bildschirm wird durch Angabe zweier Zahlen bestimmt. So entspricht die Bildschirmfläche einer (endlichen) Menge von Paaren.

B. Für einen Kranken kann man eine Tabelle von Paaren angelegen, deren erste Komponente eine Zeit und deren zweite Komponente eine Temperaturmessung bedeutet.

C. Die bei einer Vernissage ausgelegte Preisliste enthält Paare, bestehend aus einer Objektnummer und einem Preis.

Definition   (Produktmenge)

Die Menge $A \times B$ aller Paare (x, y) mit $x \in A$ und $y \in B$ wird als **kartesisches Produkt** oder **Produktmenge** von A und B bezeichnet.

---

[2]In Wirklichkeit ist auch ein Paar eine Menge. Die Theoretiker **definieren** das Paar (x, y) als die Menge $\{\{x, y\}, x\}$, bestehend aus einer 2-elementigen Menge $\{x, y\}$ und dem ersten Element $\{x\}$. Man nehme sich ruhig einmal die Zeit und überlege sich, dass diese etwas eigenartige Definition genau das liefert, was man sich unter einem Paar vorstellt. Insbesondere ist $(x, y) = (x', y')$ genau dann wahr, wenn $x = x'$ und $y = y'$ ist.

Statt $A \times A$ kann man auch A^2 schreiben. Es bleibt trotzdem dabei, dass man bei einem Paar nicht die Komponenten vertauschen darf.

Im Falle $A = \mathbb{R}$ erhält man mit $\mathbb{R}^2$ ein Modell für die Anschauungsebene, die wir für graphische Darstellungen benutzen.

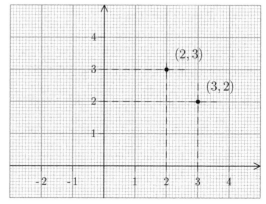

Bei der Beschreibung räumlicher Vorgänge kommt man mit zwei Koordinaten nicht mehr aus. Unter einem *Tripel* versteht man ein Objekt (x, y, z), bestehend aus drei Elementen, deren Reihenfolge festgelegt ist. Die Menge aller Tripel (x, y, z) mit $x \in A$, $y \in B$ und $z \in C$ bezeichnet man mit $A \times B \times C$. An Stelle von $A \times A \times A$ kann man auch A^3 schreiben.

Wir machen keinen Unterschied zwischen den Mengen $A \times (B \times C)$, $(A \times B) \times C$ und $A \times B \times C$.

1.4.2. Beispiele

A. Tripel von Zahlen (x, y, z) mit der Bedeutung „Länge", „Breite" und „Höhe" bestimmen Punkte im Raum.

B. Einen Kaufmann interessieren Daten-Tripel (A, E, V), bei denen A für die Artikelnummer, E für den Einkaufspreis und V für den Verkaufspreis steht.

C. Bei der Darstellung von Farben auf einem Bildschirm benutzt man das subtraktive RGB-System. Jede Farbe wird durch ein Tripel (r, g, b) beschrieben. Die Einträge sind Zahlen zwischen 0 und 1, sie stehen für den Rot-, Grün- und Blau-Anteil. Das Tripel $(1, 0, 0)$ liefert Rot, das Tripel $(1, 1, 1)$ die Farbe Weiß und das Tripel $(0, 0, 0)$ Schwarz. Mit $(1, 0.730, 0)$ erhält man z.B. Gelb.

Auch mit drei Daten kommt man nicht immer aus. Deshalb betrachtet man auch Quadrupel (4 Komponenten), Quintupel (5 Komponenten) und allgemein n-*Tupel*. Die Menge aller n-Tupel $(x_1, \ldots, x_n)$ mit $x_i \in A_i$ (für $i = 1, \ldots, n$) bezeichnet man mit $A_1 \times \ldots \times A_n$. Statt $A \times \ldots \times A$ kann man auch A^n schreiben.

1.4.3. Beispiele

A. Bei der Darstellung von Farben beim Druck benutzt man das additive CMYK-System. Jede Farbe wird durch ein Quadrupel (c, m, y, k) beschrieben. Die Einträge sind wieder Zahlen zwischen 0 und 1, sie stehen für Cyan, Magenta, Gelb und Schwarz. Das Quadrupel $(1, 0, 0, 0)$ ergibt reines Cyan,

$(0, 0, 0, 1)$ steht für Schwarz und $(0, 0, 0, 0)$ für Weiß. Lässt man die Schwarz-Komponente weg, so verhalten sich die drei Farbkomponenten beim Mischen genau so, wie man es vom Malkasten her kennt. Blau und Gelb, also $(1, 0, 1, 0)$ ergibt z.B. Grün.

B. Ein Datensatz in einer Pass-Datei enthält zumindest ein 8-Tupel mit den Komponenten Passnummer, Name, Vorname, Geburtsort, Geburtsdatum, Wohnort, Größe und Augenfarbe, wahrscheinlich sogar noch mehr Daten.

C. Der abstrakte Punktraum $\mathbb{R}^n$ besteht aus den n-Tupeln $(x_1, \ldots, x_n)$ mit $x_i \in \mathbb{R}$ für $i = 1, \ldots, n$. Dieser Raum ist für die Mathematik natürlich von besonderer Bedeutung.

Definition   (Funktion)

A und B seien zwei nicht leere Mengen. Unter einer **Funktion** oder **Abbildung** $f : A \to B$ versteht man eine Vorschrift, nach der jedem Element $x \in A$ genau ein Element $y \in B$ zugeordnet wird. Die Menge A nennt man den **Definitionsbereich** der Funktion f und bezeichnet sie auch mit D_f. Die Menge B nennt man den **Wertebereich** von f.

Wird dem einzelnen Element x durch f das Element y zugeordnet, so schreibt man auch

$$y = f(x), \quad f : x \mapsto y \quad \text{oder} \quad x \overset{f}{\mapsto} y \,.$$

Das wichtigste Beispiel sind die reellen Funktionen von einer Veränderlichen, also Funktionen, deren Definitionsbereich eine Teilmenge von $\mathbb{R}$ (z.B. ein Intervall) und deren Wertebereich ganz $\mathbb{R}$ ist.

Besonders einfach ist z.B. eine **affin-lineare Funktion** $f : \mathbb{R} \to \mathbb{R}$, definiert durch

$$\boxed{f(x) := mx + c, \text{ mit } m \neq 0.}$$

Hier ist $D_f = \mathbb{R}$, und die Zuordnung f wird durch den Rechenausdruck $mx + c$ beschrieben. Der Buchstabe x bezeichnet die Variable, einen Platzhalter für die Elemente des Definitionsbereichs. Die Buchstaben m und c bezeichnen Konstante. Wenn $c = 0$ ist, spricht man von einer **linearen Funktion** oder einer **proportionalen Zuordnung** (mit dem **Proportionalitätsfaktor** m).

1.4.4. Beispiel

In einem Laden kostet jeder Artikel 10 Euro. Für zwei Artikel bezahlt man dann 20 Euro, für drei Artikel 30 Euro. Es gibt eine klar definierte Abhängigkeit des Preises P von der Stückzahl S, die man durch eine Formel beschreiben kann:

$$P = 10 \cdot S.$$

Man spricht auch von einem funktionalen Zusammenhang. Dabei ist S die **unabhängige Variable** und P die von S **abhängige Variable**. Aus dem Ganzen wird eine lineare Funktion, indem man den Definitionsbereich (hier $= \mathbb{N}$) und den Wertebereich (hier $= \mathbb{R}$ oder $= \mathbb{Z}$) festlegt und dann $f : \mathbb{N} \to \mathbb{R}$ definiert durch $f(n) := 10n$.

Nun erweitert ein neuer Pächter das Sortiment. Es gibt auch Ware, die nach Gewicht verkauft wird, das Kilo zu 10 Euro. Außerdem muss jeder Kunde zunächst eine Tragetasche für 0.3 Euro erwerben. Für unsere Funktion f bedeutet das, dass der Definitionsbereich jetzt die Menge $\mathbb{R}_+ = \{x \in \mathbb{R} : x > 0\}$ ist. Und aus der linearen Funktion wird eine affin-lineare Funktion, definiert durch $f(x) := 10x + 0.3$.

Während wir heute von der Funktion f sprechen, hätte man früher von der Funktion $y = mx+c$ gesprochen. Diese Schreibweise ist etwas ungenau (es fehlt zumindest der Definitionsbereich und der Wertebereich und es wird kein Unterschied zwischen der Funktion und dem zugeordneten Element gemacht), aber sie enthält als wichtige Information die Zuordnungsvorschrift, und letztlich weiß jeder, was gemeint ist. Richtig wäre „die Funktion $f(x) \equiv mx + c$" (in Worten „$f(x)$ identisch $mx + c$"), aber wir werden sicher auch oft die alte Schreibweise benutzen.

Definition   (Graph einer Funktion)

Sei $M \subset \mathbb{R}$ eine Teilmenge und $f : M \to \mathbb{R}$ eine Funktion. Dann nennt man die Menge

$$G_f := \{(x,y) \in M \times \mathbb{R} : y = f(x)\}$$

den **Graphen** von f.

Eine Teilmenge $G \subset M \times \mathbb{R}$ ist genau dann Graph einer Funktion $f : M \to \mathbb{R}$, wenn jede vertikale Gerade durch einen Punkt $(x, 0)$ (mit $x \in M$) die Menge G in genau einem Punkt (x, y) trifft. Denn das bedeutet ja gerade, dass jedem $x \in M$ genau ein $y \in \mathbb{R}$ zugeordnet wird, so dass (x, y) zu G gehört.

Ein Funktionsgraph:

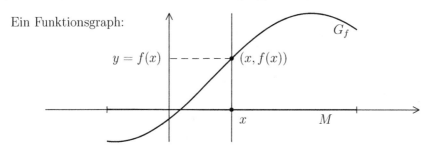

Der Graph einer affin-linearen Funktion f mit $D_f = \mathbb{R}$ und $f(x) := mx + c$ ist eine Gerade

$$L = \{(x, y) \in \mathbb{R}^2 \ : \ y = mx + c\}.$$

Der Faktor m wird **Steigung** der Geraden genannt. Ist $m = 0$, so liegt eine konstante Funktion (gegeben durch $f(x) \equiv c$) und bei L dann eine horizontale Gerade vor. Eine vertikale Gerade kann kein Graph sein. Die Funktion ist genau dann linear, wenn der Graph durch den Nullpunkt geht.

Sind $\mathbf{p}_1 = (x_1, y_1)$ und $\mathbf{p}_2 = (x_2, y_2)$ zwei Punkte auf der Geraden, so kann man die Steigung nach folgender Formel berechnen:

$$m = \frac{y_2 - y_1}{x_2 - x_1}.$$

Gerade und Steigung:

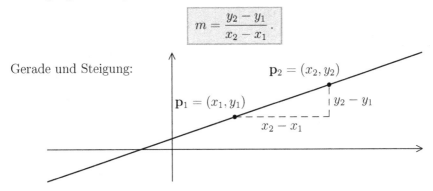

Unter einer **quadratischen Funktion** versteht man eine Funktion $f : \mathbb{R} \to \mathbb{R}$ mit

$$f(x) := ax^2 + bx + c, \text{ mit } a \neq 0.$$

Den Graphen einer quadratischen Funktion nennt man eine **Parabel**. Wir betrachten zunächst eine quadratische Funktion in der speziellen Form

$$f(x) = a(x - x_s)^2 + y_s = ax^2 - 2ax_s x + (ax_s^2 + y_s).$$

Hier kann man die Gestalt der zugehörigen Parabel ganz leicht ablesen. Es ist $f(x_s + \delta) = a\delta^2 + y_s = f(x_s - \delta)$ für jede reelle Zahl δ. Also muss der Graph von f symmetrisch zu der vertikalen Geraden $\{(x, y) : x = x_s\}$ liegen. Ist $a > 0$, so ist außerdem $f(x) \geq y_s$. Ist $a < 0$, so ist $f(x) \leq y_s$. Den Punkt (x_s, y_s) nennt man den **Scheitel** der Parabel. Die Gleichung $(x - x_s)^2 = -y_s/a$ hat zwei, eine oder gar keine Lösung, je nachdem, ob $-y_s/a$ positiv, $= 0$ oder negativ ist. Die zugehörigen x-Werte sind die „Nullstellen" der quadratischen Funktion.

Ist f eine beliebige quadratische Funktion, so kann man f durch die Methode der **quadratischen Ergänzung** auf die gewünschte Normalform bringen. Es gilt:

$$
\begin{aligned}
ax^2 + bx + c &= a \cdot \left(x^2 + \frac{b}{a}x\right) + c \\
&= a \cdot \left(\left(x - \frac{-b}{2a}\right)^2 - \left(\frac{b}{2a}\right)^2\right) + c \\
&= a \cdot \left(x - \frac{-b}{2a}\right)^2 - \frac{b^2}{4a} + c \\
&= a \cdot \left(x - \frac{-b}{2a}\right)^2 - \frac{b^2 - 4ac}{4a}.
\end{aligned}
$$

Die Größe $\Delta := b^2 - 4ac$ nennt man die **Diskriminante**. Setzt man

$$x_s = -\frac{b}{2a} \quad \text{und} \quad y_s = -\frac{\Delta}{4a}\,,$$

so ist $ax^2 + bx + c = a(x - x_s)^2 + y_s$ und $-y_s/a = \Delta/(4a^2)$.

Ist $\Delta > 0$, so hat die Gleichung $f(x) = 0$ die beiden Lösungen

$$x_{1,2} = \frac{-b \pm \sqrt{b^2 - 4ac}}{2a} = x_s \pm \sqrt{-y_s/a}\,.$$

Ist $\Delta = 0$, so fallen diese beiden Lösungen zusammen, ist $\Delta < 0$, so gibt es keine (reelle) Lösung.

Ist $a > 0$, so ist $a(x - x_s)^2 + y_s \geq y_s$, und die Parabel ist nach oben geöffnet. Ist $a < 0$, so ist $a(x - x_s)^2 + y_s \leq y_s$ und die Parabel nach unten geöffnet.

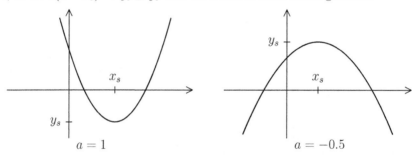

Definition   (Gerade und ungerade Funktionen)

Eine Funktion $f : \mathbb{R} \to \mathbb{R}$ heißt **gerade** (bzw. **ungerade**), wenn $f(-x) = f(x)$ (bzw. $f(-x) = -f(x)$) für alle x ist.

Jede quadratische Funktion der Gestalt $f(x) = ax^2 + y_s$ ist ein typisches Beispiel für eine gerade Funktion. Die durch $f(x) := ax^3 + cx$ gegebene Funktion ist ungerade.

Ein weiteres Beispiel einer geraden Funktion ist die **Betragsfunktion** $f(x) := |x|$:

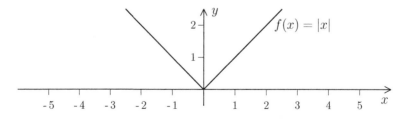

Ebenfalls gerade ist die folgende **Zickzackfunktion**, die wir Z nennen wollen:

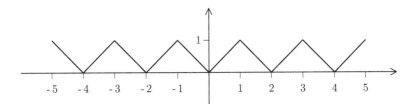

Die Funktion Z ist ein typisches Beispiel einer „zusammengesetzten Funktion". Der Graph von Z besteht aus Geradenstücken. Ist $2n \leq x < 2n+1$, so ist $Z(x) = x - 2n$. Ist $2n + 1 \leq x < 2n + 2$, so ist $Z(x) = -x + (2n + 2)$. Zusammen ergibt das:

$$Z(x) = \begin{cases} x - 2n & \text{für } 2n \leq x < 2n + 1 \\ -x + (2n + 2) & \text{für } 2n + 1 \leq x < 2n + 2. \end{cases}$$

Definition   (periodische Funktionen)

Eine Funktion $f : \mathbb{R} \to \mathbb{R}$ heißt **periodisch** (mit Periode T), falls $f(x+T) = f(x)$ für alle $x \in \mathbb{R}$ ist.

Die Zickzack-Funktion Z ist periodisch mit Periode 2.

Eine zusammengesetzte Funktion ist auch die **Gauß-Klammer** (vgl. 1.1.3, Seite 32)

$$f(x) := [x] = \text{größte ganze Zahl} \leq x.$$

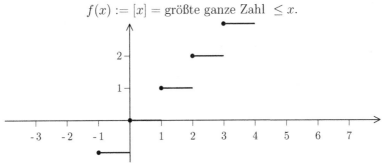

Definition   (Monotonie)

Sei $M \subset \mathbb{R}$. Eine Funktion $f : M \to \mathbb{R}$ heißt **monoton wachsend** (bzw. **streng monoton wachsend**), wenn für $x_1, x_2 \in M$ mit $x_1 < x_2$ stets $f(x_1) \leq f(x_2)$ (bzw. $f(x_1) < f(x_2)$) ist.

Man nennt f **monoton fallend** (bzw. **streng monoton fallend**), wenn für $x_1, x_2 \in M$ mit $x_1 < x_2$ stets $f(x_1) \geq f(x_2)$ (bzw. $f(x_1) > f(x_2)$) ist.

Die affin-lineare Funktion $f(x) = mx + c$ ist genau dann streng monoton wachsend (bzw. fallend), wenn $m > 0$ (bzw. < 0) ist. Ist $m = 0$, also $f(x) = c$ eine konstante Funktion, so ist f gleichzeitig monoton wachsend und fallend. Die Zickzack-Funktion ist abwechselnd streng monoton wachsend und fallend.

Nicht jede Kurve ist Graph einer Funktion. Bekanntlich ist der **Kreis** um (x_0, y_0) mit Radius r die Menge

$$K = \{(x, y) \in \mathbb{R}^2 : (x - x_0)^2 + (y - y_0)^2 = r^2\}.$$

Ist $x_0 - r < x_1 < x_0 + r$, so trifft die vertikale Gerade durch x_1 den Kreis in zwei Punkten (x_1, y_1) und (x_1, y_2). Das darf bei einem Funktionsgraphen nicht sein.

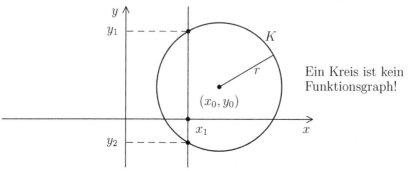

Ein Kreis ist kein Funktionsgraph!

Implizit sind durch den Kreis allerdings zwei Funktionen $f_\pm : [x_0 - r, x_0 + r] \to \mathbb{R}$ gegeben, nämlich $f_\pm(x) := y_0 \pm \sqrt{r^2 - (x - x_0)^2}$.

Einige Funktionen sind aus der Schule bekannt, wie etwa Sinus, Cosinus, Exponentialfunktion und Logarithmus. Eine exakte Definition können wir erst später geben, wir wollen aber zumindest kurz an diese „elementaren Funktionen" erinnern.

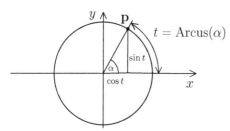

Sei $\mathbf{p}$ ein Punkt auf dem Einheitskreis $S^1 := \{(x, y) : x^2 + y^2 = 1\}$. Weiter sei $\alpha = \alpha(\mathbf{p})$ der Winkel zwischen der positiven x-Achse und dem vom Nullpunkt ausgehenden Halbstrahl durch $\mathbf{p}$. Schließlich sei $t = \mathrm{Arcus}(\alpha)$ der Winkel im Bogenmaß, also die Länge des Kreisbogens über dem Winkel α.

Dann definieren wir den **Sinus** von t als die y-Komponente und den **Cosinus** von t als die x-Komponente des Punktes $\mathbf{p}$. Stellen wir uns vor, dass sich der Punkt $\mathbf{p}$ auf dem Kreis bewegt, so erhalten wir Sinus- und Cosinuswerte für jedes $t \in \mathbb{R}$. Offensichtlich ist immer $\sin^2 t + \cos^2 t = 1$.

Die Zahl π entspricht dem halben Umfang des Einheitskreises. Daher sind Sinus und Cosinus periodische Funktionen mit der Periode 2π. Die hier angedeutete Einführung der „Winkelfunktionen" $\sin t$ und $\cos t$ gründet sich auf anschaulich-geometrische Überlegungen und ist deshalb für die Analysis eigentlich untauglich. Eine exakte (aus den Axiomen begründete) Definition werden wir in Kapitel 2 nachtragen.

Ist $a \in \mathbb{R}$, $a > 0$ und $q = m/n$ eine rationale Zahl, so ist $a^q := \sqrt[n]{a^m}$. Da die rationalen Zahlen dicht in $\mathbb{R}$ liegen, kann man vermuten, dass es sogar eine Funktion

$x \mapsto a^x$ gibt, die an jeder rationalen Stelle das bekannte Ergebnis liefert. Tatsächlich gibt es diese **_Exponentialfunktion_** zur Basis a, und auch hier muss ich den Leser wegen einer exakten Definition auf später vertrösten. Gesetzmäßigkeiten, die in $\mathbb{Q}$ gelten, bleiben i.a. auch in $\mathbb{R}$ gültig. So ist z.B. $a^{x+y} = a^x \cdot a^y$ für alle $x, y \in \mathbb{R}$.

Die Gleichung $a^x = y$ ist für jedes $y > 0$ lösbar (wie wir später beweisen werden), die Lösung $x = \log_a(y)$ nennt man den **_Logarithmus_** von y zur Basis a.

Wir haben bisher nur Funktionen von einer reellen Veränderlichen betrachtet, deren Wertebereich $\mathbb{R}$ oder eine Teilmenge davon ist. Solche Funktionen kann man sich mit Hilfe ihres Graphen besonders gut veranschaulichen. Ohne nennenswerte zusätzliche Mühe kann man aber auch Funktionen mit Werten in $\mathbb{R}^2$, $\mathbb{R}^3$ oder ganz allgemein im $\mathbb{R}^m$ untersuchen. Derartige „vektorwertige" Funktionen $\mathbf{f} : I \to \mathbb{R}^m$ sind nichts anderes als m-Tupel $\mathbf{f} = (f_1, \ldots, f_m)$ von reellwertigen Funktionen. Wir werden sie im Abschnitt 1.5 näher betrachten.

Eine viel einschneidendere Verallgemeinerung stellt der Übergang von einer zu mehreren Veränderlichen dar. Funktionen, deren Definitionsbereich eine beliebige Teilmenge des $\mathbb{R}^n$ ist, sind vor allem Thema des zweiten Bandes. Nur vereinzelt werden wir sie schon früher ansprechen. Noch etwas schwieriger wird es, wenn Definitionsbereich und Wertebereich beide mehrdimensional sind. Typische Beispiele sind sogenannte „Koordinatentransformationen", einer der einfachsten Fälle wäre etwa eine Drehung des gesamten Koordinatensystems um einen festen Winkel.

Es gibt aber noch abstraktere Abbildungen. So ist z.B. eine Abbildung $a : \mathbb{N} \to \mathbb{R}$ nichts anderes als eine Zahlenfolge. Statt $a(n)$ schreibt man meistens a_n. Und unter einer **_Permutation_** versteht man eine Abbildung $\sigma : \{1, \ldots, n\} \to \{1, \ldots, n\}$ mit der Eigenschaft, dass $\{\sigma(1), \ldots, \sigma(n)\} = \{1, \ldots, n\}$ ist. In 1.2 haben wir festgestellt, dass es genau $n!$ Permutationen von $\{1, \ldots, n\}$ gibt.

Definition   (Summe und Produkt von Funktionen)

Sind f und g reellwertige Funktionen mit Definitionsbereichen D_f bzw. D_g in $\mathbb{R}$, so sind die Funktionen $f + g$ und $f \cdot g$ auf $D_f \cap D_g$ definiert durch

$$(f + g)(x) \; := \; f(x) + g(x)$$
$$\text{und} \quad (f \cdot g)(x) \; := \; f(x) \cdot g(x).$$

Für alle $x \in D_f \cap D_g$, für die $g(x) \neq 0$ ist, definiert man außerdem die Funktion f/g durch

$$\big(f/g\big)(x) \; := \; f(x)/g(x)\,.$$

Eine weitere Manipulation, die man mit Funktionen vornehmen kann, ist die Verkettung von Funktionen. Das untersuchen wir in einem allgemeineren Kontext.

Definition   (Verkettung von Abbildungen)

Es seien $f : A \to B$ und $g : B \to C$ zwei Abbildungen. Hintereinander ausgeführt ergeben sie eine neue Abbildung $g \circ f : A \to C$, die durch

$$(g \circ f)(x) := g(f(x)) \qquad \text{(für } x \in A)$$

definiert wird. Man nennt $g \circ f$ die **Verknüpfung** (oder **Verkettung**) von g mit f.

Eine Skizze kann die Situation vielleicht verdeutlichen:

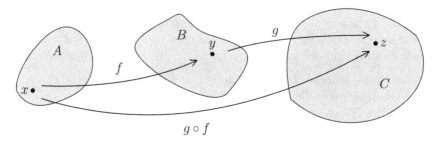

Einem Element $x \in A$ wird also zunächst ein Element $y = f(x) \in B$ zugeordnet, und diesem y wird seinerseits das Element $z = g(y)$ zugeordnet. Insgesamt ist dann $z = g(f(x))$. Obwohl man **zuerst** die Zuordnung f und **dann** die Zuordnung g ausführt, schreibt man die Verknüpfung in der Form $g \circ f$. Hier muss man ausnahmsweise von rechts nach links lesen. Aus der Definition wird klar, dass das so sein muss, aber es ist auch immer ein wenig verwirrend. Dass die Reihenfolge eine wichtige Rolle spielt, kann man sofort sehen:

1.4.5. Beispiele

A. Sei $f : \mathbb{R} \to \mathbb{R}$ definiert durch $f(x) := x^2$, und $g : \mathbb{R} \to \mathbb{R}$ durch $g(y) := ay+b$. Dann ist

$$\begin{aligned}
(g \circ f)(x) &= ax^2 + b \\
\text{und } (f \circ g)(y) &= (ay + b)^2 = a^2 y^2 + 2aby + b^2.
\end{aligned}$$

B. Sei $f : \mathbb{R} \to \mathbb{R}$ definiert durch $f(x) := x^2 + 1$ und $g : \{y \in \mathbb{R} : y \geq 2\} \to \mathbb{R}$ durch $g(y) := \sqrt{y - 2}$. Dann ist

$$(g \circ f)(x) = \sqrt{x^2 - 1} \quad \text{und} \quad (f \circ g)(y) = y - 1.$$

Ist $f : A \to B$ eine Abbildung und $M \subset A$, so heißt die Menge

$$f(M) := \{f(x) : x \in M\} = \{y \in B : \exists\, x \in M \text{ mit } y = f(x)\}$$

das **Bild** oder die **Bildmenge** von M unter f.

1.4.6. Beispiel

Sei $f : \mathbb{R} \to \mathbb{R}$ definiert durch $f(x) := 2\sin x - 3$. Da $\sin x$ alle Werte zwischen -1 und $+1$ annimmt, ist $f(\mathbb{R}) = [-5, -1]$.

Wenn die Bildmenge $f(A)$ einer Abbildung $f : A \to B$ im Definitionsbereich D_g einer Abbildung g liegt, kann man die Verknüpfung $g \circ f$ bilden. Also kann man zum Beispiel $f(x) := 2\sin x - 3$ und $g(y) := \sqrt{25 - y^2}$ zur Abbildung $g \circ f(x) = \sqrt{16 - 4\sin^2 x + 12\sin x}$ zusammensetzen.

Ist $f : A \to B$ eine Abbildung und $N \subset B$, so heißt die Menge

$$f^{-1}(N) := \{x \in A \; : \; f(x) \in N\}$$

das **Urbild** von N unter f.

1.4.7. Beispiel

Sei $f : [0, 2\pi] \to \mathbb{R}$ definiert durch $f(x) := 2\sin x + 1$. Dann ist

$$\begin{aligned}
f^{-1}(\{y \in \mathbb{R} \; : \; y \geq 0\}) &= \{x \in [0, 2\pi] \; : \; f(x) \geq 0\} \\
&= \{x \in [0, 2\pi] \; : \; \sin x \geq -1/2\} \\
&= [0, 7\pi/6] \cup [11\pi/6, 2\pi].
\end{aligned}$$

Dagegen ist

$$\begin{aligned}
f^{-1}([5, 7]) &= \{x \in [0, 2\pi] \; : \; 5 \leq f(x) \leq 7\} \\
&= \{x \in [0, 2\pi] \; : \; 2 \leq \sin x \leq 3\} = \varnothing.
\end{aligned}$$

Das Urbild einer nicht leeren Menge kann also durchaus leer sein.

Definition   (Injektivität und Surjektivität)

Eine Abbildung $f : A \to B$ heißt **surjektiv**, falls gilt:

Zu jedem $y \in B$ gibt es ein $x \in A$ mit $f(x) = y$.

Eine Abbildung $f : A \to B$ heißt **injektiv**, falls für alle $x_1, x_2 \in A$ gilt:

Ist $x_1 \neq x_2$, so ist auch $f(x_1) \neq f(x_2)$.

---

f ist genau dann **surjektiv**, wenn die Gleichung $f(x) = y$ **immer lösbar** ist, wenn also $f(A) = B$ ist. Eindeutige Lösbarkeit ist dabei nicht erforderlich. Der Graph einer surjektiven Funktion von einer reellen Veränderlichen wird von jeder horizontalen Geraden mindestens einmal getroffen.

f ist genau dann **injektiv**, wenn die Gleichung $f(x) = y$ für jedes $y \in B$ **höchstens eine Lösung** besitzt, wenn also die Mengen $f^{-1}(\{y\})$ immer höchstens aus einem Element bestehen. Dass es überhaupt keine Lösung gibt, ist dabei durchaus erlaubt. Der Graph einer injektiven Funktion wird von jeder horizontalen Geraden höchstens einmal getroffen.

Den Nachweis der Injektivität einer Abbildung führt man meist durch Kontraposition, d.h. man zeigt: Ist $f(x_1) = f(x_2)$, so ist $x_1 = x_2$.

1.4.8. Beispiele

A. Ist $a \neq 0$, so ist die Abbildung $f : \mathbb{R} \to \mathbb{R}$ mit $f(x) := ax + b$ surjektiv. Denn die Gleichung $y = ax + b$ wird durch $x = (y - b)/a$ gelöst. f ist auch injektiv: Sei etwa $f(x_1) = f(x_2)$. Dann ist $ax_1 + b = ax_2 + b$, also $a(x_1 - x_2) = 0$. Da $a \neq 0$ vorausgesetzt wurde, muss $x_1 = x_2$ sein.

B. Die Abbildung $f : \mathbb{R} \to \mathbb{R}$ mit $f(x) := x^2$ ist nicht surjektiv, denn negative Zahlen können nicht als Bild vorkommen. Dagegen ist die gleiche Abbildung mit dem Wertebereich $\{y \in \mathbb{R} : y \geq 0\}$ surjektiv. Die Gleichung $y = x^2$ wird dann durch $x = \sqrt{y}$ und $x = -\sqrt{y}$ gelöst. f ist ebenfalls nicht injektiv! Für $x \neq 0$ ist nämlich $-x \neq x$, aber $f(-x) = f(x)$.

Ist allgemein $f : A \to B$ eine Abbildung und $M \subset A$, so definiert man die **_Einschränkung_** von f auf M (in Zeichen: $f|_M$) als diejenige Abbildung von M nach B, die durch $(f|_M)(x) := f(x)$ gegeben wird. Ist $f(x) = x^2$ und $M := \{x \in \mathbb{R} : x \geq 0\}$, so ist $f|_M$ injektiv, denn die Gleichung $y = x^2$ besitzt nur eine Lösung (nämlich $x = \sqrt{y}$) in M.

Allgemein gilt: Ist $f : A \to B$ injektiv und $M \subset A$, so ist auch $f|_M$ injektiv. Ist umgekehrt $f|_M$ surjektiv, so ist auch f surjektiv.

C. Die Abbildung $f : \mathbb{Z} \to \mathbb{Z}$ mit $f(n) := 2n$ ist nicht surjektiv, da als Bilder nur gerade Zahlen vorkommen. Sie ist aber injektiv. Ist nämlich $2n = 2m$, so ist auch $n = m$.

Die Begriffe „injektiv" und „surjektiv" bereiten am Anfang immer große Probleme. Hier folgt noch einmal ein graphischer Überblick:

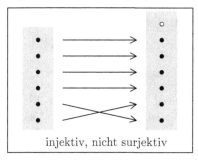
injektiv, nicht surjektiv

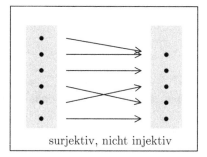
surjektiv, nicht injektiv

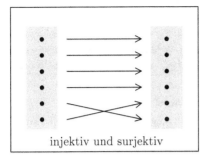

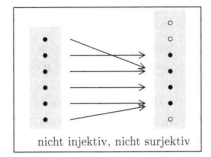

| injektiv und surjektiv | nicht injektiv, nicht surjektiv |

Abbildungen, die sowohl injektiv als auch surjektiv sind, bei denen also die Gleichung $f(x) = y$ für jedes $y \in B$ eindeutig lösbar ist, spielen eine ganz besondere Rolle:

Definition   (bijektive Abbildung)

Eine Abbildung $f : A \to B$ heißt **bijektiv**, falls sie injektiv und surjektiv ist.

Von den oben (in A bis C) betrachteten Beispielen sind nur $f : \mathbb{R} \to \mathbb{R}$ mit $f(x) := ax + b$ (und $a \neq 0$) und $f : \mathbb{R}_{\geq 0} := \{x \in \mathbb{R} : x \geq 0\} \to \mathbb{R}_{\geq 0}$ mit $f(x) := x^2$ bijektiv.

Wenn es zwischen A und B eine bijektive Abbildung gibt, so ist nicht nur jedem $x \in A$ genau ein $y \in B$ zugeordnet, sondern umgekehrt auch jedem $y \in B$ genau ein $x \in A$, die eindeutig bestimmte Lösung x der Gleichung $f(x) = y$. So erhalten wir automatisch auch eine Abbildung von B nach A, die **Umkehrabbildung**

$$f^{-1} : B \to A, \text{ mit } f^{-1}(f(x)) = x.$$

Bemerkung: Ist $f : A \to B$ eine beliebige Abbildung, so kann man für jede Teilmenge $N \subset B$ die Urbildmenge $f^{-1}(N)$ bilden. Ist f injektiv, so ist $f^{-1}(\{y\})$ immer entweder leer oder eine Menge mit einem einzigen Element. Nur wenn f außerdem noch surjektiv ist, existiert die Umkehrabbildung $f^{-1} : B \to A$.

1.4.9. Beispiele

A. Sei $a \neq 0$. Die Umkehrabbildung der bijektiven Abbildung $f : \mathbb{R} \to \mathbb{R}$ mit $f(x) := ax + b$ ist gegeben durch $f^{-1}(y) := \dfrac{1}{a}(y - b)$.

B. Die Umkehrabbildung der Abbildung $f : \mathbb{R}_{\geq 0} \to \mathbb{R}_{\geq 0}$ mit $f(x) := x^2$ ist gegeben durch $f^{-1}(y) := \sqrt{y}$.

C. Sei A eine beliebige Menge. Dann wird die Abbildung $\mathrm{id}_A : A \to A$ definiert durch $\mathrm{id}_A(x) := x$. Man spricht von der **identischen Abbildung** oder der **Identität** auf A. Offensichtlich ist die Identität bijektiv und ihre Umkehrabbildung wieder die Identität.

1.4.10. Satz

Eine Abbildung $f : A \to B$ ist genau dann bijektiv, wenn es eine Abbildung $g : B \to A$ gibt, so dass gilt: $g \circ f = \mathrm{id}_A$ und $f \circ g = \mathrm{id}_B$. In diesem Falle ist $g = f^{-1}$.

BEWEIS: 1) Zunächst sei f als bijektiv vorausgesetzt.

Wir müssen zu f eine Umkehrabbildung $g : B \to A$ finden und definieren dazu g wie folgt: Ist $y \in B$, so gibt es wegen der Bijektivität von f genau ein $x \in A$ mit $f(x) = y$. Die Zuordnung $g : y \mapsto x$ erfüllt die Bedingungen für eine Abbildung, und offensichtlich ist $g \circ f = \mathrm{id}_A$ und $f \circ g = \mathrm{id}_B$.

2) Es gebe jetzt eine Abbildung g, die das Kriterium erfüllt.

a) Sei $y \in B$ vorgegeben. Dann ist $x := g(y) \in A$ und $f(x) = f(g(y)) = y$. Also ist f surjektiv.

b) Seien $x_1, x_2 \in A$, mit $f(x_1) = f(x_2)$. Dann ist

$$x_1 = (g \circ f)(x_1) = g(f(x_1)) = g(f(x_2)) = (g \circ f)(x_2) = x_2.$$

Also ist f injektiv.   ∎

1.4.11. Satz

Sind die Abbildungen $f : A \to B$ und $g : B \to C$ beide bijektiv, so ist auch $g \circ f : A \to C$ bijektiv, und

$$(g \circ f)^{-1} = f^{-1} \circ g^{-1}.$$

BEWEIS: Zu f und g existieren Umkehrabbildungen f^{-1} und g^{-1}. Diese können wir zur Abbildung $F := f^{-1} \circ g^{-1} : C \to A$ verknüpfen. Man rechnet leicht nach, dass $F \circ (g \circ f) = \mathrm{id}_A$ und $(g \circ f) \circ F = \mathrm{id}_C$ ist. Also ist $g \circ f$ bijektiv und F die Umkehrabbildung dazu.   ∎

Im Falle reellwertiger Funktionen gibt es ein handliches Kriterium für die Umkehrbarkeit:

1.4.12. Umkehrbarkeit und strenge Monotonie

Sei $I \subset \mathbb{R}$ ein Intervall und $f : I \to \mathbb{R}$ eine streng monoton wachsende Funktion. Dann ist f injektiv. Ist $J := f(I)$ die Bildmenge, so ist $f : I \to J$ sogar bijektiv und $f^{-1} : J \to I$ ebenfalls streng monoton wachsend.

Weiter ist $G_{f^{-1}} = \{(y, x) \in J \times I \mid (x, y) \in G_f\}$. Das ist der an der Winkelhalbierenden gespiegelte Graph von f.

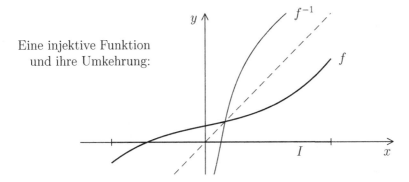

Eine injektive Funktion
und ihre Umkehrung:

BEWEIS: Seien $x_1, x_2 \in I$, $x_1 \neq x_2$. Dann ist eine der beiden Zahlen die kleinere, etwa $x_1 < x_2$. Aber dann ist $f(x_1) < f(x_2)$, wegen der strengen Monotonie, insbesondere also $f(x_1) \neq f(x_2)$. Das bedeutet, dass f injektiv ist.

Die Abbildung $f : I \to J := f(I)$ bleibt injektiv, aber sie ist zusätzlich surjektiv, und damit bijektiv. Sind etwa $y_1, y_2 \in J$, $y_1 < y_2$, so gibt es Elemente $x_1, x_2 \in I$ mit $f(x_i) = y_i$ für $i = 1, 2$. Wegen der Monotonie von f muss auch $x_1 < x_2$ gelten (wäre $x_1 \geq x_2$, also $x_2 \leq x_1$, so wäre auch $f(x_2) \leq f(x_1)$). Also ist f^{-1} streng monoton wachsend.

Schließlich ist $(y, x) \in G_{f^{-1}}$ genau dann, wenn $x = f^{-1}(y)$ ist, und das ist genau dann der Fall, wenn $f(x) = y$ ist, also $(x, y) \in G_f$. ∎

Bemerkung: Ein analoger Satz gilt für streng monoton fallende Funktionen!

Zusammenfassung

Zunächst wurden **Paare** (x, y) mit $x \in A$ und $y \in B$, **Tripel** (x, y, z) mit $x \in A$, $y \in B$ und $z \in C$ und allgemein n-**Tupel** $(x_1, \ldots, x_n)$ mit $x_i \in A_i$ für $i = 1, \ldots, n$ eingeführt und daraus **Produktmengen** $A \times B$, $A \times B \times C$ und $A_1 \times \ldots \times A_n$ gebildet.

Zentraler Begriff dieses Abschnittes ist aber der Begriff der **Funktion** (oder **Abbildung**) zwischen zwei Mengen. Darunter versteht man eine Zuordnung $f : A \to B$, bei der jedem Element x des Definitionsbereiches A genau ein Element y des Wertebereichs B entspricht. Die elementweise Zuordnung schreibt man in der Form $y = f(x)$ oder $x \mapsto y$. Veranschaulicht wird f durch den Graphen $G_f := \{(x, y) \in A \times B : y = f(x)\}$.

Besonders einfache Beispiele sind die **affin-linearen Funktionen** $f : \mathbb{R} \to \mathbb{R}$ mit $f(x) := mx + c$, sowie die **quadratischen Funktionen** $f : \mathbb{R} \to \mathbb{R}$ mit

$$f(x) := ax^2 + bx + c = a(x - x_s)^2 + y_s.$$

In der Schule sollte man normalerweise schon die Formel für die Nullstellen von quadratischen Funktionen gelernt haben:

$$x_{1,2} = \frac{-b \pm \sqrt{b^2 - 4ac}}{2a} = x_s \pm \sqrt{-y_s/a}\,, \text{ falls } \Delta := b^2 - 4ac = -4y_s a \geq 0.$$

Als weitere Beispiele von Funktionen wurden angesprochen: die Betragsfunktion $|x|$, die Gaußklammer $[x]$, die Winkelfunktionen $\sin x$ und $\cos x$, die Exponentialfunktionen a^x und die zugehörigen Umkehrfunktionen, die Logarithmusfunktionen $\log_a(x)$.

Eine Funktion $f : A \to B$ heißt

injektiv,	falls	jedes $y \in B$ höchstens einem $x \in A$ zugeordnet ist,
surjektiv,	falls	jedes $y \in B$ mindestens einem $x \in A$ zugeordnet ist,
bijektiv,	falls	jedes $y \in B$ genau einem $x \in A$ zugeordnet ist.

Im letzteren Falle gibt es eine **Umkehrfunktion** $f^{-1} : B \to A$. Ihr Graph entsteht aus dem Graphen der Originalfunktion f durch Spiegelung an der Winkelhalbierenden.

Injektivität beweist man meist in folgender Form: Ist $f(x_1) = f(x_2)$, so ist auch $x_1 = x_2$. Für die Surjektivität muss man zu jedem $y \in B$ ein x mit $f(x) = y$ finden. In vielen Fällen läuft das auf die Konstruktion einer Umkehrfunktion hinaus.

Ist f streng monoton wachsend (also $f(x_1) < f(x_2)$, wenn $x_1 < x_2$ ist) oder streng monoton fallend (also $f(x_1) > f(x_2)$, wenn $x_1 < x_2$ ist), so ist f auch injektiv.

Wichtig ist die **Verkettung** einer Abbildung $f : A \to B$ mit einer Abbildung $g : B \to C$. Das Ergebnis ist die Abbildung $g \circ f : A \to C$ mit

$$(g \circ f)(x) := g(f(x)).$$

Dabei wird zuerst f und dann g angewandt. Eine Abbildung $f : A \to B$ ist genau dann bijektiv, wenn es eine Umkehrabbildung $g : B \to A$ mit $g \circ f = \mathrm{id}_A$ und $f \circ g = \mathrm{id}_B$ gibt. Dabei steht id_A für die identische Abbildung $\mathrm{id}_A : A \to A$ mit $\mathrm{id}_A(x) := x$.

Sei $M \subset \mathbb{R}$. Eine Funktion $f : M \to \mathbb{R}$ heißt

gerade,	falls	$f(-x) = f(x)$ für alle x gilt,
ungerade,	falls	$f(-x) = -f(x)$ für alle x gilt,
periodisch,	falls	es ein $T > 0$ mit $f(x + T) = f(x)$ für alle x gibt,
monoton,	falls	für $x_1 < x_2$ entweder stets $f(x_1) \leq f(x_2)$ oder stets $f(x_1) \geq f(x_2)$ ist.

1.4.13. Aufgaben

A. Skizzieren Sie die folgenden Mengen! Handelt es sich jeweils um den Graphen einer Funktion?

$$
\begin{aligned}
M_1 &= \{(x,y) \in \mathbb{R}^2 : x \cdot y = 1\}, \\
M_2 &= \{(x,y) \in \mathbb{R}^2 : x = y^2\}, \\
M_3 &= \{(x,y) \in \mathbb{R}^2 : y = \text{sign}(x) \cdot \sqrt{|x|}\}, \\
M_4 &= \{(x,y) \in \mathbb{R}^2 : x = y^3\}.
\end{aligned}
$$

Dabei ist $\text{sign}(x) := \begin{cases} 1 & \text{falls } x > 0, \\ 0 & \text{für } x = 0, \\ -1 & \text{falls } x < 0. \end{cases}$

B. Bestimmen Sie die Funktion $f : [-1,4] \to \mathbb{R}$ mit $f(-1) = f(4) = 0$ und $f(1) = 4$, die zwischen -1 und 1 bzw. 1 und 4 jeweils affin-linear ist. Bestimmen Sie weiterhin eine quadratische Funktion $g : \mathbb{R} \to \mathbb{R}$, deren Graph eine nach unten geöffnete Parabel mit Scheitelpunkt $(1,4)$ und $g(4) = 0$ ist.

C. Seien $f : \mathbb{R} \to \mathbb{R}$ und $g : \mathbb{R} \to \mathbb{R}$ definiert durch

$$
f(x) := \begin{cases} 2x + 3 & \text{falls } x < 0, \\ x^2 + 3 & \text{falls } x \geq 0. \end{cases} \qquad g(x) := \begin{cases} 2x - 1 & \text{falls } x \leq 2, \\ x + 1 & \text{falls } x > 2. \end{cases}
$$

Berechnen Sie $f \circ g$ und $g \circ f$.

D. Sei $f : A \to B$ eine Abbildung, $F : A \to A \times B$ definiert durch $F(x) := (x, f(x))$. Zeigen Sie, dass F injektiv ist.

E. Die **charakteristische** Funktion χ_M einer Menge $M \subset \mathbb{R}$ ist definiert durch

$$
\chi_M(x) := \begin{cases} 1 & \text{falls } x \in M \text{ ist,} \\ 0 & \text{falls } x \notin M \text{ ist.} \end{cases}
$$

Beweisen Sie die Formeln

$$
\chi_{M \cap N} = \chi_M \cdot \chi_N \quad \text{und} \quad \chi_{M \cup N} = \chi_M + \chi_N - \chi_M \cdot \chi_N.
$$

F. Sind $f : A \to B$ und $g : B \to C$ injektiv (bzw. surjektiv), so ist auch $g \circ f : A \to C$ injektiv (bzw. surjektiv).

Sei umgekehrt $g \circ f$ injektiv (bzw. surjektiv). Zeigen Sie, dass dann f injektiv (bzw. g surjektiv) ist.

G. Sei $f : \mathbb{R} \to \mathbb{R}$ definiert durch

$$
f(x) := \begin{cases} 2x - 1 & \text{für } x \leq 2, \\ x + 1 & \text{für } x > 2. \end{cases}
$$

Zeigen Sie, dass f bijektiv ist, und bestimmen Sie f^{-1}.

H. $f, g : I \to \mathbb{R}$ seien streng monoton wachsend.

(a) Geben Sie ein Beispiel dafür an, dass $f \cdot g$ nicht unbedingt monoton wachsend sein muss.

(b) Unter welchen zusätzlichen Voraussetzungen ist $f \cdot g$ dennoch monoton wachsend ist.

I. Sei $f : \mathbb{R} \to \mathbb{R}$ eine Funktion mit den folgenden Eigenschaften:

(a) Es gilt die Funktionalgleichung $f(x + y) = f(x) + f(y)$.

(b) f ist streng monoton wachsend.

(c) Es ist $f(1) = a$.

Zeigen Sie, dass $f(x) = ax$ für alle $x \in \mathbb{R}$ gilt.

1.5   Vektoren und komplexe Zahlen

Zur Motivation: Unter einem **Vektor** hat man sich ursprünglich eine Größe vorzustellen, die durch Angriffspunkt, Richtung und Länge charakterisiert wird, also so etwas wie einen Pfeil.

Allerdings soll der Angriffspunkt des Pfeils frei verschiebbar sein, solange dabei Richtung und Länge beibehalten werden. Wozu braucht man einen Vektor? In der Physik benutzt man Vektoren, um Kräfte oder Felder zu beschreiben, die auf Massenpunkte oder elektrische Ladungen wirken. Zum Wesen eines Vektors scheint also unter anderem zu gehören, dass er auf Punkte wirkt.

Diese Eigenschaft besitzt z.B. auch die Vorschrift, jeden Punkt $\mathbf{x} = (x_1, x_2) \in \mathbb{R}^2$ um v_1 Einheiten nach rechts und um v_2 Einheiten nach oben, insgesamt also in die Position $(x_1 + v_1, x_2 + v_2)$ zu verschieben. Deshalb bezeichnet man die Addition zweier Paare $\mathbf{x} = (x_1, x_2)$ und $\mathbf{y} = (y_1, y_2)$ durch die Vorschrift

$$\mathbf{x} + \mathbf{y} := (x_1 + y_1, x_2 + y_2)$$

als **Vektoraddition**. Und die Paare (x_1, x_2) selbst bezeichnet man auch als Vektoren, weil man sie sich als das Ergebnis einer Verschiebung des Nullpunktes um x_1 Einheiten nach rechts und x_2 Einheiten nach oben vorstellen kann.

Ist α eine reelle Zahl, so kann man einen Vektor (einen Pfeil) um den Faktor α verlängern oder verkürzen. Aus der Elementargeometrie folgt (mit Hilfe der Strahlensätze): Verschiebt der ursprüngliche Vektor den Nullpunkt nach (x_1, x_2), so verschiebt der um α verlängerte Vektor den Nullpunkt nach $(\alpha x_1, \alpha x_2)$. Die Multiplikation einer reellen Zahl mit einem Paar $\mathbf{x} = (x_1, x_2)$ durch die Vorschrift

$$\alpha \mathbf{x} := (\alpha x_1, \alpha x_2)$$

bezeichnet man als **Skalarmultiplikation**.

Wir bezeichnen nun die Elemente von $\mathbb{R}^n = \{\mathbf{x} = (x_1, \ldots, x_n) : \text{alle } x_i \in \mathbb{R}\}$ wahlweise als **Punkte** oder **Vektoren** und die Einträge x_i als **Koordinaten**.

Definition   (Vektoraddition und Skalarmultiplikation)

Für $(x_1, \ldots, x_n), (y_1, \ldots, y_n) \in \mathbb{R}^n$ und $\alpha \in \mathbb{R}$ definiert man

$$(x_1, \ldots, x_n) + (y_1, \ldots, y_n) \quad := \quad (x_1 + y_1, \ldots, x_n + y_n)$$
$$\text{und} \quad \alpha \cdot (x_1, \ldots, x_n) \quad := \quad (\alpha x_1, \ldots, \alpha x_n).$$

Speziell nennt man $\mathbf{0} := (0, \ldots, 0)$ den **Nullvektor** oder **Ursprung**.

Ist $\mathbf{x} = (x_1, \ldots, x_n)$, so setzt man $-\mathbf{x} := (-x_1, \ldots, -x_n)$.

1.5.1. Rechenregeln für Vektoren

Für $\mathbf{x}, \mathbf{y}, \mathbf{z} \in \mathbb{R}^n$ *und* $\alpha, \beta \in \mathbb{R}$ *sind folgende Rechenregeln erfüllt:*

$$
\begin{array}{rlrcl}
& \textit{(A-1)} & \mathbf{x} + (\mathbf{y} + \mathbf{z}) & = & (\mathbf{x} + \mathbf{y}) + \mathbf{z}, \\
& \textit{(A-2)} & \mathbf{x} + \mathbf{y} & = & \mathbf{y} + \mathbf{x}, \\
& \textit{(A-3)} & \mathbf{x} + \mathbf{0} & = & \mathbf{x}, \\
& \textit{(A-4)} & \mathbf{x} + (-\mathbf{x}) & = & \mathbf{0}, \\[2mm]
\textit{sowie} & \textit{(S-1)} & (\alpha + \beta)\mathbf{x} & = & \alpha\mathbf{x} + \beta\mathbf{x}, \\
& \textit{(S-2)} & \alpha(\mathbf{x} + \mathbf{y}) & = & \alpha\mathbf{x} + \alpha\mathbf{y}, \\
& \textit{(S-3)} & \alpha(\beta\mathbf{x}) & = & (\alpha\beta)\mathbf{x} \\
& \textit{(S-4)} & 1 \cdot \mathbf{x} & = & \mathbf{x}.
\end{array}
$$

Die Regeln lassen sich sehr leicht auf entsprechende Regeln in $\mathbb{R}$ zurückführen. So ist z.B.

$$
\begin{aligned}
(\alpha + \beta) \cdot (x_1, \ldots, x_n) &= \big((\alpha + \beta)x_1, \ldots, (\alpha + \beta)x_n\big) \\
&= (\alpha x_1 + \beta x_1, \ldots, \alpha x_n + \beta x_n) \\
&= (\alpha x_1, \ldots, \alpha x_n) + (\beta x_1, \ldots, \beta x_n) \\
&= \alpha (x_1, \ldots, x_n) + \beta (x_1, \ldots, x_n)
\end{aligned}
$$

Für später notieren wir: Unter einem **reellen Vektorraum** versteht man eine Menge V, deren Elemente addiert und mit reellen Zahlen multipliziert werden können, so dass die Regeln (A-1) bis (A-4) und (S-1) bis (S-4) gelten. Im Augenblick ist für uns der $\mathbb{R}^n$ das einzige Beispiel, aber später werden wir noch andere Vektorräume kennen lernen.

Definition   (Norm und Abstand)

Unter der **Länge** (oder **Norm**) eines Vektors $\mathbf{a} = (a_1, \ldots, a_n)$ versteht man die Zahl

$$\|\mathbf{a}\| := \sqrt{a_1^2 + \cdots + a_n^2}.$$

Der **Abstand** (oder die **Distanz**) zweier Vektoren $\mathbf{a}$ und $\mathbf{b}$ ist die Länge des „Verbindungsvektors" $\mathbf{b} - \mathbf{a}$, also die Zahl $\mathrm{dist}(\mathbf{a}, \mathbf{b}) := \|\mathbf{b} - \mathbf{a}\|$.

Die Formel für die Länge eines Vektors wird natürlich durch den Satz des Pythagoras motiviert. Den Vektor $\mathbf{b} - \mathbf{a}$ nennen wir den **Verbindungsvektor** von $\mathbf{a}$ und $\mathbf{b}$, weil $\mathbf{a} + (\mathbf{b} - \mathbf{a}) = \mathbf{b}$ ist. Das bedeutet, dass man die Punkte $\mathbf{a}$ und $\mathbf{b}$ durch einen Pfeil verbinden kann, der den Vektor $\mathbf{b} - \mathbf{a}$ repräsentiert.

1.5.2. Eigenschaften der Norm

1. *Es ist stets* $\|\mathbf{x}\| \geq 0$.

2. $\|\mathbf{x}\| = 0 \iff \mathbf{x} = \mathbf{0}$.

3. $\|\alpha \mathbf{x}\| = |\alpha| \cdot \|\mathbf{x}\|$ *für* $\alpha \in \mathbb{R}$ *und* $\mathbf{x} \in \mathbb{R}^n$.

BEWEIS: 1) Ist klar nach Definition.

2) Ist $\|\mathbf{x}\| = 0$, so ist $x_1^2 + \cdots + x_n^2 = 0$. Das geht nur, wenn alle $x_i = 0$ sind. Die Umkehrung ist trivial.

3) $\|\alpha \mathbf{x}\| = \sqrt{(\alpha x_1)^2 + \cdots + (\alpha x_n)^2} = \sqrt{\alpha^2 \cdot (x_1^2 + \cdots + x_n^2)} = |\alpha| \cdot \|\mathbf{x}\|$.   ∎

Ein Vektor soll Länge und Richtung besitzen. Die Länge haben wir eingeführt, bei der Richtung ist das nicht so einfach. Wir beginnen mit einer Größe, die messen soll, wie weit zwei Vektoren davon entfernt sind, aufeinander senkrecht zu stehen.

Definition   (Skalarprodukt)

Sind $\mathbf{a} = (a_1, \ldots, a_n)$ und $\mathbf{b} = (b_1, \ldots, b_n)$ Vektoren im $\mathbb{R}^n$, so versteht man unter ihrem **Skalarprodukt** die Zahl $\mathbf{a} \bullet \mathbf{b} := a_1 b_1 + \cdots + a_n b_n$.

Man beachte, dass das Skalarprodukt zweier Vektoren eine reelle Zahl, also ein Skalar ist! Daher rührt der Name.

Wir betrachten das Skalarprodukt in niedrigen Dimensionen.

- Ist $n = 1$, so stimmt das Skalarprodukt mit dem gewöhnlichen Produkt überein.

- Sei $n = 2$, also $\mathbf{a} = (a_1, a_2)$, $\mathbf{b} = (b_1, b_2)$ und $\mathbf{a} \cdot \mathbf{b} = a_1 b_1 + a_2 b_2$.

Ist $\mathbf{a} = \mathbf{0}$ oder $\mathbf{b} = \mathbf{0}$, so ist auch $\mathbf{a} \cdot \mathbf{b} = 0$. Das Skalarprodukt zweier Vektoren kann aber auch dann verschwinden, wenn keiner der beiden Vektoren der Nullvektor ist.

Sei $\mathbf{a} \cdot \mathbf{b} = 0$ und etwa $\mathbf{a} \neq \mathbf{0}$. Dann besitzt $\mathbf{a}$ eine Komponente, die nicht verschwindet, etwa a_1. Ist nun $a_1 b_1 + a_2 b_2 = 0$, so folgt: $b_1 = -a_2 b_2 / a_1$. Man kann aber auch schreiben: $b_2 = a_1 b_2 / a_1$. Setzen wir $\lambda := b_2 / a_1$, so ist $(b_1, b_2) = \lambda(-a_2, a_1)$. Zeichnet man die Vektoren (a_1, a_2) und $(-a_2, a_1)$ in ein Koordinatensystem ein, so sieht man, dass sie aufeinander senkrecht stehen:

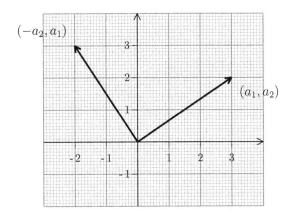

Definition   (Orthogonalität)

Zwei Vektoren $\mathbf{a}$ und $\mathbf{b}$ im $\mathbb{R}^n$ heißen *orthogonal* oder *senkrecht zueinander*, falls $\mathbf{a} \cdot \mathbf{b} = 0$ ist.

1.5.3. Eigenschaften des Skalarproduktes

1. *Es ist* $\mathbf{a} \cdot \mathbf{b} = \mathbf{b} \cdot \mathbf{a}$.

2. *Für drei Vektoren* $\mathbf{a}, \mathbf{b}, \mathbf{c}$ *gilt:* $\mathbf{a} \cdot (\mathbf{b} + \mathbf{c}) = \mathbf{a} \cdot \mathbf{b} + \mathbf{a} \cdot \mathbf{c}$.

3. *Ist* $\alpha \in \mathbb{R}$, *so gilt:* $(\alpha \mathbf{a}) \cdot \mathbf{b} = \mathbf{a} \cdot (\alpha \mathbf{b}) = \alpha \cdot (\mathbf{a} \cdot \mathbf{b})$.

4. *Es ist* $\mathbf{a} \cdot \mathbf{a} = \|\mathbf{a}\|^2$.

BEWEIS: Die Eigenschaften ergeben sich ganz leicht aus der Definition und den Rechenregeln für reelle Zahlen.   ∎

1.5.4. Existenz der orthogonalen Projektion

Es sei $\mathbf{a} \neq \mathbf{0}$ *ein Vektor im* $\mathbb{R}^n$. *Dann gibt es zu jedem* $\mathbf{x} \in \mathbb{R}^n$ *genau eine reelle Zahl* λ *und einen Vektor* $\mathbf{c}$, *so dass* $\mathbf{a} \cdot \mathbf{c} = 0$ *und* $\mathbf{x} = \lambda \mathbf{a} + \mathbf{c}$ *ist.*

BEWEIS: Aus der Gleichung $0 = \mathbf{a} \cdot \mathbf{c} = \mathbf{a} \cdot (\mathbf{x} - \lambda \mathbf{a}) = \mathbf{a} \cdot \mathbf{x} - \lambda \mathbf{a} \cdot \mathbf{a}$ folgt:

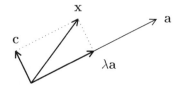

$$\lambda = \frac{\mathbf{a} \cdot \mathbf{x}}{\mathbf{a} \cdot \mathbf{a}} \text{ und } \mathbf{c} = \mathbf{x} - \lambda \mathbf{a}.$$

Das zeigt die Eindeutigkeit der Darstellung, aber auch die Existenz.   ∎

Den Vektor $\lambda \mathbf{a} = \dfrac{\mathbf{a} \cdot \mathbf{x}}{\mathbf{a} \cdot \mathbf{a}} \cdot \mathbf{a}$ nennt man die **orthogonale Projektion** von $\mathbf{x}$ auf $\mathbf{a}$.

1.5.5. Satz des Pythagoras

Ist $\mathbf{a} \cdot \mathbf{b} = 0$, *so ist* $\|\mathbf{a} + \mathbf{b}\|^2 = \|\mathbf{a}\|^2 + \|\mathbf{b}\|^2$.

BEWEIS: Es ist

$$\begin{aligned}
\|\mathbf{a} + \mathbf{b}\|^2 &= (\mathbf{a} + \mathbf{b}) \cdot (\mathbf{a} + \mathbf{b}) \\
&= \mathbf{a} \cdot \mathbf{a} + \mathbf{a} \cdot \mathbf{b} + \mathbf{b} \cdot \mathbf{a} + \mathbf{b} \cdot \mathbf{b} = \|\mathbf{a}\|^2 + \|\mathbf{b}\|^2.
\end{aligned}$$

Der Name des Satzes rührt daher, dass $\mathbf{a}$, $\mathbf{b}$ und $\mathbf{a} + \mathbf{b}$ die Seiten eines rechtwinkligen Dreiecks bilden (wenn man die Vektoren durch geeignete Pfeile repräsentiert). In Wirklichkeit wird hier natürlich ein rein algebraisches und kein geometrisches Resultat bewiesen.   ∎

1.5.6. Schwarz'sche Ungleichung

Sind $\mathbf{a}, \mathbf{b} \in \mathbb{R}^n$, *so ist* $|\mathbf{a} \cdot \mathbf{b}| \leq \|\mathbf{a}\| \cdot \|\mathbf{b}\|$.

BEWEIS: Jeder Beweis der Schwarz'schen Ungleichung benutzt einen kleinen Trick, so auch dieser. Wir können voraussetzen, dass $\mathbf{a}$ und $\mathbf{b}$ beide $\neq \mathbf{0}$ sind, denn sonst ist die Aussage trivial. Der Satz von der Existenz der orthogonalen Projektion besagt dann, dass es ein $\lambda \in \mathbb{R}$ und einen Vektor $\mathbf{c}$ gibt, so dass gilt:

$$\mathbf{a} \cdot \mathbf{c} = 0 \quad \text{und} \quad \mathbf{b} = \lambda \mathbf{a} + \mathbf{c}, \text{ mit } \lambda = \frac{\mathbf{a} \cdot \mathbf{b}}{\mathbf{a} \cdot \mathbf{a}}.$$

Nach dem Satz des Pythagoras ist

$$\|\mathbf{b}\|^2 = \lambda^2 \|\mathbf{a}\|^2 + \|\mathbf{c}\|^2 \geq \lambda^2 \|\mathbf{a}\|^2 = (\mathbf{a} \cdot \mathbf{b})^2 / \|\mathbf{a}\|^2.$$

Das ergibt die Ungleichung $\|\mathbf{a}\|^2 \cdot \|\mathbf{b}\|^2 \geq (\mathbf{a} \cdot \mathbf{b})^2$. Zieht man auf beiden Seiten die Wurzel, so erhält man die Schwarz'sche Ungleichung.   ∎

Als Folgerung ergibt sich die

1.5.7. Dreiecksungleichung

$$\|\mathbf{a} + \mathbf{b}\| \leq \|\mathbf{a}\| + \|\mathbf{b}\|.$$

BEWEIS: Es ist

$$
\begin{aligned}
(\mathbf{a} + \mathbf{b}) \cdot (\mathbf{a} + \mathbf{b}) &= \mathbf{a} \cdot \mathbf{a} + 2\mathbf{a} \cdot \mathbf{b} + \mathbf{b} \cdot \mathbf{b} \\
&\leq \|\mathbf{a}\|^2 + 2 \cdot \|\mathbf{a}\| \cdot \|\mathbf{b}\| + \|\mathbf{b}\|^2 = (\|\mathbf{a}\| + \|\mathbf{b}\|)^2.
\end{aligned}
$$

Wurzelziehen auf beiden Seiten ergibt die Behauptung.   ■

Wir stellen jetzt einen Zusammenhang zwischen dem Skalarprodukt und dem Winkel zwischen zwei Vektoren her. Dabei können wir natürlich nur anschaulich argumentieren.

Sind $\mathbf{a}, \mathbf{b} \in \mathbb{R}^2$ zwei Vektoren der Länge 1, so versteht man unter dem (nicht orientierten) *Winkel* $\angle(\mathbf{a}, \mathbf{b})$ die Länge des kürzeren Kreisbogens zwischen $\mathbf{a}$ und $\mathbf{b}$ auf dem Einheitskreis. Da die Länge eines Halbkreisbogens gerade π beträgt, liegen alle Winkel zwischen 0 und π.

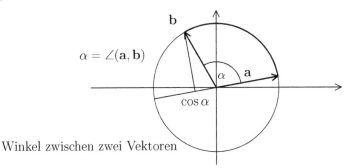

Winkel zwischen zwei Vektoren

Unter dem Winkel zwischen zwei beliebigen Vektoren $\mathbf{a}, \mathbf{b} \neq \mathbf{0}$ versteht man den Winkel zwischen $\mathbf{a}/\|\mathbf{a}\|$ und $\mathbf{b}/\|\mathbf{b}\|$.

1.5.8. Satz

Sind $\mathbf{a}, \mathbf{b} \neq \mathbf{0}$ *zwei Vektoren im* $\mathbb{R}^2$, *so ist* $\mathbf{a} \cdot \mathbf{b} = \|\mathbf{a}\| \cdot \|\mathbf{b}\| \cos \angle(\mathbf{a}, \mathbf{b})$.

BEWEIS: Wir nehmen zunächst an, dass $\|\mathbf{a}\| = \|\mathbf{b}\| = 1$ ist. Ist $\lambda \mathbf{a}$ die orthogonale Projektion von $\mathbf{b}$ auf $\mathbf{a}$, so ergibt sich aus der anschaulichen Definition des Cosinus, dass $\lambda = \cos \angle(\mathbf{a}, \mathbf{b})$ ist.

Dann ist $\mathbf{a} \cdot \mathbf{b} = (\mathbf{a} \cdot \mathbf{b})/(\mathbf{a} \cdot \mathbf{a}) = \lambda = \cos \angle(\mathbf{a}, \mathbf{b})$.

Sind $\mathbf{a}, \mathbf{b}$ beliebige Vektoren, so ist $\cos \angle(\mathbf{a}, \mathbf{b}) = \cos \angle\left(\dfrac{\mathbf{a}}{\|\mathbf{a}\|}, \dfrac{\mathbf{b}}{\|\mathbf{b}\|}\right) = \dfrac{\mathbf{a}}{\|\mathbf{a}\|} \cdot \dfrac{\mathbf{b}}{\|\mathbf{b}\|}$.
Daraus folgt die Behauptung.   ■

Jetzt ist die Verbindung zwischen Skalarprodukt und Winkel deutlich geworden. Allerdings steckt viel Anschauung hinter unserem Beweis. In den nächsten Kapiteln werden wir die Winkelfunktionen und ihre Umkehrfunktionen auf exakte Weise einführen, und dann kann der Winkel zwischen zwei Vektoren durch die Formel $\mathbf{a} \cdot \mathbf{b} = \|\mathbf{a}\| \cdot \|\mathbf{b}\| \cos \angle(\mathbf{a}, \mathbf{b})$ definiert werden.

Definition   **(Geraden und Strecken)**

Unter der *(parametrisierten) Geraden* durch $\mathbf{a}$ mit Richtung $\mathbf{v} \neq \mathbf{0}$ versteht man die Menge

$$L := \{\mathbf{x} = \mathbf{a} + t\mathbf{v} : t \in \mathbb{R}\}.$$

Unter der *(parametrisierten) Strecke* von $\mathbf{a}$ nach $\mathbf{b}$ versteht man die Menge

$$S := \{\mathbf{x} = \mathbf{a} + t(\mathbf{b} - \mathbf{a}) : 0 \leq t \leq 1\}.$$

Die Strecke von $\mathbf{a}$ nach $\mathbf{b}$ ist eine Teilmenge der Geraden durch $\mathbf{a}$ und $\mathbf{b}$ (mit Richtung $\mathbf{b} - \mathbf{a}$).

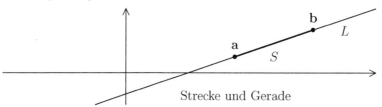

Strecke und Gerade

Wir begegnen hier zum ersten Mal einer „vektorwertigen" Funktion. Die Abbildung $\mathbf{f} = (f_1, \ldots, f_n) : \mathbb{R} \to \mathbb{R}^n$ mit $\mathbf{f}(t) := \mathbf{a} + t\mathbf{v}$ nennt man die *Parametrisierung* der Geraden $L := \{\mathbf{x} = \mathbf{a} + t\mathbf{v} : t \in \mathbb{R}\}$.

In der Ebene $\mathbb{R}^2$ erhält man die Geraden in der schon bekannten Form. Ist nämlich $\mathbf{a} = (a_1, a_2)$ und $\mathbf{v} = (v_1, v_2)$, so hat ein allgemeiner Punkt $\mathbf{x} = (x, y)$ auf der Geraden L die Gestalt

$$x = a_1 + tv_1 \text{ und } y = a_2 + tv_2.$$

- Ist $v_1 = 0$, so ist $x = a_1$. Das beschreibt eine Parallele zur y-Achse.

- Ist $v_1 \neq 0$, so folgt: $t = (x - a_1)/v_1$, also $y = a_2 + (x - a_1) \cdot v_2/v_1$. Das bedeutet, dass L der Graph der Funktion $f(x) = mx + c$ mit $m := v_2/v_1$ und $c := a_2 - ma_1$ ist.

In höheren Dimensionen muss man allerdings immer mit der Parameter-Darstellung arbeiten.

Die Parametrisierung einer Geraden ist ein Beispiel für den allgemeinen Begriff des parametrisierten Weges. Ist $I \subset \mathbb{R}$ ein (beschränktes oder unbeschränktes) Intervall, so versteht man unter einem ***parametrisierten Weg*** im $\mathbb{R}^n$ eine Abbildung $\mathbf{f} : I \to \mathbb{R}^n$. Zur Veranschaulichung eines solchen Weges benutzt man nicht den Graphen, sondern die Bildmenge oder ***Spur***

$$\mathbf{f}(I) = \{\mathbf{x} \in \mathbb{R}^n \ : \ \exists\, t \in I \text{ mit } \mathbf{f}(t) = \mathbf{x}\}.$$

Allerdings enthält die Spur eines Weges nicht alle Informationen über den Weg. Sie sagt z.B. nichts über die Richtung und die Geschwindigkeit aus, mit der die Spur durchlaufen wird.

Ein anderes Beispiel für einen Weg ist die Parametrisierung des Einheitskreises,

$$\alpha : [0, 2\pi] \to \mathbb{R}^2 \text{ mit } \alpha(t) := (\cos t, \sin t).$$

Kurz wollen wir an dieser Stelle auch auf Funktionen von mehreren Veränderlichen eingehen. Besonders leicht zu veranschaulichen sind Funktionen von zwei Veränderlichen. Der Funktionsgraph ist dann eine Fläche über der Ebene. Um die graphisch darzustellen, braucht man ein 3-dimensionales Bild.

Es geht aber auch einfacher. Auf Landkarten beschreibt man den Verlauf des Geländes durch Höhenlinien. Bei einer Funktion sind dies die „Niveaulinien" der Gestalt $\{\mathbf{x} \in D_f \ : \ f(\mathbf{x}) = c\}$, mit jeweils festem c.

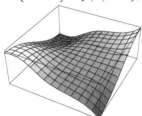   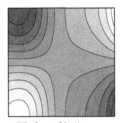

    Funktionsgraph   *Höhenlinien*

Ein Beispiel einer vektorwertigen Funktion von zwei Veränderlichen ist die Parametrisierung einer 2-dimensionalen Ebene im $\mathbb{R}^3$. Seien etwa $\mathbf{a}, \mathbf{u}, \mathbf{v} \in \mathbb{R}^3$ und $\mathbf{u} \bullet \mathbf{v} = 0$. Die Parametrisierung $\varphi : \mathbb{R}^2 \to \mathbb{R}^3$ sei gegeben durch

$$\varphi(s, t) := \mathbf{a} + s\mathbf{u} + t\mathbf{v}.$$

In höheren Dimensionen werden aus den Niveaulinien Niveauflächen, und manchmal interessiert man sich auch für die ***Subniveaumengen*** $\{\mathbf{x} \in D_f \ : \ f(\mathbf{x}) < c\}$. Beispiele dafür sind Sphären und Kugeln.

Definition   **(Kugeln und Sphären)**

Sei $\mathbf{a} \in \mathbb{R}^n$, $r > 0$. Dann heißt die Menge

$$B_r(\mathbf{a}) := \{\mathbf{x} \in \mathbb{R}^n \ : \ \text{dist}(\mathbf{x}, \mathbf{a}) < r\}$$

die *(offene)* ***Kugel*** um $\mathbf{a}$ mit Radius r.

Die Menge

$$S_r^{n-1}(\mathbf{a}) := \{\mathbf{x} \in \mathbb{R}^n \,:\, \mathrm{dist}(\mathbf{x}, \mathbf{a}) = r\}$$

nennt man die $(n-1)$-**Sphäre** um $\mathbf{a}$ mit Radius r.

Der Buchstabe „B" steht für das englische „ball", der Buchstabe „S" natürlich für „sphere". Im Falle $n = 2$ ist die offene Kugel eine **Kreisscheibe**, die man auch mit dem Symbol $D_r(\mathbf{a})$ bezeichnet, wobei „D" für „disk" steht.

Die Sphäre ist der Rand der Kugel. Vereinigt man beide Mengen, so erhält man die **abgeschlossene Kugel**

$$\overline{B}_r(\mathbf{a}) := B_r(\mathbf{a}) \cup S_r^{n-1}(\mathbf{a}) = \{\mathbf{x} \in \mathbb{R}^n \,:\, \mathrm{dist}(\mathbf{x}, \mathbf{a}) \le r\}.$$

Im Falle $n = 1$ ist die offene Kugel um a mit Radius r das offene Intervall $(a-r, a+r)$ und die abgeschlossene Kugel das abgeschlossene Intervall $[a - r, a + r]$. Im Falle $n = 2$ erhält man folgendes Bild:

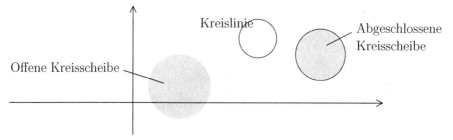

Zum Schluss wollen wir uns mit den **komplexen Zahlen** beschäftigen.

Es gibt keine reelle Zahl x mit $x^2 + 1 = 0$, denn das Quadrat einer reellen Zahl ist immer positiv. Im Laufe der Geschichte wurde aber deutlich, dass es dennoch nützlich sein kann, mit Wurzeln aus negativen Zahlen zu rechnen. Lange blieb es rätselhaft, wie man sich solche imaginären Objekte vorstellen soll.

Wir denken uns also eine Menge von Zahlen der Gestalt

$$\alpha + \beta\sqrt{-1} \text{ mit } \alpha, \beta \in \mathbb{R}$$

gegeben, die man in der gewohnten Weise addieren und multiplizieren kann. Zur Abkürzung schreiben wir i für die „imaginäre Einheit" $\sqrt{-1}$. Dann gilt:

1. Es ist $i^2 = -1$.

2. $(\alpha_1 + i\,\beta_1) + (\alpha_2 + i\,\beta_2) = (\alpha_1 + \alpha_2) + i\,(\beta_1 + \beta_2)$.

3. $(\alpha_1 + i\,\beta_1) \cdot (\alpha_2 + i\,\beta_2) = (\alpha_1\alpha_2 - \beta_1\beta_2) + i\,(\alpha_1\beta_2 + \beta_1\alpha_2)$.

Der Däne Caspar Wessel und der Franzose Robert Argand hatten um 1800 ähnliche Ideen, wie man sich komplexe Zahlen vorstellen könne. So wie es in $\mathbb{R}$ eine Einheit, nämlich die 1, gibt, so muss man nun zwei Einheiten 1 und i zulassen. Da die Multiplikation einer reellen Zahl mit $i^2 = -1$ eine Drehung um 180° bedeutet, sollte die Multiplikation mit i einer Drehung um 90° entsprechen. Das ist möglich, wenn 1 und i zwei orthogonale Vektoren der Länge 1 in der Ebene sind. Entspricht die 1 dem Vektor $\mathbf{e}_1 = (1, 0)$ und i dem Vektor $\mathbf{e}_2 = (0, 1)$, so kann man einen beliebigen Punkt $(\alpha, \beta) = \alpha \mathbf{e}_1 + \beta \mathbf{e}_2 \in \mathbb{R}^2$ mit der komplexen Zahl $\alpha + i\beta$ identifizieren.

Carl Friedrich Gauß hat mit dieser Vorstellung gearbeitet und sie bekannt gemacht, Sir William Rowan Hamilton hat sie endgültig ausgearbeitet und dabei die komplexen Zahlen den Vektoren der Ebene gleichgesetzt.

Definition **(Komplexe Zahlen)**

Die Menge $\mathbb{C}$ der ***komplexen Zahlen*** ist die Menge $\mathbb{R}^2$ der Paare (α, β) von reellen Zahlen, versehen mit der gewöhnlichen Vektoraddition und der Multiplikation

$$(\alpha_1, \beta_1) \cdot (\alpha_2, \beta_2) := (\alpha_1\alpha_2 - \beta_1\beta_2, \, \alpha_1\beta_2 + \beta_1\alpha_2).$$

Statt $(1, 0)$ schreiben wir auch 1, statt $(0, 1)$ schreiben wir i und sprechen auch von der ***imaginären Einheit***. Statt $(0, 0)$ schreibt man einfach 0.

Ist $z = (\alpha, \beta) = \alpha \cdot (1, 0) + \beta \cdot (0, 1) = \alpha + i\beta$ eine komplexe Zahl, so nennt man α den ***Realteil*** und β den ***Imaginärteil*** von z.

1.5.9. Satz

Für die komplexen Zahlen gelten die folgenden Rechenregeln:

$$
\begin{aligned}
u + (v + w) &= (u + v) + w && \text{\textit{(Assoziativität der Addition)}}, \\
u + v &= v + u && \text{\textit{(Kommutativität der Addition)}}, \\
u + 0 &= u, \\
u + (-u) &= 0 && \text{\textit{(mit }} -(\alpha, \beta) := (-\alpha, -\beta)), \\
u \cdot (v \cdot w) &= (u \cdot v) \cdot w && \text{\textit{(Assoziativität der Multiplikation)}}, \\
u \cdot v &= v \cdot u && \text{\textit{(Kommutativität der Multiplikation)}}, \\
u \cdot 1 &= u, \\
u \cdot (v + w) &= u \cdot v + u \cdot w && \text{\textit{(Distributivgesetz)}}.
\end{aligned}
$$

Die gleichen Gesetze gelten für das Rechnen mit reellen Zahlen. Die ersten 4 Regeln folgen direkt aus der Vektorrechnung, die anderen muss man nachrechnen. Ist z.B. $z_1 = \alpha_1 + i\beta_1$, $z_2 = \alpha_2 + i\beta_2$ und $z_3 = \alpha_3 + i\beta_3$, so ist

$$\begin{aligned}
z_1 \cdot (z_2 + z_3) &= (\alpha_1 + i\,\beta_1) \cdot \big((\alpha_2 + \alpha_3) + i\,(\beta_2 + \beta_3)\big) \\
&= \big(\alpha_1(\alpha_2 + \alpha_3) - \beta_1(\beta_2 + \beta_3)\big) + i\,\big(\beta_1(\alpha_2 + \alpha_3) + \alpha_1(\beta_2 + \beta_3)\big) \\
&= \big((\alpha_1\alpha_2 - \beta_1\beta_2) + i\,(\alpha_1\beta_2 + \alpha_2\beta_1)\big) \\
&\quad + \big((\alpha_1\alpha_3 - \beta_1\beta_3) + i\,(\alpha_1\beta_3 + \alpha_3\beta_1)\big) \\
&= (\alpha_1 + i\,\beta_1) \cdot (\alpha_2 + i\,\beta_2) + (\alpha_1 + i\,\beta_1)(\alpha_3 + i\,\beta_3) \\
&= z_1 z_2 + z_1 z_3.
\end{aligned}$$

Was noch fehlt, ist die Möglichkeit zu dividieren. Dazu müssen wir für festes z ein w mit $z \cdot w = 1$ finden. Das wird leichter, wenn wir konjugiert-komplexe Zahlen benutzen. Ist $z = \alpha + i\,\beta$ eine komplexe Zahl, so nennt man

$$\boxed{\overline{z} := \alpha - i\,\beta}$$

die dazu **konjugiert-komplexe** Zahl. Offensichtlich ist dann

$$z\overline{z} = \alpha^2 + \beta^2,$$

und das ist eine reelle Zahl ≥ 0. Sie ist genau dann $= 0$, wenn $z = 0$ ist.

Ist $z \neq 0$, so ist $z \cdot \dfrac{\overline{z}}{z\overline{z}} = 1$, also $z^{-1} = \dfrac{1}{z\overline{z}}\,\overline{z}$. Das bedeutet:

$$(\alpha + i\,\beta)^{-1} = \frac{\alpha}{\alpha^2 + \beta^2} + i\,\frac{-\beta}{\alpha^2 + \beta^2}.$$

Man kann also mit komplexen Zahlen genauso wie mit reellen Zahlen rechnen. Aber $\mathbb{C}$ kann nicht angeordnet werden, denn dann müsste $z^2 > 0$ für alle $z \in \mathbb{C}$ gelten. Wäre $i > 0$, so wäre auch $-1 = i^2 > 0$. Da auch $1 = (-1)(-1) > 0$ ist, ergibt das einen Widerspruch. Genauso folgt, dass $i < 0$ nicht gelten kann.

Immerhin können wir jeder komplexen Zahl einen Betrag zuordnen. Ist $z = \alpha + i\,\beta$, so heißt

$$\boxed{|z| := \sqrt{z\overline{z}} = \sqrt{\alpha^2 + \beta^2}}$$

der **Betrag** von z. Dieser Begriff stimmt mit der euklidischen Norm von z als Vektor im $\mathbb{R}^2$ überein. Es gilt:

1. $|z| \geq 0$ und genau dann $= 0$, wenn $z = 0$ ist.

2. $|z + w| \leq |z| + |w|$.

3. $|z \cdot w| = |z| \cdot |w|$.

Die letzte Gleichung folgt aus der Beziehung

$$|zw|^2 = (zw)(\overline{zw}) = (z\overline{z})(w\overline{w}) = |z|^2 \cdot |w|^2.$$

Jede reelle Zahl x kann in der Form $x = (x, 0)$ als komplexe Zahl aufgefasst werden. In diesem Sinne ist $\mathbb{R} \subset \mathbb{C}$.

1.5.10. Beispiele

A. $\dfrac{3+2\,\mathrm{i}}{1-\mathrm{i}} = \dfrac{(3+2\,\mathrm{i})(1+\mathrm{i})}{(1-\mathrm{i})(1+\mathrm{i})} = \dfrac{(3-2)+\mathrm{i}\,(3+2)}{1^2-\mathrm{i}^2} = \dfrac{1+5\,\mathrm{i}}{2} = \dfrac{1}{2} + \mathrm{i}\,\dfrac{5}{2}.$

Alle Formeln, die nur auf den elementaren Rechenregeln beruhen, gelten in $\mathbb{C}$ genauso wie in $\mathbb{R}$, das betrifft z.B. auch die binomischen Formeln.

B. Sei $z = 2 + \mathrm{i}$ und $w = 3 - 2\,\mathrm{i}$. Dann ist

$$|3z - 4w| = |(6+3\,\mathrm{i}) - (12-8\,\mathrm{i})| = |-6+11\,\mathrm{i}| = \sqrt{36+121} = \sqrt{157}.$$

C. Es ist $\mathrm{i}^{19} = \mathrm{i}^{16} \cdot \mathrm{i}^3 = (\mathrm{i}^2)^8 \cdot \mathrm{i}^2 \cdot \mathrm{i} = -\mathrm{i}$.

D. Es ist

$$(2+3\,\mathrm{i})^3 = 2^3 + 3 \cdot 2^2 \cdot 3\,\mathrm{i} + 3 \cdot 2 \cdot 3^2\,\mathrm{i}^2 + 3^3\,\mathrm{i}^3 = 8 + 36\,\mathrm{i} - 54 - 27\,\mathrm{i} = -46 + 9\,\mathrm{i}.$$

Jede komplexe Zahl vom Betrag 1 hat die Gestalt $z = \cos t + \mathrm{i}\,\sin t$, mit $t \in [0, 2\pi)$. Eine beliebige komplexe Zahl $z \neq 0$ hat die Gestalt

$$z = r \cdot (\cos t + \mathrm{i}\,\sin t), \qquad \text{mit } t \in [0, 2\pi) \text{ und } r > 0.$$

Dabei ist $r = |z|$ und $z/|z|$ eine komplexe Zahl vom Betrag 1. Man bezeichnet dann die Zahlen r und t als die **Polarkoordinaten** von z.

1.5.11. Beispiel

Sei $z = 2 + 2\sqrt{3}\,\mathrm{i}$. Dann ist $|z| = \sqrt{2^2 + 3 \cdot 2^2} = \sqrt{4+12} = 4$ und

$$\frac{z}{|z|} = \frac{1}{2} + \frac{1}{2}\sqrt{3}\,\mathrm{i}.$$

Der Winkel zwischen 1 und z beträgt $60°$, denn die Punkte $(0,0)$, $(1,0)$ und $(1/2, \sqrt{3}/2)$ bilden ein gleichseitiges Dreieck. Weil $60°$ ein Drittel des gestreckten Winkels ausmachen, ist $\angle(1, z) = \pi/3$. Also hat z die Polarkoordinaten $r = 4$ und $t = \pi/3$.

Zusammenfassung

Dieser Abschnitt behandelt einige Themen aus der linearen Algebra. Wem diese Themen schon vertraut sind, der kann die entsprechenden Passagen überspringen.

Ausgehend von der Vektorraum-Struktur des $\mathbb{R}^n$ wird kurz erklärt, was man allgemein unter einem reellen Vektorraum versteht. Dann wird die euklidische **Norm** und das euklidische **Skalarprodukt** im $\mathbb{R}^n$ eingeführt:

$$\|(x_1, \ldots, x_n)\| = \sqrt{x_1^2 + \cdots + x_n^2}$$
$$\text{und } (x_1, \ldots, x_n) \bullet (y_1, \ldots, y_n) = x_1 y_1 + \cdots + x_n y_n.$$

Zwei Vektoren $\mathbf{x}$ und $\mathbf{y}$ heißen **orthogonal**, falls $\mathbf{x} \cdot \mathbf{y} = 0$ ist. Ist $\mathbf{a} \neq \mathbf{0}$ und $\mathbf{x}$ ein beliebiger Vektor, so ist die **orthogonale Projektion** von $\mathbf{x}$ auf $\mathbf{a}$ der Vektor

$$\lambda \mathbf{a} \text{ mit } \lambda = (\mathbf{a} \cdot \mathbf{x})/(\mathbf{a} \cdot \mathbf{a}).$$

Von den damit bewiesenen Formeln sollte man sich vor allem die **Schwarz'sche Ungleichung**

$$|\mathbf{a} \cdot \mathbf{b}| \leq \|\mathbf{a}\| \cdot \|\mathbf{b}\|$$

und die **Dreiecksungleichung** merken:

$$\|\mathbf{a} + \mathbf{b}\| \leq \|\mathbf{a}\| + \|\mathbf{b}\|.$$

Führt man (rein anschaulich) Winkel zwischen Vektoren in der Ebene ein, so erhält man außerdem die Beziehung

$$\mathbf{a} \cdot \mathbf{b} = \|\mathbf{a}\| \cdot \|\mathbf{b}\| \cos \angle(\mathbf{a}, \mathbf{b}).$$

Dabei ist $\angle(\mathbf{a}, \mathbf{b})$ der kleinere (vorzeichenlose) Winkel zwischen $\mathbf{a}$ und $\mathbf{b}$, also derjenige Winkel, der zwischen 0 und π liegt.

Als besondere Teilmengen des $\mathbb{R}^n$ sind vor allem **Geraden** zu nennen,

$$L = \{\mathbf{x} = \mathbf{a} + t\mathbf{v} : t \in \mathbb{R}\},$$

sowie (offene) **Kugeln** und **Sphären**:

$$B_r(\mathbf{a}) = \{\mathbf{x} : \|\mathbf{x} - \mathbf{a}\| < r\}, \quad S_r^{n-1}(\mathbf{a}) = \{\mathbf{x} : \|\mathbf{x} - \mathbf{a}\| = r\}.$$

Am Schluss des Abschnittes steht eine Einführung in die **komplexen Zahlen**. Eine komplexe Zahl ist ein Ausdruck der Gestalt $z = \alpha + \beta i$ mit $\alpha, \beta \in \mathbb{R}$ und der imaginären Einheit i mit $i^2 = -1$. Die komplexe Zahl kann auch als Vektor $(\alpha, \beta) \in \mathbb{R}^2$ aufgefasst werden. Dabei entspricht 1 dem Vektor $(1, 0)$ und i dem Vektor $(0, 1)$. Die Addition von komplexen Zahlen ist einfach die Vektoraddition, die Multiplikation geschieht distributiv, unter Berücksichtigung der Regeln

$$1 \cdot 1 = 1, \quad 1 \cdot i = i \cdot 1 = i \quad \text{und} \quad i^2 = -1.$$

Ist $z = \alpha + \beta i$, so ist $\overline{z} = \alpha - \beta i$ die **konjugiert-komplexe Zahl** und $|z| = \sqrt{z\overline{z}}$ der **Betrag** der komplexen Zahl (der mit der Norm des Vektors (α, β) übereinstimmt). Damit kann man das Inverse einer komplexen Zahl $z \neq 0$ durch die Formel $z^{-1} = \dfrac{1}{|z|^2} \cdot \overline{z}$ berechnen.

Jede komplexe Zahl kann auch in der Polarkoordinaten-Form

$$z = r(\cos t + i \sin t), \quad r > 0, \ t \in [0, 2\pi],$$

geschrieben werden.

1.5.12. Aufgaben

A. Berechnen Sie den Vektor $2 \cdot (1, -1, 3) + 7 \cdot (2, 5, -2) - 10 \cdot (3, -4, -5)$.

B. Berechnen Sie die Norm der Vektoren $\mathbf{a} = (1, 2, 3)$, $\mathbf{b} = (8, -1, 3)$ und $\mathbf{c} = (2p, 7p, -9p)$ (für beliebiges $p > 0$), sowie den Abstand von $\mathbf{b}$ und $\mathbf{c}$.

C. Berechnen Sie die orthogonale Projektion von $\mathbf{x}_0 = (10, 4, 5)$ auf die Gerade $L = \{\mathbf{x} = (0, 1, 1) + t(4, 1, 0) : t \in \mathbb{R}\}$.

D. Bestimmen Sie einen Vektor $\mathbf{c} \neq \mathbf{0}$ im $\mathbb{R}^3$, der orthogonal zu $\mathbf{a} = (1, -1, 0)$ und $\mathbf{b} = (0, 1, -1)$ ist.

E. Sei L_1 die Gerade durch $(-1, 1)$ und $(7, 3)$ im $\mathbb{R}^2$ und L_2 die Gerade durch $(1, 5)$ und $(3, -3)$. Bestimmen Sie Parametrisierungen dieser Geraden und den Schnittpunkt von L_1 und L_2.

F. Beweisen Sie die Formel

$$\|\mathbf{a} - \mathbf{b}\|^2 = \|\mathbf{a}\|^2 + \|\mathbf{b}\|^2 - 2\|\mathbf{a}\| \cdot \|\mathbf{b}\| \cos \angle(\mathbf{a}, \mathbf{b}).$$

G. Sei $\mathbf{x}_0 \in B_2(\mathbf{0}) \subset \mathbb{R}^2$. Bestimmen sie eine reelle Zahl $\varepsilon > 0$, so dass für alle $\mathbf{x} \in B_\varepsilon(\mathbf{x}_0)$ gilt: $\mathbf{x} \in B_2(\mathbf{0})$.

H. Drücken Sie die folgenden komplexen Zahlen in der Form $\alpha + \beta\,\mathrm{i}$ aus:

    a) $z_1 = 2\,\mathrm{i}\,/(1 + \mathrm{i})$,

    b) $z_2 = 1 + \mathrm{i} + \mathrm{i}^2 + \mathrm{i}^3$.

    c) $z_3 = (-5 + 10\,\mathrm{i})/(1 + 2\,\mathrm{i})$.

I. Berechnen Sie den Betrag der folgenden komplexen Zahlen.

    a) $w_1 = (1 + \mathrm{i})(1 - \mathrm{i})$.

    b) $w_2 = (-1 + \mathrm{i})^3$.

J. Berechnen Sie $z = \dfrac{5}{(1 - \mathrm{i})(2 - \mathrm{i})(3 - \mathrm{i})}$.

K. Bestimmen Sie alle $z \in \mathbb{C}$ mit $|z - \mathrm{i}| < |z + \mathrm{i}|$.

L. Bestimmen Sie alle komplexen Zahlen z mit $z^2 = -2\,\mathrm{i}$.

1.6   Polynome und rationale Funktionen

Zur Einführung: Die wichtigsten Beispiele reeller (und komplexer) Funktionen sind Polynome und rationale Funktionen. Sie sind meist schon aus der Schule bekannt, aber hier sollen nochmal ihre wichtigsten (und für manchen vielleicht doch nicht so vertrauten) Eigenschaften formuliert und bewiesen werden.

Definition   (Polynomfunktion)

Eine Funktion $f : \mathbb{R} \to \mathbb{R}$ heißt *Polynom(funktion)*, falls es reelle Zahlen $a_0, a_1, \ldots, a_n$ gibt, so dass für alle $x \in \mathbb{R}$ gilt:

$$f(x) = a_0 + a_1 x + \cdots + a_n x^n.$$

Ist $f(x) = a_0 + a_1 x + \cdots + a_n x^n$ ein Polynom, so nennen wir $(a_0, \ldots, a_n)$ ein *Koeffizientensystem* der Länge n für f. Im Augenblick wissen wir noch nicht, ob das Koeffizientensystem eindeutig bestimmt ist!

Da man $a_0 = a_1 = \ldots = a_n = 0$ wählen kann, ist die Nullfunktion ein Polynom. Natürlich reicht dafür $a_0 = 0$ als Koeffizientensystem aus. Ist f nicht das Nullpolynom, so besitzt f ein Koeffizientensystem $(a_0, \ldots, a_n)$ minimaler Länge mit $a_n \neq 0$. Dann bezeichnet man n als den *Grad* von f. Offensichtlich ist $\mathrm{grad}(f) = 0$ genau dann, wenn f eine konstante Funktion $\neq 0$ ist. Das Nullpolynom erhält definitionsgemäß den Grad $-\infty$.

1.6.1. Abspaltung von Linearfaktoren

Sei $f(x) = a_0 + a_1 x + \cdots + a_n x^n$ ein Polynom vom Grad $n \geq 1$ und x_0 eine Nullstelle von f. Dann gibt es ein Polynom $g(x) = b_0 + b_1 x + \cdots + b_{n-1} x^{n-1}$ mit $b_{n-1} = a_n$, so dass gilt:

$$f(x) = (x - x_0) \cdot g(x) \quad \text{für alle } x \in \mathbb{R}.$$

BEWEIS: Weil $f(x_0) = 0$ ist, gilt für beliebiges $x \in \mathbb{R}$:

$$
\begin{aligned}
f(x) &= f(x) - f(x_0) = \sum_{i=0}^{n} a_i x^i - \sum_{i=0}^{n} a_i x_0^i = \sum_{i=1}^{n} a_i (x^i - x_0^i) \\
&= (x - x_0) \cdot \sum_{i=1}^{n} a_i \cdot \sum_{j=0}^{i-1} x^j x_0^{i-j-1} \\
&= (x - x_0) \cdot \left(a_1 + a_2(x_0 + x) + \cdots + a_n(x_0^{n-1} + x_0^{n-2} x + \cdots + x^{n-1}) \right) \\
&= (x - x_0) \cdot g(x),
\end{aligned}
$$

wobei $g(x) = b_0 + b_1 x + \cdots + b_{n-1} x^{n-1}$ ein Polynom mit $b_{n-1} = a_n$ ist.   ∎

1.6.2. Folgerung (über die Anzahl der Nullstellen)

Ist $f(x) = a_0 + a_1 x + \cdots + a_n x^n$ für alle $x \in \mathbb{R}$ und $a_n \neq 0$, so hat f höchstens n verschiedene Nullstellen.

BEWEIS: Wir führen Induktion nach n.

Im Falle $n = 0$ besitzt $f(x) = a_0$ (mit $a_0 \neq 0$) überhaupt keine Nullstelle. Sei nun $n \geq 1$, und die Behauptung für $n - 1$ schon bewiesen. Hat f keine Nullstelle, so ist nichts zu zeigen. Es sei also $f(x_0) = 0$. Dann gibt es ein Polynom

$$g(x) = b_0 + b_1 x + \cdots + b_{n-1} x^{n-1}$$

mit $b_{n-1} = a_n$, so dass $f(x) = (x - x_0) \cdot g(x)$ für alle $x \in \mathbb{R}$ ist.

Ist $x_1 \neq x_0$ eine Nullstelle von f, so ist

$$0 = f(x_1) = (x_1 - x_0) \cdot g(x_1),$$

also x_1 auch Nullstelle von g. Nach Induktionsvoraussetzung besitzt g aber höchstens $n - 1$ Nullstellen. Also hat f höchstens n Nullstellen. ∎

1.6.3. Folgerung (Identitätssatz für Polynome)

Besitzt ein Polynom $f(x) = a_0 + a_1 x + \cdots + a_n x^n$ mehr als n Nullstellen, so muss $a_0 = a_1 = \ldots = a_n = 0$ sein.

Der BEWEIS ist trivial.

Hieraus ergibt sich unmittelbar, dass die Koeffizienten eines Polynoms eindeutig bestimmt sind. Sind nämlich $(a_0, \ldots, a_n)$ und $(b_0, \ldots, b_n)$ zwei verschiedene Koeffizientensysteme für ein Polynom f (wobei man die Gleichheit der Längen ggf. durch Hinzunahme von Nullen erzwingen kann), so gibt es ein k mit $0 \leq k \leq n$, so dass $a_k \neq b_k$ und

$$(a_0 - b_0) + (a_1 - b_1)x + \cdots + (a_k - b_k)x^k = 0$$

für alle $x \in \mathbb{R}$ gilt. Das kann aber nach der letzten Folgerung nicht sein.

Die Summe und das Produkt zweier Polynome ist wieder ein Polynom. Sei etwa $f(x) := \sum_{i=0}^{n} a_i x^i$ und $g(x) := \sum_{j=0}^{m} b_j x^j$. Ist $n \leq m$, so ist

$$(f + g)(x) = \sum_{i=0}^{n} (a_i + b_i)x^i + \sum_{i=n+1}^{m} b_i x^i.$$

Ist $n > m$, so verfährt man analog.

Das Produkt von f und g ist gegeben durch

$$
(f \cdot g)(x) \;:=\; \sum_{k=0}^{n+m} \Big(\sum_{i+j=k} a_i b_j \Big) x^k
$$

$$
= \; a_0 b_0 + (a_1 b_0 + a_0 b_1)x + (a_2 b_0 + a_1 b_1 + a_0 b_2)x^2 + \cdots + a_n b_m x^{n+m}.
$$

Hieraus ergeben sich die Gradformeln:

1. $\boxed{\operatorname{grad}(f \cdot g) = \operatorname{grad}(f) + \operatorname{grad}(g).}$

2. $\boxed{\operatorname{grad}(f + g) \le \max(\operatorname{grad}(f), \operatorname{grad}(g))}$

   Dabei kann sich der Grad dadurch verringern, dass sich die höchsten Terme von f und g beim Addieren wegheben.

Soll ein Polynom $f(x) = a_n x^n + \cdots + a_1 x + a_0$ numerisch ausgewertet werden, so bedient man sich meist des sogenannten ***Horner-Schemas***:

$$
f(x) = a_0 + x\Big(a_1 + x\big(a_2 + \cdots + x(a_{n-1} + x a_n) \ldots \big) \Big).
$$

Auf diese Weise kann man die Anzahl der Multiplikationen halbieren.

1.6.4. Division mit Rest für Polynome

Sei $g \ne 0$ ein Polynom. Dann gibt es zu jedem Polynom f eindeutig bestimmte Polynome q und r, so dass gilt:

1. *$f = q \cdot g + r$.*

2. *$r = 0$ oder $\operatorname{grad}(r) < \operatorname{grad}(g)$.*

BEWEIS: Ist $\operatorname{grad}(f) < \operatorname{grad}(g)$, so setzen wir $q := 0$ und $r := f$. Wir können also annehmen, dass $n = \operatorname{grad}(f) \ge m = \operatorname{grad}(g)$ ist.

Ist $f(x) = a_0 + a_1 x + \cdots + a_n x^n$ und $g(x) = b_0 + b_1 x + \cdots + b_m x^m$ mit $a_n \ne 0$ und $b_m \ne 0$, so setzen wir $q_1(x) := a_n b_m^{-1} x^{n-m}$. Dann ist

$$
f(x) - q_1(x) \cdot g(x) = (a_n x^n + \cdots + a_0) - (a_n x^n + \text{Terme von kleinerem Grad})
$$

ein Polynom von einem Grad $n_1 < n$. Ist immer noch $n_1 \ge m$, so kann man ein Polynom q_2 finden, so dass $f(x) - \big(q_1(x) + q_2(x) \big) \cdot g(x)$ ein Polynom vom Grad $n_2 < n_1$ ist. Diesen Vorgang wiederholt man so oft, bis $r := f - q \cdot g$ (mit $q = q_1 + q_2 + \cdots$) das Nullpolynom oder ein Polynom vom Grad $< m$ ist.

Zur Eindeutigkeit: Sind zwei Darstellungen $f = q_1 g + r_1 = q_2 g + r_2$ gegeben, so ist

$$
(q_1 - q_2) \cdot g = r_2 - r_1.
$$

Ist $r_1 = r_2$, so muss auch $q_1 = q_2$ sein. Ist $r_1 \ne r_2$, so kann $q_1 - q_2$ nicht das Nullpolynom sein. Also ist

$$\operatorname{grad}\big((q_1 - q_2) \cdot g\big) = \operatorname{grad}(q_1 - q_2) + \operatorname{grad}(g) \geq \operatorname{grad}(g) = m.$$

Andererseits ist aber auch $\operatorname{grad}((q_1 - q_2) \cdot g) = \operatorname{grad}(r_2 - r_1) < m$. Beides zusammen ist unmöglich. ∎

1.6.5. Beispiel

Sei $f(x) = 2x^5 - 13x^4 + 17x^3 - x^2 + 10x + 8$ und $g(x) = 2x^2 - 3x$.

Will man $f(x)$ durch $g(x)$ mit Rest dividieren, so geht man folgendermaßen vor: Die Division des höchsten Termes von $f(x)$ (also $2x^5$) durch den höchsten Term von $g(x)$ (also $2x^2$) ergibt den höchsten Term $q_1(x)$ von $q(x)$ (also x^3). Dann subtrahiert man $g(x) \cdot q_1(x)$ von $f(x)$ und erhält ein Polynome $f_1(x)$. Mit dem beginnt man die Prozedur erneut, so lange, bis nur noch ein Polynom vom Grad $< g(x)$ übrig bleibt. Das ist der gesuchte Rest $r(x)$.

$$
\begin{array}{l}
(2x^5 - 13x^4 + 17x^3 - x^2 + 10x + 8) : (2x^2 - 3x) = x^3 - 5x^2 + x + 1 \\
\underline{2x^5 - 3x^4} \\
\qquad -10x^4 + 17x^3 - x^2 + 10x + 8 \\
\qquad \underline{-10x^4 + 15x^3} \\
\qquad\qquad 2x^3 - x^2 + 10x + 8 \\
\qquad\qquad \underline{2x^3 - 3x^2} \\
\qquad\qquad\qquad 2x^2 + 10x + 8 \\
\qquad\qquad\qquad \underline{2x^2 - 3x} \\
\qquad\qquad\qquad\qquad 13x + 8
\end{array}
$$

Hier ist $q(x) = x^3 - 5x^2 + x + 1$ und $r(x) = 13x + 8$.

Besitzt ein Polynom $f(x)$ eine Nullstelle x_0, so benutzt man den Divisionsalgorithmus, um den Linearfaktor $x - x_0$ abzuspalten. Sei z.B. $p(x) := x^5 - 2x^4 - x + 2$. Durch Probieren stellt man schnell fest, dass p bei $x = 1$ eine Nullstelle besitzt. Durch Polynomdivision erhält man:

$$(x^5 - 2x^4 - x + 2) : (x - 1) = x^4 - x^3 - x^2 - x - 2.$$

Im allgemeinen ist es nicht möglich, Nullstellen von Polynomen höheren Grades ohne numerische Methoden zu bestimmen. In Spezialfällen gibt es aber ein paar nette kleine Hilfsmittel. Darüber soll im Ergänzungsteil gesprochen werden.

Definition   (Vielfachheit einer Nullstelle)

Sei f ein Polynom. Gibt es ein $x_0 \in \mathbb{R}$, ein $k \in \mathbb{N}$ und ein Polynom g mit $g(x_0) \neq 0$, so dass $f(x) = (x - x_0)^k \cdot g(x)$ ist, so nennt man x_0 eine Nullstelle der *Ordnung* (oder *Vielfachheit*) k.

1.6.6. Satz (über die Zerlegung in Linearfaktoren)

Sei $p(x)$ ein Polynom vom Grad $n \geq 0$.

1. *p besitzt höchstens n Nullstellen (mit Vielfachheit gezählt).*

2. *Sind $c_1, \ldots, c_m$ die verschiedenen Nullstellen von p, $m \leq n$, mit Vielfachheiten $k_1, \ldots, k_m$, so ist*

$$p(x) = (x - c_1)^{k_1} \cdot \ldots \cdot (x - c_m)^{k_m} \cdot q(x),$$

mit $k_1 + \cdots + k_m \leq n$ und einem Polynom q ohne Nullstellen.

Zum BEWEIS dividiert man sukzessive alle Nullstellen heraus, bis nur noch ein Polynom ohne Nullstellen übrigbleibt. Dessen Grad ist $= n - (k_1 + \cdots + k_m) \geq 0$.

1.6.7. Beispiel

Sei $p(x) = x^7 - 2x^6 + 3x^5 - 4x^4 + 2x^3$.

Offensichtlich ist $p(x) = x^3 \cdot q_1(x)$, mit $q_1(x) := x^4 - 2x^3 + 3x^2 - 4x + 2$.

Da $q_1(0) \neq 0$ ist, hat p in $x = 0$ eine Nullstelle der Vielfachheit 3.

Probieren zeigt, dass $q_1(1) = 0$ ist. Polynomdivision ergibt:

$$q_1(x) = (x - 1) \cdot q_2(x), \text{ mit } q_2(x) := x^3 - x^2 + 2x - 2.$$

Da auch $q_2(1) = 0$ ist, kann man noch einmal durch $(x - 1)$ dividieren und erhält:

$$q_1(x) = (x - 1)^2 \cdot q_3(x), \text{ mit } q_3(x) := x^2 + 2.$$

$q_3(x)$ besitzt keine Nullstelle mehr. Also ist

$$p(x) = x^3 \cdot (x - 1)^2 \cdot (x^2 + 2)$$

die bestmögliche Zerlegung von $p(x)$.

Polynome 2. Grades sind die quadratischen Funktionen, die wir schon kennen:

$$f(x) = ax^2 + bx + c, \quad \text{mit } a \neq 0.$$

Für die reellen Nullstellen von f haben wir die Formel $x_{1,2} = (-b \pm \sqrt{\Delta_f})/(2a)$, mit der Diskriminanten $\Delta_f := b^2 - 4ac$.

Ist $\Delta_f > 0$, so finden wir zwei verschiedene Nullstellen. Ist $\Delta_f = 0$, so besitzt f eine Nullstelle der Ordnung 2. Zählt man also Nullstellen mit ihren Vielfachheiten, so scheint die Anzahl der Nullstellen mit dem Grad übereinzustimmen. Diese Aussage wird aber falsch, wenn $\Delta_f < 0$ ist, denn dann haben wir überhaupt keine Nullstelle mehr. Wo sind die fehlenden Nullstellen geblieben?

Wir verlassen hier den Bereich der reellen Zahlen und lassen auch komplexe Nullstellen zu. Wir gehen sogar einen Schritt weiter und lassen gelegentlich auch Polynome mit komplexen Koeffizienten zu:

$$p(z) = c_0 + c_1 z + c_2 z^2 + \cdots + c_n z^n,$$

mit $c_0, c_1, \ldots, c_n \in \mathbb{C}$ und $c_n \neq 0$.

Wie im Reellen werden Grad und Nullstellen definiert, der Divisionsalgorithmus überträgt sich wörtlich auf komplexe Polynome, und wie im Reellen besteht auch im Komplexen der Zusammenhang zwischen Nullstellen und Linearfaktoren.

Besonders interessieren uns aber die komplexen Nullstellen reeller Polynome.

1.6.8. Komplexe Nullstellen eines reellen Polynoms

*Sei $p(x)$ ein Polynom vom Grad n mit **reellen** Koeffizienten.*

1. *Ist $\alpha \in \mathbb{C}$ eine Nullstelle von p, so ist auch $\overline{\alpha}$ eine Nullstelle.*

2. *Die Anzahl der nicht-reellen Nullstellen von p ist gerade.*

3. *Ist $\mathrm{grad}(p) = 2$, so besitzt p genau zwei Nullstellen (mit Vielfachheit gezählt).*

BEWEIS: 1) Sei $p(x) = a_0 + a_1 x + \cdots + a_n x^n$. Ist $\alpha \in \mathbb{C}$ eine Nullstelle von p, so ist

$$p(\alpha) = 0, \text{ und damit } 0 = \overline{p(\alpha)} = p(\overline{\alpha}).$$

2) folgt trivial aus (1).

3) Sei $p(x) = ax^2 + bx + c$, mit $a \neq 0$, und $\Delta_p = b^2 - 4ac$ die Diskriminante. Ist $\Delta_p \geq 0$, so ist nichts mehr zu zeigen. Ist $\Delta_p < 0$, so erhält man die beiden Lösungen

$$x_1 = \frac{-b + \mathsf{i}\sqrt{-\Delta_p}}{2a} \quad \text{und} \quad x_2 = \frac{-b - \mathsf{i}\sqrt{-\Delta_p}}{2a}.$$

∎

Von entscheidender Bedeutung ist nun

1.6.9. Der Fundamentalsatz der Algebra

Jedes nicht konstante komplexe Polynom hat in $\mathbb{C}$ wenigstens eine Nullstelle.

Den BEWEIS können wir noch nicht führen. Mit Hilfe der Polynomdivision folgt aus dem Fundamentalsatz, dass ein Polynom vom Grad n in n Linearfaktoren zerlegt werden kann (wobei natürlich zugelassen ist, dass ein Faktor mehrfach auftritt).

1.6.10. Folgerung

*Jedes nicht konstante reelle Polynom **ungeraden Grades** besitzt wenigstens eine reelle Nullstelle.*

BEWEIS: Da das Polynom in Linearfaktoren zerfällt und die nicht reellen Nullstellen paarweise auftreten, bleibt mindestens eine reelle Nullstelle übrig.   ∎

Ist c eine komplexe Nullstelle eines reellen Polynoms $p(x)$ (mit $\mathrm{Im}(c) \neq 0$), so ist auch $\bar{c}$ eine Nullstelle und

$$(x - c)(x - \bar{c}) = x^2 - (2\,\mathrm{Re}(c))x + |c|^2$$

ein quadratisches Polynom mit reellen Koeffizienten. Daraus folgt:

1.6.11. Folgerung

Jedes nicht konstante reelle Polynom zerfällt vollständig in (reelle) Linearfaktoren und quadratische Polynome ohne reelle Nullstelle.

Definition   (Rationale Funktion)

Sind p, q zwei Polynome, von denen q nicht das Nullpolynom ist, so nennt man $f(x) := p(x)/q(x)$ eine ***rationale Funktion***.

Der Definitionsbereich einer solchen rationalen Funktion ist die Menge $D_f := \{x \in \mathbb{R} : q(x) \neq 0\}$.

Da das Nennerpolynom q einen Grad ≥ 0 haben soll, besitzt es höchstens endlich viele Nullstellen. Eine rationale Funktion ist also fast überall definiert.

Was passiert in einem Punkt x_0 mit $q(x_0) = 0$?

Wir können den Faktor $(x - x_0)$ in der höchstmöglichen Potenz aus $p(x)$ und $q(x)$ herausziehen: Es gibt Zahlen $k \geq 0$ und $l > 0$, sowie Polynome $\tilde{p}$ und $\tilde{q}$, so dass gilt:

$$p(x) = (x - x_0)^k \cdot \tilde{p}(x) \quad \text{und} \quad q(x) = (x - x_0)^l \cdot \tilde{q}(x),$$

mit $\tilde{p}(x_0) \neq 0$ und $\tilde{q}(x_0) \neq 0$. Dabei ist auch $k = 0$ möglich.

Nun sind zwei Fälle zu unterscheiden:

1. Ist $k \geq l$, so ist

$$f(x) = (x - x_0)^{k-l} \cdot \frac{\tilde{p}(x)}{\tilde{q}(x)},$$

und die rechte Seite der Gleichung ist auch in $x = x_0$ definiert. Man nennt x_0 dann eine ***hebbare Unbestimmtheitsstelle*** von f. Der „unbestimmte Wert" $f(x_0) = 0/0$ kann in diesem Fall durch eine bestimmte reelle Zahl ersetzt werden.

2. Ist $k < l$, so ist

$$f(x) = \frac{1}{(x - x_0)^{l-k}} \cdot \frac{\widetilde{p}(x)}{\widetilde{q}(x)}.$$

Hier ist der erste Faktor bei x_0 nach wie vor nicht definiert, während der zweite Faktor einen bestimmten Wert annimmt. Man sagt in dieser Situation: f besitzt in x_0 eine **Polstelle** der Ordnung $l - k$.

Wir wollen nun eine beliebige rationale Funktion $f(x) = p(x)/q(x)$ in eine ganz bestimmte „Normalform" bringen.

a) Ist $\operatorname{grad}(p) \geq \operatorname{grad}(q)$, so liefert der Satz von der Division mit Rest eine Zerlegung $p(x) = g(x) \cdot q(x) + r(x)$ mit $\operatorname{grad}(r) < \operatorname{grad}(q)$ und damit eine Darstellung

$$f(x) = g(x) + r(x)/q(x), \text{ mit einem Polynom } g.$$

b) Ist $\operatorname{grad}(p) < \operatorname{grad}(q)$ und zerfällt $q(x)$ vollständig in Linearfaktoren, so gibt es eine sogenannte *Partialbruchzerlegung* :

1.6.12. Partialbruchzerlegung

$p(x), q(x)$ *seien zwei Polynome mit* $\operatorname{grad}(p) < \operatorname{grad}(q)$. *Außerdem sei*

$$q(x) = (x - c_1)^{k_1} \cdots (x - c_r)^{k_r}$$

die Zerlegung von $q(x)$ *in Linearfaktoren (über* $\mathbb{C}$*), mit paarweise verschiedenen komplexen Zahlen* c_i. *Dann gibt es eine eindeutig bestimmte Darstellung*

$$\frac{p(x)}{q(x)} = \sum_{j=1}^{r} \sum_{k=1}^{k_j} \frac{a_{jk}}{(x - c_j)^k}, \text{ mit } a_{jk} \in \mathbb{C}.$$

BEWEIS: Wir werden den folgenden Reduktionsschritt beweisen:

Ist $q(x) = (x - c_1) \cdot q_1(x)$ mit einem Polynom q_1 und $\operatorname{grad}(q_1) = \operatorname{grad}(q) - 1$, so gibt es eine eindeutig bestimmte Zerlegung

$$(*) \qquad \frac{p(x)}{q(x)} = \frac{a}{(x - c_1)^{k_1}} + \frac{p_1(x)}{q_1(x)},$$

mit $a \in \mathbb{C}$ und einem Polynom $p_1(x)$ mit $\operatorname{grad}(p_1) < \operatorname{grad}(q_1)$.

Es ist dann klar, dass man diesen Schritt iterieren kann und nach endlich vielen Schritten die gewünschte Zerlegung erhält.

a) Eindeutigkeit: Wenn es die Zerlegung $(*)$ gibt, dann ist

$$p(x) = a \cdot (x - c_2)^{k_2} \cdots (x - c_r)^{k_r} + p_1(x) \cdot (x - c_1),$$

also $p(c_1) = a \cdot (c_1 - c_2)^{k_2} \cdots (c_1 - c_r)^{k_r}$. Damit ist a festgelegt, und dann auch $p_1(x) = (p(x) - a \cdot (x - c_2)^{k_2} \cdots (x - c_r)^{k_r})/(x - c_1)$, sowie $q_1(x) = q(x)/(x - c_1)$.

b) Existenz: Jetzt definieren wir

$$a := \frac{p(c_1)}{(c_1 - c_2)^{k_2} \cdots (c_1 - c_r)^{k_r}},$$

sowie

$$P(x) := p(x) - a \cdot (x - c_2)^{k_2} \cdots (x - c_r)^{k_r}.$$

Da $P(c_1) = 0$ ist, gibt es ein Polynom $p_1(x)$ mit $P(x) = p_1(x) \cdot (x - c_1)$. Also ist

$$p(x) = a \cdot (x - c_2)^{k_2} \cdots (x - c_r)^{k_r} + p_1(x) \cdot (x - c_1).$$

Wir haben natürlich $k_1 \geq 1$ vorausgesetzt. Das bedeutet, dass $q_1(x) := q(x)/(x - c_1)$ ein Polynom ist, und es folgt:

$$\frac{p(x)}{q(x)} = \frac{a}{(x - c_1)^{k_1}} + \frac{p_1(x)}{q_1(x)}.$$

Schließlich ist $\mathrm{grad}(p_1) < \max(\mathrm{grad}(p), k_2 + \cdots + k_r) \leq \mathrm{grad}(q) - 1 = \mathrm{grad}(q_1)$. ∎

Der Beweis sagt nichts über die praktische Ausführung. In einfachen Fällen kann man folgendermaßen vorgehen:

1. Zerlegung des Nenners in Linearfaktoren. Meistens scheitert man schon an dieser Stelle.

2. Ansatz mit „unbestimmten Koeffizienten", so wie in der Formel vorgegeben.

3. Multiplikation beider Seiten mit dem Nenner der linken Seite. Das führt zu einer Polynomgleichung.

4. Vergleich der Koeffizienten bei den Potenzen von x. Wegen der Eindeutigkeit des Koeffizientensystems eines Polynoms liefert der Vergleich ein lineares Gleichungssystem, aus dem man die unbestimmten Koeffizienten gewinnen kann.

1.6.13. Beispiel

Sei $f(x) := \dfrac{x^2 + 5x + 2}{(x - 1)(x + 1)^2}$.

Ansatz: $\dfrac{x^2 + 5x + 2}{(x - 1)(x + 1)^2} = \dfrac{a_{11}}{x - 1} + \dfrac{a_{21}}{x + 1} + \dfrac{a_{22}}{(x + 1)^2}$.

Multiplikation mit dem Nenner der linken Seite führt zu

$$x^2 + 5x + 2 = a_{11}(x+1)^2 + a_{21}(x^2-1) + a_{22}(x-1)$$
$$= (a_{11} + a_{21})x^2 + (2a_{11} + a_{22})x + (a_{11} - a_{21} - a_{22}).$$

Koeffizientenvergleich liefert die Bestimmungsgleichungen

$$a_{11} + a_{21} = 1, \quad 2a_{11} + a_{22} = 5 \quad \text{und} \quad a_{11} - a_{21} - a_{22} = 2.$$

Als Lösung erhält man: $a_{11} = 2$, $a_{21} = -1$ und $a_{22} = 1$.

Man kann an dem Beispiel auch noch eine andere Methode demonstrieren. Multipliziert man am Anfang beide Seiten mit $(x+1)^2$ und setzt dann $x = -1$ ein, so erhält man sofort

$$a_{22} = \frac{(-1)^2 + 5(-1) + 2}{-2} = 1.$$

Dann ist

$$\frac{a_{11}}{x-1} + \frac{a_{21}}{x+1} = \frac{x^2 + 5x + 2}{(x-1)(x+1)^2} - \frac{1}{(x+1)^2} = \frac{x+3}{(x-1)(x+1)}$$

Hier kann man nun mit einer der beiden gezeigten Methoden weitermachen.

Sind $p(x)$ und $q(x)$ Polynome mit reellen Koeffizienten, so ist man oft an einer „reellen" Partialbruchzerlegung interessiert. Sind alle Nullstellen von $q(x)$ reell, so erhält man reelle a_{jk}. Es bleibt das Problem der nicht-reellen Nullstellen.

Ist etwa c_j eine Nullstelle von $q(x)$, mit $\text{Im}(c_j) \neq 0$, so ist auch $\overline{c_j}$ eine Nullstelle von $p(x)$. Es muss also ein $i \neq j$ mit $c_i = \overline{c_j}$ geben, und es ist dann $k_i = k_j$

Weil $\overline{(p/q)(x)} = p(\overline{x})/q(\overline{x})$ ist, muss dann – wegen der Eindeutigkeit der Partialbruchzerlegung – gelten:

$$\frac{\overline{a_{jk}}}{(\overline{x} - c_i)^k} = \frac{a_{ik}}{(\overline{x} - c_i)^k}.$$

Daraus folgt: $a_{ik} = \overline{a_{jk}}$, für $k = 1, \dots, k_j$.

Nun gilt aber für beliebige komplexe Zahlen a und c:

$$\frac{a}{x-c} + \frac{\overline{a}}{x-\overline{c}} = \frac{\delta x + \varepsilon}{x^2 + \beta x + \gamma},$$

mit reellen Zahlen $\beta, \gamma, \delta, \varepsilon$. Behält man im Nenner quadratische Polynome, so muss man im Zähler affin-lineare Terme zulassen. Die Methode des Ansatzes und Koeffizientenvergleichs funktioniert dann genauso.

Zusammenfassung

In diesem Abschnitt ging es vor allem um **Polynome**

$$f(x) = a_0 + a_1 x + \cdots + a_n x^n.$$

Wir haben gezeigt, dass die Koeffizienten durch die Werte der Polynomfunktion eindeutig bestimmt sind. Ist a_n der höchste Koeffizient $\neq 0$, so nennt man n den **Grad** von f. Es gelten die Formeln

$$
\begin{aligned}
\operatorname{grad}(f) = 0 &\iff f \text{ konstant}, \\
\operatorname{grad}(0) &= -\infty, \\
\operatorname{grad}(f \cdot g) &= \operatorname{grad}(f) + \operatorname{grad}(g), \\
\text{und} \quad \operatorname{grad}(f + g) &\leq \max(\operatorname{grad}(f), \operatorname{grad}(g)).
\end{aligned}
$$

Jede Nullstelle x_0 eines Polynoms f vom Grad n liefert eine Zerlegung $f(x) = (x - x_0) \cdot g(x)$, mit einem Polynom g vom Grad $n - 1$. Es gibt maximal n Nullstellen, und in $\mathbb{C}$ gibt es sogar genau n Nullstellen, wenn man die Vielfachheiten mitzählt (nach dem Fundamentalsatz der Algebra). Das führt zu einer eindeutigen Zerlegung

$$f(x) = (x - c_1)^{k_1} \cdots (x - c_r)^{k_r}, \text{ mit } k_1 + \cdots + k_r = n.$$

Die Exponenten k_i sind die Vielfachheiten der Nullstellen.

Die komplexen Nullstellen eines reellen Polynoms treten immer paarweise auf, mit α ist stets auch $\bar{\alpha}$ eine Nullstelle. Deshalb besitzt jedes reelle Polynom ungeraden Grades mindestens eine reelle Nullstelle.

Sind f, g zwei Polynome mit $\operatorname{grad}(f) \geq \operatorname{grad}(g)$, so ist entweder f ein Vielfaches von g, oder man kann eine Division mit Rest durchführen: $f = q \cdot g + r$, mit Polynomen q und r und $0 \leq \operatorname{grad}(r) < \operatorname{grad}(g)$.

Ist $\operatorname{grad}(f) < \operatorname{grad}(g)$, so kann man für die **rationale Funktion** f/g eine Partialbruchzerlegung durchführen. Dies geschieht am besten im Komplexen. Ist $g(x) = (x - c_1)^{k_1} \cdots (x - c_r)^{k_r}$ mit $c_j \in \mathbb{C}$, so enthält $f(x)/g(x)$ Summanden der Gestalt

$$\frac{a_{j1}}{x - c_j}, \quad \frac{a_{j2}}{(x - c_j)^2}, \quad \ldots, \quad \frac{a_{jk_j}}{(x - c_j)^{k_j}}.$$

Man setzt die Partialbruchzerlegung dementsprechend mit unbestimmten Koeffizienten a_{ji} an und versucht dann, diese Koeffizienten zu bestimmen. Ist man an einer reellen Partialbruchzerlegung interessiert, so fasst man die paarweise auftretenden Linearfaktoren $x - c_j$ und $x - \bar{c}_j$ zu reellen quadratischen Polynomen $q_j(x)$ zusammen und erhält Terme der Gestalt

$$\frac{L_{j1}(x)}{q_j(x)}, \quad \frac{L_{j2}(x)}{q_j^2(x)}, \quad \ldots \quad \frac{L_{jk_j}}{q_j(x)^{k_j}},$$

mit affin-linearen Funktionen $L_{ji}(x)$.

Ergänzungen

I) Hier soll nachgetragen werden, wie man in speziellen Fällen Nullstellen von Polynomen höheren Grades finden kann.

1.6.14. Rationale Nullstellen von Polynomen

Sei $p(x) = a_n x^n + \cdots + a_0$ ein Polynom vom Grad n mit ganzzahligen Koeffizienten a_i. Sind $a, b \in \mathbb{N}$ teilerfremd und ist $\alpha := a/b$ eine Nullstelle von $p(x)$, so muss gelten:

1. a ist Teiler von a_0.

2. b ist Teiler von a_n.

BEWEIS: Ist $p(\alpha) = 0$, so ist $a_n (a/b)^n + \cdots + a_1 (a/b) + a_0 = 0$. Das ist genau dann der Fall, wenn gilt:

$$a_0 b^n = a(-a_1 b^{n-1} - a_2 a b^{n-2} - \cdots - a_n a^{n-1})$$

und

$$a_n a^n = b(-a_0 b^{n-1} - a_1 a b^{n-2} - \cdots - a_{n-1} a^{n-1}).$$

Dann folgt: a teilt $a_0 b^n$ und daher a_0 (weil a und b teilerfremd sind). Und b teilt $a_n a^n$, also auch a_n. ∎

1.6.15. Folgerung

Ist $p(x) = a_n x^n + \cdots + a_0$ ein Polynom mit ganzzahligen Koeffizienten und α eine ganzzahlige Nullstelle von $p(x)$, so teilt α den Koeffizienten a_0.

1.6.16. Beispiel

Sei $p(x) = x^3 - 6x^2 - 9x + 14$. Hier besitzt $a_0 = 14$ nur die Teiler 1, 2 und 7. Tatsächlich sind $x_1 = 1$, $x_2 = -2$ und $x_3 = 7$ Nullstellen.

Im Falle des Polynoms $q(x) = x^4 + 4x^3 - 6x^2 + 12x - 2$ ist zwar 2 ein Teiler von $a_0 = -2$, aber trotzdem ist weder $x = 2$ noch $x = -2$ eine Nullstelle. Das Kriterium hilft also nur manchmal weiter.

II) Bei dem „normierten" quadratischen Polynom $f(x) = x^2 + bx + c$ liefert die Formel $x_{1,2} = (-b \pm \sqrt{\Delta_f})/2$ mit $\Delta_f = b^2 - 4c$ die beiden Nullstellen als Funktionen der Koeffizienten. Offensichtlich ist

$$\boxed{x_1 + x_2 = -b} \quad \text{und} \quad \boxed{x_1 \cdot x_2 = c} \quad \text{(Gleichungen von Vieta).}$$

Also kann man auch die Koeffizienten des Polynoms als Funktionen der Nullstellen beschreiben. Das funktioniert auch bei Polynomen höheren Grades, aber die Formeln werden dann recht kompliziert.

1.6.17. Aufgaben

A. Sei $f(x) = a_0 + a_1 x + \cdots + a_n x^n$ ein Polynom und α eine beliebige reelle Zahl. Die Zahlen b_i und c_i seien wie folgt definiert: Es sei $b_n := 0$ und $c_n := a_n$, sowie

$$b_j := \alpha \cdot c_{j+1}$$
$$\text{und} \quad c_j := a_j + b_j,$$

für $j = n - 1, n - 2, \ldots, 0$. Beweisen Sie, dass $c_0 = f(\alpha)$ ist.

Berechnen Sie mit diesem Verfahren den Wert $f(2)$ für

$$f(x) = x^5 - 7x^3 + 9x^2 + x + 3.$$

B. Dividieren Sie mit Rest:

$$(3x^5 - x^4 + 8x^2 - 1) : (x^3 + x^2 + x) = ?$$
$$(x^5 - x^4 + x^3 - x^2 + x - 1) : (x^2 - 2x + 2) = ?$$

C. Sei $f(x)$ ein Polynom vom Grad n und $g(y)$ ein Polynom vom Grad m. Zeigen Sie, dass $g \circ f$ ein Polynom vom Grad $n \cdot m$ ist.

D. Ist $f(x) = \sum_{k=0}^n a_k x^k$ ein beliebiges Polynom, so definiert man das Polynom Df durch

$$Df(x) := \begin{cases} \sum_{k=1}^n k \cdot a_k x^{k-1} & \text{falls } n \geq 1, \\ 0 & \text{sonst.} \end{cases}$$

Das geht, weil ein Polynom durch seine Koeffizienten eindeutig festgelegt ist. Zeigen Sie:

a) Ist x eine feste Zahl, so ist $f(x + h) = f(x) + Df(x) \cdot h + h^2 \cdot g(h)$, mit einem eindeutig bestimmten Polynom $g(h)$.

b) Es ist $D(f \cdot g) = Df \cdot g + f \cdot Dg$.

c) f besitzt genau dann eine Nullstelle α der Vielfachheit ≥ 2, wenn α gemeinsame Nullstelle von f und Df ist.

E. Zeigen Sie: Ist p ungerade, so besitzt $f(x) = 1 + x + x^2 + \cdots + x^{p-1}$ keine reelle Nullstelle.

F. Sei $f(x)$ ein nicht konstantes Polynom. Zeigen Sie, dass $1/f(x)$ kein Polynom sein kann.

G. Zeigen Sie, dass ein Polynom $f(x) = a_n x^n + \cdots + a_1 x + a_0$ genau dann eine gerade Funktion ist, wenn $a_{2k+1} = 0$ für alle k ist.

H. Bestimmen Sie die Partialbruchzerlegung der rationalen Funktion

$$R(x) = \frac{x^3 + x^2 + 1}{x^2 - 1}.$$

I. Führen Sie die Partialbruchentwicklung der folgenden rationalen Funktion durch. Arbeiten Sie dabei zunächst im Komplexen und bestimmen Sie dann die reelle Partialbruchzerlegung.

$$R(x) = \frac{2x^3 + 3x + 2}{(x^2 + 1)(x^2 + x - 2)}.$$

J. Seien $f(x) = x^n + a_{n-1}x^{n-1} + \cdots + a_0$ und $g(x) = x^m + b_{m-1}x^{m-1} + \cdots + b_0$ zwei „normierte" Polynome von positivem Grad. Alle Koeffizienten a_i und b_j seien rationale Zahlen. Zeigen Sie: Besitzt $f \cdot g$ nur ganzzahlige Koeffizienten, so sind auch alle a_i und alle b_j ganze Zahlen.

Hinweis: Man multipliziere zunächst $f(x)$ mit einer geeigneten ganzen Zahl c und $g(x)$ mit einer geeigneten ganzen Zahl d, so dass danach alle Koeffizienten ganzzahlig und ohne gemeinsamen Teiler sind. Es lässt sich dann zeigen, dass cd keinen echten Teiler besitzt.

K. a) Es seien $p, q > 0$ reelle Zahlen. Zeigen Sie: Sind u, v reelle Zahlen mit $u^3 + v^3 = q$ und $uv = -p/3$, so ist $x = u + v$ eine Lösung der Gleichung $x^3 + px = q$.

b) Zeigen Sie: Ist $u^3 + v^3 = q$ und $uv = -p/3$, so sind u^3 und v^3 die beiden Lösungen der quadratischen Gleichung $y^2 - qy - p^3/27 = 0$. Bestimmen Sie u und v.

c) Lösen Sie die Gleichung $x^3 + 63x = 316$.

2 Der Grenzwertbegriff

2.1 Konvergenz

Zur Motivation: In Schulbüchern wird die Ableitung einer Funktion als „Grenzwert" von Differenzenquotienten eingeführt. Aber was unter einem solchen Grenzwert zu verstehen ist, bleibt oftmals im Dunkeln. Eine Funktionsvorschrift $y = f(x)$ beschreibt, wie sich die abhängige Variable y verhält, wenn sich die unabhängige Variable x einem festen Wert x_0 annähert. Was bedeutet das? Wir müssen solche Begriffe wie „Annäherung" oder „Grenzwert" präzisieren.

Ein Modell dafür liefern die Nullfolgen, die wir in Abschnitt 1.3 untersucht haben. Wir werden auch hier wieder das Vollständigkeitsaxiom benutzen, den Satz von Archimedes und ε-Umgebungen (diesmal von beliebigen Punkten $a \in \mathbb{R}$). Zur Erinnerung: Ist (a_n) eine Folge von reellen Zahlen, so gilt:

$$a_n \in U_\varepsilon(a) \iff |a_n - a| < \varepsilon.$$

Definition   **(Konvergenz einer Zahlenfolge)**

Eine Folge (a_n) **konvergiert** gegen eine reelle Zahl a, falls es zu jedem $\varepsilon > 0$ ein $n_0 \in \mathbb{N}$ gibt, so dass alle a_n mit $n \geq n_0$ in $U_\varepsilon(a)$ liegen. Man bezeichnet dann a als den **Grenzwert** oder **Limes** der Folge (a_n) und schreibt:

$$\lim_{n \to \infty} a_n = a.$$

Kurz gesagt konvergiert (a_n) genau dann gegen a, wenn in jeder ε-Umgebung von a fast alle a_n liegen. In der Formelsprache bedeutet das:

$$\forall \varepsilon > 0 \; \exists n_0 \in \mathbb{N}, \text{ so dass } \forall n \geq n_0 \text{ gilt: } |a_n - a| < \varepsilon.$$

Ist $a = 0$, so erhalten wir den schon bekannten Begriff der „Nullfolge"

2.1.1. Die Eindeutigkeit des Grenzwertes

Der Grenzwert einer konvergenten Folge ist eindeutig bestimmt.

BEWEIS: Wir nehmen an, es gibt zwei Zahlen a und a', die beide die Bedingungen der Definition erfüllen.

Zunächst nutzen wir die Voraussetzung aus. Ist ein $\varepsilon > 0$ beliebig vorgegeben, so gibt es Zahlen n_1 und n_2, so dass $|a_n - a| < \varepsilon$ für $n \geq n_1$ und $|a_n - a'| < \varepsilon$

© Springer-Verlag GmbH Deutschland, ein Teil von Springer Nature 2020
K. Fritzsche, *Grundkurs Analysis 1*,
https://doi.org/10.1007/978-3-662-60813-5_2

für $n \geq n_2$ ist. Wir setzen $n_0 := \max(n_1, n_2)$ und versuchen, den Abstand von a und a' nach oben abzuschätzen. Dazu benutzen wir den uralten Trick, eine dritte Zahl – hier ein a_n – zu addieren und gleich wieder zu subtrahieren, so dass man anschließend die Dreiecksungleichung anwenden kann: Für $n \geq n_0$ ist

$$|a - a'| = |(a_n - a') - (a_n - a)| \leq |a_n - a'| + |a_n - a| < 2\varepsilon.$$

Aber eine nicht-negative Zahl, die kleiner als jede positive Zahl der Gestalt 2ε ist, kann nur $= 0$ sein. Also ist $a = a'$. ∎

2.1.2. Die Monotonie des Grenzwertes

Es seien (a_n), (b_n) und (c_n) drei Folgen.

1. *Ist $a_n \leq b_n$, $\lim\limits_{n \to \infty} a_n = a$ und $\lim\limits_{n \to \infty} b_n = b$, so ist auch $a \leq b$.*

2. *Ist $a_n \leq c_n \leq b_n$ und $\lim\limits_{n \to \infty} a_n = \lim\limits_{n \to \infty} b_n$, so konvergiert auch (c_n) gegen den gleichen Grenzwert.*

BEWEIS: 1) Wir nehmen an, es sei $a > b$, und versuchen, einen Widerspruch herbeizuführen. Dazu benutzen wir die Tatsache, dass die Glieder einer Folge dem Grenzwert beliebig nahe kommen. Sei etwa $\varepsilon := (a - b)/2$. Weil (a_n) gegen a und (b_n) gegen b konvergiert, gibt es ein n_0, so dass für $n \geq n_0$ gilt:

$$|a_n - a| < \varepsilon \text{ und } |b_n - b| < \varepsilon.$$

Daraus folgt $a_n > a - \varepsilon$ und $b_n < b + \varepsilon$, also

$$a_n - b_n > (a - \varepsilon) - (b + \varepsilon) = a - b - 2\varepsilon = 0.$$

Demnach wäre $a_n > b_n$ für genügend großes n, im Widerspruch zur Voraussetzung.

2) Es sei a der gemeinsame Grenzwert von (a_n) und (b_n), und es sei ein $\varepsilon > 0$ vorgegeben. Dann gibt es ein n_0, so dass für $n \geq n_0$ gilt:

$$|a_n - a| < \varepsilon \quad \text{und} \quad |b_n - a| < \varepsilon.$$

Also ist $a - \varepsilon < a_n \leq c_n \leq b_n < a + \varepsilon$ und damit auch $|c_n - a| < \varepsilon$. ∎

2.1.3. Beispiele

A. Wollen wir die Konvergenz einer Zahlenfolge (a_n) untersuchen, so können wir natürlich die Techniken benutzen, die wir schon bei den Nullfolgen kennengelernt haben. Es kommt nun aber die Schwierigkeit hinzu, dass wir im allgemeinen den Grenzwert nicht kennen.

Wir betrachten als Beispiel die Folge $a_n := n/(n + 1)$. Zunächst rechnen wir ein paar Werte aus:

$$a_1 = \frac{1}{2}, \quad a_2 = \frac{2}{3}, \quad a_3 = \frac{3}{4}, \quad a_4 = \frac{4}{5}, \quad \ldots, \quad a_{100} = \frac{100}{101} \approx 0.99.$$

Es sieht so aus, als strebe die Folge gegen 1. Also müssen wir zeigen, dass $|1 - a_n|$ eine Nullfolge ist. Nun ist

$$|1 - a_n| = \left| 1 - \frac{n}{n+1} \right| = \frac{(n+1) - n}{n+1} = \frac{1}{n+1},$$

und das ist tatsächlich eine schon bekannte Nullfolge. Also ist $\lim\limits_{n \to \infty} a_n = 1$.

B. Etwas schwieriger wird es schon bei der Folge $a_n := (3n + 1)/(5n - 2)$. Die ersten Werte $a_1 := 4/3 \approx 1.3333$, $a_2 := 7/8 = 0.875$, $a_3 := 10/13 \approx 0.769$ liefern noch keinen Anhaltspunkt. Für große Werte von n ($n = 100$, $n = 1000$ usw.) rückt a_n immer näher an $0.6 = 3/5$ heran. Also versuchen wir es damit. Es ist

$$\frac{3n + 1}{5n - 2} - \frac{3}{5} = \frac{5(3n + 1) - 3(5n - 2)}{5(5n - 2)}$$
$$= \frac{11}{25n - 10}.$$

Zu gegebenem $\varepsilon > 0$ suchen wir ein n_0, so dass $11/(25n - 10) < \varepsilon$ für $n \geq n_0$ ist. Dabei sind wir wieder in der Situation des Konvergenzbeweises für eine Nullfolge. Aus dem Ansatz $11/(25n - 10) < \varepsilon$ erhält man die Ungleichung

$$11 + 10\varepsilon < 25n\varepsilon, \text{ also } n > \frac{11 + 10\varepsilon}{25\varepsilon}.$$

Jetzt verfolgen wir die logische Kette wieder rückwärts. Zu $\varepsilon > 0$ wählen wir ein $n_0 \in \mathbb{N}$ mit $n_0 > (11 + 10\varepsilon)/(25\varepsilon)$. Ist $n \geq n_0$, so ist erst recht $n > (11 + 10\varepsilon)/(25\varepsilon)$ und daher $|(3n + 1)/(5n - 2) - 3/5| < \varepsilon$.

Das ist recht umständlich, wir werden bald eine bessere Methode kennenlernen.

Definition   (Beschränkte Folgen)

Eine Folge (a_n) heißt **beschränkt** (bzw. **nach oben** oder **nach unten beschränkt**), falls die Menge der a_n diese Eigenschaft besitzt.

2.1.4. Satz

Ist (a_n) konvergent, so ist (a_n) beschränkt.

BEWEIS: Sei a der Grenzwert der Folge. Dann gibt es ein n_0, so dass $|a_n - a| < 1$ für $n \geq n_0$ ist, also

$$a - 1 < a_n < a + 1 \quad \text{für } n \geq n_0.$$

Da auch die endlich vielen Zahlen $a_1, \ldots, a_{n_0}$ eine beschränkte Menge bilden, ist (a_n) insgesamt beschränkt. ∎

2.1.5. Regeln für die Berechnung von Grenzwerten

1. *Die Folgen (a_n) bzw. (b_n) seien konvergent gegen a bzw. b. Dann gilt:*

$$\lim_{n\to\infty} (a_n \pm b_n) = a \pm b \quad und \quad \lim_{n\to\infty} (a_n \cdot b_n) = a \cdot b.$$

2. *Ist (a_n) konvergent gegen eine Zahl $a > 0$, so ist $a_n > a/2$ für fast alle n.*

3. *Ist (a_n) konvergent gegen a und sind a und fast alle $a_n \neq 0$, so ist*

$$\lim_{n\to\infty} 1/a_n = 1/a.$$

BEWEIS: 1) ($\varepsilon/2$-Methode):

Sei $\varepsilon > 0$ vorgegeben. Dann gilt für fast alle $n : |a_n - a| < \varepsilon/2$ und $|b_n - b| < \varepsilon/2$, also

$$|(a_n + b_n) - (a + b)| \leq |a_n - a| + |b_n - b| < \frac{\varepsilon}{2} + \frac{\varepsilon}{2} = \varepsilon.$$

Hätten wir mit $\ldots < \varepsilon$ begonnen, so hätten wir am Ende $\ldots < 2\varepsilon$ erhalten. Das wird auch beliebig klein und ist deshalb genauso gut.

Beim Beweis der Produktregel setzen wir gleich $|a_n - a| < \varepsilon$ und $|b_n - b| < \varepsilon$ voraus und verzichten auf besondere Eleganz. Weil (a_n) konvergiert, ist $|a_n|$ durch eine positive Konstante c beschränkt. Für fast alle n ist dann

$$|a_n b_n - ab| = |(a_n(b_n - b) + (a_n - a)b| \leq c \cdot \varepsilon + |b|\varepsilon,$$

und das wird beliebig klein.

2) Ist $a > 0$, so ist auch $\varepsilon := a/2 > 0$ und $|a_n - a| < \varepsilon$ für fast alle n, also

$$-a/2 < a_n - a < a/2,$$

und damit $a/2 < a_n < 3a/2$ für fast alle n.

3) Weil $a \neq 0$ ist, ist $|a_n| > |a|/2$ für fast alle n, und daher

$$|1/a_n - 1/a| = |a - a_n|/|aa_n| < (2/|a|^2) \cdot \varepsilon.$$

Auch hier wird die rechte Seite beliebig klein. ∎

Wir werden diese Eigenschaften künftig als ***Grenzwertsätze*** zitieren.

2.1.6. Beispiele

A. Wir betrachten noch einmal die Folge

$$a_n := \frac{3n+1}{5n-2} = \frac{3+1/n}{5-2/n}.$$

Weil $1/n$ und $2/n$ jeweils gegen Null konvergieren, konvergiert $3 + 1/n$ gegen 3 und $5 - 2/n$ gegen 5, also a_n gegen $3/5$.

B. Ein weiteres typisches Anwendungsbeispiel ist die Folge

$$a_n := \frac{n(n-2)}{5n^2+3}.$$

Kürzen durch n^2 ergibt $a_n = (1 - 2/n)/(5 + 3/n^2)$.

Weil $1/n$ eine Nullfolge ist, konvergiert der Zähler gegen 1 und der Nenner gegen 5, also (a_n) gegen $1/5$.

C. Die Untersuchung der Folge $a_n := \sqrt[n]{n}$ erfordert einige Tricks.

Der erste Trick besteht darin, statt a_n die Zahlen $c_n := \sqrt{a_n}$ zu untersuchen. Dann ist $c_n = \sqrt{\sqrt[n]{n}} = \sqrt[n]{\sqrt{n}}$ wieder eine n-te Wurzel. Da $c_n > 1$ ist, kann man $c_n = 1 + h_n$ schreiben, mit $h_n > 0$. Das ist der zweite Trick, der nur dazu dient, das passende Szenario für eine Anwendung der Bernoulli'schen Ungleichung herzustellen. Nun ist $\sqrt{n} = (c_n)^n = (1 + h_n)^n \geq 1 + n \cdot h_n$, und es folgt:

$$0 < h_n \leq \frac{\sqrt{n}-1}{n} < \frac{1}{\sqrt{n}}.$$

Die rechte Seite wird beliebig klein. Also konvergiert (h_n) gegen 0, (c_n) gegen 1 und (a_n) ebenfalls gegen 1.

Definition   (Monotone Folgen)

Eine Folge (a_n) heißt *monoton wachsend* (bzw. *monoton fallend*), falls gilt:

$$a_n \leq a_{n+1} \quad (\text{bzw. } a_n \geq a_{n+1}) \text{ für (fast) alle } n.$$

2.1.7. Satz von der monotonen Konvergenz

Ist (a_n) monoton wachsend und nach oben beschränkt, so ist (a_n) konvergent.

BEWEIS: Die Menge $M := \{a_n : n \in \mathbb{N}\}$ ist nicht leer und nach oben beschränkt. Also ist $a := \sup(M)$ eine reelle Zahl. Sie ist unser Kandidat für den Grenzwert.

Sei $\varepsilon > 0$ vorgegeben. Dann ist $a - \varepsilon$ keine obere Schranke mehr, und es gibt ein n_0 mit $a - \varepsilon < a_{n_0}$. Nun benutzen wir die Monotonie. Für $n \geq n_0$ ist $a_{n_0} \leq a_n \leq a$, also

$$0 \leq a - a_n \leq a - a_{n_0} < \varepsilon.$$

Das bedeutet, dass (a_n) gegen a konvergiert. ∎

Genauso zeigt man, dass eine monoton fallende nach unten beschränkte Folge konvergiert. Natürlich reicht es, wenn die Monotonie erst ab einem gewissen n_0 gilt.

Das Interessante am Satz von der monotonen Konvergenz ist, dass man die Konvergenz einer Folge zeigen kann, ohne den Grenzwert kennen zu müssen.

2.1.8. Beispiele

A. Die Folge (a_n) sei rekursiv definiert durch

$$a_1 := \sqrt{2} \quad \text{und} \quad a_{n+1} := \sqrt{2 + a_n}.$$

Dann ist $a_2 = \sqrt{2 + \sqrt{2}}$, $a_3 = \sqrt{2 + \sqrt{2 + \sqrt{2}}}$ u.s.w.

Wir zeigen, dass diese Folge monoton wachsend und nach oben beschränkt ist. Als Hilfsmittel benutzen wir das Induktionsprinzip.

a) Offensichtlich ist $a_1 < 2$. Ist allgemein $a_n < 2$, so ist auch $a_{n+1} = \sqrt{2 + a_n} < \sqrt{2 + 2} = 2$.

b) Da $2 < 2 + \sqrt{2}$ ist, ist $a_1 < a_2$. Und wenn man schon weiß, dass $a_n < a_{n+1}$ ist, dann ist auch $2 + a_n < 2 + a_{n+1}$, also

$$a_{n+1} = \sqrt{2 + a_n} < \sqrt{2 + a_{n+1}} = a_{n+2}.$$

Damit ist alles gezeigt, und nach dem Satz von der monotonen Konvergenz strebt die Folge (a_n) gegen einen Grenzwert a. Der Satz sagt nichts darüber aus, wie man den Grenzwert findet. Dafür gibt es einen netten kleinen Trick. Wenn (a_n) gegen a konvergiert, dann konvergiert auch $b_n := a_{n+1}$ gegen a. Es ist aber $b_n^2 = 2 + a_n$. Die rechte Seite strebt offensichtlich gegen $2 + a$, die linke Seite gegen a^2. Wegen der Eindeutigkeit des Grenzwertes muss $a^2 = 2 + a$ sein. Diese quadratische Gleichung hat nur eine positive Lösung, nämlich $a = 2$. Das ist der gesuchte Grenzwert.

B. Sei $a > 0$. Wir definieren rekursiv eine Folge (x_n). Die Zahl $x_0 > 0$ kann beliebig gewählt werden, und dann sei

$$x_{n+1} := \frac{1}{2}\left(x_n + \frac{a}{x_n}\right).$$

Wir werden mit Hilfe des Satzes von der monotonen Konvergenz zeigen, dass (x_n) konvergiert, und anschließend den Grenzwert bestimmen.

Offensichtlich ist $x_n > 0$ für alle n, also (x_n) nach unten beschränkt. Außerdem ist

$$
\begin{aligned}
x_n - x_{n+1} &= x_n - \frac{1}{2}\left(x_n + \frac{a}{x_n}\right) \\
&= \frac{2x_n^2 - x_n^2 - a}{2x_n} = \frac{x_n^2 - a}{2x_n} \geq 0,
\end{aligned}
$$

denn es ist

$$
\begin{aligned}
x_n^2 - a &= \frac{1}{4}\left(x_{n-1} + \frac{a}{x_{n-1}}\right)^2 - a \\
&= \frac{1}{4}\left(x_{n-1}^2 + 2a + \frac{a^2}{x_{n-1}^2} - 4a\right) \\
&= \frac{1}{4}\left(x_{n-1} - \frac{a}{x_{n-1}}\right)^2 \geq 0.
\end{aligned}
$$

Damit ist (x_n) monoton fallend, also konvergent gegen eine reelle Zahl c.

Offensichtlich muss $c \geq 0$ sein. Wäre $c = 0$, so würde auch (x_n^2) gegen Null konvergieren. Das ist aber nicht möglich, da stets $x_n^2 \geq a > 0$ ist. Also ist $c > 0$. Da auch (x_{n+1}) gegen c konvergiert, folgt die Gleichung

$$
c = \frac{1}{2}\left(c + \frac{a}{c}\right).
$$

Es ergibt sich $2c^2 = c^2 + a$, also $c^2 = a$ und damit $c = \sqrt{a}$.

C. Die Folge $a_n := (1 + 1/n)^n$ konvergiert **nicht** gegen 1, wie man vermuten könnte (weil $1/n$ gegen Null, also $1 + 1/n$ gegen 1 konvergiert und 1^n stets $= 1$ ist). In Wirklichkeit kann man keinen der Grenzwertsätze anwenden.

Mit Hilfe der Bernoulli'schen Ungleichung erhält man für alle $n \geq 2$

$$
\begin{aligned}
\frac{a_n}{a_{n-1}} &= \left(\frac{n+1}{n}\right)^n \cdot \left(\frac{n-1}{n}\right)^{n-1} = \left(\frac{n^2-1}{n^2}\right)^n \cdot \frac{n}{n-1} \\
&= \left(1 - \frac{1}{n^2}\right)^n \cdot \frac{n}{n-1} > \left(1 - n \cdot \frac{1}{n^2}\right) \cdot \frac{n}{n-1} = 1.
\end{aligned}
$$

Also ist (a_n) monoton wachsend.

Mit der Abschätzung

$$
\frac{1}{k!} = \frac{1}{2} \cdot \frac{1}{3} \cdot \ldots \cdot \frac{1}{k} < \left(\frac{1}{2}\right)^{k-1} \quad \text{für } k \geq 3
$$

und der binomischen Formel folgt für $n \geq 3$:

$$
\begin{aligned}
\left(1 + \frac{1}{n}\right)^n &= \sum_{k=0}^{n} \binom{n}{k} \frac{1}{n^k} = 1 + \sum_{k=1}^{n} \frac{n!}{k!(n-k)!} \cdot \frac{1}{n^k} \\
&= 1 + \sum_{k=1}^{n} \frac{1}{k!} \cdot \frac{n \cdot (n-1) \cdot \ldots \cdot (n-k+1)}{n \cdot n \cdot \ldots \cdot n} \\
&< 1 + \sum_{k=1}^{n} \left(\frac{1}{2}\right)^{k-1} = 1 + \frac{(1/2)^n - 1}{(1/2) - 1} < 3.
\end{aligned}
$$

Damit ist (a_n) nach oben beschränkt, also konvergent. Der Grenzwert

$$
e = 2.718281\ldots
$$

wird als **Euler'sche Zahl** bezeichnet.

Betrachten wir jetzt die Folge $a_n := (-1)^n$. Da $(-1) \cdot (-1) = 1$ ist, folgt:

$$
a_n = \begin{cases} 1 & \text{falls } n \text{ gerade,} \\ -1 & \text{sonst.} \end{cases}
$$

Diese Folge kann nicht konvergieren. Es ist aber etwas mühsam, das zu begründen. Wir suchen deshalb nach einfachen Kriterien, die belegen, dass eine Folge **nicht** konvergiert.

Wir wissen schon, dass jede konvergente Folge beschränkt ist. Im Umkehrschluss kann eine unbeschränkte Folge niemals konvergent sein. Leider hilft uns das bei unserem Beispiel nicht weiter, denn die Folge $a_n = (-1)^n$ ist beschränkt.

Definition **(Häufungspunkt einer Folge)**

Eine Zahl $a \in \mathbb{R}$ heißt **Häufungspunkt** der Folge (a_n), falls in jeder ε-Umgebung von a unendlich viele a_n liegen.

Jede konvergente Folge hat einen Häufungspunkt, nämlich ihren Grenzwert. Die Folge $a_n = (-1)^n$ besitzt **zwei** Häufungspunkte, nämlich $+1$ und -1. Das scheint der Knackpunkt zu sein! Zunächst stellen wir folgende erstaunliche Tatsache fest:

2.1.9. Satz von Bolzano–Weierstraß

Jede beschränkte Folge besitzt mindestens einen Häufungspunkt.

BEWEIS: Sei (a_n) eine beschränkte Folge. Dann ist $c_n := \inf\{a_n, a_{n+1}, \ldots\}$ eine monoton wachsende Folge, die wieder beschränkt ist. Nach dem Satz von der monotonen Konvergenz strebt (c_n) gegen eine reelle Zahl c. Die c_n kommen c beliebig nahe, und die Zahlen a_k mit $k \geq n$ kommen dem c_n beliebig nahe. Daraus folgt, dass c ein Häufungspunkt von (a_n) ist. ∎

2.1.10. Satz

Eine konvergente Folge hat nur einen Häufungspunkt.

BEWEIS: Sei (a_n) eine konvergente Folge mit Grenzwert a. Dann ist a auch ein Häufungspunkt. Annahme, es gibt einen weiteren Häufungspunkt $b \neq a$. Wählen wir ein ε mit $0 < \varepsilon < |b - a|/2$, so ist $U_\varepsilon(a) \cap U_\varepsilon(b) = \varnothing$ und fast alle a_n liegen in $U_\varepsilon(a)$. Da dann für $U_\varepsilon(b)$ nur noch höchstens endlich viele a_n übrigbleiben, ist das ein Widerspruch.   ∎

Zusammengefasst erhalten wir das folgende

2.1.11. Divergenzkriterium

Eine Folge (a_n) ist genau dann divergent (d.h. nicht konvergent), wenn eine der beiden folgenden Bedingungen erfüllt ist:

1. (a_n) ist unbeschränkt.

2. (a_n) ist beschränkt und hat mindestens zwei verschiedene Häufungspunkte.

BEWEIS: Wenn das Kriterium erfüllt ist, kann (a_n) nicht konvergieren. Umgekehrt, wenn die Folge (a_n) divergent und beschränkt ist, so muss sie mindestens zwei Häufungspunkte besitzen.   ∎

Man kann eine Folge auch als Abbildung $a : \mathbb{N} \to \mathbb{R}$ auffassen, mit $a_\nu := a(\nu)$. Diese Abbildung braucht nicht injektiv zu sein, d.h. es kann durchaus $a_\nu = a_\mu$ für verschiedene Indizes ν, μ sein. Im Extremfall können sogar alle Glieder der Folge gleich sein.

Ist $\nu : \mathbb{N} \to \mathbb{N}$ eine streng monotone Abbildung, also $\nu(i+1) > \nu(i)$ für alle i, so nennt man die Folge $(a_{\nu(i)})$ (oft auch in der Form (a_{ν_i}) geschrieben) eine **Teilfolge** der ursprünglichen Folge. Sie entsteht aus (a_ν) durch Fortlassen von endlich oder unendlich vielen Gliedern unter Beibehaltung der Reihenfolge. Ist (a_ν) konvergent, so konvergiert auch jede Teilfolge von (a_ν) gegen den gleichen Grenzwert.

2.1.12. Satz

Ist a ein Häufungspunkt der Folge (a_n), so gibt es eine Teilfolge, die gegen a konvergiert.

BEWEIS: Für ε wählen wir sukzessive die Zahlen 1, 1/2, 1/3, ... Weil a ein Häufungspunkt ist, finden wir in jeder Umgebung $U_{1/k}(a)$ ein Folgenglied a_{n_k}. Da wir jedesmal sogar unendlich viele zur Auswahl haben, können wir erreichen, dass (n_k) in Abhängigkeit von k streng monoton wächst. So bekommen wir eine Teilfolge, die offensichtlich gegen a konvergiert.   ∎

Wir wollen jetzt den Konvergenzbegriff auf Folgen von Vektoren ausdehnen. Wir werden sehen, dass wir dazu die folgende Definition der Konvergenz von Zahlenfolgen nicht einmal umformulieren müssen.

> Eine Zahlenfolge (a_n) konvergiert genau dann gegen eine Zahl a, wenn es zu jedem $\varepsilon > 0$ ein $n_0 \in \mathbb{N}$ gibt, so dass gilt: Ist $n \geq n_0$, so liegt a_n in $U_\varepsilon(a)$.

Wir müssen jetzt nur noch festlegen, was wir unter einer ε-Umgebung im $\mathbb{R}^n$ verstehen wollen.

Definition   (Umgebung im $\mathbb{R}^n$)

Sei $\mathbf{x}_0 \in \mathbb{R}^n$ ein Punkt und $\varepsilon > 0$. Dann nennt man die Menge

$$U_\varepsilon(\mathbf{x}_0) := \{\mathbf{x} \in \mathbb{R}^n \; : \; \|\mathbf{x} - \mathbf{x}_0\| < \varepsilon\} = \{\mathbf{x} \in \mathbb{R}^n \; : \; \mathrm{dist}(\mathbf{x}, \mathbf{x}_0) < \varepsilon\}$$

eine ε-**Umgebung** von $\mathbf{x}_0$.

Unter einer **Umgebung** von $\mathbf{x}_0$ versteht man eine Menge $U \subset \mathbb{R}^n$, zu der es ein $\varepsilon > 0$ mit $U_\varepsilon(\mathbf{x}_0) \subset U$ gibt.

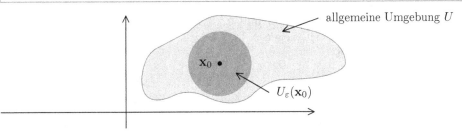

Eine ε-Umgebung eines Punktes $\mathbf{x}_0 \in \mathbb{R}^n$ ist eine offene Kugel um $\mathbf{x}_0$ mit Radius ε (vgl. 1.1.5, Seite 63). Ist speziell $z_0 \in \mathbb{C}$, so ist die ε-Umgebung von z_0 in $\mathbb{C}$ die Kreisscheibe

$$U_\varepsilon(z_0) := \{z \in \mathbb{C} \; : \; |z - z_0| < \varepsilon\}.$$

Definition   (Konvergenz einer Punktfolge)

Eine Folge $(\mathbf{x}_\nu)$ von Punkten in $\mathbb{R}^n$ **konvergiert** gegen einen Punkt $\mathbf{x}_0$, falls es zu jedem $\varepsilon > 0$ ein ν_0 gibt, so dass für alle $\nu \geq \nu_0$ gilt: $\mathrm{dist}(\mathbf{x}_\nu, \mathbf{x}_0) < \varepsilon$. Man schreibt dann:

$$\lim_{\nu \to \infty} \mathbf{x}_\nu = \mathbf{x}_0.$$

Man kann auch sagen: $(\mathbf{x}_\nu)$ konvergiert gegen $\mathbf{x}_0$, falls $\mathrm{dist}(\mathbf{x}_\nu, \mathbf{x}_0)$ gegen 0 konvergiert. In $\mathbb{R}$ ergibt das den bereits bekannten Konvergenzbegriff. Genau wie dort folgt auch hier, dass der Grenzwert eindeutig bestimmt ist.

Ist $\mathbf{x}_\nu = (x_1^{(\nu)}, \dots, x_n^{(\nu)})$ eine Punktfolge im $\mathbb{R}^n$ und $\mathbf{x}_0 = (x_1^{(0)}, \dots, x_n^{(0)})$ ein fester Punkt, so ist

$$\operatorname{dist}(\mathbf{x}_\nu, \mathbf{x}_0) = \|\mathbf{x}_\nu - \mathbf{x}_0\| = \sqrt{(x_1^{(\nu)} - x_1^{(0)})^2 + \cdots + (x_n^{(\nu)} - x_n^{(0)})^2}.$$

Die Zahlenfolge $\operatorname{dist}(\mathbf{x}_\nu, \mathbf{x}_0)$ konvergiert offensichtlich genau dann gegen 0, wenn $|x_i^{(\nu)} - x_i^{(0)}|$ für jedes i gegen Null konvergiert. Also konvergiert die Punktfolge $(\mathbf{x}_\nu)$ genau dann gegen $\mathbf{x}_0$, wenn die Komponenten $x_i^{(\nu)}$ jeweils gegen $x_i^{(0)}$ konvergieren. Speziell gilt:

2.1.13. Satz

Eine Folge von komplexen Zahlen $z_n = x_n + \mathrm{i}\, y_n$ konvergiert genau dann gegen $z_0 = x_0 + \mathrm{i}\, y_0$, wenn die Folge (x_n) gegen x_0 und die Folge (y_n) gegen y_0 konvergiert.

Die Grenzwertsätze gelten wie im Reellen und werden auch genauso bewiesen.

2.1.14. Beispiel

Sei $z_n := \dfrac{n}{n+1} + \mathrm{i}\, \dfrac{(-1)^n}{n}$.

Weil $x_n = n/(n+1)$ gegen 1 und $y_n = (-1)^n/n$ gegen 0 konvergiert, konvergiert $z_n = x_n + \mathrm{i}\, y_n$ gegen $1 + \mathrm{i} \cdot 0 = 1$. Man kann aber auch $|z_n - 1|$ betrachten. Es ist

$$\begin{aligned}
|z_n - 1|^2 &= (x_n - 1)^2 + (y_n - 0)^2 \\
&= \big(n/(n+1) - 1\big)^2 + 1/n^2 \\
&= 1/(n+1)^2 + 1/n^2,
\end{aligned}$$

und das ist ein Ausdruck, der beliebig klein wird.

Definition   (Häufungspunkt einer Punktfolge)

Ein Punkt $\mathbf{x}_0 \in \mathbb{R}^n$ heißt **Häufungspunkt** einer Folge von Punkten $\mathbf{x}_\nu$, falls in jeder Umgebung von $\mathbf{x}_0$ unendlich viele Folgenglieder liegen.

Eine Menge $M \subset \mathbb{R}^n$ heißt **beschränkt**, falls es ein $R > 0$ gibt, so dass M in der Kugel $B_R(0) = \{\mathbf{x} \in \mathbb{R}^n : \operatorname{dist}(\mathbf{x}, 0) < R\}$ enthalten ist. Eine Folge im $\mathbb{R}^n$ heißt **beschränkt**, wenn die Menge ihrer Glieder beschränkt ist. Auch hier gilt:

2.1.15. Satz von Bolzano-Weierstraß

Jede beschränkte Folge $(\mathbf{x}_\nu)$ im $\mathbb{R}^n$ besitzt eine konvergente Teilfolge.

BEWEIS: Es gibt ein $R > 0$, so dass alle $\mathbf{x}_\nu = (x_1^{(\nu)}, \dots, x_n^{(\nu)})$ in $B_R(0)$ liegen. Aber dann liegen sie erst recht in $I^n = I \times \dots \times I$, mit $I := [-R, R]$. Die Folge $x_1^{(\nu)}$

besitzt eine konvergente Teilfolge $x_1^{(\nu(i_1))}$ mit einem Grenzwert $x_1^{(0)} \in I$, die Folge $x_2^{(\nu(i_1))}$ besitzt eine konvergente Teilfolge $x_2^{(\nu(i_2))}$ mit einem Grenzwert $x_2^{(0)} \in I$, usw.

Schließlich erhält man eine Teilfolge $(\mathbf{x}_{\nu(i_n)})$ von $(\mathbf{x}_\nu)$, die gegen $\mathbf{x}_0 = (x_1^{(0)}, \ldots, x_n^{(0)})$ konvergiert. ∎

Insbesondere besitzt jede beschränkte Folge von komplexen Zahlen einen Häufungspunkt in $\mathbb{C}$.

Sei $M \subset \mathbb{R}^n$ eine Menge. Anschaulich ist klar, dass Punkte ganz im Innern von M oder gerade auf dem Rand von M liegen können. Diese Lage-Charakterisierung wollen wir jetzt präzisieren.

Definition   (Innere Punkte und Randpunkte)

Sei $M \subset \mathbb{R}^n$ eine beliebige Teilmenge. Ein Punkt $\mathbf{a} \in M$ heißt *innerer Punkt* von M, falls es ein $\varepsilon > 0$ gibt, so dass die ε-Umgebung von $\mathbf{a}$ ganz in M liegt.

Ein Punkt $\mathbf{a} \in \mathbb{R}^n$ (der nicht notwendig in M liegen muss), heißt *Randpunkt* von M, falls jede ε-Umgebung von $\mathbf{a}$ sowohl Punkte aus M als auch Punkte aus $\mathbb{R}^n \setminus M$ enthält.

2.1.16. Beispiele

A. Sei $I \subset \mathbb{R}$ ein offenes, halboffenes oder abgeschlossenes Intervall mit den Grenzen a und b. Dann sind in all diesen Fällen a und b Randpunkte von I und alle x mit $a < x < b$ innere Punkte von I.

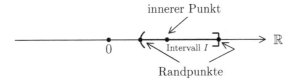

B. Die Anschauung suggeriert, dass es „viele" innere Punkte und nur „wenige" Randpunkte gibt, ja, dass der Rand etwas „Dünnes" ist. Aber es gibt Mengen, die sich anders verhalten, als man erwartet. So besitzt z.B. die Menge $\mathbb{Q}$ der rationalen Zahlen in $\mathbb{R}$ keinen einzigen inneren Punkt. Aber jede rationale Zahl ist ein Randpunkt von $\mathbb{Q}$ und – noch schlimmer – auch jede irrationale Zahl ist Randpunkt von $\mathbb{Q}$.

C. Bei der Bestimmung von inneren Punkten und Randpunkten kommt es darauf an, in welchem umgebenden Raum die fragliche Menge betrachtet wird. Sei $Q := \{(x,y) \in \mathbb{R}^2 : 0 \leq x \leq 1 \text{ und } 0 \leq y \leq 1\}$. Dann sind alle Punkte (x,y) mit $0 < x < 1$ und $0 < y < 1$ innere Punkte von Q, während der Rand von Q aus denjenigen Punkten $(x,y) \in Q$ besteht, bei denen eine der Koordinaten $= 0$ oder $= 1$ ist.

Die Menge $\widehat{Q} := \{(x, y, z) \in \mathbb{R}^3 : (x, y) \in Q \text{ und } z = 0\}$ sieht genau wie Q aus, befindet sich aber in einem höherdimensionalen Raum. Sie besitzt keine inneren Punkte, aber alle Punkte von $\widehat{Q}$ sind Randpunkte von $\widehat{Q}$.

Wir kommen jetzt zu einem grundlegenden Begriff der Mengenlehre, der es gestattet, die Lage von Punkten zueinander besser zu beschreiben und den Begriff der „Nähe" sehr allgemein und dennoch exakt zu erklären. In einer Veränderlichen arbeitet man vorzugsweise mit Intervallen, und – wenn man Komplikationen an den Randpunkten vermeiden will – speziell mit offenen Intervallen. Die richtige Verallgemeinerung im $\mathbb{R}^n$ ist der Begriff der „offenen Menge".

Definition   (offene Menge)

Eine Menge $M \subset \mathbb{R}^n$ heißt **offen**, falls sie nur aus inneren Punkten besteht.

Eine Menge M ist also genau dann offen, wenn sie für jeden ihrer Punkte eine Umgebung darstellt.

2.1.17. Satz

Jede offene Kugel $B_r(\mathbf{x}_0) = \{\mathbf{x} : \|\mathbf{x} - \mathbf{x}_0\| < r\}$ ist eine offene Menge.

BEWEIS: Sei $\mathbf{y} \in B_r(\mathbf{x}_0)$. Wir suchen eine ε-Umgebung von $\mathbf{y}$, die noch ganz in $B_r(\mathbf{x}_0)$ enthalten ist. Dazu sei $\delta := \text{dist}(\mathbf{y}, \mathbf{x}_0)$. Dann ist $0 \leq \delta < r$. Man kann eine positive reelle Zahl $\varepsilon < r - \delta$ finden. Ist $\mathbf{x} \in U_\varepsilon(\mathbf{y})$, also $\text{dist}(\mathbf{x}, \mathbf{y}) < \varepsilon$, so ist $\text{dist}(\mathbf{x}, \mathbf{x}_0) \leq \text{dist}(\mathbf{x}, \mathbf{y}) + \text{dist}(\mathbf{y}, \mathbf{x}_0) < \varepsilon + \delta < (r - \delta) + \delta = r$.

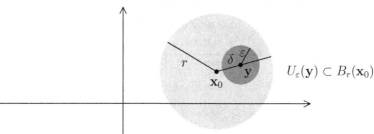

Das zeigt, dass $U_\varepsilon(\mathbf{y}) \subset B_r(\mathbf{x}_0)$ ist.   ■

2.1.18. Hausdorff'scher Trennungssatz

Sind $\mathbf{x}, \mathbf{y} \in \mathbb{R}^n$ zwei Punkte mit $\mathbf{x} \neq \mathbf{y}$, so gibt es offene Umgebungen U von $\mathbf{x}$ und V von $\mathbf{y}$, so dass $U \cap V = \varnothing$ ist.

BEWEIS: Wegen $\mathbf{x} \neq \mathbf{y}$ ist $r := \text{dist}(\mathbf{x}, \mathbf{y}) > 0$. Nun sei $0 < \varepsilon < r/2$, $U = U_\varepsilon(\mathbf{x})$ und $V = U_\varepsilon(\mathbf{y})$. Gäbe es einen Punkt $\mathbf{z}$ in $U \cap V$, so wäre

$$\text{dist}(\mathbf{x}, \mathbf{y}) \leq \text{dist}(\mathbf{x}, \mathbf{z}) + \text{dist}(\mathbf{z}, \mathbf{y}) < 2\varepsilon < r.$$

Das ist ein Widerspruch. ∎

Der $\mathbb{R}^n$ und die leere Menge sind aus trivialen Gründen offen. Außerdem gilt:

2.1.19. Satz
Sind $U, V \subset \mathbb{R}^n$ offen, so sind auch $U \cap V$ und $U \cup V$ offen.

BEWEIS: 1) Sei $\mathbf{x} \in M := U \cap V$. Dann gibt es Zahlen $\varepsilon_1, \varepsilon_2 > 0$ mit $U_{\varepsilon_1}(\mathbf{x}) \subset U$ und $U_{\varepsilon_2}(\mathbf{x}) \subset V$. Setzt man $\varepsilon := \min(\varepsilon_1, \varepsilon_2)$, so liegt $U_\varepsilon(\mathbf{x})$ in M.

2) Es sei $N := U \cup V$ und $\mathbf{x}$ ein Element von N. Dann liegt $\mathbf{x}$ in U oder in V. Also gibt es auch ein $\varepsilon > 0$, so dass $U_\varepsilon(\mathbf{x}) \subset U$ oder $U_\varepsilon(\mathbf{x}) \subset V$ ist. Dann ist erst recht $U_\varepsilon(\mathbf{x}) \subset N$. ∎

Definition (abgeschlossene Menge)
Eine Menge $A \subset \mathbb{R}^n$ heißt **abgeschlossen**, falls $\mathbb{R}^n \setminus A$ offen ist.

2.1.20. Beispiele

A. $[a, b]$ ist abgeschlossen, weil $\mathbb{R} \setminus [a, b]$ Vereinigung der beiden offenen Intervalle $(-\infty, a)$ und $(b, +\infty)$ ist.

B. Es ist ein (unter Anfängern) weit verbreiteter Irrtum, dass eine Menge entweder offen oder abgeschlossen ist. Vielmehr gilt:

- Der $\mathbb{R}^n$ und die leere Menge sind zugleich offen und abgeschlossen.
- Ein halboffenes Intervall $[a, b)$ ist weder offen noch abgeschlossen.

Jede offene Menge M erzeugt in Gestalt ihrer Komplementärmenge $\mathbb{R}^n \setminus M$ eine abgeschlossene Menge, und umgekehrt. Es gibt aber sehr viele Mengen, die nicht zu einem solchen Duo gehören.

C. Ist $M \subset \mathbb{R}^n$ abgeschlossen, so ist jeder Punkt $\mathbf{x} \in \mathbb{R}^n \setminus M$ ein innerer Punkt von $\mathbb{R}^n \setminus M$ und kann deshalb kein Randpunkt von M sein. Das bedeutet, dass eine abgeschlossene Menge immer alle ihre Randpunkte enthält.

2.1.21. Satz
Sind $A, B \subset \mathbb{R}^n$ abgeschlossen, so sind auch $A \cap B$ und $A \cup B$ abgeschlossen.

BEWEIS: Der Satz folgt aus den Beziehungen

$$\mathbb{R}^n \setminus (A \cap B) = (\mathbb{R}^n \setminus A) \cup (\mathbb{R}^n \setminus B) \text{ und } \mathbb{R}^n \setminus (A \cup B) = (\mathbb{R}^n \setminus A) \cap (\mathbb{R}^n \setminus B).$$

∎

2.1.22. Abgeschlossenheitskriterium

Eine Teilmenge $M \subset \mathbb{R}^n$ ist genau dann abgeschlossen, wenn gilt: Ist $(\mathbf{x}_\nu)$ eine Folge in M, die im $\mathbb{R}^n$ einen Grenzwert besitzt, so liegt dieser Grenzwert schon in M.

BEWEIS: 1) Sei M abgeschlossen und $(\mathbf{x}_\nu)$ eine Folge in M, die gegen einen Punkt $\mathbf{x}_0 \in \mathbb{R}^n$ konvergiert. Ist die Menge $F := \{\mathbf{x}_\nu : \nu \in \mathbb{N}\}$ endlich, so muss $\mathbf{x}_0$ (als Häufungspunkt von F) schon ein Element von F sein und deshalb in M liegen. Wir brauchen also nur den Fall zu betrachten, dass F unendlich ist. Wäre $\mathbf{x}_0$ ein Element von $\mathbb{R}^n \setminus M$, so gäbe es ein $\varepsilon > 0$, so dass die ε-Umgebung von $\mathbf{x}_0$ auch noch in $\mathbb{R}^n \setminus M$ liegt. Aber andererseits liegen fast alle Elemente von F (und damit unendlich viele Elemente von M) in $U_\varepsilon(\mathbf{x}_0)$. Das ergibt einen Widerspruch; $\mathbf{x}_0$ muss in M liegen.

2) M erfülle das Kriterium und $\mathbf{x}_0$ sei ein Punkt von $\mathbb{R}^n \setminus M$. Wir nehmen an, in jeder $(1/n)$-Umgebung von $\mathbf{x}_0$ liegt ein Punkt $\mathbf{x}_n \in M$. Offensichtlich konvergiert dann die Folge $(\mathbf{x}_n)$ gegen $\mathbf{x}_0$, und $\mathbf{x}_0$ muss schon in M liegen. Das kann nicht sein, und es gibt wenigstens ein $\varepsilon > 0$ mit $U_\varepsilon(\mathbf{x}_0) \subset \mathbb{R}^n \setminus M$. So folgt, dass $\mathbb{R}^n \setminus M$ offen und M selbst abgeschlossen ist.   ∎

Zusammenfassung

Eine Folge (a_n) von reellen Zahlen **konvergiert** gegen $a \in \mathbb{R}$, falls gilt:

$$\forall \varepsilon > 0 \ \exists n_0 \in \mathbb{N}, \text{ so dass } \forall n \geq n_0 \text{ gilt: } |a_n - a| < \varepsilon.$$

Sind (a_n), (b_n) und (c_n) drei konvergente Folgen mit $a_n \leq b_n \leq c_n$, so erfüllen deren Grenzwerte die gleichen Ungleichungen. Ist nur die Konvergenz der beiden äußeren Folgen bekannt und sind deren Grenzwerte gleich, so konvergiert die mittlere Folge gegen den gleichen Grenzwert.

Besonders nützlich sind die **Grenzwertsätze**:

1. Die Folgen (a_n) bzw. (b_n) seien konvergent gegen a bzw. b. Dann gilt:

$$\lim_{n\to\infty} a_n \pm b_n = a \pm b \quad \text{und} \quad \lim_{n\to\infty} a_n \cdot b_n = a \cdot b.$$

2. Ist (a_n) konvergent gegen eine Zahl $a > 0$, so ist $a_n > a/2$ für fast alle n.

3. Ist (a_n) konvergent gegen a und sind a und fast alle $a_n \neq 0$, so ist

$$\lim_{n\to\infty} 1/a_n = 1/a.$$

Sie werden vor allem auf Folgen der Gestalt $a_n = f(n)/g(n)$ mit Polynomen f und g angewandt.

Eine Folge (a_n) heißt **monoton wachsend** (bzw. **monoton fallend**), falls $a_n \leq a_{n+1}$ bzw. $a_n \geq a_{n+1}$ für alle n gilt. Die Folge (a_n) heißt **(nach oben, bzw. nach unten) beschränkt**, falls die Menge der a_n diese Eigenschaft besitzt.

Es gilt der **Satz von der monotonen Konvergenz**: Ist (a_n) monoton wachsend und nach oben beschränkt, so ist (a_n) konvergent.

Eine Zahl $a \in \mathbb{R}$ heißt **Häufungspunkt** der Folge (a_n), falls in jeder ε-Umgebung von a unendlich viele a_n liegen. Insbesondere gibt es dann eine Teilfolge von (a_n), die gegen a konvergiert. Die Existenz von Häufungspunkten sichert der **Satz von Bolzano-Weierstraß**: Jede beschränkte Folge besitzt (mindestens) einen Häufungspunkt.

Eine Folgerung ist das **Divergenzkriterium**: (a_n) ist genau dann divergent, wenn (a_n) unbeschränkt ist oder mindestens zwei verschiedene Häufungspunkte besitzt.

Die folgenden Grenzwerte sollte man sich merken:

Ist $|q| < 1$, so konvergiert (q^n) gegen 0.
Ist $a > 0$, so konvergiert $\left(\sqrt[n]{a}\right)$ gegen 1.
Die Folge $\left(\sqrt[n]{n}\right)$ konvergiert gegen 1.
Ist $a > 0$, $x_0 > 0$ beliebig und $x_{n+1} := (x_n + a/x_n)/2$, so konvergiert (x_n) gegen $\sqrt{a}$.
Die Folge $(1 + 1/n)^n$ konvergiert gegen die Euler'sche Zahl e.

Ein Teil der Theorie lässt sich ohne Anstrengung auf höherdimensionale Situationen übertragen. Eine Folge $(\mathbf{a}_n)$ von Vektoren des $\mathbb{R}^n$ **konvergiert** gegen ein $\mathbf{a} \in \mathbb{R}^n$, falls gilt:

$$\forall\, \varepsilon > 0 \;\exists\, n_0 \in \mathbb{N}, \text{ so dass } \forall\, n \geq n_0 \text{ gilt: } \|\mathbf{a}_n - \mathbf{a}\| < \varepsilon.$$

Diese Definition umfasst insbesondere Folgen von komplexen Zahlen.

Eine ε-Umgebung eine Punktes $\mathbf{a} \in \mathbb{R}^n$ ist eine Kugel mit dem Mittelpunkt $\mathbf{a}$ und dem Radius ε. Der Punkt $\mathbf{a}$ heißt **Häufungspunkt** der Folge $(\mathbf{a}_n)$, falls in jeder ε-Umgebung von $\mathbf{a}$ unendlich viele $\mathbf{a}_n$ liegen. Der Satz von Bolzano-Weierstraß überträgt sich wörtlich auf den höherdimensionalen Fall.

Ein Punkt $\mathbf{a}$ heißt **innerer Punkt** einer Menge $M \subset \mathbb{R}^n$, falls noch eine ganze ε-Umgebung von $\mathbf{a}$ zu M gehört. Enthält dagegen jede ε-Umgebung von $\mathbf{a}$ sowohl Punkte von M als auch Punkte der Komplementärmenge, so nennt man $\mathbf{a}$ einen **Randpunkt** von M.

Eine Menge $M \subset \mathbb{R}^n$ heißt **offen**, wenn sie nur aus inneren Punkten besteht. Sie enthält dann keinen ihrer Randpunkte. Die Menge M heißt **abgeschlossen**, wenn ihr Komplement offen ist. Sie enthält dann ihre sämtlichen Randpunkte. Nützlich ist das folgende Kriterium: M ist genau dann abgeschlossen, wenn jede Folge von Punkten aus M, die im $\mathbb{R}^n$ konvergiert, ihren Grenzwert schon in M hat.

Ergänzungen

I) Wenn eine Folge konvergiert, dann rücken ihre Glieder immer näher aneinander. Wir wollen zeigen, dass auch die Umkehrung gilt.

2.1.23. Das Cauchy'sche Konvergenzkriterium

Eine Folge (a_n) konvergiert genau dann, wenn es zu jedem $\varepsilon > 0$ ein $n_0 \in \mathbb{N}$ gibt, so dass $|a_n - a_m| < \varepsilon$ für $n, m \geq n_0$ gilt.

BEWEIS: a) Sei (a_n) konvergent gegen $a \in \mathbb{R}$. Ist $\varepsilon > 0$ vorgegeben, so gibt es ein n_0, so dass $|a_n - a| < \varepsilon/2$ für $n \geq n_0$ gilt. Dann folgt für $n, m \geq n_0$:

$$|a_n - a_m| = |(a_n - a) + (a - a_m)| \leq |a_n - a| + |a_m - a| < \varepsilon.$$

b) Es sei das Kriterium erfüllt. Nun muss erst mal ein Grenzwert gefunden werden.

Wählt man ein n_0, so dass $|a_n - a_m| < 1$ für $n, m \geq n_0$ ist, so gibt es sicherlich ein $c > 0$, so dass $|a_n| < c$ für $n = 1, 2, 3, \ldots, n_0$ ist. Für $n \geq n_0$ ist dann $|a_n| = |(a_n - a_{n_0}) + a_{n_0}| \leq |a_n - a_{n_0}| + |a_{n_0}| < c + 1$. So sieht man, dass die Folge beschränkt ist. Nach dem Satz von Bolzano-Weierstraß besitzt sie mindestens einen Häufungspunkt a.

Nun gibt es eine Teilfolge (a_{n_i}), die gegen a konvergiert. Wir zeigen, dass sogar die Folge (a_n) gegen a konvergiert. Ist nämlich ein $\varepsilon > 0$ vorgegeben, so gibt es ein n_1 mit $|a_n - a_m| < \varepsilon/2$ für $n, m \geq n_1$ und ein i mit $n_i > n_1$ und $|a_{n_i} - a| < \varepsilon/2$. Dann folgt für $n \geq n_1$:

$$|a - a_n| \leq |a - a_{n_i}| + |a_{n_i} - a_n| < \varepsilon/2 + \varepsilon/2 = \varepsilon.$$

∎

Der Vorteil des Cauchy'schen Konvergenzkriteriums besteht darin, dass der Grenzwert nicht darin vorkommt (ähnlich wie beim Satz von der monotonen Konvergenz). Das Kriterium wird selten in der Praxis benutzt. Bei theoretischen Untersuchungen stellt es jedoch ein wertvolles Hilfsmittel dar.

In allgemeineren Situationen nennt man eine Folge eine ***Cauchyfolge***, wenn sie das Cauchy'sche Konvergenzkriterium erfüllt. Das gerade bewiesene Resultat, dass in $\mathbb{R}$ jede Cauchyfolge einen Grenzwert besitzt, tritt häufig an Stelle des Vollständigkeitsaxioms. Allerdings muss dann auch der Satz von Archimedes als Axiom gefordert werden.

Das Cauchy'sche Konvergenzkriterium gilt auch für komplexe Zahlenfolgen. Man beweist es wie im Reellen mit Hilfe des Satzes von Bolzano-Weierstraß.

II) Für spätere Zwecke sollen hier noch Limes superior und Limes inferior eingeführt werden.

Definition (Limes superior und Limes inferior)

Sei (a_n) eine Folge von reellen Zahlen und $H(a_n)$ die Menge aller Häufungspunkte der Folge.

Ist (a_n) nach oben beschränkt und $H(a_n) \neq \varnothing$, so heißt $\overline{\lim}\, a_n := \sup H(a_n)$ der ***Limes superior*** der Folge.

Ist (a_n) nach unten beschränkt und $H(a_n) \neq \varnothing$, so heißt $\underline{\lim}\, a_n := \inf H(a_n)$ der ***Limes inferior*** der Folge (a_n).

2.1.24. Beispiel

Sei $a_n := 2 + 3(-1)^n$. Dann ist $\overline{\lim}\, a_n = 5$ und $\underline{\lim}\, a_n = -1$.

Ist (a_n) eine beschränkte Folge, so existieren $\overline{\lim}\, a_n$ und $\underline{\lim}\, a_n$. In diesem Falle ist (a_n) genau dann konvergent, wenn $\overline{\lim}\, a_n = \underline{\lim}\, a_n$ ist. Der gemeinsame Wert ist dann auch der Limes der Folge.

Auch wenn $H(a_n) = \varnothing$ ist, kann man $\overline{\lim}\, a_n$ und $\underline{\lim}\, a_n$ definieren. Allerdings sind die Konventionen in der Literatur sehr uneinheitlich. Wir erweitern hier unsere Definition wie folgt: Ist (a_n) nach oben beschränkt und $H(a_n) = \varnothing$, so ist $\overline{\lim}\, a_n = -\infty$. Ist (a_n) nicht nach oben beschränkt, so existiert $\overline{\lim}\, a_n$ nicht. Analoges legt man für $\underline{\lim}\, a_n$ fest.

Man kann dann sagen: (a_n) konvergiert genau dann gegen a, wenn $\overline{\lim}\, a_n$ und $\underline{\lim}\, a_n$ existieren und beide gleich a sind.

2.1.25. Aufgaben

A.   a) Zeigen Sie, dass die Folge $a_n := \left((-1)^n \dfrac{2n}{n!} \right)$ gegen 0 konvergiert.

   b) Konvergiert die Folge $b_n := \left(\dfrac{1 + (-1)^n}{n} \right)$?

B. Sei (a_n) eine Nullfolge und (b_n) eine beschränkte Folge.
Zeigen Sie, dass $(a_n \cdot b_n)$ eine Nullfolge ist.

C. Berechnen Sie den Grenzwert der Folgen

$$a_n = \frac{3^n + 2^n}{5^n}, \quad b_n = \frac{(n+1)^3 - (n-1)^3}{n^2}$$

$$\text{und} \quad c_n = \frac{3n}{3^n} + \frac{2n+1}{n}.$$

D. Die Folge (a_n) konvergiere gegen a, und es seien alle $a_n \geq 0$. Zeigen Sie, dass dann auch $\sqrt{a_n}$ gegen $\sqrt{a}$ konvergiert.

E. Zeigen Sie, dass die Folge (a_n) mit $a_n := (2n-7)/(3n+2)$ monoton wachsend und nach oben beschränkt ist.

F. Beweisen Sie, dass jede reelle Zahl a der Grenzwert einer Folge ist, die nur aus rationalen Zahlen besteht.

G. Finden Sie die Grenzwerte der Folgen $u_n := \left(1 - \dfrac{1}{n^2} \right)^n$, $x_n := \left(1 - \dfrac{1}{n} \right)^n$ und $y_n := \left(1 + \dfrac{2}{n} \right)^n$.

H. Es sei (a_n) eine monotone Folge, die einen Häufungspunkt $a \in \mathbb{R}$ besitzt. Zeigen Sie, dass a dann auch Grenzwert der Folge (a_n) ist.

I. Sei (a_n) eine gegen a konvergente reelle Folge. Beweisen Sie, dass auch jede Teilfolge von (a_n) gegen a konvergiert.

J. Berechnen Sie den Grenzwert der Folge $a_n := (1^2 + 2^2 + \cdots + n^2)/n^3$.

K. Die Folge (a_n) konvergiere gegen a. Zeigen Sie, dass $b_n := (a_1 + \cdots + a_n)/n$ ebenfalls gegen a konvergiert.

L. Sei $a_1 := 1$ und $a_{n+1} := 1/(a_1 + \cdots + a_n)$. Zeigen Sie, dass (a_n) monoton fallend gegen 0 konvergiert.

M. Untersuchen Sie die komplexen Zahlenfolgen $z_n := 1/\mathrm{i}^{\,n}$ und $w_n := 1/(1+\mathrm{i})^n$ auf Konvergenz.

N. Beweisen Sie: Wenn die komplexe Zahlenfolge (z_n) gegen z_0 konvergiert, dann konvergiert auch $(\overline{z}_n)$ gegen $\overline{z}_0$ und $|z_n|$ gegen $|z_0|$.

O. Die Folgen $(\mathbf{a}_\nu)$ bzw. $(\mathbf{b}_\nu)$ im $\mathbb{R}^n$ seien konvergent gegen $\mathbf{a}$ bzw. $\mathbf{b}$. Beweisen Sie die folgenden Grenzwertsätze:

   a) $(\mathbf{a}_\nu + \mathbf{b}_\nu)$ konvergiert gegen $\mathbf{a} + \mathbf{b}$.

   b) Für jede reelle Zahl α konvergiert $(\alpha \mathbf{a}_\nu)$ gegen $\alpha \mathbf{a}$.

   c) $(\mathbf{a}_\nu \cdot \mathbf{b}_\nu)$ konvergiert gegen $\mathbf{a} \cdot \mathbf{b}$.

P. Zeigen Sie:

   a) $M \subset \mathbb{R}^n$ ist genau dann offen, wenn es zu jedem Punkt $\mathbf{x}_0 \in M$ ein $\delta > 0$ gibt, so dass $Q_\delta(\mathbf{x}_0) := \{\mathbf{x} \in \mathbb{R}^n : |x_i - x_i^{(0)}| < \delta$ für $i = 1, \ldots, n\}$ noch ganz in M enthalten ist.

   b) Sind $U \subset \mathbb{R}^n$ und $V \subset \mathbb{R}^m$ offene Mengen, so ist $U \times V$ eine offene Menge in $\mathbb{R}^{n+m}$.

Q. Sei $M \subset \mathbb{R}^n$ offen und $\mathbf{x}_0 \in \mathbb{R}^n$ ein beliebiger Punkt. Zeigen Sie, dass die Menge $\mathbf{x}_0 + M := \{\mathbf{x}_0 + \mathbf{x} : \mathbf{x} \in M\}$ ebenfalls offen ist.

R. Sei (A_ν) eine Folge von abgeschlossenen Teilmengen des $\mathbb{R}^n$. Zeigen Sie, dass $A := \bigcap_{\nu=1}^\infty A_\nu$ ebenfalls abgeschlossen ist.

S.   a) Die Folge (x_n) sei definiert durch $x_{2k} := 1/k$ und $x_{2k+1} := k$, die Folge (y_n) durch $y_{2k} := k$ und $y_{2k+1} := 1/k$. Zeigen Sie, dass (x_n) und (y_n) jeweils einen Häufungspunkt besitzen, dass aber $\mathbf{z}_n := (x_n, y_n)$ im $\mathbb{R}^2$ keinen Häufungspunkt besitzt.

   b) Sei (x_n) eine konvergente Folge und (y_n) eine Folge, die einen Häufungspunkt besitzt. Zeigen Sie, dass $\mathbf{z}_n := (x_n, y_n)$ dann wenigstens einen Häufungspunkt besitzt.

T. Zeigen Sie, dass die Menge $A := \{\mathbf{z}_n := (n, 1/n) : n \in \mathbb{N}\}$ abgeschlossen ist, nicht aber die Menge $B := \{\mathbf{w}_n := (1/n, 1/n) : n \in \mathbb{N}\}$.

2.2   Unendliche Reihen

Zur Motivation: Unendlich viele Summanden kann man nicht addieren, aber man kann eine Strecke von endlicher Länge aus unendlich vielen Teilstrecken zusammensetzen. Für den griechischen Philosophen Zenon (ca. 495-430 v.Chr.) war das ein unlösbarer Widerspruch, den er mit der Geschichte von Achilles und der Schildkröte deutlich zu machen versuchte.

Eines Tages wollte der sportliche Achilles mit der langsamen Schildkröte um die Wette laufen. Da er zehnmal so schnell wie die Schildkröte laufen konnte, ließ er ihr einen Vorsprung von 1000 Schritten. Diesen Vorsprung hatte er zwar schnell eingeholt, aber indessen war die Schildkröte 100 Schritte weitergekrochen. Nachdem Achilles diese 100 Schritte zurückgelegt hatte, war seine Gegnerin 10 Schritte vor ihm. Und so ging es weiter. Jedesmal, wenn der Held den letzten Vorsprung eingeholt hatte, war ihm die Schildkröte wieder um ein Zehntel dieses Betrages „davongeeilt".

Die Logik, so meinte Zenon, zeige, dass Achilles seine Gegnerin nie hätte einholen können. Da der Augenschein das Gegenteil beweise, müsse dieser Augenschein trügen, jede Bewegung sei nur Illusion.

Die Strecke, die der sagenhafte Achilles zurücklegen musste, um die Schildkröte einzuholen, betrug

$$1000 + 100 + 10 + 1 + \frac{1}{10} + \frac{1}{100} + \ldots = 1\,111.111\ldots \quad \text{Schritte.}$$

Wandelt man den periodischen Dezimalbruch $0.111\ldots$ – wie an der Schule gelernt – in einen gewöhnlichen Bruch B um, so ist $10B - B = 1$, also $B = 1/9$.

Die „Addition" der unendlich vielen Zahlen $1/2$, $1/4$, $1/8$, $1/16$, ... kann man sich graphisch veranschaulichen:

$$\frac{1}{2} \qquad\qquad\qquad \frac{1}{4} \qquad\quad \frac{1}{8} \quad \frac{1}{16}\ \frac{1}{32}$$

Es leuchtet ein, dass man auf diese Weise schließlich das ganze „Intervall" $[0, 1]$ ausschöpft. In gewissem Sinne ist also $\frac{1}{2} + \frac{1}{4} + \frac{1}{8} + \frac{1}{16} + \frac{1}{32} + \cdots = 1$.

Etwas komplizierter zu begründen ist die Aussage $\frac{1}{4} + \frac{1}{16} + \frac{1}{64} + \frac{1}{256} + \cdots = \frac{1}{3}$.

Wir versuchen, ein Drittel des Intervalls von 0 bis 1 auszuschöpfen.

1. Schritt: $1/4$ ist der dritte Teil von $3/4$. Mit dem Intervall $[0, 1/4]$ haben wir also aus dem Intervall $[0, 3/4]$ genug herausgenommen.

2. Schritt: 1/16 ist der dritte Teil von drei Vierteln des Rest-Intervalls (der Länge 1/4). Mit dem Intervall [3/4, 3/4 + 1/16] hat man auch aus drei Vierteln des Rest-Intervalls genug herausgenommen, insgesamt also genug aus [0, 15/16].

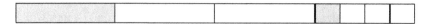

3. Schritt: 1/64 ist der dritte Teil von drei Vierteln des Rest-Intervalls (der Länge 1/16). Also nimmt man auch das heraus und fährt so fort.

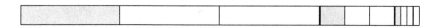

Schließlich wird genau ein Drittel des ganzen Intervalls von [0, 1] ausgeschöpft.

Jetzt versuchen wir, unsere Überlegungen auf eine solide mathematische Grundlage zu stellen. Es sei $a_0, a_1, a_2, \ldots$ eine Folge von (reellen oder komplexen) Zahlen. Die Summe $S_N := \sum_{n=0}^{N} a_n$ bezeichnet man als die *N*-*te Partialsumme* der a_n, und die **Folge** (S_N) der Partialsummen nennt man eine **unendliche Reihe**. Man schreibt die Folge der Partialsummen und – wenn er existiert – auch den Grenzwert dieser Folge in der Form

$$\sum_{n=0}^{\infty} a_n \quad \left(= \lim_{N \to \infty} \sum_{n=0}^{N} a_n \right)$$

Die Reihe heißt **konvergent** (bzw. **divergent**), falls die Folge (S_N) konvergent (bzw. divergent) ist.

Eine unendliche Reihe ist also nur eine spezielle Folge. Es wird sich aber herausstellen, dass für Reihen stärkere Hilfsmittel zur Verfügung stehen, als wir sie bisher für Folgen kennen. Aus den Regeln für die Konvergenz von Folgen ergeben sich jedoch zunächst analoge Regeln für Reihen:

1. Konvergieren die Reihen $\sum_{n=0}^{\infty} a_n$ und $\sum_{n=0}^{\infty} b_n$ gegen a bzw. b, so konvergiert auch $\sum_{n=0}^{\infty}(a_n + b_n)$, und zwar gegen $a + b$.

   Die Gleichung $\sum_{n=0}^{\infty} a_n + \sum_{n=0}^{\infty} b_n = \sum_{n=0}^{\infty}(a_n + b_n)$ ist aber sinnlos und i.a. falsch, wenn über die Konvergenz noch nichts bekannt ist.

2. Konvergiert die Reihe $\sum_{n=0}^{\infty} a_n$ gegen a und ist c eine feste Zahl, so konvergiert $\sum_{n=0}^{\infty}(c \cdot a_n)$ gegen $c \cdot a$.

2.2.1. Beispiele

A. Sei $q \in \mathbb{R}$, $0 \le q < 1$. Dann ist $\sum_{n=0}^{N} q^n = (q^{N+1} - 1)/(q - 1)$, und die Folge $S_N = (q^{N+1} - 1)/(q - 1)$ konvergiert gegen $-1/(q - 1) = 1/(1 - q)$.

Man bezeichnet die Reihe $\sum_{n=0}^{\infty} q^n$ als **geometrische Reihe**. Wir haben bewiesen:

$$\sum_{n=0}^{\infty} q^n = \frac{1}{1-q} \quad \text{(für } 0 \le q < 1\text{)}.$$

Im Falle $q = 1/2$ erhält man z.B.:

$$\sum_{n=0}^{\infty} \left(\frac{1}{2}\right)^n = \frac{1}{1-\frac{1}{2}} = 2, \quad \text{also} \quad \frac{1}{2} + \frac{1}{4} + \frac{1}{8} + \frac{1}{16} + \cdots = 1.$$

Eine Anwendung ist die Behandlung periodischer Dezimalbrüche, z.B.

$$\begin{aligned} 0.3333\ldots &= \sum_{n=1}^{\infty} \frac{3}{10^n} = 3 \cdot \sum_{n=1}^{\infty} \left(\frac{1}{10}\right)^n \\ &= 3 \cdot \left(\frac{1}{1-\frac{1}{10}} - 1\right) = 3 \cdot \frac{1}{9} = \frac{1}{3}. \end{aligned}$$

Besonders verblüffend ist dabei der folgende Fall:

$$0.99999\ldots = \lim_{N \to \infty} \sum_{n=1}^{N} \frac{9}{10^n} = 9 \cdot \frac{1}{9} = 1.$$

Man kann den Begriff der geometrischen Reihe übrigens auch ins Komplexe übertragen. Ist $z \in \mathbb{C}$, so ist

$$\sum_{n=0}^{N} z^n = \frac{z^{N+1} - 1}{z - 1}.$$

Der Beweis geht genauso wie im Reellen, es werden nur elementare Rechenregeln verwendet. Ist nun $|z| < 1$, so strebt die Folge (z^{N+1}) gegen Null, denn es ist $|z^{N+1} - 0| = |z|^{N+1}$. Daraus folgt:

Ist $z \in \mathbb{C}$ und $|z| < 1$, so ist $\displaystyle\sum_{n=0}^{\infty} z^n = \frac{1}{1-z}$.

B. Die Reihe $\sum_{n=1}^{\infty} 1/n$ wird als **harmonische Reihe** bezeichnet. Für die Partialsummen S_N mit $N = 2^k$ gilt folgende Abschätzung:

$$\begin{aligned} S_{2^k} &= 1 + \frac{1}{2} + \left(\frac{1}{3} + \frac{1}{4}\right) + \left(\frac{1}{5} + \cdots + \frac{1}{8}\right) + \cdots + \left(\frac{1}{2^{k-1} + 1} + \cdots + \frac{1}{2^k}\right) \\ &> 1 + \frac{1}{2} + \frac{2}{4} + \frac{4}{8} + \cdots + \frac{2^{k-1}}{2^k} = 1 + k \cdot \frac{1}{2}, \end{aligned}$$

und dieser Ausdruck wächst über alle Grenzen. Die harmonische Reihe divergiert also!

Ein **notwendiges Kriterium** für die Konvergenz einer Reihe ist schnell gefunden:

2.2.2. Satz

Ist $\sum_{n=0}^{\infty} a_n$ konvergent, so muss (a_n) eine Nullfolge sein.

BEWEIS: Die Folgen S_N und $T_N := S_{N-1}$ konvergieren beide gegen den gleichen Grenzwert, eine Zahl a. Aber dann konvergiert $a_N := S_N - T_N$ gegen $a - a = 0$. ∎

Dass dieses Kriterium nicht hinreicht, zeigt das Beispiel der harmonischen Reihe. Die Glieder der Reihe bilden eine Nullfolge, aber die Reihe divergiert. In einem Spezialfall kommt man allerdings fast mit dem notwendigen Kriterium aus:

2.2.3. Leibniz-Kriterium

*Es sei (a_n) eine **monoton fallende Nullfolge** reeller Zahlen. Dann konvergiert*

$$die \,\, „alternierende \,\, Reihe" \quad \sum_{n=0}^{\infty} (-1)^n a_n.$$

BEWEIS: Aus den Voraussetzungen folgt sofort, dass stets $a_n \geq 0$ ist. Wir betrachten die Folgen $u_N := S_{2N-1}$ und $v_N := S_{2N}$. Dann ist

$$u_{N+1} = S_{2N+1} = S_{2N-1} + a_{2N} - a_{2N+1} \geq S_{2N-1} = u_N$$

und

$$v_{N+1} = S_{2N+2} = S_{2N} - a_{2N+1} + a_{2N+2} \leq S_{2N} = v_N.$$

Zusammen mit der Aussage $v_N = S_{2N} = S_{2N-1} + a_{2N} \geq S_{2N-1} = u_N$ ergibt sich die folgende Ungleichungskette:

$$\ldots \leq u_N \leq u_{N+1} \leq \ldots \leq v_{N+1} \leq v_N \leq \ldots$$

Nach dem Satz von der monotonen Konvergenz strebt also u_N gegen eine Zahl u und v_N gegen eine Zahl v. Da außerdem $v_N - u_N = a_{2N}$ gegen Null konvergiert, muss $u = v$ sein. Es ist klar, dass dann auch S_N gegen diese Zahl konvergiert. ∎

2.2.4. Beispiel

Die **alternierende harmonische Reihe** $\sum_{n=1}^{\infty} (-1)^{n+1} \cdot 1/n$ konvergiert! Über den Grenzwert können wir allerdings im Augenblick noch nichts aussagen.

Der Umgang mit unendlichen Reihen bereitet vor allem deshalb Schwierigkeiten, weil die bekannten Rechenregeln (Kommutativitätsgesetz, Assoziativitätsgesetz, Dreiecksungleichung) nicht auf unendliche Summen angewandt werden können. Um dieses Problem in den Griff zu bekommen, untersuchen wir die Bestandteile einer Reihe etwas genauer:

$$\sum_{n=0}^{\infty} a_n = \sum_{n=0}^{N} a_n + \sum_{n=N+1}^{M} \boldsymbol{a_n} + \sum_{n=M+1}^{\infty} a_n = S_N + \boldsymbol{Z_{N,M}} + E_M.$$

Für großes N bestimmt der **Anfang** der Reihe, also die Partialsumme S_N, weitgehend den Wert der Reihe. Das **Ende** E_M sollte für großes M weitgehend vernachlässigbar sein, sonst kann die Reihe nicht konvergieren. Der **zentrale Teil** $Z_{N,M}$ scheint zunächst keine besondere Bedeutung zu haben. Tatsächlich entscheidet aber gerade dieser Mittelteil über die Konvergenz der Reihe. Und das Schöne ist: Es handelt sich nur um eine endliche Summe!

2.2.5. Satz (Cauchykriterium für Reihen)

Die Reihe (reeller oder komplexer Zahlen) $\sum_{n=0}^{\infty} a_n$ konvergiert genau dann, wenn es zu jedem $\varepsilon > 0$ ein $N_0 \in \mathbb{N}$ gibt, so dass $\left|\sum_{n=N_0+1}^{N} a_n\right| < \varepsilon$ für alle $N > N_0$ gilt.

BEWEIS: Wie üblich sei die N-te Partialsumme mit S_N bezeichnet. Dann ist

$$\sum_{n=N_0+1}^{N} a_n = S_N - S_{N_0}.$$

1) (S_N) konvergiere gegen die Zahl S. Ist $\varepsilon > 0$ vorgegeben, so gibt es ein N_0, so dass $|S_N - S| < \varepsilon/2$ für $N \geq N_0$ ist. Dann ist

$$|S_N - S_{N_0}| = |(S_N - S) - (S_{N_0} - S)| \leq |S_N - S| + |S_{N_0} - S| < \frac{\varepsilon}{2} + \frac{\varepsilon}{2} = \varepsilon.$$

2) Jetzt sei das Kriterium erfüllt. Dann gibt es ein N_1, so dass $|S_N - S_{N_1}| < 1$ für $N \geq N_1$ ist. Für solche N ist dann

$$|S_N| = |S_{N_1} + (S_N - S_{N_1})| \leq |S_{N_1}| + |S_N - S_{N_1}| < |S_{N_1}| + 1.$$

Das bedeutet, dass die Folge (S_N) beschränkt ist. Nach dem Satz von Bolzano-Weierstraß besitzt sie also einen Häufungspunkt S.

Ist jetzt ein $\varepsilon > 0$ vorgegeben, so gibt es unendlich viele Indizes N, so dass $|S_N - S| < \varepsilon/2$ ist. Insbesondere kann man dann ein N_0 so groß wählen, dass $|S_{N_0} - S| < \varepsilon/2$ und außerdem auch noch $|S_N - S_{N_0}| < \varepsilon/2$ für $N \geq N_0$ ist. Dann folgt für $N \geq N_0$ sogar:

$$|S_N - S| = |(S_N - S_{N_0}) + (S_{N_0} - S)| \leq |S_N - S_{N_0}| + |S_{N_0} - S| < \frac{\varepsilon}{2} + \frac{\varepsilon}{2} = \varepsilon.$$

Das bedeutet, dass (S_N) gegen S konvergiert.   ∎

Das Cauchykriterium hat zwei Vorteile: Es geht nur um endliche Summen und den Grenzwert braucht man nicht zu kennen. Wir werden es gleich anwenden. Doch zuvor noch ein Beispiel, um das ganze plausibler zu machen: Ist $0 < q < 1$, so wird

$$\sum_{n=N}^{M} q^n = q^N \cdot \sum_{m=0}^{M-N} q^m \le q^N \cdot \frac{1}{1-q}$$

und dieser Ausdruck strebt tatsächlich gegen Null.

Definition   (absolute Konvergenz)

Eine Reihe (reeller oder komplexer Zahlen) $\sum_{n=0}^{\infty} a_n$ heißt **absolut konvergent**, falls die Reihe $\sum_{n=0}^{\infty} |a_n|$ konvergiert.

2.2.6. Satz

Eine absolut konvergente Reihe konvergiert auch im gewöhnlichen Sinne.

Zum BEWEIS verwendet man das Cauchykriterium. Es ist

$$\left| \sum_{n=N_0+1}^{N} a_n \right| \le \sum_{n=N_0+1}^{N} |a_n|.$$

Konvergiert die Reihe der Absolutbeträge, so wird die rechte Seite bei großem N_0 beliebig klein, und das gilt dann erst recht für die linke Seite. ∎

Die alternierende harmonische Reihe zeigt, dass die Umkehrung dieses Satzes falsch ist. **Man beachte:** Unter dem Grenzwert einer absolut konvergenten Reihe versteht man immer den Grenzwert der Reihe im Sinne der gewöhnlichen Konvergenz.

Besonders häufig wird das folgende Vergleichskriterium benutzt:

2.2.7. Majorantenkriterium

Ist $\sum_{n=0}^{\infty} a_n$ eine konvergente Reihe nicht-negativer reeller Zahlen und (c_n) eine Folge reeller oder komplexer Zahlen, so dass $|c_n| \le a_n$ für fast alle $n \in \mathbb{N}$ gilt, so konvergiert die Reihe $\sum_{n=0}^{\infty} c_n$ absolut!

BEWEIS: Wir können annehmen, dass $|c_n| \le a_n$ für alle $n \in \mathbb{N}$ gilt. Dann ist $\sum_{n=N_0+1}^{N} |c_n| \le \sum_{n=N_0+1}^{N} a_n$, für $N > N_0$. Für genügend großes N_0 wird die rechte Seite nach dem Cauchykriterium beliebig klein, also auch die linke Seite. ∎

Bemerkungen:

1. Ist $\sum_{n=0}^{\infty} a_n$ divergent und $|c_n| \ge a_n$ für alle n, so kann $\sum_{n=0}^{\infty} c_n$ zwar noch im gewöhnlichen Sinne, aber nicht mehr absolut konvergieren.

2. Sind $S = \sum_{n=0}^{\infty} a_n$ und $T = \sum_{n=0}^{\infty} b_n$ zwei Reihen mit positiven Gliedern und $a_n \le b_n$ für fast alle n, so nennt man T eine **Majorante** von S, bzw. S eine **Minorante** von T.

Wenn nun eine Reihe nicht gerade alternierend ist und das Leibniz–Kriterium erfüllt, so wird man i.a. versuchen, die Konvergenz mit Hilfe des Majorantenkriteriums auf die absolute Konvergenz einer Vergleichsreihe zurückzuführen. Zur Feststellung der absoluten Konvergenz gibt es zahlreiche Untersuchungsmethoden. Wir betrachten hier nur eine der populärsten.

2.2.8. Quotientenkriterium

Es sei $a_n \neq 0$ für fast alle n und es existiere der Grenzwert $\alpha := \lim\limits_{n \to \infty} \left| \dfrac{a_{n+1}}{a_n} \right|$.

Ist $\alpha < 1$, so konvergiert $\sum_{n=0}^{\infty} a_n$ absolut. Ist $\alpha > 1$, so divergiert die Reihe.

BEWEIS: Wenn die Quotienten $|a_{n+1}/a_n|$ gegen eine Zahl $\alpha < 1$ konvergieren, so gibt es ein q mit $\alpha < q < 1$ und ein $n_0 \in \mathbb{N}$, so dass gilt:

$$\left| \frac{a_{n+1}}{a_n} \right| \leq q \ \text{ für } n \geq n_0,$$

also $|a_{n_0+k}| \leq q \cdot |a_{n_0+k-1}| \leq \ldots \leq q^k \cdot |a_{n_0}|$,

Dann ist $\sum_{n=0}^{\infty} q^n \cdot |a_{n_0}|$ eine Majorante der Reihe $\sum_{n=0}^{\infty} a_{n_0+n}$. Die erstere konvergiert, es handelt sich ja um eine geometrische Reihe. Nach dem Majorantenkriterium konvergiert dann die zweite Reihe absolut, und damit auch die Ausgangsreihe, die lediglich ein paar Anfangsterme mehr besitzt.

Ist $\alpha > 1$, so ist $a_{n+1} > a_n$ für genügend großes n. Die Glieder der Reihe bilden also keine Nullfolge, und die Reihe kann nicht konvergieren. ∎

2.2.9. Beispiele

A. Bei der Reihe $\sum_{n=0}^{\infty} n^2/2^n$ hilft das Quotientenkriterium: Für $n \geq 3$ ist

$$\left| \frac{a_{n+1}}{a_n} \right| = \frac{(n+1)^2 \cdot 2^n}{n^2 \cdot 2^{n+1}} = \frac{1}{2} \left(1 + \frac{1}{n} \right)^2,$$

und dieser Ausdruck konvergiert gegen $1/2$. Also ist die Reihe konvergent.

B. Wie steht es mit der Reihe $\sum_{n=1}^{\infty} 1/n^2$? Der Quotient

$$\left| \frac{a_{n+1}}{a_n} \right| = \frac{n^2}{(n+1)^2} = \left(1 - \frac{1}{n+1} \right)^2$$

konvergiert gegen 1, also sagt hier das Quotientenkriterium nichts aus. Man kann aber wie folgt abschätzen:

$$\sum_{n=1}^{N} \frac{1}{n^2} \leq 1 + \sum_{n=2}^{N} \frac{1}{n(n-1)} = 1 + \sum_{n=2}^{N} \left(\frac{1}{n-1} - \frac{1}{n} \right) = 1 + 1 - \frac{1}{N} \leq 2.$$

Die Folge der Partialsummen ist monoton wachsend und beschränkt, also konvergent. Den Grenzwert können wir hier leider nicht bestimmen.

C. Das Quotientenkriterium liefert uns auch ein Konvergenzkriterium für Folgen.

Behauptung: *Ist (a_n) eine Folge von reellen Zahlen $\neq 0$ und konvergiert $|a_{n+1}/a_n|$ gegen eine Zahl $q < 1$, so konvergiert (a_n) gegen Null.*

BEWEIS: Aus den Voraussetzungen folgt, dass $\sum_{n=0}^{\infty} a_n$ absolut konvergiert. Aber dann müssen die Glieder eine Nullfolge bilden.   ∎

Ist etwa $a_n := n!/n^n$, so konvergiert $a_{n+1}/a_n = (n/(n+1))^n = (1 - 1/n)^n$ gegen $1/e < 1$ (vgl. Aufgabe 2.2.1.25. G). Also ist (a_n) eine Nullfolge.

Ist $b_n := n/2^n$, so konvergiert $b_{n+1}/b_n = (n+1)/(2n)$ gegen $1/2 < 1$, also (b_n) gegen Null.

D. Sei $z \neq 0$ eine beliebige komplexe Zahl und $c_n := z^n/n!$. Dann ist

$$\left| \frac{c_{n+1}}{c_n} \right| = \frac{|z|^{n+1} \cdot n!}{(n+1)! \cdot |z|^n} = \frac{|z|}{n+1}.$$

Dieser Ausdruck konvergiert gegen Null. Also konvergiert $\sum_{n=0}^{\infty} z^n/n!$ für jedes $z \in \mathbb{C}$ absolut (für $z \neq 0$ nach dem Quotientenkriterium und für $z = 0$ trivialerweise). Die Funktion $\exp : \mathbb{C} \to \mathbb{C}$ mit

$$\exp(z) := \sum_{n=0}^{\infty} \frac{z^n}{n!}$$

nennt man die *(komplexe) Exponentialfunktion*. Speziell ist $\exp(0) = 1$. Der Wert $\exp(1) = \sum_{n=0}^{\infty} 1/n!$ ist eine reelle Zahl, die wir jetzt ermitteln wollen.

Wir wissen, dass die Folge $a_n := (1 + 1/n)^n$ monoton wachsend gegen die Euler'sche Zahl e konvergiert. Nach der binomischen Formel ist außerdem

$$
\begin{aligned}
a_n &= \sum_{k=0}^{n} \binom{n}{k} \frac{1}{n^k} = \sum_{k=0}^{n} \frac{1}{k!} \cdot \frac{(n-k+1) \cdot \ldots \cdot (n-1) \cdot n}{n^k} \\
&= \sum_{k=0}^{n} \frac{1}{k!} \cdot \frac{n-1}{n} \cdot \frac{n-2}{n} \cdot \ldots \cdot \frac{n-k+1}{n} < \sum_{k=0}^{n} \frac{1}{k!} < \exp(1).
\end{aligned}
$$

Also ist $e = \lim_{n \to \infty} a_n \leq \exp(1)$.

Nun wenden wir einen kleinen Trick an! Ist $m \geq 2$ irgend eine **feste** natürliche Zahl und $n > m$, so gilt:

$$
\begin{aligned}
a_n &= \sum_{k=0}^{n} \frac{1}{k!} \cdot \frac{n-1}{n} \cdot \frac{n-2}{n} \cdot \ldots \cdot \frac{n-k+1}{n} \\
&\geq \sum_{k=0}^{m} \frac{1}{k!} \cdot \frac{n-1}{n} \cdot \frac{n-2}{n} \cdot \ldots \cdot \frac{n-k+1}{n}.
\end{aligned}
$$

Die rechte Seite strebt (bei festem m) für $n \to \infty$ gegen $\sum_{k=0}^{m} 1/k!$. Also ist auch $e \geq \sum_{k=0}^{m} 1/k!$, für jedes $m \geq 2$. Nun lassen wir m gegen Unendlich gehen und erhalten die Ungleichung $e \geq \exp(1)$. Zusammen mit der weiter oben gewonnenen Abschätzung ergibt das die Beziehung

$$e = \lim_{n \to \infty} \left(1 + \frac{1}{n} \right)^n = \sum_{n=0}^{\infty} \frac{1}{n!} = \exp(1).$$

Im Folgenden brauchen wir den **Produktsatz für Reihen**:

Wenn die Reihen $\sum_{n=0}^{\infty} a_n$ und $\sum_{n=0}^{\infty} b_n$ absolut gegen a bzw. b konvergieren, so konvergiert die Reihe $\sum_{n=0}^{\infty} \sum_{i+j=n} a_i b_j$ absolut gegen $a \cdot b$.

Der Satz wird im Ergänzungsteil bewiesen.

2.2.10. Eigenschaften der Exponentialfunktion

1. $\exp(0) = 1$ *und* $\exp(1) = e$.

2. $\exp(z + w) = \exp(z) \cdot \exp(w)$ *für alle* $z, w \in \mathbb{C}$ *(Additionstheorem).*

3. Es ist $\exp(z) \neq 0$ *und* $\exp(z)^{-1} = \exp(-z)$ *für alle* $z \in \mathbb{C}$.

4. Es ist $\exp(\bar{z}) = \overline{\exp(z)}$ *für* $z \in \mathbb{C}$.

BEWEIS: 1) wurde schon gezeigt.

2) Wir benutzen die absolute Konvergenz der Exponentialreihe und den Produktsatz für Reihen. Danach ist

$$\exp(z) \cdot \exp(w) = \left(\sum_{i=0}^{\infty} \frac{z^i}{i!} \right) \cdot \left(\sum_{j=0}^{\infty} \frac{w^j}{j!} \right) = \sum_{n=0}^{\infty} \sum_{i+j=n} \frac{z^i \cdot w^j}{i! j!}.$$

Andererseits ist

$$\frac{1}{n!} \cdot (z + w)^n = \frac{1}{n!} \sum_{i=0}^{n} \binom{n}{i} z^i w^{n-i} = \sum_{i=0}^{n} \frac{n!}{n! i! (n-i)!} z^i w^{n-i} = \sum_{i+j=n} \frac{1}{i! j!} z^i w^j.$$

Somit ist $\exp(z) \cdot \exp(w) = \exp(z + w)$.

3) Es ist $1 = \exp(0) = \exp(z + (-z)) = \exp(z) \cdot \exp(-z)$. Damit ist $\exp(z) \neq 0$ und $\exp(z)^{-1} = \exp(-z)$.

4) Ist $S_N(z)$ die N-te Partialsumme der Exponentialreihe, so ist offensichtlich $S_N(\bar{z}) = \overline{S_N(z)}$. Diese Beziehung bleibt erhalten, wenn man N gegen Unendlich gehen lässt. ∎

2.2.11. Zum Schluss ein Schema zur Untersuchung unendlicher Reihen auf Konvergenz oder Divergenz:[1]

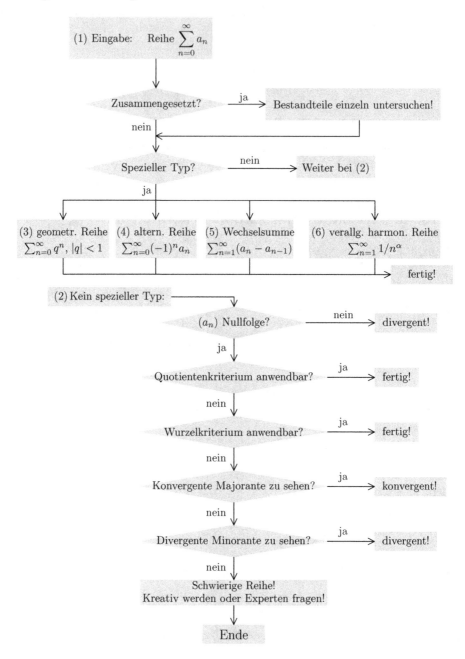

Erläuterungen zum Diagramm:

1. Eingabe: Vorgelegt sei eine unendliche Reihe $\sum_{n=0}^{\infty} a_n$. Setzt sie sich aus mehreren Teilen zusammen (z.B. $\sum_n \left((1/2)^n + (1/3)^n\right)$), so untersucht man natürlich die einzelnen Teile separat. Als nächstes sollte man klären, ob ein spezieller Typ wie in (3), (4), (5) oder (6) vorliegt.

2. Liegt kein spezieller Typ vor, so wird die Untersuchung etwas mühsamer:

   - Bilden die Glieder (a_n) keine Nullfolge, so kann die Reihe nicht konvergieren. Dann braucht man nicht weiter zu machen.

   - Quotientenkriterium: Die Quotienten $|a_{n+1}/a_n|$ konvergieren gegen eine Zahl q. Ist $q < 1$, so konvergiert auch die Reihe, ist $q > 1$, so divergiert sie. Über den Grenzwert weiß man dann noch nichts.

   - Manchmal hilft das Quotientenkriterium nicht weiter, wohl aber das Wurzelkriterium, das im Ergänzungsteil behandelt wird.

   - Hilft auch das Wurzelkriterium nicht weiter, so sollte man nach einer konvergenten Majorante suchen. Auch das liefert einen Konvergenzbeweis für die Ausgangsreihe.

   - Findet man keine Majorante, so sollte man schauen, ob es nicht eine divergente Minorante gibt. Die sichert immerhin die Divergenz.

   - Kommt man mit keiner der angesprochenen Methoden weiter, so wird es wirklich schwierig, aber nicht hoffnungslos. Wahrscheinlich braucht man raffinierte Tricks oder sehr viel tiefere Hilfsmittel.

3. Der einfachste spezielle Typ ist die geometrische Reihe $\sum_{n=0}^{\infty} q^n$, mit $|q| < 1$. Sie konvergiert gegen $1/(1-q)$.

4. Ist (a_n) eine monoton fallende Nullfolge, so konvergiert die alternierende Reihe $\sum_{n=0}^{\infty} (-1)^n a_n$. Über den Grenzwert wird allerdings nichts gesagt.

5. Eine unendliche Wechselsumme $\sum_{n=1}^{\infty} (a_n - a_{n-1})$ hat die Partialsumme $S_N = a_N - a_0$ und konvergiert daher gegen $\lim_{N\to\infty} a_N - a_0$.

6. Die verallgemeinerte harmonische Reihe hat die Gestalt $\sum_{n=1}^{\infty} 1/n^\alpha$. Wir haben hier nur den Fall $\alpha = 1$ (Divergenz) und den Fall $\alpha = 2$ (Konvergenz) behandelt. Tatsächlich erhält man Konvergenz für jedes reelle $\alpha > 1$. Dazu muss man allerdings erst einmal beliebige reelle Exponenten einführen. Für rationales α wird die Situation in einer Übungsaufgabe behandelt. Für den allgemeinen Fall werden wir einen sehr einfachen Beweis im Abschnitt 4.3 (uneigentliche Integrale) liefern.

Zusammenfassung

Unter einer **unendlichen Reihe** $\sum_{n=1}^{\infty} a_n$ versteht man die Folge der **Partialsummen** $S_N := \sum_{n=1}^{N} a_n$. Konvergiert diese Folge, so bezeichnet man den

Grenzwert mit dem gleichen Symbol wie die Reihe selbst. Notwendig für die
Konvergenz ist, dass die Glieder a_n eine Nullfolge bilden. Einfachste Beispiele
konvergenter Reihen stellen die **geometrische Reihe** und die **alternierende
Reihe** dar. Typisches Beispiel einer divergenten (also nicht konvergenten) Reihe ist die **harmonische Reihe** $\sum_{n=1}^{\infty} 1/n$. Details zur Frage der Konvergenz
oder Divergenz einer gegebenen Reihe entnehme man am besten dem obigen
Diagramm.

Nach dem **Cauchykriterium** konvergiert $\sum_{n=0}^{\infty} a_n$ genau dann, wenn gilt:

$$\forall \varepsilon > 0 \; \exists N_0 \in \mathbb{N}, \text{ so dass } \forall N > N_0 : \left| \sum_{n=N_0+1}^{N} a_n \right| < \varepsilon.$$

Die Reihe $\sum_{n=1}^{\infty} a_n$ heißt **absolut konvergent**, wenn $\sum_{n=1}^{\infty} |a_n| < \infty$ ist.
Dass aus der absoluten Konvergenz die gewöhnliche Konvergenz folgt, ergibt
sich ganz leicht mit Hilfe des Cauchykriteriums. Wichtigstes Kriterium für die
absolute Konvergenz ist das Quotientenkriterium.

Durch $\exp(z) := \sum_{n=0}^{\infty} z^n/n!$ wird die **Exponentialfunktion** definiert, für
reelle und komplexe Argumente. Es gilt:

$$\exp(0) = 1 \quad \text{und} \quad \exp(z + w) = \exp(z) \cdot \exp(w).$$

Ergänzungen

I)   Sei $S_N = \sum_{n=1}^{N} a_n$ die N-te Partialsumme einer Reihe. Dann ist $S_N - S_M = \sum_{n=M+1}^{N} a_n$.
Deshalb folgt das Cauchykriterium für Reihen aus dem Cauchy'schen Konvergenzsatz für Folgen.

II)   Das **Quotientenkriterium** kann verallgemeinert werden.

2.2.12. Satz

*Sei (a_n) eine Folge von reellen Zahlen, fast alle a_n seien $\neq 0$. Wenn es ein q mit $0 < q < 1$ gibt,
so dass $|a_{n+1}/a_n| \leq q$ für fast alle n gilt, dann konvergiert $\sum_{n=0}^{\infty} a_n$ absolut.*

BEWEIS: Die Argumente aus dem Beweis des Quotientenkriteriums können weitgehend übernommen werden.   ■

III)   Kann die Konvergenz einer Reihe nicht mit dem Quotientenkriterium entschieden werden,
so ist unter Umständen das folgende Kriterium nützlich:

2.2.13. Satz (Wurzelkriterium)

Es sei (a_n) eine Folge von positiven reellen Zahlen und $\alpha := \overline{\lim} \sqrt[n]{a_n}$.

Ist $\alpha < 1$, so konvergiert die Reihe $\sum_{n=0}^{\infty} a_n$. Ist $\alpha > 1$, so divergiert sie.

BEWEIS: Ist $\alpha < 1$, so gibt es ein $q \in \mathbb{R}$ mit $0 < q < 1$, so dass $\sqrt[n]{a_n} < q$ für fast alle n ist. Dann ist die geometrische Reihe $\sum_{n=0}^{\infty} q^n$ eine Majorante von $\sum_{n=0}^{\infty} a_n$, und auch diese Reihe konvergiert.

Ist $\alpha > 1$, so gibt es unendlich viele n mit $a_n > 1$, und die Reihe kann nicht konvergieren. ■

2.2.14. Beispiele

A. Sei $a_n := \begin{cases} 2^{-k} & \text{für } n = 2k - 1 \\ 3^{-k} & \text{für } n = 2k, \end{cases}$ $n = 1, 2, 3, \ldots$

Wir untersuchen die Reihe $\sum_{n=1}^{\infty} a_n$. Für $n = 2k$ gilt:

$$\frac{a_{n+1}}{a_n} = \frac{2^{-(k+1)}}{3^{-k}} = \frac{1}{2} \cdot \left(\frac{3}{2}\right)^k \to \infty.$$

Also ist das Quotientenkriterium nicht anwendbar.

Wir versuchen es mit dem Wurzelkriterium. Es ist

$$\sqrt[n]{a_n} = \begin{cases} (\sqrt{2})^{-(n+1)/n} \to (\sqrt{2})^{-1} & \text{für ungerades } n, \\ (\sqrt{3})^{-1} & \text{für gerades } n. \end{cases}$$

Also ist $\overline{\lim} \sqrt[n]{a_n} = (\sqrt{2})^{-1} < 1$, und die Reihe konvergiert.

B. Wir betrachten die Reihe $\sum_{n=1}^{\infty} 1/n^2$. Wir wissen schon, dass hier das Quotientenkriterium versagt. Also versuchen wir es mit dem Wurzelkriterium.

Offensichtlich ist $\overline{\lim} \sqrt[n]{1/n^2} = 1$. Damit versagt auch das Wurzelkriterium. Dennoch konvergiert die Reihe, wie wir früher schon gezeigt haben.

IV) Absolut konvergente Reihen verhalten sich sehr gutartig, was die Reihenfolge der Summation betrifft. Das zeigt der

2.2.15. Umordnungssatz

Ist die Reihe $\sum_{n=0}^{\infty} a_n$ absolut konvergent, etwa gegen A, so konvergiert auch jede Umordnung der Reihe gegen A.

BEWEIS: Die Summation möge bei 1 beginnen. Eine Umordnung der Reihe erreicht man mit Hilfe einer bijektiven Abbildung $\tau : \mathbb{N} \to \mathbb{N}$. Die umgeordnete Reihe ist dann die Reihe $\sum_{n=1}^{\infty} a_{\tau(n)}$.

Sei $\varepsilon > 0$ vorgegeben. Wegen der absoluten Konvergenz der Ausgangsreihe können wir ein $n_0 > 1$ finden, so dass $\sum_{n=n_0}^{\infty} |a_n| < \varepsilon/2$ und $|\sum_{n=1}^{n_0-1} a_n - A| < \varepsilon/2$ ist. Wählt man nun N so groß, dass

$$\{1, 2, \ldots, n_0 - 1\} \subset \{\tau(1), \ldots, \tau(N)\}$$

ist, so gilt für $M \geq N$:

$$
\begin{aligned}
\left| \sum_{n=1}^{M} a_{\tau(n)} - A \right| &\leq \left| \sum_{n=1}^{M} a_{\tau(n)} - \sum_{n=1}^{n_0-1} a_n \right| + \left| \sum_{n=1}^{n_0-1} a_n - A \right| \\
&\leq \sum_{n=n_0}^{max(\tau(1),\ldots,\tau(M))} |a_n| + \frac{\varepsilon}{2} \\
&\leq \sum_{n=n_0}^{\infty} |a_n| + \frac{\varepsilon}{2} < \varepsilon.
\end{aligned}
$$

Das zeigt, dass die umgeordnete Reihe gegen A konvergiert ∎

Bemerkung: Ist die Reihe $\sum_{n=0}^{\infty} a_n$ konvergent, aber **nicht** absolut konvergent, so gibt es zu jedem $x \in \mathbb{R}$ eine Umordnung der Reihe, die gegen x konvergiert.

Wir verzichten hier auf einen genauen Beweis dieser merkwürdigen Tatsache. Die Idee ist, zu vorgegebenem $x_0 > 0$ zunächst so viele positive Terme zu sammeln, dass deren Summe x_0 übersteigt. Danach addiert man wieder so viele negative Terme, dass die Gesamtsumme unterhalb von x_0 liegt, und so fährt man fort. Das Ganze ist möglich, weil die Reihe nicht absolut konvergiert. Als weitere Motivation geben wir ein Beispiel. Die alternierende harmonische Reihe

$$\sum_{n=1}^{\infty} (-1)^{n+1} \frac{1}{n} = 1 - \frac{1}{2} + \frac{1}{3} - \frac{1}{4} \pm \dots$$

konvergiert nach dem Leibniz–Kriterium gegen einen Grenzwert S, den wir im Augenblick noch nicht ermitteln können. Wir können schreiben:

$$S = 1 - \left(\frac{1}{2} - \frac{1}{3}\right) - \left(\frac{1}{4} - \frac{1}{5}\right) - \dots = 1 - \sum_{\nu=1}^{\infty} P_\nu,$$

wobei $P_\nu := \frac{1}{2\nu} - \frac{1}{2\nu + 1} > 0$ für alle ν ist. Insbesondere ist $S < 1 - P_1 = 1 - \frac{1}{2} + \frac{1}{3} = \frac{5}{6}$.
Sortiert man die Reihe jetzt um zu

$$\left(\left(1 + \frac{1}{3}\right) - \frac{1}{2}\right) + \left(\left(\frac{1}{5} + \frac{1}{7}\right) - \frac{1}{4}\right) + \dots = \sum_{\mu=1}^{\infty} Q_\mu,$$

mit $Q_\mu := \left(\frac{1}{4\mu - 3} + \frac{1}{4\mu - 1}\right) - \frac{1}{2\mu}$, so ist zunächst

$$\frac{1}{4\mu - 3} + \frac{1}{4\mu - 1} > \frac{1}{4\mu - 4} + \frac{1}{4\mu - 4} = \frac{2}{4(\mu - 1)} > \frac{1}{2\mu},$$

also $Q_\mu > 0$ und deshalb ein etwaiger Grenzwert der umsortierten Reihe mit Sicherheit $> Q_1 = (1 + 1/3) - 1/2 = 5/6$.

V) Den Beweis des folgenden Satzes müssen wir noch nachtragen.

2.2.16. Produktsatz für Reihen

Die Reihen $\sum_{n=0}^{\infty} a_n$ und $\sum_{n=0}^{\infty} b_n$ seien absolut konvergent gegen a bzw. b. Für $n \in \mathbb{N}_0$ sei

$$c_n := \sum_{i+j=n} a_i b_j = a_0 b_n + a_1 b_{n-1} + \dots + a_n b_0.$$

Dann ist die Reihe $\sum_{n=0}^{\infty} c_n$ absolut konvergent gegen $a \cdot b$.

BEWEIS: Es konvergiert $A_N := \sum_{n=0}^{N} a_n$ gegen a und $B_N := \sum_{n=0}^{N} b_n$ gegen b. Wir setzen noch $C_N := \sum_{n=0}^{N} c_n$ und $a^* := \sum_{n=0}^{\infty} |a_n|$ ($< \infty$ wegen der absoluten Konvergenz).
Mit $\beta_N := B_N - b$ ist $B_N = b + \beta_N$, und es gilt:

$$\begin{aligned}
C_N &= a_0 b_0 + (a_0 b_1 + a_1 b_0) + \dots + (a_0 b_N + \dots + a_N b_0) \\
&= a_0 B_N + a_1 B_{N-1} + \dots + a_N B_0 \\
&= a_0 (b + \beta_N) + \dots + a_N (b + \beta_0) \\
&= A_N \cdot b + (a_0 \beta_N + \dots + a_N \beta_0).
\end{aligned}$$

Wir wollen zeigen, dass (C_N) gegen $a \cdot b$ konvergiert. Das ist sicher der Fall, wenn

$$\gamma_N := a_0 \beta_N + \cdots + a_N \beta_0$$

gegen Null konvergiert. Letzteres können wir folgendermaßen beweisen:

Sei $\varepsilon > 0$ vorgegeben. Wir wählen ein δ mit $0 < \delta < \varepsilon/2a^*$. Es gibt dann ein N_0, so dass $|\beta_N| \le \delta$ für $N \ge N_0$ ist (denn $\beta_N = B_N - b$ konvergiert ja gegen 0). Dieses N_0 halten wir fest. Außerdem wählen wir ein $C > 0$, so dass $|\beta_N| \le C$ für alle N ist. Dann gilt für $N \ge N_0$:

$$
\begin{aligned}
|\gamma_N| &\le |\beta_0 a_N + \cdots + \beta_{N_0} a_{N-N_0}| + |\beta_{N_0+1} a_{N-N_0-1} + \cdots + \beta_N a_0| \\
&\le C \cdot (|a_N| + \cdots + |a_{N-N_0}|) + \delta \cdot a^* \\
&< C \cdot (|a_N| + \cdots + |a_{N-N_0}|) + \frac{\varepsilon}{2}.
\end{aligned}
$$

Der linke Summand wird bei festem N_0 und wachsendem N beliebig klein (Cauchykriterium für die absolute Konvergenz der Reihe über die a_n). Also ist $|\gamma_N|$ bei hinreichend großem N kleiner als ε. Das war zu zeigen.

Für die absolute Konvergenz der Produktreihe benutzt man die Abschätzung

$$\sum_{n=0}^{N} |c_n| \le \sum_{n=0}^{N} \sum_{i+j=n} |a_i| \cdot |b_j| \le \left(\sum_{i=0}^{N} |a_i| \right) \cdot \left(\sum_{j=0}^{N} |b_j| \right).$$

Die rechte Seite ist durch das Produkt der absoluten Reihen beschränkt.   ∎

Bemerkung: Die Konvergenz würde natürlich auch schon aus dem kurzen Schlussteil des Beweises folgen. Der komplizierte Konvergenzbeweis am Anfang dient dazu, den genauen Grenzwert zu bestimmen.

2.2.17. Aufgaben

A. Beweisen Sie – wie am Anfang von Abschnitt 2.2 – durch Ausschöpfung im Intervall $[0,1]$ die folgende Aussage: Ist $m < n/2$, so ist

$$\frac{m}{n} + \left(\frac{m}{n} \right)^2 + \left(\frac{m}{n} \right)^3 + \cdots = \frac{m}{n-m}.$$

B. Verwandeln Sie $0.123123123\ldots$ in einen gewöhnlichen Bruch.

C. Sei $g \in \mathbb{N}$, $g \ge 2$. Für jedes $n \in \mathbb{N}$ sei $z_n \in \{0, 1, 2, \ldots, g-1\}$. Zeigen Sie, dass die Reihe $\sum_{n=1}^{\infty} z_n/g^n$ konvergiert.

D. Zeigen Sie, dass die folgenden Reihen konvergieren:

$$\sum_{k=1}^{\infty} (-1)^k \frac{k+1}{k^2}, \quad \sum_{k=1}^{\infty} (-1)^k \frac{(3+\mathrm{i})^k}{k!}, \quad \sum_{n=1}^{\infty} \frac{n!}{n^n}.$$

E. Welche der folgenden Reihen konvergieren? Berechnen Sie gegebenenfalls die Summen!

$$\sum_{k=0}^{\infty} \frac{1}{4k^2-1}, \quad \sum_{i=1}^{\infty} \left(\frac{1}{2^i} + \frac{(-1)^i}{3^i} \right), \quad \sum_{k=1}^{\infty} \left(\frac{1}{2^k} + \mathrm{i}\, \frac{1}{3^k} \right).$$

F. Sei (a_n) eine Folge positiver Zahlen. Zeigen Sie, dass die Reihe $\sum_{n=1}^{\infty} a_n/(1 + n^2 a_n)$ konvergiert.

G. a) Sei (a_n) eine monoton fallende Nullfolge, $\sum_{n=1}^{\infty} 2^n a_{2^n}$ konvergent. Dann ist auch $\sum_{n=1}^{\infty} a_n$ konvergent.

b) Ist $q \in \mathbb{Q}$, $q > 0$, so ist $2^q > 1$.

c) Zeigen Sie (mit Hilfe von (a)und (b)), dass jede Reihe der Gestalt $\sum_{n=1}^{\infty} \dfrac{1}{n^q}$

mit einer rationalen Zahl $q > 1$ konvergiert.

H. Für alle $n \in \mathbb{N}$ sei $a_n > 0$ und $b_n > 0$. Außerdem sei $\lim\limits_{n \to \infty} \dfrac{a_n}{b_n} = 1$. Zeigen Sie unter diesen Voraussetzungen: $\sum_{n=1}^{\infty} a_n$ konvergiert genau dann, wenn $\sum_{n=1}^{\infty} b_n$ konvergiert.

I. a) Zeigen Sie unter den gleichen Voraussetzungen wie bei der vorigen Aufgabe: $\sum_{n=1}^{\infty} a_n$ divergent $\Longleftrightarrow$ $\sum_{n=1}^{\infty} b_n$ divergent.

b) Untersuchen Sie das Konvergenzverhalten der Reihe $\sum_{n=1}^{\infty} \dfrac{1}{\sqrt{n(n + 10)}}$.

J. Untersuchen Sie die folgenden Reihen auf Konvergenz bzw. Divergenz:

$$\sum_{n=1}^{\infty} \frac{n!}{(n + 2)!}, \quad \sum_{n=1}^{\infty} \frac{1}{1000n + 1}, \quad \sum_{n=1}^{\infty} \frac{3^n \, n!}{n^n}.$$

K. Sei (a_n) eine monoton fallende Nullfolge, $a := \sum_{n=0}^{\infty} (-1)^n a_n$. Dann gilt für die Partialsummen der Reihe die Ungleichung $S_{2k-1} < a < S_{2k}$.

L. Sei $0 < q < 1$. Bestimmen Sie eine Reihe mit dem Grenzwert $1/(1 - q)^2$.

2.3 Grenzwerte von Funktionen

Zur Einführung: Verfolgt man die Werte einer Funktion f in Abhängigkeit von der Variablen x und stellt dann fest, dass diese Werte bei Annäherung an den Punkt a der Zahl A beliebig nahe kommen, so sagt man, der Limes von $f(x)$ für x gegen a sei gleich dem Wert A und schreibt

$$\lim_{x \to a} f(x) = A.$$

Dieser Limes-Begriff spiegelt zwar eine anschauliche Vorstellung wider, aber exakt arbeiten kann man mit ihm noch nicht. Wie beim Grenzwertbegriff für Folgen müssen wir präziser werden. Eine Folge (a_n) konvergiert bekanntlich gegen eine Zahl A, falls zu jeder vorgegebenen Schranke $\varepsilon > 0$ ein „Reststück" $R = R(n_0) := \{n \in \mathbb{N} : n \geq n_0\}$ (der natürlichen Zahlen) existiert, so dass der Abstand $|a_n - A|$ für $n \in R$ kleiner als ε ist. Wir fassen R als eine Art Umgebung von Unendlich auf und sagen bei einer Funktion f analog: $f(x)$ konvergiert gegen A, falls es zu jedem vorgegebenen $\varepsilon > 0$ ein $\delta > 0$ gibt, so dass der Abstand $|f(x) - A|$ für $x \in U_\delta(a)$ kleiner als ε ist.

Definition   (Grenzwert einer Funktion in einem Punkt)

Sei $I \subset \mathbb{R}$ ein Intervall, $a \in I$ ein innerer Punkt und f eine reellwertige Funktion, die auf $I \setminus \{a\}$ (aber eventuell nicht in a) definiert ist. Wir sagen, dass f bei Annäherung an a den **Grenzwert** (oder ***Limes***) A besitzt, falls es zu jedem $\varepsilon > 0$ ein (von ε abhängiges) $\delta > 0$ gibt, so dass gilt:

Für alle $x \in I$ mit $0 < |x - a| < \delta$ ist $|f(x) - A| < \varepsilon$.

Wir schreiben dann auch:

$$\lim_{x \to a} f(x) = A.$$

Es folgt eine Skizze zur Verdeutlichung des Sachverhaltes. Wird ein horizontaler „Schlauch" der Breite 2ε um den y-Wert A gewählt, so muss eine Umgebung $U = U_\delta(a)$ gefunden werden, so dass der Graph von f – eingeschränkt auf U und außerhalb von a – ganz im Innern des Schlauches verläuft.

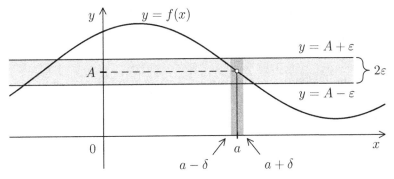

Bemerkung: Auch wenn es nicht extra erwähnt wird, so ist doch der Limes für $x \to x_0$ so zu verstehen, dass bei der Annäherung an x_0 immer $x \neq x_0$ sein soll.

2.3.1. Beispiel

Wir zeigen, dass $\lim\limits_{x \to 1} \dfrac{2x^2 + 2x - 4}{x - 1} = 6$ ist. Für $x \neq 1$ gilt nämlich

$$-\varepsilon < \frac{2x^2 + 2x - 4}{x - 1} - 6 < \varepsilon \iff -\varepsilon < \frac{2x^2 + 2x - 4 - 6(x - 1)}{x - 1} < \varepsilon$$

$$\iff -\varepsilon < \frac{2x^2 - 4x + 2}{x - 1} < \varepsilon \iff -\varepsilon < \frac{2(x - 1)^2}{x - 1} < \varepsilon$$

$$\iff -\varepsilon < 2(x - 1) < \varepsilon \iff -\frac{\varepsilon}{2} < x - 1 < \frac{\varepsilon}{2}.$$

Ist also $0 < |x - 1| < \dfrac{\varepsilon}{2}$, so ist $\left| \dfrac{2x^2 + 2x - 4}{x - 1} - 6 \right| < \varepsilon$. Daraus folgt die gewünschte Aussage.

Definition   (Einseitige Grenzwerte einer Funktion)

Sei $I \subset \mathbb{R}$ ein Intervall, a ein rechter Randpunkt von I und f eine reellwertige Funktion, die auf $I \setminus \{a\}$ (aber eventuell nicht in a) definiert ist. Wir sagen, dass f bei Annäherung an a den **linksseitigen Grenzwert** A_- besitzt, falls es zu jedem $\varepsilon > 0$ ein (von ε abhängiges) $\delta > 0$ gibt, so dass gilt:

> Für alle $x \in I$ mit $a - \delta < x < a$ ist $|f(x) - A_-| < \varepsilon$.

Ist a ein linker Randpunkt von I, so sagen wir, dass f bei Annäherung an a den **rechtsseitigen Grenzwert** A_+ besitzt, falls es zu jedem $\varepsilon > 0$ ein $\delta > 0$ gibt, so dass gilt:

> Für alle $x \in I$ mit $a < x < a + \delta$ ist $|f(x) - A_+| < \varepsilon$.

Existiert der linksseitige (bzw. rechtsseitige) Grenzwert, so schreibt man

$$f(a-) := \lim_{x \to a-} f(x) = A_- \quad \text{bzw.} \quad f(a+) := \lim_{x \to a+} f(x) = A_+.$$

2.3.2. Beispiele

A. Sei $f(x) := [x]$ die Gaußklammer. Dann ist $f(x) = 0$ für $0 < x < 1$ und $f(x) = 1$ für $1 \leq x < 2$, also $\lim\limits_{x \to 1-} f(x) = 0$ und $\lim\limits_{x \to 1+} f(x) = 1$.

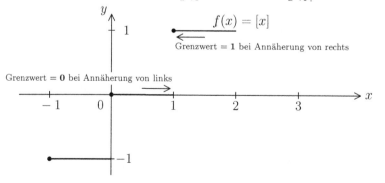

B. Für $k \in \mathbb{N}_0$ sei $a_k := 2^{-2k}$ und $b_k := 2^{-2k-1}$. Dann ist $a_{k+1} < b_k < a_k$, und wir definieren $f : (0,1] \to \mathbb{R}$ durch

$$f(x) := \begin{cases} (x - a_{k+1})/(b_k - a_{k+1}) & \text{für } a_{k+1} \leq x < b_k, \\ (x - a_k)/(b_k - a_k) & \text{für } b_k \leq x < a_k. \end{cases}$$

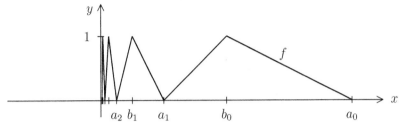

Die Skizze zeigt, dass die Werte von f in der Nähe von $x = 0$ jeder Zahl zwischen 0 und 1 beliebig nahe kommen. Also kann der Grenzwert von $f(x)$ für $x \to 0$ nicht existieren. Aber das muss auch noch formelmäßig nachgewiesen werden.

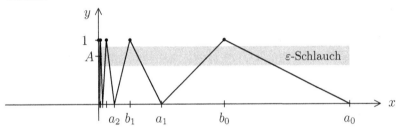

Sei $A \in [0,1]$ beliebig und $\varepsilon > 0$ so klein, dass 0 und 1 nicht beide im Intervall $V_\varepsilon(A) = (A - \varepsilon, A + \varepsilon)$ liegen können. Wir können annehmen, dass 1 nicht in $V_\varepsilon(A)$ liegt. Die Folge (b_k) konvergiert von rechts gegen Null, aber die Werte $f(b_k) = 1$ bleiben immer außerhalb $V_\varepsilon(A)$. Also gibt es kein $\delta > 0$, so dass $|f(x) - A| < \varepsilon$ für $0 < x < \delta$ gilt. Bei Annäherung an 0 von rechts besitzt $f(x)$ keinen Grenzwert!

C. Bei der Funktion $f(x) := 1/x$ ist die Sachlage etwas anders. Auch hier existiert der Grenzwert bei $x = 0$ nicht, aber das Verhalten der Funktion ist eindeutiger. Je kleiner die Umgebung von 0, desto größer die Werte von $|f|$. Wir deuten das als Konvergenz gegen Unendlich und müssen nur die Definitionen auf diesen Fall ausdehnen.

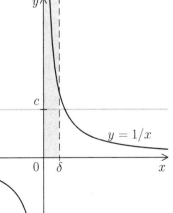

Definition   (Konvergenz gegen Unendlich)

Sei $I \subset \mathbb{R}$ ein Intervall, a ein rechter Randpunkt von I und f eine reellwertige Funktion auf I, aber nicht in a definiert. Wir sagen, dass f bei Annäherung an a den **linksseitigen Grenzwert** $+\infty$ (bzw. $-\infty$) besitzt, falls es zu jedem $c > 0$ ein $\delta > 0$ gibt, so dass gilt:

> Für alle $x \in I$ mit $a - \delta < x < a$ ist $f(x) > c$ (bzw. $f(x) < -c$).

Im Falle eines linken Randpunktes von I und der Annäherung an a von rechts definiert man den Grenzwert $\pm\infty$ analog.

2.3.3. Beispiel

$$\text{Es ist} \quad \lim_{x \to 0-} \frac{1}{x} = -\infty \quad \text{und} \quad \lim_{x \to 0+} \frac{1}{x} = +\infty.$$

Ist $\lim_{x \to a} f(x) = \pm\infty$ oder $\lim_{x \to a\pm} f(x) = \pm\infty$, so nennt man die Gerade $x = a$ eine **vertikale Asymptote**.

2.3.4. Satz

Der beidseitige Grenzwert $\lim_{x \to a} f(x)$ existiert genau dann, wenn der linksseitige und der rechtsseitige Grenzwert von $f(x)$ in a existieren und beide gleich sind.

BEWEIS: Die eine Richtung ist trivial. Setzen wir also voraus, dass die einseitigen Grenzwerte existieren und gleich einer Zahl A sind! Sei $\varepsilon > 0$ vorgegeben. Dann gibt es Zahlen $\delta_1, \delta_2 > 0$, so dass $|f(x) - A| < \varepsilon$ für $a - \delta_1 < x < a + \delta_2$ ist. Die Ungleichung gilt dann aber erst recht für $|x - a| < \delta$, wenn man $\delta \leq \min(\delta_1, \delta_2)$ wählt.   ∎

2.3.5. Folgenkriterium

Sei $I \subset \mathbb{R}$ ein Intervall, $a \in I$ ein innerer Punkt oder ein Randpunkt von I und f eine reellwertige Funktion, die auf $I \setminus \{a\}$ (aber eventuell nicht in a) definiert ist. Dann sind folgende Aussagen äquivalent:

1. Es existiert der Grenzwert $A := \lim_{x \to a} f(x)$.

2. Für jede Folge $(x_n) \in I$ mit $x_n \neq a$ und $\lim_{n \to \infty} x_n = a$ ist $\lim_{n \to \infty} f(x_n) = A$.

BEWEIS: $(1) \implies (2)$:

Sei (x_n) eine Folge in I, die gegen a konvergiert. Außerdem sei ein $\varepsilon > 0$ vorgegeben. Es gibt ein $\delta > 0$, so dass $|f(x) - A| < \varepsilon$ für $|x - a| < \delta$ ist. Für ein geeignetes n_0 liegen alle Folgeglieder x_n mit $n \geq n_0$ in $U_\delta(a)$. Dann ist $|f(x_n) - A| < \varepsilon$ für $n \geq n_0$. Das bedeutet, dass $(f(x_n))$ gegen A konvergiert.

$(2) \Longrightarrow (1)$:

Es sei das Folgenkriterium erfüllt. Wir nehmen an, dass $f(x)$ für $x \to a$ nicht gegen A konvergiert. Dann gibt es ein $\varepsilon > 0$, so dass man zu jedem $\delta > 0$ ein x mit $0 < |x - a| < \delta$ und $|f(x) - A| \geq \varepsilon$ finden kann. Insbesondere gibt es dann zu jedem $n \in \mathbb{N}$ einen Punkt $x_n \in I$ mit $0 < |x_n - a| < 1/n$ und $|f(x_n) - A| \geq \varepsilon$. Aber das kann nicht sein.   ∎

2.3.6. Grenzwertsätze

Wenn die Grenzwerte $\lim\limits_{x \to a} f(x) = c$ und $\lim\limits_{x \to a} g(x) = d$ existieren, dann gilt:

1. $\lim\limits_{x \to a} \big(f(x) \pm g(x)\big) = c \pm d.$

2. $\lim\limits_{x \to a} \big(f(x) \cdot g(x)\big) = c \cdot d.$

3. *Ist $d \neq 0$, so ist $\lim\limits_{x \to a} f(x)/g(x) = c/d.$*

BEWEIS: Wegen des Folgenkriteriums kann man die Aussagen des Satzes ganz einfach auf die Grenzwertsätze für Folgen zurückführen.   ∎

Sei $I = [a, \infty)$ (bzw. $I = (-\infty, b]$), $f : I \to \mathbb{R}$ eine Funktion und $A \in \mathbb{R}$. Wir sagen, $f(x)$ strebt für x gegen ∞ (bzw. für x gegen $-\infty$) gegen A, falls gilt: Zu jedem $\varepsilon > 0$ gibt es ein $c > 0$, so dass $|f(x) - A| < \varepsilon$ für $x > c$ (bzw. für $x < -c$) ist. Man schreibt dann:

$$\lim_{x \to +\infty} f(x) = A \quad \big(\text{bzw.} \quad \lim_{x \to -\infty} f(x) = A\big).$$

Die Gerade $y = A$ nennt man in diesem Fall eine ***horizontale Asymptote***.

Definition   (Stetigkeit)

Sei $I \subset \mathbb{R}$ ein Intervall, $f : I \to \mathbb{R}$ eine Funktion und $a \in I$. Die Funktion f heißt ***stetig in*** a, falls gilt:

$$\lim_{x \to a} f(x) = f(a).$$

Die Funktion f heißt ***stetig auf dem Intervall*** I, falls sie in jedem Punkt $x \in I$ stetig ist.

Eine Funktion kann nur dann in einem Punkt a stetig sein, wenn sie dort definiert ist. Es spielt dabei keine Rolle, ob es sich um einen inneren Punkt oder einen Randpunkt handelt. Darüber hinaus werden **zwei** Dinge gefordert:

1. f muss in a einen Grenzwert besitzen.

2. Der Grenzwert von f in a muss mit dem Funktionswert $f(a)$ übereinstimmen.

Wichtig ist, dass man immer beide Bedingungen überprüft. Man kann das locker auch in der Form

$$\lim_{x \to a} f(x) = f\left(\lim_{x \to a} x\right)$$

schreiben. Grenzwertbildung und Anwendung von f sind miteinander vertauschbar.

2.3.7. Beispiele

A. Wie beweist man die Stetigkeit in einem Punkt a? Für einen beliebigen ε-Schlauch um $y = f(a)$ zeigt man, dass die Punkte $(x, f(x))$ in dem Schlauch bleiben, wenn nur x nahe genug bei a bleibt. Das ist z.B. dann der Fall, wenn f eine konstante Funktion ist. Eine konstante Funktion ist also immer auf ihrem ganzen Definitionsbereich stetig.

Aber auch die Funktion $f(x) := x$ ist auf ganz $\mathbb{R}$ stetig. Dazu sei $a \in \mathbb{R}$ und $\varepsilon > 0$ vorgegeben.

Zur Stetigkeit von $f(x) = x$:

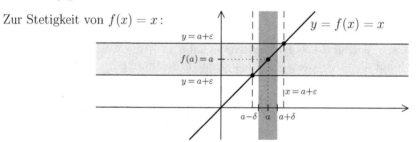

Der Graph der Funktion verlässt den ε-Schlauch dort, wo die Gerade $y = x$ eine der Geraden $y = a + \varepsilon$ oder $y = a - \varepsilon$ trifft, also bei $(a - \varepsilon, a - \varepsilon)$ und bei $(a + \varepsilon, a + \varepsilon)$. Ist $0 < \delta < \varepsilon$, so gilt für $|x - a| < \delta$ auch $|f(x) - f(a)| = |x - a| < \delta < \varepsilon$. Also ist f in a stetig.

B. Die Funktion $f(x) := [x]$ ist in den Punkten $x = n \in \mathbb{Z}$ nicht stetig, denn dort stimmen rechtsseitiger und linksseitiger Grenzwert nicht überein.

C. Besonders befremdlich mutet das folgende Beispiel an:

$$\text{Sei } f(x) := \left\{ \begin{array}{ll} x & \text{für } x \neq 0 \\ 5 & \text{für } x = 0 \end{array} \right. .$$

Dann existiert zwar $\lim_{x \to 0} f(x) = 0$, aber weil $f(0) = 5$ gesetzt wurde, ist die Funktion dennoch im Nullpunkt nicht stetig. Hier kann die Funktion natürlich leicht so abgeändert werden, dass sie auch in 0 stetig wird. Man sagt dann, die Funktion ist bei $x = 0$ **_stetig ergänzbar_**.

Ist die Funktion f in der Nähe von x_0 definiert und in x_0 nicht stetig, so nennt man x_0 eine **_Unstetigkeitsstelle_** von f oder sagt, f ist in x_0 _unstetig_. Es gibt dann zwei Möglichkeiten.

1. Zumindest einer der beiden einseitigen Grenzwerte existiert nicht. Dann nennen wir x_0 eine **wesentliche Unstetigkeit** von f.

2. Wenn $f(x_0+)$ und $f(x_0-)$ beide existieren, aber **nicht** gleich sind, dann nennt man x_0 eine **Sprungstelle** von f.

   Den Wert $|f(x_0+) - f(x_0-)|$ nennt man dann die **Sprunghöhe**.

   Wenn beide Grenzwerte existieren und übereinstimmen, so ist f stetig in x_0.

Wenn an dem Argument x einer stetigen Funktion f nur ein wenig gewackelt wird, so kann sich auch der Funktionswert $f(x)$ nur wenig ändern. Das ist eine Stabilitätseigenschaft, die folgende Konsequenz hat:

2.3.8. Satz

Sei $f : I \to \mathbb{R}$ stetig in x_0. Ist $f(x_0) > 0$, so gibt es ein $\delta > 0$, so dass $f(x) > 0$ für alle $x \in U_\delta(x_0) \cap I$ ist.

Eine analoge Aussage gilt, wenn $f(x_0) < 0$ ist.

BEWEIS: Sei $0 < \varepsilon < f(x_0)$. Weil f stetig in x_0 ist, gibt es ein $\delta > 0$, so dass $|f(x) - f(x_0)| < \varepsilon$ für $x \in U_\delta(x_0) \cap I$ ist. Insbesondere ist für diese x dann $0 < f(x_0) - \varepsilon < f(x)$. ∎

Das gerade bewiesene Verhalten ist eine „lokale Eigenschaft", es geht dabei nur um das Verhalten in der Nähe eines Punktes. Aber die Stetigkeit hat auch globale Konsequenzen: Der Graph einer stetigen Funktion auf einem Intervall ist ein zusammenhängendes Gebilde. Beginnt er etwa unterhalb und endet er oberhalb der x–Achse, so muss er dazwischen irgendwann einmal die Achse treffen:

2.3.9. Satz von Bolzano

Sei $f : [a, b] \to \mathbb{R}$ stetig, $f(a) < 0$ und $f(b) > 0$. Dann gibt es ein x_0 mit $a < x_0 < b$ und $f(x_0) = 0$.

BEWEIS: Die Menge $M := \{x \in [a, b] : f(x) < 0\}$ ist nicht leer und durch b nach oben beschränkt, also besitzt sie ein Supremum x_0. Wegen Satz 2.2.3.8 ist $a < x_0 < b$.

Wir vermuten, dass $f(x_0) = 0$ ist. Um das zu beweisen, nehmen wir an, dass $f(x_0) > 0$ ist. Dann gibt es ein $\delta > 0$, so dass $f(x) > 0$ für alle $x \in U_\delta(x_0)$ ist. Aber das heißt, dass jedes x mit $x_0 - \delta < x < x_0$ auch eine obere Schranke für M ist, im Widerspruch zur Wahl von x_0 als **kleinste** obere Schranke. Also muss $f(x_0) \leq 0$ sein. Wäre $f(x_0) < 0$, so gäbe es noch Punkte $x > x_0$, für die $f(x) < 0$ ist. Da auch das nicht sein kann, bleibt nur noch die Möglichkeit $f(x_0) = 0$. ∎

Etwas allgemeiner kann man sogar zeigen:

2.3.10. Zwischenwertsatz

Sei $f : [a, b] \to \mathbb{R}$ stetig, $f(a) < c < f(b)$. Dann gibt es ein $x_0 \in [a, b]$ mit $f(x_0) = c$.

BEWEIS: Wir setzen $F(x) := f(x) - c$. Dann ist $F(a) < 0 < F(b)$, und nach dem Satz von Bolzano gibt es ein $x_0 \in [a, b]$, so dass $F(x_0) = 0$ ist, also $f(x_0) = c$.   ∎

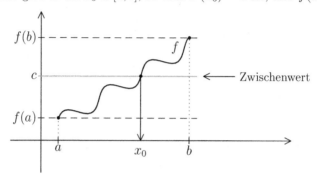

Wir stellen nun einige Regeln zusammen:

2.3.11. Satz

Sei $I \subset \mathbb{R}$ ein Intervall. Sind $f, g : I \to \mathbb{R}$ zwei Funktionen, die beide in $x_0 \in I$ stetig sind, so gilt:

1. *$f + g$ ist in x_0 stetig.*

2. *$f \cdot g$ ist in x_0 stetig.*

3. *Ist $g(x_0) \neq 0$, so gibt es ein $\varepsilon > 0$, so dass $g(x) \neq 0$ für alle $x \in U_\varepsilon(x_0) \cap I$ ist. Die Funktion $1/g$ ist dort definiert und in x_0 stetig.*

BEWEIS: (1) und (2) ergeben sich ziemlich trivial aus den Grenzwertsätzen: Ist etwa (x_n) eine Folge in $I \setminus \{x_0\}$, die gegen x_0 konvergiert, so konvergieren $(f(x_n))$ und $(g(x_n))$ nach Voraussetzung gegen $f(x_0)$ bzw. $g(x_0)$, und dann konvergieren $(f + g)(x_n)$ bzw. $(f \cdot g)(x_n)$ gegen $f(x_0) + g(x_0)$ bzw. $f(x_0) \cdot g(x_0)$.

Zu (3):   Ist $g(x_0) \neq 0$, so muss entweder $g(x_0) > 0$ oder $g(x_0) < 0$ sein. In jedem Falle vererbt sich diese Eigenschaft auf eine ganze ε–Umgebung von x_0, und dann ist $1/g$ dort tatsächlich definiert. Die Stetigkeit folgt wieder aus dem entsprechenden Grenzwertsatz.   ∎

Da $f(x) := x$ und alle konstanten Funktionen stetig sind, erhält man die

2.3.12. Folgerung

Polynome sind auf ganz $\mathbb{R}$ und rationale Funktionen auf ihrem gesamten Definitionsbereich stetig.

2.3.13. Beispiel

Die rationale Funktion $f(x) := (x^n - 1)/(x^m - 1)$ ist in $x = 1$ nicht definiert. Kürzt man durch $x - 1$, so erhält man:

$$f(x) = \frac{1 + x + \cdots + x^{n-1}}{1 + x + \cdots + x^{m-1}} \qquad \text{(für } x \neq 1 \text{)}.$$

Weil $\lim\limits_{x \to 1} f(x) = \dfrac{n}{m}$ ist, ist $F(x) := \begin{cases} f(x) & \text{falls } x \neq 1 \\ n/m & \text{falls } x = 1 \end{cases}$ in $x = 1$ stetig und f in $x = 1$ stetig ergänzbar.

2.3.14. Folgerung

Sei $f(x)$ ein Polynom vom Grad n. Ist n ungerade, so besitzt f wenigstens eine Nullstelle.

BEWEIS: O.B.d.A. sei f *normiert*, d.h.

$$f(x) = x^n + a_{n-1}x^{n-1} + \cdots + a_1 x + a_0 = x^n(1 + a_{n-1}x^{-1} + \cdots + a_1 x^{-n+1} + a_0 x^{-n}).$$

Für $x \to \pm\infty$ strebt $1/x$ gegen Null und die Klammer daher gegen 1. Also verhält sich $f(x)$ wie x^n. Da n ungerade ist, gilt:

$$\lim_{x \to -\infty} x^n = -\infty \qquad \text{und} \qquad \lim_{x \to +\infty} x^n = +\infty.$$

Beschränkt man die stetige Funktion f auf ein Intervall $[a, b]$ mit $a < 0 < b$, so dass die Beträge von a und b hinreichend groß sind, so ist $f(a) < 0$ und $f(b) > 0$, und nach dem Zwischenwertsatz erhält man ein $\xi \in (a, b)$ mit $f(\xi) = 0$. ∎

2.3.15. Die Verkettung stetiger Funktionen ist stetig

Sei $I \subset \mathbb{R}$ ein Intervall, $f : I \to \mathbb{R}$ eine stetige Funktion, $J \subset \mathbb{R}$ ein Intervall mit $f(I) \subset J$, und $g : J \to \mathbb{R}$ eine weitere stetige Funktion. Dann ist auch $g \circ f : I \to \mathbb{R}$ stetig.

BEWEIS: Wir verwenden das Folgenkriterium. Sei $x_0 \in I$, $y_0 := f(x_0) \in J$. Weiter sei (x_n) eine Folge in I, die gegen x_0 konvergiert. Dann konvergiert auch (y_n) mit $y_n := f(x_n)$ in J gegen y_0, und daher $g(y_n)$ gegen $g(y_0)$. Aber das bedeutet wiederum, dass $(g \circ f)(x_n)$ gegen $(g \circ f)(x_0)$ konvergiert. ∎

Dieser Satz liefert neue Beispiele. Ist z.B. f eine stetige Funktion und $p(x) := a_0 + a_1 x + \cdots + a_n x^n$ ein Polynom, so wird durch

$$p \circ f(x) = a_0 + a_1 \cdot f(x) + \cdots + a_n \cdot f(x)^n$$

eine stetige Funktion $p \circ f$ definiert.

2.3.16. Injektive stetige Funktionen sind monoton

Die folgenden Aussagen über eine stetige Funktion $f : [a, b] \to \mathbb{R}$ sind äquivalent:

1. *f ist streng monoton.*

2. *f ist injektiv.*

BEWEIS: (1) $\implies$ (2) ist trivial.

(2) $\implies$ (1): Aus der Injektivität folgt insbesondere, dass $f(a) \neq f(b)$ ist, und wir können annehmen, dass $f(a) < f(b)$ ist. Nun betrachten wir zwei beliebige Zahlen x_1, x_2 mit $a \leq x_1 < x_2 \leq b$ und bilden die Funktion

$$g(t) := f(a + t(x_1 - a)) - f(b - t(b - x_2)), \quad \text{für } 0 \leq t \leq 1.$$

g ist als Zusammensetzung stetiger Funktionen selbst wieder stetig. Es ist $g(0) = f(a) - f(b) < 0$ und $g(1) = f(x_1) - f(x_2)$. Wäre $g(1) > 0$, so müsste nach Bolzano $g(t) = 0$ für ein $t \in [0, 1]$ gelten, also $f(a + t(x_1 - a)) = f(b - t(b - x_2))$. Da $a \leq a + t(x_1 - a) \leq x_1 < x_2 \leq b - t(b - x_2) \leq b$ ist, ergäbe sich ein Widerspruch zur Injektivität von f.

Da auch $g(1) = 0$ unmöglich ist, muss $g(1) < 0$ sein, also $f(x_1) < f(x_2)$. Damit ist f streng monoton wachsend. Wären wir von der Ungleichung $f(a) > f(b)$ ausgegangen, so hätten wir herausbekommen, dass f streng monoton fällt.   ∎

2.3.17. Stetigkeit und Unstetigkeit monotoner Funktionen

Sei $f : I := [a, b] \to \mathbb{R}$ streng monoton wachsend, $J := [f(a), f(b)]$. Dann ist $f(I) \subset J$, und f besitzt höchstens Sprungstellen als Unstetigkeitsstellen.

f ist genau dann auf ganz I stetig, wenn $f(I) = J$ ist.

BEWEIS: Ist $a < x < b$, so ist $f(a) < f(x) < f(b)$. Daraus ergibt sich schon, dass $f(I) \subset J$ ist. Wir betrachten nun einen inneren Punkt x_0 von I und die Menge $M := \{f(x) : x \in I \text{ und } x < x_0\}$. Offensichtlich ist M nicht leer und durch $f(x_0)$ nach oben beschränkt. Also existiert $y_0^- := \sup(M) \leq f(x_0)$. Ist $\varepsilon > 0$ vorgegeben, so gibt es ein $x^* < x_0$ mit $f(x^*) > y_0^- - \varepsilon$ (denn sonst wäre y_0^- noch nicht die kleinste obere Schranke von M). Sei $\delta := x_0 - x^*$. Für $x_0 - \delta = x^* < x < x_0$ ist dann

$$y_0^- - \varepsilon < f(x^*) < f(x) \leq y_0^-.$$

Also ist $\lim_{x \to x_0-} f(x) = y_0^-$. Genauso funktioniert es auf der rechten Seite von x_0. Ist x_0 ein Randpunkt, so braucht man nur eine Seite zu betrachten. Damit haben wir gezeigt, dass f höchstens Sprungstellen als Unstetigkeitsstellen besitzt.

Ist $f(I) = J$, so kann es wegen der Monotonie keine Sprungstellen geben. Umgekehrt folgt aus der Beziehung $f(a) < f(b)$ und der Stetigkeit von f mit Hilfe des Zwischenwertsatzes, dass jeder Wert $y \in J = [f(a), f(b)]$ angenommen wird.   ∎

Bemerkung: Ein analoger Satz gilt für streng monoton fallende Funktionen.

2.3.18. Folgerung

Eine streng monotone stetige Funktion ist umkehrbar und die Umkehrfunktion ist wieder stetig und streng monoton.

BEWEIS: Wir haben gezeigt, dass eine streng monotone, stetige Funktion injektiv und surjektiv ist, also umkehrbar.

Die Umkehrung einer streng monoton wachsenden Funktion ist wieder streng monoton wachsend. Ist nämlich $y_1 = f(x_1)$, $y_2 = f(x_2)$ und $y_1 < y_2$, so kann nicht $x_1 \geq x_2$ sein, denn dann wäre auch $f(x_1) \geq f(x_2)$. Analog schließt man im Falle streng monoton fallender Funktionen.

Als surjektive streng monotone Funktion ist f^{-1} auch wieder stetig. ∎

2.3.19. Beispiel

Da $f(x) := x^n$ für $x \geq 0$ stetig und streng monoton wachsend ist, ist $\sqrt[n]{x}$ ebenfalls stetig und streng monoton.

Wir wollen jetzt den Stetigkeitbegriff auf vektorwertige Funktionen und Funktionen von mehreren Veränderlichen ausdehnen. Dazu müssen wir ihn umformulieren. Wenn wir die Definition des Grenzwertes einer Funktion explizit in die Definition der Stetigkeit mit aufnehmen, erhalten wir:

$f : I \to \mathbb{R}$ ist genau dann in einem Punkt $x_0 \in I$ stetig, wenn es zu jedem $\varepsilon > 0$ ein $\delta > 0$ gibt, so dass gilt: Ist $x \in I$ und $|x - x_0| < \delta$, so ist $|f(x) - f(x_0)| < \varepsilon$.

Benutzen wir den Begriff der ε-Umgebung, so können wir schreiben:

Ist $x \in U_\delta(x_0) \cap I$, so ist $f(x) \in U_\varepsilon(f(x_0))$.

Und noch kürzer lautet die Aussage $\quad f(U_\delta(x_0) \cap I) \subset U_\varepsilon(f(x_0))$.

Definition (Stetige Abbildung)

Sei $M \subset \mathbb{R}^n$. Eine Abbildung $\mathbf{f} : M \to \mathbb{R}^k$ heißt ***stetig in*** $\mathbf{x}_0 \in M$, falls es zu jeder Umgebung U von $\mathbf{f}(\mathbf{x}_0)$ eine Umgebung V von $\mathbf{x}_0$ mit $\mathbf{f}(V \cap M) \subset U$ gibt.

$\mathbf{f}$ heißt ***stetig auf*** M, falls $\mathbf{f}$ in jedem Punkt von M stetig ist.

Für Funktionen $f : I \to \mathbb{R}$ ist dies immer noch die alte Definition.

2.3.20. Verkettungen von stetigen Abbildungen sind stetig

Sei $M \subset \mathbb{R}^n$ und $N \subset \mathbb{R}^m$. Ist $\mathbf{f} : M \to \mathbb{R}^m$ stetig in $\mathbf{x}_0 \in M$, $\mathbf{f}(M) \subset N$ und $\mathbf{g} : N \to \mathbb{R}^k$ stetig in $\mathbf{y}_0 := \mathbf{f}(\mathbf{x}_0) \in N$, so ist auch $\mathbf{g} \circ \mathbf{f} : M \to \mathbb{R}^k$ stetig in $\mathbf{x}_0$.

BEWEIS: Sei $\mathbf{z}_0 := \mathbf{g}(\mathbf{y}_0) = (\mathbf{g} \circ \mathbf{f})(\mathbf{x}_0)$ und $W = W(\mathbf{z}_0) \subset \mathbb{R}^k$ eine Umgebung. Dann gibt es eine Umgebung $V = V(\mathbf{y}_0) \subset \mathbb{R}^m$ mit $\mathbf{g}(V) \subset W$, sowie eine Umgebung $U = U(\mathbf{x}_0) \subset \mathbb{R}^n$ mit $\mathbf{f}(U) \subset V$. Es folgt, dass $(\mathbf{g} \circ \mathbf{f})(U) \subset W$ ist, also $\mathbf{g} \circ \mathbf{f}$ stetig in $\mathbf{x}_0$.   ∎

2.3.21. Beispiele

A. Die ***identische Abbildung*** id $: \mathbb{R}^n \to \mathbb{R}^n$ mit $\mathrm{id}(\mathbf{x}) := \mathbf{x}$ ist stetig, denn für jede Umgebung $U = U(\mathrm{id}(\mathbf{x}_0))$ ist U auch eine Umgebung von $\mathbf{x}_0$, und es ist $\mathrm{id}(U) = U$.

B. Eine Abbildung $\mathbf{f} : \mathbb{R}^n \to \mathbb{R}^m$ heißt ***linear***, falls gilt:

$$\mathbf{f}(\mathbf{x} + \mathbf{y}) \;=\; \mathbf{f}(\mathbf{x}) + \mathbf{f}(\mathbf{y}), \text{ für } \mathbf{x}, \mathbf{y} \in \mathbb{R}^n,$$
$$\text{und} \qquad \mathbf{f}(\lambda \mathbf{x}) \;=\; \lambda \cdot \mathbf{f}(\mathbf{x}) \text{ für } \lambda \in \mathbb{R}, \mathbf{x} \in \mathbb{R}^n.$$

Einfachstes Beispiel ist eine lineare Funktion $f : \mathbb{R} \to \mathbb{R}$, gegeben durch $f(x) = ax$ mit einem festen Faktor a. Weitere einfache Beispiele sind die ***Projektionen*** $\mathrm{pr}_i : \mathbb{R}^n \to \mathbb{R}$, definiert durch

$$\mathrm{pr}_i(x_1, \ldots, x_n) := x_i, \text{ für } i = 1, \ldots, n.$$

Sind $\mathbf{e}_1, \ldots, \mathbf{e}_n$ die Einheitsvektoren im $\mathbb{R}^n$, so kann jeder Vektor $\mathbf{x} \in \mathbb{R}^n$ in der Form $\mathbf{x} = (x_1, \ldots, x_n) = x_1 \mathbf{e}_1 + \cdots + x_n \mathbf{e}_n$ geschrieben werden. Für eine lineare Abbildung $\mathbf{f} : \mathbb{R}^n \to \mathbb{R}^m$ ist dann

$$\mathbf{f}(\mathbf{x}) = x_1 \mathbf{f}(\mathbf{e}_1) + \cdots + x_n \mathbf{f}(\mathbf{e}_1),$$

und wir erhalten die Abschätzung

$$\|\mathbf{f}(\mathbf{x})\| \;=\; \left\| \sum_{i=1}^n x_i \cdot \mathbf{f}(\mathbf{e}_i) \right\| \;\leq\; \sum_{i=1}^n |x_i| \cdot \|\mathbf{f}(\mathbf{e}_i)\| \qquad \text{(Dreiecksungleichung)}$$

$$\leq \;\; C \cdot \max_i |x_i| \qquad \left(\text{mit } C := \sum_{i=1}^n \|\mathbf{f}(\mathbf{e}_i)\|\right)$$

$$\leq \;\; C \cdot \|\mathbf{x}\|.$$

Dabei ist C eine nur von $\mathbf{f}$ abhängige Konstante, und es wurde die Ungleichung $|x_i| = \sqrt{x_i^2} \leq \sqrt{x_1^2 + \cdots + x_n^2} = \|\mathbf{x}\|$ benutzt.

Aus der gewonnenen Ungleichung und der Linearität von $\mathbf{f}$ ergibt sich

$$\|\mathbf{f}(\mathbf{x}) - \mathbf{f}(\mathbf{y})\| = \|\mathbf{f}(\mathbf{x} - \mathbf{y})\| \leq C \cdot \|\mathbf{x} - \mathbf{y}\|.$$

Daraus folgt, dass $\mathbf{f}$ überall stetig ist. Ist nämlich $\mathbf{x}_0 \in \mathbb{R}^n$ und $\varepsilon > 0$, so kann man $\delta := \varepsilon / C$ setzen. Ist dann $\|\mathbf{x} - \mathbf{x}_0\| < \delta$, so ist $\|\mathbf{f}(\mathbf{x}) - \mathbf{f}(\mathbf{x}_0)\| \leq C \cdot \|\mathbf{x} - \mathbf{x}_0\| < C \cdot \delta = \varepsilon$.

C. Sei $M \subset \mathbb{R}^n$ und $\mathbf{x}_0 \in M$. Eine Abbildung $\mathbf{f} = (f_1, \ldots, f_m) : M \to \mathbb{R}^m$ ist genau dann stetig in $\mathbf{x}_0$, wenn alle Komponenten-Funktionen $f_i : M \to \mathbb{R}$ stetig in $\mathbf{x}_0$ sind. In der einen Richtung folgt das aus der Gleichung $f_i = \mathrm{pr}_i \circ \mathbf{f}$ und dem Satz über die Stetigkeit der Verkettung stetiger Funktionen. Zum Beweis der anderen Richtung sei ein $\varepsilon > 0$ vorgegeben. Dann gibt es zu jedem i ein $\delta_i > 0$, so dass $|f_i(\mathbf{x}) - f_i(\mathbf{x}_0)| < \varepsilon / \sqrt{m}$ für alle $\mathbf{x} \in U_{\delta_i}(\mathbf{x}_0) \cap M$ ist. Wir setzen $\delta := \min(\delta_1, \ldots, \delta_n)$. Ist $\mathbf{x} \in U_\delta(\mathbf{x}_0) \cap M$, so ist

$$\|\mathbf{f}(\mathbf{x}) - \mathbf{f}(\mathbf{x}_0)\| = \sqrt{\sum_{i=1}^m |f_i(\mathbf{x}) - f_i(\mathbf{x}_0)|^2} < \sqrt{m\varepsilon^2 / m} = \varepsilon.$$

Eine komplexe Funktion $f = g + \mathrm{i}\,h : M \to \mathbb{C}$ ist deshalb genau dann stetig, wenn der Realteil h und der Imaginärteil g stetig sind. Daraus folgt, dass mit f auch $\overline{f} = g - \mathrm{i}\,h$ stetig ist. Mit ähnlichen Argumenten wie im Reellen folgt, dass auch alle komplexen Polynome stetig sind.

Man darf nun allerdings nicht dem Trugschluss unterliegen, eine Funktion von mehreren Veränderlichen sei schon stetig, wenn sie in jeder einzelnen Variablen stetig ist. Sei etwa

$$f(x,y) := \begin{cases} \dfrac{2xy}{x^2 + y^2} & \text{für } (x,y) \neq (0,0), \\ 0 & \text{für } (x,y) = (0,0). \end{cases}$$

Diese Funktion ist überall definiert, und die Funktionen $f(x,0) \equiv 0$ und $f(0,y) \equiv 0$ sind im Nullpunkt stetig. Dennoch ist f selbst dort nicht stetig, denn für $x \neq 0$ ist $f(x,x) \equiv 1$.

2.3.22. Folgenkriterium

Sei $M \subset \mathbb{R}^n$. Eine Abbildung $\mathbf{f} : M \to \mathbb{R}^m$ ist genau dann stetig in $\mathbf{x}_0 \in M$, wenn für jede Folge $(\mathbf{x}_\nu)$ in M mit $\mathbf{x}_\nu \neq \mathbf{x}_0$ und $\lim_{\nu \to \infty} \mathbf{x}_\nu = \mathbf{x}_0$ gilt: $\lim_{\nu \to \infty} \mathbf{f}(\mathbf{x}_\nu) = \mathbf{f}(\mathbf{x}_0)$.

BEWEIS: a) Sei $\mathbf{f}$ stetig in $\mathbf{x}_0$ und $(\mathbf{x}_\nu)$ eine Folge in M, die gegen $\mathbf{x}_0$ konvergiert. Außerdem sei ein $\varepsilon > 0$ vorgegeben. Es gibt eine Umgebung $U = U(\mathbf{x}_0)$ mit $\mathbf{f}(U \cap M) \subset U_\varepsilon(\mathbf{f}(\mathbf{x}_0))$. Für ein geeignetes ν_0 liegen alle Folgeglieder $\mathbf{x}_\nu$ mit $\nu \geq \nu_0$ in U. Dann ist $\mathrm{dist}(\mathbf{f}(\mathbf{x}_\nu), \mathbf{f}(\mathbf{x}_0)) < \varepsilon$ für $\nu \geq \nu_0$. Das bedeutet, dass $(\mathbf{f}(\mathbf{x}_\nu))$ gegen $\mathbf{f}(\mathbf{x}_0)$ konvergiert.

b) Sei umgekehrt das Folgenkriterium erfüllt. Wir nehmen an, $\mathbf{f}$ sei nicht stetig in $\mathbf{x}_0$. Dann gibt es ein $\varepsilon > 0$, so dass zu jedem $\nu \in \mathbb{N}$ ein $\mathbf{x}_\nu$ mit $\mathrm{dist}(\mathbf{x}_\nu, \mathbf{x}_0) < 1/\nu$ und $\mathrm{dist}(\mathbf{f}(\mathbf{x}_\nu), \mathbf{f}(\mathbf{x}_0)) \geq \varepsilon$ existiert. Aber das kann nicht sein. ∎

Sei $M \subset \mathbb{R}^n$ eine beliebige Teilmenge. Wir betrachten die Menge

$$\mathscr{C}^0(M, \mathbb{R}) := \{ f : M \to \mathbb{R} \mid f \text{ stetig auf } M \}.$$

Die Elemente der neu gebildeten Menge $\mathscr{C}^0(M, \mathbb{R})$ sind keine Zahlen und keine geometrischen Vektoren, aber dennoch kann man sie addieren und mit Zahlen multiplizieren. Das erfordert ein gewisses Umdenken, denn Funktionen sind recht komplexe Gebilde, mit Definitionsbereich, Wertebereich und Zuordnungsvorschrift.

Wie schon im Falle reellwertiger Funktionen von einer Veränderlichen (vgl. 1.1.4, Seite 47) wird für Funktionen $f, g \in \mathscr{C}^0(M, \mathbb{R})$ und eine reelle Zahl λ die Summe $f + g$ und das Produkt λf auf M definiert durch

$$(f + g)(\mathbf{x}) := f(\mathbf{x}) + g(\mathbf{x}) \quad \text{und} \quad (\lambda f)(\mathbf{x}) := \lambda \cdot f(\mathbf{x}).$$

Mit Hilfe des Folgenkriteriums zeigt man sehr leicht, dass $f + g$ und λf wieder stetig sind und daher in $\mathscr{C}^0(M, \mathbb{R})$ liegen. Außerdem übertragen sich die in $\mathbb{R}$ gültigen Rechenregeln auf die Funktionen. So ist z.B.

$$(f + g)(\mathbf{x}) = f(\mathbf{x}) + g(\mathbf{x}) = g(\mathbf{x}) + f(\mathbf{x}) = (g + f)(\mathbf{x}),$$

also $f + g = g + f$. In analoger Weise zeigt man, dass in $\mathscr{C}^0(M, \mathbb{R})$ auch alle anderen Axiome eines reellen Vektorraumes erfüllt sind. Funktionen als Vektoren aufzufassen, ist allerdings ein rein formaler Akt, anschaulich begründen kann man das kaum noch.

Das gleiche Verfahren funktioniert mit stetigen Abbildungen $\mathbf{f} : M \to \mathbb{R}^m$. Man kann dann auch das Skalarprodukt auf Abbildungen anwenden: Sind $\mathbf{f}, \mathbf{g} : M \to \mathbb{R}^m$ stetig, so definiert man die Funktion $\mathbf{f} \bullet \mathbf{g} : M \to \mathbb{R}$ durch $(\mathbf{f} \bullet \mathbf{g})(\mathbf{x}) := \mathbf{f}(\mathbf{x}) \bullet \mathbf{g}(\mathbf{x})$.

Behauptung: $\mathbf{f} \bullet \mathbf{g}$ ist stetig.

BEWEIS: Mit Hilfe des Folgenkriteriums zeigt man, dass die durch $(x, y) \mapsto xy$ gegebene Abbildung stetig ist, und daher auch die Abbildung

$$(x_1, \ldots, x_m; y_1, \ldots, y_m) \mapsto x_1 y_1 + \cdots + x_m y_m$$

Mit dem Satz über die Verkettung stetiger Funktionen folgt die Behauptung. ∎

Insbesondere ist das Produkt fg zweier Funktionen $f, g \in \mathscr{C}^0(M, \mathbb{R})$ wieder ein Element von $\mathscr{C}^0(M, \mathbb{R})$.

Ist $\mathbf{x}_0$ ein Punkt in einer offenen Menge M, so liegen – grob gesprochen – auch noch alle benachbarten Punkte in M. Für eine stetige Funktion f gilt ähnliches. Bleibt man in der Nähe von $\mathbf{x}_0$, so ändern sich die Werte von f wenig. Deshalb liegt es nahe, dass stetige Funktionen gut geeignet sind, offene Mengen zu beschreiben. Tatsächlich stellen Ungleichungen, die mit Hilfe stetiger Funktionen formuliert werden, eine Hauptquelle für offene Mengen dar.

2.3.23. Offenheit von Ungleichungen

Sei $M \subset \mathbb{R}^n$ offen und $f : M \to \mathbb{R}$ eine stetige Funktion. Dann ist auch die Menge $P := \{\mathbf{x} \in M : f(\mathbf{x}) > 0\}$ offen.

BEWEIS: Sei $\mathbf{x}_0 \in P$, $r_0 := f(\mathbf{x}_0)$ (und damit > 0). Ist $0 < \varepsilon < r_0$, so gibt es wegen der Stetigkeit von f ein $\delta_1 > 0$, so dass $|f(\mathbf{x}) - f(\mathbf{x}_0)| < \varepsilon$ für $\mathbf{x} \in U_{\delta_1}(\mathbf{x}_0) \cap M$ ist. Weil M offen ist, gibt es ein δ mit $0 < \delta < \delta_1$ und $U_\delta(\mathbf{x}_0) \subset M$. Für jedes $\mathbf{x} \in U_\delta(\mathbf{x}_0)$ ist dann $f(\mathbf{x}) > f(\mathbf{x}_0) - \varepsilon = r_0 - \varepsilon > 0$, also $\mathbf{x} \in P$. Daraus folgt, dass P offen ist. ∎

2.3.24. Folgerung 1

Sei $M \subset \mathbb{R}^n$ eine Teilmenge, $f, g : M \to \mathbb{R}$ stetige Funktionen. Dann gilt:

1. *Ist M offen, so ist auch $\{\mathbf{x} \in M : f(\mathbf{x}) < g(\mathbf{x})\}$ offen.*

2. *Ist M abgeschlossen, so sind auch die beiden Mengen $\{\mathbf{x} \in M : f(\mathbf{x}) = g(\mathbf{x})\}$ und $\{\mathbf{x} \in M : f(\mathbf{x}) \leq g(\mathbf{x})\}$ abgeschlossen.*

BEWEIS: 1) $\{\mathbf{x} \in M : f(\mathbf{x}) < g(\mathbf{x})\} = \{\mathbf{x} \in M : g(\mathbf{x}) - f(\mathbf{x}) > 0\}$ ist offen wegen der Offenheit von Ungleichungen.

2) Sei M abgeschlossen und $(\mathbf{x}_n)$ eine Folge von Punkten in M mit $f(\mathbf{x}_n) = g(\mathbf{x}_n)$ für alle $n \in \mathbb{N}$. Konvergiert $(\mathbf{x}_n)$ gegen einen Punkt $\mathbf{x}_0 \in \mathbb{R}^n$, so muss $\mathbf{x}_0$ schon zu M gehören. Wegen der Stetigkeit von f ist dann

$$\lim_{n \to \infty} f(\mathbf{x}_n) = f(\mathbf{x}_0) \quad \text{und} \quad \lim_{n \to \infty} g(\mathbf{x}_n) = g(\mathbf{x}_0),$$

also $f(\mathbf{x}_0) = g(\mathbf{x}_0)$. Damit ist $\{\mathbf{x} \in M : f(\mathbf{x}) = g(\mathbf{x})\}$ abgeschlossen.

Analog schließt man bei der Menge $\{\mathbf{x} \in M : f(\mathbf{x}) \leq g(\mathbf{x})\}$. ∎

Analog zu Satz 2.2.3.11(3), Seite 126, gilt auch für Funktionen von mehreren Veränderlichen:

2.3.25. Folgerung 2

Sei $M \subset \mathbb{R}^n$ offen, $f : M \to \mathbb{R}$ stetig, $\mathbf{x}_0 \in M$ und $f(\mathbf{x}_0) \neq 0$. Dann gibt es eine Umgebung $U = U(\mathbf{x}_0) \subset M$, so dass $f(\mathbf{x}) \neq 0$ für $\mathbf{x} \in U$ ist. Die auf U definierte Funktion $1/f$ ist stetig in $\mathbf{x}_0$.

BEWEIS: Die Mengen

$$U_+ := \{\mathbf{x} \in M : f(\mathbf{x}) > 0\} \quad \text{und} \quad U_- := \{\mathbf{x} \in M : f(\mathbf{x}) < 0\}$$

sind offen. Wir können $U := U_+ \cup U_-$ setzen. Die Stetigkeit von $1/f$ ergibt sich aus dem Folgenkriterium und den Konvergenzsätzen. ∎

Zur Motivation: Wir kommen nun zum Begriff der kompakten Menge, der eine ganz besondere Rolle in der Analysis spielt. Auf kompakten Mengen haben stetige Funktionen besonders schöne Eigenschaften (sie nehmen z.B. immer ein Maximum an), und man kann oftmals aus lokalen Gegebenheiten auf globale Eigenschaften schließen.

Der Begriff der kompakten Menge existiert in einem sehr allgemeinen Kontext. Da wir hier nur im $\mathbb{R}^n$ arbeiten, kommen wir mit einer einfachen Definition aus. Was wir hier „kompakt" nennen, wird anderswo als „folgenkompakt" bezeichnet. Im zweiten Band werden wir die Kompaktheit allgemeiner definieren, und dann ist auch der Satz von Heine–Borel nicht mehr so trivial, wie es hier erscheint.

Definition   (kompakte Menge)

Eine Teilmenge $K \subset \mathbb{R}^n$ heißt **kompakt**, falls jede Punktfolge in K eine Teilfolge besitzt, die gegen einen Punkt aus K konvergiert.

2.3.26. Satz von Heine–Borel

Eine Teilmenge K des $\mathbb{R}^n$ ist genau dann kompakt, wenn sie abgeschlossen und beschränkt ist.

BEWEIS: 1) Sei K kompakt. Ist K nicht beschränkt, so gibt es eine Punktfolge $(\mathbf{x}_\nu)$ in K mit $\|\mathbf{x}_\nu\| > \nu$. Dann ist auch jede Teilfolge von $(\mathbf{x}_\nu)$ unbeschränkt und kann nicht konvergieren. Das ist ein Widerspruch zur Kompaktheit. Also muss K beschränkt sein.

Sei nun $(\mathbf{x}_n)$ eine Folge von Punkten in K, die im $\mathbb{R}^n$ gegen ein $\mathbf{x}_0$ konvergiert. Da K kompakt ist, besitzt $(\mathbf{x}_n)$ eine Teilfolge $(\mathbf{x}_{n_i})$, die gegen einen Punkt $\mathbf{y} \in K$ konvergiert. Da diese Teilfolge aber auch gegen $\mathbf{x}_0$ konvergieren muss, ist $\mathbf{x}_0 = \mathbf{y} \in K$. Daher ist K abgeschlossen.

2) Sei jetzt K als abgeschlossen und beschränkt vorausgesetzt. Eine Punktfolge in K ist dann ebenfalls beschränkt und nach dem Satz von Bolzano-Weierstraß (Satz 2.2.1.15, nicht zu verwechseln mit dem Satz von Bolzano) konvergiert eine Teilfolge davon gegen ein $\mathbf{x}_0 \in \mathbb{R}^n$. Und weil K abgeschlossen ist, liegt $\mathbf{x}_0$ sogar in K.   ∎

2.3.27. Beispiele

A. Jedes abgeschlossene Intervall und jeder abgeschlossene Quader ist kompakt. Jede abgeschlossene Kugel $\overline{B_r(\mathbf{x}_0)} = \{\mathbf{x} \in \mathbb{R}^n : \|\mathbf{x} - \mathbf{x}_0\| \leq r\}$ ist kompakt.

B. Jede endliche Teilmenge des $\mathbb{R}^n$ ist kompakt.

C. Ist $(\mathbf{x}_\nu)$ eine konvergente Punktfolge im $\mathbb{R}^n$, mit Grenzwert $\mathbf{x}_0$, so ist $M := \{\mathbf{x}_0\} \cup \{\mathbf{x}_\nu : \nu \in \mathbb{N}\}$ kompakt. Man sieht das so: Jede Folge in M ist entweder eine Teilfolge von $(\mathbf{x}_\nu)$, oder die Folgenglieder nehmen nur endlich viele Werte an. In beiden Fällen gibt es eine Teilfolge, die in M konvergiert.

D. Ist $K \subset \mathbb{R}^n$ kompakt und $U \subset \mathbb{R}^n$ eine offene Menge, so ist auch $M := K \setminus U$ kompakt. Als Teilmenge von K ist M nämlich ebenfalls beschränkt, und als Durchschnitt der abgeschlossenen Mengen K und $\mathbb{R}^n \setminus U$ ist M abgeschlossen.

Eine abgeschlossene Menge $A \subset \mathbb{R}^n$ ist genau dann nicht kompakt, wenn sie unbeschränkt ist. Ein Beispiel für eine abgeschlossene, aber nicht kompakte Menge ist die Menge $\mathbb{Z} \subset \mathbb{R}$.

2.3.28. Stetige Bilder kompakter Mengen sind kompakt

Sei $K \subset \mathbb{R}^n$ kompakt und $\mathbf{f} : K \to \mathbb{R}^m$ eine stetige Abbildung. Dann ist auch $\mathbf{f}(K)$ kompakt.

BEWEIS: Sei $(\mathbf{y}_\nu)$ eine Folge von Punkten in $\mathbf{f}(K)$. Dann gibt es zu jedem ν einen Punkt $\mathbf{x}_\nu \in K$ mit $\mathbf{f}(\mathbf{x}_\nu) = \mathbf{y}_\nu$. Weil K kompakt ist, besitzt die Folge $(\mathbf{x}_\nu)$ eine konvergente Teilfolge $(\mathbf{x}_{\nu_i})$, ihr Grenzwert in K sei mit $\mathbf{x}_0$ bezeichnet. Wegen der Stetigkeit von $\mathbf{f}$ konvergiert $(\mathbf{y}_{\nu_i})$ gegen $\mathbf{f}(\mathbf{x}_0)$, und dieser Punkt liegt in $\mathbf{f}(K)$. ∎

2.3.29. Folgerung 1

Sei $K \subset \mathbb{R}^n$ kompakt. Dann nimmt jede stetige Funktion $f : K \to \mathbb{R}$ auf K ihr Maximum und ihr Minimum an.

BEWEIS: $f(K) \subset \mathbb{R}$ ist kompakt, also insbesondere beschränkt. Demnach existieren $y_- := \inf f(K)$ und $y_+ := \sup f(K)$. Es gibt jeweils Folgen in $f(K)$, die gegen das Infimum bzw. das Supremum konvergieren. Weil $f(K)$ abgeschlossen ist, liegen die Grenzwerte, also y_- und y_+, ebenfalls in $f(K)$. Also gibt es Punkte $\mathbf{x}_-$ und $\mathbf{x}_+$ in K mit $f(\mathbf{x}_-) = y_-$ und $f(\mathbf{x}_+) = y_+$. ∎

Daraus ergibt sich

2.3.30. Folgerung 2

Sei $I = [a, b]$ ein abgeschlossenes Intervall. Eine stetige Funktion $f : I \to \mathbb{R}$ nimmt in I ihr Maximum und ihr Minimum an. Insbesondere ist sie auf I beschränkt.

Wegen des Zwischenwertsatzes gibt es zwischen dem minimalen und dem maximalen Wert einer Funktion $f : [a, b] \to \mathbb{R}$ keine Lücken. Also ist das stetige Bild eines abgeschlossenen Intervalls wieder ein abgeschlossenes Intervall. Auf einem offenen Intervall braucht eine stetige Funktion Maximum oder Minimum nicht anzunehmen, wie das Beispiel der Funktion $f(x) := 1/x$ auf $(0, 1)$ zeigt.

Gelegentlich benötigt man den Begriff der gleichmäßigen Stetigkeit:

Definition   (gleichmäßig stetige Funktionen)

Sei $M \subset \mathbb{R}^n$. Eine Abbildung $\mathbf{f} : M \to \mathbb{R}^m$ heißt *gleichmäßig stetig*, falls sie folgende Eigenschaft besitzt: Zu jedem $\varepsilon > 0$ gibt es ein $\delta > 0$, so dass für alle $\mathbf{x}, \mathbf{y} \in M$ mit $\mathrm{dist}(\mathbf{x}, \mathbf{y}) < \delta$ gilt: $\mathrm{dist}(\mathbf{f}(\mathbf{x}), \mathbf{f}(\mathbf{y})) < \varepsilon$.

2.3.31. Beispiel

Ist $\mathbf{f} : \mathbb{R}^n \to \mathbb{R}^m$ linear, so gibt es eine Konstante $C > 0$, so dass

$$\|\mathbf{f}(\mathbf{x}) - \mathbf{f}(\mathbf{y})\| \leq C \cdot \|\mathbf{x} - \mathbf{y}\|$$

für alle $\mathbf{x}, \mathbf{y} \in \mathbb{R}^n$ gilt. Ist nun ein $\varepsilon > 0$ gegeben, so wähle man $\delta < \varepsilon/C$. Ist dann $\|\mathbf{x} - \mathbf{y}\| < \delta$, so ist $\|\mathbf{f}(\mathbf{x}) - \mathbf{f}(\mathbf{y})\| < \varepsilon$. Also ist $\mathbf{f}$ gleichmäßig stetig.

Bei einer gleichmäßig stetigen Funktion $f : M \to \mathbb{R}$ findet man zu allen ε-Schläuchen um beliebige Funktionswerte $f(\mathbf{x}_0)$ simultan ein passendes $\delta > 0$, so dass der Graph von f über der δ-Umgebung von $\mathbf{x}_0$ stets im ε-Schlauch bleibt. Insbesondere ist f dann stetig in $\mathbf{x}_0$, aber die Eigenschaft, dass man – unabhängig vom betrachteten Punkt – zu festem ε immer das gleiche δ wählen kann, ist stärker als die gewöhnliche Stetigkeit.

Es kommt allerdings immer auf den Definitionsbereich an. Die durch $f(x) := x^2$ definierte Funktion $f : \mathbb{R} \to \mathbb{R}$ ist nicht gleichmäßig stetig. Für festes $h > 0$ strebt nämlich $(x+h)^2 - x^2 = 2xh + h^2$ für $x \to \infty$ dem Betrag nach gegen Unendlich. Zu festem ε braucht man mit wachsendem x ein immer kleineres δ, so dass $|2xh + h^2|$ für $|h| < \delta$ unterhalb von ε bleibt. Schränkt man die Funktion $f(x) := x^2$ auf ein abgeschlossenes Intervall ein, so ist sie dort gleichmäßig stetig.

Nun gilt:

2.3.32. Satz

Ist $K \subset \mathbb{R}^n$ kompakt und $\mathbf{f} : K \to \mathbb{R}^m$ stetig, so ist $\mathbf{f}$ gleichmäßig stetig.

BEWEIS: Wir nehmen an, $\mathbf{f}$ ist nicht gleichmäßig stetig. Dann gibt es ein $\varepsilon > 0$, so dass für alle $\nu \in \mathbb{N}$ Punkte $\mathbf{x}_\nu, \mathbf{y}_\nu \in K$ existieren, so dass gilt:

$$\mathrm{dist}(\mathbf{x}_\nu, \mathbf{y}_\nu) < \frac{1}{\nu} \quad \text{und} \quad \mathrm{dist}(\mathbf{f}(\mathbf{x}_\nu), \mathbf{f}(\mathbf{y}_\nu)) \geq \varepsilon.$$

Da K kompakt ist, gibt es eine Teilfolge $(\mathbf{x}_{\nu_i})$ von $(\mathbf{x}_\nu)$, die gegen einen Punkt $\mathbf{x}_0 \in K$ konvergiert. Dann ist

$$\mathrm{dist}(\mathbf{y}_{\nu_i}, \mathbf{x}_0) \leq \mathrm{dist}(\mathbf{y}_{\nu_i}, \mathbf{x}_{\nu_i}) + \mathrm{dist}(\mathbf{x}_{\nu_i}, \mathbf{x}_0),$$

und die rechte Seite strebt gegen Null. Das bedeutet, dass auch $(\mathbf{y}_{\nu_i})$ gegen $\mathbf{x}_0$ konvergiert.

Weil $\mathbf{f}$ stetig ist, konvergieren nun $\mathbf{f}(\mathbf{x}_{\nu_i})$ und $\mathbf{f}(\mathbf{y}_{\nu_i})$ beide gegen $\mathbf{f}(\mathbf{x}_0)$, und ihr Abstand strebt gegen Null. Das ist ein Widerspruch.   ∎

Zusammenfassung

Am Beginn dieses Abschnittes wird der **Grenzwert** einer Funktion f in einer Lücke des Definitionsintervalls I definiert. $\lim\limits_{x \to a} f(x) = A$ bedeutet:

$$\forall \varepsilon > 0 \; \exists \delta > 0, \text{ s.d. für alle } x \in I \text{ mit } 0 < |x - a| < \delta \text{ gilt: } |f(x) - A| < \varepsilon.$$

Eine Variation oder eigentlich nur ein Spezialfall ist der einseitige Grenzwert

$$\lim\limits_{x \to a-} f(x) = A_- \text{ (von links) bzw. } \lim\limits_{x \to a+} f(x) = A_+ \text{ (von rechts)},$$

Dabei ist auch die Konvergenz gegen Unendlich zugelassen. Dass $f(x)$ bei Annäherung von x an a (etwa von links) gegen ∞ strebt, bedeutet: Zu jeder (noch so großen) Zahl $c > 0$ gibt es ein $\delta > 0$, so dass für $a - \delta < x < a$ gilt: $f(x) > c$.

Von besonderer praktischer Bedeutung ist das **Folgenkriterium**:

Sei $I \subset \mathbb{R}$ ein Intervall, $a \in I$ ein innerer Punkt oder ein Randpunkt von I und $f : I \setminus \{a\} \to \mathbb{R}$ eine Funktion. Der Grenzwert $A := \lim_{x \to a} f(x)$ existiert genau dann, wenn $\lim_{n \to \infty} f(x_n) = A$ für jede Folge $(x_n) \in I$ mit $x_n \neq a$ und $\lim\limits_{n \to \infty} x_n = a$ gilt.

Mit Hilfe des Folgenkriteriums kann man aus den Grenzwertsätzen für Folgen die entsprechenden Grenzwertsätze für Funktionen herleiten. Wenn die Grenzwerte $\lim_{x \to a} f(x) = c$ und $\lim_{x \to a} g(x) = d$ existieren, dann gilt:

1. $\lim\limits_{x \to a} (f(x) \pm g(x)) = c \pm d$.

2. $\lim\limits_{x \to a} (f(x) \cdot g(x)) = c \cdot d$.

3. Ist $d \neq 0$, so ist $\lim\limits_{x \to a} f(x)/g(x) = c/d$.

Ein weiterer zentraler Begriff ist die Stetigkeit. Sei $I \subset \mathbb{R}$ ein Intervall und $a \in I$. Eine Funktion $f : I \to \mathbb{R}$ heißt **stetig** in a, falls $\lim_{x \to a} f(x) = f(a)$ gilt. Die Funktion f heißt stetig auf dem Intervall I, falls sie in jedem Punkt $x \in I$ stetig ist. Die Grenzwertsätze liefern entsprechende Permanenzaussagen für die Stetigkeit (die Summe stetiger Funktionen ist wieder stetig etc.), und auch die Verkettung stetiger Funktionen ist wieder stetig.

Ist f an einer Stelle x_0 *unstetig* und existieren die einseitigen Grenzwerte $f(x_0-) := \lim_{x \to x_0-} f(x)$ und $f(x_0+) := \lim_{x \to x_0-} f(x)$, so spricht man von einer **Sprungstelle**.

Eine stetige Funktion „macht keine Sprünge". Das schlägt sich in folgenden Eigenschaften nieder:

1. **Offenheit von Ungleichungen:** Ist f stetig in x_0 und $f(x_0) > 0$, so gibt es ein $\varepsilon > 0$, so dass $f(x) > 0$ für $x \in U_\varepsilon(x_0) \cap D_f$ ist.

2. **Zwischenwertsatz:** Ist $f : [a, b] \to \mathbb{R}$ stetig und $f(a) < c < f(b)$, so gibt es ein $x_0 \in [a, b]$ mit $f(x_0) = c$.

Eine praktische Anwendung ist die Aussage, dass jedes Polynom ungeraden Grades mindestens eine Nullstelle besitzt.

Eine streng monotone Funktion ist automatisch injektiv. Ist f zusätzlich stetig, so gilt auch die Umkehrung (aus der Injektivität folgt die strenge Monotonie), und die dann existierende Umkehrfunktion ist wieder stetig. Ohne die Stetigkeitsvoraussetzung folgt aus der strengen Monotonie zumindest, dass alle Unstetigkeitsstellen Sprungstellen sind.

Die Stetigkeit einer Funktion f in einem Punkt x_0 kann auch wie folgt ausgedrückt werden: Ist U eine Umgebung von $f(x_0)$ (also z.B. $U = U_\varepsilon(f(x_0))$ für ein vorgegebenes $\varepsilon > 0$), so gibt es eine Umgebung V von x_0 (also z.B. $V = U_\delta(x_0)$) mit $f(V \cap D_f) \subset U$ (d.h. in der ε-δ-Sprache: Ist $|x - x_0| < \delta$, so ist $|f(x) - f(x_0)| < \varepsilon$). Und genauso wird die Stetigkeit von Abbildungen definiert.

Ist $M \subset \mathbb{R}^n$, so heißt eine Abbildung $\mathbf{f} : M \to \mathbb{R}^k$ **stetig** in $\mathbf{x}_0 \in M$, falls es zu jeder Umgebung U von $\mathbf{f}(\mathbf{x}_0)$ eine Umgebung V von $\mathbf{x}_0$ mit $\mathbf{f}(V \cap M) \subset U$ gibt.

Auch in diesem allgemeinen Sinne ist die Verkettung stetiger Abbildungen wieder stetig, gilt das Folgenkriterium, gelten die Grenzwertsätze. Das Prinzip der Offenheit von Ungleichungen lässt sich zumindest auf skalarwertige Funktionen von mehreren Veränderlichen erweitern. Ein typisches Beispiel für stetige Abbildungen sind die linearen Abbildungen zwischen $\mathbb{R}^n$ und $\mathbb{R}^m$.

Ein wichtiger Grund für die Einführung stetiger Abbildungen schon an dieser frühen Stelle ist ihr Verhalten im Zusammenhang mit kompakten Mengen. Eine Menge $K \subset \mathbb{R}^n$ heißt **kompakt**, falls jede Folge in K eine Teilfolge besitzt, die gegen ein Element aus K konvergiert. Im $\mathbb{R}^n$ ist das gleichbedeutend damit, dass K abgeschlossen und beschränkt ist. Dieser Satz trägt hier den Namen Heine–Borel, obwohl man darunter meist ein noch etwas tieferes Resultat versteht. Wir werden darauf am Anfang von Band 2 zurückkommen. Entscheidend ist nun die folgende Aussage: *Ist $K \subset \mathbb{R}^n$ kompakt und $\mathbf{f} : K \to \mathbb{R}^m$ stetig, so ist $\mathbf{f}(K)$ wieder kompakt.*

Daraus lässt sich ableiten, dass eine stetige Funktion auf einer kompakten Menge (z.B. auf einem abgeschlossenen Intervall) Maximum und Minimum annimmt.

Schließlich wurde noch die gleichmäßige Stetigkeit eingeführt, deren Bedeutung sich an späterer Stelle erschließen wird. Eine stetige Abbildung auf einer kompakten Menge ist automatisch sogar gleichmäßig stetig.

Ergänzungen

I) Wir werden hier noch einige globale Aspekte behandeln.

2.3.33. Kriterium für globale Stetigkeit

Folgende Aussagen über eine Abbildung $\mathbf{f} : \mathbb{R}^n \to \mathbb{R}^m$ *sind äquivalent:*

1. $\mathbf{f}$ *ist stetig.*

2. *Ist* $M \subset \mathbb{R}^m$ *offen, so ist auch* $\mathbf{f}^{-1}(M) \subset \mathbb{R}^n$ *offen.*

3. *Ist* $A \subset \mathbb{R}^m$ *abgeschlossen, so ist auch* $\mathbf{f}^{-1}(A) \subset \mathbb{R}^n$ *abgeschlossen.*

BEWEIS: (1) $\Longrightarrow$ (3): Sei $\mathbf{f}$ stetig, $A \subset \mathbb{R}^m$ abgeschlossen und $(\mathbf{x}_\nu)$ eine Punktfolge in $\mathbf{f}^{-1}(A)$, die gegen ein $\mathbf{x}_0 \in \mathbb{R}^n$ konvergiert. Dann liegen die Punkte $\mathbf{y}_\nu := \mathbf{f}(\mathbf{x}_\nu)$ in A, und die Folge $(\mathbf{y}_\nu)$ konvergiert gegen $\mathbf{f}(\mathbf{x}_0)$. Weil A abgeschlossen ist, gehört $\mathbf{f}(\mathbf{x}_0)$ auch zu A, also $\mathbf{x}_0$ zu $\mathbf{f}^{-1}(A)$. Das bedeutet, dass $\mathbf{f}^{-1}(A)$ abgeschlossen ist.

(3) $\Longrightarrow$ (2): Trivial, weil $\mathbb{R}^n \setminus \mathbf{f}^{-1}(M) = \mathbf{f}^{-1}(\mathbb{R}^m \setminus M)$ ist.

(2) $\Longrightarrow$ (1): Sei $\mathbf{x}_0 \in \mathbb{R}^n$ und $\mathbf{y}_0 := \mathbf{f}(\mathbf{x}_0)$. Sei außerdem ein $\varepsilon > 0$ vorgegeben. Nach Voraussetzung ist $\mathbf{f}^{-1}(U_\varepsilon(\mathbf{y}_0))$ eine offene Menge, die den Punkt $\mathbf{x}_0$ und damit auch eine Umgebung $U_\delta(\mathbf{x}_0)$ enthält. Also ist $\mathbf{f}(U_\delta(\mathbf{x}_0)) \subset U_\varepsilon(\mathbf{f}(\mathbf{x}_0))$. Das ergibt die Stetigkeit in $\mathbf{x}_0$ und damit in jedem beliebigen Punkt von $\mathbb{R}^n$. ∎

Bemerkung: Sei $\mathbf{f} : \mathbb{R}^n \to \mathbb{R}^m$ stetig. Dann ist das Urbild einer abgeschlossenen Menge wieder abgeschlossen. Das Bild einer abgeschlossenen Menge braucht aber nicht unbedingt abgeschlossen zu sein. Sei z.B. $f : \mathbb{R} \to \mathbb{R}$ die reelle Exponentialfunktion

$$f : x \mapsto \exp(x) = \sum_{n=0}^{\infty} \frac{x^n}{n!} \, .$$

Es ist $f(0) = 1$ und offensichtlich $f(x) > 0$ für $x > 0$. Aber weil $f(-x) = 1/f(x)$ ist, ist sogar $f(x) > 0$ für alle $x \in \mathbb{R}$. Weil $f(n) \geq n + 1$ ist, nimmt f beliebig große und beliebig kleine (positive) Werte an. Im nächsten Abschnitt werden wir zeigen, dass f stetig ist, und aus dem Zwischenwertsatz folgt dann, dass $f(\mathbb{R}) = \mathbb{R}_+ = \{ x \in \mathbb{R} : x > 0 \}$ ist. Das Bild der abgeschlossenen Menge $\mathbb{R}$ ist die nicht abgeschlossene Menge $\mathbb{R}_+$.

Bei kompakten Mengen sieht es gerade umgekehrt aus. Das Bild einer kompakten Menge unter einer stetigen Abbildung ist wieder kompakt, aber das Urbild einer kompakten Menge braucht nicht kompakt zu sein. Ist f wieder die reelle Exponentialfunktion, so ist $f^{-1}([0, 1]) = \{ x \in \mathbb{R} : x \leq 0 \}$ zwar abgeschlossen, aber nicht kompakt.

II) Wir untersuchen bijektive stetige Abbildungen, deren Umkehrung wieder stetig ist.

Definition   (Homöomorphismus)

Es seien Mengen $M \subset \mathbb{R}^n$ und $N \subset \mathbb{R}^m$ gegeben. Eine Abbildung $\mathbf{f} : M \to N$ heißt ein *Homöomorphismus* oder eine *topologische Abbildung*, falls gilt:

1. $\mathbf{f}$ ist stetig,

2. **f** ist bijektiv,

3. **f**$^{-1}$ ist ebenfalls stetig.

2.3.34. Satz

Sei $K \subset \mathbb{R}^n$ kompakt, $\mathbf{f} : K \to \mathbb{R}^m$ stetig und injektiv und $N := \mathbf{f}(K)$. Dann ist $\mathbf{f} : K \to N$ ein Homöomorphismus.

BEWEIS: Da $\mathbf{f} : K \to N$ bijektiv ist, existiert $\mathbf{f}^{-1} : N \to K$. Zu zeigen bleibt, dass diese Abbildung stetig ist.

Sei $\mathbf{y}_0 \in N$ und $(\mathbf{y}_n)$ eine Folge in N, die gegen $\mathbf{y}_0$ konvergiert. Dann gibt es Punkte $\mathbf{x}_n \in K$ mit $\mathbf{f}(\mathbf{x}_n) = \mathbf{y}_n$. Da K kompakt ist, konvergiert eine Teilfolge $(\mathbf{x}_{n_\nu})$ gegen einen Punkt $\mathbf{x}_0 \in K$. Wegen der Stetigkeit von $\mathbf{f}$ konvergiert $(\mathbf{y}_{n_\nu})$ gegen $\mathbf{f}(\mathbf{x}_0)$. Also muss $\mathbf{f}(\mathbf{x}_0) = \mathbf{y}_0$ sein.

Wir nehmen an, dass $(\mathbf{x}_n)$ nicht gegen $\mathbf{x}_0$ konvergiert. Dann gibt es ein $\varepsilon > 0$ und eine Teilfolge $(\mathbf{x}_{n_j})$, so dass $\|\mathbf{x}_{n_j} - \mathbf{x}_0\| \geq \varepsilon$ für alle j gilt. Geht man nochmals zu einer geeigneten Teilfolge über, so konvergiert diese gegen ein $\mathbf{x}_0^* \neq \mathbf{x}_0$. Wegen der Injektivität von $\mathbf{f}$ ist dann auch $\mathbf{f}(\mathbf{x}_0^*) \neq \mathbf{f}(\mathbf{x}_0)$. Aber das ist nicht möglich, denn jede Teilfolge von $(\mathbf{y}_n)$ muss gegen $\mathbf{y}_0$ konvergieren. Also war die Annahme falsch, $\mathbf{f}^{-1}(\mathbf{y}_n) = \mathbf{x}_n$ konvergiert gegen $\mathbf{f}^{-1}(\mathbf{y}_0) = \mathbf{x}_0$. Das bedeutet, dass $\mathbf{f}^{-1}$ stetig ist. ∎

2.3.35. Aufgaben

A. Bestimmen Sie – wenn möglich – die folgenden Grenzwerte:

$$\lim_{x \to 3} \frac{3x + 9}{x^2 - 9}, \quad \lim_{x \to -3} \frac{3x + 9}{x^2 - 9}, \quad \lim_{x \to 0-} \frac{x}{|x|}, \quad \lim_{x \to 0+} \frac{x}{|x|},$$

$$\lim_{x \to -1} \frac{x^2 + x}{x^2 - x - 2}, \quad \lim_{x \to 3} \frac{x^3 - 5x + 4}{x^2 - 2} \quad \text{und} \quad \lim_{x \to 0} \frac{\sqrt{x + 2} - \sqrt{2}}{x}.$$

B. Es seien eine Zahl $x_0 \in \mathbb{R}$ und zwei Funktionen $f_1 : (-\infty, x_0] \to \mathbb{R}$ und $f_2 : [x_0, +\infty) \to \mathbb{R}$ gegeben. Zeigen Sie: Sind f_1, f_2 beide stetig und ist $f_1(x_0) = f_2(x_0)$, so ist auch

$$f(x) := \begin{cases} f_1(x) & \text{für } x \leq x_0, \\ f_2(x) & \text{für } x > x_0 \end{cases}$$

stetig auf $\mathbb{R}$.

C. Wo sind die folgenden Funktionen stetig oder stetig ergänzbar?

$$f(x) := \frac{x^2 + 2x - 3}{x - 1}, \quad g(x) := \frac{x^4 - 3x^2 + 2}{x^2 - 3x - 4}.$$

D. Berechnen Sie den Grenzwert $\lim_{x \to \infty} \left(\sqrt{4x^2 - 2x + 1} - 2x \right)$.

E. Sei $f(x) := (4x^3 + 5)/(-6x^2 - 7x)$. Zeigen Sie, dass es eine lineare Funktion L und eine weitere Funktion g gibt, so dass gilt:

$$f(x) = L(x) + g(x) \quad \text{und} \quad \lim_{x \to \infty} g(x) = 0.$$

Man nennt L dann eine *schräge Asymptote* für f.

F. Sei $f : \mathbb{R} \to \mathbb{R}$ definiert durch $f(x) := \begin{cases} x & \text{für } x \in \mathbb{Q}, \\ x^2 & \text{für } x \notin \mathbb{Q}. \end{cases}$

In welchen Punkten ist f stetig?

G. Sei $f(x) := x^2$ und $x_0 \in \mathbb{R}$ beliebig.

(a) Zeigen Sie sorgfältig mit dem ε-δ-Kriterium, dass f in x_0 stetig ist.

(b) Finden Sie für $\varepsilon = 10^{-2}$ und die Punkte $x_0 = 0.2$ und $x_0 = 20$ jeweils ein möglichst großes δ, so dass $|f(x) - f(x_0)| < \varepsilon$ für $|x - x_0| < \delta$ ist.

H. $f, g : [a, b] \to \mathbb{R}$ seien stetige Funktionen. Zeigen Sie, dass $\max(f, g)$ und $|f|$ stetig sind.

I. f, g seien reelle Polynome, $x_0 \in \mathbb{R}$ eine gemeinsame Nullstelle. Zeigen Sie: Ist die Ordnung der Nullstelle von f größer oder gleich der Ordnung der Nullstelle von g, so existiert der Limes von $f(x)/g(x)$ für $x \to x_0$.

J. Sei $p(x) = a_0 + a_1 x + \cdots + a_n x^n$ und $a_0 < 0 < a_n$. Zeigen Sie, dass p eine positive Nullstelle besitzt.

K. Sei $p(x) := x^5 - 7x^4 - 2x^3 + 14x^2 - 3x + 21$. Zeigen Sie, dass p eine Nullstelle zwischen 1 und 2 besitzt.

L. Sei $f : [0, 1] \to \mathbb{R}$ stetig und $f([0, 1]) \subset [0, 1]$. Zeigen Sie, dass es ein $c \in [0, 1]$ mit $f(c) = c$ gibt, dass f also einen „Fixpunkt" besitzt.

M. Sei $f : \mathbb{R} \to \mathbb{R}$ eine Funktion. Zeigen Sie: Sind die Mengen

$$U_- := \{(x, y) \in \mathbb{R}^2 : y < f(x)\} \quad \text{und} \quad U_+ := \{(x, y) \in \mathbb{R}^2 : y > f(x)\}$$

offen, so ist f stetig.

N. Sei $f(x, y) := \begin{cases} x^2/(x + y) & \text{falls } (x, y) \neq (0, 0), \\ 0 & \text{falls } (x, y) = (0, 0). \end{cases}$ Zeigen Sie:

a) $\lim_{t \to 0} f(tx, ty) = 0$ für alle $(x, y) \neq (0, 0)$.

b) f ist nicht stetig in $(0, 0)$.

O. Für zwei nicht-leere Teilmengen $A, B \subset \mathbb{R}^n$ setzt man

$$\mathrm{dist}(A, B) := \inf\{\mathrm{dist}(\mathbf{x}, \mathbf{y}) : \mathbf{x} \in A \text{ und } \mathbf{y} \in B\}.$$

Zeigen Sie: Ist $K \subset \mathbb{R}^n$ kompakt und $B \subset \mathbb{R}^n$ abgeschlossen, beide nicht leer und $K \cap B = \varnothing$, so ist $\mathrm{dist}(K, B) > 0$.

P. Sei $f : (a, b) \to \mathbb{R}$ monoton wachsend. Zeigen Sie, dass f höchstens abzählbar viele Sprungstellen haben kann.

HINWEIS: Ordnen Sie irgendwie jeder Sprungstelle eine rationale Zahl zu und sorgen Sie dafür, dass diese Zuordnung injektiv ist.

Q. Welche der folgenden Mengen sind kompakt?

$$M_1 := (0, 1], \quad M_2 := \mathbb{N}, \quad M_3 := \{1/n : n \in \mathbb{N}\}, \quad M_4 := \{0\} \cup \{1/n : n \in \mathbb{N}\},$$

$$M_5 := \mathbb{Q} \cap [0, 1], \quad M_6 := \{(x, y) \in \mathbb{R}^2 : x \geq 1 \text{ und } 0 \leq y \leq 1/x\}.$$

R. $K_1, \dots, K_r$ seien kompakte Mengen im $\mathbb{R}^n$. Zeigen Sie, dass $K_1 \cup \dots \cup K_r$ und $K_1 \cap \dots \cap K_r$ kompakt sind.

S. Die Mengen $K_1, \dots, K_n \subset \mathbb{R}$ seien kompakt. Zeigen Sie, dass $K_1 \times \cdots \times K_n$ (aufgefasst als Teilmenge von $\mathbb{R}^n$) kompakt ist.

T. Sei (K_n) eine Folge von nicht leeren kompakten Mengen im $\mathbb{R}^n$, $K_{n+1} \subset K_n$ für alle $n \in \mathbb{N}$. Ist $K := \bigcap_{n=1}^{\infty} K_n$ kompakt? Kann K leer sein?

U. Sei $f : [a, b] \to \mathbb{R}$ eine Funktion. Zeigen Sie, dass f genau dann stetig ist, wenn der Graph von f eine kompakte Teilmenge von $\mathbb{R}^2$ ist.

V. Sei $M \subset \mathbb{R}$ eine beschränkte Menge und $f : M \to \mathbb{R}$ gleichmäßig stetig. Zeigen Sie, dass f beschränkt ist.

2.4   Potenzreihen

Zur Einführung: In diesem Abschnitt werden wir fast alles benutzen, was wir bisher behandelt haben: Funktionen, Reihen, Konvergenz und Stetigkeit. Wir führen Potenzreihen ein, das sind Reihen, die man sich – grob gesprochen – als Polynome mit unendlich vielen Summanden vorstellen kann. Ihre Grenzwerte sind Funktionen mit besonders schönen Eigenschaften. Wunderbarerweise sind darunter all die schon bekannten elementaren Funktionen, die wir bisher nur rein anschaulich erklären konnten. Die Exponentialfunktion kennen wir ja schon, jetzt kommen die Winkelfunktionen, der Logarithmus und viele andere Funktionen hinzu.

Wir wollen uns mit Folgen und Reihen von Funktionen beschäftigen. Ist eine Menge $M \subset \mathbb{R}^n$ und für jedes $\nu \in \mathbb{N}$ eine reell- oder komplexwertige Funktion $f_\nu : M \to \mathbb{R}$ gegeben, so sprechen wir von einer **_Funktionenfolge_** auf M. Ein Beispiel wäre etwa die Folge (x^ν) auf dem Intervall $[0, 1]$.

Ist nun (f_ν) eine Funktionenfolge auf M, so kann man daraus eine neue Funktionenfolge (F_N) auf M bilden, mit

$$F_N(\mathbf{x}) := \sum_{\nu=0}^{N} f_\nu(\mathbf{x}), \quad \text{für } N \in \mathbb{N} \text{ und } \mathbf{x} \in M,$$

oder kurz $F_N := \sum_{\nu=0}^{N} f_\nu$. Diese Konstruktion kennen wir aus der Theorie der Zahlenreihen, es handelt sich um Partialsummen einer Reihe. Also erklären wir eine **Funktionenreihe** $\sum_{\nu=0}^{\infty} f_\nu$ auf M als die Folge der Funktionen $F_N = \sum_{\nu=0}^{N} f_\nu$.

Zunächst sind das rein formale Vorgänge. Setzt man allerdings einen Punkt $\mathbf{x} \in M$ in die Funktionen f_ν ein, so erhält man die Zahlenreihe $\sum_{\nu=0}^{\infty} f_\nu(\mathbf{x})$. Es liegt nahe, die Funktionenreihe $\sum_{\nu=0}^{\infty} f_\nu$ konvergent zu nennen, wenn alle durch Einsetzen eines Punktes $\mathbf{x} \in M$ daraus entstehenden Zahlenreihen konvergieren.

Definition   **(Punktweise Konvergenz)**

Die Funktionen-Reihe $\sum_{\nu=0}^{\infty} f_\nu$ heißt auf M **punktweise** (bzw. **punktweise absolut**) **konvergent**, wenn für jedes $\mathbf{x} \in M$ die Zahlenreihe $\sum_{\nu=0}^{\infty} f_\nu(\mathbf{x})$ konvergiert (bzw. absolut konvergiert).

Ist die Funktionenreihe $\sum_{\nu=0}^{\infty} f_\nu$ auf M punktweise konvergent, so wird durch

$$f(\mathbf{x}) := \sum_{\nu=0}^{\infty} f_\nu(\mathbf{x})$$

eine *Grenzfunktion* f auf M definiert.

2.4.1. Beispiele

A. Ist $f_\nu(x) := x^\nu$ auf $I := (-1, 1)$, so konvergiert die Funktionenreihe $\sum_{\nu=0}^{\infty} f_\nu$ in jedem Punkt $x \in I$, denn $\sum_{\nu=0}^{\infty} x^\nu$ ist eine konvergente geometrische Reihe mit dem Grenzwert $1/(1 - x)$. Durch $f(x) := 1/(1 - x)$ ist dann auch die Grenzfunktion der Funktionenreihe gegeben, die übrigens sogar punktweise absolut konvergiert.

B. Es sei $f_\nu(x) := x(1 - x^2)^\nu$, für $x \in I := (-\sqrt{2}, +\sqrt{2})$. Wir betrachten die Partialsummen

$$\begin{aligned}
S_N(x) &= \sum_{\nu=0}^{N} x(1 - x^2)^\nu = x \cdot \frac{1 - (1 - x^2)^{N+1}}{1 - (1 - x^2)} \\
&= \begin{cases} 0 & \text{für } x = 0, \\ \left(1 - (1 - x^2)^{N+1}\right)/x & \text{für } x \neq 0. \end{cases}
\end{aligned}$$

Ist $|x| < \sqrt{2}$, so ist $|1 - x^2| < 1$. Daraus folgt, dass die Funktionenreihe $\sum_{\nu=0}^{\infty} f_\nu$ auf ganz I punktweise konvergiert, für $x = 0$ gegen Null und für $x \neq 0$ gegen $1/x$. Obwohl alle Funktionen f_ν auf I stetig sind, ist die Grenzfunktion im Nullpunkt unstetig.

Will man aus den Eigenschaften der Glieder einer Funktionenreihe auf Eigenschaften der Grenzfunktion schließen, so reicht die punktweise Konvergenz offensichtlich nicht aus. Wir müssen einen stärkeren Konvergenzbegriff suchen. Das richtige Konzept wird der Begriff der gleichmäßigen Konvergenz sein, den wir in Kapitel 4 kennenlernen werden und der auch auf Funktionenfolgen angewandt werden kann. Da wir uns zunächst aber ausschließlich mit Reihen beschäftigen wollen, kommen wir mit einer einfacheren Methode aus, die aus der Sicht des Anwenders ohne „Epsilontik" funktioniert. Wir suchen ganz einfach nach einer simultan für alle **x** aus dem Definitionsbereich gültigen konvergenten Majorante.

Eine simultane Abschätzung auf dem gesamten Definitionsbereich muss naturgemäß relativ grob sein. Um nicht mehr als nötig zu verschenken, suchen wir für eine Funktion f jeweils die kleinste (simultane) obere Schranke der Werte von $|f|$. Das führt uns zwangsläufig zum Begriff der „Supremums-Norm".

Definition   (Supremums-Norm)

Es sei $M \subset \mathbb{R}^n$ eine beliebige Menge, f eine reell- oder komplexwertige Funktion auf M. Ist f beschränkt, so versteht man unter der *(Supremums-)Norm* von f die Zahl

$$\|f\| := \sup\{|f(x)| \, : \, x \in M\}.$$

Ist f nicht beschränkt, so setzt man $\|f\| = \infty$.

Bemerkung: Ist $K \subset \mathbb{R}^n$ eine kompakte Menge, so ist jede stetige Funktion $f : K \to \mathbb{C}$ beschränkt und daher $\|f\| < \infty$. Ist f auf K beschränkt, aber nicht stetig, so kann es sein, dass $|f|$ kein Maximum annimmt. Trotzdem ist auch in diesem Fall $\|f\| < \infty$.

Die Summe zweier beschränkter Funktionen ist wieder beschränkt. Das Produkt einer beschränkten Funktion mit einer komplexen Zahl ergibt wieder eine beschränkte Funktion.

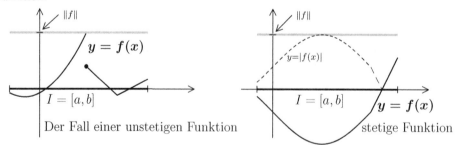

Der Fall einer unstetigen Funktion   stetige Funktion

Ist f eine beschränkte Funktion, so ist $0 \leq \|f\| < +\infty$ und es gilt:

1. $\|f\| = 0 \iff f = 0$,

2. $\|c \cdot f\| = |c| \cdot \|f\|$ für $c \in \mathbb{C}$,

3. Sind f und g beschränkt, so ist $\|f + g\| \le \|f\| + \|g\|$.

Die Eigenschaften leiten sich direkt aus den entsprechenden Eigenschaften der Betragsfunktion her.

Definition (Normale Konvergenz)

Eine Reihe $\sum_{\nu=0}^{\infty} f_\nu$ von beschränkten Funktionen auf M heißt ***normal konvergent***, falls die Zahlenreihe $\sum_{\nu=0}^{\infty} \|f_\nu\|$ konvergiert.

Bemerkung: Eine normal konvergente Reihe von Funktionen auf M ist dort auch punktweise absolut konvergent, denn für jedes $\mathbf{x} \in M$ und jedes $\nu \in \mathbb{N}$ ist $|f_\nu(\mathbf{x})| \le \|f_\nu\|$. Nach dem Majorantenkriterium ist dann $\sum_{\nu=0}^{\infty} f_\nu(\mathbf{x})$ für jedes $\mathbf{x} \in M$ absolut konvergent.

2.4.2. Cauchykriterium für die normale Konvergenz

Es seien eine beliebige Teilmenge $M \subset \mathbb{R}^n$ und beschränkte Funktionen $f_\nu : M \to \mathbb{C}$ gegeben. Wenn die Reihe $\sum_{\nu=0}^{\infty} f_\nu$ normal konvergiert, dann gibt es zu jedem $\varepsilon > 0$ ein $\nu_0 \in \mathbb{N}$, so dass für alle $\mu > \nu_0$ gilt:

$$\left| \sum_{\nu=\nu_0+1}^{\mu} f_\nu(\mathbf{x}) \right| < \varepsilon \ \textit{für \textbf{alle} } \mathbf{x} \in M.$$

BEWEIS: Sei $\sum_{\nu=0}^{\infty} \|f_\nu\|$ konvergent und $\varepsilon > 0$ vorgegeben. Nach dem Cauchykriterium für Zahlenreihen gibt es ein ν_0, so dass $\sum_{\nu=\nu_0+1}^{\mu} \|f_\nu\| < \varepsilon$ für alle $\mu > \nu_0$ gilt. Dann ist erst recht $|\sum_{\nu=\nu_0+1}^{\mu} f_\nu(\mathbf{x})| < \varepsilon$ für alle $\mathbf{x} \in M$. ∎

Bemerkung: Dieses Cauchykriterium liefert nur eine **notwendige Bedingung** für die normale Konvergenz, im Gegensatz zu dem Cauchykriterium für Zahlenreihen.

2.4.3. Lemma (Stetigkeitskriterium)

*Es sei $M \subset \mathbb{R}^n$, und es seien **stetige** beschränkte Funktionen $f_\nu : M \to \mathbb{C}$ gegeben. Zu jedem $\varepsilon > 0$ gebe es ein $\nu_0 \in \mathbb{N}$, so dass für $\mu > \nu_0$ gilt:*

$$\left| \sum_{\nu=\nu_0+1}^{\mu} f_\nu(\mathbf{x}) \right| < \varepsilon \ \textit{für \textbf{alle} } \mathbf{x} \in M.$$

*Dann konvergiert $\sum_{\nu=0}^{\infty} f_\nu$ auf M punktweise gegen eine **stetige** Grenzfunktion.*

BEWEIS: Die punktweise Konvergenz folgt sofort mit Hilfe des Cauchykriteriums für Zahlenreihen. Wir bezeichnen die Grenzfunktion mit f.

Die Funktionen $F_N := f_0 + f_1 + \cdots + f_N$ sind (als endliche Summen stetiger Funktionen) für jedes $N \in \mathbb{N}$ stetig auf M. Für jedes $\mathbf{x} \in M$ konvergiert $F_N(\mathbf{x})$ für $N \to \infty$ gegen $f(\mathbf{x})$. Außerdem ist $F_\mu - F_{\nu_0} = \sum_{\nu=\nu_0+1}^{\mu} f_\nu$.

Sei nun $\mathbf{x}_0 \in M$. Für den Beweis, dass f in $\mathbf{x}_0$ stetig ist, entwickeln wir folgende **Idee:**

Nach Voraussetzung wird $|F_\mu(\mathbf{x}) - F_{\nu_0}(\mathbf{x})|$ für $\mu > \nu_0$ und genügend großes ν_0 sehr klein (und zwar unabhängig von $\mathbf{x}$). Weil $F_N(\mathbf{x})$ für jedes $\mathbf{x} \in M$ gegen $f(\mathbf{x})$ konvergiert, wird auch $|f(\mathbf{x}) - F_N(\mathbf{x})|$ beliebig klein. Und weil F_N stetig ist, wird $|F_N(\mathbf{x}) - F_N(\mathbf{x}_0)|$ beliebig klein.

Das setzen wir nun alles zusammen:

Es sei ein $\varepsilon > 0$ vorgegeben. Dann kann man ν_0 so groß wählen, dass

$$|F_\mu(\mathbf{x}) - F_{\nu_0}(\mathbf{x})| < \varepsilon/3$$

für $\mu > \nu_0$ und alle $\mathbf{x} \in M$ ist.

Bei festgehaltenem $\mathbf{x}$ strebt $F_N(\mathbf{x})$ für $N \to \infty$ gegen $f(\mathbf{x})$, also auch $|F_\mu(\mathbf{x}) - F_{\nu_0}(\mathbf{x})|$ für $\mu \to \infty$ gegen $|f(\mathbf{x}) - F_{\nu_0}(\mathbf{x})|$. Das bedeutet, dass die Ungleichung

$$|f(\mathbf{x}) - F_{\nu_0}(\mathbf{x})| \leq \varepsilon/3$$

für jedes $\mathbf{x} \in M$ erfüllt ist.

Weil F_{ν_0} in $\mathbf{x}_0$ stetig ist, gibt es ein $\delta > 0$, so dass $|F_{\nu_0}(\mathbf{x}) - F_{\nu_0}(\mathbf{x}_0)| < \varepsilon/3$ für $\mathbf{x} \in U_\delta(\mathbf{x}_0) \cap M$ ist. Mit Hilfe der Dreiecksungleichung folgt: Für $|\mathbf{x} - \mathbf{x}_0| < \delta$ ist

$$
\begin{aligned}
|f(\mathbf{x}) - f(\mathbf{x}_0)| &\leq |f(\mathbf{x}) - F_{\nu_0}(\mathbf{x})| + |F_{\nu_0}(\mathbf{x}) - F_{\nu_0}(\mathbf{x}_0)| + |F_{\nu_0}(\mathbf{x}_0) - f(\mathbf{x}_0)| \\
&< \varepsilon/3 + \varepsilon/3 + \varepsilon/3 = \varepsilon.
\end{aligned}
$$

Das bedeutet, dass f in $\mathbf{x}_0$ stetig ist.   ∎

In der Praxis benutzt man meist das folgende einfache Kriterium:

2.4.4. Satz (Weierstraß–Kriterium)

Es sei $M \subset \mathbb{R}^n$, und es seien stetige Funktionen $f_\nu : M \to \mathbb{C}$ gegeben. Weiter sei $\sum_{\nu=0}^{\infty} a_\nu$ eine konvergente Reihe nicht-negativer reeller Zahlen, so dass gilt:

$$|f_\nu(\mathbf{x})| \leq a_\nu \quad \textit{für \textbf{alle} } \nu \in \mathbb{N} \textit{ und } \mathbf{x} \in M.$$

Dann konvergiert $\sum_{\nu=0}^{\infty} f_\nu$ auf M normal gegen eine stetige Funktion.

BEWEIS: Aus der Voraussetzung folgt, dass die f_ν beschränkt sind. Mit Hilfe des Majorantenkriteriums ergibt sich, dass $\sum_{\nu=0}^{\infty} f_\nu$ auf M normal konvergiert.

Aus dem Cauchykriterium und dem Stetigkeitskriterium folgt, dass die Grenzfunktion stetig ist.   ∎

Definition (Potenzreihe)

Sei (c_n) eine Folge von (reellen oder komplexen) Zahlen, $a \in \mathbb{C}$. Dann heißt

$$P(z) := \sum_{n=0}^{\infty} c_n (z-a)^n$$

eine **Potenzreihe** mit **Entwicklungspunkt** a. Die Zahlen c_n heißen die **Koeffizienten** der Potenzreihe.

Ist $a \in \mathbb{R}$ und sind alle Koeffizienten c_n reell, so spricht man von einer **reellen Potenzreihe**. Beschränkt man P dann auch noch auf einen Definitionsbereich in $\mathbb{R}$, so schreibt man $P(x) = \sum_{n=0}^{\infty} c_n (x-a)^n$. Wir betrachten hier zwar vorwiegend komplexe Potenzreihen, aber der reelle Fall ist darin enthalten. Man beachte: $z \in \mathbb{C}$ ist genau dann reell, wenn $\overline{z} = z$ ist.

Die Partialsummen einer Potenzreihe sind komplexe Polynome, also auf ganz $\mathbb{C}$ definiert. Das bedeutet aber nicht, dass die Grenzfunktion auf ganz $\mathbb{C}$ definiert sein muss. Im Extremfall kann es sogar passieren, dass die Grenzfunktion nur im Entwicklungspunkt a definiert ist (und dort den Grenzwert c_0 besitzt).

2.4.5. Über das Konvergenzverhalten von Potenzreihen

Die Potenzreihe $P(z) = \sum_{n=0}^{\infty} c_n (z-a)^n$ konvergiere für ein $z_0 \in \mathbb{C}$, $z_0 \neq a$.

Ist dann $0 < r < |z_0 - a|$, so konvergiert $P(z)$ und auch die Reihe

$$P'(z) := \sum_{n=1}^{\infty} n \cdot c_n (z-a)^{n-1}$$

auf der Kreisscheibe $D_r(a)$ normal.

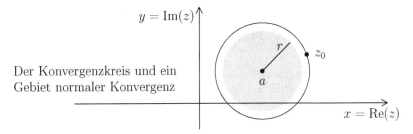

Der Konvergenzkreis und ein Gebiet normaler Konvergenz

BEWEIS: 1) Da $\sum_{n=0}^{\infty} c_n (z_0 - a)^n$ nach Voraussetzung konvergiert, gibt es eine Konstante $M > 0$, so dass $|c_n (z_0 - a)^n| \leq M$ für alle n ist. Ist $0 < r < |z_0 - a|$, so ist $q := r/|z_0 - a| < 1$. Für alle z mit $|z - a| \leq r$ gilt dann:

$$|c_n (z-a)^n| = |c_n (z_0 - a)^n| \cdot \left| \frac{z-a}{z_0 - a} \right|^n \leq M \cdot q^n.$$

Die geometrische Reihe $\sum_{n=0}^{\infty} M\, q^n$ konvergiert. Mit dem Majorantenkriterium folgt, dass $\sum_{n=0}^{\infty} c_n(z-a)^n$ für jedes $z \in D_r(a)$ absolut konvergiert, und mit dem Weierstraß–Kriterium folgt sogar, dass die Reihe auf $D_r(a)$ normal konvergiert.

2) Nach (1) ist $|n \cdot c_n(z-a)^{n-1}| \leq n \cdot M \cdot q^{n-1}$, und die Quotienten

$$\frac{(n+1) \cdot M \cdot q^n}{n \cdot M \cdot q^{n-1}} = \frac{n+1}{n} \cdot q$$

konvergieren gegen $q < 1$.

Aus dem Quotientenkriterium folgt jetzt, dass $\sum_{n=0}^{\infty} n \cdot M \cdot q^{n-1}$ konvergiert, und wie oben kann man daraus schließen, dass $\sum_{n=0}^{\infty} n \cdot c_n(z-a)^{n-1}$ auf $D_r(a)$ normal konvergiert. ∎

Der vorliegende Satz hat weitreichende Konsequenzen.

Definition   (Konvergenzradius)

Sei $P(z) = \sum_{n=0}^{\infty} c_n(z-a)^n$ eine Potenzreihe. Die Zahl

$$R := \sup\{r \geq 0 \, : \, \exists\, z_0 \in \mathbb{C} \text{ mit } r = |z_0 - a|, \text{ so dass } P(z_0) \text{ konvergiert}\}$$

heißt **Konvergenzradius** der Potenzreihe. Die Fälle $R = 0$ und $R = +\infty$ sind dabei auch zugelassen!

Der Kreis um a mit Radius R heißt der **Konvergenzkreis** der Reihe. Im Falle einer reellen Potenzreihe nennt man $(a - R, a + R)$ das **Konvergenzintervall**.

2.4.6. Konvergenzverhalten und Konvergenzradius

R sei der Konvergenzradius der Potenzreihe $P(z)$. Dann gilt:

1. *Für $0 < r < R$ konvergiert $P(z)$ auf $\overline{D_r(a)}$ normal (und damit insbesondere punktweise absolut).*

2. *Ist $|z_0 - a| > R$, so divergiert $P(z_0)$.*

BEWEIS: 1) haben wir schon gezeigt.
2) Nach Definition von R kann $P(z)$ in einem Punkt z_0 mit $|z_0 - a| > R$ nicht mehr konvergieren. ∎

Jetzt folgt sofort:

2.4.7. Stetigkeit von Potenzreihen

Hat die Potenzreihe $P(z) = \sum_{n=0}^{\infty} c_n(z-a)^n$ den Konvergenzradius R, so ist die Grenzfunktion im offenen Konvergenzkreis $D_R(a)$ stetig.

Wir wissen jetzt, dass eine Potenzreihe im Innern ihres Konvergenzkreises konvergiert und außerhalb divergiert. Das Verhalten auf dem Rand des Kreises kann man nicht allgemein vorhersagen. Dafür sind jeweils spezielle Betrachtungen erforderlich, die von Fall zu Fall sehr schwierig werden können.

Auf jeden Fall ist es wichtig, den Konvergenzradius bestimmen zu können. In gewissen Fällen gibt es dafür eine praktische Formel:

2.4.8. Quotientenformel für den Konvergenzradius

Sei (c_n) eine Folge von (reellen oder komplexen) Zahlen, $c_n \neq 0$ für fast alle n.

Wenn die Folge $|c_n/c_{n+1}|$ konvergiert, dann ist

$$R := \lim_{n \to \infty} \left| \frac{c_n}{c_{n+1}} \right|$$

der Konvergenzradius der Potenzreihe $P(z) = \sum_{n=0}^{\infty} c_n (z-a)^n$.

Man beachte, dass der Entwicklungspunkt a dabei keine Rolle spielt!

BEWEIS: Wir verwenden das Quotientenkriterium: Es ist

$$\left| \frac{c_{n+1}(z-a)^{n+1}}{c_n (z-a)^n} \right| = \left| \frac{c_{n+1}}{c_n} \right| \cdot |z-a|,$$

und dieser Ausdruck konvergiert (für festes z) gegen $|z-a|/R$.

Ist $|z-a| < R$, also $|z-a|/R < 1$, so konvergiert die Reihe. Ist $|z-a| > R$, so divergiert sie. Also muss R der Konvergenzradius sein! ∎

2.4.9. Beispiele

A. Sei $P(z) = \sum_{n=0}^{\infty} z^n$. Dann ist $a = 0$ und $c_n = 1$ für alle $n \in \mathbb{N}$. Das ergibt den Konvergenzradius $R = 1$.

Für $|z| < 1$ konvergiert die Reihe gegen $f(z) = 1/(1-z)$. Da alle Koeffizienten reell sind, kann man die Reihe auch reell auffassen. Tatsächlich nimmt die Grenzfunktion dann auf dem Konvergenzintervall $(-1, 1)$ nur reelle Werte an. An den Randpunkten $x = -1$ und $x = +1$ divergiert die Reihe.

B. Sei $P(z) = \sum_{n=1}^{\infty} z^n/n$. Hier ist $a = 0$ und $c_n = 1/n$.

Da $c_n/c_{n+1} = (n+1)/n$ gegen 1 konvergiert, ist $R = 1$. An den Rändern des Konvergenzintervalls ist das Verhalten diesmal unterschiedlich:

Die harmonische Reihe $P(1) = \sum_{n=1}^{\infty} 1/n$ divergiert, die alternierende harmonische Reihe $P(-1) = \sum_{n=1}^{\infty} (-1)^n \cdot 1/n$ konvergiert.

C. Sei $P(z) = \sum_{n=0}^{\infty} z^n/n!$. Wieder ist $a = 0$, und außerdem ist $c_n = 1/n!$ für alle n. Die Quotienten $c_n/c_{n+1} = (n+1)!/n! = n+1$ wachsen über alle Grenzen. Also konvergiert die Reihe auf ganz $\mathbb{C}$. Die Grenzfunktion ist die schon bekannte Exponentialfunktion.

D. Wir betrachten die reelle Potenzreihe

$$P(x) = \sum_{n=0}^{\infty} (-1)^n x^{2n},$$

mit dem Entwicklungspunkt $a = 0$ und den Koeffizienten

$$a_n = \begin{cases} (-1)^k & \text{falls } n = 2k, \\ 0 & \text{sonst.} \end{cases}$$

Wir können die Formel für den Konvergenzradius nicht benutzen, aber da es sich um eine geometrische Reihe handelt, können wir direkt sehen, dass $R = 1$ ist. Als Grenzfunktion ergibt sich

$$f(x) = \sum_{n=0}^{\infty} (-1)^n x^{2n} = \sum_{n=0}^{\infty} (-x^2)^n = \frac{1}{1+x^2}.$$

Diese Funktion ist auf ganz $\mathbb{R}$ definiert, obwohl die Potenzreihe nur auf $(-1, 1)$ konvergiert.

Zwar kann man normalerweise über das Konvergenzverhalten einer Potenzreihe und die Stetigkeit der Grenzfunktion auf dem Rand des Konvergenzkreises keine Aussage machen, in einem ganz besonderen Fall geht es aber doch.

2.4.10. Abel'scher Grenzwertsatz

Es sei $f(x) = \sum_{n=0}^{\infty} a_n x^n$ eine Potenzreihe mit reellen Koeffizienten und dem Konvergenzradius $R = 1$. Dann gilt:

$$\text{Ist } a := \sum_{n=0}^{\infty} a_n < \infty, \text{ so ist } \lim_{x \to 1-} f(x) = a.$$

Die Grenzfunktion wird also bei $x = 1$ durch $f(x) := a$ stetig fortgesetzt.

BEWEIS: Zur Abkürzung setzen wir $S_{m,k} := \sum_{n=m+1}^{m+k} a_n$.

Ist $\varepsilon > 0$ vorgegeben, so gibt es ein $m \in \mathbb{N}$, so dass $|S_{m,k}| < \varepsilon$ für $k \geq 1$ ist (Cauchykriterium). Dann ist

$$\sum_{n=m+1}^{m+k} a_n x^n = S_{m,1} x^{m+1} + (S_{m,2} - S_{m,1}) x^{m+2} + \cdots + (S_{m,k} - S_{m,k-1}) x^{m+k}$$

$$= S_{m,1}(x^{m+1} - x^{m+2}) + S_{m,2}(x^{m+2} - x^{m+3}) + \cdots + S_{m,k} x^{m+k}.$$

Da $|S_{m,k}| < \varepsilon$ für $k \geq 1$ und $x^{n+1} \leq x^n \leq 1$ für $x \in [0,1]$ ist, folgt:

$$\left| \sum_{n=m+1}^{m+k} a_n x^n \right| < \varepsilon \cdot x^{m+1} \leq \varepsilon \text{ für } x \in [0,1].$$

Aus dem Stetigkeitskriterium folgt nun, dass $\sum_{n=0}^{\infty} a_n x^n$ stetig auf $[0,1]$ ist.   ∎

Anwendungsbeispiele können wir erst im vierten Kapitel vorstellen.

Wir wollen uns jetzt genauer mit der Exponentialfunktion befassen. Wir haben sie in 2.2.2 (Seite 110) kennengelernt. Sie ist durch die Potenzreihe

$$\exp(z) := \sum_{n=0}^{\infty} \frac{z^n}{n!} \quad \text{(für } z \in \mathbb{C})$$

gegeben. Wir wissen schon, dass die Reihe auf ganz $\mathbb{C}$ konvergiert, dass $\exp(0) = 1$, $\exp(1) = e$ und $\exp(z+w) = \exp(z) \cdot \exp(w)$ ist. Da alle Koeffizienten der Reihe reell sind, ist die Einschränkung von exp auf $\mathbb{R}$ eine reellwertige Funktion. Außerdem ist die Exponentialfunktion natürlich stetig.

2.4.11. Eigenschaften der reellen Exponentialfunktion

Die reelle Exponentialfunktion hat folgende Eigenschaften:

1. *Es ist $\exp(x) > 0$ für alle $x \in \mathbb{R}$.*

2. *Für $x > 0$ ist $\exp(x) > 1$ und $\lim_{x \to +\infty} \exp(x) = +\infty$.*

3. *Für $x < 0$ ist $0 < \exp(x) < 1$ und $\lim_{x \to -\infty} \exp(x) = 0$.*

4. *$\exp : \mathbb{R} \to \mathbb{R}_+$ ist streng monoton wachsend.*

5. *Für $n \in \mathbb{N}$ ist $\exp(n) = e^n$ und $\exp(1/n) = \sqrt[n]{e}$.*

BEWEIS: 1) Da exp stetig, $\exp(0) = 1 > 0$ und $\exp(x) \neq 0$ für alle x ist, folgt aus dem Zwischenwertsatz, dass $\exp(x) > 0$ für alle $x \in \mathbb{R}$ gilt.

2) Ist $x > 0$, so ist $\exp(x) = 1 + x + x^2/2 + \cdots > 1 + x$. Also ist $\exp(x) > 1$, und für $x \to +\infty$ wächst $\exp(x)$ über alle Grenzen.

3) Ist $x < 0$, so ist $-x > 0$ und $\exp(-x) > 1$, also $\exp(x) < 1$. Wegen (2) ist klar, dass $\exp(x)$ für $x \to -\infty$ gegen Null konvergiert.

4) Ist $x_1 < x_2$, so ist $x_2 = x_1 + h$, mit $h > 0$, und es folgt:

$$\exp(x_2) = \exp(x_1) \cdot \exp(h) > \exp(x_1), \text{ weil } \exp(h) > 1 \text{ ist.}$$

Das ergibt die strenge Monotonie.

5) Es ist $\exp(n) = \exp(1 + 1 + \cdots + 1) = \exp(1)^n = e^n$, und

$$e = \exp(1) = \exp(n \cdot \frac{1}{n}) = \exp(\frac{1}{n} + \cdots + \frac{1}{n}) = \exp(\frac{1}{n})^n,$$

also $\exp(1/n) = \sqrt[n]{e}$.   ∎

Ist $x = p/q$ eine rationale Zahl, so ist $\exp(x) = e^{p/q} = \sqrt[q]{e^p}$. Strebt eine Folge von rationalen Zahlen (x_n) gegen eine reelle Zahl x_0, so strebt auch $\exp(x_n)$ gegen $\exp(x_0)$. Deshalb schreiben wir auch e^x an Stelle von $\exp(x)$.

2.4.12. Folgerung

$\exp : \mathbb{R} \to \mathbb{R}_+$ *ist bijektiv.*

BEWEIS: Wegen der strengen Monotonie ist $\exp$ injektiv. Weil $e = \exp(1) \geq 2$ ist, nimmt $\exp(n)$ beliebig große und $\exp(-n)$ beliebig kleine positive Werte an. Aus dem Zwischenwertsatz folgt dann die Surjektivität.   ∎

Definition   (Natürlicher Logarithmus)

Die auf $\mathbb{R}_+$ definierte stetige Umkehrfunktion der Exponentialfunktion heißt *(natürlicher) Logarithmus* und wird mit $\ln(x)$ bezeichnet.

2.4.13. Eigenschaften des Logarithmus

1. $\ln(1) = 0$

2. Für $x, y > 0$ ist $\ln(x \cdot y) = \ln(x) + \ln(y)$.

3. $\ln(x) > 0$ *für $x > 1$, und* $\lim_{x \to +\infty} \ln(x) = +\infty$.

4. $\ln(x) < 0$ *für $0 < x < 1$, und* $\lim_{x \to 0} \ln(x) = -\infty$.

BEWEIS: 1) Klar!

2) Es ist $\exp(\ln(x) + \ln(y)) = \exp(\ln(x)) \cdot \exp(\ln(y)) = x \cdot y = \exp(\ln(x \cdot y))$. Daraus folgt die Behauptung.

3) und 4) können ebenfalls aus den entsprechenden Eigenschaften der Exponentialfunktion hergeleitet werden.   ∎

Die Graphen von Exponentialfunktion und Logarithmus haben folgende Gestalt:

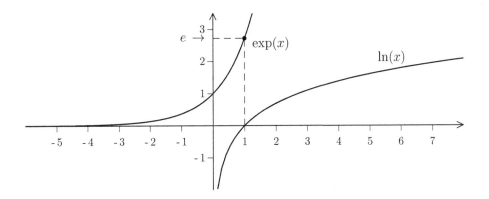

Definition   (Exponentialfunktion zu beliebiger Basis)

Sei $a > 0$. Die **Exponentialfunktion zur Basis** a ist die Funktion

$$a^x := \exp(x \cdot \ln(a)).$$

Die Funktion $\exp_a : \mathbb{R} \to \mathbb{R}$ mit $\exp_a(x) := \exp(x \cdot \ln(a))$ ist stetig, mit $\exp_a(0) = 1$, $\exp_a(1) = a$ und $\exp_a(x + y) = \exp_a(x) \cdot \exp_a(y)$. Genau wie bei $\exp$ folgt:

$$\exp_a(n) = a^n \quad \text{und} \quad \exp_a(1/n) = \sqrt[n]{a}.$$

Für eine rationale Zahl $x = p/q$ ist also $a^x = \sqrt[q]{a^p}$. Das rechtfertigt die Schreibweise a^x an Stelle von $\exp_a(x)$.

Für das Rechnen mit allgemeinen Potenzen a^x (für $a > 0$ und $x \in \mathbb{R}$) gelten damit folgende Regeln:

1. $\boxed{a^0 = 1}$ und $\boxed{a^{x+y} = a^x \cdot a^y}$.

2. $\boxed{(a^x)^y = a^{xy}}$.

Zum BEWEIS von (2): Es ist $\ln(a^x) = x \cdot \ln(a)$, also

$$\begin{aligned}
(a^x)^y &= \exp[y \cdot \ln(a^x)] \\
&= \exp(xy \cdot \ln(a)) = a^{xy}.
\end{aligned}$$

∎

2.4.14. Monotonie der Exponentialfunktion

Ist $a > 1$, so ist die Exponentialfunktion $x \mapsto a^x$ streng monoton wachsend. Im Falle $a < 1$ ist sie streng monoton fallend.

BEWEIS: Sei $h > 0$. Dann ist $a^{x+h} = a^x \cdot a^h$. Außerdem ist $\ln(a) > 0$ für $a > 1$ und < 0 für $a < 1$, also $a^h = \exp(h \cdot \ln a) > 1$, wenn $a > 1$ ist, und < 1, wenn $a < 1$ ist. Daraus folgt die Monotonie.   ∎

In beiden Fällen ist $\exp_a : \mathbb{R} \to \mathbb{R}_+$ bijektiv.

Definition   (Logarithmus zu beliebiger Basis)

Unter dem ***Logarithmus zur Basis*** a versteht man die Umkehrfunktion $\log_a :$ $\mathbb{R}_+ \to \mathbb{R}$ zur Exponentialfunktion zur Basis a.

Der Logarithmus zur Basis a verhält sich analog zum natürlichen Logarithmus $\ln = \log_e$. Für Rechenzwecke benutzte man früher die ***Briggs'schen Logarithmen*** $\lg = \log_{10}$. Dazu wurde eine beliebige reelle Zahl x in der Form $x = x_0 \cdot 10^k$ geschrieben, mit $1 \leq x_0 < 10$. Dann ist $\lg(x) = k + \lg(x_0)$. Die Logarithmen der Zahlen zwischen 1 und 10 wurden tabelliert.

Ist $z = a + \mathrm{i}\, b$ eine komplexe Zahl, so ist $\exp(z) = e^a \cdot \exp(\mathrm{i}\, b)$. Zum Verständnis der komplexen Exponentialfunktion reicht es also im Prinzip, die Funktion $t \mapsto \exp(\mathrm{i}\, t)$ zu untersuchen.

Der Schlüssel zu allem ist die folgende Feststellung:

$$|\exp(\mathrm{i}\, t)|^2 = \exp(\mathrm{i}\, t) \cdot \exp(-\mathrm{i}\, t) = \exp(\mathrm{i}\, t - \mathrm{i}\, t) = \exp(0) = 1.$$

Die komplexen Zahlen $\exp(\mathrm{i}\, t)$ liegen also alle auf dem Rand des Einheitskreises.

Definition   (Sinus und Cosinus)

Die Funktionen $\sin, \cos : \mathbb{R} \to \mathbb{R}$ (***Sinus*** und ***Cosinus***) werden definiert durch

$$\exp(\mathrm{i}\, t) = \cos t + \mathrm{i}\, \sin t.$$

Man nennt dies die ***Euler'sche Formel***.

Man beachte, dass wir hier Cosinus und Sinus als Realteil und Imaginärteil von $\exp(\mathrm{i}\, t)$ **definiert** haben. In der Literatur werden sie oftmals auf anderem Wege eingeführt (z.B. durch ihre Reihendarstellungen), und dann kann die Euler'sche Formel als Satz **bewiesen** werden.

Aus der Euler'schen Formel und den Beziehungen

$$\mathrm{Re}(z) = \frac{1}{2}(z + \overline{z}) \quad \text{und} \quad \mathrm{Im}(z) = \frac{1}{2\,\mathrm{i}}(z - \overline{z})$$

ergibt sich:

$$\cos t = \frac{1}{2}(\exp(\mathrm{i}\, t) + \exp(-\mathrm{i}\, t))$$

$$\text{und} \quad \sin t = \frac{1}{2\,\mathrm{i}}(\exp(\mathrm{i}\, t) - \exp(-\mathrm{i}\, t)).$$

Beide Funktionen sind stetig, und es ist

$$\cos(-t) = \cos t, \quad \sin(-t) = -\sin t, \quad \sin(0) = 0 \text{ und } \cos(0) = 1.$$

Außerdem gilt:

2.4.15. Eigenschaften von Sinus und Cosinus

1. $\sin^2 t + \cos^2 t = 1$,

2. $\sin(x + y) = \sin x \cos y + \cos x \sin y$,

3. $\cos(x + y) = \cos x \cos y - \sin x \sin y$.

Die letzten beiden Aussagen nennt man die ***Additionstheoreme***.

BEWEIS: 1) folgt aus der Beziehung $|a + ib|^2 = a^2 + b^2$ und der Gleichung $|\exp(it)|^2 = 1$.

2) und 3) ergeben sich aus dem Additionstheorem der Exponentialfunktion:

$$
\begin{aligned}
\cos(x + y) + i\sin(x + y) &= \exp(i(x + y)) = \exp(ix + iy) \\
&= \exp(ix) \cdot \exp(iy) \\
&= (\cos x + i\sin x) \cdot (\cos y + i\sin y) \\
&= (\cos x \cos y - \sin x \sin y) \\
&\quad + i(\sin x \cos y + \cos x \sin y).
\end{aligned}
$$

Ein Koeffizientenvergleich liefert die gewünschten Formeln. ∎

2.4.16. Folgerung

Es ist $\quad \cos x - \cos y = -2\sin\left(\dfrac{x + y}{2}\right)\sin\left(\dfrac{x - y}{2}\right)$.

BEWEIS: Sei $u := (x + y)/2$ und $v := (x - y)/2$. Dann ist $u + v = x$ und $u - v = y$. Die Anwendung des Additionstheorems für den Cosinus ergibt die Gleichung $\cos(u + v) - \cos(u - v) = -2\sin u \sin v$, und damit die Behauptung. ∎

Um mehr über Sinus und Cosinus herauszubekommen, benötigen wir die Reihenentwicklungen:

$$\sin t = \sum_{k=0}^{\infty} (-1)^k \frac{t^{2k+1}}{(2k+1)!} = t - \frac{t^3}{3!} + \frac{t^5}{5!} - \frac{t^7}{7!} \pm \ldots$$

$$\text{und} \quad \cos t = \sum_{k=0}^{\infty} (-1)^k \frac{t^{2k}}{(2k)!} = 1 - \frac{t^2}{2} + \frac{t^4}{4!} - \frac{t^6}{6!} \pm \ldots.$$

Das ergibt sich aus der Exponentialreihe und deren absoluter Konvergenz, unter Berücksichtigung der Gleichungen $i^{2k} = (-1)^k$ und $i^{2k+1} = i \cdot (-1)^k$. Nun folgt:

2.4.17. Satz

Für $0 < x \leq 2$ ist

$$x - \frac{x^3}{6} < \sin x < x \quad und \quad 1 - \frac{x^2}{2} < \cos x < 1 - \frac{x^2}{2} + \frac{x^4}{24}.$$

Insbesondere ist in diesem Bereich $\sin x > 0$.

BEWEIS: Die Differenzen zweier aufeinanderfolgender Reihenglieder haben bei Sinus und Cosinus die Gestalt

$$D_n(x) := \frac{x^n}{n!} - \frac{x^{n+2}}{(n+2)!} = \frac{x^n}{n!} \left(1 - \frac{x^2}{(n+1)(n+2)}\right).$$

Für $n \geq 1$ und $0 < x \leq 2$ ist

$$\frac{x^2}{(n+1)(n+2)} \leq \frac{4}{2 \cdot 3} = \frac{2}{3} < 1$$

und daher $D_n(x) > 0$. Das bedeutet, dass die Absolutbeträge der Reihenglieder streng monoton fallende Nullfolgen bilden. Es handelt sich also um Leibniz-Reihen.

Aus der Beziehung

$$\sin x = x - \sum_{k=1}^{\infty} D_{4k-1}(x) = (x - \frac{x^3}{6}) + \sum_{k=1}^{\infty} D_{4k+1}(x)$$

folgt die Abschätzung für den Sinus. Aus der Beziehung

$$\cos x = (1 - \frac{x^2}{2}) + \sum_{k=1}^{\infty} D_{4k}(x) = (1 - \frac{x^2}{2} + \frac{x^4}{24}) - \sum_{k=1}^{\infty} D_{4k+2}(x)$$

folgt die Abschätzung für den Cosinus.

Außerdem ist $x - \dfrac{x^3}{6} = x(1 - \dfrac{x^2}{6}) \geq x(1 - \dfrac{2}{3}) = \dfrac{x}{3} > 0$ für $0 < x \leq 2$. ■

2.4.18. Folgerung

Es ist $\cos(2) < 0$, und für $0 \leq x \leq 2$ ist $\cos x$ streng monoton fallend.

BEWEIS: Sei $0 < x_1 < x_2 \leq 2$. Dann ist $0 < \dfrac{x_1 + x_2}{2} \leq 2$ und $0 < \dfrac{x_2 - x_1}{2} \leq 1$, also

$$\sin\left(\frac{x_1 + x_2}{2}\right) > 0 \quad und \quad \sin\left(\frac{x_2 - x_1}{2}\right) > 0.$$

Daraus folgt:

$$\cos(x_2) - \cos(x_1) = -2\sin\left(\frac{x_1 + x_2}{2}\right)\sin\left(\frac{x_2 - x_1}{2}\right) < 0,$$

also $\cos x_2 < \cos x_1$. Außerdem ist $\cos(2) < 1 - 2(1 - 1/3) = 1 - 4/3 = -1/3 < 0$. ∎

Da $\cos(0) > 0$ und $\cos(2) < 0$ ist, muss es nach dem Zwischenwertsatz eine Nullstelle des Cosinus zwischen 0 und 2 geben. Wegen der strengen Monotonie ist diese Nullstelle eindeutig bestimmt.

Definition   (Die Zahl π)

Die Zahl π wird dadurch charakterisiert, dass $\pi/2$ die eindeutig bestimmte Nullstelle von $\cos x$ zwischen 0 und 2 ist.

Tatsächlich ist $\pi = 3.141592653\ldots$, also $\pi/2 \approx 1.570796$.

Wir haben nun $\cos(\pi/2) = 0$ und $\sin(\pi/2) = 1$. Schreiben wir e^{it} an Stelle von $\exp(it)$, so folgt:

2.4.19. Satz

$$e^{i\pi/2} = i, \quad e^{i\pi} = -1, \quad e^{3\pi i/2} = -i \ \text{ und } e^{2\pi i} = 1.$$

BEWEIS: Die erste Aussage ergibt sich aus den Werten für $\sin$ und $\cos$ bei $\pi/2$. Die weiteren Aussagen ergeben sich aus $i^2 = -1$, $i^3 = -i$ und $i^4 = 1$. ∎

2.4.20. Folgerung 1

Sinus und Cosinus sind periodisch mit Periode 2π. Außerdem ist

$$\cos x = \sin\left(\frac{\pi}{2} - x\right) \quad \textit{und} \quad \sin x = \cos\left(\frac{\pi}{2} - x\right).$$

BEWEIS: Zur Erinnerung: Eine Funktion $f : \mathbb{R} \to \mathbb{R}$ heißt **periodisch** mit Periode p, falls $f(x + p) = f(x)$ für alle $x \in \mathbb{R}$ gilt.

Wegen $e^{2\pi i} = 1$ ist $\cos(2\pi) = 1 = \cos(0)$ und $\sin(2\pi) = 0 = \sin(0)$. Die Periodizität von $\sin$ und $\cos$ folgt nun aus den Additionstheoremen, z.B. ist

$$\cos(x + 2\pi) = \cos x \cos(2\pi) - \sin x \sin(2\pi) = \cos x.$$

Auch die zusätzlichen Formeln ergeben sich aus den Additionstheoremen. ∎

2.4.21. Folgerung 2

$$\textit{Es ist} \qquad \sin x = 0 \iff x = k\pi \ \textit{für } k \in \mathbb{Z},$$
$$\cos x = 0 \iff x = \left(k + \frac{1}{2}\right)\pi \ \textit{für } k \in \mathbb{Z}.$$

BEWEIS: Es ist $\sin(\pi) = \sin(2\pi) = 0$, also auch $\sin(k\pi) = 0$ für alle $k \in \mathbb{Z}$. Für $0 < x < \pi/2$ ist $\sin x > 0$ und $\cos x > 0$. Für $\pi/2 < x < \pi$ ist $\sin x = \sin(\pi/2 - (\pi/2 - x)) = \cos(\pi/2 - x) = \cos(x - \pi/2) > 0$. Schließlich ist $\sin(\pi/2) = 1$. Also gibt es keine Nullstellen für $0 < x < \pi$. Aus dem Additionstheorem folgt, dass $\sin(\pi + x) = -\sin x$ ist. Also gibt es auch keine Nullstelle für $\pi < x < 2\pi$.

Die Nullstellen des Cosinus ergeben sich aus $\cos x = \sin(\pi/2 - x)$.   ∎

2.4.22. Folgerung 3

*2π ist die **kleinste** positive Periode von Sinus und Cosinus.*

BEWEIS: Sei $p > 0$ die kleinste Periode des Sinus. Dann ist $\sin p = \sin(0) = 0$, also $p = k \cdot \pi$ für ein $k \in \mathbb{N}$. Weil $\sin(\pi/2) = 1$ und $\sin(\pi/2 + \pi) = -\sin(\pi/2) = -1$ ist, muss $p = 2\pi$ sein.   ∎

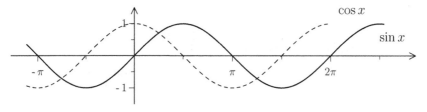

Definition   (Tangens und Cotangens)

1. Für $x \neq (k + \frac{1}{2})\pi$, $k \in \mathbb{Z}$, sei $\boxed{\tan x := \dfrac{\sin x}{\cos x}}$ (*Tangens*).

2. Für $x \neq k\pi$, $k \in \mathbb{Z}$, sei $\boxed{\cot x := \dfrac{\cos x}{\sin x}}$ (*Cotangens*).

2.4.23. Eigenschaften des Tangens

1. $\tan(0) = 0$ *und* $\tan x > 0$ *für* $0 < x < \pi/2$.

2. $\tan x \to +\infty$ *für* $x \to \pi/2$, $x < \pi/2$.

3. $\tan(-x) = -\tan x$ *für* $0 < x < \pi/2$.

4. Der Tangens ist periodisch, mit Periode π.

BEWEIS: 1), 2) und 3) folgen sofort aus den Eigenschaften von sin und cos. Zu 4): Es ist $\sin(x + \pi) = -\sin(x)$ und $\cos(x + \pi) = -\cos(x)$.   ∎

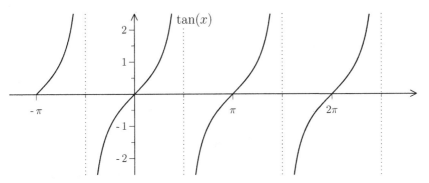

Weil $\cot(x) = \tan(\pi/2 - x)$ ist, erhält man den Graphen des Cotangens aus dem des Tangens durch Spiegelung an der Geraden $x = \pi/4$.

Definition   (Hyperbolische Funktionen)

Die auf ganz $\mathbb{R}$ definierten Funktionen

$$\sinh x := \frac{1}{2}(e^x - e^{-x}) \quad \text{und} \quad \cosh x := \frac{1}{2}(e^x + e^{-x})$$

heißen **Sinus hyperbolicus** und **Cosinus hyperbolicus**.

Offensichtlich ist $\cosh x$ eine gerade und $\sinh x$ eine ungerade Funktion. Weiter gilt:

$$\cosh(0) = 1 \text{ und } \lim_{x \to -\infty} \cosh x = \lim_{x \to +\infty} \cosh(x) = +\infty,$$

sowie $\sinh(0) = 0,$ $\lim_{x \to -\infty} \sinh x = -\infty$ und $\lim_{x \to +\infty} \sinh(x) = +\infty.$

Außerdem ist $\sinh x < \cosh x$ für alle $x \in \mathbb{R}$. Die Graphen sehen also folgendermaßen aus:

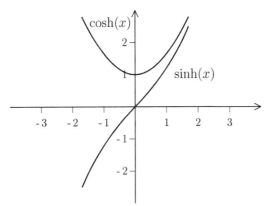

Es ist $\boxed{\cosh^2(x) - \sinh^2(x) = 1}$ für alle x. Deshalb wird durch $t \mapsto (\cosh t, \sinh t)$ die **Hyperbel** $H := \{(x, y) \in \mathbb{R}^2 \mid x^2 - y^2 = 1\}$ parametrisiert.

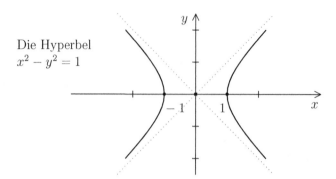

Die Hyperbel
$x^2 - y^2 = 1$

Wir haben schon mit anschaulich-geometrischen Argumenten die Parametrisierung $t \mapsto (\cos t, \sin t)$ des Einheitskreises hergeleitet. Dabei repräsentiert t den Winkel im Bogenmaß. Jetzt wollen wir diese Parametrisierung nochmals aufgreifen und exakt beweisen, dass sie injektiv ist und dass alle Punkte (x, y) mit $x^2 + y^2 = 1$ als Bildpunkte vorkommen. Dabei bedienen wir uns der komplexen Schreibweise.

2.4.24. Die Parametrisierung des Einheitskreises

Durch $t \mapsto e^{it}$ wird das Intervall $[0, 2\pi)$ bijektiv auf die Kreislinie

$$S^1 := \{z \in \mathbb{C} \,:\, |z| = 1\}$$

abgebildet.

BEWEIS: 1) Injektivität: Annahme, es gibt $0 \le s < t < 2\pi$ mit $e^{is} = e^{it}$. Dann ist $0 < t - s < 2\pi$ und $e^{i(t-s)} = 1$, also $\cos(t - s) = 1$ und $\sin(t - s) = 0$. In $(0, 2\pi)$ hat der Sinus nur die Nullstelle π. Es ist aber $\cos \pi = -1$. Das ist ein Widerspruch.

2) Surjektivität: Sei $z = a + ib \in \mathbb{C}$ mit $a^2 + b^2 = |z|^2 = 1$ gegeben. Dann ist $|a| \le 1$. Weil der Cosinus stetig ist, $\cos(0) = 1$ und $\cos \pi = -1$, folgt aus dem Zwischenwertsatz, dass es ein $t \in [0, \pi]$ mit $\cos t = a$ gibt. Dann ist $\sin t = \pm\sqrt{1 - \cos^2(t)} = \pm\sqrt{b^2} = \pm b$. Ist $\sin t = b$, so ist $e^{it} = z$. Ist $\sin t = -b$, so ist $\cos(2\pi - t) = \cos t = a$ und $\sin(2\pi - t) = -\sin t = b$, also $e^{i(2\pi - t)} = z$.   ∎

2.4.25. Lemma

Für jede natürliche Zahl n hat die Gleichung $z^n = 1$ in $\mathbb{C}$ genau n Lösungen. Ist $\zeta \in \mathbb{C}$ eine dieser Lösungen und $\zeta \ne 1$, so sind auch $\zeta^2, \zeta^3, \ldots, \zeta^n$ Lösungen.

BEWEIS: Sei $\zeta := \exp(2\pi i / n) = \cos(2\pi/n) + i \cdot \sin(2\pi/n).$

Offensichtlich ist $(\zeta^k)^n = \zeta^{n \cdot k} = \exp(k \cdot 2\pi i) = 1$ für $k = 0, \ldots, n - 1$. Wegen der Injektivität von $t \mapsto e^{it}$ sind die n Zahlen ζ^k paarweise verschieden.

Ist umgekehrt w irgend eine Lösung der Gleichung $z^n = 1$, so ist auch $|w|^n = 1$, also $|w| = 1$. Das bedeutet, dass es ein $t \in [0, 2\pi)$ mit $e^{it} = w$ gibt. Und es ist $e^{int} = 1$, also $\cos(nt) = 1$ und $\sin(nt) = 0$. Dann muss es ein $k \in \mathbb{Z}$ mit $nt = k \cdot 2\pi$ geben. Wegen $0 \le t < 2\pi$ ist $0 \le nt < n \cdot 2\pi$. Also kommen für k nur die Werte $0, 1, 2, \ldots, n-1$ in Frage. Damit ist alles bewiesen.

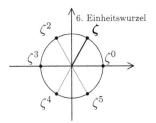

∎

Definition (Einheitswurzeln)

Die n Lösungen der Gleichung $z^n = 1$ nennt man die n-**ten Einheitswurzeln**.

2.4.26. Satz

Ist $w \ne 0$, so besitzt die Gleichung $z^n = w$ in $\mathbb{C}$ genau n Lösungen.

BEWEIS: Sei $w = r e^{it}$, mit $r = |w|$ und einem geeigneten $t \in [0, 2\pi)$. Ist ζ eine n-te Einheitswurzel $\ne 1$, so setzen wir

$$w_k := \sqrt[n]{r} \cdot e^{it/n} \cdot \zeta^k, \quad k = 0, 1, \ldots, n-1.$$

Offensichtlich sind dies n verschiedene komplexe Zahlen w_k mit $w_k^n = w$.

Ist andererseits z irgendeine Lösung der Gleichung $z^n = w$, so ist $z^n = w_0^n$, also $(z w_0^{-1})^n = 1$. Das bedeutet, dass es eine n–te Einheitswurzel ζ gibt, so dass $z = w_0 \cdot \zeta$ ist. ∎

Der Satz zeigt, dass man in $\mathbb{C}$ nie von *der* n–ten Wurzel einer Zahl w sprechen kann, es gibt stets n verschiedene. Das gilt auch im Falle $n = 2$. Das Symbol $\sqrt{z}$ ist zweideutig. Zum Beispiel sind $\frac{1}{2}(1 - i)$ und $\frac{1}{2}(i - 1)$ die beiden Wurzeln von $-i/2$. Welche davon sollte man bevorzugen?

In $\mathbb{R}$ ist das ganz anders. Dort gibt es entweder überhaupt keine oder eine positive und eine negative Lösung der Gleichung $x^2 = a$, und wir haben die positive Lösung als *die* Wurzel aus a definiert. Das lässt sich nicht übertragen, weil $\mathbb{C}$ nicht angeordnet werden kann. Es ist nicht möglich, zwischen positiven und negativen komplexen Zahlen zu unterscheiden.

2.4.27. Fundamentalsatz der Algebra

Jedes nicht konstante komplexe Polynom hat in $\mathbb{C}$ wenigstens eine Nullstelle.

Den Beweis liefern wir im Ergänzungsteil.

Zusammenfassung

Für eine Teilmenge $M \subset \mathbb{R}^n$ wurden Reihen von Funktionen $f_\nu : M \to \mathbb{R}$ oder $f_\nu : M \to \mathbb{C}$ eingeführt. Eine solche Reihe $\sum_{\nu=0}^{\infty} f_\nu$ heißt **punktweise**

konvergent, falls für jeden Punkt $\mathbf{x} \in M$ die Zahlenreihe $\sum_{\nu=0}^{\infty} f_\nu(\mathbf{x})$ konvergiert. Sind die Funktionen f_ν alle auf M beschränkt, so kann man ihre **Supremums-Norm** $\|f_\nu\| := \sup\{|f_\nu(\mathbf{x})| : \mathbf{x} \in M\}$ bilden. Die Funktionenreihe heißt **normal konvergent**, falls die Zahlenreihe $\sum_{\nu=0}^{\infty} \|f_\nu\|$ konvergiert.

Eine normal konvergente Reihe ist punktweise konvergent. In zwei Schritten wurde bewiesen, dass aus der normalen Konvergenz einer Reihe von beschränkten stetigen Funktionen $f_\nu : M \to \mathbb{C}$ die Stetigkeit der Grenzfunktion folgt:

1. Ist $\sum_{\nu=0}^{\infty} f_\nu$ normal konvergent, so gibt es zu jedem $\varepsilon > 0$ ein $\nu_0 \in \mathbb{N}$, so dass für alle $\mu > \nu_0$ und alle $\mathbf{x} \in M$ gilt: $|\sum_{\nu=\nu_0+1}^{\mu} f_\nu(\mathbf{x})| < \varepsilon$.

2. Es gebe zu jedem $\varepsilon > 0$ ein $\nu_0 \in \mathbb{N}$, so dass für alle $\mu > \nu_0$ und alle $\mathbf{x} \in M$ gilt: $|\sum_{\nu=\nu_0+1}^{\mu} f_\nu(\mathbf{x})| < \varepsilon$. Dann konvergiert die Reihe punktweise gegen eine stetige Funktion.

Im **Weierstraß-Kriterium** folgert man zudem die normale Konvergenz der Funktionenreihe aus der Existenz einer konvergenten Zahlenreihe $\sum_{\nu=0}^{\infty} a_\nu$, so dass $|f_\nu(\mathbf{x})| \le a_\nu$ für fast alle ν und alle $\mathbf{x} \in M$ ist.

In erster Linie dient die Begrifflichkeit der Funktionenreihen der Untersuchung von (reellen und komplexen) **Potenzreihen** der Gestalt

$$P(z) = \sum_{\nu=0}^{\infty} c_\nu (z - a)^\nu.$$

Zu jeder Potenzreihe gehört ein **Konvergenzradius** R mit folgenden Eigenschaften:

- Ist $R = 0$, so konvergiert die Reihe nur im Entwicklungspunkt a.

- Ist $R = +\infty$, so konvergiert die Reihe auf ganz $\mathbb{C}$.

- Ist $0 < R < +\infty$, so konvergiert die Reihe für $|z - a| < R$, und sie divergiert für $|z - a| > R$. Insbesondere ist die Grenzfunktion stetig im Konvergenzkreis $\{z : |z - a| < R\}$.

Sind fast alle Koeffizienten $c_\nu \ne 0$ und konvergiert $|c_\nu/c_{\nu+1}|$ gegen c, so ist $R := c$ der Konvergenzradius der Reihe. Ist stets $c_{2k} = 0$ und $c_{2k+1} \ne 0$ und konvergiert $|c_{2k+1}/c_{2k+3}|$ gegen c, so ist $R := \sqrt{c}$ der Konvergenzradius. Eine analoge Aussage erhält man, wenn stets $c_{2k+1} = 0$ und $c_{2k} \ne 0$ ist. Greifen diese Berechnungsmethoden nicht, so kann man die Formel von Hadamard benutzen, die im Ergänzungsteil bewiesen wird.

Über das Konvergenzverhalten einer Potenzreihe auf dem Rand des Konvergenzkreises kann man keine allgemeingültige Aussage machen. Sind allerdings alle Koeffizienten reell und ist $a = 0$ und $R = 1$, so besagt der **Abel'sche Grenzwertsatz**: Ist $c := P(1) = \sum_{\nu=0}^{\infty} c_\nu < \infty$, so ist die Grenzfunktion bis zum Punkt $z = 1$ stetig.

Als Grenzfunktionen von Potenzreihen erhält man die bekannten „elementaren" Funktionen,

$$\text{die } \textbf{Exponentialfunktion} \quad \exp(z) \;=\; \sum_{n=0}^{\infty} \frac{z^n}{n!},$$

$$\text{der } \textbf{Sinus} \quad \sin t \;=\; \sum_{k=0}^{\infty} (-1)^k \frac{t^{2k+1}}{(2k+1)!},$$

$$\text{und der } \textbf{Cosinus} \quad \cos t \;=\; \sum_{k=0}^{\infty} (-1)^k \frac{t^{2k}}{(2k)!}.$$

Sie sind durch die **Euler'sche Formel** miteinander verbunden:

$$\exp(\mathrm{i}\,t) = \cos t + \mathrm{i}\,\sin t.$$

Das Additionstheorem der Exponentialfunktion, $\exp(z+w) = \exp(z)\cdot\exp(w)$, führt aus diesem Wege zu Additionstheoremen für Sinus und Cosinus:

$$\sin(x+y) = \sin x \cos y + \cos x \sin y \text{ und } \cos(x+y) = \cos x \cos y - \sin x \sin y.$$

Aus diesen Funktionen gewinnt man weitere:

- Es ist $\exp(x) > 0$ auf ganz $\mathbb{R}$, exp streng monoton wachsend, $\lim_{x\to-\infty} \exp(x) = 0$ und $\lim_{x\to+\infty} \exp(x) = +\infty$. Daraus folgt, dass $\exp : \mathbb{R} \to \mathbb{R}_+$ bijektiv ist. Die Umkehrfunktion $\ln : \mathbb{R}_+ \to \mathbb{R}$ nennt man den **natürlichen Logarithmus**.

- Die Exponentialfunktion zur Basis a wird durch $a^x := \exp(x\cdot\ln a)$ definiert. Ihre Umkehrfunktion ist der Logarithmus zur Basis a.

- Die Zahl π wird dadurch charakterisiert, dass $\pi/2$ die einzige Nullstelle von $\cos x$ zwischen 0 und 2 ist. Die Winkelfunktionen Sinus und Cosinus sind periodisch mit Periode 2π. Es gilt $\sin x = 0$ genau dann, wenn $x = k\pi$ für ein $k \in \mathbb{Z}$ ist, und $\cos x = 0$ genau dann, wenn $x = (k+1/2)\pi$ für ein $k \in \mathbb{Z}$ ist.

  Also kann man **Tangens** und **Cotangens** durch $\tan x := \sin x/\cos x$ für $x \neq (k+1/2)\pi$ und durch $\cot x := \cos x/\sin x$ für $x \neq k\pi$ definieren.

- Die **hyperbolischen Funktionen** werden definiert durch

$$\sinh x := \frac{1}{2}(e^x - e^{-x}) \quad \text{und} \quad \cosh x := \frac{1}{2}(e^x + e^{-x}).$$

Besonders nützlich sind die Beziehungen

$$\sin^2 t + \cos^2 t = 1 \quad \text{und} \quad \cosh^2 t - \sinh^2 t = 1.$$

Durch $t \mapsto e^{i t}$ wird das Intervall $[0, 2\pi)$ bijektiv auf $S^1 = \{z \in \mathbb{C} : |z| = 1\}$ abgebildet.

Ist $n \in \mathbb{N}$ und $\zeta := \exp(2\pi i /n)$, so sind die Zahlen ζ^k, $k = 0, \ldots, n-1$, die n Lösungen der Gleichung $z^n = 1$. Man bezeichnet sie als n-**te Einheitswurzeln**. Mit ihrer Hilfe konstruiert man für jede komplexe Zahl $w \neq 0$ die n Lösungen der Gleichung $z^n = w$.

Das ist ein Sonderfall des **Fundamentalsatzes der Algebra**, der besagt, dass jedes Polynom n-ten Grades n Nullstellen besitzt, wenn man mit Vielfachheiten rechnet.

Ergänzungen

I) Die Quotientenformel lässt sich häufig nicht anwenden. Manchmal hilft dann der folgende Satz weiter.

2.4.28. Der Konvergenzradius von Potenzreihen mit Lücken

In der Potenzreihe $P(z) = \sum_{n=0}^{\infty} c_n(z-a)^n$ sei $c_{2k} = 0$ und $c_{2k+1} \neq 0$ für fast alle k, und es existiere

$$c := \lim_{k \to \infty} \left| \frac{c_{2k+1}}{c_{2k+3}} \right|.$$

Dann ist $R := \sqrt{c}$ der Konvergenzradius.

Wenn $c_{2k+1} = 0$ und $c_{2k} \neq 0$ für fast alle k ist und der Grenzwert

$$c := \lim_{k \to \infty} \left| \frac{c_{2k}}{c_{2k+2}} \right|$$

existiert, so ist ebenfalls $R := \sqrt{c}$ der Konvergenzradius.

Der BEWEIS geht ähnlich wie bei der Quotientenformel. Wir betrachten nur den Fall $c_{2k+1} = 0$:

$$\left| \frac{c_{2k+2}(z-a)^{2k+2}}{c_{2k}(z-a)^{2k}} \right| = \left| \frac{c_{2k+2}}{c_{2k}} \right| \cdot |z-a|^2$$

konvergiert gegen $|z-a|^2/c$. Damit dieser Ausdruck < 1 wird, muss $|z-a| < \sqrt{c}$ sein.

Nach dem Quotientenkriterium konvergiert die Reihe also für $|z-a| < \sqrt{c}$, und sie divergiert für $|z-a| > \sqrt{c}$. Daraus folgt die Behauptung.   ∎

Nach diesem Muster könnte man weitere Formeln beweisen. Aber eine allgemein gültige Berechnungsmethode für den Konvergenzradius liefert erst die **Formel von Hadamard**, die hier vorgestellt werden soll. Dazu brauchen wir den Begriff des Limes superior und das Wurzelkriterium für Zahlenreihen.

2.4.29. Formel von Hadamard

Es sei $f(z) = \sum_{n=0}^{\infty} c_n(z-a)^n$ eine Potenzreihe mit Konvergenzradius R, und $\gamma := \overline{\lim} \sqrt[n]{|c_n|}$.

  1. Ist γ eine positive reelle Zahl, so ist $R = 1/\gamma$.

  2. Ist $\gamma = 0$, so ist $R = +\infty$.

  3. Ist $\gamma = +\infty$, so ist $R = 0$.

BEWEIS: Es sei $z \in \mathbb{C}$ ein fester Punkt $\neq a$. Wir untersuchen die Konvergenz der Reihe mit Hilfe des Wurzelkriteriums. Dazu sei $a_n := c_n(z-a)^n$ und $\alpha := \overline{\lim} \sqrt[n]{|a_n|}$. Dann ist $\alpha = |z-a| \cdot \gamma$.

Sei zunächst $0 < \gamma < +\infty$. Die Reihe konvergiert genau dann in z, wenn $\alpha < 1$ ist, also $|z-a| < 1/\gamma$. In diesem Fall ist $R = 1/\gamma$.

Ist $\gamma = 0$, so muss auch $\alpha = 0$ sein, und die Reihe konvergiert für jedes z. Ist $\gamma = +\infty$, so ist auch $\alpha = +\infty$, und die Reihe divergiert für jedes $z \neq a$. $\blacksquare$

2.4.30. Beispiel

Weil die Exponentialreihe $\sum_{n=0}^{\infty} x^n/n!$ auf ganz $\mathbb{C}$ konvergiert, ist $\overline{\lim} \sqrt[n]{\dfrac{1}{n!}} = 0$. Diese Tatsache können wir an anderer Stelle gut verwenden:

Sei $f(z) := \displaystyle\sum_{n=0}^{\infty} (-1)^n \frac{z^{2n}}{(2n)!}$. In diesem Falle ist **nicht** etwa $c_n = (-1)^n/(2n)!$, sondern es ist

$$c_{2n} = (-1)^n/(2n)! \quad \text{und} \quad c_{2n+1} = 0,$$

also

$$\sqrt[n]{|c_n|} = \begin{cases} 0 & \text{für ungerades } n, \\ \sqrt[n]{(n!)^{-1}} & \text{für gerades } n. \end{cases}$$

Daraus folgt $\overline{\lim} \sqrt[n]{|c_n|} = 0$, und der Konvergenzradius ist $R = +\infty$.

II) Ebenfalls nachzutragen ist der Beweis des Fundamentalsatzes der Algebra.

2.4.31. Fundamentalsatz der Algebra

Jedes nicht konstante komplexe Polynom hat in $\mathbb{C}$ wenigstens eine Nullstelle.

BEWEIS: Wir können uns auf den folgenden Fall beschränken:

$$p(z) = z^n + a_{n-1}z^{n-1} + \cdots + a_1 z + a_0, \quad \text{mit } n \geq 2.$$

Es sei $\mu := \inf\{|p(z)| : z \in \mathbb{C}\}$.

Behauptung: $|p|$ nimmt auf $\mathbb{C}$ sein Minimum an, d.h. es gibt ein $z_0 \in \mathbb{C}$ mit $|p(z_0)| = \mu$.

Zum Beweis untersuchen wir $|p(z)|$ auf $\{z \in \mathbb{C} : |z| = R\}$. Dort ist

$$\begin{aligned}
|p(z)| &= |z|^n \cdot |1 + \frac{a_{n-1}}{z} + \cdots + \frac{a_0}{z^n}| \\
&\geq R^n \cdot (1 - |a_{n-1}|\frac{1}{R} - \ldots - |a_0|\frac{1}{R^n}) \\
&\to \infty, \quad \text{für } R \to \infty.
\end{aligned}$$

Also gibt es ein R_0, so dass $|p(z)| > \mu$ für $|z| > R_0$ ist.

Da die stetige Funktion $|p|$ auf der kompakten Menge $\overline{D_{R_0}(0)}$ ein Minimum annimmt, finden wir dort das gesuchte z_0.

Behauptung: $p(z_0) = 0$.

Wir nehmen an, es sei $p(z_0) \neq 0$. Dann ist

$$q(z) := \frac{p(z+z_0)}{p(z_0)}$$

ein Polynom vom Grad n mit $q(0) = 1$ und $|q(z)| \geq 1$ für $z \in \mathbb{C}$. Wir werden einen Widerspruch herbeiführen, indem wir zeigen, dass $|q|$ auf dem Rand eines kleinen Kreises um 0 auch Werte < 1 annimmt.

Dazu schreiben wir

$$q(z) = 1 + b_k z^k + \cdots + b_n z^n, \quad \text{mit } b_k \neq 0.$$

Die Idee ist, z so zu wählen, dass $b_k z^k$ eine negative reelle Zahl ist, deren Betrag den der übrigen Terme überwiegt.

Es gibt ein $t \in [0, 2\pi)$ mit $b_k = -|b_k| e^{-it}$. Wir setzen $\theta := t/k$ und wählen $r > 0$ so klein, dass $r^k \cdot |b_k| < 1$ ist. Dann ist $e^{ik\theta} \cdot b_k = -|b_k|$ und

$$|1 + b_k \cdot (r \cdot e^{i\theta})^k| = |1 - r^k|b_k|| = 1 - r^k|b_k|,$$

also

$$
\begin{aligned}
|q(r \cdot e^{i\theta})| &= |1 + b_k \cdot (r \cdot e^{i\theta})^k + r^k(r \cdot b_{k+1} e^{i(k+1)\theta} + \cdots + r^{n-k} \cdot b_n e^{in\theta})| \\
&\leq (1 - r^k|b_k|) + r^k(|b_{k+1}|r + \cdots + |b_n|r^{n-k}) \\
&= 1 - r^k(|b_k| - r|b_{k+1}| - \ldots - r^{n-k}|b_n|).
\end{aligned}
$$

Wählt man r sehr klein, so wird der Klammerausdruck positiv,

$$\text{und damit} \quad |q(re^{i\theta})| < 1.$$

Das ist der gewünschte Widerspruch.   ∎

Der „Fundamentalsatz der Algebra" wurde von Gauß in seiner Dissertation (1799) zum ersten Mal streng bewiesen. Später lieferte er noch drei andere Beweis-Versionen. Der hier vorliegende Beweis geht auf eine 1814 von R. Argand veröffentlichte Methode zurück, die 1820 in vervollständigter Form von Cauchy erneut vorgestellt wurde.

2.4.32. Aufgaben

A. Für jede natürliche Zahl n sei $f_n : \mathbb{R} \to \mathbb{R}$ definiert durch

$$f_n(x) := \begin{cases} 1/n & \text{für } x \in [n, n+1), \\ 0 & \text{für } x \notin [n, n+1). \end{cases}$$

Zeigen Sie, dass die Funktionenreihe $\sum_{n=1}^{\infty} f_n$ punktweise absolut, aber nicht normal konvergiert.

Zeigen Sie außerdem, dass es zu jedem $\varepsilon > 0$ ein n_0 gibt, so dass für alle $m > n_0$ und alle $x \in \mathbb{R}$ gilt: $\left| \sum_{n=n_0+1}^{m} f_n(x) \right| < \varepsilon$.

B. Bestimmen Sie den Konvergenzradius der folgenden Potenzreihen:

(a) $\displaystyle\sum_{n=0}^{\infty} n^k z^n$ (mit $k \in \mathbb{N}$), (b) $\displaystyle\sum_{n=0}^{\infty} \frac{n!}{n^n} z^n$,

(c) $\displaystyle\sum_{n=0}^{\infty} 2^n x^n$, (d) $\displaystyle\sum_{n=0}^{\infty} \frac{\exp(in\pi)}{n+1} z^n$,

(e) $\displaystyle\sum_{n=0}^{\infty} \frac{(-1)^n x^{2n}}{2^{2n}(n!)^2}$, (f) $\displaystyle\sum_{n=0}^{\infty} \frac{(-3)^n x^n}{\sqrt{n+1}}$.

C. Bestimmen Sie die Konvergenzintervalle der folgenden reellen Potenzreihen und untersuchen Sie ihr Konvergenzverhalten in den Randpunkten:

$$\sum_{n=0}^{\infty} \frac{2^n}{3}(x-4)^n \quad \text{und} \quad \sum_{n=0}^{\infty} n^3(x+3)^n \, .$$

D. Bestimmen Sie die Grenzfunktion und den Konvergenzradius der folgenden Potenzreihen:

$$\sum_{n=0}^{\infty} \frac{3}{(-2)^n}(z-1)^n, \quad \sum_{n=0}^{\infty} \frac{3^n}{-4} z^{2n} \quad \text{und} \quad \sum_{n=0}^{\infty} \frac{(-1)^n}{n!} z^{2n} \, .$$

E. (a) Welche Beziehung besteht zwischen $\log_a b$ und $\log_b a$?

(b) Lösen Sie die Gleichung $2\log_3 x + \log_3 4 = 2$.

(c) Zeigen Sie, dass $\log_{a^n}(x^m) = (m/n)\log_a(x)$ ist! Für welche a gilt diese Formel?

F. Drücken Sie $\sin x$ und $\cos x$ durch $\tan x$ aus.

G. Berechnen Sie die Werte von $\sin x$ und $\cos x$ für $x = \pi/6$, $\pi/4$ und $\pi/3$.

H. Beweisen Sie: Für $x \neq 2k\pi$ ist

$$\frac{1}{2} + \sum_{n=1}^{N} \cos(nx) = \frac{\sin\left(N + \frac{1}{2}\right)x}{2\sin\frac{x}{2}} \, .$$

I. Beweisen Sie die folgenden Formeln.

$$\lim_{x \to 0} \frac{\sin x}{x} = 1 \quad \text{und} \quad \lim_{x \to 0} \frac{1 - \cos x}{x} = 0.$$

J. Zeigen Sie, dass $\lim_{x \to 0} \sin(1/x)$ nicht existiert.

K. Beweisen Sie das Additionstheorem

$$\sinh(x + y) = \sinh x \cosh y + \cosh x \sinh y.$$

L. Lösen Sie die quadratische Gleichung $z^2 - (3 + 4\,\mathrm{i})z - 1 + 5\,\mathrm{i} = 0$ in $\mathbb{C}$.

2.5 Flächen als Grenzwerte

Zur Motivation: Die *Länge* eines Intervalls I mit den Grenzen $a \leq b$ ist die Zahl $\ell(I) = b - a$ und der *Flächeninhalt* eines Rechtecks $R = I \times J \subset \mathbb{R}^2$ mit den Seitenlängen c und d ist die Zahl $\mu(R) := c \cdot d$.

Durch Halbierung eines Rechtecks erhält man die Fläche eines rechtwinkligen Dreiecks, und daraus auch die eines beliebigen Dreiecks:

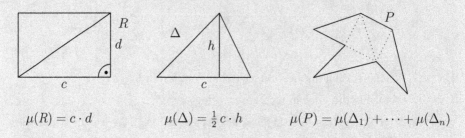

$$\mu(R) = c \cdot d \qquad\qquad \mu(\Delta) = \tfrac{1}{2} c \cdot h \qquad\qquad \mu(P) = \mu(\Delta_1) + \cdots + \mu(\Delta_n)$$

Da sich ein beliebiges Polygon (Vieleck) P aus Dreiecken $\Delta_1, \ldots, \Delta_n$ zusammensetzen lässt, kann man die Fläche des Polygons als Summe von Dreiecksflächen bestimmen. Man spricht dann auch von *Triangulierung*. Schwieriger wird es aber bei unregelmäßigen Figuren, insbesondere bei Figuren mit gekrümmten Rändern. Dann kann man sich der Flächenberechnung nur approximativ nähern. Ziel ist es, einer großen Klasse von ebenen Gebieten G eine Maßzahl $\mu(G) \geq 0$ zuzuordnen. Dabei ist von der Formel für den Flächeninhalt eines Rechtecks auszugehen, und es sind eine Reihe von Axiomen zu beachten, die unsere Vorstellungen aus der Elementargeometrie wiedergeben (z.B. $\mu(G_1 \cup G_2) = \mu(G_1) + \mu(G_2)$, falls $G_1 \cap G_2 = \varnothing$ ist). Im Einzelnen soll hier auf diese Axiome aber nicht eingegangen werden.

Wir werden jetzt – als weiteres Beispiel für einen Grenzübergang – den Flächeninhalt des Gebietes unter einem Funktionsgraphen bestimmen. Dabei sollte die Funktion hinreichend „schön" (z.B. stetig bis auf endlich viele Sprungstellen) sein.

Sei $f : I = [a, b] \to \mathbb{R}$ eine beschränkte (aber ansonsten beliebige) Funktion.

Unter einer **Zerlegung** des Intervalls $I = [a, b]$ verstehen wir eine endliche Menge

$$\mathfrak{Z} = \{x_0, x_1, \ldots, x_n\} \subset I$$

mit $a = x_0 < x_1 < \ldots < x_n = b$. Für $i = 1, \ldots, n$ sei

$$m_i = m_i(f, \mathfrak{Z}) := \inf\{f(x) : x_{i-1} \leq x \leq x_i\}$$
$$\text{und} \quad M_i = M_i(f, \mathfrak{Z}) := \sup\{f(x) : x_{i-1} \leq x \leq x_i\}.$$

Damit kann man die folgenden Größen definieren:

$$\text{Die } \boldsymbol{Untersumme} \ U(f, \mathfrak{Z}) \quad := \quad \sum_{i=1}^{n} m_i(x_i - x_{i-1})$$

$$\text{und die } \boldsymbol{Obersumme} \ O(f, \mathfrak{Z}) \quad := \quad \sum_{i=1}^{n} M_i(x_i - x_{i-1}).$$

Anschaulich gesehen ist $U(f, \mathfrak{Z})$ eine Approximation des Flächeninhaltes unter dem Graphen G_f von unten und $O(f, \mathfrak{Z})$ eine Approximation von oben. Die Näherung wird um so besser, je mehr Teilungspunkte x_i man benutzt.

Eine Zerlegung $\mathfrak{Z}'$ heißt *feiner* als die Zerlegung $\mathfrak{Z}$, falls $\mathfrak{Z} \subset \mathfrak{Z}'$ ist. Das bedeutet, dass $\mathfrak{Z}'$ auf jeden Fall die Teilungspunkte von $\mathfrak{Z}$ enthält, eventuell aber noch mehr.

Zu zwei Zerlegungen $\mathfrak{Z}_1, \mathfrak{Z}_2$ gibt es immer eine *gemeinsame Verfeinerung*, die Zerlegung $\mathfrak{Z} = \mathfrak{Z}_1 \cup \mathfrak{Z}_2$.

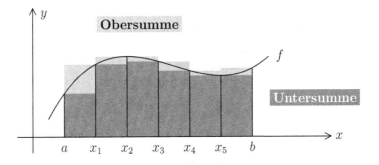

2.5.1. Eigenschaften von Ober- und Untersumme

Unter den obigen Voraussetzungen sei noch $m := \inf_I(f)$ und $M := \sup_I(f)$. Dann gilt:

1. *$m(b - a) \leq U(f, \mathfrak{Z}) \leq O(f, \mathfrak{Z}) \leq M(b - a)$ für jede Zerlegung $\mathfrak{Z}$.*

2. *Ist $\mathfrak{Z}'$ eine Verfeinerung von $\mathfrak{Z}$, so ist*

$$U(f, \mathfrak{Z}) \leq U(f, \mathfrak{Z}') \leq O(f, \mathfrak{Z}') \leq O(f, \mathfrak{Z}).$$

3. *Sind $\mathfrak{Z}_1, \mathfrak{Z}_2$ zwei beliebige Zerlegungen von I, so ist $U(f, \mathfrak{Z}_1) \leq O(f, \mathfrak{Z}_2)$.*

BEWEIS: 1) ist klar, denn es ist stets $m \leq m_i \leq M_i \leq M$.

2) Sei $\mathfrak{Z} = \{x_0, x_1, \ldots, x_n\}$. Es reicht, den Fall

$$\mathfrak{Z}' = \{x_0, x_1, \ldots, x_{i-1}, z, x_i, \ldots, x_n\}$$

zu betrachten, mit $x_{i-1} < z < x_i$. Dann sei

$$m_i' := \inf_{[x_{i-1}, z]} f \quad \text{und} \quad m_i'' := \inf_{[z, x_i]} f.$$

Offensichtlich ist $m_i \leq \min(m_i', m_i'')$, also $m_i(x_i - x_{i-1}) \leq m_i'(z - x_{i-1}) + m_i''(x_i - z)$. Daraus folgt, dass $U(f, \mathfrak{Z}) \leq U(f, \mathfrak{Z}')$ ist. Eine entsprechende Ungleichung (in der anderen Richtung) erhält man für die Obersumme.

3) Sei $\mathfrak{Z}$ eine gemeinsame Verfeinerung der zwei Zerlegungen $\mathfrak{Z}_1$ und $\mathfrak{Z}_2$. Dann folgt: $U(f, \mathfrak{Z}_1) \leq U(f, \mathfrak{Z}) \leq O(f, \mathfrak{Z}) \leq O(f, \mathfrak{Z}_2)$.   ∎

Das sogenannte **Unterintegral**

$$I_*(f) := \sup\{U(f, \mathfrak{Z}) \ : \ \mathfrak{Z} \text{ Zerlegung von } I\}$$

ist die beste Approximation des Flächeninhaltes von unten, und das **Oberintegral**

$$I^*(f) := \inf\{O(f, \mathfrak{Z}) \ : \ \mathfrak{Z} \text{ Zerlegung von } I\}$$

ist die beste Approximation des Flächeninhaltes von oben.

Definition   (Integrierbarkeit und Integral)

Sei $f : [a, b] \to \mathbb{R}$ eine beschränkte Funktion. Ist $I_*(f) = I^*(f)$, so nennen wir f **integrierbar** und den gemeinsamen Wert

$$I_{a,b}(f) := I_*(f) = I^*(f).$$

das **(bestimmte) Integral** von f über $[a, b]$.

Sehr oft benutzen wir auch das klassische Integralsymbol

$$\int_a^b f(x)\, dx := I_{a,b}(f).$$

Bemerkung: Man bezeichnet das hier eingeführte Integral auch als das **Riemann–(Darboux–)Integral**. Im zweiten Band werden wir ein weiteres, allgemeineres Integral (das Integral von Lebesgue) einführen.

Ist $f(x) \geq 0$ auf dem ganzen Intervall, so können wir $I_{a,b}(f)$ als den **Flächeninhalt** des Gebietes zwischen der x-Achse und dem Graphen von f auffassen. Nimmt f auch negative Werte an, so ist $I_{a,b}(f)$ die Differenz aus dem Flächenanteil oberhalb der x-Achse und dem Flächenanteil unter der x-Achse. Speziell ist $I_{a,a}(f) = 0$, und wenn $a > b$ ist, setzen wir $I_{a,b}(f) := -I_{b,a}(f)$.

2.5.2. Integrierbarkeit stetiger Funktionen

Ist $f : [a, b] \to \mathbb{R}$ stetig, so ist $I_*(f) = I^*(f)$, also f integrierbar.

BEWEIS: Wir zeigen: Zu jedem $\varepsilon > 0$ gibt es eine Zerlegung $\mathfrak{Z}_\varepsilon = \{x_0, x_1, \ldots, x_n\}$, so dass für $i = 1, \ldots, n$ gilt:

$$M_i(f, \mathfrak{Z}_\varepsilon) - m_i(f, \mathfrak{Z}_\varepsilon) < \frac{\varepsilon}{b - a}.$$

Dann ist nämlich

$$O(f, \mathfrak{Z}_\varepsilon) - U(f, \mathfrak{Z}_\varepsilon) = \sum_{i=1}^{n} \big(M_i(f, \mathfrak{Z}_\varepsilon) - m_i(f, \mathfrak{Z}_\varepsilon)\big)(x_i - x_{i-1}) < \varepsilon$$

und auch $I^*(f) - I_*(f) \le O(f, \mathfrak{Z}_\varepsilon) - U(f, \mathfrak{Z}_\varepsilon) < \varepsilon$. Weil ε beliebig klein gewählt werden kann, folgt der Satz.

Es sei jetzt ein $\varepsilon > 0$ beliebig vorgegeben. Wie beweisen die Anfangsbehauptung. Als stetige Funktion auf einem abgeschlossenen Intervall ist f sogar gleichmäßig stetig. Daher gibt es ein $\delta > 0$, so dass gilt: Für alle $x, y \in [a, b]$ mit $|x - y| < \delta$ ist $|f(x) - f(y)| < \varepsilon/(b - a)$.

Jetzt sei $\mathfrak{Z}_\varepsilon = \{x_0, x_1, \ldots, x_n\}$ eine Zerlegung, bei der $x_i - x_{i-1} < \delta$ für alle i gilt. Zu jedem i gibt es Punkte $x_{i,u}, x_{i,o} \in [x_{i-1}, x_i]$ mit $f(x_{i,u}) = m_i(f, \mathfrak{Z}_\varepsilon)$ und $f(x_{i,o}) = M_i(f, \mathfrak{Z}_\varepsilon)$. Weil $|x_{i,o} - x_{i,u}| < \delta$ ist, folgt:

$$M_i(f, \mathfrak{Z}_\varepsilon) - m_i(f, \mathfrak{Z}_\varepsilon) = |M_i(f, \mathfrak{Z}_\varepsilon) - m_i(f, \mathfrak{Z}_\varepsilon)| < \frac{\varepsilon}{b - a}.$$

Damit ist alles bewiesen.   ∎

Man kann die Zahl $I_{a,b}(f)$ auch noch auf anderem Wege berechnen.

Definition   (Riemann'sche Summe)

Es sei $\mathfrak{Z} = \{x_0, x_1, \ldots, x_n\}$ eine Zerlegung von I, und für jedes i sei ein Punkt $\xi_i \in [x_{i-1}, x_i]$ gewählt. Wir fassen die ξ_i zu einem Vektor $\boldsymbol{\xi} = (\xi_1, \ldots, \xi_n)$ zusammen. Dann nennt man

$$\Sigma(f, \mathfrak{Z}, \boldsymbol{\xi}) := \sum_{i=1}^{n} f(\xi_i)(x_i - x_{i-1})$$

die **Riemann'sche Summe** von f zur Zerlegung $\mathfrak{Z}$ und zur Wahl $\boldsymbol{\xi}$ von Zwischenpunkten.

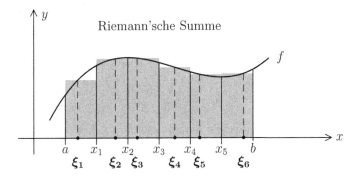

Riemann'sche Summe

2.5.3. Das Integral als Grenzwert Riemann'scher Summen

Sei $f : [a, b] \to \mathbb{R}$ eine integrierbare Funktion. Dann gibt es zu jedem $\varepsilon > 0$ eine Zerlegung $\mathfrak{Z}_0$, so dass für jede feinere Zerlegung $\mathfrak{Z}$ und jede dazu passende Wahl von Zwischenpunkten $\boldsymbol{\xi}$ gilt:

$$\left| \Sigma(f, \mathfrak{Z}, \boldsymbol{\xi}) - I_{a,b}(f) \right| < \varepsilon.$$

BEWEIS: Weil $I_*(f) = I^*(f) = I_{a,b}(f)$ ist, gibt es Folgen $(\mathfrak{Z}'_n)$ und $(\mathfrak{Z}''_n)$ von Zerlegungen, so dass die Untersummen $U(f, \mathfrak{Z}'_n)$ monoton wachsend und die Obersummen $O(f, \mathfrak{Z}''_n)$ monoton fallend gegen $I_{a,b}(f)$ konvergieren.

Ist $\varepsilon > 0$ vorgegeben, so gibt es ein n_0, so dass $O(f, \mathfrak{Z}''_n) - U(f, \mathfrak{Z}'_n) < \varepsilon$ für $n \geq n_0$ ist. Sei $\mathfrak{Z}_0$ eine gemeinsame Verfeinerung von $\mathfrak{Z}'_{n_0}$ und $\mathfrak{Z}''_{n_0}$. Dann gilt für jede feinere Zerlegung $\mathfrak{Z}$ und jede dazu passende Wahl von Zwischenpunkten $\boldsymbol{\xi}$:

1. $O(f, \mathfrak{Z}) - U(f, \mathfrak{Z}) \leq O(f, \mathfrak{Z}''_{n_0}) - U(f, \mathfrak{Z}'_{n_0}) < \varepsilon$.

2. $U(f, \mathfrak{Z}) \leq \Sigma(f, \mathfrak{Z}, \boldsymbol{\xi}) \leq O(f, \mathfrak{Z})$ (weil $m_i(f, \mathfrak{Z}) \leq f(\xi_i) \leq M_i(f, \mathfrak{Z})$ ist).

Dann ist $-\varepsilon < U(f, \mathfrak{Z}) - O(f, \mathfrak{Z}) \leq U(f, \mathfrak{Z}) - I_{a,b}(f) \leq \Sigma(f, \mathfrak{Z}, \boldsymbol{\xi}) - I_{a,b}$ und $\Sigma(f, \mathfrak{Z}, \boldsymbol{\xi}) - I_{a,b} \leq O(f, \mathfrak{Z}) - I_{a,b}(f) \leq O(f, \mathfrak{Z}) - U(f, \mathfrak{Z}) < \varepsilon$.   ∎

2.5.4. Beispiel

Wir betrachten die Funktion $f(x) = x^2$ auf einem Intervall $[a, b]$ mit $0 < a < b$. Als Zerlegung wählen wir $\mathfrak{Z}_n := \{a, a + \delta_n, a + 2\delta_n, \ldots, b\}$, mit $\delta_n := (b - a)/n$, als Zwischenpunkte wählen wir $\xi_i^{(n)} := a + i\delta_n$. Dann ist

$$
\begin{aligned}
\Sigma(f, \mathfrak{Z}_n, \boldsymbol{\xi}^{(n)}) &= \sum_{i=1}^{n} (a + i\delta_n)^2 \cdot \delta_n \\
&= a^2 \delta_n \cdot n + 2a\delta_n^2 \cdot \sum_{i=1}^{n} i + \delta_n^3 \cdot \sum_{i=1}^{n} i^2 \\
&= a^2(b - a) + a(b - a)^2 \cdot \frac{n + 1}{n} + \frac{1}{6}(b - a)^3 \cdot \frac{(n + 1)(2n + 1)}{n^2}.
\end{aligned}
$$

Für $n \to \infty$ strebt dieser Ausdruck gegen

$$
\begin{aligned}
\int_a^b f(x)\, dx &= a^2 b - a^3 + ab^2 - 2a^2 b + a^3 + \frac{1}{3}(b^3 - 3b^2 a + 3ba^2 - a^3) \\
&= \frac{1}{3}(b^3 - a^3).
\end{aligned}
$$

Im nächsten Kapitel werden wir lernen, wie ein solches Integral viel leichter berechnet werden kann.

2.5.5. Elementare Eigenschaften des Integrals

Seien $f, g : [a, b] \to \mathbb{R}$ *integrierbar*, $\lambda \in \mathbb{R}$:

1. *Ist* $c \leq f(x) \leq C$, *so ist* $c(b - a) \leq I_{a,b}(f) \leq C(b - a)$.

2. *Ist* $f \geq 0$, *so ist auch* $I_{a,b}(f) \geq 0$ *(Monotonie des Integrals).*

3. *Ist* $a < c < b$, *so ist* $I_{a,c}(f) + I_{c,b}(f) = I_{a,b}(f)$.

4. *Es ist* $I_{a,b}(\lambda f) = \lambda \cdot I_{a,b}(f)$ *und* $I_{a,b}(f + g) = I_{a,b}(f) + I_{a,b}(g)$
   (Linearität des Integrals).

BEWEIS: 1) Sei $\mathfrak{Z}_0 = \{a, b\}$ die „triviale" Zerlegung von $[a, b]$. Dann ist

$$c(b - a) \leq U(f, \mathfrak{Z}_0) \leq I_{a,b}(f) \leq O(f, \mathfrak{Z}_0) \leq C(b - a).$$

2) Ist $f \geq 0$, so ist auch $U(f, \mathfrak{Z}) \geq 0$ für jede Zerlegung $\mathfrak{Z}$, und damit erst recht $I_{a,b}(f) \geq 0$.

3) ist anschaulich völlig klar. Im Detail argumentiert man folgendermaßen:

Zu jeder natürlichen Zahl n kann man Zerlegungen $\mathfrak{Z}'_n$ von $[a, c]$ und $\mathfrak{Z}''_n$ von $[c, b]$ finden, so dass für die zugehörigen Riemannschen Summen Σ'_n und Σ''_n (mit beliebigen Zwischenpunkten) gilt:

$$|\Sigma'_n - I_{a,c}(f)| < \frac{1}{3n}, \quad |\Sigma''_n - I_{c,b}(f)| < \frac{1}{3n} \quad \text{und} \quad |(\Sigma'_n + \Sigma''_n) - I_{a,b}(f)| < \frac{1}{3n}.$$

Daraus folgt:

$$
\begin{aligned}
|(I_{a,c}(f) + I_{c,b}(f)) - I_{a,b}(f)| &= \\
&= |(I_{a,c}(f) - \Sigma'_n) + (I_{c,b}(f) - \Sigma''_n) + (\Sigma'_n + \Sigma''_n - I_{a,b}(f))| \\
&\leq |I_{a,c}(f) - \Sigma'_n| + |I_{c,b}(f) - \Sigma''_n| + |(\Sigma'_n + \Sigma''_n) - I_{a,b}(f)| \\
&< 1/3n + 1/3n + 1/3n = 1/n .
\end{aligned}
$$

Weil das für jedes n gilt, ist $I_{a,b}(f) = I_{a,c}(f) + I_{c,b}(f)$.

4) Es ist $\Sigma(\lambda f, \mathfrak{Z}, \boldsymbol{\xi}) = \lambda \cdot \Sigma(f, \mathfrak{Z}, \boldsymbol{\xi})$ und $\Sigma(f + g, \mathfrak{Z}, \boldsymbol{\xi}) = \Sigma(f, \mathfrak{Z}, \boldsymbol{\xi}) + \Sigma(g, \mathfrak{Z}, \boldsymbol{\xi})$. Daraus folgt die Linearität. ∎

Eine Funktion $f : [a, b] \to \mathbb{R}$ heißt **stückweise stetig**, falls es eine Zerlegung $\mathfrak{Z}_f = \{x_0, \ldots, x_n\}$ von $[a, b]$ gibt, so dass gilt:

1. f ist auf jedem offenen Teilintervall (x_{i-1}, x_i) stetig.

2. Es existieren die einseitigen Grenzwerte $f(a+)$ und $f(b-)$.

3. Für $i = 1, \ldots, n - 1$ existieren die einseitigen Grenzwerte $f(x_i-)$ und $f(x_i+)$.

Ist ein $\varepsilon > 0$ vorgegeben, so gibt es eine Zerlegung $\mathfrak{Z}_0$, die feiner als $\mathfrak{Z}_f$ ist, so dass für jede noch feinere Zerlegung $\mathfrak{Z}$ von $[a,b]$ gilt:

Ist $\mathfrak{Z}_i$ die Einschränkung von $\mathfrak{Z}$ auf $[x_{i-1}, x_i]$, so ist $O(f, \mathfrak{Z}_i) - U(f, \mathfrak{Z}_i) < \varepsilon/n$ (denn $f|_{[x_{i-1}, x_i]}$ ist ja jeweils integrierbar).

Aber dann ist $O(f, \mathfrak{Z}) - U(f, \mathfrak{Z}) < \varepsilon$. Das bedeutet, dass f integrierbar ist, und natürlich ist

$$\int_a^b f(x)\, dx = \sum_{i=1}^n \int_{x_{i-1}}^{x_i} f(x)\, dx.$$

2.5.6. Der 1. und 2. Mittelwertsatz der Integralrechnung

1. *Die Funktion f sei stetig über $[a,b]$. Dann gibt es ein $c \in [a,b]$ mit*

$$\int_a^b f(x)\, dx = f(c) \cdot (b - a).$$

2. *Sind $f, p : [a,b] \to \mathbb{R}$ stetig, $p \geq 0$, so gibt es ein $c \in [a,b]$ mit*

$$\int_a^b f(x)p(x)\, dx = f(c) \cdot \int_a^b p(x)\, dx.$$

BEWEIS: Die erste Aussage folgt sofort aus der zweiten, wenn man $p(x) \equiv 1$ einsetzt. Wir brauchen also nur die zweite Aussage zu beweisen:

Die stetige Funktion f nimmt auf $[a,b]$ ein globales Minimum m und ein globales Maximum M an. Dann ist $m \leq f(x) \leq M$ auf $[a,b]$ und daher

$$m \cdot p(x) \leq f(x)p(x) \leq M \cdot p(x) \text{ auf } [a,b].$$

Wegen der Linearität und der Monotonie des Integrals ist dann auch

$$m \cdot \int_a^b p(x)\, dx \leq \int_a^b f(x)p(x)\, dx \leq M \cdot \int_a^b p(x)\, dx.$$

Durch $F(x) := f(x) \cdot \int_a^b p(t)\, dt$ wird nun eine stetige Funktion $F : [a,b] \to \mathbb{R}$ definiert, die die Werte $m \cdot \int_a^b p(t)\, dt$ und $M \cdot \int_a^b p(t)\, dt$ in $[a,b]$ annimmt. Nach dem Zwischenwertsatz und wegen der obigen Ungleichung muss F dann in einem geeigneten Punkt $c \in [a,b]$ auch den Wert $\int_a^b f(x)p(x)\, dx$ annehmen. Also ist

$$f(c) \cdot \int_a^b p(t)\, dt = F(c) = \int_a^b f(x)p(x)\, dx.$$

∎

2.5.7. Die Standard-Abschätzung

Ist $f : [a, b] \to \mathbb{R}$ stetig, so ist

$$\left| \int_a^b f(x)\, dx \right| \leq \int_a^b |f(x)|\, dx \leq \sup_{[a,b]} |f| \cdot (b - a).$$

BEWEIS: Weil $-|f| \leq f \leq +|f|$ ist, folgt die erste Ungleichung aus der Monotonie des Integrals. Die zweite Ungleichung ist trivial.   ∎

Wir wollen zeigen, dass sich der natürliche Logarithmus als Integral über die Funktion $1/x$ darstellen lässt. Dazu müssen wir diesem Integral einen passenden Arbeits-Namen geben.

Definition   (Geometrischer Logarithmus)

Die durch $L(x) := \displaystyle\int_1^x \frac{du}{u}$ für $x > 0$ definierte Funktion bezeichnen wir als den *geometrischen Logarithmus*.

2.5.8. Satz

Der geometrische Logarithmus $L : \mathbb{R}_+ \to \mathbb{R}$ hat folgende Eigenschaften.

1. *$L(1) = 0$.*

2. *$L(x) > 0$ für $x > 1$ und $L(x) < 0$ für $0 < x < 1$.*

3. *L ist streng monoton wachsend.*

4. *L ist stetig.*

BEWEIS: Der Integrand $f(u) := 1/u$ ist stetig und positiv auf $\mathbb{R}_+$. Also ist

$$L(x) := \int_1^x f(u)\, du \begin{cases} < 0 & \text{falls } x < 1, \\ = 0 & \text{falls } x = 1, \\ > 0 & \text{falls } x > 1. \end{cases}$$

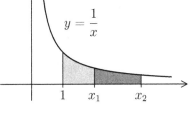

Das ergibt die Aussagen (1) und (2).

Ist $0 < x_1 < x_2$, so ist

$$\begin{aligned} L(x_2) &= \int_1^{x_2} f(u)\, du = \int_1^{x_1} f(u)\, du + \int_{x_1}^{x_2} f(u)\, du \\ &= L(x_1) + \int_{x_1}^{x_2} f(u)\, du \geq L(x_1) + \frac{x_2 - x_1}{x_2} > L(x_1). \end{aligned}$$

Damit ist L streng monoton wachsend.

Sei nun $x_0 \in \mathbb{R}_+$ und $0 < a < x_0$. Ist $u \in [a, \infty)$, so ist $|f(u)| \leq M := 1/a$. Für x nahe x_0 ist daher

$$|L(x) - L(x_0)| = |\int_{x_0}^{x} f(u)\,du| \leq |x - x_0| \cdot M.$$

Strebt x gegen x_0, so strebt $L(x)$ gegen $L(x_0)$. Also ist L in x_0 stetig.   ∎

2.5.9. Lemma

Ist $a > 0$ und $k > 0$, so ist $\int_1^a \dfrac{du}{u} = \int_k^{ka} \dfrac{du}{u}$.

BEWEIS: Für $a = 1$ ist nichts zu zeigen. Sei zunächst $a > 1$, $q := \sqrt[n]{a}$. Wir benutzen die Zerlegungen $\mathfrak{Z}_n := \{1, q, q^2, \ldots, q^{n-1}, q^n\}$. Dann ist

$$O(f, \mathfrak{Z}_n) = \sum_{\nu=0}^{n-1} q^{-\nu}(q^{\nu+1} - q^{\nu}) = n(q-1).$$

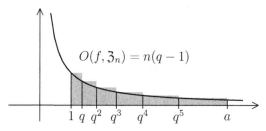

Weil $q^n - q^{n-1} = q^{n-1}(q-1) < a(q-1) = a(\sqrt[n]{a} - 1)$ ist und die rechte Seite mit wachsendem n gegen Null strebt, werden die Zerlegungen $\mathfrak{Z}_n$ beliebig fein, und die Obersummen $O(f, \mathfrak{Z}_n)$ streben gegen $\int_1^a (1/u)\,du$.

Für das Intervall $[k, ka]$ benutzen wir die Zerlegung $\widetilde{\mathfrak{Z}}_n := \{k, kq, kq^2, \ldots, kq^n\}$. Dann ist

$$O(f, \widetilde{\mathfrak{Z}}_n) = \sum_{\nu=0}^{n-1} (kq^{\nu})^{-1}(kq^{\nu+1} - kq^{\nu}) = n(q-1).$$

Also hat das Integral von k bis ka den selben Wert wie das Integral von 1 bis a. Ist $0 < a < 1$, so ist $q^{\nu+1} < q^{\nu}$ und man verwendet die Zerlegungen $\mathfrak{Z}_n = \{q^n, q^{n-1}, \ldots, q, 1\}$ und $\widetilde{\mathfrak{Z}}_n := \{kq^n, kq^{n-1}, \ldots, kq, k\}$. Der Beweis funktioniert dann genauso.   ∎

Nun folgt das wichtige

2.5.10. Additionstheorem

Es ist $L(a \cdot b) = L(a) + L(b)$.

BEWEIS: Nach dem Lemma ist

$$L(a) + L(b) = \int_1^a \frac{du}{u} + \int_1^b \frac{du}{u} = \int_1^a \frac{du}{u} + \int_a^{ab} \frac{du}{u} = \int_1^{ab} \frac{du}{u} = L(ab).$$

∎

Ist speziell $b = 1/a$, so erhält man:

$$L(a) + L(1/a) = L(1) = 0, \text{ also } L(1/a) = -L(a).$$

Zusammen mit dem Additionstheorem ergibt das die Formel

$$\boxed{L(a/b) = L(a) - L(b).}$$

Als stetige und streng monotone Funktion auf $(0, \infty)$ besitzt L eine stetige (und streng monotone) Umkehrfunktion. Die kennen wir bereits:

2.5.11. Geometrischer = natürlicher Logarithmus

Es ist $L(e^x) = x$, also $L(y) = \ln(y)$.

BEWEIS: Aus dem Additionstheorem folgt die Beziehung $L(e^n) = n \cdot L(e)$ und daraus wiederum, dass $L(\sqrt[m]{e}) = (1/m) \cdot L(e)$ ist. Also gilt $L(e^q) = q \cdot L(e)$ für jede rationale Zahl q. Und wegen der Stetigkeit von L ist dann sogar $L(e^x) = x \cdot L(e)$ für alle $x \in \mathbb{R}$.

Weil $(1 + 1/n)^n$ gegen e konvergiert, strebt auch $n \cdot L(1 + 1/n)$ gegen $L(e)$.

Ist $h > 0$, so gilt $1/(1 + h) \leq 1/x \leq 1$ für $x \in [1, 1 + h]$. Integration über dieses Intervall ergibt die Ungleichungskette $h/(1 + h) \leq L(1 + h) \leq h$, also

$$\frac{1}{1 + h} \leq \frac{L(1 + h)}{h} \leq 1.$$

Daher ist $\lim_{h \to 0} L(1 + h)/h = 1$, also $L(e) = 1$ und $L(e^x) = x$.   ∎

Zusammenfassung

Unter einer **Zerlegung** des Intervalls $I = [a, b]$ versteht man eine endliche Menge $\mathfrak{Z} = \{x_0, x_1, \ldots, x_n\}$ mit $a = x_0 < x_1 < \ldots < x_n = b$. Eine Zerlegung $\mathfrak{Z}'$ heißt *feiner* als die Zerlegung $\mathfrak{Z}$, falls $\mathfrak{Z} \subset \mathfrak{Z}'$ ist. Zu zwei Zerlegungen $\mathfrak{Z}_1, \mathfrak{Z}_2$ gibt es immer eine *gemeinsame Verfeinerung*.

Ist $f : I = [a, b] \to \mathbb{R}$ eine beschränkte Funktion und $\mathfrak{Z}$ eine Zerlegung von $[a, b]$, so setzt man

$$m_i = m_i(f, \mathfrak{Z}) := \inf\{f(x) : x_{i-1} \leq x \leq x_i\}$$
$$\text{und} \quad M_i = M_i(f, \mathfrak{Z}) := \sup\{f(x) : x_{i-1} \leq x \leq x_i\}.$$

Damit kann man die **Untersumme** $U(f, \mathfrak{Z}) := \sum_{i=1}^{n} m_i(x_i - x_{i-1})$ und die **Obersumme** $O(f, \mathfrak{Z}) := \sum_{i=1}^{n} M_i(x_i - x_{i-1})$ definieren.

Das **Unterintegral** $I_*(f) := \sup\{U(f, \mathfrak{Z}) \ : \ \mathfrak{Z} \text{ Zerlegung von } I\}$ und das **Oberintegral** $I^*(f) := \inf\{O(f, \mathfrak{Z}) \ : \ \mathfrak{Z} \text{ Zerlegung von } I\}$ existieren immer.

Ist $f : [a, b] \to \mathbb{R}$ eine beschränkte Funktion und $I_*(f) = I^*(f)$, so heißt f **integrierbar** und der gemeinsame Wert $I_{a,b}(f) := I_*(f) = I^*(f)$ das **(bestimmte) Integral** von f über $[a, b]$. Man schreibt auch $\int_a^b f(x)\,dx$ dafür.

Ist $f : [a, b] \to \mathbb{R}$ stetig, so ist f integrierbar.

Ist $\mathfrak{Z} = \{x_0, x_1, \ldots, x_n\}$ eine Zerlegung von I und $\boldsymbol{\xi} = (\xi_1, \ldots, \xi_n)$ ein Vektor mit $\xi_i \in [x_{i-1}, x_i]$, so nennt man $\Sigma(f, \mathfrak{Z}, \boldsymbol{\xi}) := \sum_{i=1}^{n} f(\xi_i)(x_i - x_{i-1})$ die **Riemann'sche Summe** von f zur Zerlegung $\mathfrak{Z}$ und zur Wahl $\boldsymbol{\xi}$ von Zwischenpunkten. Ist $f : [a, b] \to \mathbb{R}$ integrierbar, so gibt es zu jedem $\varepsilon > 0$ eine Zerlegung $\mathfrak{Z}_0$, so dass für jede feinere Zerlegung $\mathfrak{Z}$ und jede dazu passende Wahl von Zwischenpunkten $\boldsymbol{\xi}$ gilt:

$$\left| \Sigma(f, \mathfrak{Z}, \boldsymbol{\xi}) - I_{a,b}(f) \right| < \varepsilon.$$

Das Integral besitzt folgende Eigenschaften:

1. Ist $c \leq f(x) \leq C$, so ist $c(b - a) \leq I_{a,b}(f) \leq C(b - a)$.

2. Ist $f \geq 0$, so ist auch $I_{a,b}(f) \geq 0$.

3. Ist $a < c < b$, so ist $I_{a,c}(f) + I_{c,b}(f) = I_{a,b}(f)$.

4. Ist $\lambda \in \mathbb{R}$, so ist $I_{a,b}(\lambda f) = \lambda \cdot I_{a,b}(f)$.

5. Ist $g : [a, b] \to \mathbb{R}$ ebenfalls integrierbar, so ist $I_{a,b}(f + g) = I_{a,b}(f) + I_{a,b}(g)$.

Eine Funktion $f : [a, b] \to \mathbb{R}$ heißt **stückweise stetig**, falls es eine Zerlegung $\mathfrak{Z}_f = \{x_0, \ldots, x_n\}$ von $[a, b]$ gibt, so dass gilt:

1. f ist auf jedem offenen Teilintervall (x_{i-1}, x_i) stetig.

2. Es existieren die einseitigen Grenzwerte $f(a+)$ und $f(b-)$.

3. Für $i = 1, \ldots, n - 1$ existieren die einseitigen Grenzwerte $f(x_i-)$ und $f(x_i+)$.

Die Funktion f ist dann integrierbar, und es ist

$$\int_a^b f(x)\,dx = \sum_{i=1}^{n} \int_{x_{i-1}}^{x_i} f(x)\,dx.$$

Der **1. Mittelwertsatz der Integralrechnung** besagt:

Ist f stetig über $[a, b]$, so gibt es ein $c \in [a, b]$ mit

$$\int_a^b f(x)\,dx = f(c) \cdot (b - a).$$

Das ist ein Spezialfall des **2. Mittelwertsatzes**:

Sind $f, p : [a, b] \to \mathbb{R}$ stetig, $p \geq 0$, so gibt es ein $c \in [a, b]$ mit

$$\int_a^b f(x)p(x)\,dx = f(c) \cdot \int_a^b p(x)\,dx.$$

Eine Folgerung ist die **Standard-Abschätzung**:

Ist $f : [a, b] \to \mathbb{R}$ stetig, so ist

$$\left| \int_a^b f(x)\,dx \right| \leq \int_a^b |f(x)|\,dx \leq \sup_{[a,b]} |f| \cdot (b - a).$$

Etwas unkonventionell haben wir die durch $L(x) := \int_1^x du/u$ für $x > 0$ definierte Funktion als den **geometrischen Logarithmus** bezeichnet. Dies Funktion hat folgende Eigenschaften:

1. $L(1) = 0$.

2. $L(x) > 0$ für $x > 1$ und $L(x) < 0$ für $0 < x < 1$.

3. L ist streng monoton wachsend.

4. L ist stetig.

5. $L(a \cdot b) = L(a) + L(b)$ (Additionstheorem).

Daraus folgt, dass der geometrische Logarithmus L mit dem natürlichen Logarithmus ln übereinstimmt.

Ergänzungen

2.5.12. Satz

Die Folge $x_n = 1 + \dfrac{1}{2} + \dfrac{1}{3} + \cdots + \dfrac{1}{n-1} - \ln(n)$ konvergiert gegen eine reelle Zahl $C < 1$.

BEWEIS: Für natürliche Zahlen $n < m$ sei

$$I_{n,m} := I_{n,m}(1/x) = \int_n^m (1/x)\,dx.$$

Wir benutzen die Zerlegung $\mathfrak{Z}_{n,m} := \{n, n+1, \ldots, m\}$ des Intervalls $[n, m]$ und erhalten die Obersumme

$$O_{n,m} := O(1/x, \mathfrak{Z}_{n,m}) = \frac{1}{n} + \frac{1}{n+1} + \cdots + \frac{1}{m-1}$$

und die Untersumme

$$U_{n,m} := U(1/x, \mathfrak{Z}_{n,m}) = \frac{1}{n+1} + \frac{1}{n+2} + \cdots + \frac{1}{m}.$$

Schließlich sei $\Delta_{n,m} := O_{n,m} - I_{n,m}$. Offensichtlich ist $\Delta_{n,m} > 0$, $x_n = \Delta_{1,n}$ und

$$
\begin{aligned}
x_{n+1} - x_n &= \Delta_{1,n+1} - \Delta_{1,n} \\
&= (O_{1,n+1} - I_{1,n+1}) - (O_{1,n} - I_{1,n}) \\
&= O_{n,n+1} - I_{n,n+1} \\
&= \Delta_{n,n+1} > 0,
\end{aligned}
$$

also (x_n) streng monoton wachsend.

Außerdem ist

$$x_n < O_{1,n} - U_{1,n} = 1 - \frac{1}{n} < 1.$$

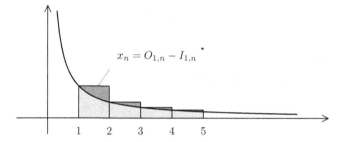

$$x_n = O_{1,n} - I_{1,n}$$

Mit dem Satz von der monotonen Konvergenz folgt die Behauptung. Dabei ist x_n jeweils die Summe der Flächen der Reststückchen der Obersumme, die oberhalb von $y = 1/x$ liegen. ∎

Wir können eine noch genauere Abschätzung geben. Die durch x_n beschriebene Fläche ist größer als die Summe der Flächen aller Dreiecke mit den Ecken $(k, 1/k)$, $(k+1, 1/(k+1))$ und $(k+1, 1/k)$ (mit $k = 1, \ldots, n-1$), denn für $k \le x \le k+1$ ist $|x - (2k+1)/2| \le 1/2$, also $(x - (2k+1)/2)^2 \le 1/4$. Daraus folgt:

$$
\begin{aligned}
x^2 - (2k+1)x \le \frac{1}{4}\big(1 - (2k+1)^2\big) &\implies x^2 - (2k+1)x \le -k(k+1) \\
&\implies k(k+1) \le (2k+1)x - x^2 \\
&\implies \frac{1}{x} \le \frac{1}{k(k+1)}\big(2k+1-x\big),
\end{aligned}
$$

wobei durch die rechte Seite der letzten Ungleichung die Gerade durch $(k, 1/k)$ und $(k+1, 1/(k+1))$ beschrieben wird.

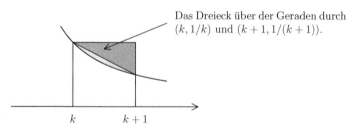

Das Dreieck über der Geraden durch $(k, 1/k)$ und $(k+1, 1/(k+1))$.

Das Dreieck über $[k, k+1]$ hat den Flächeninhalt $\frac{1}{2}\big(1/k - 1/(k+1)\big)$. Deshalb ist

$$x_n > \frac{1}{4} + \left(\frac{1}{4} - \frac{1}{6}\right) + \cdots + \left(\frac{1}{2(n-1)} - \frac{1}{2n}\right) = \frac{1}{2} - \frac{1}{2n}.$$

Die Zahl

$$C := \lim_{n \to \infty} \left(1 + \frac{1}{2} + \frac{1}{3} + \cdots + \frac{1}{n-1} - \ln n\right) = 0.5772\ldots$$

nennt man die **Euler–Mascheroni–Konstante**.

Die Folge

$$y_n = 1 + \frac{1}{2} + \frac{1}{3} + \cdots + \frac{1}{n} - \ln(n)$$

konvergiert monoton fallend von oben gegen C, denn es ist

$$y_{n+1} - y_n = \frac{1}{n+1} - \ln(n+1) + \ln(n) = \frac{1}{n+1} - I_{n,n+1} < 0$$

und $y_n - x_n = 1/n$. Ist $S_n := 1 + 1/2 + 1/3 + \cdots + 1/n$, so ist $S_{n-1} < C + \ln(n) < S_n$, und für genügend großes n ist $S_{n-1} \approx C + \ln(n) \approx S_n$. Wir wollen nun sehen, wann S_n größer als eine gegebene natürliche Zahl N ist. Weil es hier um große Zahlen n geht, reicht es zu untersuchen, wann $\ln(n) > N - C$, also $n > e^{N-C}$ ist.

Im Falle $N = 10$ ist $e^{N-C} \approx e^{9,4228} \approx 12.368$.

Im Falle $N = 100$ ist $e^{N-C} \approx e^{99,4228} \approx 1,5 \cdot 10^{43}$. Wenn wir annehmen, daß der Urknall vor 18 Milliarden Jahren stattfand, so ist dies ca. $5,6 \cdot 10^{17}$ Sekunden her. Hätte also ein Supercomputer seitdem versucht, in jeder Sekunde eine Billion Glieder der harmonischen Reihe zu addieren, so wäre er auch heute noch unvorstellbar weit davon entfernt, eine Summe ≥ 100 zu erhalten.

Trotzdem ist die harmonische Reihe divergent!

2.5.13. Aufgaben

A. Beweisen Sie: Eine beschränkte Funktion $f : [a,b] \to \mathbb{R}$ ist genau dann integrierbar, wenn es zu jedem $\varepsilon > 0$ eine Zerlegung $\mathfrak{Z}$ von $[a,b]$ gibt, so dass $O(f,\mathfrak{Z}) - U(f,\mathfrak{Z}) < \varepsilon$ ist.

Benutzen Sie dieses Kriterium, um zu zeigen, dass jede monotone, beschränkte Funktion $f : [a,b] \to \mathbb{R}$ integrierbar ist.

B. Berechnen Sie die folgenden Integrale mit Hilfe von Riemann'schen Summen:

(a) $\displaystyle\int_0^1 (2x - 2x^2)\,dx$.

(b) $\displaystyle\int_0^2 (x^2 - 2x)\,dx$.

(c) $\displaystyle\int_0^1 e^x\,dx$.

C. Zeigen Sie, dass die „Dirichlet–Funktion"

$$\chi_{\mathbb{Q}}(x) := \begin{cases} 1 & \text{falls } x \text{ rational,} \\ 0 & \text{falls } x \text{ irrational} \end{cases}$$

über $[0,1]$ nicht integrierbar ist.

D. Sei $a > 0$ und $f : [-a, a] \to \mathbb{R}$ integrierbar. Zeigen Sie:

(a) Ist f ungerade (also $f(-x) = -f(x)$), so ist $\displaystyle\int_{-a}^{a} f(x)\,dx = 0$.

(b) Ist f gerade (also $f(-x) = f(x)$), so ist $\displaystyle\int_{-a}^{a} f(x)\,dx = 2 \cdot \int_{0}^{a} f(x)\,dx$.

E. Sei $f : [a, b] \to \mathbb{R}$ integrierbar und $c > 0$ eine reelle Zahl. Zeigen Sie:

$$\int_{a}^{b} f(x)\,dx = \int_{a+c}^{b+c} f(x - c)\,dx \quad \text{und} \quad \int_{a}^{b} f(x)\,dx = \frac{1}{c} \int_{ca}^{cb} f\left(\frac{x}{c}\right)\,dx.$$

F. Es seien $n, p \in \mathbb{N}$.

(a) Zeigen Sie: $(p+1)n^p < (n+1)^{p+1} - n^{p+1} < (p+1)(n+1)^p$.

(b) Beweisen Sie durch Induktion nach n:

$$\sum_{k=1}^{n-1} k^p < \frac{n^{p+1}}{p+1} < \sum_{k=1}^{n} k^p.$$

(c) Beweisen Sie: $\displaystyle\int_{0}^{a} x^p\,dx = \frac{a^{p+1}}{p+1}$ (für $a > 0$).

G. Berechnen Sie $\ln(2) = \int_{1}^{2}(1/x)\,dx$ mit einem Fehler, der < 0.1 ist. Benutzen Sie dazu eine Zerlegung von $[1, 2]$ in 3 Teile und Ober- und Untersummen.

H. Sei $f : \mathbb{R} \to \mathbb{R}$ stetig und nicht die Nullfunktion. Außerdem sei $f(x + y) = f(x) \cdot f(y)$ für alle $x, y \in \mathbb{R}$. Zeigen Sie:

(a) f hat keine Nullstellen.

(b) Es ist $f(0) = 1$ und $a := f(1) > 0$, sowie $f(q) = a^q$ für alle rationalen Zahlen q.

(c) Es ist $f(x) = a^x$ für alle $x \in \mathbb{R}$.

3 Der Calculus

calculus, lateinisch, *der Rechenstein*, in übertragenem Sinne auch *die Rechnung, Berechnung*. Im Englischen steht „Calculus" für Differential- und Integralrechnung.

Ab Oktober 1675 entwickelte der Philosoph und Mathematiker Gottfried Wilhelm Leibniz die entscheidenden Ideen seiner Infinitesimalmathematik unter der Bezeichnung „Calculus". Er führte das Wort „Funktion" als mathematischen Fachausdruck ein, sowie das Differentialzeichen d und das Integralzeichen $\int$. Ihm schwebte vor, mit Hilfe eines universellen arithmetischen Kalküls und einer geeigneten Symbolsprache richtige mathematische Aussagen zu gewinnen.

3.1 Differenzierbare Funktionen

Zur Motivation: Die „Ableitung" einer Funktion gehört sicher zu den aus der Schule am besten bekannten Begriffen der Analysis. Beschreibt die Funktion $f : [a, b] \to \mathbb{R}$ eine veränderliche Größe, so bezeichnet man den Quotienten

$$\frac{\Delta f}{\Delta x} := \frac{f(b) - f(a)}{b - a}$$

als die **mittlere Änderungsrate** von f im Intervall $I = [a, b]$.

Liefert f etwa die zurückgelegte Entfernung während einer Autofahrt von Bonn nach Berlin, abhängig von der Fahrzeit x, so ist $\Delta f / \Delta x$ die mittlere Geschwindigkeit des Autos. Beschreibt f die Höhe über NN, auf der sich ein Radsportler während einer Bergetappe der Tour de France befindet, abhängig von der zurückgelegten Entfernung x, so ist $\Delta f / \Delta x$ die mittlere Steigung auf der Strecke.

Der Polizist an der Radarfalle interessiert sich natürlich nur für die momentane Geschwindigkeit des Autos, und der Radler interessiert sich für die momentane Steigung. Die **momentane Änderungsrate** oder **Ableitung** der Funktion f an der Stelle $x_0 \in I$ erhält man, indem man zunächst die Änderungsraten $\Delta f / \Delta x$ auf kleinen Umgebungen von x_0 berechnet und dann x gegen x_0 gehen lässt. Das ergibt den bekannten Limes des Differenzenquotienten:

$$f'(x_0) = \lim_{x \to x_0} \frac{f(x) - f(x_0)}{x - x_0} .$$

In alten Zeiten hat man sich das so vorgestellt: Die Differenzen $\Delta f = f(x) - f(x_0)$ und $\Delta x = x - x_0$ streben jeweils gegen infinitesimale Größen, die „Differentiale" df und dx, und die Ableitung ist dann der „Differentialquotient" df/dx. Die Bezeichnung hat sich bis heute gehalten, auch wenn die Idee dahinter so nicht stehen bleiben kann. Wir werden hier keine infinitesimalen Größen benutzen.

© Springer-Verlag GmbH Deutschland, ein Teil von Springer Nature 2020
K. Fritzsche, *Grundkurs Analysis 1*,
https://doi.org/10.1007/978-3-662-60813-5_3

Jetzt wollen wir präziser vorgehen, uns dabei aber von geometrischen Vorstellungen leiten lassen. Gegeben sei eine beliebige Funktion $f : I = [a, b] \to \mathbb{R}$ und ein fester Punkt $x_0 \in I$. Außerdem sei $h \in \mathbb{R}$ so klein, dass auch noch $x_0 + h$ in I liegt.

Wir suchen eine Gerade durch $P = (x_0, f(x_0))$ und $Q = (x_0 + h, f(x_0 + h))$ und beschreiben diese Gerade durch eine affin-lineare Funktion $\lambda_h(x) = m_h x + b$ mit

$$\lambda_h(x_0) = f(x_0) \quad \text{und} \quad \lambda_h(x_0 + h) = f(x_0 + h). \tag{*}$$

Eine solche Gerade, also den Graphen von λ_h, nennt man eine **Sekante**, weil sie den Graphen von f in den beiden Punkten P und Q schneidet. Aus (*) erhält man die Steigung und die endgültige Form der Sekante,

$$m_h = \frac{f(x_0 + h) - f(x_0)}{h} \quad \text{und} \quad \lambda_h(x) = f(x_0) + m_h \cdot (x - x_0).$$

Bezeichnet α den **Steigungswinkel** in dem „Steigungsdreieck", das aus den Punkten P, $P' = (x_0 + h, f(x_0))$ und Q gebildet wird, so ist $\tan(\alpha) = m_h$. Wenn m_h für $h \to 0$ gegen einen wohlbestimmten Wert m konvergiert, so nennt man die affin-lineare Funktion

$$T(x) := f(x_0) + m \cdot (x - x_0)$$

(oder genauer ihren Graphen) die **Tangente** an (den Graphen von) f in x_0.

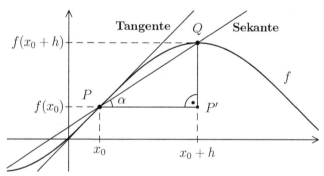

Da die Existenz des Grenzwertes m nicht selbstverständlich ist, führt man für ihn eine besondere Bezeichnung ein:

Definition   (Differenzierbarkeit, Ableitung)

Eine Funktion $f : I \to \mathbb{R}$ heißt **differenzierbar** in $x_0 \in I$, falls der Grenzwert

$$f'(x_0) := \lim_{h \to 0} \frac{f(x_0 + h) - f(x_0)}{h} \qquad \text{(für } h \neq 0 \text{ und } x_0 + h \in I)$$

existiert. Die Zahl $\dfrac{df}{dx}(x_0) := f'(x_0)$ nennt man die **Ableitung** von f in x_0.

3.1.1. Beispiel

Die Funktion $f(x) = x^2$ ist überall differenzierbar, denn es ist

$$\frac{(x + h)^2 - x^2}{h} = \frac{2xh + h^2}{h} = 2x + h,$$

und dieser Ausdruck strebt für $h \to 0$ gegen $2x$. Also ist $f'(x) = 2x$.

Etwas allgemeiner erhält man im Falle der Funktion $f(x) = x^n$ die Beziehung

$$\frac{f(x + h) - f(x)}{h} = \frac{(x + h)^n - x^n}{h} = \frac{1}{h}\left(\sum_{i=0}^{n}\binom{n}{i}x^i h^{n-i} - x^n\right)$$

$$= \sum_{i=0}^{n-1}\binom{n}{i}x^i h^{n-i-1} = n \cdot x^{n-1} + \text{Terme, die } h \text{ enthalten.}$$

Lässt man h gegen Null gehen, so fallen die Terme weg, die h als Faktor enthalten, und der ganze Ausdruck strebt gegen $n \cdot x^{n-1}$. Also ist auch die Funktion $f(x) = x^n$ differenzierbar, wir erhalten die bekannte Formel

$$(x^n)' = n \cdot x^{n-1}.$$

Der Begriff der Differenzierbarkeit muss nicht auf skalare Funktionen beschränkt bleiben, er lässt sich ganz einfach auf vektorwertige Funktionen übertragen:

Definition   (Differenzierbarkeit von $\mathbf{f} : I \to \mathbb{R}^m$)

$\mathbf{f} = (f_1, \ldots, f_m) : I \to \mathbb{R}^m$ heißt ***differenzierbar in*** $t_0 \in I$, falls alle Komponentenfunktionen $f_1, \ldots, f_m$ in t_0 differenzierbar sind. Die Funktion heißt ***auf*** I ***differenzierbar***, falls sie in jedem Punkt $t \in I$ differenzierbar ist.

3.1.2. Äquivalente Formulierungen der Differenzierbarkeit

Sei $I \subset \mathbb{R}$ ein beliebiges Intervall und $t_0 \in I$. Folgende Aussagen über eine Funktion $\mathbf{f} : I \to \mathbb{R}^m$ sind äquivalent:

1. $\mathbf{f}$ ist differenzierbar in t_0.

2. Es existiert der Grenzwert $\mathbf{f}'(t_0) := \lim\limits_{t \to t_0} \dfrac{\mathbf{f}(t) - \mathbf{f}(t_0)}{t - t_0}$.

3. Es gibt einen Vektor $\mathbf{a} \in \mathbb{R}^m$ und eine Funktion $\mathbf{r} : I \to \mathbb{R}^m$ mit

$$\mathbf{f}(t) = \mathbf{f}(t_0) + (t - t_0) \cdot \mathbf{a} + \mathbf{r}(t) \text{ auf } I \quad \text{und} \quad \lim\limits_{t \to t_0} \frac{\mathbf{r}(t)}{t - t_0} = \mathbf{0}.$$

4. Es gibt eine in t_0 stetige Abbildung $\boldsymbol{\Delta} : I \to \mathbb{R}^m$ mit

$$\mathbf{f}(t) = \mathbf{f}(t_0) + (t - t_0) \cdot \boldsymbol{\Delta}(t).$$

Ist $\mathbf{f}$ in t_0 differenzierbar, so ist $\mathbf{f}'(t_0) = \Delta(t_0)$.

BEWEIS: (1) $\implies$ (2): Ist $\mathbf{f}$ differenzierbar in t_0, so gilt dies definitionsgemäß auch für alle Komponentenfunktionen f_i. Also existieren die Grenzwerte

$$f_i'(t_0) = \lim_{t \to t_0} \frac{f_i(t) - f_i(t_0)}{t - t_0} \quad \text{für alle } i$$

und damit auch der Grenzwert $\lim_{t \to t_0} \dfrac{1}{t - t_0}(\mathbf{f}(t) - \mathbf{f}(t_0)) = (f_1'(t_0), \dots, f_m'(t_0))$.

(2) $\implies$ (3): Sinngemäß soll hier gezeigt werden, dass eine in t_0 differenzierbare Funktion in der Nähe von t_0 von mindestens 2. Ordnung durch eine affin-lineare Funktion approximiert werden kann.

Jede lineare Abbildung $\mathbf{L} = (L_1, \dots, L_m) : \mathbb{R} \to \mathbb{R}^m$ kann in der Gestalt $\mathbf{L}(t) = (t - t_0) \cdot \mathbf{a} + \mathbf{b}$ geschrieben werden (so dass jede Komponente $L_i(t) = (t - t_0) \cdot a_i + b_i$ eine affin-lineare Funktion ist). Damit $\mathbf{L}(t_0) = \mathbf{f}(t_0)$ und $\mathbf{L}'(t_0) = \mathbf{f}'(t_0)$ ist, muss man

$$\mathbf{a} := \mathbf{f}'(t_0) \quad \text{und} \quad \mathbf{b} := \mathbf{f}(t_0)$$

setzen. $\mathbf{r}(t) := \mathbf{f}(t) - \mathbf{f}(t_0) - (t - t_0) \cdot \mathbf{a}$ ist dann die Abweichung von $\mathbf{f}$ von seiner linearen Approximation, und es gilt:

$$\mathbf{f}(t) = \mathbf{f}(t_0) + (t - t_0) \cdot \mathbf{a} + \mathbf{r}(t)$$

$$\text{und} \quad \lim_{t \to t_0} \frac{\mathbf{r}(t)}{t - t_0} = \lim_{t \to t_0} \left(\frac{\mathbf{f}(t) - \mathbf{f}(t_0)}{t - t_0} - \mathbf{f}'(t_0) \right) = 0.$$

(3) $\implies$ (4): Nun setzen wir voraus, dass die lineare Approximation existiert. Dann definieren wir:

$$\boldsymbol{\Delta}(t) := \begin{cases} \mathbf{a} + \mathbf{r}(t)/(t - t_0) & \text{für } t \neq t_0, \\ \mathbf{a} & \text{im Falle } t = t_0. \end{cases}$$

Offensichtlich ist $\mathbf{f}(t) = \mathbf{f}(t_0) + (t - t_0) \cdot \boldsymbol{\Delta}(t)$ und $\lim\limits_{t \to t_0} \boldsymbol{\Delta}(t) = \boldsymbol{\Delta}(t_0)$.

(4) $\implies$ (1): Schreiben wir $\boldsymbol{\Delta} = (\Delta_1, \dots, \Delta_m)$, so ist $\Delta_i(t) = \dfrac{f_i(t) - f_i(t_0)}{t - t_0}$ für $t \neq t_0$. Wegen der Stetigkeit von Δ_i in t_0 existiert $\lim\limits_{t \to t_0} \Delta_i(t)$. Da dies für $i = 1, \dots, m$ gilt, ist $\mathbf{f}$ differenzierbar in t_0. Hieraus ergibt sich auch die Zusatzbehauptung. ∎

Definition   (Ableitung und Tangentenvektor)

Ist $\mathbf{f} : I \to \mathbb{R}^m$ in t_0 differenzierbar, so heißt $\mathbf{f}'(t_0)$ die *Ableitung* von $\mathbf{f}$ in t_0. Im Falle $m > 1$ spricht man auch vom *Tangentenvektor*.

Ist die Funktion $\mathbf{f}$ auf ganz I differenzierbar, so nennt man die auf I definierte Funktion $\mathbf{f}' : t \mapsto \mathbf{f}'(t)$ die *abgeleitete Funktion* (oder kurz: die *Ableitung*) von $\mathbf{f}$ auf I.

Warum befassen wir uns mit so vielen äquivalenten Formulierungen der Differenzierbarkeit? Die Ableitung als Limes des Differenzenquotienten (2) ist der Begriff, den die meisten noch von der Schule her kennen. Die lineare Approximierbarkeit (3) ist diejenige Beschreibung der Differenzierbarkeit, die sich am besten auf die Differentialrechnung von mehreren Variablen verallgemeinern lässt. Wir übergeben diesen Begriff unserem Langzeitgedächtnis und versuchen uns später wieder daran zu erinnern. Die Eigenschaft (4) ist etwas schwerer zu interpretieren, aber sie hat den unschätzbaren Vorteil, dass man zu ihrer Formulierung keine Quotienten braucht. Deshalb ist dieses Kriterium besonders gut geeignet, Differenzierbarkeitsbeweise zu führen, und genau dafür werden wir (4) benutzen.

Zur Motivation: Woran erinnert man sich üblicherweise beim Thema „Differentialrechnung"?

- Es gibt gewisse Permanenz-Regeln für die Differenzierbarkeit, die den meisten nur noch als Regeln für das Bilden von Ableitungen im Gedächtnis geblieben sein dürften:

  - Sind f und g differenzierbar und ist $c \in \mathbb{R}$, so ist

    $$(f \pm g)' = f' \pm g' \text{ und } (c \cdot f)' = c \cdot f'.$$

    Man spricht von der *Linearität* der Ableitung.
  - Es gilt die *Produktregel*

    $$(f \cdot g)' = f' \cdot g + f \cdot g'$$

    und die *Quotientenregel*

    $$(f/g)' = (f'g - fg')/g^2.$$

- Bei einigen elementaren Funktionen kennt man die Formeln

  $$(x^n)' = n \cdot x^{n-1}, \quad (e^x)' = e^x, \quad \sin'(x) = \cos(x) \text{ und } \cos'(x) = -\sin(x).$$

- Zusammengesetzte Funktionen leitet man mit Hilfe der (meist nicht besonders beliebten) Kettenregel ab:

  $$(f \circ g)'(x) = f'(g(x)) \cdot g'(x), \quad \text{also z.B. } (e^{x^2})' = e^{x^2} \cdot 2x.$$

- Eine differenzierbare Funktion f hat in x_0 einen „Hochpunkt" (bzw. „Tiefpunkt"), falls $f'(x_0) = 0$ und $f''(x_0) < 0$ (bzw. > 0) ist. Zwischen zwei solchen Punkten wächst oder fällt die Funktion monoton. Ist $f''(x_0) = 0$ und $f'''(x_0) \neq 0$, so liegt ein Wendepunkt vor. Dort geht der Graph der Funktion von einer Linkskrümmung in eine Rechtskrümmung über, oder umgekehrt. Mit Hilfe dieser Erkenntnisse werden die sattsam bekannten „Kurvendiskussionen" durchgeführt.

Nach und nach werden wir die angesprochenen Regeln und andere Eigenschaften sauber beweisen und – wenn möglich – verallgemeinern. Wir beginnen mit ein paar einfachen Beispielen:

3.1.3. Beispiele

A. Ist $\mathbf{f}(t) \equiv \mathbf{c}$ eine konstante Abbildung, so ist $\mathbf{f}(t) - \mathbf{f}(t_0) \equiv \mathbf{0}$ für alle t, t_0. Also ist $\mathbf{f}'(t) \equiv \mathbf{0}$.

B. Ist $\mathbf{f}(t) := \mathbf{x}_0 + t \cdot \mathbf{v}$ eine parametrisierte Gerade, so ist

$$\frac{\mathbf{f}(t) - \mathbf{f}(t_0)}{t - t_0} = \mathbf{v} \text{ für beliebige Parameter } t, t_0,$$

also $\mathbf{f}'(t) \equiv \mathbf{v}$.

C. Eine komplexwertige Funktion $f = g + \mathrm{i}\, h : I \to \mathbb{C}$ kann wie eine vektorwertige Funktion behandelt werden. f ist genau dann in $t_0 \in I$ differenzierbar, wenn $\mathrm{Re}(f) = g$ und $\mathrm{Im}(f) = h$ in t_0 differenzierbar sind, und dann ist $f'(t_0) = g'(t_0) + \mathrm{i}\, h'(t_0)$.

D. Die Ableitung der Potenzfunktion x^n haben wir schon weiter oben berechnet. Betrachten wir jetzt die Exponentialfunktion! Es ist

$$\exp(x) = \sum_{n=0}^{\infty} \frac{x^n}{n!} = 1 + x \cdot \sum_{n=1}^{\infty} \frac{x^{n-1}}{n!} = 1 + x \cdot \sum_{n=0}^{\infty} \frac{x^n}{(n+1)!}.$$

Diese Umformung ist erlaubt, weil $\Delta(x) := \sum_{n=0}^{\infty} x^n/(n+1)!$ genau wie $\exp(x)$ den Konvergenzradius ∞ hat. Außerdem folgt sofort, dass Δ (auf ganz $\mathbb{R}$ und damit insbesondere in $x = 0$) stetig ist. Die Zerlegung

$$\exp(x) = \exp(0) + x \cdot \Delta(x)$$

zeigt, dass $\exp$ in $x = 0$ differenzierbar ist, mit $\exp'(0) = \Delta(0) = 1$.

Ist nun $x_0 \in \mathbb{R}$ ein beliebiger Punkt, so ist

$$
\begin{aligned}
\exp(x) - \exp(x_0) &= \exp(x_0 + (x - x_0)) - \exp(x_0) \\
&= \exp(x_0) \cdot \exp(x - x_0) - \exp(x_0) \\
&= \exp(x_0) \cdot (\exp(x - x_0) - 1).
\end{aligned}
$$

Die Zerlegung $\exp(x) = 1 + x \cdot \Delta(x)$ liefert:

$$\exp(x - x_0) - 1 = (x - x_0) \cdot \Delta(x - x_0).$$

Da die Funktion $\Delta_0(x) := \exp(x_0) \cdot \Delta(x - x_0)$ überall (und damit insbesondere in $x = x_0$) stetig und $\exp(x) = \exp(x_0) + (x - x_0) \cdot \Delta_0(x)$ ist, folgt:

$\exp$ ist in x_0 differenzierbar und $\exp'(x_0) = \Delta_0(x_0) = \exp(x_0)$. Also ist allgemein

$$\boxed{(e^x)' = e^x.}$$

E. Jetzt betrachten wir die komplexwertige Funktion $f(t) := \exp(\mathrm{i}\,t)$. Genau wie oben erhalten wir eine Zerlegung

$$f(t) = \sum_{n=0}^{\infty} \frac{(\mathrm{i}\,t)^n}{n!} = 1 + (\mathrm{i}\,t) \cdot \sum_{n=0}^{\infty} \frac{(\mathrm{i}\,t)^n}{(n+1)!} = f(0) + t \cdot \widetilde{\Delta}(t),$$

mit der stetigen komplexwertigen Funktion $\widetilde{\Delta}(t) := \mathrm{i} \cdot \sum_{n=0}^{\infty} (\mathrm{i}\,t)^n/(n+1)!$. Also ist f in $t = 0$ differenzierbar, und es ist $f'(0) = \widetilde{\Delta}(0) = \mathrm{i}$.

Ist $t_0 \in \mathbb{R}$ beliebig, so folgt aus dem Additionstheorem für die Exponentialfunktion die Formel

$$\exp(\mathrm{i}\,t) - \exp(\mathrm{i}\,t_0) = \exp(\mathrm{i}\,t_0) \cdot (\exp(\mathrm{i}\,(t-t_0)) - 1),$$

also $f(t) = f(t_0) + (t-t_0) \cdot f(t_0) \cdot \widetilde{\Delta}(t-t_0)$. Damit ist f auch in t_0 differenzierbar, und

$$f'(t_0) = f(t_0) \cdot \widetilde{\Delta}(0) = \mathrm{i} \cdot f(t_0).$$

Aus der Euler'schen Formel $e^{\mathrm{i}t} = \cos t + \mathrm{i}\sin t$ erhalten wir nun, dass $\cos(t)$ und $\sin(t)$ auf ganz $\mathbb{R}$ differenzierbar sind, und es gilt:

$$\cos'(t) + \mathrm{i}\,\sin'(t) = \mathrm{i} \cdot (\cos(t) + \mathrm{i}\,\sin(t)),$$

also $\boxed{\cos'(t) = -\sin(t)}$ und $\boxed{\sin'(t) = \cos(t)}$.

F. Ist $\mathbf{f}(t) := \mathbf{a} + r\cos(t)\mathbf{e}_1 + r\sin(t)\mathbf{e}_2 = (a_1 + r\cos(t), a_2 + r\sin(t))$ die Parametrisierung eines Kreises im $\mathbb{R}^2$, so ist

$$\mathbf{f}'(t) = (-r\sin(t), r\cos(t)) = -r\sin(t)\mathbf{e}_1 + r\cos(t)\mathbf{e}_2,$$

also $(\mathbf{f}(t) - \mathbf{a}) \bullet \mathbf{f}'(t) = (r\cos(t)\mathbf{e}_1 + r\sin(t)\mathbf{e}_2) \bullet (-r\sin(t)\mathbf{e}_1 + r\cos(t)\mathbf{e}_2) = 0.$

Das bedeutet, dass der „Radius-Vektor" $\mathbf{f}(t) - \mathbf{a}$ und der Tangentenvektor $\mathbf{f}'(t)$ immer aufeinander senkrecht stehen.

G. Bis jetzt haben wir nur Beispiele von differenzierbaren Funktionen kennengelernt. Die Funktion $f(t) := |t|$ ist allerdings in $t = 0$ nicht differenzierbar, denn

$$\frac{f(t) - f(0)}{t} = \frac{|t|}{t} = \begin{cases} 1 & \text{für } t > 0 \\ -1 & \text{für } t < 0 \end{cases}$$

besitzt für $t \to 0$ unterschiedliche Grenzwerte von links und von rechts.

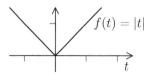

Tatsächlich ist f in allen Punkten außerhalb 0 differenzierbar, aber bei $x = 0$ hat die Funktion einen „Knick". Sie ist dort nicht genügend glatt und besitzt deshalb keine eindeutig bestimmte Tangente.

Ist eine Funktion $\mathbf{f} : I \to \mathbb{R}^m$ in t_0 differenzierbar, so ist $\mathbf{f}$ in t_0 erst recht stetig. Das folgt sofort aus der Darstellung $\mathbf{f}(t) = \mathbf{f}(t_0) + (t - t_0) \cdot \mathbf{\Delta}(t)$, mit einer in t_0 stetigen Funktion $\mathbf{\Delta}$.

Wie man an Hand des letzten Beispiels sehen konnte, braucht umgekehrt eine stetige Funktion nicht differenzierbar zu sein. Die Situation ist sogar noch viel schlimmer! Wir werden in Kapitel 4 eine Funktion kennenlernen, die überall stetig, aber nirgends differenzierbar ist.

Wir gehen jetzt daran, die wichtigsten Ableitungsregeln zu beweisen, und beginnen mit der Linearität der Ableitung. Allerdings behandeln wir die Linearität in einem etwas allgemeineren Konzept:

3.1.4. Die Berechnung von $(\mathbf{u} \circ \mathbf{f})'$ für lineares $\mathbf{u}$

Sei $\mathbf{f} : I \to \mathbb{R}^m$ differenzierbar in t_0 und $\mathbf{u} : \mathbb{R}^m \to \mathbb{R}^k$ linear. Dann ist auch die Abbildung $\mathbf{u} \circ \mathbf{f} : I \to \mathbb{R}^k$ in t_0 differenzierbar, und es ist

$$(\mathbf{u} \circ \mathbf{f})'(t_0) = \mathbf{u}(\mathbf{f}'(t_0)).$$

BEWEIS: Wegen der Linearität von $\mathbf{u}$ ist

$$\frac{\mathbf{u} \circ \mathbf{f}(t) - \mathbf{u} \circ \mathbf{f}(t_0)}{t - t_0} = \mathbf{u}\left(\frac{\mathbf{f}(t) - \mathbf{f}(t_0)}{t - t_0}\right),$$

und da $\mathbf{u}$ stetig ist, konvergiert der rechte Ausdruck für $t \to t_0$ gegen $\mathbf{u}(\mathbf{f}'(t_0))$. ∎

3.1.5. Beispiele

A. Sind $f, g : I \to \mathbb{R}$ differenzierbar, so ist auch die vektorwertige Funktion $(f, g) : I \to \mathbb{R}^2$ differenzierbar. Die Abbildung $\mathbf{u} : \mathbb{R}^2 \to \mathbb{R}$ mit $\mathbf{u}(x_1, x_2) := x_1 \pm x_2$ ist linear. Also ist auch $f \pm g = \mathbf{u} \circ (f, g)$ differenzierbar, und es ist $(f \pm g)' = \mathbf{u}(f', g') = f' \pm g'$.

B. Genauso folgt: Mit $\mathbf{f} : I \to \mathbb{R}^m$ ist auch $c \cdot \mathbf{f}$ differenzierbar, und es ist $(c \cdot \mathbf{f})' = c \cdot \mathbf{f}'$, für beliebiges $c \in \mathbb{R}$.

3.1.6. Verallgemeinerte Produktregel

Sind die Funktionen $\mathbf{f}, \mathbf{g} : I \to \mathbb{R}^m$ beide in t_0 differenzierbar, so ist auch ihr Skalarprodukt $\mathbf{f} \bullet \mathbf{g} : I \to \mathbb{R}$ in t_0 differenzierbar, und es gilt:

$$(\mathbf{f} \bullet \mathbf{g})'(t_0) = \mathbf{f}'(t_0) \bullet \mathbf{g}(t_0) + \mathbf{f}(t_0) \bullet \mathbf{g}'(t_0).$$

BEWEIS: Um das zunächst klarzustellen: Die Funktion $\mathbf{f} \bullet \mathbf{g}$ ist definiert durch $(\mathbf{f} \bullet \mathbf{g})(t) := \mathbf{f}(t) \bullet \mathbf{g}(t)$. Nach Voraussetzung sind die einzelnen Funktionen in t_0 differenzierbar, es gibt also in t_0 stetige Funktionen $\boldsymbol{\Delta}_f$ und $\boldsymbol{\Delta}_g$, so dass gilt:

$$\mathbf{f}(t) = \mathbf{f}(t_0) + (t - t_0) \cdot \boldsymbol{\Delta}_f(t) \text{ und } \mathbf{g}(t) = \mathbf{g}(t_0) + (t - t_0) \cdot \boldsymbol{\Delta}_g(t),$$

sowie $\boldsymbol{\Delta}_f(t_0) = \mathbf{f}'(t_0)$ und $\boldsymbol{\Delta}_f(t_0) = \mathbf{f}'(t_0)$. Jetzt benutzen wir einen kleinen Trick:

$$\begin{aligned} (\mathbf{f} \bullet \mathbf{g})(t) - (\mathbf{f} \bullet \mathbf{g})(t_0) &= (\mathbf{f}(t) - \mathbf{f}(t_0)) \bullet \mathbf{g}(t) + \mathbf{f}(t_0) \bullet (\mathbf{g}(t) - \mathbf{g}(t_0)) \\ &= (t - t_0) \cdot [\boldsymbol{\Delta}_f(t) \bullet \mathbf{g}(t) + \mathbf{f}(t_0) \bullet \boldsymbol{\Delta}_g(t)]. \end{aligned}$$

Da die Funktion in der eckigen Klammer stetig in t_0 ist, ist $\mathbf{f} \bullet \mathbf{g}$ dort differenzierbar, und es ist $(\mathbf{f} \bullet \mathbf{g})'(t_0) = \mathbf{f}'(t_0) \bullet \mathbf{g}(t_0) + \mathbf{f}(t_0) \bullet \mathbf{g}'(t_0)$. ∎

Hierin ist die gewöhnliche Produktregel für skalare Funktionen $f, g : I \to \mathbb{R}$ enthalten:

$$\boxed{(f \cdot g)' = f' \cdot g + f \cdot g'.}$$

Aus der Produktregel folgt scheinbar auch gleich die bekannte „**Quotientenregel**":

$$\boxed{\left(\frac{f}{g}\right)'(t) = \frac{f'(t)g(t) - f(t)g'(t)}{g(t)^2} \text{ , falls } g(t) \neq 0 \text{ ist.}}$$

Es ist nämlich $f' = (g \cdot (f/g))' = g' \cdot (f/g) + g \cdot (f/g)'$, also

$$(f/g)' = [f' - g' \cdot (f/g)]/g = (f'g - g'f)/g^2.$$

Leider taugt dieser Beweis nur als Merkregel, wir müssen zuvor noch die Differenzierbarkeit von f/g beweisen. Es reicht, dies im Falle $f = 1$ zu tun.

Ist g in t_0 differenzierbar (und damit dort auch stetig) und $g(t_0) \neq 0$, so gilt $g(t) \neq 0$ auf einer ganzen Umgebung von t_0, und außerdem haben wir eine Darstellung $g(t) = g(t_0) + (t - t_0) \cdot \Delta_g(t)$ mit einer in t_0 stetigen Funktion Δ_g. Dann gilt:

$$\frac{1}{g(t)} - \frac{1}{g(t_0)} = \frac{g(t_0) - g(t)}{g(t)g(t_0)} = -\frac{(t - t_0)\Delta_g(t)}{g(t)g(t_0)}.$$

Da $\Delta^*(t) := -\Delta_g(t)/(g(t)g(t_0))$ in t_0 stetig ist, folgt die Differenzierbarkeit von $1/g$ in t_0 mit $(1/g)'(t_0) = -g'(t_0)/g(t_0)^2$. Mit Hilfe der Produktregel ergibt sich daraus die Differenzierbarkeit allgemeiner Quotienten. ∎

3.1.7. Beispiel

Als Anwendung berechnen wir die Ableitung des Tangens:

$$\tan'(t) = \left(\frac{\sin}{\cos}\right)'(t) = \frac{\cos^2(t) - (-\sin^2(t))}{\cos^2(t)} = 1 + \tan^2(t), \text{ für } t \in \left(-\frac{\pi}{2}, +\frac{\pi}{2}\right).$$

Das nächste Ziel ist der Beweis der Kettenregel. Da wir bis jetzt nur Funktionen von einer Veränderlichen differenzieren können, ist der allgemeinste Fall, den wir behandeln können, der einer Verknüpfung einer Funktion $g : J \to I$ mit einer darauf anzuwendenden Funktion $\mathbf{f} : I \to \mathbb{R}^m$, mit Intervallen $J, I \subset \mathbb{R}$. Ist $m > 1$, so ist $\mathbf{f}$ die Parametrisierung eines Weges im $\mathbb{R}^m$, und die Funktion g bezeichnet man auch als **Parametertransformation**.

3.1.8. Die Kettenregel

Sei $\mathbf{f} : I \to \mathbb{R}^m$ differenzierbar in t_0, J ein weiteres Intervall und $g : J \to I$ differenzierbar in $s_0 \in J$. Außerdem sei $g(s_0) = t_0$. Dann ist auch $\mathbf{f} \circ g : J \to \mathbb{R}^m$ differenzierbar in s_0, und es gilt:

$$(\mathbf{f} \circ g)'(s_0) = \mathbf{f}'(g(s_0)) \cdot g'(s_0).$$

BEWEIS: Mit einer Skizze schaffen wir uns zunächst eine bessere Übersicht:

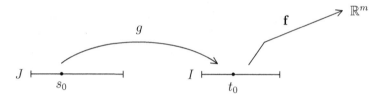

Ist $\mathbf{f} = (f_1, \ldots, f_m)$, so ist $\mathbf{f} \circ g = (f_1 \circ g, \ldots, f_m \circ g)$. Es reicht deshalb, den Fall $m = 1$ zu beweisen. Wir schreiben

$$f(t) = f(t_0) + (t - t_0) \cdot \Delta_f(t)$$
$$\text{und} \quad g(s) = g(s_0) + (s - s_0) \cdot \Delta_g(s),$$

wobei Δ_f in t_0 und Δ_g in s_0 stetig ist, sowie $\Delta_f(t_0) = f'(t_0)$ und $\Delta_g(s_0) = g'(s_0)$. Einfaches Einsetzen ergibt:

$$\begin{aligned} f \circ g(s) &= f(t_0) + (g(s) - t_0) \cdot \Delta_f(g(s)) \\ &= f(g(s_0)) + (g(s) - g(s_0)) \cdot \Delta_f(g(s)) \\ &= f \circ g(s_0) + (s - s_0) \cdot \Delta_g(s) \cdot \Delta_f(g(s)). \end{aligned}$$

Dabei ist $s \mapsto \Delta_g(s) \cdot \Delta_f(g(s))$ in $s = s_0$ stetig. Also ist $f \circ g$ in s_0 differenzierbar und $(f \circ g)'(s_0) = \Delta_f(g(s_0)) \cdot \Delta_g(s_0) = f'(g(s_0)) \cdot g'(s_0)$.   ∎

3.1.9. Beispiele

A. Ist f differenzierbar, so ist auch $t \mapsto e^{f(t)}$ differenzierbar, und es gilt:

$$(e^f)'(t) = f'(t) \cdot e^{f(t)}.$$

Will man etwa die Funktion $g(x) := e^{x \cdot \sin(x^2)}$ differenzieren, so kann man $f(x) := x \cdot \sin(x^2)$ setzen. Es ist

$$f'(x) = 1 \cdot \sin(x^2) + x \cdot \cos(x^2) \cdot 2x = \sin(x^2) + 2x^2 \cdot \cos(x^2),$$

unter Verwendung von Produkt- und Kettenregel. Daraus folgt:

$$g'(x) = e^{x \cdot \sin(x^2)} \cdot (\sin(x^2) + 2x^2 \cdot \cos(x^2)).$$

B. Die allgemeine Potenzfunktion $t \mapsto a^t$ kann in der Form

$$a^t = \exp(\ln(a) \cdot t)$$

geschrieben werden. Daher ist $\boxed{(a^t)' = \ln(a) \cdot a^t, \text{ für } a > 0, t \in \mathbb{R}.}$

C. Sei $\mathbf{f} : [0, 2\pi] \to \mathbb{R}^2$ mit $\mathbf{f}(t) := (r \cos(t), r \sin(t))$ die Parametrisierung eines Kreises um den Nullpunkt. Setzt man $\varphi(s) := 2s$, so parametrisiert $\mathbf{f} \circ \varphi : [0, \pi] \to \mathbb{R}^2$ mit

$$\mathbf{f} \circ \varphi(s) = (r \cos(2s), r \sin(2s))$$

den gleichen Kreis. Es ist $(\mathbf{f} \circ \varphi)'(s_0) = 2 \cdot \mathbf{f}'(2s_0)$. Das bedeutet, dass der Kreis diesmal mit der doppelten Geschwindigkeit durchlaufen wird.

Wir beschäftigen uns jetzt mit höheren Ableitungen. Sei $I \subset \mathbb{R}$ ein Intervall und $\mathbf{f} : I \to \mathbb{R}^m$ eine in jedem Punkt $t \in I$ differenzierbare Funktion. Ist die Ableitung $\mathbf{f}' : I \to \mathbb{R}^m$ in $t_0 \in I$ noch ein weiteres Mal differenzierbar, so sagt man, $\mathbf{f}$ ist in t_0 *zweimal differenzierbar*, und man schreibt:

$$\mathbf{f}''(t_0) := (\mathbf{f}')'(t_0).$$

Entsprechend definiert man die dritte Ableitung $\mathbf{f}'''(t_0) := (\mathbf{f}'')'(t_0)$, die 4. Ableitung $\mathbf{f}^{(4)}(t_0) := (\mathbf{f}''')'(t_0)$ und schließlich induktiv die n-te Ableitung $\mathbf{f}^{(n)}(t_0)$:

Definition   (Höhere Ableitungen)

Ist $\mathbf{f}$ auf I $(n-1)$-mal differenzierbar und die $(n-1)$-te Ableitung $\mathbf{f}^{(n-1)}$ in t_0 noch ein weiteres Mal differenzierbar, so sagt man, f ist in t_0 n-**mal differenzierbar**, und die n-**te Ableitung** in t_0 wird definiert durch

$$\mathbf{f}^{(n)}(t_0) := (\mathbf{f}^{(n-1)})'(t_0).$$

Bemerkung: Manchmal benutzt man auch die Leibniz'sche Schreibweise: Wie man $\dfrac{d\mathbf{f}}{dt}$ statt $\mathbf{f}'$ schreibt, so schreibt man auch $\dfrac{d^n\mathbf{f}}{dt^n}$ an Stelle von $f^{(n)}$.

3.1.10. Beispiel

Sei $f(t) := e^{t^2}$. Wir wollen sehen, dass f beliebig oft differenzierbar ist, und wir suchen nach einer Beschreibung der n-ten Ableitung. Dazu berechnen wir zunächst die ersten drei Ableitungen:

$$
\begin{aligned}
f'(t) &= 2t \cdot e^{t^2}, \\
f''(t) &= 2 \cdot e^{t^2} + 2t \cdot (2t \cdot e^{t^2}) = (2 + 4t^2) \cdot e^{t^2}, \\
f^{(3)}(t) &= 8t \cdot e^{t^2} + (2 + 4t^2) \cdot (2t \cdot e^{t^2}) = (12t + 8t^3) \cdot e^{t^2}.
\end{aligned}
$$

Die Versuche lassen folgendes vermuten:

$$
f^{(n)}(t) = p(t) \cdot e^{t^2},
$$

mit einem Polynom $p(t)$ vom Grad n, das nur gerade bzw. nur ungerade Potenzen von t enthält, je nachdem, ob n gerade oder ungerade ist. Für kleine n haben wir das verifiziert. Also können wir einen Induktionsbeweis führen. Ist die Formel für $n \geq 1$ richtig, so gilt:

$$
f^{(n+1)}(t) = (p'(t) + 2t \cdot p(t)) \cdot e^{t^2}.
$$

Ist etwa $n = 2k$, so enthält $p(t)$ nur gerade Potenzen von t. Aber dann ist $p'(t)$ ein Polynom vom Grad $n - 1$ und $2t \cdot p(t)$ ein Polynom vom Grad $n + 1$, und beide enthalten nur ungerade Potenzen von t. Ähnlich funktioniert es im Falle $n = 2k + 1$.

Also gilt die Formel auch für $n + 1$ und damit für alle n.

Wir wollen uns jetzt mit bijektiven Funktionen und ihren Umkehrfunktionen befassen. In 2.3 haben wir gezeigt, dass eine stetige injektive Funktion f auf einem abgeschlossenen Intervall $I = [a, b]$ streng monoton, $J := f(I)$ wieder ein abgeschlossenes Intervall und $f^{-1} : J \to I$ stetig ist. Ist I ein beliebiges (z.B. offenes) Intervall, so ist jeder Punkt von I Element eines abgeschlossenen Teilintervalls $I' \subset I$. Also überträgt sich die obige Aussage auch auf beliebige Intervalle.

3.1.11. Ableitung der Umkehrfunktion

Es seien $I, J \subset \mathbb{R}$ Intervalle. Ist $f : I \to J$ bijektiv, stetig, in $x_0 \in I$ differenzierbar und $f'(x_0) \neq 0$, so ist die Umkehrfunktion $f^{-1} : J \to I$ in $y_0 := f(x_0)$ differenzierbar, und es gilt:

$$
(f^{-1})'(f(x_0)) = \frac{1}{f'(x_0)}.
$$

BEWEIS: Wir schreiben $f(x) = f(x_0) + \Delta(x) \cdot (x - x_0)$, mit einer in x_0 stetigen Funktion Δ. Dann ist $\Delta(x_0) = f'(x_0) \neq 0$.

Wäre $\Delta(x) = 0$ für ein $x \in I$, so wäre $x \neq x_0$ und $f(x) = f(x_0)$. Wegen der Injektivität von f ist das ausgeschlossen. Also ist $\Delta(x) \neq 0$ für alle $x \in I$, und wir können die obige Gleichung nach x auflösen:

$$x = x_0 + \frac{f(x) - f(x_0)}{\Delta(x)}.$$

Setzen wir $f^{-1}(y)$ für x und $f^{-1}(y_0)$ für x_0 ein, so erhalten wir:

$$f^{-1}(y) = f^{-1}(y_0) + \frac{1}{\Delta(f^{-1}(y))} \cdot (y - y_0).$$

Da f das Intervall I bijektiv und stetig auf das Intervall J abbildet, ist auch die Umkehrfunktion f^{-1} in y_0 stetig. Also ist $1/\Delta(f^{-1}(y))$ in y_0 stetig und f^{-1} in y_0 differenzierbar, mit

$$(f^{-1})'(y_0) = \frac{1}{\Delta(x_0)} = \frac{1}{f'(x_0)}.$$

∎

3.1.12. Beispiele

A. $\exp : \mathbb{R} \to \mathbb{R}_+$ ist bijektiv und differenzierbar, und $\exp'(x) = \exp(x)$ ist stets > 0. Also ist auch die Umkehrfunktion $\ln : \mathbb{R}_+ \to \mathbb{R}$ überall differenzierbar, mit $(\ln)'(e^x) = 1/e^x$, also

$$\boxed{\ln'(y) = \frac{1}{y}.}$$

B. Die Funktion x^α ist für festes $\alpha \neq 0$ und $x > 0$ definiert durch $x^\alpha := e^{\alpha \ln(x)}$. Daher ist $(x^\alpha)' = \alpha \cdot x^{-1} \cdot e^{\alpha \ln(x)}$, also

$$(x^\alpha)' = \alpha \cdot x^{\alpha - 1}, \text{ für } x > 0 \text{ und } \alpha \neq 0.$$

Speziell ist $\sqrt[n]{x} = x^{1/n}$ für $x > 0$ differenzierbar, mit

$$\left(\sqrt[n]{x} \right)' = \frac{1}{n} \cdot x^{-(n-1)/n},$$

also z.B. $(\sqrt{x})' = \dfrac{1}{2\sqrt{x}}$ und $(\sqrt[3]{x})' = \dfrac{1}{3\sqrt[3]{x^2}}$, jeweils für $x > 0$.

Die Funktion $x^x = e^{x \ln(x)}$ ergibt dagegen beim Differenzieren:

$$(x^x)' = (\ln x + 1) \cdot x^x.$$

C. Sei $I \subset \mathbb{R}$ ein Intervall und $f : I \to \mathbb{R}_+$ eine differenzierbare Funktion. Dann ist auch $g := \ln \circ f : I \to \mathbb{R}$ differenzierbar, und es gilt:

$$g'(x) = (\ln \circ f)'(x) = \ln'(f(x)) \cdot f'(x) = f'(x)/f(x).$$

Man nennt diesen Ausdruck auch die ***logarithmische Ableitung*** von f.

D. Die Funktion $\tan = \sin / \cos : (-\pi/2, \pi/2) \to \mathbb{R}$ ist differenzierbar. Da der Cosinus auf $[0, \pi/2)$ streng monoton fällt (und der Sinus dementsprechend streng monoton steigt), ist der Tangens dort streng monoton wachsend. Weil der Cosinus eine gerade und der Sinus eine ungerade Funktion ist, wächst der Tangens auch auf $(-\pi/2, 0]$ streng monoton. Weil $\tan x$ für $x < \pi/2$ und $x \to \pi/2$ gegen $+\infty$ strebt, bildet der Tangens $(-\pi/2, \pi/2)$ bijektiv auf $\mathbb{R}$ ab. Die Ableitung $\tan'(x) = 1 + \tan^2(x)$ hat auf $(-\pi/2, \pi/2)$ keine Nullstelle. Also ist die Umkehrfunktion auf ganz $\mathbb{R}$ differenzierbar. Man bezeichnet diese Umkehrfunktion als **Arcustangens** (in Zeichen arctan). Dann gilt:

$$\arctan'(y) = \frac{1}{\tan'(\arctan(y))} = \frac{1}{1 + y^2}.$$

Dieses Ergebnis sollte man sich für später merken: Die Ableitung des Arcustangens ist eine rationale Funktion!

Definition   (Lokale Extremwerte)

$f : I \to \mathbb{R}$ hat in $x_0 \in I$ ein *lokales Maximum* (bzw. ein *lokales Minimum*), falls es ein $\varepsilon > 0$ gibt, so dass gilt:

$$f(x) \le f(x_0) \text{ (bzw. } f(x) \ge f(x_0) \text{) für } x \in I \text{ und } |x - x_0| < \varepsilon.$$

In beiden Fällen sagt man, f hat in x_0 einen *(lokalen) Extremwert*.

Man beachte: Ist f in der Nähe von x_0 konstant, so hat f dort nach unserer Definition auch einen Extremwert! Das entspricht nicht ganz der Vorstellung von „Hochpunkten" und „Tiefpunkten". Wir führen deshalb noch einen zusätzlichen Begriff ein:

Definition   (Isolierte Maxima und Minima)

$f : I \to \mathbb{R}$ hat in $x_0 \in I$ ein *isoliertes Maximum* (bzw. ein *isoliertes Minimum*), falls es ein $\varepsilon > 0$ gibt, so dass gilt:

$f(x) < f(x_0)$ (im Falle des Maximums), bzw. $f(x) > f(x_0)$ (im Falle des Minimums), für $x \in I$, $|x - x_0| < \varepsilon$ und $x \ne x_0$.

3.1.13. „Notwendiges Kriterium" für Extremwerte

Sei I ein Intervall, x_0 ein innerer Punkt von I und $f : I \to \mathbb{R}$ in x_0 differenzierbar. Wenn f in x_0 ein lokales Extremum besitzt, dann ist $f'(x_0) = 0$.

BEWEIS: Anschaulich ist klar, dass der Graph von f in x_0 eine waagerechte Tangente besitzen muss:

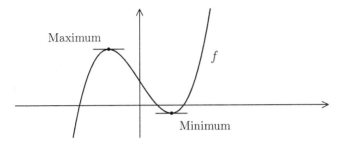

Wir müssen nun einen Beweis finden, der nicht auf der Anschauung beruht. Dazu verwenden wir die Darstellung $f(x) = f(x_0) + (x - x_0) \cdot \Delta(x)$, mit einer in x_0 stetigen Funktion Δ.

Hat f in x_0 ein lokales Maximum, so ist $f(x) \leq f(x_0)$ für x nahe bei x_0, also $(x - x_0) \cdot \Delta(x) \leq 0$. Ist $x < x_0$, so ist $x - x_0 < 0$ und daher $\Delta(x) \geq 0$. Ist dagegen $x > x_0$, so ist $\Delta(x) \leq 0$. Aber dann muss $\lim_{x \to x_0} \Delta(x) = 0$ sein, also $f'(x_0) = 0$.

Im Falle eines lokalen Minimums ist $\Delta(x) \leq 0$ links von x_0 und ≥ 0 rechts von x_0. Genau wie oben folgt auch dann, dass $f'(x_0) = 0$ ist. ∎

Aus der Existenz eines lokalen Extremums folgt also das Verschwinden der ersten Ableitung. Das bedeutet, dass die Eigenschaft „$f'(x_0) = 0$" dafür notwendig ist, dass in x_0 ein lokales Extremum vorliegt, und deshalb spricht man vom „notwendigen Kriterium" (vgl. 1.1.1, Seite 7). Umgekehrt nennt man eine Eigenschaft, aus der die Existenz eines lokalen Extremums folgt, „hinreichend". Solche Kriterien werden wir im nächsten Paragraphen behandeln.

Auch im Falle eines isolierten Minimums oder Maximums muss natürlich die erste Ableitung verschwinden. Beim hinreichenden Kriterium wird man degegen zwischen gewöhnlichen und isolierten Extremwerten unterscheiden müssen.

3.1.14. Beispiele

A. Sei $I = [-1, 1]$, $f : I \to \mathbb{R}$ definiert durch $f(x) := x^2$. Dann gilt für alle $x \in I : f(x) \geq 0 = f(0)$. Also hat f in $x_0 := 0$ ein (sogar isoliertes) lokales Minimum. Und tatsächlich besitzt $f'(x) = 2x$ in x_0 eine Nullstelle.

Die Ableitung der Funktion $h(x) := x^3$ verschwindet auch in $x = 0$, aber h hat kein lokales Extremum in diesem Punkt, denn für $x < 0$ ist $f(x) < 0$ und für $x > 0$ ist $f(x) > 0$. Das zeigt, dass das notwendige Kriterium allein noch nicht hinreichend ist.

B. $g : I \to \mathbb{R}$ mit $g(x) := |x|$ hat ebenfalls in $x_0 = 0$ ein lokales Minimum. Aber weil $|x|$ dort nicht differenzierbar ist, kann man das Kriterium nicht anwenden.

In den Punkten $x = -1$ und $x = +1$ hat $|x|$ (als Funktion auf I) jeweils ein lokales Maximum. Auch dazu liefert das notwendige Kriterium keinen Beitrag, denn die Punkte liegen nicht im Innern von I.

Zusammenfassung

In einem Prüfungsgespräch über Analysis sollte man mit der Frage nach der Definition der Differenzierbarkeit rechnen. Eine erste Antwort kann lauten:

$f : I \to \mathbb{R}$ heißt differenzierbar in $x_0 \in I$, falls $\lim_{x \to x_0} (f(x) - f(x_0))/(x - x_0)$ existiert. Unter der Ableitung $f'(x_0)$ versteht man genau diesen Grenzwert.

Als sehr nützlich hat sich die folgende alternative Definition erwiesen:

f heißt differenzierbar in x_0, falls es eine Funktion $\Delta : I \to \mathbb{R}$ gibt, so dass Δ in x_0 stetig und $f(x) = f(x_0) + (x - x_0) \cdot \Delta(x)$ ist. Die Ableitung $f'(x_0)$ ist dann durch den Wert $\Delta(x_0)$ gegeben. Dabei stimmt $\Delta(x)$ für $x \neq x_0$ mit dem Differenzenquotienten $(f(x) - f(x_0))/(x - x_0)$ überein. Zu beachten ist, dass man für jeden Punkt x_0 eine eigene Funktion Δ braucht.

Der Differenzierbarkeitsbegriff kann sehr einfach auf vektorwertige Funktionen $\mathbf{f} = (f_1, \ldots, f_m) : I \to \mathbb{R}^m$ verallgemeinert werden: $\mathbf{f}$ ist genau dann in $t_0 \in I$ differenzierbar, wenn alle Komponentenfunktionen f_i es sind. Das ist gleichbedeutend damit, dass $\lim_{h \to 0} (\mathbf{f}(t_0 + h) - \mathbf{f}(t_0))/h$ existiert.

Für den Umgang mit differenzierbaren Funktionen und die Berechnung ihrer Ableitungen stehen zahlreiche Regeln zur Verfügung:

- Die **Linearität** der Ableitung, die **Produktregel** $(f \cdot g)' = f'g + fg'$ und die **Quotientenregel** $(f/g)' = (f'g - fg')/g^2$ sind sicher noch aus der Schulzeit bekannt. Die verallgemeinerte Produktregel bezieht sich auf das Skalarprodukt von vektorwertigen Funktionen, sieht aber genauso aus wie die Produktregel für skalare Funktionen.

- Die **Kettenregel** lautet bei skalaren Funktionen:

$$(f \circ g)'(x_0) = f'(g(x_0)) \cdot g'(x_0).$$

Genauso lautet sie auch, wenn f vektorwertig (und g skalar) ist.

- Jeder sollte die Ableitungen der elementaren Funktionen kennen:

  - Die **Potenzregel** $(x^n)' = n \cdot x^{n-1}$ ist sicher jedem vertraut. Aber wie weit reicht sie? Der Schlüssel zur Antwort ist die Formel $x^y = \exp(\ln(x^y)) = \exp(y \cdot \ln x)$. Aus ihr folgt:

$$(x^\alpha)' = \alpha \cdot x^{\alpha-1} \quad \text{und} \quad (a^x)' = \ln(a) \cdot a^x.$$

  Ein einfaches Anwendungsbeispiel ist die Ableitung der Wurzelfunktion: $(\sqrt{x})' = 1/(2\sqrt{x})$.

– Weiter sollte man sich merken:

$$\sin'(x) = \cos(x),\ \cos'(x) = -\sin(x),\ (e^x)' = e^x \text{ und } \ln'(x) = 1/x.$$

- Die Formel für die **Ableitung der Umkehrfunktion** lautet: $(f^{-1})'(y) = 1/f'(x)$, wenn man $y = f(x)$ setzt . Zusätzlich sollte man natürlich die Voraussetzungen des zugehörigen Satzes kennen: $f : I \to \mathbb{R}$ muss injektiv und **stetig** auf I und differenzierbar im betrachteten Punkt x_0 sein, außerdem muss $f'(x_0) \neq 0$ sein. Im Beweis wird allerdings nur die Stetigkeit von f^{-1} in $f(x_0)$ gebraucht. Ist f streng monoton wachsend, so kann man diese Stetigkeit schon aus der Differenzierbarkeit (und damit Stetigkeit) von f in x_0 herleiten (vgl. Ergänzungsbereich).

Für die Formel gibt es eine einfache Merkregel: Weil $f^{-1} \circ f(x) = x$ ist, folgt mit der Kettenregel: $(f^{-1})'(f(x)) \cdot f'(x) = 1$.

Als erste Anwendung des Ableitungskalküls bietet sich die Untersuchung lokaler Extrema an. Eine Funktion $f : I \to \mathbb{R}$ hat in $x_0 \in I$ ein lokales Maximum (bzw. Minimum), wenn es eine offene Umgebung $U = U(x_0)$ gibt, so dass $f(x) \le f(x_0)$ (bzw. $f(x) \ge f(x_0)$) für $x \in U \cap I$ gilt. Ist dabei x_0 ein **innerer** Punkt des Definitionsbereichs, so muss $f'(x_0) = 0$ sein. Am Rande des Definitionsbereichs kann man nur durch Berechnung der Werte prüfen, ob ein Extremwert vorliegt.

Ist eine Funktion $f : I \to \mathbb{R}$ und ein Punkt $x_0 \in I$ gegeben, so gibt es verschiedene Stufen der **Regularität** für f in x_0. Diese Stufen sollen hier noch einmal Revue passieren:

- Ist f in x_0 **nicht stetig**, so zeigt Kapitel 2, was alles passieren kann. Wir setzen jetzt voraus, dass f in x_0 **stetig** ist.

- f braucht in x_0 **nicht differenzierbar** zu sein (vgl. $x \mapsto |x|$ in $x = 0$). Wenn es eine in x_0 stetige Funktion $\Delta : I \to \mathbb{R}$ gibt, so dass

$$f(x) = f(x_0) + (x - x_0) \cdot \Delta(x)$$

auf I gilt, so ist f in x_0 **differenzierbar**. Dann besitzt der Graph von f bei x_0 eine eindeutig bestimmte Tangente, die aber nicht senkrecht verlaufen darf.

- Höhere Regularität ist nur möglich, wenn es eine offene Umgebung U von x_0 in I gibt, so dass f sogar in jedem Punkt von U differenzierbar ist. Ist die abgeleitete Funktion f' außerdem in x_0 stetig, so nennt man f in x_0 **stetig differenzierbar**.

- Ist die (auf einer Umgebung definierte) abgeleitete Funktion f' in x_0 sogar differenzierbar, so heißt f in x_0 **zweimal differenzierbar**.

- Sei nun f sogar in jedem Punkt einer Umgebung U von x_0 zweimal differenzierbar. Ist die Funktion f'' mit $f''(x) = (f')'(x)$ in x_0 zusätzlich stetig, so nennt man f in x_0 **zweimal stetig differenzierbar**. Ist f'' in x_0 sogar differenzierbar, so ist f in x_0 **dreimal differenzierbar**.

- Analog definiert man k-**mal stetig differenzierbar** und $(k+1)$-**mal differenzierbar**. Gibt es eine Umgebung, auf der beliebig hohe Ableitungen existieren, so nennt man f dort **beliebig oft** (oder **unendlich oft**) **differenzierbar**. Eine Steigerung ist noch möglich: f kann in x_0 **analytisch** sein. Was das bedeutet, werden wir allerdings erst in Kapitel 4 lernen.

Ergänzungen

Der Satz über die Ableitung der Umkehrfunktion kann folgendermaßen verallgemeinert werden:

Es sei $I \subset \mathbb{R}$ ein Intervall, $f : I \to \mathbb{R}$ streng monoton und in $x_0 \in I$ differenzierbar. Ist $f'(x_0) \neq 0$, so ist die Umkehrfunktion $f^{-1} : f(I) \to I$ in $y_0 := f(x_0)$ differenzierbar und $(f^{-1})'(f(x_0)) = 1/f'(x_0)$.

Dabei muss der Differenzierbarkeitsbegriff etwas erweitert werden: Ist $M \subset \mathbb{R}$ eine beliebige Teilmenge und $x_0 \in M$ ein Häufungspunkt von M (so dass in jeder Umgebung von x_0 unendlich viele Punkte von M liegen), so nennt man eine Funktion $f : M \to \mathbb{R}$ in x_0 *differenzierbar*, falls es eine Funktion $\Delta : M \to \mathbb{R}$ gibt, so dass gilt:

1. $f(x) = f(x_0) + (x - x_0) \cdot \Delta(x)$, für alle $x \in M$.

2. Δ ist in x_0 stetig, d.h. es ist $\lim\limits_{x \to x_0, x \in M} \Delta(x) = \Delta(x_0)$.

Außerdem benötigt man das folgende Resultat:

3.1.15. Satz

Sei $f : I = [a, b] \to \mathbb{R}$ eine streng monoton wachsende Funktion, $x_0 \in I$ und f stetig in x_0. Dann ist f^{-1} in $f(x_0)$ stetig.

BEWEIS: Die Funktion f ist injektiv und $f(I)$ ist im Intervall $[f(a), f(b)]$ enthalten. Wir wissen nicht, ob $f(I)$ ein Intervall ist, aber wir wissen, dass $f^{-1} : f(I) \to I$ wieder streng monoton wachsend ist.

Sei zunächst x_0 ein innerer Punkt von I und $y_0 := f(x_0)$. Um die Stetigkeit von f^{-1} in y_0 zu zeigen, müssen wir zu jedem $\varepsilon > 0$ eine offene Umgebung $U = U(y_0)$ finden, so dass $f^{-1}(U \cap f(I)) \subset U_\varepsilon(x_0)$ ist.

Sei nun $\varepsilon > 0$ vorgegeben, $\alpha := \max(a, x_0 - \varepsilon)$ und $\beta := \min(b, x_0 + \varepsilon)$. Dann ist $\alpha < x_0 < \beta$ und daher $f(\alpha) < y_0 < f(\beta)$, also $U := \big(f(\alpha), f(\beta)\big)$ eine offene Umgebung von y_0.

Ist $y = f(x) \in f(I) \cap U$, so folgt aus der strengen Monotonie von f^{-1}:

$$x_0 - \varepsilon \leq \alpha < x < \beta \leq x_0 + \varepsilon.$$

Das bedeutet, dass $|f^{-1}(y) - x_0| = |x - x_0| < \varepsilon$ ist. Für diesen Fall haben wir die Stetigkeit gezeigt.

Ist x_0 ein Randpunkt des Intervalls I, so muss man U durch ein halboffenes Intervall $[a, f(\beta))$ oder $(f(\alpha), b]$ ersetzen. Der Rest des Beweises läuft genauso wie oben. ∎

Der Satz ist natürlich auch richtig, wenn f streng monoton fallend ist.

Der Beweis der Aussage über die Ableitung der Umkehrfunktion lautet nun genauso wie der Beweis von Satz 3.3.1.11 (Seite 194).

3.1.16. Aufgaben

A. Untersuchen Sie, ob die folgenden Funktionen differenzierbar sind und berechnen Sie ggf. die Ableitung:

$$f(x) := \frac{x^4 - 1}{x^2 - 1}, \qquad g(x) := x^{-2}(2\sin(3x) + x^3 \cos x),$$

$$h(x) := x^{\sqrt{x}} \qquad \text{und} \qquad k(x) := \exp(x \cdot \exp(x \cdot \exp(x^2))).$$

B. Bestimmen Sie eine Funktion der Gestalt $f(x) = (ax+b)\sin x + (cx+d)\cos x$, so dass $f'(x) = x \cos x$ ist.

C. Sei

$$f(x) := \begin{cases} x \cdot \sin(1/x) & \text{für } x \neq 0, \\ 0 & \text{sonst,} \end{cases} \qquad \text{und} \qquad g(x) := x \cdot f(x).$$

Wo sind die Funktionen f und g differenzierbar? Berechnen Sie – wenn möglich – die Ableitungen!

D. Sei $f : I \to \mathbb{R}$ differenzierbar in x_0, $f(x_0) = c$ und $f'(x_0) > 0$. Zeigen Sie: Es gibt ein $\varepsilon > 0$, so dass $f(x) < c$ auf $(x_0 - \varepsilon, x_0)$ und $f(x) > c$ auf $(x_0, x_0 + \varepsilon)$ ist.

E. Beweisen Sie für n-mal differenzierbare Funktionen f und g die folgende Verallgemeinerung der Produktregel:

$$(f \cdot g)^{(n)} = \sum_{k=0}^{n} \binom{n}{k} f^{(k)} \cdot g^{(n-k)}.$$

F. Bestimmen Sie den größten und den kleinsten Wert, den $f(x) := x^3 - 3x^2 + 1$ auf dem Intervall $[-1/2, 4]$ annimmt.

G. Bestimmen Sie den größten und kleinsten Wert, den die Funktion $f(x) := x^4 - 4x^2 + 2$ auf $[-3, 2]$ annimmt. Lösen Sie das gleiche Problem für die Funktion $g(x) := x - 2 \cos x$ auf $[-\pi, \pi]$.

H. Sei $f(x) := 2\cos x + \sin(2x)$. Bestimmen Sie alle Nullstellen von $f'(x)$, sowie den kleinsten und größten Wert von f auf $\mathbb{R}$.

I. Manchmal ist eine Funktion nur *implizit* gegeben, wie etwa $y = y(x)$ durch die Gleichung $x^2 + y^2 = r^2$. Dann kann man die Gleichung $x^2 + y(x)^2 = r^2$ nach x differenzieren und erhält $2x + 2y(x) \cdot y'(x) = 0$, also $y'(x) = -x/y(x)$ (sofern $y(x) \neq 0$ ist). Der Punkt $\mathbf{a} = (r/\sqrt{2}, r/\sqrt{2})$ liegt auf dem Kreis $K = \{(x, y) : x^2 + y^2 = r^2\}$ und die Tangente an den Kreis im Punkte $\mathbf{a}$ hat die Steigung $y'(r/\sqrt{2}) = -1$. Die Gleichung braucht dafür gar nicht aufgelöst zu werden. Man bezeichnet dieses Verfahren als *implizite Differentiation*.

Sei jetzt eine Kurve $C = \{(x, y) \in \mathbb{R}^2 : y^2 = x^2(x + 1)\}$ gegeben. Bestimmen Sie durch implizite Differentiation alle Punkte, in denen C eine horizontale Tangente besitzt.

J. Mit $k(x)$ seien die *Gesamtkosten* bezeichnet, die ein Produktionsbetrieb aufwenden muss, um x Einheiten einer bestimmten Ware herzustellen. Die Ableitung $k'(x)$ nennt man die *Grenzkostenfunktion*, die Funktion $s(x) := k(x)/x$ die *Stückkosten* oder *durchschnittlichen Kosten*. Zeigen Sie: Besitzen die durchschnittlichen Kosten bei x_0 ein Minimum, so stimmen an dieser Stelle Durchschnittskosten und Grenzkosten überein.

3.2 Der Mittelwertsatz

Zur Einführung: Wir haben schon einiges über die Technik des Differenzierens gelernt. Bis jetzt fehlen uns aber die wirklich mächtigen Hilfsmittel, allen voran hinreichende Kriterien für Extremwerte: Ist $f'(x_0) = 0$ und $f''(x_0) > 0$ (bzw. < 0), so besitzt f in x_0 ein Minimum (bzw. ein Maximum). Dieses Kriterium wollen wir beweisen, und wir wollen Ableitungen benutzen, um das Verhalten einer Funktion im Großen zu studieren (Monotonie, Krümmungsverhalten). Außerdem werden wir die Sätze von de l'Hospital behandeln, mit deren Hilfe die Bestimmung von Grenzwerten von Funktionen oft zum Kinderspiel wird.

Der Schlüssel zu alldem ist der „Mittelwertsatz", der sich als sehr einfach zu beweisen und zugleich als sehr mächtig in seinen Konsequenzen erweisen wird.

Ein Vorläufer des Mittelwertsatzes ist

3.2.1. Der Satz von Rolle

Sei $f : I := [a, b] \to \mathbb{R}$ stetig und im Innern von I differenzierbar. Ist $f(a) = f(b)$, so gibt es einen Punkt x_0 im Innern von I mit $f'(x_0) = 0$.

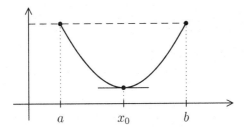

BEWEIS: Sei $c := f(a) = f(b)$. Ist $f(x) \equiv c$ auf ganz I, so ist auch $f'(x) \equiv 0$. Ist f auf I nicht konstant, so muss das Minimum oder das Maximum von f im Innern von I liegen. Und dort muss dann f' verschwinden. ∎

Jetzt folgt:

3.2.2. Der 1. Mittelwertsatz der Differentialrechnung

Sei $f : I := [a, b] \to \mathbb{R}$ stetig und im Innern von I differenzierbar. Dann gibt es einen Punkt x_0 im Innern von I mit

$$f'(x_0) = \frac{f(b) - f(a)}{b - a}.$$

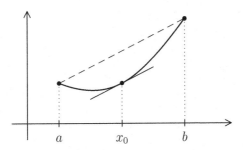

BEWEIS: Sei $L : \mathbb{R} \to \mathbb{R}$ die eindeutig bestimmte affin-lineare Funktion mit $L(a) = f(a)$ und $L(b) = f(b)$ (also die Sekante durch $(a, f(a))$ und $(b, f(b))$). Dann ist

$$L(x) = f(a) + m \cdot (x - a), \quad \text{mit } m := \frac{f(b) - f(a)}{b - a}.$$

Setzen wir $g := f - L$ auf I, so ist $g(a) = g(b) = 0$ und $g'(x) = f'(x) - m$. Nach dem Satz von Rolle, angewandt auf die Funktion g, existiert ein Punkt x_0 im Innern von I mit $g'(x_0) = 0$, also $f'(x_0) = m$. ∎

Bemerkung: Ein paar Worte zu den Voraussetzungen: Die Stetigkeit von f auf dem ganzen Intervall wird gebraucht, um – beim Satz von Rolle – die Existenz eines globalen Maximums **und** eines globalen Minimums zu sichern. Ist f nicht konstant, so muss wenigstens eins von beiden im Innern des Intervalls liegen. Um dort das

Verschwinden der Ableitung zu erhalten, brauchen wir natürlich die Differenzierbarkeit in allen inneren Punkten des Intervalls. Da der Mittelwertsatz äquivalent zum Satz von Rolle ist, erfordert er auch die gleichen Voraussetzungen.

Jetzt schauen wir uns Konsequenzen aus dem Mittelwertsatz an:

3.2.3. Funktionen mit verschwindender Ableitung

Sei $f : I \to \mathbb{R}$ stetig und im Inneren von I differenzierbar. Ist $f'(x) \equiv 0$, so ist f konstant.

BEWEIS: Sei $I = [a, b]$, $a \le x_1 < x_2 \le b$. Nach dem Mittelwertsatz existiert ein x_0 mit $x_1 < x_0 < x_2$ und

$$0 = f'(x_0) = \frac{f(x_2) - f(x_1)}{x_2 - x_1}.$$

Das ist nur möglich, wenn $f(x_1) = f(x_2)$ ist. Und da die Punkte x_1 und x_2 beliebig gewählt werden können, ist f konstant. ∎

Der Satz bleibt auch für vektorwertige Funktionen richtig (weil er für alle Komponenten gilt), also insbesondere für komplexwertige Funktionen.

Da wir künftig immer wieder mit komplexwertigen Funktionen arbeiten wollen, tragen wir noch nach:

3.2.4. Produktregel für komplexwertige Funktionen

Ist $M \subset \mathbb{R}$ offen und sind $f_1, f_2 : M \to \mathbb{C}$ zwei differenzierbare Funktionen, so ist auch $f_1 f_2$ auf M differenzierbar und $(f_1 f_2)' = f_1' \cdot f_2 + f_1 \cdot f_2'$.

BEWEIS: Sind $f_1 = g_1 + \mathrm{i}\, h_1$ und $f_2 = g_2 + \mathrm{i}\, h_2$ auf M differenzierbar, so sind beide Realteile und beide Imaginärteile auf M differenzierbar und damit auch $f_1 \cdot f_2 = (g_1 g_2 - h_1 h_2) + \mathrm{i}\,(g_1 h_2 + h_1 g_2)$. Außerdem gilt:

$$
\begin{aligned}
(f_1 \cdot f_2)' &= (g_1' g_2 + g_1 g_2' - h_1' h_2 - h_1 h_2') + \mathrm{i}\,(g_1' h_2 + g_1 h_2' + h_1' g_2 + h_1 g_2') \\
&= [(g_1' g_2 - h_1' h_2) + \mathrm{i}\,(g_1' h_2 + h_1' g_2)] + [(g_1 g_2' - h_1 h_2') + \mathrm{i}\,(g_1 h_2' + h_1 g_2')] \\
&= f_1' \cdot f_2 + f_1 \cdot f_2'.
\end{aligned}
$$
∎

3.2.5. Folgerung

Ist $c \in \mathbb{C}$, so ist $f(t) := e^{ct}$ auf ganz $\mathbb{R}$ differenzierbar und $f'(t) = c \cdot e^{ct}$ für $t \in \mathbb{R}$.

BEWEIS: Sei $c = a + \mathrm{i} b$. Wir wissen, dass $(e^{at})' = a \cdot e^{at}$ und – aus 3.3.1.3, Beispiel E auf Seite 189 – auch $(e^{\mathrm{i} t})' = \mathrm{i}\, e^{\mathrm{i} t}$ ist. Mit der Kettenregel folgt nun, dass $(e^{\mathrm{i} bt})' = \mathrm{i}\, b e^{\mathrm{i} bt}$ ist, und die Produktregel liefert

$$\begin{aligned}
\left(e^{ct}\right)' &= \left(e^{at} \cdot e^{\,i\,bt}\right)' \\
&= a \cdot e^{at} \cdot e^{\,i\,bt} + e^{at} \cdot (\,i\,b) \cdot e^{\,i\,bt} = c \cdot e^{ct}.
\end{aligned}$$
∎

Dieses Ergebnis werden wir gleich anwenden, um eine Differentialgleichung zu lösen.

Zur Motivation: Unter einer *linearen Differentialgleichung 1. Ordnung* versteht man eine Gleichung der Gestalt

$$y' + a(x)y = q(x),$$

wobei a und q stetige (reell- oder komplexwertige) Funktionen auf einem Intervall I sind. Ist $q(x) \equiv 0$, so spricht man von einer *homogenen Gleichung*, andernfalls von einer *inhomogenen Gleichung*. Ist $a(x)$ konstant, so spricht man von einer Differentialgleichung mit *konstanten Koeffizienten*. Eine *Lösung* der Differentialgleichung ist eine differenzierbare Funktion $f : I \to \mathbb{C}$, so dass $f'(x) + a(x) \cdot f(x) = q(x)$ für alle $x \in I$ gilt.

Zwei Fragen stellen sich: Gibt es eine Lösung? Und ist diese Lösung womöglich eindeutig bestimmt. Diese Fragen werden wir in 3.6 für beliebige lineare Differentialgleichungen mit konstanten Koeffizienten beantworten. Um die Lösung einer Differentialgleichung zu finden, muss man sich i.a. etwas einfallen lassen. In manchen Fällen geht es aber ganz leicht: Ist z.B. $g : \mathbb{R} \to \mathbb{C}$ eine differenzierbare Funktion mit $g'(x) \equiv c$, so ist $(g(x) - cx)' \equiv 0$. Daraus folgt, dass $g(x) - cx \equiv d$, also eine Konstante ist. Die Funktion $g(x) = cx + d$ ist dann eine affin-lineare Funktion. Damit haben wir schon die Differentialgleichung $y' = c$ gelöst.

3.2.6. Die Differentialgleichung $y' - cy = 0$

Sei $f : \mathbb{R} \to \mathbb{C}$ differenzierbar, $c \in \mathbb{C}$ eine Konstante und $f'(x) = c \cdot f(x)$ für alle $x \in \mathbb{R}$. Dann ist $f(x) = f(0) \cdot e^{cx}$, für $x \in \mathbb{R}$.

BEWEIS: Wir zeigen also, dass die Differentialgleichung $y' - cy = 0$ auf $\mathbb{R}$ immer eine Lösung besitzt und geben die Lösung (die bis auf einen konstanten Faktor eindeutig bestimmt ist) explizit an.

Wäre $c \in \mathbb{R}$, f eine reellwertige differenzierbare Funktion ohne Nullstellen und $f'(x) = c \cdot f(x)$ auf $\mathbb{R}$, so könnte man schließen: $(\ln \circ f)'(x) = f'(x)/f(x) = c$, also $\ln(f(x)) = cx + d$ und $f(x) = \exp(cx + d)$. Diesen Schluss können wir hier nicht durchführen, deshalb verwenden wir einen kleinen Trick.

Ist f eine Lösung, so setzen wir $F(x) := f(x) \cdot e^{-cx}$. Dann folgt:

$$F'(x) = (f'(x) - c \cdot f(x)) \cdot e^{-cx} \equiv 0.$$

Also ist $F(x)$ konstant. Wegen $F(0) = f(0)$ ist dann $f(x) = f(0) \cdot e^{cx}$. Das zeigt die Eindeutigkeit der Lösung, und zugleich ist jede Funktion $f_k(x) := k \cdot e^{cx}$ tatsächlich eine Lösung, mit $f_k(0) = k$. ∎

3.2.7. Ableitung und Monotonie

Sei $f : I := [a,b] \to \mathbb{R}$ stetig und im Inneren von I differenzierbar.

1. *f ist genau dann auf I monoton wachsend (bzw. fallend), wenn $f'(x) \geq 0$ (bzw. $f'(x) \leq 0$) für alle $x \in (a,b)$ ist.*

2. *Ist sogar $f'(x) > 0$ für alle $x \in I$ (bzw. $f'(x) < 0$ für alle $x \in I$), so ist f streng monoton wachsend (bzw. fallend).*

BEWEIS: Wir beschränken uns auf wachsende Funktionen.

1. a) Ist f monoton wachsend, so sind alle Differenzenquotienten ≥ 0, und daher ist auch überall $f'(x) \geq 0$.

b) Nun sei $f'(x) \geq 0$ für alle $x \in (a,b)$. Ist $x_1 < x_2$, so gibt es nach dem Mittelwertsatz ein x_0 mit $x_1 < x_0 < x_2$, so dass gilt:

$$0 \leq f'(x_0) = \frac{f(x_2) - f(x_1)}{x_2 - x_1}\,, \text{ also } f(x_1) \leq f(x_2).$$

2) Ist f monoton wachsend, aber nicht streng monoton wachsend, so gibt es Punkte $x_1, x_2 \in I$ mit $x_1 < x_2$ und $f(x_1) = f(x_2)$. Dann muss f auf dem Teilintervall $[x_1, x_2]$ konstant sein und die Ableitung dort verschwinden. Also kann f' nicht überall positiv sein.   ∎

3.2.8. Beispiele

A. Sei $f(x) := x^3$. Dann ist $f'(x) = 3x^2$ und $f''(x) = 6x$. Da überall $f'(x) \geq 0$ ist, wächst f auf ganz $\mathbb{R}$ monoton. Außerhalb des Nullpunktes ist $f'(x)$ sogar positiv, also wächst f dort streng monoton. Aber eine monotone Funktion, die auf keinem Intervall positiver Länge konstant ist, muss insgesamt streng monoton sein. Obwohl $f(x) = x^3$ überall streng monoton steigt, ist $f'(0) = 0$.

$f : \mathbb{R} \to \mathbb{R}$ ist bijektiv und stetig, besitzt also eine überall stetige Umkehrfunktion. Offensichtlich ist $f^{-1}(y) = \sqrt[3]{y}$. Wäre diese Funktion in $y = 0$ differenzierbar, so müsste $0 = f'(0) \cdot (f^{-1})'(0) = (f \circ f^{-1})'(0) = 1$ sein. Widerspruch!

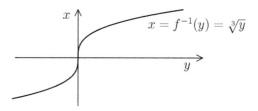

So sieht man, dass f^{-1} im Nullpunkt nicht differenzierbar sein kann. Der Grund dafür ist, dass f^{-1} im Nullpunkt eine senkrechte Tangente besitzt.

B. Es ist $\sin'(x) = \cos(x) > 0$ für $-\dfrac{\pi}{2} < x < \dfrac{\pi}{2}$. Also ist $\sin(x)$ dort streng monoton wachsend und damit injektiv (was wir natürlich schon wissen). Die Umkehrfunktion von

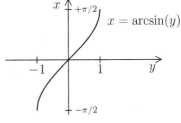

$$\sin : (-\frac{\pi}{2}, \frac{\pi}{2}) \to (-1, 1)$$

ist die Funktion

$$\arcsin : (-1, 1) \to (-\frac{\pi}{2}, \frac{\pi}{2}),$$

der sogenannte ***Arcussinus***.

Für die Ableitung gilt:
$$\arcsin'(y) = \frac{1}{\sin'(\arcsin(y))} = \frac{1}{\cos(\arcsin(y))}$$
$$= \frac{1}{\sqrt{1 - \sin^2(\arcsin(y))}} = \frac{1}{\sqrt{1 - y^2}}.$$

Da der Sinus auf allen Intervallen $((k - \frac{1}{2})\pi, (k + \frac{1}{2})\pi)$ streng monoton ist, gibt es auch dazu Umkehrfunktionen $\arcsin_k(y)$. Man spricht von verschiedenen ***Zweigen*** des Arcussinus. Im Falle $k = 0$ ergibt sich der ***Hauptzweig***, den wir oben behandelt haben.

Beim Cosinus kann man analoge Überlegungen anstellen. Wegen

$$\cos(\pi/2 - \arcsin(x)) = \sin(\arcsin(x)) = x$$

erhält man den ***Arcuscosinus*** als $\arccos(x) = \pi/2 - \arcsin(x)$.

C. Die Hyperbelfunktionen $\sinh(x) = \frac{1}{2}(e^x - e^{-x})$ und $\cosh(x) = \frac{1}{2}(e^x + e^{-x})$ sind offensichtlich überall differenzierbar, und es gilt:

$$\sinh'(x) = \cosh(x) \quad \text{und} \quad \cosh'(x) = \sinh(x).$$

Da $\sinh'(x) > 0$ für alle x ist, ist $\sinh$ streng monoton wachsend und somit umkehrbar. Die Umkehrfunktion wird mit arsinh (***Area-Sinus hyperbolicus***) bezeichnet. Die Beziehung $y = \sinh(x) = (e^x - e^{-x})/2$ liefert eine quadratische Gleichung für e^x, nämlich $2y = ((e^x)^2 - 1)/e^x$, also $(e^x)^2 - 2y \cdot e^x - 1 = 0$. Damit ist

$$\boxed{\operatorname{arsinh}(y) = x = \ln(y + \sqrt{1 + y^2}).}$$

Das positive Vorzeichen vor der Wurzel muss gewählt werden, weil $e^x > 0$ ist. Daraus folgt: $\operatorname{arsinh}'(y) = 1/\sqrt{1 + y^2}$.

Der Cosinus hyperbolicus lässt sich nur für $x \geq 0$ oder für $x \leq 0$ umkehren. Die Umkehrfunktion arcosh (***Area-Cosinus hyperbolicus***) ist jeweils für $y \geq 1$ erklärt. Sie ist gegeben durch

$$\mathrm{arcosh}(y) = \ln(y \pm \sqrt{y^2 - 1}).$$

Das Vorzeichen vor der Wurzel hängt davon ab, welchen Teil des Cosinus hyperbolicus man umkehren möchte.

3.2.9. Wir fassen die **elementaren Funktionen**, ihre **Umkehrungen** und die jeweiligen **Ableitungen** in einer Tabelle zusammen:

Funktion $f(x)$	$f'(x)$	$f^{-1}(y)$	$(f^{-1})'(y)$
Potenzen:			
x^n, $n \in \mathbb{N}$	$n \cdot x^{n-1}$	$\sqrt[n]{y}$, $y > 0$	$1/(n \sqrt[n]{y^{n-1}})$
x^α, $x > 0$, $\alpha \in \mathbb{R}$	$\alpha \cdot x^{\alpha-1}$	$y^{1/\alpha}$, $y > 0$	$(1/\alpha)y^{(1-\alpha)/\alpha}$
Exponentialfunktionen:			
$\exp(x)$	$\exp(x)$	$\ln(y)$, $y > 0$	$1/y$
$a^x = \exp(x \cdot \ln(a))$	$\ln(a) \cdot a^x$	$\log_a(y)$, $y > 0$	$1/(y \cdot \ln a)$
Winkelfunktionen:			
$\sin(x)$	$\cos(x)$	$\arcsin(y)$, $|y| \leq 1$	$1/\sqrt{1 - y^2}$
$\cos(x)$	$-\sin(x)$	$\arccos(y)$, $|y| \leq 1$	$-1/\sqrt{1 - y^2}$
$\tan(x) = \sin(x)/\cos(x)$, für $x \neq \pi/2 + k\pi$	$1 + \tan^2(x)$	$\arctan(y)$	$1/(1 + y^2)$
$\cot(x) = 1/\tan(x)$, für $x \neq k\pi$	$-1 - \cot^2(x)$	$\mathrm{arccot}(y)$	$-1/(1 + y^2)$
Hyperbelfunktionen:			
$\sinh(x) = (e^x - e^{-x})/2$	$\cosh(x)$	$\mathrm{arsinh}(y)$, oder: $\ln\left(y+\sqrt{y^2+1}\right)$	$1/\sqrt{1 + y^2}$
$\cosh(x) = (e^x + e^{-x})/2$	$\sinh(x)$	$\mathrm{arcosh}(y)$, oder: $\ln\left(y\pm\sqrt{y^2-1}\right)$ für $y \geq 1$	$\pm 1/\sqrt{y^2 - 1}$

Wir können den Mittelwertsatz noch etwas verallgemeinern:

3.2.10. Der Satz von Cauchy

Es seien f und g auf $I := [a, b]$ stetig und im Innern von I differenzierbar. Dann gibt es einen Punkt c im Innern von I mit

$$f'(c) \cdot (g(b) - g(a)) = g'(c) \cdot (f(b) - f(a)).$$

Für $g(x) = x$ erhält man den 1. Mittelwertsatz zurück.

BEWEIS: Ist $g(a) = g(b)$, so gibt es ein $c \in (a,b)$ mit $g'(c) = 0$, und die Gleichung ist offensichtlich erfüllt.

Ist $g(a) \neq g(b)$, so benutzen wir die Hilfsfunktion

$$h(x) := f(x) - \frac{g(x) - g(a)}{g(b) - g(a)} \cdot (f(b) - f(a)).$$

Weil $h(a) = f(a) = h(b)$ ist, gibt es nach dem Satz von Rolle ein c im Innern des Intervalls, so dass $h'(c) = 0$ ist. Aber offensichtlich ist

$$h'(c) = f'(c) - \frac{g'(c)}{g(b) - g(a)} \cdot (f(b) - f(a)).$$

Daraus folgt die gewünschte Gleichung. ∎

Es hat sich ergeben, dass der Satz von Cauchy sogar äquivalent zum 1. Mittelwertsatz ist! Sofort folgt nun

3.2.11. Der 2. Mittelwertsatz der Differentialrechnung

Es seien f und g auf $I := [a,b]$ stetig und im Innern von I differenzierbar. Außerdem sei $g'(x) \neq 0$ im Innern von I.

Dann gibt es einen Punkt c im Innern von I mit

$$\frac{f'(c)}{g'(c)} = \frac{f(b) - f(a)}{g(b) - g(a)}.$$

BEWEIS: Wäre $g(a) = g(b)$, so müsste $g'(c) = 0$ für mindestens ein c sein. Das haben wir aber ausgeschlossen. Also können wir in der Formel im Satz von Cauchy durch $g(b) - g(a)$ teilen. ∎

Eine anschauliche Deutung der beiden vorangegangenen Sätze liefert die folgende Aussage, die ebenfalls äquivalent zum Mittelwertsatz ist:

3.2.12. Veranschaulichung des 2. Mittelwertsatzes

Sei $\mathbf{F} : [a,b] \to \mathbb{R}^2$ stetig und auf (a,b) differenzierbar. Ist $\mathbf{F}(a) \neq \mathbf{F}(b)$, so gibt es ein $c \in (a,b)$, so dass $\mathbf{F}'(c)$ parallel zu dem Vektor $\mathbf{F}(b) - \mathbf{F}(a)$ ist.

BEWEIS: Wir schreiben $\mathbf{F}(t) = (f(t), g(t))$ und können annehmen, dass $g(a) \neq g(b)$ ist.

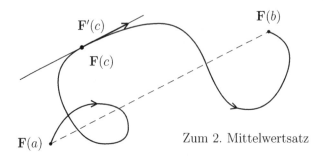

$\mathbf{F}'(c)$

$\mathbf{F}(c)$

$\mathbf{F}(b)$

$\mathbf{F}(a)$ Zum 2. Mittelwertsatz

Dann gibt es nach dem Satz von Cauchy ein $c \in (a, b)$ mit

$$\mathbf{F}'(c)/(g(b) - g(a)) = g'(c) \cdot (\mathbf{F}(b) - \mathbf{F}(a)).$$

Das entspricht der Behauptung.   ∎

Als Anwendung aus dem 2. Mittelwertsatz ergibt sich:

3.2.13. 1. Regel von de l'Hospital (der Grenzwert $0/0$)

Die Funktionen f und g seien auf dem offenen Intervall $I := (a, b)$ differenzierbar, und es sei $g'(x) \neq 0$ für alle $x \in I$. Außerdem sei

$$\lim_{x \to a+} f(x) = \lim_{x \to a+} g(x) = 0.$$

Wenn $\lim\limits_{x \to a+} \dfrac{f'(x)}{g'(x)}$ existiert, dann existiert auch $\lim\limits_{x \to a+} \dfrac{f(x)}{g(x)}$, und die beiden Grenzwerte sind gleich. Eine entsprechende Aussage gilt auch für den linksseitigen Grenzwert bei b.

BEWEIS: Wir betrachten nur den Fall des rechtsseitigen Grenzwertes. Nach Voraussetzung kann man f und g stetig nach a (durch den Wert Null) fortsetzen. Nun sei (x_ν) eine beliebige Folge von Zahlen mit $a < x_\nu < b$ und $\lim_{\nu \to \infty} x_\nu = a$ (nicht notwendig monoton). Nach dem 2. Mittelwertsatz gibt es Zahlen c_ν mit $a < c_\nu < x_\nu$ und

$$\frac{f(x_\nu)}{g(x_\nu)} = \frac{f(x_\nu) - f(a)}{g(x_\nu) - g(a)} = \frac{f'(c_\nu)}{g'(c_\nu)}.$$

Da auch $\lim_{\nu \to \infty} c_\nu = a$ ist, strebt der letzte Quotient nach Voraussetzung gegen $\lim_{x \to a+} f'(x)/g'(x)$. Aber dann ist $\lim_{x \to a+} f(x)/g(x) = \lim_{x \to a+} f'(x)/g'(x)$. ∎

Bemerkung: An Stelle der Annäherung an eine endliche Intervallgrenze kann man auch den Fall $x \to \pm\infty$ betrachten, es gelten analoge Aussagen.

3.2.14. Beispiele

A. Sei $f(x) := \sin x$ und $g(x) := x$. Da $f(0) = g(0) = 0$ ist und $f'(x)/g'(x) = \cos x$ für $x \to 0$ gegen 1 strebt, ist auch $\lim_{x \to 0} \sin(x)/x = 1$.

B. Sei $f(x) := \ln(1-x)$ und $g(x) := x + \cos x$. Dann gilt:

$$\frac{f'(x)}{g'(x)} = \frac{1}{(x-1)(1-\sin x)}$$

konvergiert für $x \to 0$ gegen -1. Aber trotzdem darf man l'Hospital nicht anwenden, denn es ist zwar $f(0) = 0$, aber $g(0) = 1$.

Tatsächlich ist $\lim_{x\to 0} \ln(1-x)/(x + \cos x) = 0$.

3.2.15. 2. Regel von de l'Hospital (der Grenzwert ∞/∞)

Die Funktionen f und g seien auf dem offenen Intervall $I := (a, b)$ differenzierbar, und es sei $g'(x) \neq 0$ für alle $x \in I$. Außerdem sei

$$\lim_{x\to a+} g(x) = \lim_{x\to a+} f(x) = +\infty.$$

Wenn $\lim\limits_{x\to a+} \dfrac{f'(x)}{g'(x)} =: c$ *existiert, dann existiert auch* $\lim\limits_{x\to a+} \dfrac{f(x)}{g(x)}$,

und die beiden Grenzwerte sind gleich.

Eine entsprechende Aussage gilt für die Annäherung an b von links.

BEWEIS: Man würde erwarten, dass der Beweis nichts Neues bringt, aber die Schlussweise ist doch etwas komplizierter als bei der 1. Regel von de l'Hospital.

Es sei ein $\varepsilon > 0$ vorgegeben. Dann gibt es ein $\delta > 0$, so dass gilt:

$$\left| \frac{f'(x)}{g'(x)} - c \right| < \varepsilon \quad \text{für } a < x < a + \delta.$$

Wegen $\lim_{x\to a+} g(x) = +\infty$ kann man annehmen, dass $g(x) > 0$ für $a < x < a + \delta$ ist. Wir wählen ein x_0 mit $a < x_0 < a + \delta$ fest. Zu jedem x mit $a < x < x_0$ gibt es nach dem 2. Mittelwertsatz ein $\xi = \xi(x)$ mit $x < \xi < x_0$ und

$$\frac{f(x_0) - f(x)}{g(x_0) - g(x)} = \frac{f'(\xi)}{g'(\xi)}.$$

Daraus folgt: $c - \varepsilon < \dfrac{f(x) - f(x_0)}{g(x) - g(x_0)} < c + \varepsilon \quad \text{für } a < x < x_0.$

Also existieren Konstanten $k_1, k_2 \in \mathbb{R}$ mit

$$(c - \varepsilon) \cdot g(x) + k_1 < f(x) < k_2 + (c + \varepsilon) \cdot g(x), \quad \text{für } a < x < x_0,$$

und das ergibt die Ungleichungs-Kette

$$(c - \varepsilon) + \frac{k_1}{g(x)} < \frac{f(x)}{g(x)} < \frac{k_2}{g(x)} + (c + \varepsilon). \tag{$*$}$$

Weil $g(x)$ für $x \to a+$ gegen ∞ strebt, gibt es ein δ_0 mit $0 < \delta_0 < x_0 - a$ und

$$-\varepsilon < \frac{k_1}{g(x)} < \frac{k_2}{g(x)} < \varepsilon \quad \text{für } a < x < a + \delta_0. \qquad (**)$$

Aus $(*)$ und $(**)$ erhalten wir schließlich:

$$c - 2\varepsilon < f(x)/g(x) < c + 2\varepsilon \quad \text{für } a < x < a + \delta_0.$$

Das zeigt, dass $\lim_{x \to a+} f(x)/g(x) = c$ ist. ∎

3.2.16. Beispiele

A. Wir wollen $\lim_{x \to 0+} x \cdot \ln(x)$ berechnen. Es ist $x \cdot \ln(x) = -(-\ln(x))/x^{-1}$,

$$\lim_{x \to 0+} (-\ln(x)) = \lim_{x \to 0+} x^{-1} = +\infty \quad \text{und} \quad \lim_{x \to 0+} \frac{-\ln'(x)}{(x^{-1})'} = \lim_{x \to 0+} x = 0,$$

also auch $\lim_{x \to 0+} x \cdot \ln(x) = 0$.

B. Sei $p(x) = a_k x^k + \cdots + a_1 x + a_0$ ein Polynom vom Grad k, $a_k > 0$. Dann ist $p'(x) = k a_k x^{k-1} + \cdots + a_1$ ein Polynom vom Grad $k-1$, $p''(x)$ ein Polynom vom Grad $k-2$, und schließlich $p^{(k)}(x) = k! a_k =: c$ eine Konstante > 0. Wie wir in 2.3 gesehen haben, strebt jedes Polynom, dessen höchster Koeffizient positiv ist, für $x \to +\infty$ gegen $+\infty$. Das Gleiche gilt für sämtliche Ableitungen der Exponentialfunktion. Mehrfache Anwendung von l'Hospital ergibt daher

$$\lim_{x \to \infty} \frac{e^x}{p(x)} = \lim_{x \to \infty} \frac{(e^x)'}{p'(x)} = \ldots = \lim_{x \to \infty} \frac{(e^x)^{(k)}}{p^{(k)}(x)} = \lim_{x \to \infty} \frac{e^x}{c} = +\infty.$$

Die Exponentialfunktion wächst stärker als jedes Polynom!

Dagegen gilt:

$$\lim_{x \to \infty} \frac{\ln(x)}{p(x)} = \lim_{x \to \infty} \frac{1}{x \cdot p'(x)} = 0.$$

Die Logarithmusfunktion wächst also schwächer als jedes Polynom.

3.2.17. Erstes „Hinreichendes Kriterium" für Extremwerte

Sei I ein Intervall, x_0 ein innerer Punkt von I, $f : I \to \mathbb{R}$ differenzierbar und $f'(x_0) = 0$. Außerdem gebe es ein $\varepsilon > 0$, so dass $f'(x) \le 0$ für $x_0 - \varepsilon < x < x_0$ und $f'(x) \ge 0$ für $x_0 < x < x_0 + \varepsilon$ ist. Dann besitzt f in x_0 ein lokales Minimum. Ist $f'(x) \ge 0$ links von x_0 und ≤ 0 rechts von x_0, so liegt ein lokales Maximum vor.

BEWEIS: Wir betrachten zunächst den Fall, dass $f'(x) \le 0$ für $x_0 - \varepsilon < x < x_0$ und ≥ 0 für $x_0 < x < x_0 + \varepsilon$ ist. Überlegen wir erst mal anschaulich: Links von x_0 ist die Richtung der Tangente an den Graphen von f negativ (genauer: nicht positiv), rechts von x_0 wird sie positiv (genauer: nicht negativ). Fassen wir den Graphen als Wanderweg auf, so muss ein Wanderer zunächst bergab und nach x_0 wieder bergauf laufen. Bei x_0 wird ein „Tiefpunkt" erreicht.

Der formale Beweis ist fast noch einfacher. Aus dem Monotoniekriterium folgt nämlich, dass f auf $[x_0 - \varepsilon, x_0]$ monoton fällt und auf $[x_0, x_0 + \varepsilon]$ monoton wächst. Ist also $|x - x_0| < \varepsilon$ und $x < x_0$, so muss auf jeden Fall $f(x) \geq f(x_0)$ sein. Ist $x > x_0$, so ist $x_0 < x$ und wieder $f(x_0) \leq f(x)$. Das bedeutet, dass f in x_0 ein lokales Minimum besitzt. Im zweiten Fall wird analog argumentiert. ∎

3.2.18. Zweites „Hinreichendes Kriterium" für Extremwerte

Sei I ein Intervall, x_0 ein innerer Punkt von I, $f : I \to \mathbb{R}$ einmal differenzierbar und in x_0 zweimal differenzierbar. Außerdem sei $f'(x_0) = 0$.

Ist $f''(x_0) > 0$, so besitzt f in x_0 ein isoliertes lokales Minimum. Ist $f''(x_0) < 0$, so liegt ein isoliertes lokales Maximum vor.

BEWEIS: Der Beweis wäre ganz einfach, wenn wir wüssten, dass f in einer ganzen Umgebung von x_0 zweimal differenzierbar und f'' in x_0 stetig ist. Wir schaffen den Beweis aber auch unter unseren eingeschränkten Bedingungen. Dazu benutzen wir wieder einmal die alternative Beschreibung der Differenzierbarkeit, angewandt auf die abgeleitete Funktion f':

$$f'(x) = f'(x_0) + (x - x_0) \cdot \Delta(x),$$

mit einer in x_0 stetigen Funktion Δ und $\Delta(x_0) = f''(x_0)$.

Ist $f''(x_0) > 0$, so gibt es eine Umgebung $U = U_\varepsilon(x_0) \subset I$, so dass $\Delta > 0$ auf U ist. Aber für $x \neq x_0$ ist

$$\Delta(x) = \frac{f'(x) - f'(x_0)}{x - x_0}.$$

Ist also $x < x_0$, so muss $f'(x) < f'(x_0) = 0$ sein, und im Falle $x > x_0$ muss $f'(x) > f'(x_0) = 0$ sein. Damit fällt $f(x)$ streng monoton für $x < x_0$ und wächst streng monoton für $x > x_0$. Das bedeutet, dass f in x_0 ein isoliertes Minimum besitzt. Im Falle des Maximums verläuft der Beweis analog. ∎

Was ist die anschauliche Bedeutung der zweiten Ableitung? Wir betrachten eine zweimal stetig differenzierbare reellwertige Funktion, d.h., eine zweimal differenzierbare Funktion $f : I \to \mathbb{R}$, deren 2. Ableitung f'' auf I stetig ist. Ist $f''(x) \equiv 0$, so ist $f(x) = ax + b$ eine affin-lineare Funktion, der Graph von f verläuft „geradlinig". Ist $f''(x_0) \neq 0$, so muss der Graph in der Nähe von x_0 „gekrümmt" sein. Da die erste Ableitung von f in diesem Bereich nicht konstant ist, verändert sich die Tangentenrichtung. Die zweite Ableitung $f''(x_0)$ misst die Geschwindigkeit, mit der sich die Tangentenrichtung bei x_0 verändert, also die Stärke der „Krümmung". Ist $f''(x_0) > 0$, so spricht man von einer ***Linkskrümmung***; ist $f''(x_0) < 0$, so spricht man von einer **Rechtskrümmung**. Dass diese Bezeichnungen der anschaulichen Situation entsprechen, kann man nur an einer Skizze sehen:

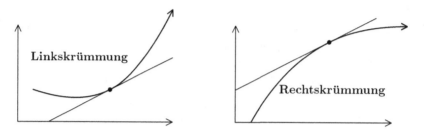

Im Falle einer Linkskrümmung verläuft der Funktionsgraph oberhalb der Tangente, im Falle einer Rechtskrümmung unterhalb. Ersetzt man die Tangente durch eine dazu parallel verlaufende Sekante, so verhält es sich genau umgekehrt.

Definition   (Konvexität)

Eine Funktion $f : I \to \mathbb{R}$ heißt auf I **konvex**, falls für alle $x, x' \in I$ mit $x < x'$ und alle $t \in [x, x']$ gilt: $(t, f(t))$ liegt unterhalb der Verbindungsstrecke von $(x, f(x))$ und $(x', f(x'))$.

Die Funktion $f : I \to \mathbb{R}$ heißt auf I **strikt konvex**, falls für alle $x, x' \in I$ mit $x < x'$ und alle $t \in (x, x')$ gilt: $(t, f(t))$ liegt strikt unterhalb der Verbindungsstrecke von $(x, f(x))$ und $(x', f(x'))$.

Ersetzt man „unterhalb" durch „oberhalb", so bekommt man die Begriffe **konkav** und **strikt konkav**.

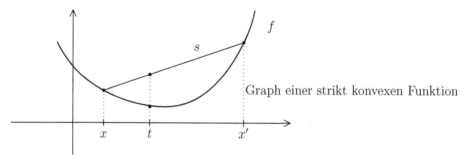

Graph einer strikt konvexen Funktion

Die Verbindungsstrecke von $(x, f(x))$ und $(x', f(x'))$ ist der Graph der affin-linearen Funktion $s : [x, x'] \to \mathbb{R}$ mit

$$s(t) := f(x) + (t - x) \cdot \frac{f(x') - f(x)}{x' - x}.$$

Dass $(t, f(t))$ unterhalb der Strecke liegt, bedeutet, dass $f(t) \leq s(t)$ ist. Im Falle einer konvexen Funktion gilt diese Ungleichung für alle $t \in [x, x']$. Im Falle der strikt konvexen Funktion gilt die Ungleichung $f(t) < s(t)$ für alle $t \in (x, x')$. Der Differenzenquotient

$$D(x, x') := \frac{f(x') - f(x)}{x' - x}$$

gibt die Richtung der Verbindungsstrecke an. Man kann die Konvexität durch das Verhalten solcher Differenzenquotienten charakterisieren:

3.2.19. Hilfssatz

Die folgenden Aussagen über eine Funktion $f : I \to \mathbb{R}$ sind äquivalent:

1. *f ist konvex.*

2. *Für $x, y, z \in I$ mit $x < z < y$ ist $D(x, z) \leq D(x, y)$.*

3. *Für $x, y, z \in I$ mit $x < z < y$ ist $D(x, z) \leq D(z, y)$.*

BEWEIS: (1) $\implies$ (2): Sei f konvex und $x, y, z \in I$ mit $x < z < y$. Für

$$s(t) := f(x) + (t - x) \cdot D(x, y)$$

ist dann $f(z) \leq s(z)$, also $f(z) \leq f(x) + (z - x) \cdot D(x, y)$ und $D(x, z) \leq D(x, y)$.

(2) $\implies$ (3): Aus der Ungleichung $D(x, z) \leq D(x, y)$ folgt durch Überkreuz-Multiplikation:

$$(f(z) - f(x)) \cdot (y - x) \leq (f(y) - f(x)) \cdot (z - x).$$

Ersetzt man links $y - x$ durch $(y - z) + (z - x)$ und rechts $f(y) - f(x)$ durch $(f(y) - f(z)) + (f(z) - f(x))$, so taucht auf beiden Seiten der Term $(f(z) - f(x)) \cdot (z - x)$ auf. Lässt man den weg, so erhält man:

$$(f(z) - f(x)) \cdot (y - z) \leq (f(y) - f(z)) \cdot (z - x),$$

also $D(x, z) \leq D(z, y)$.

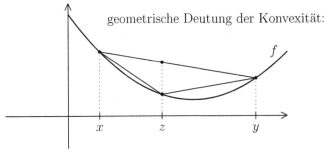

geometrische Deutung der Konvexität:

(3) $\implies$ (1): Die Schlüsse beim 2. Beweisschritt sind umkehrbar, aus der Ungleichung $D(x, z) \leq D(z, y)$ folgt wieder die Ungleichung $D(x, z) \leq D(x, y)$. Das bedeutet aber:

$$f(z) \leq f(x) + (z - x) \cdot D(x, y).$$

Also ist f konvex.   ∎

3.2.20. Konvexität und zweite Ableitung

Ist $f : I \to \mathbb{R}$ zweimal differenzierbar, so ist f genau dann auf I konvex, wenn dort $f''(x) \geq 0$ ist.

Ist sogar $f''(x) > 0$ auf ganz I, so ist f strikt konvex.

BEWEIS: Dass $f''(x) \geq 0$ ist, ist gleichbedeutend damit, dass $f'(x)$ monoton wachsend ist.

1) Sei zunächst f' monoton wachsend und $x < z < y$ (in I). Nach dem Mittelwertsatz gibt es Punkte c, d mit $x < c < z < d < y$, so dass $D(x, z) = f'(c)$ und $D(z, y) = f'(d)$ ist. Daraus folgt die Ungleichung $D(x, z) \leq D(z, y)$, und weil das in allen solchen Situationen gilt, ist f konvex.

Ist $f'' > 0$ auf I, so wächst f' streng monoton, und es ist $D(x, z) < D(z, y)$ für alle x, z, y mit $x < z < y$. Genau wie im Beweis von Hilfssatz 19 (Seite 215) folgt daraus, dass f strikt konvex ist.

2) Jetzt setzen wir die Konvexität voraus. Ist $x < y$, so wählen wir einen beliebigen Zwischenpunkt z mit $x < z < y$. Für alle x' mit $x < x' < z$ ist $D(x, x') \leq D(x, z)$. Lässt man x' gegen x gehen, so strebt $D(x, x')$ gegen $f'(x)$. Also ist $f'(x) \leq D(x, z)$.

Sei nun $z < y' < y$. Wegen der Konvexität ist $D(x, z) \leq D(x, y')$ und $D(x, y') \leq D(y', y)$. Lässt man y' gegen y gehen, so strebt $D(y', y)$ gegen $f'(y)$. Damit folgt, dass f' monoton wächst und $f'' \geq 0$ ist.   ∎

Wir haben gelernt: Beschreibt der Graph von f eine Linkskurve, so ist f strikt konvex. In einer Rechtskurve ist f dagegen strikt konkav. Die Punkte, an denen der Graph von einer Rechtskurve in eine Linkskurve übergeht (oder umgekehrt) besitzen einen besonderen Namen.

Definition   (Wendepunkt)

Sei $f : I \to \mathbb{R}$ zweimal differenzierbar und x_0 ein innerer Punkt von I. Wir sagen, f hat in x_0 einen **Wendepunkt**, falls es ein $\varepsilon > 0$ gibt, so dass f in $U_\varepsilon(x_0)$ auf der einen Seite von x_0 strikt konvex und auf der anderen strikt konkav ist.

Leider werden Wendepunkte in der Literatur nicht einheitlich definiert. Wir haben hier eine sehr geometrische Beschreibung gewählt. Ist f links von x_0 strikt konvex und rechts von x_0 strikt konkav, so ist $f''(x) \geq 0$ für $x < x_0$ und $f''(x) \leq 0$ für $x > x_0$. Dann wächst f' monoton für $x < x_0$ und fällt monoton für $x > x_0$. Das bedeutet, dass f' in x_0 ein lokales Minimum besitzt. Geht dagegen f bei x_0 von einer konkaven Phase in eine konvexe Phase über, so besitzt f' dort ein lokales Maximum. In beiden Fällen erhalten wir:

3.2.21. Notwendiges Kriterium für Wendepunkte

Sei $f : I \to \mathbb{R}$ zweimal differenzierbar und $x_0 \in I$ ein innerer Punkt. Besitzt f in x_0 einen Wendepunkt, so hat f' dort ein lokales Extremum, und es ist insbesondere $f''(x_0) = 0$.

Die Umkehrung stimmt nicht: Wenn f' in x_0 ein Extremum besitzt, dann kann x_0 z.B. ein Häufungspunkt einer ganzen Folge von Wendepunkten sein, ohne selbst ein Wendepunkt zu sein.

3.2.22. Hinreichendes Kriterium für Wendepunkte

Sei $f : I \to \mathbb{R}$ zweimal differenzierbar und in einem inneren Punkt $x_0 \in I$ ein drittes Mal differenzierbar. Ist $f''(x_0) = 0$ und $f'''(x_0) \neq 0$, so besitzt f in x_0 einen Wendepunkt.

BEWEIS: Sei etwa $f'''(x_0) > 0$. Wie im Beweis des 2. hinreichenden Kriteriums für Extremstellen folgt, dass $f''(x) < 0$ für $x < x_0$ und $f''(x) > 0$ für $x > x_0$ ist. Daraus ergeben sich die gewünschten Konvexitätsaussagen. ∎

Nachdem wir über alle nötigen Hilfsmittel verfügen, rekapitulieren wir noch einmal die **Technik der Kurvendiskussion:**

Wir nehmen an, es sei eine (mindestens einmal differenzierbare) Funktion $f : I \to \mathbb{R}$ gegeben. Um z.B. eine Skizze über den Verlauf des Funktionsgraphen erstellen zu können, brauchen wir eine Reihe von Daten, die in folgender Weise systematisch ermittelt werden können:

1. Als erstes sollte der genaue **Definitionsbereich** bestimmt werden. Alle weiteren Untersuchungen beziehen sich nur auf diesen Definitionsbereich.

2. Eine Bestimmung der **Nullstellen** ist nur in gewissen Fällen möglich (z.B. bei Polynomen niedrigen Grades oder bei den Winkelfunktionen). Falls möglich, sollte man auch die Schnittpunkte mit der y-Achse ausfindig machen.

3. **Symmetrie-Betrachtungen** erleichtern oft das Leben.

   (a) Ist $f(-x) = f(x)$ für alle x, so ist der Graph symmetrisch zur y-Achse und man spricht von einer **geraden Funktion**. Beispiele sind gerade Potenzen x^{2n} oder der Cosinus.

   (b) Ist $f(-x) = -f(x)$ für alle x, so ist der Graph symmetrisch zum Nullpunkt und man spricht von einer **ungeraden Funktion**. Beispiele sind ungerade Potenzen x^{2n+1} oder der Sinus.

   (c) Ist $f(x + p) = f(x)$ für ein festes $p > 0$ und alle x, so nennt man f **periodisch** mit Periode p. Alle Winkelfunktionen sind Beispiele dafür.

4. Gelegentlich interessiert man sich für **Asymptoten**:

   (a) Ist $\lim\limits_{x\to\infty} f(x) = c$ oder $\lim\limits_{x\to-\infty} f(x) = c$, so nennt man die Gerade $\{y = c\}$ eine *horizontale Asymptote*.

   (b) Ist $\lim\limits_{x\to a+} f(x) = \pm\infty$ oder $\lim\limits_{x\to a-} f(x) = \pm\infty$, so nennt man die Gerade $\{x = a\}$ eine *vertikale Asymptote*.

   (c) Ist schließlich $\lim\limits_{x\to\infty} (f(x) - (mx + b)) = 0$, so nennt man $\{y = mx + b\}$ eine *schräge Asymptote*, genauso bei Annäherung an $-\infty$.

5. Berechnet man die erste Ableitung und bestimmt die Nullstellen von $f'(x)$, so erhält man Kandidaten für Extremwerte und außerdem die **Monotonie-Bereiche**. Wo $f' > 0$ (bzw. $f' < 0$) ist, wächst (bzw. fällt) f streng monoton. Ist $f'(x) \equiv 0$ auf einem ganzen Intervall, so ist f dort konstant.

6. Mit Hilfe der zweiten Ableitung (und manchmal auch nur mit Hilfe des Monotonieverhaltens) ermittelt man die **lokalen Extrema**. Wenn f nirgends konstant ist, handelt es sich sogar um **isolierte lokale Extrema**. Bei Funktionen auf abgeschlossenen Intervallen muss man zusätzlich die Werte am Rand überprüfen, weil dort auch noch Extremwerte liegen können, die man nicht über die Nullstellen von f' findet. Bei vielen Anwendungen werden zudem die **globalen Extremwerte gesucht**.

7. Das Verhalten der zweiten Ableitung liefert Informationen über Krümmung und Wendepunkte. Dabei ist folgendes zu beachten: In der Nähe eines Maximums ist meistens $f'' < 0$, der Graph also **konkav** gekrümmt, während bei einem Minimum meist $f'' > 0$, der Graph also **konvex** gekrümmt ist. Zwischen zwei solchen Stellen muss ein **Wendepunkt** liegen.

3.2.23. Beispiel

Wir wollen eine etwas anspruchsvollere „Kurvendiskussion" durchführen, an Hand einer „gedämpften harmonischen Schwingung"

$$f(x) := A \cdot e^{-kx} \sin(\omega x + \varphi), \quad \text{mit } A, k, \omega, \varphi > 0 \text{ und } x \geq 0.$$

Zunächst berechnen wir die Ableitungen:

$$\begin{aligned}
f'(x) &= A \cdot e^{-kx}\big(\omega \cos(\omega x + \varphi) - k \sin(\omega x + \varphi)\big), \\
f''(x) &= A \cdot e^{-kx}\big(-\omega^2 \sin(\omega x + \varphi) - k\omega \cos(\omega x + \varphi) \\
&\qquad - k\omega \cos(\omega x + \varphi) + k^2 \sin(\omega x + \varphi)\big) \\
&= A \cdot e^{-kx}\big((k^2 - \omega^2) \sin(\omega x + \varphi) - 2k\omega \cos(\omega x + \varphi)\big).
\end{aligned}$$

Es ist $f(0) = A \cdot \sin(\varphi)$ und $|f(x)| \leq A \cdot e^{-kx}$, insbesondere $\lim\limits_{x\to\infty} f(x) = 0$.

Nullstellen: Es ist

$$
\begin{aligned}
f(x) = 0 \quad &\Longleftrightarrow \quad x \geq 0 \text{ und } \sin(\omega x + \varphi) = 0 \\
&\Longleftrightarrow \quad x \geq 0 \text{ und } \exists\, n \in \mathbb{Z} \text{ mit } \omega x + \varphi = n\pi \\
&\Longleftrightarrow \quad \exists\, n \in \mathbb{Z} \text{ mit } n \geq \frac{\varphi}{\pi}, \text{ so dass } x = \frac{1}{\omega}(n\pi - \varphi) \text{ ist.}
\end{aligned}
$$

Extremwerte: Zunächst ist

$$
\begin{aligned}
f'(x) = 0 \quad &\Longleftrightarrow \quad \omega\cos(\omega x + \varphi) - k\sin(\omega x + \varphi) = 0 \\
&\Longleftrightarrow \quad \tan(\omega x + \varphi) = \frac{\omega}{k} \\
&\Longleftrightarrow \quad \exists\, n \in \mathbb{Z} \text{ mit } \omega x + \varphi = \arctan\!\left(\frac{\omega}{k}\right) + n\pi \\
&\Longleftrightarrow \quad \exists\, n \in \mathbb{Z} \text{ mit } x = \frac{1}{\omega}(a + n\pi - \varphi),
\end{aligned}
$$

wobei $0 < a := \arctan\!\left(\dfrac{\omega}{k}\right) < \dfrac{\pi}{2}$ ist

und $a + n\pi - \varphi \geq 0$ sein muss, also $n \geq \dfrac{\varphi - a}{\pi}$.

Setzt man $n_0 := \left[\dfrac{a - \varphi}{\pi}\right]$ (Gauß-Klammer), so ist $n_0 \geq 0$ und

$$
x_0 := \frac{1}{\omega}(a - n_0\pi - \varphi)
$$

der kleinste mögliche Extremwert, der auftreten kann. Ist $x_n = (a + n\pi - \varphi)/\omega$ eine weitere Nullstelle von f', so ist $x_n = x_0 + (n_0 + n)\pi/\omega$.

Zur näheren Untersuchung der Extremwerte setzen wir nicht die berechneten Werte ein, sondern wir benutzen die Gleichung

$$
\omega\cos(\omega x_n + \varphi) = k\sin(\omega x_n + \varphi).
$$

In diesen Punkten ist

$$
f''(x_n) = -A \cdot e^{-kx_n}(k^2 + \omega^2)\sin(\omega x_n + \varphi).
$$

Der Ausdruck $\omega x_n + \varphi = a + n\pi$ liegt immer zwischen $n\pi$ und $n\pi + \pi/2$. Bei geradem n ist der Sinus dort positiv, und es liegt ein Maximum vor. Bei ungeradem n liegt ein Minimum vor.

Man kann die Funktionswerte in den Maxima folgendermaßen bestimmen:

Weil $\omega\cos(\omega x_n + \varphi) = k\sin(\omega x_n + \varphi)$ ist, folgt:

$$
\omega^2 = (\omega\sin(\omega x_n + \varphi))^2 + (\omega\cos(\omega x_n + \varphi))^2 = (\omega^2 + k^2)\sin(\omega x_n + \varphi)^2,
$$

also

$$\sin(\omega x_n + \varphi) = \pm \frac{\omega}{\sqrt{\omega^2 + k^2}}.$$

Ein Maximum liegt genau dann vor, wenn $n = 2m$ gerade und deshalb $\sin(\omega x_n + \varphi) \geq 0$ ist. Also ist

$$f(x_{2m}) = A \cdot e^{-kx_{2m}} \frac{\omega}{\sqrt{\omega^2 + k^2}}.$$

Der Abstand zwischen zwei aufeinanderfolgenden Maxima x_{2m} und x_{2m+2} beträgt jeweils

$$\frac{1}{\omega}(a + (2m+2)\pi - \varphi) - \frac{1}{\omega}(a + 2m\pi - \varphi) = \frac{2\pi}{\omega}.$$

Setzt man $y_n := f(x_n)$, so ist

$$\frac{y_{2m}}{y_{2m+2}} = \frac{A \cdot e^{-kx_{2m}} \sin(\omega x_{2m} + \varphi)}{A \cdot e^{-kx_{2m+2}} \sin(\omega x_{2m+2} + \varphi)} = \frac{e^{-kx_{2m}}}{e^{-kx_{2m+2}}} = e^{k(x_{2m+2} - x_{2m})} = e^{2k\pi/\omega}.$$

Es reicht also, den Wert des ersten Maximums explizit zu berechnen, dann erhält man auch alle anderen Werte.

Die Größe $D := \ln(y_{2m}/y_{2m+2}) = 2k\pi/\omega$ nennt man das **logarithmische Dekrement** der Schwingung. Wenn man die „Kreisfrequenz" ω und die Amplitudenverhältnisse y_{2m}/y_{2m+2} kennt, kann man über D den **Dämpfungskoeffizienten** k berechnen.

Übrigens stimmen die Maxima **nicht** mit den Punkten überein, wo der Graph die „Hüllkurve" $y = Ae^{-kx}$ berührt: Dort muss ja $\sin(\omega x + \varphi) = \pm 1$ sein, also $\omega x + \varphi = (2m+1)\pi/2$. Bezeichnen wir mit $T = 2\pi/\omega$ die „Schwingungsdauer" und mit $z_n := (1/\omega)(n\pi - \varphi)$ die Nullstellen von f, so haben die Berührungspunkte die Abszissen

$$b_n = \frac{1}{\omega}\left((2n+1)\frac{\pi}{2} - \varphi\right) = z_n + \frac{T}{4}.$$

Wendepunkte: Es ist

$$f''(x) = 0 \quad \Longleftrightarrow \quad (k^2 - \omega^2)\sin(\omega x + \varphi) = 2k\omega\cos(\omega x + \varphi)$$
$$\Longleftrightarrow \quad \tan(\omega x + \varphi) = \frac{2k\omega}{k^2 - \omega^2}.$$

Da der Tangens überall streng monoton wachsend ist, ist

$$(k^2 - \omega^2)\sin(\omega x + \varphi) - 2k\omega\cos(\omega x + \varphi) < 0,$$

falls x links von einem solchen Punkt liegt, und > 0, falls x rechts davon liegt. Das bedeutet, dass tatsächlich Wendepunkte vorliegen. Je zwei aufeinanderfolgende Wendepunkte unterscheiden sich um $\pi/\omega = T/2$.

Zwischen zwei benachbarten Wendepunkten ist f konvex, falls f dort ein Minimum besitzt, und konkav, falls f dort ein Maximum besitzt.

Nun kann man den Graphen skizzieren:

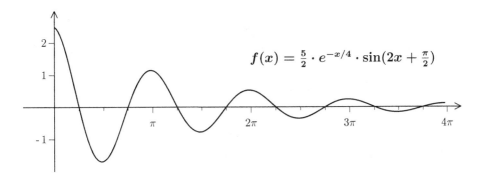

$$f(x) = \tfrac{5}{2} \cdot e^{-x/4} \cdot \sin(2x + \tfrac{\pi}{2})$$

Zusammenfassung

Das wichtigste Ergebnis dieses Paragraphen findet sich ganz am Anfang, es ist der **Mittelwertsatz**: Ist f auf dem abgeschlossenen Intervall $I = [a, b]$ **stetig** und im Innern des Intervalls **differenzierbar**, so gibt es einen Punkt x_0 zwischen a und b, wo die Ableitung $f'(x_0)$ mit dem Differenzenquotienten $D(a, b) = \big(f(b) - f(a)\big)/(b - a)$ übereinstimmt. Zum Beweis führt man die Aussage des Mittelwertsatzes auf den Satz von Rolle zurück, und der besagt: Ist $f(a) = f(b)$ und f nicht konstant, so muss f im Innern des Intervalls I zumindest einen Extremwert haben, und dort verschwindet dann die Ableitung von f.

Als wichtige Anwendung des Mittelwertsatzes erhält man einen Zusammenhang zwischen dem **Monotonieverhalten** einer Funktion $f : [a, b] \to \mathbb{R}$ und dem Vorzeichen von f' auf dem offenen Interval (a, b): Genau dann ist $f' \geq 0$ (bzw. ≤ 0), wenn f monoton wachsend (bzw. monoton fallend) ist. Dabei muss f als stetig auf $[a, b]$ und differenzierbar auf (a, b) vorausgesetzt werden.

Ist $f' > 0$, so ist f sogar streng monoton wachsend. Hier gilt aber nicht die Umkehrung, wie man am Beispiel der Funktion $f(x) = x^3$ sehen kann, die streng monoton steigt, deren Ableitung aber bei $x = 0$ verschwindet. Da strenge Monotonie insbesondere Injektivität bedeutet, kann aus dem Nichtverschwinden der Ableitung auf die Umkehrbarkeit einer Funktion geschlossen werden. Weil $\sin'(x) = \cos(x) > 0$ auf $I = (-\pi/2, \pi/2)$ ist, bildet der Sinus I bijektiv auf $J = (-1, 1)$ ab, und auf J existiert die Umkehrfunktion, der Arcussinus. Ähnlich einfach gelangt man zum Arcuscosinus und zu den Area-Funktionen, den Umkehrfunktionen der Hyperbelfunktionen.

Der **zweite Mittelwertsatz** fristet in vielen Köpfen ein eher stiefmütterliches Dasein. Man glaubt ihn zu gewinnen, indem man den Mittelwertsatz auf

f und auf g anwendet und die Ergebnisse durcheinander dividiert. Aber dann würde man die Ableitungen von f und g an zwei verschiedenen Zwischenpunkten auswerten. Die besondere Aussage besteht eben darin, dass es eine **gemeinsame** Zwischenstelle c mit $f'(c)/g'(c) = (f(b) - f(a))/(g(b) - g(a))$ gibt. Gebraucht wird dieser Satz zum Beweis der l'Hospital'schen Regeln und später bei der Taylorentwicklung. Anschaulich besagt er: Ist $\mathbf{F} : [a, b] \to \mathbb{R}^2$ ein differenzierbarer Weg und $\mathbf{F}(a) \neq \mathbf{F}(b)$, so gibt es mindestens einen Punkt auf der Spur des Weges, wo der Tangentenvektor parallel zur „Sehne" $\mathbf{F}(b) - \mathbf{F}(a)$ ist.

Die Regeln von de **l'Hospital** liefern in vielen Fällen der Gestalt $0/0$ oder ∞/∞ die exakten Grenzwerte von $f(x)/g(x)$. Dabei muss eindringlich auf die Voraussetzungen dieser Regeln aufmerksam gemacht werden: Der Grenzwert von f/g kann nur dann durch den Grenzwert von f'/g' berechnet werden, wenn f/g von der Gestalt $0/0$ (oder ∞/∞) ist **und** der Grenzwert von f'/g' existiert.

Die beiden hinreichenden Kriterien für Extremwerte sind meist schon aus der Schule bekannt. Ist f zweimal differenzierbar, $f'(x_0) = 0$ und $f''(x_0) > 0$, so liegt ein **Minimum** vor. Will man die zweite Ableitung nicht verwenden, muss man mit Hilfe der ersten Ableitung zeigen, dass f links von x_0 monoton fällt und rechts von x_0 monoton wächst. In manchen Fällen ist diese Methode allerdings erfolgversprechender. Ein **Maximum** liegt vor, wenn $f''(x_0) < 0$ ist oder wenn f links von x_0 wächst und rechts von x_0 fällt.

Bei zweimal differenzierbaren Funktionen kann **Konvexität** und **Konkavität** über das Vorzeichen der zweiten Ableitung charakterisiert werden ($f'' \geq 0$ gilt genau dann, wenn f konvex ist). Wir haben aber eine andere Definition gegeben: $f : [a, b] \to \mathbb{R}$ wird konvex genannt, wenn zwischen zwei beliebigen x-Werten die Sekante immer oberhalb des Funktionsgraphen liegt. Das bedeutet, dass die Menge $\{(x, y) \in [a, b] \times \mathbb{R} : y \geq f(x)\}$ „konvex" ist (wir werden konvexe Mengen in Kapitel 4 betrachten; eine Menge wird konvex genannt, wenn sie mit zwei Punkten immer auch deren Verbindungsstrecke enthält). Im Falle strikter Konvexität müssen die inneren Punkte der Sekante immer strikt oberhalb des Graphen liegen.

Ein **Wendepunkt** trennt einen strikt konvexen Bereich von einem strikt konkaven Bereich. Diese Definition stammt aus der Differentialgeometrie ebener Kurven; an der Schule wird manchmal ein Extremwert von f' als Wendepunkt von f bezeichnet. Das hinreichende Kriterium ($f''(x_0) = 0$ und $f'''(x_0) \neq 0$) gilt in beiden Fällen.

Ergänzungen

I)   Ein nützliches Hilfsmittel ist manchmal der

3.2.24. Schrankensatz

Sei $I \subset \mathbb{R}$ ein Intervall, $f : I \to \mathbb{R}$ differenzierbar und $m \leq f'(x) \leq M$ auf I. Dann ist

$$m \leq \frac{f(y) - f(x)}{y - x} \leq M \quad \text{für } x, y \in I \text{ und } x < y.$$

BEWEIS: Am besten behandelt man jede der beiden Ungleichungen einzeln. Aber man braucht eine Idee, etwa wie folgt: $f' \geq 0$ ist gleichbedeutend damit, dass f monoton wächst. Nach Voraussetzung ist hier $(f - m \cdot \mathrm{id})'(x) = f'(x) - m \geq 0$ auf I, also $f - m \cdot \mathrm{id}$ monoton wachsend. Sind nun $x, y \in I$, mit $x < y$, so ist $f(x) - mx \leq f(y) - my$, also $m(y - x) \leq f(y) - f(x)$.

Analog folgt die andere Ungleichung.   ∎

II)   Eine differenzierbare Funktion braucht keine stetige Ableitung zu haben. Deshalb stellt sich die folgende Frage:

Sei $f : I \to \mathbb{R}$ stetig, x_0 ein innerer Punkt von I und f in jedem Punkt $x \neq x_0$ differenzierbar. Außerdem sei

$$\lim_{x \to x_0-} f'(x) = c_1 \quad \text{und} \quad \lim_{x \to x_0+} f'(x) = c_2, \text{ mit } c_1 < c_2 \,.$$

Kann f dann trotzdem differenzierbar sein?

Wenn ja, dann hätte f' bei x_0 eine Sprungstelle. Warum nicht? Als Entscheidungshilfe stellen wir das folgende verblüffende Resultat vor:

3.2.25. Satz von Darboux

Sei $f : I \to \mathbb{R}$ differenzierbar, $x, y \in I$, $x < y$ und $f'(x) < c < f'(y)$. Dann gibt es ein x_0 mit $x < x_0 < y$ und $f'(x_0) = c$.

BEWEIS: Sei $g(t) := f(t) - ct$ auf I. Dann ist $g'(x) < 0$ und $g'(y) > 0$. Das bedeutet, dass g bei x fällt und bei y steigt. Für Punkte x_1, y_1 mit $x < x_1 < y_1 < y$, die beliebig nahe bei x bzw. y liegen, gilt dann: $g(x) > g(x_1)$ und $g(y_1) < g(y)$ (vgl. Aufgabe 3.3.1.16. D).

Als stetige Funktion muss g auf $[x, y]$ ein Minimum annehmen, und aus den obigen Betrachtungen folgt, dass dies in einem Punkt $x_0 \in [x_1, y_1] \subset (x, y)$ geschehen muss. Dann ist aber $g'(x_0) = 0$, also $f'(x_0) = c$.   ∎

Die Ableitung einer differenzierbaren Funktion erfüllt also den Zwischenwertsatz. Soll das heißen, dass die Ableitung einer differenzierbaren Funktion immer stetig ist? Mitnichten! Allerdings kann die Ableitung keine Sprungstelle haben:

Sei etwa $f'(x_0-) = \lim\limits_{x \to x_0-} f'(x) =: c_1 < c_2 := \lim\limits_{x \to x_0+} f'(x) = f'(x_0+)$. Dann gibt es ein c mit $c_1 < c < c_2$, ein $\varepsilon > 0$ und ein $\delta > 0$, so dass $f'(x) < c - \varepsilon$ für $x_0 - \delta \leq x < x_0$ und $f'(x) > c + \varepsilon$ für $x_0 < x \leq x_0 + \delta$. Wäre f auch in x_0 differenzierbar, so könnte man den Satz von Darboux anwenden. Dann müsste $f'(x)$ zwischen $x_0 - \delta$ und $x_0 + \delta$ jeden Wert zwischen c_1 und c_2, insbesondere also jeden Wert aus $[c - \varepsilon, c + \varepsilon]$ annehmen. Aber andererseits kann nur $f'(x_0)$ in diesem Bereich liegen. Das ist ein Widerspruch!

III)   Auch bei Monotonie und Konvexität sind noch Fragen offen geblieben.

Leider können wir nicht beweisen, dass die zweite Ableitung einer strikt konvexen Funktion überall positiv ist. Ja, diese Aussage ist sogar falsch, wie man am Beispiel der Funktion $f(x) = x^4$ sehen kann: $f''(x) = 12x^2$ ist für $x \neq 0$ positiv, also ist die Funktion dort strikt konvex. Sie ist es aber sogar auf ganz $\mathbb{R}$. Dazu betrachten wir $x, y, z \in \mathbb{R}$ mit $x < z < y$ und $x < 0 < y$. Wir können annehmen, dass $z \leq 0$ ist, der Fall $z > 0$ kann analog behandelt werden. Nun ist $D(x, z) < D(z, 0) = z^3$, wegen der strikten Konvexität links von Null. Außerdem ist $z^3 \leq 0 < y^3 = D(0, y)$. Wie im Beweis von Hilfssatz 3.3.2.19 (Seite 215) folgt aus der Ungleichung $D(z, 0) < D(0, y)$ die Ungleichung $D(z, 0) < D(z, y)$, und daraus erhalten wir die Ungleichung $D(x, z) < D(z, y)$. Trotz der strikten Konvexität verschwindet f'' im Nullpunkt. Es gilt aber:

3.2.26. Satz

Ist $f : I \to \mathbb{R}$ strikt konvex und zweimal differenzierbar, so gibt es zu jedem inneren Punkt $x_0 \in I$ eine Folge von Punkten $x_\nu \in I$ mit $\lim_{\nu \to \infty} x_\nu = x_0$, so dass $f''(x_\nu) > 0$ für alle ν ist.

BEWEIS: Sei $\varepsilon > 0$ vorgegeben. Dann gibt es Punkte $x_1, x_2 \in U_\varepsilon(x_0) \cap I$ mit $x_1 < x_0 < x_2$, und es ist $D(x_1, x_0) < D(x_0, x_2)$. Nach dem Mittelwertsatz kann man Punkte y_1, y_2 mit $x_1 < y_1 < x_0$ und $x_0 < y_2 < x_2$ finden, so dass $f'(y_1) = D(x_1, x_0)$ und $f'(y_2) = D(x_0, x_2)$ ist. Dann ist aber

$$D'(y_1, y_2) := \frac{f'(y_2) - f'(y_1)}{y_2 - y_1} > 0,$$

und eine weitere Anwendung des Mittelwertsatzes liefert ein z mit $y_1 < z < y_2$ und $f''(z) = D'(y_1, y_2)$. Weil z in $U_\varepsilon(x_0)$ liegt und $f''(z) > 0$ ist, folgt die Behauptung. ∎

Bei der strikten Monotonie ist alles etwas einfacher.

3.2.27. Satz

Sei $f : I \to \mathbb{R}$ differenzierbar und streng monoton wachsend. Dann gibt es zu jedem inneren Punkt $x_0 \in I$ eine Folge von Punkten $x_\nu \in I$ mit $\lim_{\nu \to \infty} x_\nu = x_0$, so dass $f'(x_\nu) > 0$ für alle ν ist.

BEWEIS: Sei $\varepsilon > 0$ vorgegeben. Dann gibt es Punkte $x_1, x_2 \in U_\varepsilon(x_0) \cap I$ mit $x_1 < x_0 < x_2$ und $f(x_1) < f(x_2)$. Nach dem Mittelwertsatz gibt es ein $c \in (x_1, x_2)$ mit $f'(c) = \frac{f(x_2) - f(x_1)}{x_2 - x_1} > 0$. Auf diese Weise wird die gewünschte Folge konstruiert. ∎

3.2.28. Aufgaben

A. Sei $a > 0$. Wo ist die Funktion $f_a(x) := x^2 \sqrt{2x + a}$ definiert, wo ist sie differenzierbar? Bestimmen Sie Nullstellen, lokale Extrema und Wendepunkte!

B. a) Sei $p(x)$ ein Polynom. Zeigen Sie: Ist x_0 eine Nullstelle der Ordnung $k \geq 2$ von p, so ist x_0 auch Nullstelle von p', p'', ..., p^{k-1}.

b) Bestimmen Sie alle Nullstellen, Extremwerte und Wendepunkte von $p(x) := x^4 - 12x^3 + 46x^2 - 60x + 25$.

C. Sei $f(x) := \begin{cases} x + 2x^2 \sin(1/x) & \text{für } x \neq 0 \\ 0 & \text{für } x = 0. \end{cases}$

Zeigen Sie, dass f in $x = 0$ differenzierbar und $f'(0) > 0$ ist. Beweisen Sie, dass es keine Umgebung der 0 gibt, auf der f streng monoton wächst.

D. Sei $f(x) := \begin{cases} 2x^2 + x^2 \sin(1/x) & \text{für } x \neq 0 \\ 0 & \text{für } x = 0. \end{cases}$

Zeigen Sie, dass f in $x = 0$ differenzierbar ist und dort ein lokales Minimum besitzt, dass es aber keine Umgebung von 0 gibt, auf der $f'(x) < 0$ für $x < 0$ und $f'(x) > 0$ für $x > 0$ ist.

E. Berechnen Sie die folgenden Grenzwerte:

(a) $\lim\limits_{x \to 0} \left(\dfrac{1}{\ln(1 + x)} - \dfrac{1}{x} \right)$.

(b) $\lim\limits_{x \to 0} \left(\dfrac{1}{x} \right)^{\sin x}$.

(c) $\lim\limits_{x \to 0} \dfrac{x - \tan x}{x - \sin x}$.

F. Folgern Sie aus dem Schrankensatz (siehe Ergänzungsbereich):

Ist $f : I \to \mathbb{R}$ differenzierbar und $|f'(x)| \leq C$ auf I, so ist $|f(x) - f(y)| \leq C \cdot |x - y|$ für $x, y \in I$.

G. Sei $I \subset \mathbb{R}$ ein Intervall, x_0 ein innerer Punkt von I und $f : I \to \mathbb{R}$ stetig und für $x \neq x_0$ differenzierbar. Zeigen Sie:

Existiert $\lim\limits_{\substack{x \to x_0 \\ x \neq x_0}} f'(x) =: c$, so ist f in x_0 differenzierbar und $f'(x_0) = c$.

Folgern Sie daraus: *Sei $f : I \to \mathbb{R}$ stetig, x_0 ein innerer Punkt von I und f in jedem Punkt $x \neq x_0$ differenzierbar. Außerdem sei $\lim_{x \to x_0-} f'(x) = \lim_{x \to x_0+} f'(x) =: c$. Dann ist f in x_0 differenzierbar und $f'(x_0) = c$.*

H. Wie oft ist die folgende Funktion in $x = 0$ differenzierbar?

$$f(x) := \begin{cases} 1 + x + \frac{1}{2}x^2 - x^4 & \text{für } x < 0, \\ e^x & \text{für } x \geq 0. \end{cases}$$

I. Zeigen Sie, dass ein Polynom 3. Grades immer genau einen Wendepunkt besitzt.

J. Gesucht ist eine Funktion, deren Graph wie folgt aussieht:

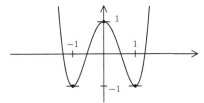

K. Extremwertbestimmungen haben viele praktische Anwendungen. Hier ist ein einfaches Beispiel:

Aus einem kreisrunden Stück Papier (mit Radius R) soll ein Sektor so herausgeschnitten werden, dass daraus ein Kreiskegel möglichst großen Volumens geformt werden kann. Man bestimme den dafür nötigen Sektorwinkel α.

L. Führen Sie Kurvendiskussionen für folgende Funktionen durch:

    (a) $f(x) := 1/(x^2 + r)$, $r > 0$.

    (b) $f(x) := x^2/\sqrt{x^2 - 4}$.

    (c) $f(x) := x + 1/x$.

    (d) $f(x) := x^2 + 1/x$.

3.3   Stammfunktionen und Integrale

Zur Motivation:
Wir haben in Kapitel 2 gelernt, wie man den Flächeninhalt unter einem Funktionsgraphen ausrechnet (oder – besser – approximiert). Ist $f : [a,b] \to \mathbb{R}$ eine positive integrierbare Funktion, so bezeichnet das Integral $I_{a,b}(f) = \int_a^b f(x)\,dx$ genau diesen Flächeninhalt. Nimmt f auch negative Werte an, so müssen Flächenanteile unterhalb der x-Achse abgezogen werden. Die folgenden typischen Eigenschaften des Integrals korrespondieren besonders deutlich mit der anschaulichen Vorstellung vom Integral als Flächeninhalt.

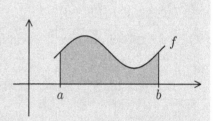

1. Ist $c \leq f(x) \leq C$, so ist $c(b - a) \leq I_{a,b}(f) \leq C(b - a)$.

2. Ist $f \geq 0$, so ist auch $I_{a,b}(f) \geq 0$.

3. Ist $a < c < b$, so ist $I_{a,c}(f) + I_{c,b}(f) = I_{a,b}(f)$.

Aus der Schule weiß man: Ist f stetig und F eine **Stammfunktion** von f (also eine differenzierbare Funktion F mit $F' = f$), so ist

$$\int_a^b f(x)\,dx = F(b) - F(a).$$

So gewinnt man ein Standardverfahren zur Berechnung von Integralen und damit auch zur Berechnung von Flächeninhalten. Wir wollen in diesem Abschnitt den Begriff der Stammfunktion einführen und zwar sogar – ein wenig allgemeiner – für Funktionen mit endlich vielen Sprungstellen.

3.3.1. Beispiel

Im klassischen Sinn hat z.B. $f(x) := x/|x|$ (mit $f(0) := 0$) keine Stammfunktion, denn die Ableitung einer differenzierbaren Funktion kann keine Sprungstellen besitzen. Das ist unbefriedigend, denn f ist nun wirklich nicht sehr kompliziert. Andererseits ist die Funktion $F(x) := |x|$ in allen Punkten des Intervalls $[-1, 1]$ außer in $x = 0$ differenzierbar, und auf $[-1, 1] \setminus \{0\}$ ist $F'(x) = f(x)$.

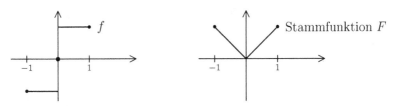

Solche Phänomene können wir erfassen, wenn wir Stammfunktionen mit endlich vielen Ausnahmepunkten zulassen.

Wie soll das gehen? Wenn wir uns schon von der Vorstellung verabschieden müssen, dass eine Stammfunktion differenzierbar ist, dann wollen wir wenigstens die Stetigkeit behalten. Und natürlich soll die Stammfunktion nach wie vor an möglichst vielen Stellen differenzierbar sein. Wieviele Ausnahmen wollen wir zulassen? Für die meisten praktischen Anwendungen reicht es tatsächlich, sich auf endlich viele Ausnahmepunkte zu beschränken. Aus mathematischer Sicht hat dieses Vorgehen einen Schönheitsfehler: Ist z.B. $F = \sum_n F_n$ eine normal konvergente Reihe von Funktionen und dabei jeweils F_n stetig und außerhalb einer endlichen Menge M_n differenzierbar, so ist auch die Grenzfunktion F stetig, aber nicht mehr unbedingt außerhalb einer endlichen Menge differenzierbar. Damit müssen wir leben. Das ist nicht weiter schlimm, denn in der Lebesgue-Theorie in Kapitel 6 werden wir den Integralbegriff so allgemein fassen, dass solche Probleme gegenstandslos werden.

Definition   **(Stammfunktion)**

Sei $I = [a, b]$ und $f : I \to \mathbb{R}$ eine beliebige Funktion. Eine Funktion $F : I \to \mathbb{R}$ heißt eine ***Stammfunktion*** von f, falls gilt:

1. F ist stetig.

2. Es gibt eine (leere oder) endliche Teilmenge $M \subset I$, so dass F auf $I \setminus M$ differenzierbar und dort $F' = f$ ist.

3.3.2. Beispiele

A. $F(x) := \dfrac{1}{n+1} x^{n+1}$ ist auf $\mathbb{R}$ eine Stammfunktion von $f(x) = x^n$.

B. $F(x) := -\cos(x)$ ist auf $\mathbb{R}$ eine Stammfunktion von $f(x) = \sin(x)$

C. $F(x) := -\ln(\cos(x))$ ist auf $(-\pi/2, +\pi/2)$ eine Stammfunktion von $f(x) := \tan(x)$. Man überprüft sofort, dass das stimmt. Aber wie kommt man darauf? Das wird das Thema des nächsten Abschnittes sein.

D. Sei $f : [0,3] \to \mathbb{R}$ definiert durch

$$f(x) := \begin{cases} -1 & \text{für } 0 \leq x < 1, \\ 1/2 & \text{für } 1 \leq x \leq 3. \end{cases}$$

Auf dem Intervall $[0,1)$ ist $F_1(x) := -x$ eine Stammfunktion, auf dem Intervall $[1,3]$ können wir $F_2(x) := x/2$ als Stammfunktion benutzen. Bei $x = 1$ passen die beiden Funktionen nicht stetig aneinander. Als Grenzwert von links erhalten wir -1, als Grenzwert von rechts den Wert $1/2$. Subtrahieren wir die Differenz $3/2$ von F_2, so erhalten wir wieder eine Stammfunktion auf $[1,3]$. Aber jetzt ist die zusammengesetzte Funktion

$$F(x) := \begin{cases} -x & \text{für } 0 \leq x < 1, \\ x/2 - 3/2 & \text{für } 1 \leq x \leq 3, \end{cases}$$

in $x = 1$ stetig, und bis auf den Punkt $x = 1$ ist $F' = f$. Also ist F auf $[0,3]$ eine Stammfunktion von f.

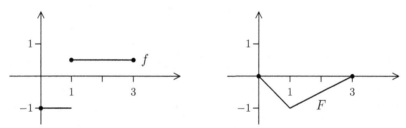

3.3.3. Die Gesamtheit der Stammfunktionen

Ist F_1 Stammfunktion einer Funktion $f : I \to \mathbb{R}$ und $c \in \mathbb{R}$, so ist auch $F_1 + c$ eine Stammfunktion von f. Ist F_2 eine weitere Stammfunktion von f, so ist $F_1 - F_2$ auf I konstant.

BEWEIS: Die erste Aussage ist trivial. Seien also F_1, F_2 zwei Stammfunktionen von f. Nimmt man aus I die endlich vielen Ausnahmepunkte heraus, in denen F_1 oder F_2 nicht differenzierbar ist, so bleibt eine Vereinigung von (endlich vielen) Intervallen J_ν übrig, so dass $F_1 - F_2$ auf jedem J_ν differenzierbar ist und dort gilt: $(F_1 - F_2)' = F_1' - F_2' = f - f = 0$. Es folgt, dass $F_1 - F_2$ auf jedem J_ν gleich einer Konstanten c_ν ist. Wegen der Stetigkeit von $F_1 - F_2$ müssen alle diese Konstanten übereinstimmen.   ∎

3.3.4. Eigenschaften von Stammfunktionen

1. *Besitzen die Funktionen f und g Stammfunktionen F und G, so ist F + G Stammfunktion von f + g.*

2. *Ist F Stammfunktion von f und c ∈ ℝ, so ist c · F Stammfunktion von c · f.*

3. *Ist f ≥ 0 und F Stammfunktion von f, so ist F monoton wachsend.*

4. *Ist F Stammfunktion von f und f in x_0 stetig, so ist F in x_0 differenzierbar.*

BEWEIS: Die ersten beiden Aussagen sind trivial.

Ist $f \geq 0$ auf $I = [a, b]$, so gibt es Punkte $a = t_0 < t_1 < \ldots < t_n = b$, so dass F auf jedem Intervall $I_\nu = (t_{\nu-1}, t_\nu)$ monoton wächst. Da F außerdem stetig ist, muss F auf ganz I monoton wachsen.

Die vierte Aussage zeigt man folgendermaßen: Ist F Stammfunktion von f auf I und $x_0 \in I$, so können wir annehmen, dass es eine Umgebung U von x_0 gibt, so dass F in $I \cap U \setminus \{x_0\}$ differenzierbar und dort $F' = f$ ist. Ist f in x_0 stetig, so existiert der Grenzwert $\lim_{x \to x_0} F'(x)$. Nach Aufgabe 3.3.2.28. G auf Seite 225 ist F dann auch in x_0 differenzierbar und $F'(x_0) = f(x_0)$. ∎

Wir wollen jetzt zeigen, dass jede stetige Funktion eine Stammfunktion besitzt. Der Beweis beruht auf folgender Idee:

Für eine **positive** stetige Funktion $f : [a, b] \to \mathbb{R}$ ist $I_{a,b}(f)$ der Flächeninhalt unter dem Graphen G_f. Wir setzen $F(x) := I_{a,x}(f)$. Sei nun $x_0 \in [a, b]$ und $x > x_0$. Ist x nahe x_0, so ist $F(x) - F(x_0) = I_{x_0,x}(f)$ der Inhalt eines Flächenstücks, das recht gut durch ein Rechteck mit der Inhalt $(x - x_0) \cdot f(x_0)$ approximiert wird.

Aber dann wird auch der Differenzenquotient $(F(x) - F(x_0))/(x - x_0)$ durch $f(x_0)$ approximiert, und man muss nur noch x gegen x_0 gehen lassen. So sieht man, dass F eine Stammfunktion von f ist.

3.3.5. Hauptsatz der Differential- und Integralrechnung

Sei $f : [a, b] \to \mathbb{R}$ stetig. Für $x \in [a, b]$ sei $F(x) := I_{a,x}(f) = \int_a^x f(t)\, dt$. Dann ist F eine Stammfunktion von f. Insbesondere ist

$$F(a) = 0 \quad und \quad F(b) = \int_a^b f(t)\, dt.$$

BEWEIS: Sei $x_0 \in [a, b]$ und $x > x_0$. Dann ist

$$F(x) - F(x_0) = I_{a,x}(f) - I_{a,x_0}(f) = (I_{a,x_0}(f) + I_{x_0,x}(f)) - I_{a,x_0}(f) = I_{x_0,x}(f).$$

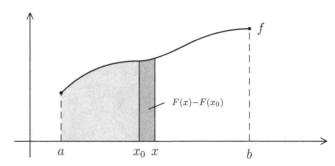

Nun sei $m(f,x) := \inf_{[x_0,x]}(f)$ und $M(f,x) := \sup_{[x_0,x]}(f)$. Es folgt:

$$m(f,x) \cdot (x - x_0) \le I_{x_0,x}(f) \le M(f,x) \cdot (x - x_0),$$

also

$$m(f,x) \le \frac{F(x) - F(x_0)}{x - x_0} \le M(f,x).$$

Für $x \to x_0$ streben $m(f,x)$ und $M(f,x)$ gegen $f(x_0)$. Also ist

$$f(x_0) = \lim_{x \to x_0+} \frac{F(x) - F(x_0)}{x - x_0}.$$

Ist $x < x_0$, so ist $F(x) - F(x_0) = -I_{x,x_0}(f)$ und

$$m(f,x) \cdot (x_0 - x) \le I_{x,x_0}(f) \le M(f,x) \cdot (x_0 - x),$$

also

$$m(f,x) \le \frac{F(x_0) - F(x)}{x_0 - x} \le M(f,x).$$

Daraus folgt:

$$f(x_0) = \lim_{x \to x_0-} \frac{F(x) - F(x_0)}{x - x_0}.$$

Zusammen bedeutet das, dass $F'(x_0) = f(x_0)$ ist.   ■

Wir können den Satz problemlos auf stückweise stetige Funktionen übertragen.

3.3.6. Stammfunktionen stückweise stetiger Funktionen

Sei $f : [a,b] \to \mathbb{R}$ eine stückweise stetige Funktion. Dann gilt:

1. f besitzt genau eine Stammfunktion F_0 mit $F_0(a) = 0$.

2. Ist F eine beliebige Stammfunktion von f, so ist $\int_a^b f(t)\,dt = F(b) - F(a)$.

BEWEIS: 1) Es gibt eine Zerlegung $\mathfrak{Z} = \{x_0, x_1, \ldots, x_n\}$ von $[a,b]$, so dass f auf jedem offenen Intervall $I_k = (x_{k-1}, x_k)$ stetig ist und in x_i jeweils der rechts- und linksseitige Grenzwert existiert. Dann sei $f_k : [x_{k-1}, x_k] \to \mathbb{R}$ definiert durch

$$f_k(x) := \begin{cases} \lim\limits_{x \to x_{k-1}+} f(x) & \text{in } x_{k-1}, \\ f(x) & \text{auf } I_k, \\ \lim\limits_{x \to x_k-} f(x) & \text{in } x_k. \end{cases}$$

Die stetige Funktion f_k besitzt auf $[x_{k-1}, x_k]$ eine Stammfunktion F_k. Bei x_k tritt jeweils zwischen F_k und F_{k+1} ein Sprung der Höhe $C_k := F_{k+1}(x_k) - F_k(x_k)$ auf. Eine auf ganz $[a, b]$ stetige Funktion $\widetilde{F}$ erhalten wir wie folgt:

$$\widetilde{F}(x) := \begin{cases} F_1 & \text{auf } [x_0, x_1], \\ F_2 - C_1 & \text{auf } (x_1, x_2], \\ F_3 - C_1 - C_2 & \text{auf } (x_2, x_3], \\ \dots & \\ F_n - \sum_{\nu=1}^{n-1} C_\nu & \text{auf } (x_{n-1}, x_n]. \end{cases}$$

Offensichtlich ist $\widetilde{F}' = f$ außerhalb der Punkte x_k, also $\widetilde{F}$ eine Stammfunktion von f. Ersetzt man $\widetilde{F}$ durch $F_0 := \widetilde{F} - \widetilde{F}(a)$, so erhält man wieder eine Stammfunktion von f, diesmal aber mit $F_0(a) = 0$.

Sind F_1, F_2 zwei Stammfunktionen von f mit $F_1(a) = F_2(a) = 0$, so ist $F_1 - F_2$ konstant und $F_1(a) - F_2(a) = 0$. Also muss $F_1 = F_2$ sein.

2) Sei F eine beliebige Stammfunktion von f.

Wir setzen zunächst voraus, dass f überall stetig ist. Dann ist $F_0(x) := \int_a^x f(t)\,dt$ die Stammfunktion von f mit $F_0(a) = 0$, und es gibt eine Konstante c, so dass $F(x) = F_0(x) + c$ ist. Daraus folgt:

$$F(b) - F(a) = F_0(b) - F_0(a) = \int_a^b f(t)\,dt.$$

Nun sei f stetig bis auf die Punkte $x_0, \dots, x_n$ (mit $a = x_0 < \dots < x_n = b$). Dann ist f integrierbar und

$$\int_a^b f(t)\,dt = \sum_{\nu=1}^n \int_{x_{\nu-1}}^{x_\nu} f(t)\,dt = \sum_{\nu=1}^n \big(F(x_\nu) - F(x_{\nu-1})\big) = F(b) - F(a). \qquad \blacksquare$$

Bemerkung: Sei f stückweise stetig auf $I = [a, b]$ und F Stammfunktion von f. Ist $x_0 \in I$, so existieren die **rechtsseitige Ableitung** und die **linksseitige Ableitung** von F in x_0, d.h., es gibt ein $\varepsilon > 0$ und eine Funktion Δ auf $(x_0 - \varepsilon, x_0 + \varepsilon)$, so dass gilt:

1. $F(x) = F(x_0) + (x - x_0) \cdot \Delta(x)$ für $x \in (x_0 - \varepsilon, x_0 + \varepsilon)$.

2. Es existieren die Grenzwerte $F'_+(x_0) := \lim\limits_{x \to x_0+} \Delta(x)$ und $F'_-(x_0) := \lim\limits_{x \to x_0-} \Delta(x)$.

Zum Beweis beachte man, dass $\Delta(x)$ für $x \neq x_0$ auf jeden Fall mit dem Differenzenquotienten $(F(x) - F(x_0))/(x - x_0)$ übereinstimmt. Der Wert in x_0 spielt keine

Rolle. Zu jedem $x > x_0$ gibt es nun nach dem Mittelwertsatz ein $c = c(x)$ mit $x_0 < c < x$, so dass $F'(c) = \Delta(x)$ ist. Daher ist

$$F'_+(x_0) = \lim_{x \to x_0+} F'(x) = \lim_{x \to x_0+} f(x),$$

und genauso $\quad F'_-(x_0) = \lim_{x \to x_0-} F'(x) = \lim_{x \to x_0-} f(x).$

Man nennt eine Funktion F mit diesen Eigenschaften ***stückweise glatt***. Die Stammfunktion einer stückweise stetigen Funktion ist also immer stückweise glatt.

3.3.7. Beispiel

Ein typisches Beispiel für stückweise stetige Funktionen sind die Treppen-funktionen: Eine Funktion $f : [a, b] \to \mathbb{R}$ heißt ***Treppenfunktion***, falls es eine Zerlegung $\mathfrak{Z} = \{x_0, x_1, \ldots, x_n\}$ von $[a, b]$ und Konstante c_ν gibt, so dass $f|_{(x_{\nu-1}, x_\nu)} \equiv c_\nu$ ist, für $\nu = 1, \ldots, n$. In den Punkten x_ν kann f ganz beliebige Werte annehmen.

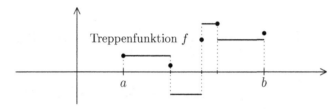

Auf dem Intervall $I_\nu = (x_{\nu-1}, x_\nu)$ ist $F_\nu(x) = c_\nu(x - x_{\nu-1})$ eine Stammfunktion für f mit $F_\nu(x_{\nu-1}) = 0$. Der Sprung bei x_ν von $F_\nu(x_\nu)$ auf $F_{\nu+1}(x_\nu) = 0$ hat jeweils die Höhe $C_\nu = -F_\nu(x_\nu) = -c_\nu(x_\nu - x_{\nu-1})$. Die eindeutig bestimmte Stammfunktion F_0 von f auf I mit $F_0(a) = 0$ hat deshalb in b den Wert $F_0(b) = F_n(x_n) - C_1 - C_2 - \cdots - C_{n-1}$. Also ist

$$\int_a^b f(t)\, dt = F_0(b) = \sum_{\nu=1}^{n} c_\nu(x_\nu - x_{\nu-1}).$$

Das stimmt mit dem anschaulichen Flächeninhalt unter dem Graphen über-ein.

Multipliziert man eine Treppenfunktion mit einer reellen Zahl, so erhält man wieder eine Treppenfunktion. Und auch die Summe zweier Treppenfunktionen auf einem Intervall I ist wieder eine Treppenfunktion über I. Allerdings muss man dabei zu einer gemeinsamen Verfeinerung der Zerlegungen übergehen, um eine Zerlegung für die Summe zu erhalten. Die Treppenfunktionen über I bilden auf diese Weise einen (reellen) Vektorraum.

Es sollen nun weitere Beispiele betrachtet werden. Dabei verwenden wir die folgende Notation: Ist F Stammfunktion von f, so setzt man

$$F(x)\Big|_a^b := F(b) - F(a) = \int_a^b f(x)\,dx.$$

3.3.8. Beispiele

A. Es soll $\int_{-2}^{+2} |x - 1|\,dx$ berechnet werden. Eine Möglichkeit besteht darin, die Nullstellen zu ermitteln und stückweise zu integrieren.

Es gibt nur eine Nullstelle bei $x = 1$. Für $x < 1$ ist $|x - 1| = 1 - x$, für $x > 1$ ist $|x - 1| = x - 1$. Also ist

$$\begin{aligned}
\int_{-2}^{+2} |x - 1|\,dx &= \int_{-2}^1 (1 - x)\,dx + \int_1^2 (x - 1)\,dx \\
&= \left(x - \frac{x^2}{2}\right)\Big|_{-2}^1 + \left(\frac{x^2}{2} - x\right)\Big|_1^2 = \left(\frac{1}{2} - (-4)\right) + \left(-\frac{1}{2}\right) = 5.
\end{aligned}$$

Eine zweite Möglichkeit ist die Verwendung **einer** Stammfunktion über dem ganzen Intervall $[-2, 2]$. Die muss dann allerdings stetig sein. Wir benutzen

$$F(x) := \begin{cases} x - x^2/2 & \text{für } -2 \le x \le 1, \\ x^2/2 - x + 1 & \text{für } 1 < x \le 2. \end{cases}$$

Offensichtlich ist $F'(x) = f(x)$ für $x \ne 1$ und beide Zweige der Funktion streben für $x \to 1$ gegen den Wert $1/2$. Damit erhält man das gleiche Ergebnis:

$$\int_{-2}^2 |x - 1|\,dx = F(2) - F(-2) = 1 - (-4) = 5.$$

B. Da $\cos'(x) = -\sin(x)$ ist, folgt:

$$\int_0^\pi \sin(x)\,dx = -\cos(x)\Big|_0^\pi = 2 \quad \text{und} \quad \int_0^{2\pi} \sin(x)\,dx = -\cos(x)\Big|_0^{2\pi} = 0.$$

C. Bekanntlich ist $\arctan'(x) = \dfrac{1}{x^2 + 1}$, $\arctan(0) = 0$ und $\arctan(1) = \pi/4$.

Daraus folgt: $\quad \arctan(x) = \displaystyle\int_0^x \frac{1}{1 + u^2}\,du$ und $\dfrac{\pi}{4} = \displaystyle\int_0^1 \frac{1}{1 + u^2}\,du$.

Das liefert eine interessante Definition für die Zahl π.

3.3.9. Wir fassen die gängigsten Stammfunktionen zu einer Tabelle zusammen:

Funktion	Stammfunktion	
x^n	$\dfrac{1}{n+1} \cdot x^{n+1}$	$n \in \mathbb{N}$
$\dfrac{1}{x^n}$	$\dfrac{-1}{(n-1)x^{n-1}}$	$n \in \mathbb{N}, n \geq 2, x \neq 0$
$\dfrac{1}{\sqrt{x}}$	$2\sqrt{x}$	$x > 0$
$\dfrac{1}{x-c}$	$\ln(\lvert x-c \rvert)$	$x \neq c$
$\dfrac{1}{1+x^2}$	$\arctan(x)$	
$\sin(x)$	$-\cos(x)$	
$\cos(x)$	$\sin(x)$	
$\dfrac{1}{\cos^2(x)} = 1 + \tan^2(x)$	$\tan(x)$	$x \neq (n + \frac{1}{2})\pi,\ n \in \mathbb{Z}$
$\dfrac{1}{\sin^2(x)}$	$-\cot(x)$	$x \neq n\pi,\ n \in \mathbb{Z}$
a^x	$\dfrac{1}{\ln(a)} \cdot a^x$	
e^x	e^x	
$\sinh(x)$	$\cosh(x)$	
$\cosh(x)$	$\sinh(x)$	
$\dfrac{1}{\sqrt{1+x^2}}$	$\operatorname{arsinh}(x)$	

Bemerkung: Ein allgemeiner Vertreter der Stammfunktionen von f wird gerne mit dem Leibnizschen Symbol $\int f(x)\,dx$ bezeichnet. Man spricht dann von einem **unbestimmten Integral**. Ist F eine spezielle Stammfunktion, so schreibt man $\int f(x)\,dx = F(x) + c$, mit einer unbestimmten Konstanten c. Damit soll angedeutet werden, dass die Stammfunktion nur bis auf eine additive Konstante bestimmt ist.

Wir wollen nun noch Integrale vektorwertiger Funktionen betrachten. Dabei werden wir uns auf stetige Funktionen beschränken.

> **Definition** **(Vektorwertiges Integral)**
>
> Sei $\mathbf{f} = (f_1, \ldots, f_m) : [a, b] \to \mathbb{R}^m$ stetig. Dann setzen wir
>
> $$\int_a^b \mathbf{f}(t)\, dt := \left(\int_a^b f_1(t)\, dt, \ldots, \int_a^b f_m(t)\, dt \right).$$

3.3.10. Eigenschaften des Integrals

$\mathbf{f}, \mathbf{g} : [a, b] \to \mathbb{R}^m$ *seien stetige Funktionen, c eine reelle Zahl. Dann gilt:*

1. $\displaystyle \int_a^b \big(\mathbf{f}(t) + \mathbf{g}(t)\big)\, dt = \int_a^b \mathbf{f}(t)\, dt + \int_a^b \mathbf{g}(t)\, dt$ *und* $\displaystyle \int_a^b \big(c \cdot \mathbf{f}(t)\big)\, dt = c \cdot \int_a^b \mathbf{f}(t)\, dt$.

2. *Es ist* $\displaystyle \left\| \int_a^b \mathbf{f}(t)\, dt \right\| \leq \int_a^b \|\mathbf{f}(t)\|\, dt$.

BEWEIS: Teil (1) folgt trivial aus der Linearität des Integrals skalarer Funktionen.

Zum Beweis von Teil (2) benutzen wir Riemann'sche Summen (vgl. 2.2.5).

Für eine Zerlegung $\mathfrak{Z} = \{x_0, \ldots, x_n\}$ von $[a, b]$ und eine Wahl $\boldsymbol{\xi}$ von dazu passenden Zwischenpunkten sei

$$\Sigma(\mathbf{f}, \mathfrak{Z}, \boldsymbol{\xi}) := \sum_{i=1}^n \mathbf{f}(\xi_i)(x_i - x_{i-1}) = \big(\Sigma(f_1, \mathfrak{Z}, \boldsymbol{\xi}), \ldots, \Sigma(f_m, \mathfrak{Z}, \boldsymbol{\xi}) \big).$$

Dann ist $\|\Sigma(\mathbf{f}, \mathfrak{Z}, \boldsymbol{\xi})\| \leq \sum_{i=1}^n \|\mathbf{f}(\xi_i)\|(x_i - x_{i-1}) = \Sigma(\|\mathbf{f}\|, \mathfrak{Z}, \boldsymbol{\xi})$, wobei mit $\|\mathbf{f}\|$ hier die Funktion $t \mapsto \|\mathbf{f}(t)\|$ gemeint ist, also nicht die Supremumsnorm.

Da $\mathbf{f}$ und $\|\mathbf{f}\|$ integrierbar sind, gibt es eine Folge $(\mathfrak{Z}_n)$ von Zerlegungen von $[a, b]$, so dass für beliebige dazu passende Wahlen $\boldsymbol{\xi}_n$ von Zwischenpunkten gilt: Die Riemann'schen Summen $\Sigma(\|\mathbf{f}\|, \mathfrak{Z}_n, \boldsymbol{\xi}_n)$ und $\Sigma(f_\mu, \mathfrak{Z}_n, \boldsymbol{\xi}_n)$ für $\mu = 1, \ldots, m$ konvergieren gegen die Integrale von $\|\mathbf{f}\|$ bzw. f_μ für $\mu = 1, \ldots, m$. Dann konvergiert auch $\Sigma(\mathbf{f}, \mathfrak{Z}_n, \boldsymbol{\xi}_n)$ gegen das Integral von $\mathbf{f}$.

Weil stets $\|\Sigma(\mathbf{f}, \mathfrak{Z}_n, \boldsymbol{\xi}_n)\| \leq \Sigma(\|\mathbf{f}\|, \mathfrak{Z}_n, \boldsymbol{\xi}_n)$ ist, überträgt sich beim Grenzübergang diese Ungleichung auf die Integrale. ∎

Ein spezielles Anwendungsfeld der vektorwertigen Integrale ist die Integration komplexwertiger Funktionen. Ist $f = g + \mathrm{i}\, h : I = [a, b] \to \mathbb{C}$ eine stetige Funktion, so ist

$$\int_a^b f(t)\, dt = \int_a^b \operatorname{Re} f(t)\, dt + \mathrm{i} \int_a^b \operatorname{Im} f(t)\, dt.$$

Auf Grund des obigen Satzes wissen wir schon, dass dieses Integral $\mathbb{R}$-linear ist und dass $\left| \int_a^b f(t)\, dt \right| \leq \int_a^b |f(t)|\, dt$ ist. Außerdem gilt:

1. $\displaystyle\int_a^b \overline{f(t)}\,dt = \overline{\int_a^b f(t)\,dt}.$

2. Ist c eine **komplexe** Zahl, so ist $\displaystyle\int_a^b c \cdot f(t)\,dt = c \cdot \int_a^b f(t)\,dt.$

3. Ist $F : [a, b] \to \mathbb{C}$ eine differenzierbare Funktion mit $F' = f$, so ist

$$\int_a^b f(t)\,dt = F(b) - F(a).$$

Die sehr einfachen Beweise seien dem Leser überlassen.

3.3.11. Beispiel

Das Rechnen im Komplexen kann manchmal recht bequem sein. Da

$$\left(\frac{1}{c}e^{ct}\right)' = e^{ct}$$

(für komplexes c) ist, folgt z.B.

$$
\begin{aligned}
\int_a^b \cos(nt)\,dt + \mathrm{i} \int_a^b \sin(nt)\,dt &= \int_a^b e^{\mathrm{i}nt}\,dt = \left.\frac{1}{\mathrm{i}n}e^{\mathrm{i}nt}\right|_a^b \\
&= \left.-\frac{\mathrm{i}}{n}\big(\cos(nt) + \mathrm{i}\sin(nt)\big)\right|_a^b \\
&= \left.\frac{1}{n}\big(\sin(nt) - \mathrm{i}\cos(nt)\big)\right|_a^b,
\end{aligned}
$$

also

$$\int_a^b \sin(nt)\,dt = \frac{1}{n}\big(\cos(nb) - \cos(na)\big)$$

und

$$\int_a^b \cos(nt)\,dt = \frac{1}{n}\big(\sin(na) - \sin(nb)\big).$$

Ein noch überzeugenderes Beispiel werden wir in 3.3.4.2 kennenlernen.

Zusammenfassung

Eine **Stammfunktion** einer stetigen Funktion $f : [a, b] \to \mathbb{R}$ ist eine Funktion $F : [a, b] \to \mathbb{R}$ mit $F' = f$. Ist f nur stückweise stetig, so muss man stückweise glatte Stammfunktionen zulassen. Die Gleichung $F' = f$ ist nur dort sinnvoll und auch erfüllt, wo F differenzierbar ist, also außerhalb einer endlichen Menge von Ausnahmepunkten. Der Begriff „Stammfunktion" wurde hier in diesem verallgemeinerten Sinne eingeführt. Jede stückweise stetige Funktion (insbesondere jede Treppenfunktion) besitzt dann eine Stammfunktion, und je zwei Stammfunktionen einer stückweise stetigen Funktion unterscheiden sich um eine Konstante.

Der **Hauptsatz der Differential- und Integralrechnung** besagt:

Ist $f : [a, b] \to \mathbb{R}$ stetig, so ist $F(x) := \int_a^x f(t)\,dt$ differenzierbar und eine Stammfunktion von f. Insbesondere ist $\int_a^b f(t)\,dt = F(b) - F(a)$.

Das Ergebnis überträgt sich sinngemäß auf stückweise stetige Funktionen und ihre Stammfunktionen.

Das Integral wurde schließlich noch auf vektorwertige (insbesondere komplexwertige) Funktionen ausgedehnt. Die bekannten Regeln übertragen sich, insbesondere können auch vektorwertige Integrale mit Hilfe von Stammfunktionen berechnet werden.

Ergänzungen

Eine wichtige Anwendung der Theorie der Stammfunktionen ist die Lösung von Differentialgleichungen. Wir wollen hier folgende Situation untersuchen: I und J seien zwei Intervalle, $\mathbf{F} : I \times J \to \mathbb{R}$ eine stetige Funktion. Unter einer *Lösung* der Differentialgleichung

$$y' = \mathbf{F}(x, y) \quad \text{(mit der \emph{Anfangsbedingung} } y(x_0) = y_0)$$

versteht man eine stetig differenzierbare Funktion $\varphi : I \to \mathbb{R}$ mit folgenden Eigenschaften:

1. $\varphi(I) \subset J$.

2. $\varphi'(t) = \mathbf{F}(t, \varphi(t))$ für $t \in I$.

3. $x_0 \in I$ und $\varphi(x_0) = y_0$.

Einen allgemeinen Satz über die Existenz und Eindeutigkeit solcher Lösungen können wir mit den uns zur Verfügung stehenden Mitteln noch nicht beweisen. In einigen besonders einfachen Fällen kann man die gewünschten Informationen aber direkt gewinnen.

Wir beginnen mit **Differentialgleichungen mit getrennten Variablen**:

$$y' = f(x)g(y), \quad f : I \to \mathbb{R} \text{ und } g : J \to \mathbb{R} \text{ stetig.}$$

Ist $I_0 \subset I$ ein Intervall und $\varphi : I_0 \to \mathbb{R}$ eine Lösung, so ist $\varphi'(t) = f(t) \cdot g(\varphi(t))$ auf I_0.

1. Fall: Ist $x_0 \in I_0$ und $g(y_0) = 0$, so ist $\varphi(t) \equiv y_0$ eine Lösung mit $\varphi(x_0) = y_0$. Ob es noch weitere Lösungen gibt, können wir hier nicht entscheiden.

2. Fall: Sei $J_0 \subset J$ ein offenes Intervall, auf dem g keine Nullstellen hat, und $y_0 \in J_0$. Ist $\varphi : I_0 \to \mathbb{R}$ eine Lösung mit $\varphi(I_0) \subset J_0$ und $\varphi(x_0) = y_0$, so muss gelten:

$$\frac{\varphi'(t)}{g(\varphi(t))} = f(t), \text{ für } t \in I_0.$$

Sei nun F eine Stammfunktion von f auf I_0 und G eine Stammfunktion von $1/g$ auf J_0. Dann ist $G'(y) = 1/g(y) \neq 0$ für $y \in J_0$, also G dort streng monoton und damit umkehrbar. Außerdem ist $(G \circ \varphi)'(t) = \varphi'(t)/g(\varphi(t)) = f(t) = F'(t)$, also

$$G \circ \varphi(t) = F(t) + c, \text{ mit einer Konstanten } c.$$

Dann ist aber $\varphi(t) = G^{-1}(F(t) + c)$. Damit die Anfangsbedingung erfüllt wird, muss $G(y_0) = F(x_0) + c$ sein, also $c = G(y_0) - F(x_0)$. Die damit eindeutig bestimmte Lösung ist gegeben durch

$$\varphi(t) = G^{-1}(F(t) + G(y_0) - F(x_0)).$$

Die Probe zeigt sofort, dass $\varphi(t)$ tatsächlich die DGL löst.

3.3.12. Beispiele

A. Zu lösen ist die DGL $y' = xy$ mit der Anfangsbedingung $y(x_0) = y_0$. Hier ist $f(x) = x$ und $g(y) = y$. Beide Funktionen sind auf ganz $\mathbb{R}$ definiert.

Ist $y_0 = 0$, so ist $\varphi(t) \equiv 0$ eine Lösung. Später werden wir sehen, dass dies auch die einzige Lösung zur Anfangsbedingung $y(x_0) = 0$ ist.

Ist $y_0 > 0$, so suchen wir eine Lösung φ mit $\varphi(\mathbb{R}) \subset \mathbb{R}_+$. Dazu benutzen wir die Stammfunktionen $F(x) = x^2/2$ von f und $G(y) = \ln(y)$ von $1/g$. Dann ist $G^{-1}(x) = e^x$ und

$$\varphi(x) = \exp\left(\frac{1}{2}(x^2 - x_0^2) + \ln(y_0)\right)$$

die eindeutig bestimmte Lösung zur gegebenen Anfangsbedingung.

Ist $y_0 < 0$, so müssen wir $G(y) = \ln|y| = \ln(-y)$ benutzen. Dann ist $G^{-1}(x) = -e^x$, und

$$\varphi(x) = -\exp\left(\frac{1}{2}(x^2 - x_0^2) + \ln(-y_0)\right)$$

ist eine Lösung mit $\varphi(\mathbb{R}) \subset \mathbb{R}_-$ und $\varphi(x_0) = y_0$. Man kann beide Fälle zusammenfassen, indem man schreibt:

$$\varphi(x) = y_0 \cdot \exp\left(\frac{1}{2}(x^2 - x_0^2)\right).$$

Hierin ist (mit $y_0 = 0$) auch der Fall $\varphi(x) \equiv 0$ enthalten.

B. Jetzt untersuchen wir die DGL $y' = -\dfrac{x}{2y}$, mit einer Anfangsbedingung $y(x_0) = y_0$.

Hier ist $f(x) = -x/2$ (mit Stammfunktion $F(x) = -x^2/4$) auf ganz $\mathbb{R}$ definiert. Da $g(y) = 1/y$ in $y = 0$ nicht definiert ist, müssen wir wieder die Fälle $y > 0$ und $y < 0$ getrennt untersuchen. Dort hat g dann keine Nullstellen.

In beiden Fällen ist $G(y) = y^2/2$ Stammfunktion von $1/g(y) = y$. Diese Funktion bildet $\mathbb{R}_+$ und $\mathbb{R}_-$ jeweils bijektiv nach $\mathbb{R}_+$ ab, mit $G^{-1}(x) = \pm\sqrt{2x}$.

Ist $y_0 > 0$, so ist die gesuchte Lösung gegeben durch

$$\varphi(x) = \sqrt{\frac{1}{2}(x_0^2 - x^2) + y_0^2}.$$

Sie ist nur definiert und stetig differenzierbar, solange $x^2 < x_0^2 + 2y_0^2$ ist. Für $x \in I_0 = \{x : |x| < \sqrt{x_0^2 + 2y_0^2}\}$ ist $\varphi(x) \in \mathbb{R}_+ = J_0$. Ist etwa $x_0 = 1$ und $y_0 = 1$, so ist $\varphi(x) = \sqrt{(3 - x^2)/2}$, für $|x| < \sqrt{3}$.

Die Lösung braucht also nicht auf dem ganzen Intervall I definiert zu sein. Das maximale Definitionsintervall einer Lösung ist aber immer offen. Im obigen Beispiel ist die Lösung auf dem Rand des Intervalls nicht mehr differenzierbar.

Als nächstes betrachten wir **lineare Differentialgleichungen 1. Ordnung**.

Die Funktionen $a, b : I \to \mathbb{R}$ seien stetig. Gesucht sind die Lösungen der DGL

$$y' + a(x)y = b(x).$$

Wir beginnen mit dem Fall $b(x) \equiv 0$. Man spricht dann auch von einer *homogenen linearen DGL*.

3.3.13. Die Lösungsgesamtheit der homogenen Gleichung

Die Menge $\mathcal{L}_h$ aller Lösungen der DGL $y' + a(x)y = 0$ bildet einen 1-dimensionalen $\mathbb{R}$-Vektorraum. Zu jedem $x_0 \in I$ und jedem $y_0 \in \mathbb{R}$ gibt es genau eine Lösung $\varphi : I \to \mathbb{R}$ mit $\varphi(x_0) = y_0$.

BEWEIS: Die Funktion $\varphi_0(x) \equiv 0$ bildet eine Lösung. Sind $\varphi, \varphi_1, \varphi_2$ Lösungen, so sind auch $\varphi_1 + \varphi_2$ und $c \cdot \varphi$ (mit $c \in \mathbb{R}$) Lösungen.

Sei $\varphi : I_0 \to \mathbb{R}$ eine Lösung, die auf dem Intervall $I_0 \subset I$ keine Nullstelle besitzt. Wir können die DGL $y' = -a(x)y$ als eine DGL $y' = f(x) \cdot g(y)$ mit getrennten Variablen auffassen, wenn wir $f(x) = -a(x)$ und $g(y) = y$ setzen. Ist dann A eine Stammfunktion von a und $G(y) = \ln|y|$ (also eine Stammfunktion von $1/g(y)$), so ergibt sich die auf I_0 eindeutig bestimmte Lösung

$$\varphi(x) = \pm \exp(-A(x) + A(x_0) \pm \ln(y_0)) = y_0 \cdot \exp(A(x_0) - A(x))$$

zur Anfangsbedingung $y(x_0) = y_0$. Der Fall $y_0 = 0$ ist darin enthalten, und die Lösungen sind sogar auf ganz I definiert.

Wir müssen noch zeigen, dass $\varphi_0(x) \equiv 0$ die einzige Lösung mit $\varphi_0(x_0) = 0$ ist. Dazu nehmen wir an, es gäbe eine Lösung φ_1 und ein $x_1 > x_0$, so dass $\varphi_1(x_0) = 0$ und $\varphi_1(x_1) \neq 0$ ist. Wir setzen $z := \sup\{x : x_0 \leq x \leq x_1 : \varphi_1(x) = 0\}$. Dann ist $\varphi_1(z) = 0$, und φ_1 ist eine Lösung der DGL, die auf $I_0 = (z, x_1]$ keine Nullstelle besitzt. Außerdem erfüllt φ_1 die Anfangsbedingung $y(x_1) = \varphi_1(x_1)$. Das gleiche leistet die Funktion $\varphi_2(x) := \varphi_1(x_1) \cdot \exp(A(x_1) - A(x))$. Wegen der schon bewiesenen Eindeutigkeit der Lösungen ohne Nullstellen muss $\varphi_2(x) = \varphi_1(x)$ auf $(z, x_1]$ gelten. Dann ist aber

$$0 \neq \varphi_2(z) = \lim_{x > z, x \to z} \varphi_2(x) = \lim_{x > z, x \to z} \varphi_1(x) = \varphi_1(z) = 0.$$

Das kann nicht sein, die Lösung φ_1 kann es nicht geben.

Da nun alle Lösungen in der Form $\varphi(x) = c \cdot \exp(-A(x))$ mit $c \in \mathbb{R}$ geschrieben werden können, ist der Lösungsraum 1-dimensional. ∎

Wir kommen jetzt zum *inhomogenen* Fall $y' + a(x)y = b(x)$. Man macht folgende Beobachtung: Sind φ_1, φ_2 zwei Lösungen der inhomogenen Gleichung über einem Intervall J, so ist $\varphi_1 - \varphi_2$ über J eine Lösung der zugehörigen homogenen Gleichung $y' + a(x)y = 0$, denn es gilt:

$$(\varphi_1 - \varphi_2)'(x) + a(x) \cdot (\varphi_1(x) - \varphi_2(x)) = b(x) - b(x) = 0.$$

Das bedeutet für die Menge $\mathcal{L}_i$ der Lösungen der inhomogenen Gleichung: Ist y_p eine „partikuläre" Lösung der inhomogenen Gleichung über I, so hat jede andere Lösung der inhomogenen Gleichung die Gestalt

$$\varphi(x) = y_p(x) + y_h(x), \quad \text{mit } y_h \in \mathcal{L}_h.$$

Nun ist φ genau dann eine Lösung der inhomogenen Gleichung mit $\varphi(x_0) = y_0$, wenn $\varphi - y_p$ eine Lösung der homogenen Gleichung mit $(\varphi - y_p)(x_0) = y_0 - y_p(x_0)$ ist. Also ist auch hier das Anfangswertproblem eindeutig lösbar.

Wie findet man eine partikuläre Lösung? Üblich ist ein Ansatz, der als „Variation der Konstanten" bezeichnet wird. Man geht aus von der allgemeinen Lösung der homogenen Gleichung, $y_h(x) = c \cdot \exp(-A(x))$, und macht den **Ansatz:**

$$y_p(x) = c(x) \cdot e^{-A(x)}.$$

Wenn dies eine Lösung ist, muss gelten:

$$y'_p(x) + a(x)y_p(x) = b(x),$$

mit

$$y'_p(x) = c'(x) \cdot e^{-A(x)} - c(x)A'(x) \cdot e^{-A(x)} = (c'(x) - c(x)a(x)) \cdot e^{-A(x)}.$$

Also muss $c'(x) \cdot e^{-A(x)} = b(x)$ sein, bzw. $c'(x) = b(x) \cdot e^{A(x)}$. Das führt zu einer Lösung

$$\widetilde{y}_p(x) = \left(c + \int_{x_0}^x b(t)e^{A(t)}\, dt\right) \cdot e^{-A(x)},$$

mit einer Integrationskonstanten c. Weil $c \cdot e^{-A(x)}$ eine Lösung der homogenen Gleichung ist, genügt es,

$$y_p(x) := \left(\int_{x_0}^x b(t)e^{A(t)}\, dt\right) \cdot e^{-A(x)}$$

zu setzen.

3.3.14. Beispiel

Auf $I = \mathbb{R}$ betrachten wir die lineare DGL $y' + 2y = x$, mit einer Anfangsbedingung $y(0) = y_0$.

$A(x) = 2x$ ist Stammfunktion von $a(x) = 2$. Also ist durch $y_h(x) = c \cdot e^{-2x}$ die allgemeine Lösung der homogenen Gleichung gegeben.

Als Lösung der inhomogenen Gleichung erhalten wir

$$y_p(x) = \left(\int_0^x te^{2t}\, dt\right) \cdot e^{-2x} = \left(e^{2t}\left(\frac{t}{2} - \frac{1}{4}\right)\Big|_0^x\right) \cdot e^{-2x} = \frac{x}{2} - \frac{1}{4} + \frac{1}{4}e^{-2x}.$$

3.3.15. Aufgaben

A. Sei $f(x) := x(x-2)(x-3)$. Berechnen Sie den Flächeninhalt der Menge

$$M := \{(x,y) \in \mathbb{R}^2 : -4 \leq x \leq 4 \text{ und } 0 \leq y \leq f(x)\}.$$

B. a) Bestimmen Sie eine Stammfunktion von $f(x) := x + |x-1|$.

b) Bestimmen Sie eine Stammfunktion der Gaußfunktion $g(x) := [x]$ auf dem Intervall $[0, 5]$.

C. Berechnen Sie die folgenden Integrale:

$$\int_1^4 \frac{1}{\sqrt{x}}\, dx \quad \text{und} \quad \int_0^1 (3 + x\sqrt{x})\, dx$$

D. Bestimmen Sie eine Stammfunktion von

$$f(x) := \begin{cases} (x+1)^2 & \text{für } -1 \leq x < 0, \\ (x-1)^2 - 1 & \text{für } 0 \leq x \leq 1. \end{cases}$$

E. Es ist $(\ln \circ f)'(t) = f'(t)/f(t)$. Benutzen Sie das zur Berechnung der folgenden Integrale:

$$F(x) = \int_x^{2\pi} \tan(t)\, dt \quad \text{und} \quad \int_a^b \frac{u}{1+u^2}\, du$$

F. Sei $F(x) := \int_0^{\sin(x)} e^t\, dt$. Berechnen Sie $F'(x)$.

G. Für eine stetige Funktion $f : [a,b] \to \mathbb{R}$ sei der *Mittelwert* definiert als

$$\mu(f) := \frac{1}{b-a} \int_a^b f(x)\, dx\,.$$

Zeigen Sie: Ist f stetig differenzierbar und $\mu(f') = 0$, so ist $f(a) = f(b)$. Leiten Sie den Mittelwertsatz der Differentialrechnung aus dem Mittelwertsatz der Integralrechnung her.

Für $a \le u < v \le b$ sei $f_{u,v}$ die Einschränkung von f auf $[u,v]$. Zeigen Sie für $a < c < b$:

$$\frac{c-a}{b-a} \cdot \mu(f_{a,c}) + \frac{b-c}{b-a} \cdot \mu(f_{c,b}) = \mu(f_{a,b})\,.$$

H. Diese und die nächste Aufgabe beziehen sich auf den Optionalbereich:

Lösen Sie die DGL $y' = \dfrac{1+y^2}{2xy}$ mit der Anfangsbedingung $y(-1) = -1$.

I. Lösen Sie die DGL $y' + y/x = x^3$ mit der Anfangsbedingung $y(1) = 0$.

3.4 Integrationsmethoden

Zur Motivation: Die Berechnung eines bestimmten Integrals $\int_a^b f(x)\, dx$ ist leicht, wenn eine Stammfunktion F von f bekannt ist, denn dann ist das Ergebnis einfach die Zahl $F(b) - F(a)$. Schwieriger ist aber das Finden von Stammfunktionen. Bisher haben wir nur mit einer Tabelle gearbeitet, die wir durch Differenzieren bekannter Funktionen gewonnen haben.

Mit etwas Erfindungsgabe kann man aber auch zu komplexeren Formeln gelangen. So liefert z.B. die logarithmische Ableitung $(\ln f)' = f'/f$ eine Stammfunktion für jeden Integranden der Form f'/f. Daher ist $\ln\sin(x)$ eine Stammfunktion von $\cos(x)/\sin(x) = \cot(x)$ bzw. $\ln(x^n + c)$ eine Stammfunktion von $nx^{n-1}/(x^n + c)$.

Wir werden in diesem Abschnitt zwei Methoden zur Bestimmung von Stammfunktionen kennen lernen, die Regel der partiellen Integration und die Substitutionsregel. Ganz ohne Kreativität und Intuition wird es aber auch damit nicht gehen.

Die **Regel der partiellen Integration** (auch **Produktintegration** genannt) leitet sich aus der Produktregel der Differentiation her:

$$(f \cdot g)' = f'g + f\,g'.$$

Das kann man so lesen, dass $f \cdot g$ eine Stammfunktion von $f'g + f\,g'$ ist. Nun kommt es selten vor, dass der Integrand deutlich sichtbar diese Form besitzt, aber umso häufiger ist er von der Form $f'g$. Wenn die Stammfunktion von $f\,g'$ leichter als die von $f'g$ zu bestimmen ist, hilft die Formel weiter. Wir formulieren das Ergebnis gleich etwas allgemeiner:

3.4.1. Satz von der partiellen Integration

Ist $f : [a,b] \to \mathbb{R}$ eine stückweise glatte Funktion (also Stammfunktion einer stückweise stetigen Funktion f') und g über $[a,b]$ stetig differenzierbar, so ist

$$\int_a^b f'(x)g(x)\,dx = \big(f(x) \cdot g(x)\big)\,\Big|_a^b - \int_a^b f(x)g'(x)\,dx.$$

BEWEIS: f ist stetig, und es gibt eine Zerlegung

$$a = x_0 < x_1 < \ldots < x_n = b,$$

so dass f auf jedem offenen Teilintervall $J_k = (x_{k-1}, x_k)$ stetig differenzierbar ist. Dann ist dort $(fg)' = f'g + f\,g'$. Außerdem ist fg auf dem ganzen Intervall $[a,b]$ stetig. Also ist fg auf $[a,b]$ Stammfunktion von $f'g + f\,g'$. Daraus folgt:

$$\big(f(x) \cdot g(x)\big)\,\Big|_a^b = \int_a^b f'(x)g(x)\,dx + \int_a^b f(x)g'(x)\,dx.$$

∎

Auch in dieser Form ist der Satz sehr nützlich, aber wir werden hier nur Beispiele betrachten, bei denen f und g beide stetig differenzierbar sind.

3.4.2. Beispiele

A. Es soll das Integral $\displaystyle\int_{-\pi/2}^{\pi/2} x \sin x\,dx$ berechnet werden. Hier ist x die Ableitung von $\dfrac{1}{2}x^2$ und $\sin x$ die Ableitung von $-\cos x$.

Setzt man $f(x) := x^2/2$ und $g(x) := \sin x$, so ist $f'(x)g(x) = x\sin x$, und $f(x)g'(x) = (x^2/2)\cos x$ deutlich komplizierter als der ursprüngliche Integrand. Setzt man dagegen $f(x) := -\cos x$ und $g(x) := x$, so ist auch $f'(x)g(x) = x\sin x$, aber $f(x)g'(x) = -\cos x$ ist diesmal einfacher. Daher sollte der zweite Weg gewählt werden:

$$\int_{-\pi/2}^{\pi/2} x \sin x \, dx \;=\; \int_{-\pi/2}^{\pi/2} x \, (-\cos x)' \, dx$$

$$=\; -x \cos x \, \Big|_{-\pi/2}^{\pi/2} - \int_{-\pi/2}^{\pi/2} (-\cos x) \, dx$$

$$=\; (-x \cos x + \sin x) \, \Big|_{-\pi/2}^{\pi/2} \;=\; 1 - (-1) \;=\; 2.$$

B. Das folgende Beispiel ist besonders typisch:

$$\text{Es ist} \quad \int_a^b e^x \cdot \sin x \, dx \;=\; \int_a^b e^x \cdot (-\cos' x) \, dx$$

$$=\; -(e^x \cdot \cos x) \, \Big|_a^b - \int_a^b (e^x)' \cdot (-\cos x) \, dx$$

$$=\; -(e^x \cdot \cos x) \, \Big|_a^b + \int_a^b e^x \cdot \cos x \, dx.$$

Es sieht so aus, als wäre alles umsonst gewesen. Aber eine zweite Rechnung liefert

$$\int_a^b e^x \cdot \cos x \, dx = (e^x \cdot \sin x) \, \Big|_a^b - \int_a^b e^x \cdot \sin x \, dx.$$

Jetzt ist das Integral, das wir ausrechnen wollten, wieder aufgetaucht! Trotzdem hilft uns das weiter: Setzt man die rechte Seite in das vorige Ergebnis ein, so erhält man

$$\int_a^b e^x \cdot \sin x \, dx = e^x \cdot (\sin x - \cos x) \, \Big|_a^b - \int_a^b e^x \cdot \sin x \, dx,$$

also

$$\int_a^b e^x \cdot \sin x \, dx = \frac{e^x}{2} \cdot (\sin x - \cos x) \, \Big|_a^b.$$

Man hätte natürlich auch auf die Idee kommen können, zu Anfang e^x als die Ableitung von e^x aufzufassen. Das Ergebnis wäre das Gleiche gewesen.

Man kann an diesem Beispiel sehen, wie sich Rechnungen vereinfachen, wenn man komplexwertige Funktionen benutzt: Es ist nämlich

$$\int_a^b e^x \cos x \, dx + \mathrm{i} \int e^x \sin x \, dx \;=$$

$$=\; \int_a^b e^{(1+\mathrm{i})x} \, dx \;=\; \frac{1}{1+\mathrm{i}} e^{(1+\mathrm{i})x} \, \Big|_a^b \;=\; \frac{e^x}{2}(1-\mathrm{i})(\cos x + \mathrm{i} \sin x) \, \Big|_a^b$$

$$=\; \frac{e^x}{2}(\cos x + \sin x) \, \Big|_a^b + \mathrm{i} \frac{e^x}{2}(\sin x - \cos x) \, \Big|_a^b.$$

Das liefert das obige reelle Integral und ein zweites dazu.

C. Dieses Beispiel ist von ähnlicher Bauart wie das vorige:

$$
\int_a^b \sin^2 x \, dx \;=\; \int_a^b (-\cos' x) \cdot \sin x \, dx
$$

$$
=\; (-\cos x \cdot \sin x)\Big|_a^b - \int_a^b (-\cos x) \cdot \cos x \, dx
$$

$$
=\; -(\cos x \cdot \sin x)\Big|_a^b + \int_a^b \cos^2 x \, dx.
$$

Dabei ist

$$
\int_a^b \cos^2 x \, dx = \int_a^b \left(1 - \sin^2 x\right) dx = x \Big|_a^b - \int_a^b \sin^2 x \, dx \,,
$$

also

$$
\int_a^b \sin^2 x \, dx = -(\cos x \cdot \sin x)\Big|_a^b + x \Big|_a^b - \int_a^b \sin^2 x \, dx.
$$

Wir können das Integral über $\sin^2 x$ auf die andere Seite der Gleichung bringen und erhalten:

$$
\int_a^b \sin^2 x \, dx = \frac{1}{2} \cdot (x - \cos x \cdot \sin x)\Big|_a^b \,.
$$

Der Schritt, $\cos^2 x$ durch $1 - \sin^2 x$ zu ersetzen, ist wesentlich. Hätte man stattdessen versucht, $\int_a^b \cos^2 x \, dx$ durch partielle Integration auf $\int_a^b \sin^2 x \, dx$ zurückzuführen, so wäre man ergebnislos bei einer Gleichung vom Typ $0 = 0$ angelangt.

D. Sei $0 < a < b$. Berechnet werden soll das Integral $\int_a^b \ln x \, dx$. Weil der Integrand nicht wie ein Produkt aussieht, überracht es um so mehr, dass hier partielle Integration weiterhelfen soll. Wir benutzen einen Trick: Man kann $\ln x$ als Produkt $(\ln x) \cdot 1$ schreiben und 1 als Ableitung der Funktion x ansehen. Dann gilt:

$$
\int_a^b \ln x \, dx \;=\; \int_a^b \ln x \cdot x' \, dx
$$

$$
=\; (\ln x) \cdot x \Big|_a^b - \int_a^b (\ln' x) \cdot x \, dx \quad \text{(Partielle Integration)}
$$

$$
=\; (x \cdot \ln x)\Big|_a^b - x \Big|_a^b \quad \text{(denn es ist } \ln' x \cdot x = 1\text{)}.
$$

Also ist $x \cdot \ln x - x$ eine Stammfunktion von $\ln x$.

Grundlage der **_Substitutionsregel_** ist die Kettenregel:

Sei $f : I \to \mathbb{R}$ stetig, $F : I \to \mathbb{R}$ eine Stammfunktion von f. Weiter sei $\varphi : [\alpha, \beta] \to \mathbb{R}$ eine stetig differenzierbare Funktion, mit $\varphi([\alpha, \beta]) \subset I = [a, b]$.

Dann ist auch die Verknüpfung $F \circ \varphi : [\alpha, \beta] \to \mathbb{R}$ stetig differenzierbar, es ist

$$(F \circ \varphi)'(t) = F'(\varphi(t)) \cdot \varphi'(t) = (f \circ \varphi)(t) \cdot \varphi'(t).$$

Also ist $F \circ \varphi$ eine Stammfunktion von $(f \circ \varphi) \cdot \varphi'$.

3.4.3. Substitutionsregel

Sei $\varphi : [\alpha, \beta] \to \mathbb{R}$ stetig differenzierbar, $I \subset \mathbb{R}$ ein Intervall, $\varphi([\alpha, \beta]) \subset I$ und $f : I \to \mathbb{R}$ stückweise stetig. Dann gilt:

$$\int_{\varphi(\alpha)}^{\varphi(\beta)} f(x)\, dx = \int_{\alpha}^{\beta} f(\varphi(t)) \cdot \varphi'(t)\, dt.$$

BEWEIS: Wir betrachten eine stetige Funktion f. Der stückweise stetige Fall erfordert nur geringfügige Modifikationen. Ist F eine Stammfunktion von f, so ist $F \circ \varphi$ eine Stammfunktion von $(f \circ \varphi) \cdot \varphi'$. Also ist

$$
\begin{aligned}
\int_{\alpha}^{\beta} f(\varphi(t)) \cdot \varphi'(t)\, dt &= (F \circ \varphi)(\beta) - (F \circ \varphi)(\alpha) \\
&= F(\varphi(\beta)) - F(\varphi(\alpha)) \\
&= \int_{\varphi(\alpha)}^{\varphi(\beta)} f(x)\, dx.
\end{aligned}
$$

∎

Eine besondere Situation liegt vor, wenn φ **streng monoton wachsend** ist. Dann bildet φ das Intervall $[\alpha, \beta]$ bijektiv auf ein Intervall $[a, b]$ ab, und es ist $\varphi(\alpha) = a$ und $\varphi(\beta) = b$. Man erhält also:

$$\int_{a}^{b} f(x)\, dx = \int_{\alpha}^{\beta} f(\varphi(t)) \cdot \varphi'(t)\, dt = \int_{\varphi^{-1}(a)}^{\varphi^{-1}(b)} f(\varphi(t)) \cdot \varphi'(t)\, dt.$$

Ist φ **streng monoton fallend**, so ist $\varphi' < 0$, $\varphi(\alpha) = b$, $\varphi(\beta) = a$ und wieder

$$\int_{a}^{b} f(x)\, dx = -\int_{b}^{a} f(x)\, dx = -\int_{\alpha}^{\beta} f(\varphi(t)) \cdot \varphi'(t)\, dt = \int_{\varphi^{-1}(a)}^{\varphi^{-1}(b)} f(\varphi(t)) \cdot \varphi'(t)\, dt.$$

Will man die Stammfunktionen durch unbestimmte Integrale bezeichnen, so erhält man folgende Formeln:

$$\left(\int f(x)\, dx \right) \circ \varphi = \int f(\varphi(t)) \varphi'(t)\, dt$$

bzw.

$$\int f(x)\,dx = \left(\int f(\varphi(t))\varphi'(t)\,dt\right) \circ \varphi^{-1}, \text{ falls } \varphi \text{ umkehrbar ist.}$$

Auch hier zeigt sich der Nutzen der Regel am besten an Hand von Beispielen. Dabei unterscheiden wir verschiedene Fälle.

Zunächst betrachten wir Beispiele, bei denen der Integrand (deutlich sichtbar) in der Form $f(\varphi(t))\varphi'(t)$ gegeben ist.

3.4.4. Beispiele

A. Häufig möchte man eine Funktion der Form $x \mapsto f(x + c)$ integrieren. Hier wird in f die Funktion $\varphi(x) := x + c$ eingesetzt. Da $\varphi'(x) \equiv 1$ ist, ist $f(x+c) = f(\varphi(x)) \cdot \varphi'(x)$, also

$$\int_\alpha^\beta f(x + c)\,dt = \int_{\alpha+c}^{\beta+c} f(x)\,dx.$$

Dies ist ein Beispiel für eine streng monoton wachsende Substitution. Die Funktion $\psi(t) := c - t$ ist streng monoton fallend. Ist $\alpha < \beta$, so ist $\psi(\alpha) = c - \alpha > c - \beta = \psi(\beta)$. Mit $\psi'(t) \equiv -1$ erhält man

$$\int_\alpha^\beta f(c - t)\,dt = \int_{c-\beta}^{c-\alpha} f(t)\,dt.$$

B. Bei Funktionen der Form $x \mapsto f(xc)$, $c \neq 0$, wird $\varphi(t) := tc$ eingesetzt, mit $\varphi'(t) \equiv c$. Die Substitutionsregel liefert eine Formel für das Integral über $c \cdot f(tc)$. Wir können aber die Konstante c auf die andere Seite der Gleichung bringen und erhalten dann:

$$\int_\alpha^\beta f(tc)\,dt = \frac{1}{c} \cdot \int_{\alpha c}^{\beta c} f(x)\,dx.$$

Man beachte dabei, dass $\alpha c > \beta c$ ist, wenn c negativ ist!

C. Das folgende Beispiel kennen wir schon aus der Einleitung.

Es sei $f(x) := 1/x$ und $\varphi(t)$ eine stetig differenzierbare Funktion ohne Nullstellen über $[\alpha, \beta]$. Dann gilt:

$$f(\varphi(t)) \cdot \varphi'(t) = \frac{\varphi'(t)}{\varphi(t)}.$$

Also ist

$$\int_\alpha^\beta \frac{\varphi'(t)}{\varphi(t)}\,dt = \int_{\varphi(\alpha)}^{\varphi(\beta)} \frac{1}{x}\,dx = \big(\ln|x|\big)\,\Big|_{\varphi(\alpha)}^{\varphi(\beta)} = \big(\ln|\varphi(t)|\big)\,\Big|_\alpha^\beta.$$

Das hätte man auch über die logarithmische Ableitung erhalten. Da $\varphi'(t)/\varphi(t) = \big(\ln\circ|\varphi|\big)'(t)$ ist, ist $\ln\circ|\varphi|$ eine Stammfunktion von φ'/φ. Zum Beispiel ist

$$\int_a^b \tan t \, dt = \int_a^b \frac{-\cos' t}{\cos t} \, dt = -\big(\ln|\cos t|\big) \, \Big|_a^b .$$

D. Sei $f(x) := x^n$, φ beliebig. Dann gilt:

$$\int_\alpha^\beta \varphi(t)^n \cdot \varphi'(t) \, dt \;=\; \int_{\varphi(\alpha)}^{\varphi(\beta)} f(x) \, dx \;=\; \frac{1}{n+1} x^{n+1} \, \Big|_{\varphi(\alpha)}^{\varphi(\beta)}$$

$$=\; \frac{1}{n+1} \cdot \big(\varphi(\beta)^{n+1} - \varphi(\alpha)^{n+1}\big) .$$

Speziell ist $\varphi(t)^2/2$ Stammfunktion von $\varphi(t)\varphi'(t)$, also etwa

$$\int_\alpha^\beta \frac{\ln t}{t} \, dt = \frac{1}{2}(\ln t)^2 \, \Big|_\alpha^\beta .$$

Schwieriger wird es, wenn der Integrand in der Form $f(x)$ gegeben ist und die Substitution erst gefunden werden muss. Dann ist mehr Kreativität gefordert. Doch auch in der Situation gibt es so etwas wie ein Rezept.

Ein typisches Beispiel ist das Integral $\int x\sqrt{x+1}^3 \, dx$. Es hat die Gestalt

$$\int F(x, g(x)) \, dx$$

mit $F(x,y) = xy^3$ und dem „störenden" Term $g(x) = \sqrt{x+1}$.

Bei Anwendern ist in diesem Fall die „*dx-du-Methode*" besonders beliebt, die explizit mit den Leibniz'schen Differentialen arbeitet. Diese Methode können wir hier nur rein formal benutzen. Um ihr einen inhaltlichen Sinn zu geben, müssten wir in die Theorie der „Differentialformen" einsteigen, und das geht über unsere augenblicklichen Möglichkeiten hinaus. Die Methode funktioniert folgendermaßen:

1. Der störende Term wird mit u bezeichnet: $u := g(x) = \sqrt{x+1}$.

2. Die Gleichung wird nach x aufgelöst: $x = u^2 - 1$.

   Was zu tun ist, wenn dieses Auflösen nicht möglich ist (wenn also g nicht umkehrbar ist), sei erst mal dahingestellt.

3. Nun wird auf beiden Seiten das „Differential" gebildet: $dx = 2u \, du$.

   Dafür gilt die folgende Regel: Ist $h = h(u)$ eine differenzierbare Funktion, so versteht man unter dem Differential dh den formalen Ausdruck $h'(u) \, du$.

4. Jetzt wird im Integral x durch $u^2 - 1$ und dx durch $2u\,du$ ersetzt:

$$\int x\sqrt{x+1}^{\,3}\,dx = \int (u^2 - 1) \cdot u^3 \cdot 2u\,du = 2\int (u^6 - u^4)\,du.$$

5. Es wird – wenn möglich – eine Stammfunktion bestimmt:

$$2\int (u^6 - u^4)\,du = S(u) := \frac{2}{7}u^7 - \frac{2}{5}u^5 + C.$$

6. Zum Schluss muss u wieder durch x ersetzt werden:

$$\begin{aligned}
\int x\sqrt{x+1}^{\,3}\,dx &= S(u(x)) = \frac{2}{7}(x+1)^{7/2} - \frac{2}{5}(x+1)^{5/2} + C \\
&= \sqrt{x+1}\Big(\frac{2}{7}(x+1)^3 - \frac{2}{5}(x+1)^2\Big) + C.
\end{aligned}$$

Jetzt wollen wir sehen, was das mit der Substitutionsregel zu tun hat.

1. Auch bei einer regelgerechten Anwendung der Substitutionsregel sucht man nach einem störenden Term, hier $g(x) := \sqrt{x+1}$.

2. Um den störenden Term $g(x)$ zu beseitigen, führt man eine Substitution ein: $x = \varphi(t)$. Im allgemeinen ist das der Augenblick für Kreativität. $\varphi(t)$ soll so gewählt werden, dass der Integrand einfacher wird, wenn man $g(x)$ durch $g(\varphi(t))$ ersetzt. Aber wenn g umkehrbar ist, kann man einfach $\varphi(t) := g^{-1}(t)$ setzen, hier also $\varphi(t) := t^2 - 1$. Denn dann ist $g(\varphi(t)) = t$.

3. Nun wird $\varphi'(t)$ berechnet, hier $\varphi'(t) = 2t$.

4. Laut Substitutionsregel ist jetzt

$$\Big(\int F(x, g(x))\,dx\Big) \circ \varphi = \int F\big(\varphi(t), g(\varphi(t))\big) \cdot \varphi'(t)\,dt,$$

hier also

$$\Big(\int x\sqrt{x+1}^{\,3}\,dx\Big) \circ \varphi = \int \varphi(t)\sqrt{\varphi(t)+1}^{\,3}\,\varphi'(t)\,dt = \int (t^2 - 1)t^3 \cdot 2t\,dt$$

und daher (weil φ invertierbar ist)

$$\int x\sqrt{x+1}^{\,3}\,dx = \Big(\frac{2}{7}u^7 - \frac{2}{5}u^5\Big) \circ \varphi^{-1} = \frac{2}{7}(x+1)^{7/2} - \frac{2}{5}(x+1)^{5/2} + C.$$

Welchen Vorteil bietet nun die *dx-du*-Methode? Sie ist leicht zu merken, und die Substitution ergibt sich fast von selbst: Man identifiziert den störenden Term $u = u(x)$ und löst die Gleichung nach x auf. Wenn es denn geht! Problematisch wird es, wenn die Auflösung nicht funktioniert. Und man muss damit leben, dass man sein Tun nicht so recht begründen kann. Immerhin hilft die Methode in vielen Fällen, und es bleibt einem ja immer die Probe, ob man durch Differenzieren der gefundenen Stammfunktion wieder zur Ausgangsfunktion zurückkehrt. Diese Probe sei sowieso jedem empfohlen, ganz unabhängig davon, welche Methode benutzt wurde, denn Gelegenheiten zum Verrechnen finden sich viele.

Ein Mathematiker (oder jemand, der es werden will) sollte natürlich korrekt mit der Substitutionsregel umgehen können. Es ist ja wirklich nicht schwer zu sehen, dass die Wurzel in dem Ausdruck $\sqrt{x+1}$ durch die Substitution $x = \varphi(t) = t^2 - 1$ beseitigt wird. Und mit etwas Übung kann man auch in vielen anderen Fällen sofort eine geeignete Substitution erkennen. Verwendet man bestimmte Integrale, so sieht die korrekte Anwendung der Substitutionsregel in unserem Beispiel folgendermaßen aus:

$$
\begin{aligned}
\int_{\alpha}^{\beta} x\sqrt{x+1}^3 \, dx &= \int_{\varphi^{-1}(\alpha)}^{\varphi^{-1}(\beta)} \varphi(t)\sqrt{\varphi(t)^2+1}^3 \cdot \varphi'(t) \, dt \\
&= \int_{\varphi^{-1}(\alpha)}^{\varphi^{-1}(\beta)} (t^2-1) \cdot t^3 \cdot 2t \, dt \quad \text{(für } \varphi(t) := t^2 - 1) \\
&= 2\int_{\varphi^{-1}(\alpha)}^{\varphi^{-1}(\beta)} (t^6 - t^4) \, dt.
\end{aligned}
$$

3.4.5. Beispiele

A. Es soll $\int e^{\sqrt{x}} \, dx$ berechnet werden:

Bei der dx-du-Methode würde man $u = \sqrt{x}$ setzen. Dann ist $x = u^2$ und $dx = 2u \, du$, also

$$
\int e^{\sqrt{x}} \, dx = \int 2u e^u \, du = 2(u-1)e^u + C = 2(\sqrt{x}-1)e^{\sqrt{x}} + C \, .
$$

Die Stammfunktion von ue^u findet man übrigens durch Probieren oder über eine simple Anwendung der partiellen Integration.

Da man auch direkt erkennen kann, dass die störende Wurzel durch die Substitution $x =: \varphi(t) = t^2$ beseitigt werden kann, erhält man mit $\varphi'(t) = 2t$ und $t = \varphi^{-1}(x) = \sqrt{x}$ die Rechnung

$$
\begin{aligned}
\int e^{\sqrt{x}} \, dx &= \left(\int e^{\sqrt{\varphi(t)}} \varphi'(t) \, dt \right) \circ \varphi^{-1} = \left(\int e^t \cdot 2t \, dt \right) \circ \varphi^{-1} \\
&= (2(t-1)e^t) \circ \varphi^{-1} + C = 2(\sqrt{x}-1) \cdot e^{\sqrt{x}} + C \, .
\end{aligned}
$$

B. Im Ergänzungsteil werden wir sehen, dass man jede rationale Funktion (außerhalb ihrer Polstellen) integrieren kann. Deshalb möchte man Integranden gerne mit Hilfe einer geeigneten Substitution rational machen:

Beim Integral $\displaystyle\int \frac{dx}{\sqrt[3]{x} + \sqrt{x}}$ versagt die dx-du-Methode. Wo ist der störende Term? Es gibt zwei davon! Andererseits sieht man sofort, dass die Substitution $x = \varphi(t) := t^6$ beide Wurzeln simultan beseitigt. Mit $\varphi'(t) = 6t^5$ und $t = \varphi^{-1}(x) = \sqrt[6]{x}$ folgt:

$$\int \frac{dx}{\sqrt[3]{x} + \sqrt{x}} = \left(\int \frac{6t^5}{t^2 + t^3}\, dt \right) \circ \varphi^{-1} = 6 \left(\int \frac{t^3}{1 + t}\, dt \right) \circ \varphi^{-1}.$$

Polynomdivision ergibt $t^3/(1+t) = t^2 - t + 1 - 1/(t+1)$, und diese Funktion dürfte jeder integrieren können.

C. Ist F rational, so integriert man $f(x) := F(e^x)$ mit Hilfe der Substitution $x = \varphi(t) := \ln(t)$, also $\varphi'(t) = 1/t$ und $t = \varphi^{-1}(x) = e^x$. Dann ist

$$\int F(e^x)\, dx = \left(\int \frac{F(t)}{t}\, dt \right) \circ \varphi^{-1}.$$

D. Jetzt sollte das Schema deutlich geworden sein.

Sei etwa $F(x, y)$ eine rationale Funktion in x und y. Um $f(x) := F(x, \sqrt[m]{ax + b})$ zu integrieren, setzen wir $\sqrt[m]{ax + b} = t$, also $x = \varphi(t) = (t^m - b)/a$, mit $\varphi'(t) = (m/a)t^{m-1}$. Das ergibt:

$$\begin{aligned}
\int F(x, \sqrt[m]{ax + b})\, dx &= \left(\int F\big(\varphi(t), t\big) \cdot \varphi'(t)\, dt \right) \circ \varphi^{-1} \\
&= \left(\frac{m}{a} \int F\big(\tfrac{1}{a}(t^m - b), t\big) \cdot t^{m-1}\, dt \right) \circ \varphi^{-1}.
\end{aligned}$$

Wir kommen jetzt zu Integralen, die nicht mit der Standardmethode zu knacken sind. Betrachten wir zum Beispiel das Integral

$$\int_a^b \sqrt{1 - x^2}\, dx, \text{ für } -1 < a < b < +1.$$

Im Grenzübergang für $a \to -1$ und $b \to +1$ wird damit die Fläche des halben Einheitskreises berechnet.

Wir suchen nach einer Substitution, durch die der Integrand einfacher wird. Hier versagt die dx-du-Methode, denn wenn man etwa $u = \sqrt{1 - x^2}$ setzt, dann erhält man $x = \sqrt{1 - u^2}$ und nichts ist gewonnen.

Man muss sich etwas anderes einfallen lassen. Die Gleichung $y = \sqrt{1 - x^2}$ erinnert an die Gleichung $\cos t = \sqrt{1 - \sin^2 t}$, deshalb kann man es ja einmal mit der Substitution $x = \varphi(t) := \sin t$ versuchen. Da die Sinus-Funktion das Intervall $[-\pi/2, +\pi/2]$ bijektiv (streng monoton wachsend) auf das Intervall $[-1, +1]$ abbildet, mit Umkehrfunktion $y = \arcsin x$, erhält man:

$$\int_a^b \sqrt{1 - x^2}\, dx \;=\; \int_{\arcsin(a)}^{\arcsin(b)} \sqrt{1 - \sin^2 t} \cdot \cos t\, dt$$

$$= \int_{\arcsin(a)}^{\arcsin(b)} \cos^2 t\, dt.$$

Tatsächlich hat sich die Situation vereinfacht, das neue Integral kann in der bekannten Weise mit Hilfe partieller Integration berechnet werden. Mit $\alpha := \arcsin(a)$ und $\beta := \arcsin(b)$ erhält man:

$$\int_\alpha^\beta \cos^2 t\, dt \;=\; \int_\alpha^\beta \cos t \sin' t\, dt$$

$$= \cos t \sin t \Big|_\alpha^\beta + \int_\alpha^\beta \sin^2 t\, dt$$

$$= \cos t \sin t \Big|_\alpha^\beta + \int_\alpha^\beta (1 - \cos^2 t)\, dt$$

$$= (\cos t \sin t + t) \Big|_\alpha^\beta - \int_\alpha^\beta \cos^2 t\, dt.$$

Also ist

$$\int_\alpha^\beta \cos^2 t\, dt = \frac{1}{2} \cdot (\cos t \cdot \sin t + t)\Big|_\alpha^\beta.$$

Das Ergebnis kann nun noch etwas umformuliert werden. Wir können $\cos t$ durch $\sqrt{1 - \sin^2 t}$ ersetzen, so dass die Rücktransformation $t = \arcsin x$ direkt eingesetzt werden kann. So erhalten wir:

$$\int_a^b \sqrt{1 - x^2}\, dx = \frac{1}{2} \cdot (t \cdot \sqrt{1 - t^2} + \arcsin t)\Big|_a^b.$$

Lässt man hier $a \to -1$ und $b \to +1$ gehen, so konvergiert die rechte Seite gegen $\big(\arcsin(+1) - \arcsin(-1)\big)/2 = \pi/2$. Wie erwartet ist

$$\int_{-1}^{+1} \sqrt{1 - x^2}\, dx = \frac{\pi}{2}.$$

Zum Schluss behandeln wir ein noch etwas schwierigeres Beispiel:

Es soll $\int F(\sin x, \cos x)\, dx$ für eine rationale Funktion $F = F(x, y)$ berechnet werden. Dabei beschäftigen wir uns hier nur mit dem Problem, das Integral rational zu machen.

In der Klasse der Winkelfunktionen, ihrer Umkehrungen und deren Ableitungen kennen wir nur einen einzigen Fall, bei dem eine rationale Funktion auftaucht:

$$\arctan' x = \frac{1}{1 + x^2}.$$

Daher versuchen wir, Sinus und Cosinus durch den Tangens auszudrücken: Es ist

$$\tan^2 x = \frac{\sin^2 x}{\cos^2 x} = \frac{1 - \cos^2 x}{\cos^2 x} \text{ und damit } 1 + \tan^2 x = \frac{1}{\cos^2 x},$$

also

$$\cos^2 x = \frac{1}{1 + \tan^2 x}$$

$$\text{und} \quad \sin^2 x = 1 - \cos^2 x = \frac{\tan^2 x}{1 + \tan^2 x}.$$

Das ist noch nicht ganz befriedigend, weil jetzt für die Darstellung von Sinus und Cosinus durch den Tangens noch Wurzeln benötigt werden. Es gilt aber:

$$\sin x = 2 \sin(\frac{x}{2}) \cos(\frac{x}{2}) = \frac{2 \tan x/2}{1 + \tan^2(x/2)},$$

$$\text{und} \quad \cos x = \cos^2(\frac{x}{2}) - \sin^2(\frac{x}{2}) = \frac{1 - \tan^2(x/2)}{1 + \tan^2(x/2)}.$$

Setzt man dies ein, so erweist sich der ursprüngliche Integrand als rationale Funktion von $u(x) = \tan(x/2)$. Deshalb verwenden wir die Substitution

$$x = \varphi(t) := 2 \arctan t.$$

Dann ist $\varphi'(t) = \dfrac{2}{1 + t^2}$ und $t = \varphi^{-1}(x) = \tan(x/2)$, und mit $u(\varphi(t)) = t$ folgt:

$$\int F(\sin x, \cos x)\, dx = \int F\Big(\frac{2u(x)}{1 + u(x)^2}, \frac{1 - u(x)^2}{1 + u(x)^2}\Big)\, dx$$

$$= \Big(\int F\Big(\frac{2t}{1 + t^2}, \frac{1 - t^2}{1 + t^2}\Big) \cdot \frac{2}{1 + t^2}\, dt\Big) \circ \varphi^{-1}.$$

Damit ist der ganze Integrand rational geworden. Man beachte übrigens, dass die Abbildung $\boldsymbol{\alpha} : \mathbb{R} \to \mathbb{R}^2$ mit

$$\boldsymbol{\alpha}(t) := \Big(\frac{2t}{1 + t^2}, \frac{1 - t^2}{1 + t^2}\Big)$$

eine **rationale** Parametrisierung des Einheitskreises darstellt. Allerdings wird dabei der Punkt $(0, -1)$ ausgelassen.

Zusammenfassung

In diesem Abschnitt wurde nur über zwei Sätze der Integralrechnung gesprochen.

1. Aus der Formel für die Ableitung eines Produktes folgt die Regel von der **Produktintegration** oder **partiellen Integration**: Ist f Stammfunktion einer stückweise stetigen Funktion und g stetig differenzierbar auf $[a,b]$, so ist

$$\int_a^b f'(x)g(x)\,dx = f(x)g(x)\,\Big|_a^b - \int_a^b f(x)g'(x)\,dx.$$

2. Aus der Kettenregel folgt die **Substitutionsregel**: Ist $f : [a,b] \to \mathbb{R}$ stückweise stetig und $\varphi : [\alpha,\beta] \to [a,b]$ stetig differenzierbar, so gilt:

$$\int_{\varphi(\alpha)}^{\varphi(\beta)} f(x)\,dx = \int_\alpha^\beta f(\varphi(t)) \cdot \varphi'(t)\,dt.$$

Partielle Integration ist sinnvoll, wenn der Integrand von der Gestalt $f'g$ ist, die Funktion fg' aber leichter zu integrieren ist.

Die Substitutionsregel lässt sich leicht von rechts nach links anwenden, wenn der Integrand deutlich sichtbar die Gestalt $(f \circ \varphi) \cdot \varphi'$ besitzt. In der anderen Richtung muss man φ erst finden, und dazu gibt es eine Reihe von Rezepten, die meistens darauf beruhen, dass ein störender Ausdruck $t = g(x)$ im Integranden gewählt und $\varphi(t) = g^{-1}(t)$ gesetzt wird. Dafür ist natürlich erforderlich, dass g umkehrbar ist.

Ist $R(x,y)$ ein rationaler Ausdruck in x und y, so vereinfacht sich z.B. ein Integral vom Typ $\int R(x, \sqrt[n]{ax+b})\,dx$, indem man die Substitution $\varphi(t) = (t^n - b)/a$ einführt. Nach diesem Schema funktionieren auch viele ähnliche Fälle. Manchmal muss allerdings auf kreativere Weise eine Substitution gefunden werden. Bei Integralen vom Typ $\int R(x, \sqrt{1-x^2})\,dx$ bietet sich die Substitution $x = \sin t$ an, bei Integralen vom Typ $\int R(\sin x, \cos x)\,dx$ die Substitution $x = 2\arctan t$, nachdem man Sinus und Cosinus durch $\tan(x/2)$ ausgedrückt hat.

Ergänzungen

I) Wir wollen nun – zumindest andeutungsweise – zeigen, dass jede rationale Funktion „elementar" integrierbar ist.

$$\text{Es sei} \quad f(x) = \frac{P(x)}{Q(x)}, \text{ mit Polynomen } P \text{ und } Q.$$

Wir gehen in mehreren Schritten vor:

1. Schritt:

Ist $\mathrm{grad}(P) \geq \mathrm{grad}(Q)$, so führt man eine Polynomdivision durch:

$$f(x) = P_0(x) + \frac{R(x)}{Q(x)}, \text{ mit Polynomen } P_0 \text{ und } R,$$

sowie $\mathrm{grad}(R) < \mathrm{grad}(Q)$.

Da Polynome problemlos integriert werden können, braucht man nur den Fall $f(x) = P(x)/Q(x)$ mit $\mathrm{grad}(P) < \mathrm{grad}(Q)$ zu betrachten.

2. Schritt:

Als nächstes bestimmt man nach Möglichkeit alle Nullstellen von $Q(x)$. Da einige Nullstellen komplex sein können, ergibt sich eine Zerlegung

$$Q(x) = (x - c_1)^{k_1} \cdot \ldots \cdot (x - c_r)^{k_r} \cdot q_1(x)^{s_1} \cdot \ldots \cdot q_l(x)^{s_l},$$

mit reellen Zahlen $c_1, \ldots, c_r$ und in $\mathbb{R}$ unzerlegbaren quadratischen Polynomen $q_1(x), \ldots, q_l(x)$.

Dieser Schritt kann natürlich in der Praxis ein unüberwindbares Hindernis darstellen, denn für $\mathrm{grad}(Q) > 4$ gibt es kein konstruktives Verfahren zur Bestimmung der Nullstellen. Theoretisch existiert die Zerlegung aber!

3. Schritt:

Jetzt führt man die (komplexe) Partialbruchzerlegung durch (vgl. 1.1.6.12, Seite 77, sowie Seite 80): Ist

$$Q(x) = (x - c_1)^{k_1} \cdots (x - c_r)^{k_r},$$

mit paarweise verschiedenen komplexen Zahlen c_i, so gibt es eine eindeutig bestimmte Darstellung

$$\frac{P(x)}{Q(x)} = \sum_{j=1}^{r} \sum_{k=1}^{k_j} \frac{a_{jk}}{(x - c_j)^k}, \quad \text{mit } a_{jk} \in \mathbb{C}.$$

Fasst man paarweise auftretende Linearfaktoren $x - c$ und $x - \bar{c}$ zu einem reellen quadratischen Polynomen $q(x)$ zusammen, so erhält man einen Term der Gestalt $h(x)/q(x)$ mit einer (reellen) affin-linearen Funktion $h(x) = Bx + C$.

Ist z.B. $Q(x) = (x - 1)^3(x^2 + 1)$ und $P(x)$ ein Polynom vom Grad < 5, so ist

$$\frac{P(x)}{Q(x)} = \frac{A_{11}}{x - 1} + \frac{A_{12}}{(x - 1)^2} + \frac{A_{13}}{(x - c)^3} + \frac{B_{11}x + C_{11}}{x^2 + 1}.$$

4. Schritt:

Wir suchen jetzt also nach Stammfunktionen von Funktionen der Art

$$\frac{A}{(x - c)^k} \quad \text{mit } A, c \in \mathbb{C} \quad \text{und} \quad \frac{Bx + C}{x^2 + ax + b} \quad \text{mit } a, b, B, C \in \mathbb{R}.$$

In einigen Fällen können wir die Stammfunktionen direkt hinschreiben:

a) Ist $c \in \mathbb{R}$, so ist $\displaystyle\int \frac{1}{x - c}\, dx = \ln|x - c| + C$.

b) $\displaystyle\int \frac{1}{t^2 + 1}\, dt = \arctan(t) + C$.

c) $\displaystyle\int \frac{t}{t^2 + 1}\, dt = \frac{1}{2}\ln(t^2 + 1) + C$.

d) $\displaystyle\int \frac{t}{(t^2 + 1)^n}\, dt = \frac{1}{2}\int \frac{\varphi'(t)}{\varphi(t)^n}\, dt = \frac{1}{2}\int \frac{1}{x^n}\, dx$, für $\varphi(t) = t^2 + 1$ (und $n > 1$).

   Also ist $\displaystyle\int \frac{t}{(t^2 + 1)^n}\, dt = -\frac{1}{2(n-1)} \cdot \frac{1}{(t^2 + 1)^{n-1}}$.

e) Bei Integralen der Form $\int \dfrac{h(x)}{x^2 + ax + b}\, dx$ mit affin-linearem $h(x)$ müssen wir zunächst eine Substitution vornehmen. Da wir nur den Fall betrachten, dass der Nenner **keine** reelle Nullstelle besitzt, ist $a^2 - 4b < 0$.

Wir setzen

$$x = \varphi(t) := ct - \frac{a}{2}, \quad \text{mit } c := \frac{1}{2}\sqrt{4b - a^2}.$$

Dann ist $\varphi'(t) = c$ und

$$\varphi(t)^2 + a\varphi(t) + b = c^2 t^2 + b - \frac{a^2}{4} = c^2(t^2 + 1).$$

Also ist

$$\int \frac{h(x)}{x^2 + ax + b}\, dx = \int \frac{h(\varphi(t)) \cdot \varphi'(t)}{c^2(t^2 + 1)}\, dt = \frac{1}{c} \int \frac{h(\varphi(t))}{t^2 + 1}\, dt.$$

Der Zähler $h(\varphi(t))$ ist wieder eine affin-lineare Funktion. Mit den Ergebnissen von (b) und (c) ist dieser Fall dann erledigt.

Alle noch verbliebenen Fälle erledigen wir im Komplexen, es geht dabei um Integrale der Form

$$\int \frac{1}{(x - c)^k}\, dx = \frac{-1}{(k - 1)(x - c)^{k-1}} + C, \text{ für } k \geq 2.$$

Zur Begründung dieses Ergebnisses müssen wir noch etwas über die Differentiation von komplexwertigen Funktionen nachtragen.

Ist $I \subset \mathbb{R}$ ein Intervall und $\varphi : I \to \mathbb{C}$ eine differenzierbare Funktion, so sind auch die Funktionen $\varphi^n : I \to \mathbb{C}$ und – wenn φ auf I keine Nullstelle hat – die Funktion $1/\varphi : I \to \mathbb{C}$ differenzierbar, mit

$$(\varphi^n)'(t) = n \cdot \varphi(t)^{n-1} \cdot \varphi'(t) \quad \text{und} \quad \left(\frac{1}{\varphi}\right)'(t) = -\frac{\varphi'(t)}{\varphi(t)^2}.$$

Die Beweise führt man am besten direkt mit Hilfe der Bedingung (4) aus den äquivalenten Formulierungen der Differenzierbarkeit (vgl. 3.3.1), und zwar sinngemäß genauso, wie sie im reellen Fall geführt wurden.

Mit diesen beiden Regeln und der Kettenregel erhält man dann auch die Differenzierbarkeit von $1/\varphi^n$ und die Formel

$$\left(\frac{1}{\varphi^n}\right)'(t) = -n \cdot \frac{\varphi'(t)}{\varphi(t)^{n+1}}.$$

In der Theorie lässt sich also jede rationale Funktion elementar integrieren. In der Praxis dürfte es oft an der Nullstellenbestimmung im Nenner scheitern.

3.4.6. Beispiele

A. Sei $f(x) := \dfrac{1}{x^3 - x^2 + x - 1} = \dfrac{1}{(x - 1)(x^2 + 1)} = \dfrac{a}{x - 1} + \dfrac{b + cx}{x^2 + 1}$.

Dann muss $(a + c)x^2 + (b - c)x + a - b = 1$ sein, und das führt zu dem

Gleichungssystem $\quad a + c = 0, \quad\quad b - c = 0 \quad$ und $\quad a - b = 1$.

Also muss $a = \dfrac{1}{2}$ und $b = c = -\dfrac{1}{2}$ sein, d.h. $f(x) = \dfrac{1}{2} \cdot \left[\dfrac{1}{x - 1} - \dfrac{x + 1}{x^2 + 1}\right]$. Daraus folgt:

$$\begin{aligned}
\int f(x)\, dx &= \frac{1}{2} \cdot \left[\int \frac{1}{x - 1}\, dx - \int \frac{1}{x^2 + 1}\, dx - \int \frac{x}{x^2 + 1}\, dx\right] \\
&= \frac{1}{2} \cdot \left[\ln|x - 1| - \arctan(x) - \frac{1}{2}\ln(x^2 + 1)\right] + C.
\end{aligned}$$

B. Sei $f(x) := \dfrac{x^4}{x^3 - 1} = x + \dfrac{x}{x^3 - 1} = x + \dfrac{x}{(x-1)(x^2 + x + 1)}$.

$$\text{Der Ansatz} \quad \frac{x}{x^3 - 1} = \frac{a}{x - 1} + \frac{b + cx}{x^2 + x + 1}$$

liefert $a + c = 0$, $\quad a + b - c = 1$ und $a - b = 0$, also $a = b = 1/3$ und $c = -1/3$.

$$\text{Damit ist} \quad f(x) = x + \frac{1}{3} \cdot \left[\frac{1}{x - 1} + \frac{1 - x}{x^2 + x + 1} \right].$$

Das Integral $\displaystyle\int \dfrac{1 - x}{x^2 + x + 1}\, dx$ behandeln wir mit der Substitution

$$x(t)^2 + x(t) + 1 = c^2(t^2 + 1), \text{ mit } c = \frac{1}{2}\sqrt{4 - 1} = \frac{1}{2}\sqrt{3}.$$

Das ergibt $x(t) = (\sqrt{3}t - 1)/2$. Dann folgt:

$$\int \frac{1 - x}{x^2 + x + 1}\, dx = \frac{\sqrt{3}}{2} \int \frac{1 - x(t)}{x(t)^2 + x(t) + 1}\, dt$$

$$= \frac{\sqrt{3}}{4} \int \frac{3 - \sqrt{3}t}{\frac{3}{4}(t^2 + 1)}\, dt = \int \frac{\sqrt{3} - t}{t^2 + 1}\, dt.$$

Weil $t = (2x + 1)/\sqrt{3}$ und $t^2 = (4x^2 + 4x + 1)/3$ ist, folgt

$$\int f(x)\, dx = \int x\, dx + \frac{1}{3} \int \frac{1}{x - 1}\, dx + \frac{1}{\sqrt{3}} \int \frac{1}{t^2 + 1}\, dt - \frac{1}{3} \int \frac{t}{t^2 + 1}\, dt$$

$$= \frac{1}{2}x^2 + \frac{1}{3}\ln|x - 1| + \frac{1}{\sqrt{3}}\arctan\frac{2x + 1}{\sqrt{3}} - \frac{1}{6}\ln\left(\frac{4}{3}(x^2 + x + 1)\right) + C.$$

3.4.7. Aufgaben

A. Berechnen Sie das Integral $\displaystyle\int \frac{x}{\sqrt{1 - 4x^2}}\, dx$ mit der Substitution $u = 1 - 4x^2$.

B. Berechnen Sie das Integral $\displaystyle\int \sqrt{1 + x^2} \cdot x^5\, dx$ mit der Substitution $u = 1 + x^2$.

C. Berechnen Sie das Integral $\displaystyle\int \frac{e^{1/x}}{x^2}\, dx$ mit der Substitution $u = 1/x$.

D. Berechnen Sie $\displaystyle\int 3x \cosh x\, dx$ durch partielle Integration.

E. Berechnen Sie die folgenden Integrale:

(a) $\displaystyle\int \frac{e^x}{1 + e^{2x}}\, dx$

(b) $\displaystyle\int x^2 \sin(x^3)\, dx$

(c) $\int \dfrac{x^4 + 2}{(x^5 + 10x)^5}\,dx$

(d) $\int \dfrac{x^2 + 2x}{\sqrt[3]{x^3 + 3x^2 + 1}}\,dx$

(e) $\int_1^5 \dfrac{x}{x^4 + 10x^2 + 25}\,dx$

(f) $\int \sqrt{\sqrt{x} + 1}\,dx$

(g) $\int x\sqrt[3]{4 - x^2}\,dx$

(h) $\int (x + 2)\sqrt[3]{x}\,dx$

(i) $\int \dfrac{dx}{5 + 3\cos x}\,dx.$

F. Es sei $c_n := \int_0^{\pi/2} \sin^n t\,dt$, für $n \geq 1$. Stellen Sie eine Rekursionsformel für c_n auf und berechnen Sie den Wert für gerades und ungerades n.

3.5 Bogenlänge und Krümmung

Zur Motivation: Bei der geometrischen Einführung der Winkelfunktionen wird der Winkel im „Bogenmaß" gemessen, also durch die Länge des ausgeschnittenen Kreisbogens. Es ist nun an der Zeit, dass wir lernen, wie man die **Länge** von Kurven berechnet. Außerdem soll der Begriff der **Krümmung** von Funktionsgraphen auf beliebige Kurven übertragen werden.

Ein *parametrisierter* (stetiger bzw. stetig differenzierbarer) *Weg* ist eine (stetige bzw. stetig differenzierbare) Abbildung $\boldsymbol{\alpha} : [a, b] \to \mathbb{R}^n$. Der Punkt $x_A(\boldsymbol{\alpha}) := \boldsymbol{\alpha}(a)$ ist der *Anfangspunkt* und $x_E(\boldsymbol{\alpha}) := \boldsymbol{\alpha}(b)$ der *Endpunkt* des Weges. Ist $x_E(\boldsymbol{\alpha}) = x_A(\boldsymbol{\alpha})$, so heißt der Weg *geschlossen*. Die Bildmenge

$$\boldsymbol{\alpha}(I) = \{\mathbf{x} \in \mathbb{R}^n \;:\; \exists\, t \in \mathbb{R} \text{ mit } \boldsymbol{\alpha}(t) = \mathbf{x}\}$$

nennt man die *Spur* von $\boldsymbol{\alpha}$.

Besitzt $\boldsymbol{\alpha}$ Ableitungen beliebiger Ordnung und ist außerdem $\boldsymbol{\alpha}'(t) \neq \mathbf{0}$ für alle $t \in I$, so nennen wir $\boldsymbol{\alpha}$ einen *regulären Weg*.

3.5.1. Beispiele

A. Sei $\mathbf{x}_0 \in \mathbb{R}^n$ und $\mathbf{v} \in \mathbb{R}^n$ ein Vektor $\neq \mathbf{0}$. Dann ist die Parametrisierung der **Geraden** durch $\mathbf{x}_0$ in Richtung $\mathbf{v}$, gegeben durch

$$\boldsymbol{\alpha}(t) := \mathbf{x}_0 + t \cdot \mathbf{v} \text{ für } t \in \mathbb{R},$$

ein regulärer Weg.

Liegt $\mathbf{x}_0$ im $\mathbb{R}^2$ und ist $r > 0$, so ist die Parametrisierung des **Kreises** um $\mathbf{x}_0$ mit Radius r, gegeben durch

$$\boldsymbol{\alpha}(t) := \mathbf{x}_0 + (r \cos t, r \sin t) \text{ für } t \in [0, 2\pi],$$

ein geschlossener regulärer Weg.

B. Der Weg $\boldsymbol{\alpha}(t) := (t - \sin t, 1 - \cos t)$ wird als **Zykloide** bezeichnet. Der Tangentenvektor $\boldsymbol{\alpha}'(t) = (1 - \cos t, \sin t)$ verschwindet genau dann, wenn $\cos(t) = 1$ ist, also bei $t = 2k\pi$, $k \in \mathbb{Z}$. Das bedeutet, dass $\boldsymbol{\alpha}$ an diesen Stellen nicht regulär ist. Bei den Punkten $(2k\pi, 0)$ treten Ecken auf.

Die y-Komponente $\alpha_2(t)$ nimmt jeweils bei $t = (2k + 1)\pi$ ein Maximum an und bewegt sich sonst zwischen 0 und 2.

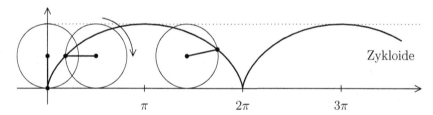

Die Zykloide beschreibt die Bewegung eines Punktes auf einem rollenden Rad. Das Rad habe den Radius 1, der Mittelpunkt bewege sich von $(0, 1)$ aus in positiver x-Richtung. Der beobachtete Punkt hat am Anfang die Position $(0, 0)$. Berührt das Rad die x-Achse bei $(t, 0)$, so hat der beobachtete Punkt auf der Peripherie des Kreises einen Bogen der Länge t zurückgelegt und daher die Koordinaten $(t, 1) + (- \sin t, - \cos t)$.

C. Eine **Helix** im $\mathbb{R}^3$ wird parametrisiert durch

$$\boldsymbol{\alpha}(t) := (r \cos t, r \sin t, kt), \ r, k > 0 \text{ konstant}, \ t \in \mathbb{R}.$$

Das ist eine reguläre „Raumkurve".

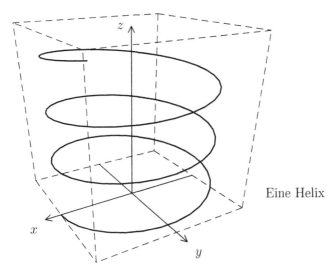

Eine Helix

Sind I, J zwei Intervalle, so nennt man eine umkehrbare, beliebig oft differenzierbare Abbildung $\varphi : I \to J$ mit nirgends verschwindender Ableitung eine **Parametertransformation**. Als injektive, stetige Funktion ist φ dann streng monoton. Ist überall $\varphi' > 0$ (also φ streng monoton wachsend), so nennt man φ **orientierungstreu**, andernfalls **orientierungsumkehrend**.

Ist $\boldsymbol{\alpha} : [a, b] \to \mathbb{R}^n$ ein regulärer Weg und $\varphi : [c, d] \to [a, b]$ eine Parametertransformation, so ist $\boldsymbol{\beta} := \boldsymbol{\alpha} \circ \varphi$ wieder ein regulärer Weg. Offensichtlich besitzen $\boldsymbol{\alpha}$ und $\boldsymbol{\beta}$ die gleiche Spur. Umgekehrt gilt:

3.5.2. Satz

Sind $\boldsymbol{\alpha} : [a, b] \to \mathbb{R}^n$ und $\boldsymbol{\beta} : [c, d] \to \mathbb{R}^n$ zwei injektive, reguläre Parametrisierungen mit gleicher Spur, so ist $\varphi := \boldsymbol{\beta}^{-1} \circ \boldsymbol{\alpha} : [a, b] \to [c, d]$ eine Parametertransformation. Insbesondere ist φ streng monoton (wachsend oder fallend).

BEWEIS: Sei $t_0 \in [a, b]$, $\mathbf{x}_0 := \boldsymbol{\alpha}(t_0)$ und $s_0 := \boldsymbol{\beta}^{-1}(\mathbf{x}_0) = \varphi(t_0)$. Da $\boldsymbol{\beta}'(s) \neq 0$ für alle $s \in [c, d]$ ist, gibt es ein ν, so dass $\beta'_\nu(s_0) \neq 0$ ist. Daraus folgt, dass β_ν in der Nähe von s_0 umkehrbar differenzierbar ist. Sei ψ die in der Nähe von $x_\nu^{(0)}$ gegebene (einmal differenzierbare) Umkehrfunktion. Aus der Formel für die Ableitung von ψ folgt die Existenz von Ableitungen beliebiger Ordnung. Dann ist auch $\varphi(t) = \psi \circ \alpha_\nu(t)$ in der Nähe von t_0 (beliebig oft) differenzierbar. Genauso folgt, dass φ^{-1} in der Nähe von s_0 differenzierbar ist. Aus der Gleichung $\varphi \circ \varphi^{-1} = \mathrm{id}$ folgt, dass $\varphi'(t_0) \neq 0$ ist. ∎

Zwei reguläre Wege $\boldsymbol{\alpha} : [a, b] \to \mathbb{R}^n$ und $\boldsymbol{\beta} : [c, d] \to \mathbb{R}^n$ heißen **äquivalent**, falls es eine orientierungstreue Parametertransformation $\varphi : [c, d] \to [a, b]$ mit $\boldsymbol{\alpha} \circ \varphi = \boldsymbol{\beta}$ gibt. Unter einer **Kurve** verstehen wir eine Menge $C \subset \mathbb{R}^n$, die Spur einer stetig differenzierbaren Parametrisierung $\boldsymbol{\alpha}$ ist. Kann $\boldsymbol{\alpha}$ regulär gewählt werden, so sprechen wir von einer **glatten Kurve**. Äquivalente Wege definieren die gleiche Kurve.

Die Parametertransformation $\sigma : [a, b] \to [a, b]$ mit $\sigma(t) := a + b - t$ ist nicht orientierungstreu, denn es ist $\sigma'(t) \equiv -1$. Ist also $\boldsymbol{\alpha} : [a, b] \to \mathbb{R}^n$ eine reguläre Parametrisierung der Kurve C, so sind $\boldsymbol{\alpha}$ und $\boldsymbol{\alpha} \circ \sigma$ nicht äquivalent. C wird durch $\boldsymbol{\alpha} \circ \sigma$ in entgegengesetzter Richtung durchlaufen. Man macht das deutlich, indem man die zugehörige Kurve mit $-C$ bezeichnet.

Definition   (Bogenlänge)

Sei $\boldsymbol{\alpha} : [a, b] \to \mathbb{R}^n$ ein **stetig differenzierbarer** Weg. Dann definiert man die **Länge** (oder **Bogenlänge**) von $\boldsymbol{\alpha}$ durch

$$L(\boldsymbol{\alpha}) = \int_a^b \|\boldsymbol{\alpha}'(t)\| \, dt.$$

Es ist zunächst nicht einsichtig, warum man die Bogenlänge auf diese Weise definieren sollte. Das müssen wir noch etwas genauer untersuchen.

Sei $\boldsymbol{\alpha} : [a, b] \to \mathbb{R}^n$ ein **stetiger** Weg. Wir betrachten Zerlegungen $\mathfrak{Z} = \{t_0, t_1, \ldots, t_N\}$ von $[a, b]$ und bilden die Summen

$$\Lambda(\mathfrak{Z}, \boldsymbol{\alpha}) := \sum_{i=1}^N \|\boldsymbol{\alpha}(t_i) - \boldsymbol{\alpha}(t_{i-1})\|,$$

sowie $\Lambda(\boldsymbol{\alpha}) := \sup_{\mathfrak{Z}} \Lambda(\mathfrak{Z}, \boldsymbol{\alpha})$. Der Weg $\boldsymbol{\alpha}$ heißt **rektifizierbar**, falls $\Lambda(\boldsymbol{\alpha}) < \infty$ ist. Anschaulich ist $\Lambda(\mathfrak{Z}, \boldsymbol{\alpha})$ die Länge eines Polygonzuges, der $\boldsymbol{\alpha}$ approximiert, und für einen rektifizierbaren Weg kann man $\Lambda(\boldsymbol{\alpha})$ sicherlich als Weglänge interpretieren.

3.5.3. Stetig differenzierbare Wege sind rektifizierbar

Ist $\boldsymbol{\alpha}$ stetig differenzierbar, so ist $\boldsymbol{\alpha}$ rektifizierbar und $\Lambda(\boldsymbol{\alpha}) = L(\boldsymbol{\alpha})$.

BEWEIS: Für eine beliebige Zerlegung $\mathfrak{Z} = \{t_0, t_1, \ldots, t_N\}$ von $[a, b]$ gilt:

$$\|\boldsymbol{\alpha}(t_i) - \boldsymbol{\alpha}(t_{i-1})\| = \left\| \int_{t_{i-1}}^{t_i} \boldsymbol{\alpha}'(t) \, dt \right\| \leq \int_{t_{i-1}}^{t_i} \|\boldsymbol{\alpha}'(t)\| \, dt.$$

Daraus folgt die Ungleichung $\Lambda(\mathfrak{Z}, \boldsymbol{\alpha}) \leq \int_a^b \|\boldsymbol{\alpha}'(t)\| \, dt$ für jede Zerlegung $\mathfrak{Z}$, und dann ist auch $\Lambda(\boldsymbol{\alpha}) \leq L(\boldsymbol{\alpha})$.

Um die umgekehrte Ungleichung zu zeigen, geben wir uns ein $\varepsilon > 0$ vor. Da $\boldsymbol{\alpha}'$ als stetige (vektorwertige) Funktion auf dem abgeschlossenen Intervall $[a, b]$ sogar gleichmäßig stetig ist, gibt es ein $\delta > 0$ mit folgender Eigenschaft:

Ist $|s - t| < \delta$, so ist $\|\boldsymbol{\alpha}'(s) - \boldsymbol{\alpha}'(t)\| < \varepsilon$.

Sei nun $\mathfrak{Z} = \{t_0, \ldots, t_N\}$ eine Zerlegung, so dass $|t_i - t_{i-1}| < \delta$ für alle i ist. Dann gilt für jedes $t \in [t_{i-1}, t_i]$

$$\|\boldsymbol{\alpha}'(t)\| = \|\boldsymbol{\alpha}'(t_i) + (\boldsymbol{\alpha}'(t) - \boldsymbol{\alpha}'(t_i))\| \le \|\boldsymbol{\alpha}'(t_i)\| + \varepsilon.$$

Daraus folgt:

$$
\begin{aligned}
\int_{t_{i-1}}^{t_i} \|\boldsymbol{\alpha}'(t)\| \, dt \;&\le\; (\|\boldsymbol{\alpha}'(t_i)\| + \varepsilon) \cdot (t_i - t_{i-1}) \\
&=\; \|\boldsymbol{\alpha}'(t_i)(t_i - t_{i-1})\| + \varepsilon(t_i - t_{i-1}) \\
&=\; \left\| \int_{t_{i-1}}^{t_i} (\boldsymbol{\alpha}'(t) + (\boldsymbol{\alpha}'(t_i) - \boldsymbol{\alpha}'(t))) \, dt \right\| + \varepsilon(t_i - t_{i-1}) \\
&\le\; \left\| \int_{t_{i-1}}^{t_i} \boldsymbol{\alpha}'(t) \, dt \right\| + \left\| \int_{t_{i-1}}^{t_i} (\boldsymbol{\alpha}'(t_i) - \boldsymbol{\alpha}'(t)) \, dt \right\| + \varepsilon(t_i - t_{i-1}) \\
&\le\; \|\boldsymbol{\alpha}(t_i) - \boldsymbol{\alpha}(t_{i-1})\| + 2\varepsilon(t_i - t_{i-1}).
\end{aligned}
$$

Damit ist

$$\int_a^b \|\boldsymbol{\alpha}'(t)\| \, dt \le \Lambda(\mathfrak{Z}, \boldsymbol{\alpha}) + 2\varepsilon(b-a) \le \Lambda(\boldsymbol{\alpha}) + 2\varepsilon(b-a).$$

Wir können ε gegen Null gehen lassen und erhalten $L(\boldsymbol{\alpha}) \le \Lambda(\boldsymbol{\alpha})$. ∎

Wir werden jetzt noch zeigen, dass die Bogenlänge nicht von der Parametrisierung einer Kurve abhängt.

3.5.4. Unabhängigkeit der Länge von der Parametrisierung

Sei $\boldsymbol{\alpha} : J = [a, b] \to \mathbb{R}^n$ ein stetig differenzierbarer Weg und $\varphi : I = [c, d] \to J$ eine stetig differenzierbare Parametertransformation. Dann ist $L(\boldsymbol{\alpha} \circ \varphi) = L(\boldsymbol{\alpha})$.

BEWEIS: Es ist

$$
\begin{aligned}
L(\boldsymbol{\alpha} \circ \varphi) \;&=\; \int_c^d \|(\boldsymbol{\alpha} \circ \varphi)'(s)\| \, ds \;=\; \int_c^d \|(\boldsymbol{\alpha}'(\varphi(s)) \cdot \varphi'(s)\| \, ds \quad \text{(Kettenregel)} \\
&=\; \int_c^d \|(\boldsymbol{\alpha}'(\varphi(s))\| \cdot |\varphi'(s)| \, ds \\
&=\; \pm \int_{\varphi(c)}^{\varphi(d)} \|\boldsymbol{\alpha}'(t)\| \, dt \quad \text{(Substitutionsregel)} \\
&=\; \int_a^b \|\boldsymbol{\alpha}'(t)\| \, dt \;=\; L(\boldsymbol{\alpha}).
\end{aligned}
$$

Dabei hängt das bei der Anwendung der Substitutionsregel auftretende Vorzeichen davon ab, ob φ' monoton wächst oder fällt. Dementsprechend ist dann auch $\varphi(c) = a$ und $\varphi(d) = b$ oder umgekehrt. ∎

3.5.5. Beispiele

A. Die Verbindungsstrecke zweier Punkte $\mathbf{x}_1$ und $\mathbf{x}_2$ wird parametrisiert durch $\boldsymbol{\alpha}(t) := (1-t)\mathbf{x}_1 + t\mathbf{x}_2$, für $0 \leq t \leq 1$. Es ist $\boldsymbol{\alpha}'(t) \equiv \mathbf{x}_2 - \mathbf{x}_1$, also

$$L(\boldsymbol{\alpha}) = \int_0^1 \|\mathbf{x}_2 - \mathbf{x}_1\|\, dt = \|\mathbf{x}_2 - \mathbf{x}_1\|.$$

Das ist genau das, was man erwartet.

B. Für die Kreislinie $\boldsymbol{\alpha}(t) := (r\cos t, r\sin t)$ gilt $\boldsymbol{\alpha}'(t) = (-r\sin t, r\cos t)$ und $\|\boldsymbol{\alpha}'(t)\| = r$, also

$$L(\boldsymbol{\alpha}) = \int_0^{2\pi} r\, dt = 2\pi r.$$

Die Länge des Bogens zwischen $(0,0)$ und dem Punkt $\mathbf{x}_t = (\cos t, \sin t)$ auf dem Einheitskreis wird durch das Integral

$$\int_0^t ds = t.$$

Das liefert die ursprüngliche geometrische Definition für Sinus und Cosinus.

C. Bei der Zykloide $\boldsymbol{\alpha}(t) = (t - \sin t, 1 - \cos t)$ ist $\boldsymbol{\alpha}'(t) = (1 - \cos t, \sin t)$, also $\|\boldsymbol{\alpha}'(t)\| = \sqrt{2 - 2\cos(t)}$. Nun ist

$$\cos t = \cos\left(2 \cdot \frac{t}{2}\right) = \cos^2\left(\frac{t}{2}\right) - \sin^2\left(\frac{t}{2}\right) = 1 - 2\sin^2\left(\frac{t}{2}\right),$$

also

$$\|\boldsymbol{\alpha}'(t)\| = \sqrt{2 - \left(2 - 4\sin^2\left(\frac{t}{2}\right)\right)} = 2\left|\sin\left(\frac{t}{2}\right)\right|.$$

Daher ergibt sich für einen Zykloidenbogen (von $t = 0$ bis $t = 2\pi$):

$$
\begin{aligned}
L(\boldsymbol{\alpha}) &= 2\int_0^{2\pi} \left|\sin\left(\frac{t}{2}\right)\right|\, dt \\
&= 4\int_0^{2\pi} |\sin x(t)||x'(t)|\, dt \quad \text{(mit } x(t) := \frac{t}{2}\text{)} \\
&= 4\int_0^{\pi} |\sin x|\, dx = 4 \cdot (-\cos x)\Big|_0^{\pi} = 8.
\end{aligned}
$$

Es ist bemerkenswert, dass man als Ergebnis eine rationale Zahl erhält!

D. Sei $\boldsymbol{\alpha}(t) := (a\cos t, b\sin t)$ die Ellipse mit den Halbachsen a und b, und $a > b$. Dann ist $\boldsymbol{\alpha}'(t) = (-a\sin t, b\cos t)$ und $\|\boldsymbol{\alpha}'(t)\| = \sqrt{a^2\sin^2 t + b^2\cos^2 t}$. Also erhält man als Länge des Ellipsenbogens das Integral

$$L(\boldsymbol{\alpha}) \;=\; \int_0^{2\pi} \sqrt{a^2 \sin^2 t + b^2 \cos^2 t} \, dt \;=\; a \int_0^{2\pi} \sqrt{\sin^2 t + \frac{b^2}{a^2} \cos^2 t} \, dt$$

$$=\; a \int_0^{2\pi} \sqrt{1 - k^2 \cos^2 t} \, dt,$$

mit $k := \sqrt{1 - b^2/a^2}$. Ein Integral dieses Typs nennt man ein **Elliptisches Integral**. Es ist nicht elementar lösbar, man muss es numerisch auswerten.

E. Sei $f : [a, b] \to \mathbb{R}$ eine stetig differenzierbare Funktion. Dann ist $\boldsymbol{\alpha}(t) := \big(t, f(t)\big)$ eine Kurve, deren Spur der Graph von f ist. Es ist $\boldsymbol{\alpha}'(t) = \big(1, f'(t)\big)$, also

$$\|\boldsymbol{\alpha}'(t)\| = \sqrt{1 + f'(t)^2} \quad \text{und} \quad L(\boldsymbol{\alpha}) = \int_a^b \sqrt{1 + f'(t)^2} \, dt.$$

Definition   (Bogenlängenfunktion)

Ist $\boldsymbol{\alpha} : [a, b] \to \mathbb{R}^n$ ein **regulärer** Weg, so definiert man die **Bogenlängenfunktion** $s_{\boldsymbol{\alpha}} : [a, b] \to [0, L(\boldsymbol{\alpha})]$ durch

$$s_{\boldsymbol{\alpha}}(t) := \int_a^t \|\boldsymbol{\alpha}'(\tau)\| \, d\tau, \text{ für } a \le t \le b.$$

Die Bogenlängenfunktion ist stetig differenzierbar mit Ableitung

$$s'_{\boldsymbol{\alpha}}(t) = \|\boldsymbol{\alpha}'(t)\| > 0.$$

Also ist $s_{\boldsymbol{\alpha}}$ streng monoton wachsend und damit eine Parametertransformation.

Ist C die Spur von $\boldsymbol{\alpha} : [a, b] \to \mathbb{R}^n$ und $\boldsymbol{\beta} : [c, d] \to \mathbb{R}^n$ eine äquivalente reguläre Parametrisierung von C, so gibt es eine Parametertransformation $\varphi : [c, d] \to [a, b]$ mit $\boldsymbol{\alpha} \circ \varphi = \boldsymbol{\beta}$. Mit den gleichen Argumenten wie im Beweis der Unabhängigkeit der Bogenlänge von der Parametrisierung folgt, dass $s_{\boldsymbol{\beta}}(s) = s_{\boldsymbol{\alpha}} \circ \varphi(s)$ ist.

Definition   (Ausgezeichnete Parametrisierung)

Sei $C \subset \mathbb{R}^n$ eine Kurve mit regulärer Parametrisierung $\boldsymbol{\alpha}$. Die zu $\boldsymbol{\alpha}$ äquivalente Parametrisierung

$$\widetilde{\boldsymbol{\alpha}} := \boldsymbol{\alpha} \circ (s_{\boldsymbol{\alpha}})^{-1} : [0, L(\boldsymbol{\alpha})] \to \mathbb{R}^n$$

heißt die **ausgezeichnete Parametrisierung** (oder auch **Parametrisierung nach der Bogenlänge**) von C.

Die Definition ist unabhängig von der Parametrisierung. Ist nämlich $\boldsymbol{\alpha} \circ \varphi = \boldsymbol{\beta}$, so ist

$$\widetilde{\boldsymbol{\alpha}} = \boldsymbol{\alpha} \circ (s_{\boldsymbol{\alpha}})^{-1} = \boldsymbol{\alpha} \circ \varphi \circ (s_{\boldsymbol{\alpha}} \circ \varphi)^{-1} = \boldsymbol{\beta} \circ s_{\boldsymbol{\beta}}^{-1} = \widetilde{\boldsymbol{\beta}}.$$

Außerdem ist

$$\widetilde{\boldsymbol{\alpha}}'\big(s_\alpha(t)\big) = \boldsymbol{\alpha}'(t) \cdot (s_\alpha^{-1})'\big(s_\alpha(t)\big) = \frac{\boldsymbol{\alpha}'(t)}{s'_\alpha(t)} = \frac{\boldsymbol{\alpha}'(t)}{\|\boldsymbol{\alpha}'(t)\|}.$$

Das bedeutet, dass $\|\widetilde{\boldsymbol{\alpha}}'(s)\| \equiv 1$ ist. Der Parameter der ausgezeichneten Parametrisierung (der traditionsgemäß immer mit s bezeichnet wird) entspricht jeweils der gerade zurückgelegten Weglänge. Wenn $\|\boldsymbol{\alpha}'(t)\| \equiv 1$ ist, dann stellt $\boldsymbol{\alpha}$ schon selbst die ausgezeichnete Parametrisierung dar.

Theoretisch kann jede reguläre Kurve nach der Bogenlänge parametrisiert werden, aber praktisch ist das oft nicht durchführbar. Schon beim Ellipsenbogen ist dafür die Berechnung eines elliptischen Integrals erforderlich.

Definition (Tangenteneinheitsvektor)

Sei $\boldsymbol{\alpha} : [a, b] \to \mathbb{R}^n$ ein regulärer Weg. Dann nennt man

$$\mathbf{T}_{\boldsymbol{\alpha}}(t) := \frac{\boldsymbol{\alpha}'(t)}{\|\boldsymbol{\alpha}'(t)\|}$$

den **Tangenteneinheitsvektor** von $\boldsymbol{\alpha}$ in t.

3.5.6. Beispiele

A. Sei $\boldsymbol{\alpha} : [0, 2\pi] \to \mathbb{R}^2$ mit $\boldsymbol{\alpha}(t) := (2\cos t, 2\sin t)$ die Parametrisierung eines ebenen Kreises um $(0, 0)$ mit Radius $r = 2$. Dann ist $\boldsymbol{\alpha}'(t) = (-2\sin t, 2\cos t)$ und

$$\|\boldsymbol{\alpha}'(t)\| = \sqrt{4\sin^2 t + 4\cos^2 t} = 2.$$

Daraus folgt: $\mathbf{T}_{\boldsymbol{\alpha}}(t) = (-\sin t, \cos t)$.

Für den Bogenlängenparameter erhält man

$$s_\alpha(t) = \int_0^t 2\, d\tau = 2t, \text{ also } t = s/2 \text{ und } \widetilde{\boldsymbol{\alpha}}(s) = \boldsymbol{\alpha}(t(s)) = \Big(2\cos\frac{s}{2}, 2\sin\frac{s}{2}\Big).$$

B. Sei $\boldsymbol{\alpha} : [0, 1] \to \mathbb{R}^2$ definiert durch $\boldsymbol{\alpha}(t) := (t^2 + 1, t)$. Dann ist $\boldsymbol{\alpha}'(t) = (2t, 1)$ und $\|\boldsymbol{\alpha}'(t)\| = \sqrt{1 + 4t^2}$, also

$$\mathbf{T}_{\boldsymbol{\alpha}}(t) = \Big(\frac{2t}{\sqrt{1 + 4t^2}}, \frac{1}{\sqrt{1 + 4t^2}}\Big).$$

Zur Berechnung der Bogenlängenfunktion benutzen wir eine Integraltafel und erhalten

$$s_\alpha(t) = \int_0^t \sqrt{4\tau^2 + 1}\, d\tau = \frac{1}{2}t\sqrt{4t^2 + 1} + \frac{1}{4}\ln\big(2t + \sqrt{4t^2 + 1}\big).$$

Da wir diese Gleichung nicht nach t auflösen können, müssen wir auf eine Angabe der ausgezeichneten Parametrisierung verzichten.

Durch $\mathbf{D}(u, v) := (-v, u)$ wird im $\mathbb{R}^2$ eine Drehung um 90° gegen den Uhrzeigersinn definiert (man kann das auch daran erkennen, dass $\mathbf{D}$ in $\mathbb{C}$ genau der Multiplikation mit i entspricht, wenn man $(u, v) \in \mathbb{R}^2$ mit $u + iv \in \mathbb{C}$ identifiziert). Ist $\boldsymbol{\alpha} = (\alpha_1, \alpha_2) : [a, b] \to \mathbb{R}^2$ ein regulärer ebener Weg, so nennt man

$$\mathbf{N}_{\boldsymbol{\alpha}}(t) := \mathbf{D}(\mathbf{T}_{\boldsymbol{\alpha}}(t)) = \frac{1}{\|\boldsymbol{\alpha}'(t)\|} \cdot (-\alpha_2'(t), \alpha_1'(t))$$

den ***Normaleneinheitsvektor*** von $\boldsymbol{\alpha}$ in t.

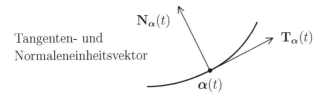

Tangenten- und
Normaleneinheitsvektor

Die hier vorgelegte Beschreibung von $\mathbf{N}_{\boldsymbol{\alpha}}$ funktioniert nur in der Ebene. Wir suchen noch nach einer anderen Beschreibung, die sich vielleicht auf höhere Dimensionen verallgemeinern lässt. Dazu nehmen wir an, dass $\boldsymbol{\alpha}$ die **ausgezeichnete Parametrisierung** ist. Da $\boldsymbol{\alpha}$ beliebig oft differenzierbar ist, ist $\mathbf{T}_{\boldsymbol{\alpha}} = \boldsymbol{\alpha}'$ differenzierbar, und weil $\mathbf{T}_{\boldsymbol{\alpha}}(s) \bullet \mathbf{T}_{\boldsymbol{\alpha}}(s) \equiv 1$ ist, ergibt die Differentiation nach s die Beziehung

$$\mathbf{T}_{\boldsymbol{\alpha}}'(s) \bullet \mathbf{T}_{\boldsymbol{\alpha}}(s) \equiv 0.$$

Das bedeutet, dass $\mathbf{T}_{\boldsymbol{\alpha}}'(s)$ ein Vielfaches von $\mathbf{N}_{\boldsymbol{\alpha}}(s)$ ist. Der Proportionalitätsfaktor $\kappa_{\boldsymbol{\alpha}}^{\mathrm{or}}(s)$ in der Gleichung

$$\mathbf{T}_{\boldsymbol{\alpha}}'(s) = \kappa_{\boldsymbol{\alpha}}^{\mathrm{or}}(s) \cdot \mathbf{N}_{\boldsymbol{\alpha}}(s)$$

wird als ***orientierte Krümmung*** von $\boldsymbol{\alpha}$ an der Stelle s bezeichnet. Man beachte, dass für diese Definition der Krümmung unbedingt die ausgezeichnete Parametrisierung benutzt werden muss.

In höheren Dimensionen bleibt zumindest die Beziehung $\mathbf{T}_{\boldsymbol{\alpha}}'(t) \bullet \mathbf{T}_{\boldsymbol{\alpha}}(t) \equiv 0$ richtig. Also steht $\mathbf{T}_{\boldsymbol{\alpha}}'(t)$ als Normalenvektor zur Verfügung, nicht aber $\mathbf{N}_{\boldsymbol{\alpha}}(t)$. Das bedeutet, dass der Begriff der orientierten Krümmung nicht auf höhere Dimensionen übertragen werden kann.

Allerdings ergibt sich im Falle einer ausgezeichnet parametrisierten ebenen Kurve aus der Definitionsgleichung für die orientierte Krümmung, dass $\|\mathbf{T}_{\boldsymbol{\alpha}}'(s)\| = |\kappa_{\boldsymbol{\alpha}}^{\mathrm{or}}(s)|$ ist, weil ja $\|\mathbf{N}_{\boldsymbol{\alpha}}(s)\| \equiv 1$ ist. Die Zahl $\kappa_{\boldsymbol{\alpha}}(s) := |\kappa_{\boldsymbol{\alpha}}^{\mathrm{or}}(s)|$ wird man im allgemeinen Fall als die (absolute) ***Krümmung*** einer Kurve definieren, auf eine Orientierung muss man leider verzichten. Wir werden im Ergänzungsteil darüber berichten.

3.5.7. Beispiele

A. Sei $\boldsymbol{\alpha}(s) := \mathbf{x}_0 + s\mathbf{v}$ mit $\|\mathbf{v}\| = 1$ die ausgezeichnete Parametrisierung einer **ebenen** Gerade. Dann ist $\boldsymbol{\alpha}'(s) \equiv \mathbf{v}$, also $T'_{\boldsymbol{\alpha}}(s) \equiv 0$. Dagegen ist $\mathbf{N}_{\boldsymbol{\alpha}} := (-\alpha'_2, \alpha'_1) = (-v_2, v_1) \neq (0,0)$ und die Gleichung $\mathbf{T}'_{\boldsymbol{\alpha}}(s) = 0 \cdot \mathbf{N}_{\boldsymbol{\alpha}}(s)$ zeigt, dass $\kappa^{\mathrm{or}}_{\boldsymbol{\alpha}}(s) = 0$ ist. Eine ebene Gerade besitzt keine Krümmung!

B. Die ausgezeichnete Parametrisierung eines Kreises vom Radius r um $\mathbf{x}_0 = (x_0, y_0)$ ist gegeben durch

$$\boldsymbol{\alpha}(s) = (x_0 + r\cos(s/r), y_0 + r\sin(s/r)), \quad s \in [0, 2\pi r].$$

Tatsächlich ist dann $\boldsymbol{\alpha}'(s) = (-\sin(s/r), \cos(s/r))$, also

$$\|\boldsymbol{\alpha}'(s)\| = \sqrt{\sin^2(s/r) + \cos^2(s/r)} = 1.$$

Somit ist

$$\mathbf{T}'_{\boldsymbol{\alpha}}(s) = -\frac{1}{r} \cdot (\cos(s/r), \sin(s/r)) \quad \text{und} \quad \mathbf{N}^h_{\boldsymbol{\alpha}}(s) = (-\cos(s/r), -\sin(s/r)).$$

Weil $\mathbf{T}'_{\boldsymbol{\alpha}}(s) = (1/r) \cdot \mathbf{N}_{\boldsymbol{\alpha}}(s)$ ist, ist $\kappa^{\mathrm{or}}_{\boldsymbol{\alpha}}(s) = 1/r$. Die Krümmung wird um so kleiner, je größer der Radius ist, und so entspricht es ja auch der Anschauung.

Es sieht so aus, als bräuchte man immer die ausgezeichnete Parametrisierung, um die Krümmung auszurechnen. Das stimmt aber nicht! Ist $\boldsymbol{\alpha}$ eine beliebige und $\widetilde{\boldsymbol{\alpha}} = \boldsymbol{\alpha} \circ (s_{\boldsymbol{\alpha}})^{-1}$ die ausgezeichnete Parametrisierung, so ergibt die Kettenregel:

$$\mathbf{T}_{\widetilde{\boldsymbol{\alpha}}}(s) = \widetilde{\boldsymbol{\alpha}}'(s) = \boldsymbol{\alpha}'(t(s)) \cdot (s_{\boldsymbol{\alpha}}^{-1})'(s) = \frac{\boldsymbol{\alpha}'(t(s))}{\|\boldsymbol{\alpha}'(t(s))\|} = \mathbf{T}_{\boldsymbol{\alpha}}(t(s))$$

und $\mathbf{N}_{\widetilde{\boldsymbol{\alpha}}}(s) = \mathbf{D}(\mathbf{T}_{\widetilde{\boldsymbol{\alpha}}}(s)) = \mathbf{N}_{\boldsymbol{\alpha}}(t(s))$. Weiter ist

$$\mathbf{T}'_{\widetilde{\boldsymbol{\alpha}}}(s) = (\mathbf{T}_{\boldsymbol{\alpha}} \circ s_{\boldsymbol{\alpha}}^{-1})'(s) = \mathbf{T}'_{\boldsymbol{\alpha}}(t(s)) \cdot (s_{\boldsymbol{\alpha}}^{-1})'(s) = \frac{\mathbf{T}'_{\boldsymbol{\alpha}}(t(s))}{\|\boldsymbol{\alpha}'(t(s))\|},$$

also

$$\boxed{\mathbf{T}'_{\boldsymbol{\alpha}}(t) = \kappa^{\mathrm{or}}_{\boldsymbol{\alpha}}(t) \cdot \|\boldsymbol{\alpha}'(t)\| \cdot \mathbf{N}_{\boldsymbol{\alpha}}(t),}$$

mit $\kappa^{\mathrm{or}}_{\boldsymbol{\alpha}}(t) = \kappa^{\mathrm{or}}_{\widetilde{\boldsymbol{\alpha}}}(s_{\boldsymbol{\alpha}}(t))$.

3.5.8. Satz

Ändert man die Orientierung einer Kurve, so wechselt die orientierte Krümmung das Vorzeichen.

BEWEIS: Wir können annehmen, dass $\boldsymbol{\alpha} : [a, b] \to \mathbb{R}^2$ die ausgezeichnete Orientierung ist. Durch $\sigma : [a, b] \to [a, b]$ mit $\sigma(s) := a + b - s$ wird eine Parametertransformation definiert, die orientierungsumkehrend ist. Nun gilt für $\boldsymbol{\gamma} := \boldsymbol{\alpha} \circ \sigma$:

$\mathbf{T}_\gamma = \boldsymbol{\gamma}' = -\boldsymbol{\alpha}' \circ \sigma = -\mathbf{T}_\alpha \circ \sigma$ und $\mathbf{T}'_\gamma = \mathbf{T}'_\alpha \circ \sigma$, sowie $\mathbf{N}_\gamma = \mathbf{D}(\mathbf{T}_\gamma) = -\mathbf{D}(\mathbf{T}_\alpha \circ \sigma) = -\mathbf{N}_\alpha \circ \sigma$. Daraus folgt:

$$\mathbf{T}'_\gamma = \mathbf{T}'_\alpha \circ \sigma = (\kappa^{\mathrm{or}}_\alpha \circ \sigma) \cdot \mathbf{N}_\alpha \circ \sigma = -(\kappa^{\mathrm{or}}_\alpha \circ \sigma) \cdot \mathbf{N}_\gamma.$$

Das bedeutet, dass $\kappa^{\mathrm{or}}_\gamma = -(\kappa^{\mathrm{or}}_\alpha \circ \sigma)$ ist. ∎

3.5.9. Krümmungsformel

Ist $\boldsymbol{\alpha} = (\alpha_1, \alpha_2) : [a,b] \to \mathbb{R}^2$ eine reguläre ebene Kurve, so ist

$$\kappa^{\mathrm{or}}_\alpha(t) = \frac{\alpha'_1(t)\alpha''_2(t) - \alpha''_1(t)\alpha'_2(t)}{\|\boldsymbol{\alpha}'(t)\|^3}.$$

BEWEIS: Es ist

$$\left(\frac{\alpha'_1}{\|\boldsymbol{\alpha}'\|}\right)' = \frac{\alpha''_1\|\boldsymbol{\alpha}'\| - \alpha'_1(\alpha'_1\alpha''_1 + \alpha'_2\alpha''_2)/\|\boldsymbol{\alpha}'\|}{\|\boldsymbol{\alpha}'\|^2}$$

$$= \frac{\alpha''_1\big((\alpha'_1)^2 + (\alpha'_2)^2\big) - \alpha'_1(\alpha'_1\alpha''_1 + \alpha'_2\alpha''_2)}{\|\boldsymbol{\alpha}'\|^3}$$

$$= \frac{\alpha'_2(\alpha''_1\alpha'_2 - \alpha'_1\alpha''_2)}{\|\boldsymbol{\alpha}'\|^3}$$

und analog $\quad \left(\dfrac{\alpha'_2}{\|\boldsymbol{\alpha}'\|}\right)' = \dfrac{-\alpha'_1(\alpha''_1\alpha'_2 - \alpha'_1\alpha''_2)}{\|\boldsymbol{\alpha}'\|^3}.$

also $\quad \mathbf{T}'_\alpha(t) = \dfrac{\alpha''_1(t)\alpha'_2(t) - \alpha'_1(t)\alpha''_2(t)}{\|\boldsymbol{\alpha}'(t)\|^3} \cdot (\alpha'_2(t), -\alpha'_1(t)).$

Andererseits ist $\|\boldsymbol{\alpha}'(t)\| \cdot \mathbf{N}_\alpha(t) = (-\alpha'_2(t), \alpha'_1(t))$. Daraus folgt die Behauptung. ∎

3.5.10. Beispiele

A. Durch $\boldsymbol{\alpha}(t) := (a\cos t, b\sin t)$ mit $a > b > 0$ (und $0 \le t \le 2\pi$) wird eine Ellipse mit den Halbachsen a und b parametrisiert. Es ist

$$\boldsymbol{\alpha}'(t) = (-a\sin t, b\cos t) \quad \text{und} \quad \boldsymbol{\alpha}''(t) = (-a\cos t, -b\sin t),$$

sowie $\|\boldsymbol{\alpha}'(t)\|^2 = a^2\sin^2 t + b^2\cos^2 t$. Daraus folgt:

$$\kappa^{\mathrm{or}}_\alpha(t) = \frac{|(-a\sin t)(-b\sin t) - (-a\cos t)b\cos t|}{\|\boldsymbol{\alpha}'(t)\|^3}$$

$$= \frac{ab}{(a^2\sin^2 t + b^2\cos^2 t)^{3/2}} = \frac{ab}{(b^2 + (a^2 - b^2)\sin^2 t)^{3/2}}$$

Die Krümmung nimmt ein Minimum für $\sin t = \pm 1$ (also $t = \pi/2$ und $t = 3\pi/2$) an, sowie ein Maximum für $\sin t = 0$ (also $t = 0$ und $t = \pi$).

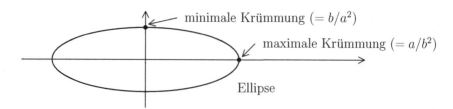

B. Sei $f : [a, b] \to \mathbb{R}$ eine zweimal stetig differenzierbare Funktion und $\boldsymbol{\alpha} :$ $[a, b] \to \mathbb{R}^2$ definiert durch $\boldsymbol{\alpha}(t) := \big(t, f(t)\big)$. Dann ist

$$\boldsymbol{\alpha}'(t) = \big(1, f'(t)\big), \quad \|\boldsymbol{\alpha}'(t)\| = \sqrt{1 + f'(t)^2} \quad \text{und} \quad \boldsymbol{\alpha}''(t) = \big(0, f''(t)\big).$$

Also ist $\kappa_{\boldsymbol{\alpha}}^{\text{or}}(t) = \dfrac{f''(t)}{\big(1 + f'(t)^2\big)^{3/2}}$. Insbesondere verschwindet die Krümmung bei den Wendepunkten von f. In einer Linkskurve ist die orientierte Krümmung positiv, in einer Rechtskurve ist sie negativ.

Ist z.B. $f(x) = at^2 + bt + c$, so ist

$$\kappa(t) := \kappa_{\boldsymbol{\alpha}}^{\text{or}}(t) = \frac{2a}{(1 + (2at + b)^2)^{3/2}}, \quad \text{also } \kappa(-b/(2a)) = 2a.$$

Am Scheitelpunkt ist die Krümmung einer Parabel am größten. Für $t \to \pm\infty$ strebt $\kappa(t)$ gegen Null.

Zusammenfassung

Ein parametrisierter Weg $\boldsymbol{\alpha} : I \to \mathbb{R}^n$ heißt **regulär**, falls $\boldsymbol{\alpha}$ beliebig oft differenzierbar und $\boldsymbol{\alpha}'(t) \neq 0$ für alle $t \in I$ ist. Eine **glatte Kurve** ist eine Menge C mit einer regulären Parametrisierung $\boldsymbol{\alpha} : [a, b] \to C$. Eine **Parametertransformation** ist eine beliebig oft differenzierbare bijektive Abbildung $\varphi : [c, d] \to [a, b]$, deren Ableitung nirgends verschwindet. Ist φ streng monoton wachsend, so spricht man von einer **orientierungstreuen** Parametertransformation.

Ein (stetiger) Weg $\boldsymbol{\alpha} : [a, b] \to \mathbb{R}^n$ heißt **rektifizierbar**, wenn die Längen approximierender Polygonzüge gegen eine endliche Zahl $L(\boldsymbol{\alpha})$ streben, die „**Länge** von $\boldsymbol{\alpha}$". Ist $\boldsymbol{\alpha}$ stetig differenzierbar (oder sogar regulär), so ist

$$L(\boldsymbol{\alpha}) = \int_a^b \|\boldsymbol{\alpha}'(t)\| \, dt.$$

Diese Zahl ist unabhängig von der Parametrisierung.

Für eine reguläre Kurve $\boldsymbol{\alpha}$ wird die **Bogenlängenfunktion** definiert durch

$$s_{\boldsymbol{\alpha}}(t) := \int_a^t \|\boldsymbol{\alpha}'(\tau)\| \, d\tau.$$

Unter der **ausgezeichneten Parametrisierung** versteht man die Parametrisierung $\widetilde{\boldsymbol{\alpha}} := \boldsymbol{\alpha} \circ (s_{\boldsymbol{\alpha}})^{-1}$. Sie ist dadurch charakterisiert, dass $\|\widetilde{\boldsymbol{\alpha}}'(s)\| \equiv 1$ ist.

Für einen regulären ebenen Weg $\boldsymbol{\alpha}$ definiert man den **Tangenteneinheitsvektor** $\mathbf{T}_{\boldsymbol{\alpha}}(t) := \boldsymbol{\alpha}'(t)/\|\boldsymbol{\alpha}'(t)\|$ und den **Normaleneinheitsvektor** $\mathbf{N}_{\boldsymbol{\alpha}}(t) := \mathbf{D}(\mathbf{T}_{\boldsymbol{\alpha}}(t))$, wobei $\mathbf{D}$ die durch $(u, v) \mapsto (-v, u)$ gegebene Drehung um 90° ist. Damit lässt sich jetzt die **orientierte Krümmung** $\kappa_{\boldsymbol{\alpha}}^{\mathrm{or}}$ einer ebenen Kurve beschreiben. Sie ist gegeben durch die Gleichung $\mathbf{T}_{\boldsymbol{\alpha}}'(s) = \kappa_{\boldsymbol{\alpha}}^{\mathrm{or}}(s) \cdot \mathbf{N}_{\boldsymbol{\alpha}}(s)$. Dabei muss allerdings s der ausgezeichnete Parameter sein. Ist $\boldsymbol{\alpha}$ eine beliebige Parametrisierung, so benutzt man die Gleichung $\mathbf{T}_{\boldsymbol{\alpha}}'(t) = \kappa_{\boldsymbol{\alpha}}^{\mathrm{or}}(t) \cdot \|\boldsymbol{\alpha}'(t)\| \cdot \mathbf{N}_{\boldsymbol{\alpha}}(t)$.

Ändert man die Orientierung (Durchlaufrichtung) einer Kurve, so wechselt die Krümmung das Vorzeichen. Davon abgesehen ist sie unabhängig von der Parametrisierung. Ist $\boldsymbol{\alpha} = (\alpha_1, \alpha_2)$, so ist

$$\kappa_{\boldsymbol{\alpha}}^{\mathrm{or}}(t) = \frac{\alpha_1'(t)\alpha_2''(t) - \alpha_1''(t)\alpha_2'(t)}{\|\boldsymbol{\alpha}'(t)\|^3}.$$

Ist $\boldsymbol{\alpha}(t) = \big(t, f(t)\big)$ die Parametrisierung eines Funktionsgraphen, so erhält man die spezielle Formel

$$\kappa_{\boldsymbol{\alpha}}^{\mathrm{or}}(t) = \frac{f''(t)}{\big(1 + f'(t)^2\big)^{3/2}}.$$

Die Krümmung wird also in diesem Falle weitgehend von f'' bestimmt. Das stellt den Zusammenhang zum Krümmungsverhalten von Funktionen her.

Ergänzungen

Wir wollen den Begriff der Krümmung für Raumkurven einführen.

Die Beziehung $\mathbf{T}_{\boldsymbol{\alpha}}'(t) \bullet \mathbf{T}_{\boldsymbol{\alpha}}(t) \equiv 0$ motiviert die folgende

---

Definition   **(Hauptnormalenvektor)**

Ist $\boldsymbol{\alpha} : [a, b] \to \mathbb{R}^n$ ein regulärer Weg und $\mathbf{T}_{\boldsymbol{\alpha}}'(t) \neq \mathbf{0}$, so nennt man $\boxed{\mathbf{N}_{\boldsymbol{\alpha}}^h(t) := \dfrac{\mathbf{T}_{\boldsymbol{\alpha}}'(t)}{\|\mathbf{T}_{\boldsymbol{\alpha}}'(t)\|}}$ den

Hauptnormalenvektor von $\boldsymbol{\alpha}$ in t.

3.5.11. Beispiele

A. Ist $\boldsymbol{\alpha}(s) := \mathbf{x}_0 + s\mathbf{v}$ eine parametrisierte Gerade, so ist $T_{\boldsymbol{\alpha}}'(s) \equiv 0$, der Hauptnormalenvektor kann also nicht definiert werden! Tatsächlich ist es bei einer Geraden im Raum unmöglich, eine bestimmte Normalenrichtung auszuzeichnen. Die Krümmung einer solchen Geraden setzt man $= 0$.

B. Die ausgezeichnete Parametrisierung eines Kreises vom Radius r um $\mathbf{x}_0 = (x_0, y_0)$ ist gegeben durch

$$\boldsymbol{\alpha}(s) = \big(x_0 + r\cos(s/r), y_0 + r\sin(s/r)\big), \quad s \in [0, 2\pi r].$$

Dann ist $\mathbf{T}_{\boldsymbol{\alpha}}(s) = \big(-\sin(s/r), \cos(s/r)\big)$, also

$$\mathbf{T}'_{\boldsymbol{\alpha}}(s) = -\frac{1}{r} \cdot \big(\cos(s/r), \sin(s/r)\big) \quad \text{und} \quad \|\mathbf{T}'_{\boldsymbol{\alpha}}(s)\| = \frac{1}{r}$$

und damit

$$\mathbf{N}^h_{\boldsymbol{\alpha}}(s) = \big(-\cos(s/r), -\sin(s/r)\big).$$

Das ist gleichzeitig auch der Vektor $\mathbf{N}_{\boldsymbol{\alpha}}(s)$, den man aus $\mathbf{T}_{\boldsymbol{\alpha}}(t)$ durch eine Drehung um $90°$ nach links erhält. Also stimmen hier Hauptnormalenvektor und Normaleneinheitsvektor überein.

C. Sei $\boldsymbol{\alpha}(t) := (r\cos t, r\sin t, kt)$ eine Helix im Raum. Dann ist

$$\boldsymbol{\alpha}'(t) = (-r\sin t, r\cos t, k) \quad \text{und} \quad \|\boldsymbol{\alpha}'(t)\| = \sqrt{r^2 + k^2}.$$

Daraus folgt:

$$\begin{aligned}
\mathbf{T}_{\boldsymbol{\alpha}}(t) &= \left(-\frac{r\sin t}{\sqrt{r^2 + k^2}}, -\frac{r\cos t}{\sqrt{r^2 + k^2}}, \frac{k}{\sqrt{r^2 + k^2}}\right), \\
\text{und} \quad \mathbf{T}'_{\boldsymbol{\alpha}}(t) &= \left(-\frac{r\cos t}{\sqrt{r^2 + k^2}}, \frac{r\sin t}{\sqrt{r^2 + k^2}}, 0\right).
\end{aligned}$$

Offensichtlich ist dann $\mathbf{N}^h_{\boldsymbol{\alpha}}(t) = (-\cos t, \sin t, 0)$.

Was soll man unter der Krümmung einer Raumkurve verstehen? Um Kurvenstücke gleicher Länge miteinander vergleichen zu können, benutzen wir die ausgezeichnete Parametrisierung. Die Anschauung sagt, dass sich die Richtung des Tangentenvektors an Stellen großer Krümmung schneller ändert als an Stellen geringer Krümmung. Deshalb definiert man:

Definition   **(Krümmung)**

Sei $\boldsymbol{\alpha} : [a, b] \to \mathbb{R}^n$ ein **ausgezeichnet parametrisierter** regulärer Weg. Ist $\mathbf{T}'_{\boldsymbol{\alpha}}(s) = 0$, so setzt man $\kappa_{\boldsymbol{\alpha}}(s) = 0$. Ist $\mathbf{T}'_{\boldsymbol{\alpha}}(s) \neq 0$, so nennt man

$$\boxed{\kappa_{\boldsymbol{\alpha}}(s) := \|\mathbf{T}'_{\boldsymbol{\alpha}}(s)\|}$$

die **Krümmung** von $\boldsymbol{\alpha}$ in s.

3.5.12. Beispiele

A. Bei jeder Geraden ist die Krümmung $= 0$.

B. Ist $\boldsymbol{\alpha}$ eine (ausgezeichnet parametrisierte) **ebene** Kurve, so ist $\mathbf{T}'_{\boldsymbol{\alpha}}(s) = \kappa^{or}_{\boldsymbol{\alpha}}(s) \cdot \mathbf{N}_{\boldsymbol{\alpha}}(s)$, also

$$\kappa_{\boldsymbol{\alpha}}(s) = \|\mathbf{T}'_{\boldsymbol{\alpha}}(s)\| = |\kappa^{or}_{\boldsymbol{\alpha}}(s)| \cdot \|\mathbf{N}_{\boldsymbol{\alpha}}(s)\| = |\kappa^{or}_{\boldsymbol{\alpha}}(s)|.$$

Insbesondere ist dann $\mathbf{N}^h_{\boldsymbol{\alpha}}(s) = \big(\kappa^{or}_{\boldsymbol{\alpha}}(s)/\kappa_{\boldsymbol{\alpha}}(s)\big)\mathbf{N}_{\boldsymbol{\alpha}}(s)$.

C. Sei $\boldsymbol{\alpha}(t) := (r\cos t, r\sin t, kt)$ eine Helix im Raum. Hier liegt keine ausgezeichnet parametrisierte Kurve vor. Als Bogenlängenfunktion erhält man

$$s_{\boldsymbol{\alpha}}(t) = \int_0^t \|\boldsymbol{\alpha}'(\tau)\| \, d\tau = t \cdot \sqrt{r^2 + k^2}.$$

Setzen wir $c := \sqrt{r^2 + k^2}$, so ist

$$\widetilde{\boldsymbol{\alpha}}(s) := \left(r\cos\frac{s}{c}, r\sin\frac{s}{c}, \frac{ks}{c}\right)$$

die ausgezeichnete Parametrisierung, und wir erhalten

$$\mathbf{T}_{\widetilde{\alpha}}(s) = \left(-\frac{r\sin(s/c)}{c}, \frac{r\cos(s/c)}{c}, \frac{k}{c}\right),$$

$$\text{also} \quad \mathbf{T}'_{\widetilde{\alpha}}(s) = \left(-\frac{r\cos(s/c)}{c^2}, -\frac{r\sin(s/c)}{c^2}, 0\right).$$

Damit ist $\kappa_{\widetilde{\alpha}}(s) = r/c^2$. Die Krümmung ist konstant.

Ist $\boldsymbol{\alpha}$ eine beliebige (reguläre) Parametrisierung, so folgt wie bei ebenen Kurven:

$$\kappa_{\boldsymbol{\alpha}}(t) = \frac{\|\mathbf{T}'_{\boldsymbol{\alpha}}(t)\|}{\|\boldsymbol{\alpha}'(t)\|}.$$

3.5.13. Aufgaben

A. Parametrisieren Sie die Kurve

$$C = \{(x, y, z) \in \mathbb{R}^3 : x^2 + y^2 = 9 \text{ und } y + z = 2\}.$$

B. Berechnen Sie die Länge der Helix $\boldsymbol{\alpha}(t) := (r\cos t, r\sin t, kt)$, $r, k > 0$, für $a \le t \le b$.

C. Berechnen Sie $\mathbf{T}_{\boldsymbol{\alpha}}$ für $\boldsymbol{\alpha}(t) := (\cos^3 t, \sin^3 t)$ und für $\boldsymbol{\beta}(t) := (e^{-2t}, 2t, 4)$.

D. Berechnen Sie die Länge der durch $\boldsymbol{\alpha}(t) := (t, t\sin t, t\cos t)$, $0 \le t \le \pi$, parametrisierten Kurve.

E. Auf $[0, x]$ (mit positivem x) sei $\boldsymbol{\alpha}(t) := (\cosh t, \sinh t, t)$. Bestimmen Sie die Bogenlängenfunktion von $\boldsymbol{\alpha}$

F. Berechnen Sie die Krümmung der „Kettenlinie" $\boldsymbol{\alpha}(t) := (t, \cosh t)$.

G. Zeigen Sie, dass die absoluten Krümmungen von $\boldsymbol{\alpha}(t) := (t, \sin t)$ bei $t = \pi/2$ und $t = 3\pi/2$ gleich sind.

H. Berechnen Sie die Krümmungen von $\boldsymbol{\alpha}(t) := (t, 2t - 1, 3t + 5)$ und $\boldsymbol{\beta}(t) := (e^t\cos t, e^t\sin t, e^t)$.

I. Ist $r = r(t)$ zweimal stetig differenzierbar, so wird durch

$$\boldsymbol{\alpha}(t) := (r(t)\cos t, r(t)\sin t)$$

eine Kurve C parametrisiert. Man sagt dann, C sei in Polarkoordinaten gegeben.

    (a) Welche Kurven werden durch $r = a$ (mit $a > 0$) bzw. durch $r = 2\sin t$ beschrieben?

    (b) Die „logarithmische Spirale" ist durch $r = e^t$ gegeben, die „archimedische Spirale" durch $r = at$. Berechnen Sie in beiden Fällen die Bogenlängenfunktion.

3.6   Lineare Differentialgleichungen

Zur Vorbereitung: Wie in 3.3.2 (Seite 205) angekündigt, wollen wir in diesem Abschnitt lineare Differentialgleichungen mit konstanten Koeffizienten behandeln. Dazu sind gewisse Grundkenntnisse aus der linearen Algebra nötig, an die hier kurz erinnert werden soll.

Wir haben schon reelle Vektorräume betrachtet. Bei einem komplexen Vektorraum ist zusätzlich die Multiplikation mit komplexen Zahlen gestattet. Ein Beispiel ist der Raum der komplexwertigen stetigen Funktionen auf einem Intervall.

Elemente $X_1, \ldots, X_n$ eines (komplexen) Vektorraumes V heißen *linear unabhängig*, falls aus $c_1 X_1 + \cdots + c_n X_n = 0$ (mit $c_i \in \mathbb{C}$) stets $c_1 = \ldots = c_n = 0$ folgt. Ein System $\{X_1, \ldots, X_n\}$ von linear unabhängigen Vektoren heißt eine *Basis* von V, wenn sich jeder Vektor $X \in V$ als Linearkombination der X_i schreiben lässt:

$$X = c_1 X_1 + \cdots + c_n X_n.$$

In der Linearen Algebra wird gezeigt: Besitzt V eine Basis aus n Elementen, so besteht auch jede andere Basis von V aus genau n Elementen. Die Zahl n nennt man dann die *Dimension* von V. Besitzt ein Vektorraum keine endliche Basis, so nennt man ihn unendlich-dimensional. Letzteres ist bei Räumen von Funktionen leider der Normalfall.

Es seien V und W zwei (komplexe) Vektorräume. Eine Abbildung $f : V \to W$ heißt *linear* oder ein *Homomorphismus*, falls gilt:

$$\begin{aligned} f(X + Y) &= f(X) + f(Y) \text{ für alle } X, Y \in V \\ \text{und} \quad f(cX) &= c \cdot f(X) \text{ für } c \in \mathbb{C} \text{ und } X \in V. \end{aligned}$$

Im Falle unendlich-dimensionaler Räume spricht man auch gerne von einem *(linearen) Operator*.

Die Menge $\mathrm{Ker}(f) := \{X \in V : f(X) = 0\}$ bezeichnet man als *Kern* der linearen Abbildung. Der Kern ist ein Untervektorraum von V, der zumindest den Nullvektor enthält. Besteht er nur aus dem Nullvektor, so ist f injektiv: Sind nämlich $X_1, X_2 \in V$ mit $f(X_1) = f(X_2)$, so ist $f(X_1 - X_2) = f(X_1) - f(X_2) = 0$, also $X_1 - X_2 \in \mathrm{Ker}(f)$. Daraus folgt, dass $X_1 - X_2 = 0$, also $X_1 = X_2$ ist.

Die Menge $\mathrm{Im}(f) := f(V) = \{Y \in W : \exists X \in V \text{ mit } f(X) = Y\}$ nennt man das *Bild* von f. Das Bild ist ein Unterraum von W. Ist sogar $\mathrm{Im}(f) = W$, so ist f surjektiv.

Sind V und W endlich-dimensional, so gilt die folgende Dimensionsformel:

$$\dim V = \dim(\mathrm{Ker}\, f) + \dim(\mathrm{Im}\, f).$$

Ein *Isomorphismus* zwischen zwei Vektorräumen V und W ist eine bijektive lineare Abbildung $f : V \to W$. Dann ist auch $f^{-1} : W \to V$ linear, und natürlich ist

Ker$(f) = \{0\}$ und Im$(f) = W$. Sind die Vektorräume endlich-dimensional, so folgt aus der Dimensionsformel, dass es nur dann einen Isomorphismus zwischen V und W geben kann, wenn $\dim(V) = \dim(W)$ ist.

Wir beginnen mit einem Beispiel.

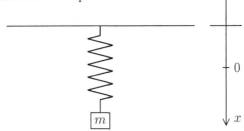

Um ein Gewicht der Masse m, das an einer Feder aufgehängt ist, nach unten zu ziehen, ist eine gewisse Kraft F nötig. Mit der gleichen Kraft, aber nach oben gerichtet, versucht die Feder in ihre Ruhelage zurückzukehren. Nach dem Hooke'schen Gesetz ist die Kraft proportional zur Masse des Gewichtes und zur Auslenkung y aus der Ruhelage. Lässt man das Gewicht los, so setzt es sich in schwingende Bewegung. Nach dem Newton'schen Bewegungsgesetz ist dann die Kraft das Produkt aus Masse und Beschleunigung. Vernachlässigt man äußere Einflüsse wie Reibung und Luftwiderstand, so erfüllt die Auslenkung $y = y(t)$ (in Abhängigkeit von der Zeit t) die Differentialgleichung

$$m \cdot y'' = -F = -k \cdot y, \quad \text{mit einer positiven Konstanten } k.$$

Dies ist ein typisches Beispiel, wie Vorgänge in der Physik oder den Naturwissenschaften zu Differentialgleichungen führen.

In der Form $y'' + \dfrac{k}{m}\, y = 0$ erkennt man die Gleichung als eine homogene, lineare Differentialgleichung zweiter Ordnung mit konstanten Koeffizienten. Bewegt sich das Gewicht in einem bremsenden Medium, so kommt noch ein „Dämpfungsterm" hinzu und man erhält eine Differentialgleichung der Gestalt $y'' + a_1 y' + a_0 y = 0$.

Eine Lösung dieser Differentialgleichung muss eine zumindest zweimal differenzierbare Funktion sein. Deshalb führen wir als Erstes geeignete Vektorräume von Funktionen ein, in denen wir die Lösungen suchen werden. Im Allgemeinen ist es mathematisch schwer fassbar, was eine Differentialgleichung überhaupt ist, hier werden wir das aber mit Hilfe linearer Operatoren ganz klar sagen können.

Definition (k-mal stetig differenzierbar)

Ist $f : I \to \mathbb{C}$ überall k-mal differenzierbar und $f^{(k)}$ auf I noch stetig, so nennt man f auf I k-*mal stetig differenzierbar*.

Die Menge der k-mal stetig differenzierbaren Funktionen auf I bezeichnet man mit $\mathcal{C}^k(I)$.

Bemerkung: $\mathcal{C}^k(I)$ ist ein $\mathbb{C}$-Vektorraum, und $D : \mathcal{C}^k(I) \to \mathcal{C}^{k-1}(I)$ mit

$$D[f] := f'$$

ist eine lineare Abbildung (auch „linearer Operator" genannt). Ker(D) besteht aus den konstanten Funktionen.

Wir definieren $D^q : \mathcal{C}^k(I) \to \mathcal{C}^{k-q}(I)$ durch $D^0 := \mathrm{id}$ und

$$D^q := \underbrace{D \circ D \circ \ldots \circ D}_{q\text{-mal}}, \quad \text{für } 1 \leq q \leq k.$$

Dann ist $D^q[f] = f^{(q)}$ ebenfalls $\mathbb{C}$-linear. Offensichtlich ist

$$D^p \circ D^q = D^q \circ D^p = D^{p+q}.$$

Ist nun $n \leq k$ und $p(x) = \sum_{\nu=0}^{n} a_\nu x^\nu$ ein Polynom vom Grad n mit reellen oder komplexen Koeffizienten, so setzt man

$$p(D) := \sum_{\nu=0}^{n} a_\nu D^\nu = a_0 \cdot \mathrm{id} + a_1 \cdot D + \cdots + a_n \cdot D^n.$$

Man nennt $p(D)$ einen *(linearen) Differentialoperator* mit konstanten Koeffizienten. Offensichtlich ist $p(D) : \mathcal{C}^k(I) \to \mathcal{C}^{k-n}(I)$ eine $\mathbb{C}$-lineare Abbildung, und es gilt:

$$p(D)[f] = a_0 \cdot f + a_1 \cdot f' + \cdots + a_n \cdot f^{(n)}.$$

Das Polynom $p(x)$ heißt *charakteristisches Polynom* von $p(D)$.

3.6.1. Satz

Sind p_1, p_2 zwei Polynome, so ist $(p_1 \cdot p_2)(D) = p_1(D) \circ p_2(D) = p_2(D) \circ p_1(D)$.

BEWEIS: Es ist $(x - c) \cdot (a_i x^i) = a_i x^{i+1} - a_i c x^i$ und

$$(D - c \cdot \mathrm{id}) \circ (a_i \cdot D^i) = a_i \cdot D^{i+1} - (a_i c) \cdot D^i = (a_i \cdot D^i) \circ (D - c \cdot \mathrm{id}),$$

wegen der Linearität von D. Daraus folgt die Behauptung für $p_1(x) = x - c$ und $p_2(x) = a_0 + a_1 x + \cdots + a_n x^n$. Da sich über $\mathbb{C}$ jedes Polynom in Linearfaktoren zerlegen lässt, erhält man per Induktion den Satz für allgemeines p_1.   ■

Der Beweis funktioniert nur bei Differentialoperatoren mit **konstanten** Koeffizienten.

3.6.2. Beispiele

A. Sei $p(x)$ ein beliebiges Polynom und $\lambda \in \mathbb{C}$. Es ist $D[e^{\lambda t}] = \lambda \cdot e^{\lambda t}$ und allgemeiner $D^q[e^{\lambda t}] = \lambda^q \cdot e^{\lambda t}$. Daraus ergibt sich:

$$p(D)[e^{\lambda t}] = p(\lambda) \cdot e^{\lambda t}.$$

B. • Ist $f \in \mathcal{C}^k(I)$ **beliebig**, so ist

$$(D - \lambda \cdot \mathrm{id})[f(t)e^{\lambda t}] = f'(t)e^{\lambda t} + \lambda \cdot f(t)e^{\lambda t} - \lambda \cdot f(t)e^{\lambda t} = f'(t)e^{\lambda t},$$

und allgemeiner $\quad (D - \lambda \cdot \mathrm{id})^q[f(t)e^{\lambda t}] = f^{(q)}(t)e^{\lambda t}.$

• Ist f ein **Polynom** vom Grad p und $q > p$, so gilt:

(a) $(D - \lambda \cdot \mathrm{id})^q[f(t)e^{\lambda t}] = 0.$

(b) Ist $\mu \neq \lambda$, so ist $(D - \mu \cdot \mathrm{id})[f(t)e^{\lambda t}] = \big(f'(t) + (\lambda - \mu)f(t)\big)e^{\lambda t}$ und allgemein

$$(D - \mu \cdot \mathrm{id})^q[f(t)e^{\lambda t}] = \big(g(t) + (\lambda - \mu)^q f(t)\big)e^{\lambda t},$$

mit einem Polynom g vom Grad $< p$.

Definition   (lineare Differentialgleichung)

Eine *lineare Differentialgleichung n-ter Ordnung mit konstanten Koeffizienten* ist eine Gleichung der Gestalt

$$y^{(n)} + a_{n-1}y^{(n-1)} + \cdots + a_1 y' + a_0 y = q(t),$$

mit reellen (oder komplexen) Koeffizienten a_i und einer stetigen Funktion q. Unter dem *charakteristischen Polynom* dieser Differentialgleichung versteht man das Polynom $p(x) := x^n + a_{n-1}x^{n-1} + \cdots + a_1 x + a_0.$

Eine *Lösung der Differentialgleichung* über einem (offenen) Intervall I ist eine Funktion $f \in \mathcal{C}^n(I)$ mit

$$p(D)[f] = q.$$

3.6.3. Satz (von der Eindeutigkeit der Lösung)

$f_1, f_2 \in \mathcal{C}^n(I)$ *seien Lösungen einer DGL*

$$y^{(n)} + a_{n-1}y^{(n-1)} + \cdots + a_1 y' + a_0 y = q(t)$$

auf dem Intervall I, und es sei $f_1^{(k)}(t_0) = f_2^{(k)}(t_0)$ für $k = 0, 1, 2, \ldots, n-1$ und ein spezielles $t_0 \in I$.

Dann ist $f_1 = f_2$.

BEWEIS: Es genügt, für $f = f_1 - f_2$ zu zeigen:

Ist $p(D)[f] = 0$ und $f^{(k)}(t_0) = 0$ für $k = 0, 1, \ldots, n-1$, so ist $f = 0$.

Nach dem Fundamentalsatz der Algebra gibt es komplexe Zahlen $c_1, \ldots, c_n$, so dass $p(x) = (x - c_1)(x - c_2) \cdots (x - c_n)$ ist. Wir setzen

$$p_0(D) := \mathrm{id} \quad \text{und} \quad p_k(D) := (D - c_{n-k+1}\mathrm{id}) \circ \ldots \circ (D - c_n\mathrm{id}), \text{ für } k = 1, \ldots, n.$$

Dann ist

$$
\begin{aligned}
p_1(D) &= (D - c_n\mathrm{id}), \\
\text{allgemein} \quad p_k(D) &= (D - c_{n-k+1}\mathrm{id}) \circ p_{k-1}(D) \\
\text{und schließlich} \quad p_n(D) &= p(D).
\end{aligned}
$$

Weil $p_k(x) = (x - c_{n-k+1}) \cdots (x - c_n)$ ein Polynom vom Grad k ist, ist $f_k := p_k(D)[f]$ eine Linearkombination von $f, f', \ldots, f^{(k)}$. Daraus folgt:

$$f_k(t_0) = 0, \text{ für } k = 0, 1, \ldots, n - 1.$$

Außerdem ist $f_k = f'_{k-1} - c_{n-k+1}f_{k-1}$ für $k = 1, \ldots, n$. Nach Voraussetzung ist $f_n = p(D)[f] = 0$, und wir wissen schon, dass die Gleichung $0 = f'_{n-1} - c_1 f_{n-1}$ die (eindeutig bestimmte) Lösung $f_{n-1}(t) = f_{n-1}(0) \cdot e^{c_1 t}$ hat. Weil $f_{n-1}(t_0) = 0$ ist, muss $f_{n-1} = 0$ sein. Analog folgt, dass $f_{n-2} = f_{n-3} = \ldots = f_1 = 0$ ist. Aus der Gleichung $0 = f'_0 - c_n f_0$ und der Anfangsbedingung $f_0(t_0) = 0$ ergibt sich schließlich, dass $f = f_0 = 0$ ist. ∎

3.6.4. Dimensionsabschätzung

Ist $p(x)$ ein normiertes Polynom n-ten Grades und

$$L := p(D) : \mathcal{C}^n(I) \to \mathcal{C}^0(I)$$

der zugehörige Differentialoperator über einem (offenen) Intervall I, so ist

$$\dim_{\mathbb{C}} \mathrm{Ker}(L) \leq n,$$

d.h., es gibt höchstens n über $\mathbb{C}$ linear unabhängige Lösungen der „homogenen Differentialgleichung" $L[f] = 0$.

BEWEIS: Sei $t_0 \in I$ beliebig. Die Abbildung $A : \mathrm{Ker}(L) \to \mathbb{C}^n$ mit

$$A(f) := (f(t_0), f'(t_0), \ldots, f^{(n-1)}(t_0)),$$

die jeder Lösungs-Funktion einen vollständigen Satz von „Anfangsbedingungen" im Punkt t_0 zuordnet, ist linear, und nach dem Satz über die Eindeutigkeit der Lösungen ist sie auch injektiv. Daraus folgt, dass $A : \mathrm{Ker}(L) \to \mathrm{Im}(A)$ ein Isomorphismus ist. Wegen $\mathrm{Im}(A) \subset \mathbb{C}^n$ folgt $\dim_{\mathbb{C}} \mathrm{Ker}(L) \leq n$. ∎

Wir werden sehen, dass sogar die Gleichheit gilt: $\dim_{\mathbb{C}}(\mathrm{Ker}(L)) = n$. Um das zu zeigen, reicht es jetzt aus, n unabhängige Lösungen zu konstruieren.

3.6.5. Hilfssatz

Die Zahlen $\lambda_1, \ldots, \lambda_r \in \mathbb{C}$ seien paarweise verschieden, und $f_1(t), \ldots, f_r(t)$ seien Polynome mit

$$f_1(t) \cdot e^{\lambda_1 t} + \cdots + f_r(t) \cdot e^{\lambda_r t} \equiv 0.$$

Dann ist $f_1 = \ldots = f_r = 0$.

BEWEIS: Wir führen Induktion nach r.

Ist $f_1(t) \cdot e^{\lambda_1 t} \equiv 0$, so muss $f_1 = 0$ sein, weil $e^{\lambda_1 t} > 0$ für jedes t ist.

Sei nun $r \geq 2$ und die Behauptung für $r - 1$ bewiesen. Es sei

$$f_1(t) \cdot e^{\lambda_1 t} + \cdots + f_r(t) \cdot e^{\lambda_r t} \equiv 0,$$

also

$$f_1(t) + f_2(t) \cdot e^{(\lambda_2 - \lambda_1)t} + \cdots + f_r(t) \cdot e^{(\lambda_r - \lambda_1)t} \equiv 0.$$

Ist $f_1 = 0$, so sind wir fertig. Wir nehmen also an, dass $f_1 \neq 0$ und $d = \operatorname{grad}(f_1) \geq 0$ ist. Wenden wir D^{d+1} auf die Gleichung an, so erhalten wir Polynome $F_2(t), \ldots, F_r(t)$ mit $\operatorname{grad}(F_i) = \operatorname{grad}(f_i)$ für $i = 2, \ldots, r$, so dass gilt:

$$F_2(t) \cdot e^{(\lambda_2 - \lambda_1)t} + \cdots + F_r(t) \cdot e^{(\lambda_r - \lambda_1)t} \equiv 0.$$

Nach Induktionsvoraussetzung muss $F_2 = \ldots = F_r = 0$ sein. Wegen der Gleichheit der Grade ist das nur möglich, wenn auch $f_2 = \ldots = f_r = 0$ ist. Und selbstverständlich ist dann auch $f_1 = 0$. ∎

Jetzt können wir ein „Fundamentalsystem" von Lösungen der DGL $p(D)[f] = 0$ angeben, d.h. eine Basis des Lösungsraumes.

3.6.6. Ein Fundamentalsystem der DGL $p(D)[f] = 0$

Sei $p(x)$ das charakteristische Polynom der homogenen DGL

$$y^{(n)} + a_{n-1} y^{(n-1)} + \cdots + a_1 y' + a_0 = 0.$$

Sind $\lambda_1, \ldots, \lambda_r$ die paarweise verschiedenen Nullstellen von $p(x)$ in $\mathbb{C}$, mit Vielfachheiten $k_1, \ldots, k_r$, so bilden die Funktionen

$$t^\nu \cdot e^{\lambda_i t}, \ \text{mit } i = 1, \ldots, r \ \text{und } \nu = 0, \ldots, k_i - 1,$$

ein Fundamentalsystem von Lösungen der Differentialgleichung.

Insbesondere hat der Lösungsraum die Dimension $k_1 + \cdots + k_r = n$ über $\mathbb{C}$.

BEWEIS: 1) Wir zeigen zunächst, dass die angegebenen Funktionen tatsächlich Lösungen sind. Ist λ eine Nullstelle von $p(x)$ mit der Vielfachheit k, so gibt es ein Polynom $q(x)$ vom Grad $n - k$, so dass $p(x) = q(x) \cdot (x - \lambda)^k$ ist. Wegen der Vertauschbarkeit der Differentialoperatoren ist dann auch

$$p(D) = q(D) \circ (D - \lambda)^k,$$

und es folgt:

$$
\begin{aligned}
p(D)[t^\nu e^{\lambda t}] &= q(D) \circ (D - \lambda)^k[t^\nu \cdot e^{\lambda t}] \\
&= q(D)[(t^\nu)^{(k)} \cdot e^{\lambda t}] = 0 \text{ für } \nu < k.
\end{aligned}
$$

2) Nun müssen wir noch sehen, dass die Lösungen linear unabhängig sind. Wir müssen mit den beiden Indizes ν und i arbeiten:

Sei $\displaystyle\sum_{i=1}^{r} \sum_{\nu=0}^{k_i-1} c_{i,\nu} t^\nu e^{\lambda_i t} = 0$. Dann setzen wir $f_i(t) := \displaystyle\sum_{\nu=0}^{k_i-1} c_{i,\nu} t^\nu$, für $i = 1, \ldots, r$. Das sind alles Polynome, und wir haben

$$f_1(t) \cdot e^{\lambda_1 t} + \cdots + f_r(t) \cdot e^{\lambda_r t} \equiv 0.$$

Also muss $f_1 = \ldots = f_r = 0$ sein. Aber ein Polynom ist nur dann das Nullpolynom, wenn alle seine Koeffizienten verschwinden. Damit ist $c_{i,\nu} = 0$ für alle i und ν und die Lösungsfunktionen sind linear unabhängig.   ∎

Bemerkung: In der Praxis ist man meist an reellen Lösungen interessiert. Sind alle Nullstellen $\lambda_1, \ldots, \lambda_r$ des charakteristischen Polynoms reell, so ist alles in Ordnung. Hat $p(x)$ reelle Koeffizienten und ist $\lambda = \alpha + i\beta$ eine komplexe Nullstelle, so ist auch $\overline{\lambda}$ eine Nullstelle, und es gilt:

$$
\begin{aligned}
e^{\lambda t} &= e^{\alpha t}(\cos(\beta t) + i \sin(\beta t)), \\
e^{\overline{\lambda} t} &= e^{\alpha t}(\cos(\beta t) - i \sin(\beta t)).
\end{aligned}
$$

Dann können wir die komplexen Lösungen $t^\nu e^{\lambda t}$ und $t^\nu e^{\overline{\lambda} t}$ durch die linear unabhängigen reellen Lösungen

$$
\begin{aligned}
\mathrm{Re}(t^\nu e^{\lambda t}) &= t^\nu e^{\alpha t} \cos(\beta t) \\
\text{und } \mathrm{Im}(t^\nu e^{\lambda t}) &= t^\nu e^{\alpha t} \sin(\beta t)
\end{aligned}
$$

ersetzen.

3.6.7. Beispiel

Wir kommen zum Anfang dieses Abschnittes zurück und betrachten die homogene lineare DGL 2. Ordnung (einer gedämpften Schwingung),

$$y'' + 2ay' + by = 0,$$

mit reellen Koeffizienten und der Anfangsbedingung $y(0) = 1$ und $y'(0) = 0$. Das charakteristische Polynom ist $p(x) = x^2 + 2ax + b$. Die Nullstellen der Gleichung $p(x) = 0$ sind gegeben durch

$$x = \frac{-2a \pm \sqrt{4a^2 - 4b}}{2} = -a \pm \sqrt{\Delta},$$

mit $\Delta := a^2 - b$.

1. $\Delta > 0$. (starke Dämpfung)

   Dann ist $p(x) = (x - \lambda_1)(x - \lambda_2)$, mit $\{\lambda_1, \lambda_2\} = \{-a \pm \sqrt{\Delta}\}$. Die allgemeine Lösung hat die Gestalt

   $$y(t) = c_1 e^{\lambda_1 t} + c_2 e^{\lambda_2 t}, \quad c_1, c_2 \in \mathbb{R}.$$

   Dann ist $y'(t) = c_1 \lambda_1 e^{\lambda_1 t} + c_2 \lambda_2 e^{\lambda_2 t}$, und das Einsetzen der Anfangsbedingungen ergibt $c_1 + c_2 = 1$ und $c_1 \lambda_1 + c_2 \lambda_2 = 0$. Also ist $c_2 = 1 - c_1$ und $c_1 \lambda_1 + (1 - c_1)\lambda_2 = 0$ Die gesuchte Lösung hat deshalb die Gestalt

   $$y(t) = \frac{1}{\lambda_2 - \lambda_1}(\lambda_2 e^{\lambda_1 t} - \lambda_1 e^{\lambda_2 t}).$$

2. $\Delta = 0$. (kritische Dämpfung)

   Dann besitzt $p(x)$ die zweifache reelle Nullstelle $-a$. Also hat die allgemeine Lösung die Gestalt

   $$y(t) = (c_1 + c_2 t)e^{-at}.$$

   Wegen $y'(t) = (c_2 - a(c_1 + c_2 t))e^{-at}$ ergeben die Anfangsbedingungen die Gleichungen $c_1 = 1$ und $c_2 - ac_1 = 0$, also $c_2 = a$. Die gesuchte Lösung hat die Gestalt
   $$y(t) = (1 + at)e^{-at}.$$

3. $\Delta < 0$. (schwache Dämpfung)

   Setzt man $\omega := \sqrt{-\Delta}$ und $\lambda := -a + i\omega$, so hat $p(x)$ die komplexen Nullstellen λ und $\bar{\lambda}$. In diesem Fall hat die allgemeine Lösung die Gestalt

   $$y(t) = e^{-at}(c_1 \cos(\omega t) + c_2 \sin(\omega t)).$$

   Dann ist

   $$\begin{aligned} y'(t) &= -ae^{-at}(c_1 \cos(\omega t) + c_2 \sin(\omega t)) \\ &\quad + e^{-at}(-\omega c_1 \sin(\omega t) + \omega c_2 \cos(\omega t)) \\ &= e^{-at}[(c_2 \omega - ac_1)\cos(\omega t) - (ac_2 + \omega c_1)\sin(\omega t)]. \end{aligned}$$

   Die Randbedingungen ergeben $c_1 = 1$ und $c_2 \omega - ac_1 = 0$, also $c_2 = a/\omega$. Das führt zu der Lösung

   $$y(t) = e^{-at}(\cos(\omega t) + \frac{a}{\omega}\sin(\omega t)).$$

   Man kann sie umformen zu

   $$y(t) = Ae^{-at}\sin(\omega t + \varphi).$$

Wie löst man jetzt die „inhomogene Gleichung" $p(D)[f] = q(t)$?

1. Sind y_1, y_2 zwei Lösungen der inhomogenen Gleichung, so ist $y_1 - y_2$ eine Lösung der homogenen Gleichung.

2. Ist y_0 eine „partikuläre" Lösung (d.h. eine spezielle Lösung der inhomogenen Gleichung) und y eine Lösung der homogenen Gleichung, so ist $y_0 + y$ wieder eine Lösung der inhomogenen Gleichung.

Das bedeutet, dass die Gesamtheit der Lösungen von $p(D)[y] = q(x)$ einen sogenannten *affinen Raum* der Gestalt

$$y_0 + \mathrm{Ker}(p(D)) := \{y_0 + y \ : \ y \in \mathrm{Ker}(p(D))\}$$

bildet, mit einer beliebigen partikulären Lösung y_0. Es bleibt also noch das Problem, eine partikuläre Lösung der inhomogenen Differentialgleichung

$$y^{(n)} + a_{n-1}y^{(n-1)} + \cdots + a_1 y + a_0 = q(t)$$

zu finden.

Hierfür werden wir hier kein allgemeines Verfahren angeben. Wir beschränken uns vielmehr auf einen Spezialfall, bei dem man die partikuläre Lösung durch einen geschickten Ansatz finden kann.

3.6.8. Lösung der inhomogenen DGL in Spezialfällen

Sei $p(x)$ ein normiertes Polynom mit reellen Koeffizienten. Die Differentialgleichung $p(D)[y] = f(t)e^{\lambda t}$ mit einem Polynom $f(t)$ vom Grad s besitzt eine partikuläre Lösung $y_p(t) = g(t)e^{\lambda t}$ mit einem Polynom $g(t)$.

1. *Ist λ keine Nullstelle von p, so hat auch g den Grad s. Ist außerdem $f(t) \equiv 1$, so kann man $g(t) \equiv 1/p(\lambda)$ wählen.*

2. *Ist λ eine Nullstelle der Ordnung m von p, so hat g den Grad $s + m$.*

BEWEIS: Wir untersuchen zunächst zwei Spezialfälle.

1) Ist $p(x) = (x - \lambda)^m$, so ist $p(D)[g(t)e^{\lambda t}] = g^{(m)}(t)e^{\lambda t}$. In diesem Falle reicht es, ein Polynom $g(t)$ mit $g^{(m)}(t) = f(t)$ zu finden. Offensichtlich muss g den Grad $s + m$ haben.

2) Ist $\mu \neq \lambda$ und $p(x) = x - \mu$, so ist

$$p(D)[g(t)e^{\lambda t}] = (g'(t) + (\lambda - \mu) \cdot g(t)) \cdot e^{\lambda t},$$

wobei das Polynom $g'(t) + (\lambda - \mu) \cdot g(t)$ den gleichen Grad wie $g(t)$ hat. Wir setzen $g(t)$ mit unbestimmten Koeffizienten an: $g(t) = \sum_{i=0}^{s} a_i t^i$. Zur Abkürzung setzen wir außerdem $c := \lambda - \mu$. Dann ist

$$g'(t) + c \cdot g(t) = \sum_{i=0}^{s-1} ((i+1) \cdot a_{i+1} + c \cdot a_i) t^i + c \cdot a_s t^s.$$

Ist $f(t) = \sum_{i=0}^{s} b_i t^i$, so erhalten wir das folgende lineare Gleichungssystem:

$$
\begin{aligned}
c \cdot a_s &= b_s, \\
s \cdot a_s + c \cdot a_{s-1} &= b_{s-1}, \\
&\vdots \\
2 \cdot a_2 + c \cdot a_1 &= b_1, \\
\text{und} \quad a_1 + c \cdot a_0 &= b_0.
\end{aligned}
$$

Man kann dieses Gleichungssystem sehr leicht nach $a_0, a_1, \ldots, a_s$ auflösen.

3) Bei zusammengesetztem $p(x)$ wendet man die gewonnenen Ergebnisse mehrfach an. Ist $p(x) = (x - c_1)^{k_1} \cdots (x - c_r)^{k_r}$, so sucht man zunächst ein Polynom $g_1(t)$ mit $(D - c_1 \mathrm{id})^{k_1}[g_1(t)e^{\lambda t}] = f(t)e^{\lambda t}$, dann ein Polynom $g_2(t)$ mit $(D - c_2 \mathrm{id})^{k_2}[g_2(t)e^{\lambda t}] = g_1(t)e^{\lambda t}$ und so weiter. Schließlich landet man bei einem Polynom $g(t)$ mit

$$(D - c_r)^{k_r}[g(t)e^{\lambda t}] = g_{r-1}(t)e^{\lambda t}.$$

Offensichtlich ist g das gesuchte Polynom.

Der Zusatz bei der ersten Behauptung ergibt sich aus der $\mathbb{C}$-Linearität von $p(D)$ und aus der Gleichung $p(D)[e^{\lambda t}] = p(\lambda) \cdot e^{\lambda t}$. ∎

3.6.9. Beispiel

Das charakteristische Polynom der DGL $y''' + 3y'' + 3y' + y = te^{-t}$ ist

$$p(x) = x^3 + 3x^2 + 3x + 1 = (x+1)^3,$$

mit $x = -1$ als dreifacher Nullstelle. Das bedeutet, dass die drei Funktionen

$$f_1(t) = e^{-t}, \quad f_2(t) = te^{-t} \quad \text{und} \quad f_3(t) = t^2 e^{-t}$$

ein Fundamentalsystem bilden.

Die „Inhomogenität" (also die rechte Seite der Differentialgleichung) hat die Form $f(t)e^{\lambda t}$ mit $f(t) = t$ und $\lambda = -1$. Da λ dreifache Nullstelle des charakteristischen Polynoms ist, suchen wir ein Polynom $g(t)$ mit $g^{(3)}(t) = t$. Offensichtlich leistet $g(t) := t^4/24$ das Verlangte, und wir erhalten für die partikuläre Lösung den Ansatz

$$y_p(t) = \frac{1}{24} t^4 e^{-t}.$$

Die Probe zeigt, dass das richtig ist. Die allgemeine Lösung lautet nun

$$y(t) = (c_1 + c_2 t + c_3 t^2 + \frac{1}{24} t^4) e^{-t}.$$

Zusammenfassung

Sei $I \subset \mathbb{R}$ ein Intervall. Ein **(linearer) Differentialoperator** (mit konstanten Koeffizienten) ist ein Operator $L : \mathcal{C}^k(I) \to \mathcal{C}^{k-n}(I)$ (für beliebiges $k \geq n$) der Gestalt

$$L = p(D) = a_0 \cdot \mathrm{id} + a_1 \cdot D + \cdots + a_n \cdot D^n, \ a_\nu \text{ reell oder komplex },$$

wobei D der durch $D[f] := f'$ definierte Operator und

$$p(x) = a_0 + a_1 x + \cdots + a_n x^n$$

das sogenannte **charakteristische Polynom** ist. Zwei solche Operatoren sind immer miteinander vertauschbar.

Eine **lineare Differentialgleichung n-ter Ordnung (mit konstanten Koeffizienten)** ist eine Gleichung der Gestalt $p(D)[y] = q(t)$, wobei das charakteristische Polynom $p(x)$ den Grad n hat und die **Inhomogenität** q eine zumindest stetige Funktion auf I ist. Eine **Lösung** ist eine Funktion $f \in \mathcal{C}^n(I)$ mit $p(D)[f] = q$. Ist $t_0 \in I$, so gibt es zu jedem Vektor $\mathbf{a} = (a_0, a_1, \ldots, a_{n-1}) \in \mathbb{C}^n$ genau eine Lösung der Differentialgleichung, welche die **Anfangsbedingungen**

$$f^{(k)}(t_0) = a_k, \quad k = 0, \ldots, n-1,$$

erfüllt.

Eine Basis des Lösungsraumes der „homogenen" Gleichung $p(D)[y] = 0$ kann man explizit angeben: Sind $\lambda_1, \ldots, \lambda_r$ die paarweise verschiedenen Nullstellen von $p(x)$ in $\mathbb{C}$, mit Vielfachheiten $k_1, \ldots, k_r$, so bilden die Funktionen

$$t^\nu \cdot e^{\lambda_i t}, \text{ mit } i = 1, \ldots, r \text{ und } \nu = 0, \ldots, k_i - 1,$$

ein **Fundamentalsystem** (d.h. eine Basis) von Lösungen der Differentialgleichung. Insbesondere hat der Lösungsraum $\mathrm{Ker}(p(D))$ die Dimension n.

Die Lösungen der inhomogenen Gleichung $p(D)[y] = q(t)$ bilden einen affinen Raum der Gestalt $y_0 + \mathrm{Ker}(p(D))$. Es genügt also, die homogene Gleichung zu lösen und eine partikuläre Lösung der inhomogenen Gleichung zu finden. Das letztere Problem wurde in diesem Abschnitt nur unter speziellen Voraussetzungen angepackt:

- Das charakteristische Polynom ist normiert und seine Koeffizienten sind reell.

- Die Inhomogenität hat die Gestalt $q(t) = f(t)e^{\lambda t}$, mit einem Polynom vom Grad s.

Dann gibt es eine **partikuläre Lösung** der Gestalt $y_p(t) = g(t)e^{\lambda t}$ mit einem Polynom $g(t)$, so dass gilt:

1. Ist λ keine Nullstelle von p, so hat auch g den Grad s.

2. Ist λ eine Nullstelle der Ordnung m von p, so hat g den Grad $s + m$.

Mit dieser Information kann man das gesuchte Polynom g mit unbestimmten Koeffizienten ansetzen, den Operator auf den Ansatz anwenden und dann das entstandene Gleichungssystem für die Koeffizienten lösen.

3.6.10. Aufgaben

A. Sei $p(D) = \sum_{i=1}^{n} a_i D^i$ ein linearer Differentialoperator mit konstanten Koeffizienten. Zeigen Sie, dass man die Koeffizienten a_i aus den Werten $p(D)[f]$ (mit $f \in \mathcal{C}^n(I)$) gewinnen kann.

B. Bestimmen Sie die Lösungsmenge der folgenden DGLn:

    (a) $y''' - 7y' + 6y = 0$,

    (b) $y''' - y'' - 8y' + 12y = 0$,

    (c) $y''' - 4y'' + 13y' = 0$.

C. Lösen Sie die DGL $y''' - 2y'' - 3y' = 0$.

D. Lösen Sie die DGL $y^{(4)} + 4y''' + 6y'' + 4y' + y = 0$.

E. Bestimmen Sie ein Fundamentalsystem von Lösungen für $y''' - y = 0$.

F. Zeigen Sie:

    (a) Sind die Funktionen f_i jeweils Lösung der DGL $p(D)[y] = g_i(t)$, so ist $c_1 f_1 + \cdots + c_k f_k$ Lösung der DGL $p(D)[y] = c_1 g_1(t) + \cdots + c_k g_k(t)$.

    (b) Ist Q eine komplexwertige Funktion und Y eine (komplexe) Lösung der DGL $p(D)[y] = Q(t)$, so ist $\mathrm{Re}(Y)$ eine Lösung der DGL $p(D)[y] = \mathrm{Re}(Q(t))$.

4 Vertauschung von Grenzprozessen

4.1 Gleichmäßige Konvergenz

Zur Einführung: In diesem Kapitel soll die Vertauschbarkeit verschiedener Grenzwertbildungen untersucht werden, z.B. Limes und Integral oder Limes und Ableitung. Seit Abschnitt 2.4 (über Potenzreihen) sind wir schon mit Reihen von Funktionen vertraut, jetzt wollen wir auch Folgen von Funktionen untersuchen. Da punktweise Konvergenz in vielen Fällen für eine Vertauschbarkeit mit anderen Grenzprozessen nicht ausreicht und die normale Konvergenz speziell auf Reihen zugeschnitten ist, brauchen wir einen weiteren Konvergenzbegriff, die „gleichmäßige Konvergenz". Diese ist gerade so gestrickt, dass der Limes einer gleichmäßig konvergenten Folge von stetigen Funktionen wieder eine stetige Funktion ist.

Definition (punktweise Konvergenz)

Es sei $M \subset \mathbb{R}^n$ eine beliebige Teilmenge. Eine Folge von Funktionen $f_n : M \to \mathbb{R}$ **konvergiert punktweise** gegen eine Funktion $f : M \to \mathbb{R}$, falls gilt:

$$\text{Für jeden Punkt } \mathbf{x} \in M \text{ ist } \lim_{n \to \infty} f_n(\mathbf{x}) = f(\mathbf{x}).$$

Das Verhalten der Funktionenfolge wird also in jedem einzelnen Punkt $\mathbf{x} \in M$ gesondert untersucht. Das globale Verhalten der beteiligten Funktionen spielt dabei keine Rolle.

4.1.1. Beispiel

Sei $I := [0,1] \subset \mathbb{R}$ und $f_n : I \to \mathbb{R}$ definiert durch $f_n(x) := x^n$. Dann konvergiert diese Funktionenfolge punktweise gegen die Funktion

$$f(x) := \begin{cases} 0 & \text{für } 0 \le x < 1, \\ 1 & \text{für } x = 1. \end{cases}$$

Obwohl alle Funktionen f_n stetig sind, ist die Grenzfunktion f nicht stetig. Das ist ein wenig wünschenswertes Verhalten.

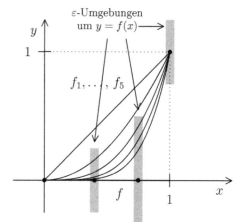

Wir brauchen also einen besseren Konvergenzbegriff für Funktionenfolgen! Die Idee ist, statt zu jedem einzelnen $y = f(x)$ eine eigene ε-Umgebung zu vorzugeben, einen

© Springer-Verlag GmbH Deutschland, ein Teil von Springer Nature 2020
K. Fritzsche, *Grundkurs Analysis 1*,
https://doi.org/10.1007/978-3-662-60813-5_4

„ε-Schlauch" um den Graphen von f zu legen. Definieren wir also erst mal einen solchen ε-**Schlauch** um eine Funktion $f : M \to \mathbb{R}$:

$$S_\varepsilon(f) := \{(\mathbf{x}, y) \in M \times \mathbb{R} : f(\mathbf{x}) - \varepsilon < y < f(\mathbf{x}) + \varepsilon\}.$$

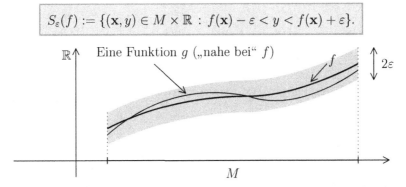

Eine Funktion $g : M \to \mathbb{R}$ liegt in dem ε-Schlauch, wenn der Graph von g zwischen den Graphen von $f - \varepsilon$ und $f + \varepsilon$ liegt.

Definition (gleichmäßige Konvergenz)

Eine Folge von Funktionen $f_n : M \to \mathbb{R}$ **konvergiert gleichmäßig** auf M gegen eine Funktion $f : M \to \mathbb{R}$, wenn es zu jedem $\varepsilon > 0$ ein n_0 gibt, so dass für $n \geq n_0$ und **alle** $\mathbf{x} \in M$ gilt:

$$|f_n(\mathbf{x}) - f(\mathbf{x})| < \varepsilon.$$

(f_n) konvergiert also genau dann gleichmäßig gegen f, wenn in jedem ε-Schlauch um f fast alle Graphen G_{f_n} liegen.

Dass wir nun den richtigen Konvergenzbegriff gefunden haben, zeigt sich gleich:

4.1.2. Der gleichmäßige Limes stetiger Funktionen ist stetig

(f_n) konvergiere auf M gleichmäßig gegen f, alle f_n seien stetig. Dann ist auch die Grenzfunktion f auf M stetig.

BEWEIS: Stetigkeit ist eine lokale Eigenschaft, die nur in der Nähe eines (beliebigen) Punktes $\mathbf{x}_0 \in M$ gezeigt werden muss.

Sei $\mathbf{x}_k \in M$ eine Folge von Punkten mit $\lim\limits_{k \to \infty} \mathbf{x}_k = \mathbf{x}_0$. Wir müssen zeigen, dass dann auch $\lim_{k \to \infty} f(\mathbf{x}_k) = f(\mathbf{x}_0)$ ist.

Sei $\varepsilon > 0$. Da (f_n) gleichmäßig auf M gegen f konvergiert, gibt es ein n_0, so dass

$$|f_n(\mathbf{x}) - f(\mathbf{x})| < \frac{\varepsilon}{3} \text{ für } n \geq n_0 \text{ und alle } \mathbf{x} \in M$$

ist. Wir wählen **ein** solches $n \geq n_0$. Da f_n stetig ist, gibt es ein k_0, so dass

$$|f_n(\mathbf{x}_k) - f_n(\mathbf{x}_0)| < \frac{\varepsilon}{3} \text{ für } k \geq k_0$$

ist. Für solche k gilt dann:

$$
\begin{aligned}
|f(\mathbf{x}_k) - f(\mathbf{x}_0)| &\leq |f(\mathbf{x}_k) - f_n(\mathbf{x}_k)| + |f_n(\mathbf{x}_k) - f_n(\mathbf{x}_0)| + |f_n(\mathbf{x}_0) - f(\mathbf{x}_0)| \\
&< \frac{\varepsilon}{3} + \frac{\varepsilon}{3} + \frac{\varepsilon}{3} = \varepsilon.
\end{aligned}
$$

Das zeigt, dass $(f(\mathbf{x}_k))$ gegen $f(\mathbf{x}_0)$ konvergiert.   ∎

4.1.3. Beispiele

A. Die Folge $f_n(x) := x^n$ kann auf $[0, 1]$ nicht gleichmäßig konvergent sein, weil die Grenzfunktion nicht stetig ist. Aber wie steht es mit der Konvergenz auf $I_r := [0, r]$, mit $0 < r < 1$?

Die Folge r^n konvergiert gegen Null, und für $0 \leq x \leq r$ ist $0 \leq x^n \leq r^n$. Zu gegebenem $\varepsilon > 0$ gibt es daher ein n_0, so dass für $n \geq n_0$ gilt:

$$|f_n(x) - 0| = x^n \leq r^n \leq r^{n_0} < \varepsilon.$$

Also konvergiert (f_n) auf dem kleineren Intervall $[0, r]$ gleichmäßig gegen die Nullfunktion.

B. Sei $f_n(x) := \sin(nx)/n$ auf $\mathbb{R}$.

Ist $\varepsilon > 0$ und $n_0 > 1/\varepsilon$, so gilt für $n \geq n_0$:

$$|f_n(x) - 0| = \frac{1}{n}|\sin(nx)| \leq \frac{1}{n} \leq \frac{1}{n_0} < \varepsilon.$$

Also konvergiert (f_n) auf ganz $\mathbb{R}$ gleichmäßig gegen Null.

4.1.4. Die Konvergenz von $f_n \pm g_n$ und $c \cdot f_n$

Wenn (f_n) auf M gleichmäßig gegen f und (g_n) auf M gleichmäßig gegen g konvergiert, dann konvergiert auch $f_n \pm g_n$ gleichmäßig auf M gegen $f \pm g$ und $(c \cdot f_n)$ gleichmäßig auf M gegen $c \cdot f$.

Auf den Beweis verzichten wir hier, es würden nur Argumente aus den Beweisen der Grenzwertsätze wiederholt.

4.1.5. Normale Konvergenz $\implies$ gleichmäßige Konvergenz

Sei $M \subset \mathbb{R}^n$ beliebig. Die Folge der Partialsummen einer normal konvergenten Reihe von Funktionen auf M ist gleichmäßig konvergent.

BEWEIS: Zunächst folgt aus der normalen Konvergenz die punktweise Konvergenz der Funktionenreihe gegen eine Grenzfunktion $f : M \to \mathbb{R}$.

Sei $F_N(\mathbf{x}) := \sum_{n=0}^{N} f_n(\mathbf{x})$ die N–te Partialsumme. Dann gibt es wegen des Cauchy-kriteriums für die normale Konvergenz (vgl. 2.2.4.2, Seite 145) zu jedem $\varepsilon > 0$ ein n_0, so dass gilt:

$$|F_m(\mathbf{x}) - F_{n_0}(\mathbf{x})| < \frac{\varepsilon}{3} \text{ für alle } \mathbf{x} \in M \text{ und alle } m > n_0.$$

Sei nun $n > n_0$ und $\mathbf{x} \in M$ beliebig. Weil die Zahlenfolge $F_N(\mathbf{x})$ gegen $f(\mathbf{x})$ konvergiert, gibt es ein $m = m(\mathbf{x}, \varepsilon) > n_0$, so dass $|F_m(\mathbf{x}) - f(\mathbf{x})| < \varepsilon/3$ ist. Daraus folgt:

$$\begin{aligned}
|F_n(\mathbf{x}) - f(\mathbf{x})| &\leq |F_n(\mathbf{x}) - F_m(\mathbf{x})| + |F_m(\mathbf{x}) - f(\mathbf{x})| \\
&\leq |F_n(\mathbf{x}) - F_{n_0}(\mathbf{x})| + |F_m(\mathbf{x}) - F_{n_0}(\mathbf{x})| + |F_m(\mathbf{x}) - f(\mathbf{x})| \\
&< \frac{\varepsilon}{3} + \frac{\varepsilon}{3} + \frac{\varepsilon}{3} = \varepsilon.
\end{aligned}$$

Also konvergiert (F_N) gleichmäßig gegen f. ∎

4.1.6. Beispiel

Die Umkehrung dieses Satzes gilt nicht. Dazu betrachten wir die Reihe

$$f(x) = \sum_{n=1}^{\infty} (-1)^n \frac{x^n}{n} \quad \text{auf } [0,1].$$

Es sei $f_n(x) := (-1)^n x^n/n$ und $F_N(x) := \sum_{n=1}^{N} f_n(x)$. Weil $\|f_n\| = 1/n$ ist und die harmonische Reihe divergiert, ist die Funktionenreihe nicht normal konvergent. Sie konvergiert aber nach dem Leibniz-Kriterium punktweise gegen eine Grenzfunktion $f(x)$.

Nun ist $F_{2N-1}(x) < f(x) < F_{2N}(x)$ für alle $x \in [0,1]$, sowie

$$F_{2N}(x) - F_{2N-1}(x) = \frac{x^{2N}}{2N} \leq \frac{1}{2N}.$$

Die rechte Seite strebt – unabhängig von x – gegen Null. Daraus folgt, dass die Folge der Partialsummen F_N auf $[0,1]$ gleichmäßig gegen f konvergiert.

4.1.7. Vertauschung von Limes und Integral

Eine Folge von stetigen Funktionen $f_n : [a,b] \to \mathbb{R}$ konvergiere gleichmäßig gegen eine Grenzfunktion $f : [a,b] \to \mathbb{R}$. Dann ist

$$\lim_{n \to \infty} \int_a^b f_n(t)\,dt = \int_a^b f(t)\,dt.$$

BEWEIS: Natürlich ist f als Grenzwert einer gleichmäßig konvergenten Folge von stetigen Funktionen wieder stetig.

Sei $\varepsilon > 0$ vorgegeben. Dann gibt es ein N, so dass für $n \geq N$ und alle $x \in [a, b]$ gilt:

$$|f(x) - f_n(x)| < \frac{\varepsilon}{b - a}.$$

Also ist

$$\left| \int_a^b f(t)\, dt - \int_a^b f_n(t)\, dt \right| = \left| \int_a^b (f(t) - f_n(t))\, dt \right| \leq \int_a^b |f(t) - f_n(t)|\, dt$$

$$< \frac{\varepsilon}{b - a} \cdot (b - a) = \varepsilon.$$

Das ergibt die gewünschte Formel.   ■

Bemerkung: Die Integrierbarkeit von f folgt aus der Stetigkeit. Setzen wir nur voraus, dass die f_n stückweise stetig sind, so können wir mit unseren Mitteln nicht wie oben schließen! In Wirklichkeit gilt der Satz aber viel allgemeiner: Wenn die f_n höchstens abzählbar viele Unstetigkeitsstellen besitzen und dort jeweils die einseitigen Grenzwerte existieren, dann sind die f_n und die Grenzfunktion f im Riemannschen Sinne integrierbar und es gilt der Satz über die Vertauschbarkeit von Limes und Integral. In Band 2 werden wir im Rahmen der Lebesgue-Theorie einen noch allgemeineren Satz beweisen.

4.1.8. Folgerung (Integration von Reihen)

Die Funktionen $f_n : [a, b] \to \mathbb{R}$ seien stetig, und die Reihe $\sum_{n=1}^{\infty} f_n$ sei auf $[a, b]$ **normal** *konvergent gegen f. Dann ist*

$$\int_a^b f(x)\, dx = \sum_{n=1}^{\infty} \int_a^b f_n(x)\, dx.$$

4.1.9. Vertauschung von Limes und Ableitung

Eine Folge von stetig differenzierbaren Funktionen $f_n : [a, b] \to \mathbb{R}$ sei punktweise konvergent gegen eine Funktion $f : [a, b] \to \mathbb{R}$. Außerdem sei f_n' gleichmäßig konvergent. Dann ist f stetig differenzierbar und

$$\lim_{n \to \infty} f_n'(x) = f'(x).$$

BEWEIS: Sei $f^* := \lim_{n \to \infty} f_n'$.

Ist $x_0 \in I$ fest gewählt und $x \in I$ ein weiterer Punkt, so ist

$$f(x) - f(x_0) = \lim_{n \to \infty} (f_n(x) - f_n(x_0)) = \lim_{n \to \infty} \int_{x_0}^{x} f_n'(t)\, dt = \int_{x_0}^{x} f^*(t)\, dt.$$

Also ist $f(x) = f(x_0) + \int_{x_0}^{x} f^*(t)\, dt$ differenzierbar und $f'(x) = f^*(x)$. $\qquad\blacksquare$

4.1.10. Folgerung (Differentiation von Reihen)

*Die Funktionen $f_n : [a,b] \to \mathbb{R}$ seien stetig differenzierbar, die Reihe $\sum_{n=1}^{\infty} f_n$ sei **punktweise** konvergent gegen eine Funktion $f : [a,b] \to \mathbb{R}$ und die Reihe $\sum_{n=1}^{\infty} f_n'$ sei auf $[a,b]$ **normal** konvergent. Dann ist f stetig differenzierbar und*

$$f'(x) = \sum_{n=1}^{\infty} f_n'(x) \ \text{für alle } x \in [a,b].$$

Bemerkung: Alle Definitionen und Sätze lassen sich mühelos auf komplexwertige Funktionen übertragen.

4.1.11. Beispiel

Sei $f_n : [0, 2\pi] \to \mathbb{R}$ definiert durch

$$f_n(x) := \frac{1}{n} \sin(n^2 x).$$

Dann ist $\|f_n - 0\| = \sup\{|f_n(x)| : x \in [0, 2\pi]\} \le 1/n$, also (f_n) gleichmäßig konvergent gegen die Nullfunktion.

$f_n'(x) = n \cos(n^2 x)$ oszilliert mit zunehmendem n immer stärker, und mit wachsender Amplitude. So ist z.B.

$$f_1'(\pi) = -1,\ f_2'(\pi) = 2,\ f_3'(\pi) = -3,\ f_4'(\pi) = 4$$

und allgemein $f_n'(\pi) = n \cdot (-1)^n$. Das bedeutet, dass (f_n') nicht konvergiert. Der Satz über die Vertauschbarkeit von Limes und Ableitung ist hier nicht anwendbar.

Zusammenfassung

Sei $M \subset \mathbb{R}^n$. Eine Folge von Funktionen $f_n : M \to \mathbb{R}$ heißt

- **punktweise konvergent** gegen $f : M \to \mathbb{R}$, falls gilt:

$$\forall\, \mathbf{x} \in M : \lim_{n \to \infty} f_n(\mathbf{x}) = f(\mathbf{x}).$$

- **gleichmäßig konvergent** gegen $f : M \to \mathbb{R}$, falls gilt:

$$\forall\, \varepsilon > 0\ \exists\, n_0,\ \text{so dass } \forall\, n \ge n_0 : \forall\, \mathbf{x} \in M \text{ ist } |f_n(\mathbf{x}) - f(\mathbf{x})| < \varepsilon.$$

Der Grenzwert einer gleichmäßig konvergenten Folge von stetigen Funktionen ist wieder stetig, bei punktweise konvergenten Funktionenfolgen kann man das im allgemeinen nicht erwarten.

Eine Funktionenreihe heißt gleichmäßig konvergent, falls die Folge der Partialsummen gleichmäßig konvergent ist. Jede normal konvergente Reihe ist gleichmäßig konvergent, die Umkehrung gilt im allgemeinen nicht!

Gleichmäßig konvergente Folgen und Reihen verhalten sich gutartig bei der Vertauschung mit Integralen und – richtig verstanden – auch mit Ableitungen.

- Konvergiert eine Folge von stetigen Funktionen $f_n : [a, b] \to \mathbb{R}$ gleichmäßig gegen eine (dann auch stetige) Funktion $f : [a, b] \to \mathbb{R}$, so kann man Limes und Integral vertauschen:

$$\lim_{n \to \infty} \int_a^b f_n(t)\,dt = \int_a^b f(t)\,dt.$$

- Bei der Ableitung verhält es sich kurioserweise (oder – wenn man genauer darüber nachdenkt – natürlicherweise) etwas anders: Ist (f_n) eine punktweise konvergente Folge von stetig differenzierbaren Funktionen und konvergiert die Folge der **Ableitungen** gleichmäßig, so kann man Limes und Ableitung vertauschen. Insbesondere ist die Grenzfunktion der Folge (f_n) stetig differenzierbar und

$$\lim_{n \to \infty} f_n'(t) = (\lim_{n \to \infty} f_n)'(t).$$

Beide Sätze übertragen sich sinngemäß auf Reihen von Funktionen, wobei man die Voraussetzung „gleichmäßig konvergent" durch die stärkere Bedingung „normal konvergent" ersetzen kann.

Ergänzungen

Es soll ein Beispiel einer Funktion vorgestellt werden, die überall stetig und nirgends differenzierbar ist. Diese Funktion, die sogenannte Takagi-Funktion, wird als Grenzwert einer Funktionenreihe konstruiert.

Sei $a_n := 4^{-n}/2$ und $f_n(x) := |x|$ für $-a_n \le x \le a_n$. Außerhalb dieses Intervalls sei f_n periodisch fortgesetzt, also $f_n(x + 2a_n) = f_n(x)$ auf ganz $\mathbb{R}$. Dann ist f_n stetig auf $\mathbb{R}$ (eine Zickzack-Funktion) und $\|f_n\| = a_n$. Die Punkte ka_n, $k \in \mathbb{Z}$, sind die einzigen, in denen f_n nicht differenzierbar ist. Dazwischen liegen jeweils offene Intervalle der Länge a_n, auf denen f_n affin-linear mit der Steigung $+1$ oder -1 ist.

Weil $\sum_{n=1}^{\infty} a_n = (1/2) \sum_{n=1}^{\infty} (1/4)^n$ konvergiert, ist $\sum_{n=1}^{\infty} f_n$ eine normal konvergente Reihe und die Grenzfunktion f stetig auf $\mathbb{R}$.

Sei nun $x_0 \in \mathbb{R}$ beliebig. Dann ist f_n auf $I_+ := [x_0, x_0 + a_{n+1}]$ oder auf $I_- := [x_0 - a_{n+1}, x_0]$ affin-linear mit Steigung $+1$ oder -1. Wir nehmen an, dass der erste Fall zutrifft, also f_n affin-linear auf I_+ ist. Die Funktionen f_k mit $k < n$ sind dann auf I_+ ebenfalls affin-linear mit Steigung ± 1.

Also ist in diesem Fall

$$\frac{f_k(x_0 + a_{n+1}) - f_k(x_0)}{a_{n+1}} = \pm 1 \text{ für } k \leq n.$$

Dagegen ist

$$\frac{f_k(x_0 + a_{n+1}) - f_k(x_0)}{a_{n+1}} = 0 \text{ für } k > n,$$

denn für $k \geq n+1$ ist a_{n+1} eine Periode. Daraus folgt:

$$\frac{f(x_0 + a_{n+1}) - f(x_0)}{a_{n+1}} = \sum_{k=1}^{n} \frac{f_k(x_0 + a_{n+1}) - f_k(x_0)}{a_{n+1}} = \sum_{k=1}^{n} (\pm 1).$$

Die Summe auf der rechten Seite ist eine gerade oder eine ungerade ganze Zahl, je nachdem, ob n gerade oder ungerade ist. Also existiert der Grenzwert der Differenzenquotienten für $n \to \infty$ nicht. Das heißt, dass f in x_0 nicht differenzierbar ist. Weil x_0 beliebig gewählt werden kann, ist f nirgends differenzierbar.

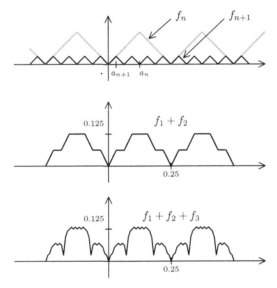

4.1.12. Aufgaben

A. Sei $I \subset \mathbb{R}$ ein Intervall. Zeigen Sie: Eine Funktionenreihe $\sum_{\nu=0}^{\infty} f_\nu$ konvergiert genau dann auf I gleichmäßig gegen eine Grenzfunktion $f : I \to \mathbb{R}$, wenn es eine Nullfolge (a_n) gibt, so dass $|f(x) - \sum_{\nu=0}^{n} f_\nu(x)| \leq a_n$ für fast alle n und alle $x \in I$ gilt.

B. Zeigen Sie, dass $\displaystyle\sum_{\nu=0}^{\infty} \frac{1}{(x+\nu)(x+\nu+1)}$ auf $\mathbb{R}_+$ gleichmäßig gegen $f(x) := 1/x$ konvergiert.

C. Zeigen Sie, dass die Funktionenfolge $f_n(x) := x^2/(1 + nx^2)$ auf ganz $\mathbb{R}$ gleichmäßig konvergiert.

D. Sei $f_n(x) := \begin{cases} 4n^2x & \text{für } 0 \le x \le 1/2n, \\ 4n - 4n^2x & \text{für } 1/2n < x \le 1/n, \\ 0 & \text{für } 1/n < x \le 1. \end{cases}$

Zeigen Sie, dass (f_n) auf $[0,1]$ punktweise gegen 0 konvergiert, dass aber $\int_0^1 f_n(x)\,dx = 1$ für alle n gilt. Konvergiert (f_n) gleichmäßig?

E. Sei $I \subset \mathbb{R}$ ein offenes Intervall und (f_n) eine Folge stetig differenzierbarer Funktionen auf I. Es gebe **einen** Punkt $a \in I$, so dass die Folge $(f_n(a))$ gegen eine Zahl c konvergiert, und die Folge der Ableitungen f_n' sei auf jedem abgeschlossenen Teilintervall von I gleichmäßig konvergent gegen eine (stetige) Funktion g.

Zeigen Sie, dass (f_n) auf jedem abgeschlossenen Teilintervall von I gleichmäßig gegen eine differenzierbare Funktion f konvergiert und dass $f' = g$ ist.

F. Bestimmen Sie das Konvergenzverhalten und ggf. den Grenzwert der durch $f_n(x) := x^{2n}/(1 + x^{2n})$ gegebenen Funktionenfolge.

G. Die Formel $\lim_{n\to\infty} \int_a^b f_n(t)\,dt = \int_a^b \lim_{n\to\infty} f_n(t)\,dt$ kann auch gelten, wenn (f_n) nicht gleichmäßig konvergiert. Demonstrieren Sie das am Beispiel der Folge $f_n(x) := x^n$ auf $[0,1]$.

H. Es sei (f_n) eine Funktionenfolge auf $I := [a,b]$, die gleichmäßig gegen Null konvergiert. Außerdem sei $f_{n+1}(x) \le f_n(x)$ für alle $x \in I$. Zeigen Sie, dass die Reihe $\sum_{n=1}^\infty (-1)^{n+1} f_n$ auf I gleichmäßig konvergiert.

I. Untersuchen Sie, ob die Reihe $\sum_{n=0}^\infty x^n$ auf $(-1, 1)$ gleichmäßig konvergiert.

4.2   Die Taylorentwicklung

Zur Einführung: In Abschnitt 2.2.4 haben wir reelle und komplexe Potenzreihen untersucht. Insbesondere hat sich gezeigt, dass die Grenzfunktion einer Potenzreihe im Konvergenzkreis stetig ist. Beispiele waren die Exponentialfunktion, der Sinus und der Cosinus. Wir werden nun sehen, dass Potenzreihen sogar immer beliebig oft differenzierbar sind, und wir werden weitere Beispiele kennen lernen. Aber nicht alle beliebig oft differenzierbaren Funktionen können durch eine Potenzreihe dargestellt werden. Die Taylorentwicklung einer Funktion liefert dann zumindest ein Polynom, das die Funktion approximiert. Das allein stellt schon ein wichtiges Werkzeug für die intensivere Untersuchung von Funktionen dar. Darüber hinaus gewinnen wir aus der Taylorentwicklung Kriterien für die Konvergenz der Taylorreihe gegen die Funktion.

Der Satz über die Differenzierbarkeit von Reihen liefert:

4.2.1. Satz

Sei $f(x) = \sum_{n=0}^{\infty} c_n(x-a)^n$ eine Potenzreihe mit reellen Koeffizienten, Entwicklungspunkt $a \in \mathbb{R}$ und Konvergenzradius $R > 0$. Dann ist die Grenzfunktion $f(x)$ auf dem Konvergenzintervall $(a-R, a+R)$ stetig differenzierbar, und die Reihe

$$\sum_{n=1}^{\infty} n \cdot c_n(x-a)^{n-1}$$

konvergiert auf jedem abgeschlossenen Teilintervall des Konvergenzintervalls normal (und damit gleichmäßig) gegen die Ableitung $f'(x)$.

Potenzreihen können also gliedweise differenziert werden!

BEWEIS: Die Funktionenfolge $F_N(x) := \sum_{n=0}^{N} c_n(x-a)^n$ konvergiert auf dem Konvergenzintervall $(a-R, a+R)$ punktweise und auf abgeschlossenen Teilintervallen sogar normal (und damit gleichmäßig) gegen eine stetige Funktion f. Jede der Funktionen F_N ist stetig differenzierbar, und die Folge der Ableitungen F_N' konvergiert nach dem Satz über das Konvergenzverhalten von Potenzreihen auf jedem abgeschlossenen Teilintervall normal (und damit auch wieder gleichmäßig) gegen eine auf $(a-R, a+R)$ stetige Funktion g

Also ist f sogar stetig differenzierbar und $f' = g$.   ■

4.2.2. Folgerung

Eine (reelle) Potenzreihe $f(x) = \sum_{n=0}^{\infty} c_n(x-a)^n$ ist im Konvergenzintervall beliebig oft differenzierbar, und es gilt:

$$c_n = \frac{f^{(n)}(a)}{n!}, \quad \text{für alle } n \geq 0.$$

BEWEIS: Da die Ableitung einer Potenzreihe wieder eine Potenzreihe ist, kann man das Argument von Satz 4.4.2.1 wiederholen und erhält die beliebige Differenzierbarkeit. Wir müssen nur noch die Formel beweisen. Offensichtlich ist

$$f^{(k)}(x) = \sum_{n=k}^{\infty} n(n-1)\cdots(n-k+1)c_n(x-a)^{n-k}.$$

Setzt man $x = a$ ein, so erhält man:

$$f^{(k)}(a) = k(k-1)\cdots(k-k+1) \cdot c_k = k!\, c_k.$$

■

Ist umgekehrt $f : I \to \mathbb{R}$ eine beliebig oft differenzierbare Funktion, so kann man in jedem Punkt $a \in I$ die **Taylorreihe**

$$Tf(x;a) := \sum_{n=0}^{\infty} \frac{f^{(n)}(a)}{n!}(x-a)^n$$

bilden. Allerdings ist i.a. nicht klar, ob f durch seine Taylorreihe dargestellt wird.

4.2.3. Beispiele

A. Sei $f(x) = \sum_{n=0}^{\infty} c_n(x-a)^n$ eine konvergente Potenzreihe mit Konvergenzradius R. Dann ist die Grenzfunktion f auf dem Konvergenzintervall beliebig oft differenzierbar, und dort ist auch $Tf(x;a) = f(x)$. Das lässt sich z.B. auf $\exp x$, $\sin x$ und $\cos x$ anwenden.

B. Wir betrachten die Potenzreihe $\sum_{n=0}^{\infty}(-1)^n x^{2n}$. Dann ist $a = 0$ und $R = 1$, und da es sich um eine geometrische Reihe handelt, ergibt sich als Grenzwert die Funktion

$$\sum_{n=0}^{\infty}(-1)^n x^{2n} = \sum_{n=0}^{\infty}(-x^2)^n = \frac{1}{1+x^2}.$$

Die Grenzfunktion ist auf ganz $\mathbb{R}$ definiert und beliebig oft differenzierbar, aber die Taylorreihe konvergiert nur auf $(-1,+1)$.

C. Noch verrückter verhält sich die Funktion

$$f(x) := \begin{cases} \exp\left(-1/x^2\right) & \text{für } x \neq 0 \\ 0 & \text{für } x = 0 \end{cases}$$

Offensichtlich ist f stetig und für $x \neq 0$ beliebig oft differenzierbar. Außerdem ist $x = 0$ die einzige Nullstelle von f.

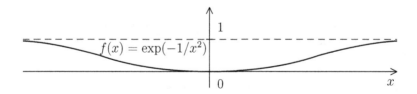

Wir wollen zeigen, dass f nur im Nullpunkt mit seiner Taylorreihe über-einstimmt. Dazu zeigen wir: *Es gibt rationale Funktionen $q_k(x)$ (mit 0 als einziger Polstelle), so dass gilt:*

$$f^{(k)}(x) = q_k(x) \cdot e^{-1/x^2}, \quad \text{für } x \neq 0 \text{ und } k \in \mathbb{N}_0.$$

Den BEWEIS dazu führen wir durch vollständige Induktion:

Offensichtlich können wir $q_0(x) := 1$ setzen. Ist nun $k \geq 1$ und die Behauptung für $k - 1$ schon bewiesen, so folgt:

$$
\begin{aligned}
f^{(k)}(x) &= f^{(k-1)'}(x) \\
&= q'_{k-1}(x) \cdot e^{-1/x^2} + q_{k-1}(x) \cdot 2x^{-3} \cdot e^{-1/x^2} \\
&= (q'_{k-1}(x) + 2q_{k-1}(x)x^{-3}) \cdot e^{-1/x^2}.
\end{aligned}
$$

Also hat $f^{(k)}$ die gewünschte Gestalt.   ∎

Da die Exponentialfunktion stärker als jedes Polynom wächst, folgt:

$$
\lim_{x \to 0} f^{(k)}(x) = \lim_{x \to 0} \frac{q_k(x)}{e^{1/x^2}} = \lim_{x \to \infty} \frac{q_k(1/x)}{e^{x^2}} = 0.
$$

Also ist f auch im Nullpunkt beliebig oft differenzierbar, und $f^{(k)}(0) = 0$ für alle $k \in \mathbb{N}_0$.

Damit folgt, dass $Tf(x; 0) \equiv 0$ ist. Da die Funktion außerhalb des Nullpunktes stets $\neq 0$ ist, konvergiert die Taylorreihe nur im Entwicklungspunkt selbst gegen die Funktion.

Wir suchen nun nach einem Kriterium, an dem man ablesen kann, ob eine Taylorreihe gegen ihre zugehörige Funktion konvergiert.

Definition   (Taylorpolynom)

Sei $I \subset \mathbb{R}$ ein Intervall, $f \in \mathcal{C}^n(I)$ und $a \in I$ ein fester Punkt. Das Polynom

$$
T_n f(x) = T_n f(x; a) := \sum_{k=0}^{n} \frac{f^{(k)}(a)}{k!} (x - a)^k
$$

heißt n-*tes Taylorpolynom* von f in a.

Offensichtlich ist

$$
T_1 f(x; a) = f(a) + f'(a)(x - a) \quad (= \text{lineare Approximation von } f \text{ in } a)
$$

und $T_2 f(x; a) = f(a) + f'(a)(x - a) + \dfrac{1}{2} f''(a)(x - a)^2.$

Weil $(T_n f)^{(k)}(a) = f^{(k)}(a)$ für $k = 0, 1, 2, \ldots, n$ gilt, ist das Taylorpolynom ein guter Kandidat für eine Approximation von f in der Nähe von a.

Nun geht es um das Verhalten des **Restgliedes** $\boxed{R_n f(x) := f(x) - T_n f(x)}$ in der Nähe von a:

4.2.4. Satz von der Taylorentwicklung

Es sei f auf I n-mal differenzierbar und $R_n f(x) := f(x) - T_n f(x)$.

1. *Es gibt eine Funktion $\eta(x)$ mit $\lim\limits_{x \to a} \eta(x) = 0$, so dass gilt:*

$$R_n f(x) = \eta(x) \cdot (x - a)^n.$$

2. *Ist f auf I sogar $(n+1)$-mal differenzierbar, so gibt es zu jedem $x \neq a$ ein $c = c(x)$ zwischen a und x, so dass gilt:*

$$R_n f(x) = \frac{f^{(n+1)}(c)}{(n+1)!} \cdot (x - a)^{n+1}.$$

Man spricht dann auch von der „Lagrange'schen Form" des Restgliedes.

Bemerkung: Die Darstellung

$$f(x) = T_n f(x; a) + R_n f(x) = \sum_{k=0}^{n} \frac{f^{(k)}(a)}{k!}(x-a)^k + \frac{f^{(n+1)}(c)}{(n+1)!} \cdot (x-a)^{n+1}$$

nennt man die **Taylorentwicklung** der Ordnung n von f im Punkte a.

BEWEIS: Wir beginnen mit dem zweiten Teil. Für $x \neq a$ ist

$$f(x) = T_n f(x) + \varphi(x) \cdot (x - a)^{n+1}, \quad \text{mit } \varphi(x) := \frac{R_n f(x)}{(x - a)^{n+1}}.$$

Zähler und Nenner dieses Quotienten sind $(n+1)$-mal differenzierbar, und es ist $R_n f(a) = f(a) - f(a) = 0$. Der 2. Mittelwertsatz liefert zu jedem $x \neq a$ die Existenz einer Zahl $c_1 = c_1(x)$ zwischen a und x, so dass gilt:

$$\varphi(x) = \frac{R_n f(x) - R_n f(a)}{(x - a)^{n+1}} = \frac{(R_n f)'(c_1)}{(n+1)(c_1 - a)^n}.$$

Die $(n+1)$-te Ableitung von $(x-a)^{n+1}$ ergibt $(n+1)!$, die $(n+1)$-te Ableitung von $R_n f(x)$ ergibt $f^{(n+1)}(x)$, weil $T_n f(x)$ nur den Grad n hat. Eine $(n+1)$-fache Anwendung des 2. Mittelwertsatzes ergibt somit

$$\begin{aligned}
\varphi(x) &= \frac{(R_n f)'(c_1)}{(n+1)(c_1 - a)^n} \\
&= \frac{(R_n f)''(c_2)}{n(n+1)(c_2 - a)^{n-1}} \\
&\vdots \\
&= \frac{(R_n f)^{(n+1)}(c_{n+1})}{(n+1)!} = \frac{f^{(n+1)}(c_{n+1})}{(n+1)!},
\end{aligned}$$

mit geeigneten Punkten $c_i = c_i(x)$ zwischen a und x. Setzt man $c := c_{n+1}$, so erhält man

$$R_n f(x) = \frac{f^{(n+1)}(c)}{(n+1)!}(x-a)^{n+1}.$$

Wir zeigen jetzt die erste Aussage des Satzes, indem wir den schon bewiesenen zweiten Teil auf die Funktion $g := R_n f = f - T_n f$ anwenden. Es ist

$$g(a) = g'(a) = \ldots = g^{(n)}(a) = 0, \text{ also } T_k g(x) \equiv 0 \text{ für } k = 1, \ldots, n.$$

Weil f nur n-mal differenzierbar ist, ist auch g nur n-mal differenzierbar. Uns genügt allerdings zunächst schon die $(n-1)$-malige Differenzierbarkeit. Dann gibt es nämlich zu jedem $x \in I$ ein $c(x)$ zwischen a und x mit

$$g(x) = g(x) - T_{n-2}g(x) = \frac{g^{(n-1)}(c(x))}{(n-1)!}(x-a)^{n-1} = \eta(x) \cdot (x-a)^n,$$

wobei

$$\eta(x) := \begin{cases} \dfrac{g^{(n-1)}(c(x))}{(n-1)!(x-a)} & \text{für } x \neq a, \\ 0 & \text{für } x = a. \end{cases}$$

Da $g^{(n-1)}$ noch einmal differenzierbar ist, gibt es eine Funktion Δ mit

$$g^{(n-1)}(c(x)) = g^{(n-1)}(a) + (c(x)-a) \cdot \Delta(c(x)) \quad \text{und} \quad \lim_{y \to a} \Delta(y) = g^{(n)}(a) = 0.$$

Dann ist

$$\eta(x) = \frac{(c(x)-a)}{(n-1)!(x-a)} \cdot \Delta(c(x)),$$

und es ist klar, dass $\eta(x)$ für $x \to a$ gegen Null konvergiert. Daraus folgt die erste Behauptung. $\blacksquare$

Bemerkung: Die Beziehung $\lim\limits_{x \to a} \dfrac{f(x)}{g(x)} = 0$ wird gerne mit Hilfe des *Landau'schen Symbols* o abgekürzt:

$$f(x) = o(g(x)) \qquad (\text{für } x \to a).$$

Man kann dafür sagen: „$f(x)$ ist von der Ordnung $g(x)$". Zum Beispiel ist

$$(1+x)^n = 1 + nx + \frac{n(n-1)}{2}x^2 + \ldots = 1 + nx + o(x), \text{ (für } x \to 0)$$

oder $\quad x \cdot \sin(1/x) = o(1)$ (für $x \to 0$).

Im Falle der Taylorentwicklung kann man nun schreiben: Ist $f \in \mathcal{C}^n(I)$, so ist

$$f(x) = T_n f(x) + o((x-a)^n), \text{ (für } x \to a).$$

Wir können jetzt auch die Frage, wann eine Taylorreihe gegen ihre Funktion konvergiert, beantworten. Die Taylor'sche Formel liefert: $f(x) = T_n f(x) + R_n f(x)$, wobei $T_n f(x)$ das n-te Taylorpolynom und $R_n f(x)$ das zugehörige Restglied ist. Offensichtlich gilt:

$$Tf(x) \text{ konvergiert gegen } f(x) \iff \lim_{n \to \infty} R_n f(x) = 0.$$

4.2.5. Konvergenzkriterium für die Taylorreihe

Sei $I \subset \mathbb{R}$ ein Intervall, $x_0 \in I$ und $f : I \to \mathbb{R}$ beliebig oft differenzierbar. Gibt es Konstanten $C, r > 0$, so dass $|f^{(n)}(x)| \le C \cdot r^n$ für alle $n \in \mathbb{N}$ und alle $x \in I$ gilt, so konvergiert die Taylorreihe Tf von f in x_0 auf ganz I gegen f.

BEWEIS: Zu jedem $x \in I$ gibt es ein c zwischen x und x_0 mit

$$|R_n f(x)| = \left| \frac{f^{(n+1)}(c)}{(n+1)!} \cdot (x - x_0)^{n+1} \right| \le C \cdot \frac{(r \cdot |x - x_0|)^{n+1}}{(n+1)!},$$

und die rechte Seite konvergiert gegen Null, wegen der Konvergenz der Exponentialreihe. Das gilt unabhängig von x.   ∎

4.2.6. Beispiele

A. Es ist

$$\sin(x) = \sum_{k=0}^{n} \frac{(-1)^k}{(2k+1)!} \, x^{2k+1} + \mathrm{o}(x^{2n+2}).$$

Weil alle geraden Ableitungen des Sinus bei $x = 0$ verschwinden, gewinnt man eine Ordnung zusätzlich.

In diesem Fall ist die Funktion durch die Taylorreihe definiert worden. Die Frage, ob die Taylorreihe gegen die Funktion konvergiert, stellt sich also nicht.

B. Analog ist

$$\cos(x) = \sum_{k=0}^{n} \frac{(-1)^k}{(2k)!} \cdot x^{2k} + \mathrm{o}(x^{2n+1}).$$

C. Im Falle der Funktion

$$f(x) := \begin{cases} \exp\left(-1/x^2\right) & \text{für } x \ne 0 \\ 0 & \text{für } x = 0 \end{cases}$$

ist jedes Taylorpolynom $T_n f(x; 0) \equiv 0$. Man sagt auch, f ist im Nullpunkt „flach". Die Taylorentwicklung ist dort ziemlich wertlos.

D. Die Funktion $f(x) := \ln(1+x)$ ist im Intervall $I = (-1,1)$ beliebig oft differenzierbar. Die Ableitung $f'(x)$ kann durch die geometrische Reihe

$$f'(x) = \frac{1}{1+x} = \sum_{n=0}^{\infty}(-1)^n x^n$$

dargestellt werden. Als Potenzreihe ist diese Reihe gleich ihrer eigenen Taylorreihe. Allerdings ist $f'(x)$ auch für $x > 1$ definiert, während die Reihe dort divergiert. Weiter gilt

$$f(x) = f(x) - f(0) = \int_0^x f'(t)\,dt = \sum_{n=0}^{\infty}(-1)^n \int_0^x t^n\,dt$$

$$= \sum_{n=0}^{\infty}(-1)^n \frac{t^{n+1}}{(n+1)}\Big|_0^x = \sum_{n=0}^{\infty}(-1)^n \frac{x^{n+1}}{(n+1)}\,.$$

Also ist

$$\ln(1+x) = \sum_{n=1}^{\infty}(-1)^{n-1}\frac{x^n}{n}\,.$$

Die alternierende Reihe $\sum_{n=1}^{\infty}(-1)^n/n$ konvergiert nach dem Leibniz–Kriterium. Die Grenzfunktion $f(x) = \ln(1+x)$ der Potenzreihe ist in $x = 1$ noch stetig, mit $f(1) = \ln(2)$. Aus dem Abel'schen Grenzwertsatz folgt jetzt:

$$\sum_{n=1}^{\infty}(-1)^{n-1}\frac{1}{n} = \ln(2).$$

E. Wir betrachten die Funktion $f(x) := \arctan(x)$. Es ist

$$f'(x) = \frac{1}{1+x^2} = \sum_{n=0}^{\infty}(-1)^n x^{2n},$$

nach der Summenformel für die geometrische Reihe. Die Gleichung gilt für $|x| < 1$. Für solche x ist dann

$$f(x) = \int_0^x \frac{dt}{1+t^2} = \sum_{n=0}^{\infty}(-1)^n \int_0^x t^{2n}\,dt = \sum_{n=0}^{\infty}(-1)^n \frac{x^{2n+1}}{2n+1}\,.$$

Auch hier gilt die Darstellung nicht über $(-1,1)$ hinaus. Lediglich am rechten Randpunkt des Intervalls geht noch etwas. Nach dem Leibniz–Kriterium ist $\sum_{n=0}^{\infty}(-1)^n/(2n+1)$ konvergent, und $f(x) = \arctan(x)$ ist bei $x = 1$ noch stetig, mit $f(1) = \pi/4$. Der Abel'sche Grenzwertsatz liefert

$$\sum_{n=0}^{\infty}(-1)^n \frac{1}{2n+1} = \frac{\pi}{4}.$$

Zum Schluss wollen wir noch eine besonders interessante Taylorentwicklung betrachten. Wir beginnen mit dem Polynom

$$p(x) := (1 + x)^n = \sum_{k=0}^{n} \frac{p^{(k)}(0)}{k!} x^k,$$

mit $p^{(0)}(0) = p(0) = 1$ und $p^{(k)}(0) = n(n-1) \cdot \ldots \cdot (n-k+1)$, für $1 \le k \le n$, also

$$(1 + x)^n = \sum_{k=0}^{n} \binom{n}{k} x^k.$$

Das wollen wir jetzt verallgemeinern und die Funktion

$$f(x) := (1 + x)^\alpha \quad \text{für } |x| < 1 \text{ und } \alpha \in \mathbb{R}$$

untersuchen. Hier ist

$$\frac{f^{(k)}(0)}{k!} = \frac{\alpha(\alpha - 1) \cdot \ldots \cdot (\alpha - k + 1)}{k!} =: \binom{\alpha}{k}.$$

Die **verallgemeinerten Binomialkoeffizienten** $\binom{\alpha}{k}$ werden durch die obige Gleichung definiert. Insbesondere setzt man $\binom{\alpha}{0} := 1$. Man beachte, dass diese Zahlen weder ganz noch positiv zu sein brauchen. Es gilt aber z.B.

$$
\begin{aligned}
\binom{\alpha - 1}{k} + \binom{\alpha - 1}{k - 1} &= \frac{(\alpha - 1) \cdots (\alpha - k)}{k!} + \frac{(\alpha - 1) \cdots (\alpha - k + 1)}{(k - 1)!} \\
&= \frac{(\alpha - 1) \cdot (\alpha - k + 1)((\alpha - k) + k)}{k!} = \binom{\alpha}{k}.
\end{aligned}
$$

4.2.7. Satz

Die Binomialreihe $B(x) := \sum_{n=0}^{\infty} \binom{\alpha}{n} x^n$ konvergiert für $|x| < 1$ gegen $(1 + x)^\alpha$.

BEWEIS: 1) Den Konvergenzradius der Reihe bestimmen wir mit der Quotientenregel: Es ist $c_n = \binom{\alpha}{n}$ und

$$
\begin{aligned}
\left| \frac{c_n}{c_{n+1}} \right| &= \left| \frac{\alpha(\alpha - 1) \cdot \ldots \cdot (\alpha - n + 1) \cdot (n+1)!}{\alpha(\alpha - 1) \cdot \ldots \cdot (\alpha - n) \cdot n!} \right| \\
&= \frac{n + 1}{|\alpha - n|} = \frac{1 + (1/n)}{|1 - (\alpha/n)|},
\end{aligned}
$$

und dieser Ausdruck konvergiert gegen 1.

2) $B(x)$ ist also eine differenzierbare Funktion auf $(-1, +1)$, und es gilt:

$$B'(x) = \sum_{n=1}^{\infty} n \cdot \binom{\alpha}{n} x^{n-1} = \sum_{n=0}^{\infty} (n+1) \cdot \binom{\alpha}{n+1} x^n$$

$$= \alpha \cdot \sum_{n=0}^{\infty} \binom{\alpha-1}{n} x^n,$$

also

$$(1+x)B'(x) = \alpha \cdot \left(\sum_{n=0}^{\infty} \binom{\alpha-1}{n} x^n + \sum_{n=0}^{\infty} \binom{\alpha-1}{n} x^{n+1} \right)$$

$$= \alpha \cdot \left(1 + \sum_{n=1}^{\infty} (\binom{\alpha-1}{n} + \binom{\alpha-1}{n-1}) x^n \right)$$

$$= \alpha \cdot \left(1 + \sum_{n=1}^{\infty} \binom{\alpha}{n} x^n \right) = \alpha \cdot B(x).$$

Setzen wir $h(x) := \dfrac{B(x)}{(1+x)^\alpha}$, so folgt:

$$h'(x) = \frac{(1+x)^\alpha B'(x) - B(x)\alpha(1+x)^{\alpha-1}}{(1+x)^{2\alpha}}$$

$$= \frac{(1+x)^{\alpha-1}}{(1+x)^{2\alpha}} \cdot ((1+x)B'(x) - \alpha B(x)) \equiv 0.$$

Demnach muss $h(x)$ konstant sein. Weil $h(0) = 1$ ist, folgt, dass $B(x) = (1+x)^\alpha$ für $|x| < 1$ ist. ∎

4.2.8. Beispiel

Es ist

$$\sqrt{1+x} = (1+x)^{1/2} = \sum_{n=0}^{\infty} \binom{\frac{1}{2}}{n} x^n = 1 + \frac{1}{2}x - \frac{1}{8}x^2 + \frac{1}{16}x^3 \pm \cdots.$$

Bemerkung: Sei $M \subset \mathbb{R}$ offen. Eine Funktion $f : M \to \mathbb{R}$ heißt bei x_0 *in eine Potenzreihe entwickelbar*, falls ein $\varepsilon > 0$ existiert, so dass gilt:

$$f(x) = \sum_{\nu=0}^{\infty} a_\nu (x - x_0)^\nu, \quad \text{für } x \in U_\varepsilon(x_0) \cap M.$$

f heißt auf M *analytisch*, falls f bei jedem Punkt $x \in M$ in eine Potenzreihe entwickelbar ist.

Ist f analytisch, so ist f beliebig oft differenzierbar, und die Taylorreihe von f in einem Punkt $x \in M$ konvergiert auf einer ganzen Umgebung von x gegen f. Jede konvergente Potenzreihe ist analytisch (der nicht triviale Beweis steht im

Ergänzungsbereich), aber eine beliebig oft differenzierbare Funktion braucht nicht analytisch zu sein.

Als Anwendung der Taylorentwicklung können wir jetzt das Problem der lokalen Extrema abschließend behandeln:

4.2.9. Hinreichendes Kriterium für Extremwerte

Die Funktion f sei in der Nähe von x_0 n-mal stetig differenzierbar. Es sei

$$f^{(k)}(x_0) \;=\; 0 \quad \text{für } k = 1, \ldots, n-1$$
$$\text{und} \quad f^{(n)}(x_0) \;\neq\; 0.$$

Ist n ungerade, so besitzt f in x_0 kein lokales Extremum.

Ist n gerade, so liegt ein lokales Extremum in x_0 vor, und zwar

$$\text{ein Maximum, falls } f^{(n)}(x_0) \;<\; 0 \quad \text{ist,}$$
$$\text{und ein Minimum, falls } f^{(n)}(x_0) \;>\; 0 \quad \text{ist.}$$

BEWEIS: Da $f'(x_0) = f''(x_0) = \ldots = f^{(n-1)}(x_0) = 0$ ist, liefert die Taylorentwicklung mit $h := x - x_0$:

$$f(x) = f(x_0 + h) = f(x_0) + \frac{f^{(n)}(c)}{n!}\,h^n,$$

mit einem geeigneten Wert c zwischen x_0 und x.

Ist $\varepsilon > 0$ klein genug gewählt, so ist $f^{(n)}(x) \neq 0$ für $|x - x_0| < \varepsilon$, und dann hat $f^{(n)}(c)$ das gleiche Vorzeichen wie $f^{(n)}(x_0)$.

Wir betrachten nur den Fall $f^{(n)}(x_0) > 0$, der andere geht analog. Da c von x (und damit von h) abhängt, können wir schreiben:

$$f(x_0 + h) - f(x_0) = \varphi(h) \cdot h^n,$$

mit einer positiven Funktion φ.

Ist n ungerade, so wechselt h^n bei $h = 0$ sein Vorzeichen, und es kann kein Extremwert vorliegen. Ist n gerade, so bleibt h^n immer ≥ 0 und verschwindet bei $h = 0$. Dann besitzt f in x_0 ein Minimum. ∎

Zusammenfassung

Dieser Abschnitt schließt direkt an 2.2.4 (Potenzreihen) an. Mit den Ergebnissen von 4.4.1 folgt, dass eine Potenzreihe $\sum_{n=0}^{\infty} c_n (x-a)^n$ im Konvergenzintervall beliebig oft differenzierbar ist. Insbesondere ist

$$c_n = \frac{f^{(n)}(a)}{n!} \quad \text{für alle } n \geq 0.$$

Ist f eine beliebig oft differenzierbare Funktion, so nennt man

$$Tf(x;a) := \sum_{n=0}^{\infty} \frac{f^{(n)}(a)}{n!}(x-a)^n$$

die **Taylorreihe** von f in a.

Ist $I \subset \mathbb{R}$ ein Intervall, $f \in \mathscr{C}^n(I)$ und $a \in I$, so nennt man

$$T_n f(x) := \sum_{k=0}^{n} \frac{f^{(k)}(a)}{k!}(x-a)^k$$

das n-te **Taylorpolynom** von f in a. Die Differenz $R_n f(x) := f(x) - T_n f(x)$ heißt n-tes **Restglied**.

Die Taylorreihe konvergiert genau dann auf einem Intervall I gegen die Funktion, wenn das Restglied dort gegen Null konvergiert.

Wichtigstes Ergebnis ist der **Satz von der Taylorentwicklung:**

Es sei f auf dem Intervall I n-mal differenzierbar.

1. *Es gibt eine Funktion $\eta(x)$ mit $\lim\limits_{x \to a} \eta(x) = 0$, so dass gilt:*

$$R_n f(x) = \eta(x) \cdot (x-a)^n.$$

2. *Ist f auf I sogar $(n+1)$-mal differenzierbar, so gibt es zu jedem $x \neq a$ ein $c = c(x)$ zwischen a und x, so dass gilt:*

$$R_n f(x) = \frac{f^{(n+1)}(c)}{(n+1)!} \cdot (x-a)^{n+1}.$$

Im letzteren Falle spricht man von der „Lagrange'schen Form" des Restgliedes.

Eine Anwendung ist das folgende **Konvergenzkriterium** für Taylorreihen:
Sei $I \subset \mathbb{R}$ ein Intervall, $x_0 \in I$ und $f : I \to \mathbb{R}$ beliebig oft differenzierbar. Gibt es Konstanten $C, r > 0$, so dass $|f^{(n)}(x)| \leq C \cdot r^n$ für alle $n \in \mathbb{N}$ und alle $x \in I$ gilt, so konvergiert die Taylorreihe von f in x_0 auf ganz I gegen f.

Als Beispiele von Taylorreihen wurden vorgestellt:

$$\exp(x) \;=\; \sum_{n=0}^{\infty} \frac{x^n}{n!},$$

$$\sin x \;=\; \sum_{k=0}^{\infty} \frac{(-1)^k}{(2k+1)!}\, x^{2k+1},$$

$$\cos x \;=\; \sum_{k=0}^{\infty} \frac{(-1)^k}{(2k)!} \cdot x^{2k},$$

$$\ln(1+x) \;=\; \sum_{n=1}^{\infty} (-1)^{n-1} \frac{x^n}{n}, \;\text{für } |x| < 1,$$

$$\arctan x \;=\; \sum_{k=0}^{\infty} (-1)^k \frac{x^{2k+1}}{2k+1}, \;\text{für } |x| < 1.$$

Mit Hilfe des Abel'schen Grenzwertsatzes erhält man aus den beiden letzten Reihen die Summenwerte

$$\sum_{n=1}^{\infty} (-1)^{n-1} \frac{1}{n} = \ln(2) \quad \text{und} \quad \sum_{n=0}^{\infty} (-1)^n \frac{1}{2n+1} = \frac{\pi}{4}.$$

Definiert man noch die verallgemeinerten Binomialkoeffizienten

$$\binom{\alpha}{k} := \frac{\alpha(\alpha-1)\cdot\ldots\cdot(\alpha-k+1)}{k!}\,, \;\text{für } \alpha \in \mathbb{R},$$

so kann man die binomische Reihe (Binomialreihe) betrachten:

$$B(x) := \sum_{n=0}^{\infty} \binom{\alpha}{n} x^n \text{ konvergiert für } |x| < 1 \text{ gegen } (1+x)^{\alpha}.$$

Schließlich kann die Frage nach Extremwerten abschließend beantwortet werden. Ist f in der Nähe von x_0 n-mal stetig differenzierbar, $f^{(k)}(x_0) = 0$ für $k = 1, \ldots, n-1$ und $f^{(n)}(x_0) \neq 0$, so kann man sagen:

- Ist n ungerade, so besitzt f in x_0 kein lokales Extremum.

- Ist n gerade, so liegt ein lokales Extremum in x_0 vor, und zwar

$$\text{ein Maximum, falls } f^{(n)}(x_0) \;<\; 0 \quad \text{ist,}$$
$$\text{und ein Minimum, falls } f^{(n)}(x_0) \;>\; 0 \quad \text{ist.}$$

Ergänzungen

Wir wollen ein weiteres Kriterium für die Entwickelbarkeit in eine Potenzreihe beweisen und zeigen, dass jede Potenzreihe analytisch ist.

4.2.10. Satz

Sei $f(x) = \sum_{k=0}^{\infty} a_k(x-a)^k$ eine Potenzreihe mit Konvergenzradius $R > 0$. Dann gibt es zu jedem r mit $0 < r < R$ Konstanten $C, M > 0$, so dass $|f^{(n)}(x)| \leq C \cdot M^n \cdot n!$ für alle n und $|x-a| < r$ gilt.

BEWEIS: Im Konvergenzintervall dürfen Potenzreihen gliedweise differenziert werden. Daher gilt für $m \in \mathbb{N}$ und $|x-a| < R$ die Gleichung

$$f^{(m)}(x) = \sum_{k=m}^{\infty} k(k-1)\cdots(k-m+1)a_k(x-a)^{k-m}.$$

Ist $0 < r < R$, so wählen wir eine Zahl ϱ mit $0 < r < \varrho < R$. Wegen der Konvergenz der ursprünglichen Reihe in $x = a + \varrho$ gibt es eine Konstante $A > 0$, so dass $|a_k \varrho^k| \leq A$ für (fast) alle k gilt, also $|a_k| \leq A \cdot \varrho^{-k}$. Für $|x-a| \leq r$ und $y := r/\varrho$ (mit $0 < y < 1$) folgt dann:

$$
\begin{aligned}
|f^{(m)}(x)| &\leq \sum_{k=m}^{\infty} k(k-1)\cdots(k-m+1)A\varrho^{-k}r^{k-m} \\
&= A \cdot \varrho^{-m} \sum_{k=m}^{\infty} k(k-1)\cdots(k-m+1)y^{k-m}.
\end{aligned}
$$

Wir betrachten jetzt die Funktion $g(x) := 1/(1-x) = \sum_{k=0}^{\infty} x^k$ für $|x| < 1$. Es ist

$$\frac{m!}{(1-x)^{m+1}} = g^{(m)}(x) = \sum_{k=m}^{\infty} k(k-1)\cdots(k-m+1)x^{k-m}.$$

Daraus folgt die Ungleichung

$$|f^{(m)}(x)| \leq A \cdot \varrho^{-m} \cdot \frac{m!}{(1-y)^{m+1}} = \frac{A}{1-y} \cdot \Big(\frac{1}{\varrho(1-y)}\Big)^m \cdot m!$$

Mit $C := A/(1-y) = (A\varrho)/(\varrho-r)$ und $M := 1/(\varrho(1-y)) = 1/(\varrho-r)$ folgt die Behauptung. ∎

4.2.11. Satz

Es sei $I \subset \mathbb{R}$ ein Intervall und $f \in \mathscr{C}^{\infty}(I)$, sowie $a \in I$. Es gebe Zahlen $r, C, M > 0$, so dass $|f^{(n)}(x)| \leq C \cdot M^n \cdot n!$ für alle n und $|x-a| < r$ ist. Dann gibt es ein $\delta > 0$, so dass die Taylorreihe von f auf $(a-\delta, a+\delta)$ gegen f konvergiert.

BEWEIS: Für das Restglied $R_n f(x) := f^{(n+1)}(c)(x-a)^{n+1}/(n+1)!$ (mit c zwischen a und x) ergibt sich die folgende Abschätzung:

$$|R_n f(x)| \leq \frac{C \cdot M^{n+1}(n+1)!}{(n+1)!}|x-a|^{n+1} = C \cdot (M \cdot |x-a|)^{n+1},$$

falls $|x-a| < r$ ist.

Sei $\delta := \min(1/M, r)$. Ist $|x-a| < \delta$, so ist erst recht $|x-a| < r$ und außerdem $M \cdot |x-a| < 1$. Dann konvergiert $R_n f(x)$ für $n \to \infty$ gegen Null. Also wird f auf $U_\delta(a)$ durch seine Taylorreihe dargestellt. ∎

4.2.12. Satz

Eine Potenzreihe stellt auf ihrem Konvergenzintervall eine analytische Funktion dar.

BEWEIS: Sei $f(x) = \sum_{k=0}^{\infty} a_k (x-a)^k$ eine Potenzreihe mit Konvergenzradius $R > 0$ und $0 < |b - a| < R$. Wir wählen ein ϱ mit $|b - a| < \varrho < R$ und ein positives $r < \varrho - |b - a|$. Für $|x - b| < r$ ist dann $|x - a| \leq |x - b| + |b - a| < r + |b - a| < \varrho < R$.

Nach dem ersten Satz gibt es $C, M > 0$, so dass $|f^{(n)}(x)| \leq C \cdot M^n \cdot n!$ für alle n und $|x - a| < \varrho$ gilt, insbesondere also für $|x - b| < r$. Nach dem zweiten Satz folgt daraus, dass es ein $\delta > 0$ gibt, so dass die Taylorreihe von f auf $(b - \delta, b + \delta)$ gegen f konvergiert.   ∎

4.2.13. Aufgaben

A. Bestimmen Sie die Taylorreihe von $f(x) := 1 + x + x^2$ in den Entwicklungspunkten $x_0 = 0$ und $x_0 = 2$.

B. Berechnen Sie das Taylorpolynom $T_4 f(x)$ und das Restglied $R_4 f(x)$ von $f(x) := \sqrt{x}$ im Punkt $x_0 = 1$.

C. Berechnen Sie die Taylorreihen von $\sinh x$ und $\cosh x$ im Nullpunkt und untersuchen Sie das Konvergenzverhalten.

D. Sei $I \subset \mathbb{R}$ ein Intervall, $x_0 \in I$ und $f : I \to \mathbb{R}$ $(n+1)$-mal stetig differenzierbar. Beweisen Sie durch vollständige Induktion, dass das Restglied $R_n f(x)$ der Taylorentwicklung von f in x_0 die folgende Gestalt hat:

$$R_n f(x) = \frac{1}{n!} \int_{x_0}^{x} (x - t)^n f^{(n+1)}(t)\, dt.$$

E. (a) Zeigen Sie, dass $\ln \dfrac{1+x}{1-x} = 2 \displaystyle\sum_{k=0}^{\infty} \frac{x^{2k+1}}{2k+1}$ für $|x| < 1$ gilt.

   (b) Sei $h(x) := \ln\big((1+x)/(1-x)\big)$. Zeigen Sie, dass $h(1/11) = \ln(1.2)$ ist, und benutzen Sie die Taylorentwicklung vom Grad 4 von h im Nullpunkt, um $\ln(1.2)$ auf 4 Stellen hinter dem Komma genau zu berechnen.

F. Bestimmen Sie die Reihenentwicklung von $\arcsin x$ in $(-1, 1)$. Gehen Sie dabei von der Ableitung aus.

G. Sei g eine in der Nähe von 0 beliebig oft differenzierbare Funktion, $\lim_{x \to 0} g(x) = 0$. Beweisen Sie die Beziehungen

   (a) $o(g(x)) \pm o(g(x)) = o(g(x))$.

   (b) $o(o(g(x))) = o(g(x))$.

   (c) $1/\big(1 + g(x)\big) = 1 - g(x) + o(g(x))$.

H. Bestimmen Sie die Extremwerte von $f(x) := \sin^5 x$.

4.3 Numerische Anwendungen

Zur Motivation: In diesem Abschnitt behandeln wir zwei wichtige numerische Verfahren, die in Zusammenhang mit der Taylorentwicklung stehen: Die Lösung nichtlinearer Gleichungen mit Hilfe des Newton–Verfahrens und zwei Methoden der numerischen Integration, die Trapezregel und die Simpson'sche Regel. Solche numerische Methoden sind unverzichtbar, weil oftmals gar keine andere (nicht-numerische) Methode zur Verfügung steht

I) Das Newton–Verfahren:

Es sei $f : (a, b) \to \mathbb{R}$ eine differenzierbare Funktion. Wir wollen die Gleichung

$$f(x) = 0$$

lösen. Ein allgemeines Lösungsverfahren existiert jedoch nicht. Deshalb soll eine Nullstelle von f approximativ gefunden werden. Die Idee dazu sieht folgendermaßen aus:

- Wir raten eine Nullstelle x_0. Das ist kein mathematisch fassbarer Vorgang, aber man kann sich vorstellen, dass man die gesuchte Nullstelle z.B. an Hand einer Skizze des Funktionsgraphen eingrenzen kann. Kennt man Punkte α, β mit $f(\alpha) < 0$ und $f(\beta) > 0$, so muss in dem Intervall (α, β) eine Nullstelle liegen. Ist $f' > 0$ im ganzen Intervall, also f streng monoton wachsend, so gibt es auch nur eine Nullstelle.

  Ist zufällig schon $f(x_0) = 0$, ist man fertig.

- Ist $f(x_0) \neq 0$, so suchen wir nach einer kleinen Größe δ, so dass $f(x_0 + \delta) = 0$ ist. Nun ist aber, wie man von der Taylorentwicklung weiß,

  $$f(x_0 + \delta) \approx f(x_0) + f'(x_0) \cdot \delta.$$

  Statt nach einer Nullstelle von f suchen wir erst mal nach einem δ, so dass $f(x_0) + f'(x_0) \cdot \delta = 0$ ist.

- Wir benutzen $x_1 := x_0 + \delta$ als neue Schätzung. Wegen der obigen Gleichung ist

  $$x_1 - x_0 = \delta = -\frac{f(x_0)}{f'(x_0)}.$$

  Das funktioniert natürlich nur, wenn $f'(x_0) \neq 0$ ist. Und man iteriert den obigen Vorgang.

Jetzt wollen wir die Iteration etwas formaler durchführen.

Es gebe eine Nullstelle x^* von f, und der Startwert x_0 sei eine geschätzte Näherung von x^*. Ersetzt man f durch die lineare Näherung, also durch die Tangente $L(x) := f(x_0) + f'(x_0) \cdot (x - x_0)$, so kann man die Nullstelle x_1 von L bestimmen:

$$x_1 = x_0 - \frac{f(x_0)}{f'(x_0)}\ .$$

Hat man bereits eine Näherung x_n von x^* konstruiert, so setzt man

$$x_{n+1} = x_n - \frac{f(x_n)}{f'(x_n)}\ .$$

Konvergiert die Folge (x_n) gegen eine Zahl x_∞, so ist $x_\infty = x_\infty - f(x_\infty)/f'(x_\infty)$, also $x_\infty = x^*$ die gesuchte Nullstelle.

4.3.1. Beispiel

Wir betrachten die Gleichung $f(x) = x^2 - 2 = 0$. Da $f(1) = -1 < 0$ und $f(2) = 2 > 0$ ist, ist $x_0 := 3/2$ vielleicht eine gute Schätzung für eine Nullstelle.

Ist x_n konstruiert, so ist $x_{n+1} = x_n - (x_n^2 - 2)/(2x_n) = (x_n^2 + 2)/(2x_n) = (x_n+2/x_n)/2$. Diese Iteration kennen wir schon aus 2.2.1. Wir wissen, dass die Folge gegen $x_\infty := \sqrt{2}$ konvergiert, und das ist offensichtlich eine Nullstelle.

Mit dem Startwert $x_0 = 3/2$ erhält man $x_1 = 17/12 \approx 1.4166666\ldots$ und $x_2 = 577/408 \approx 1.4142157\ldots$. Letzteres ist schon eine sehr gute Näherung für $\sqrt{2}$.

Nullstellensuche mit dem Newtonverfahren

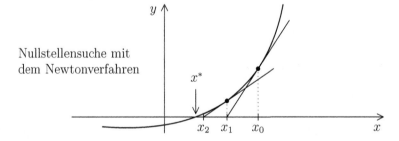

Bisher haben wir keinerlei Hinweis darauf, dass unser Verfahren immer konvergiert. Dafür brauchen wir den

4.3.2. Fixpunktsatz

Sei $x_0 \in \mathbb{R}$, $r > 0$ und $g : I := [x_0 - r, x_0 + r] \to \mathbb{R}$ stetig. Außerdem gebe es ein $\lambda \in \mathbb{R}$ mit $0 < \lambda < 1$, so dass gilt:

1. *Startbedingung:* $|g(x_0) - x_0| \le (1 - \lambda)r$.

2. *Kontraktionsbedingung:* $|g(x) - g(y)| \le \lambda|x - y|$ *für alle* $x, y \in I$.

Dann gibt es genau ein $x^* \in I$ mit $g(x^*) = x^*$.

BEWEIS: Ist $|x - x_0| \leq r$, so ist $|g(x) - x_0| \leq |g(x) - g(x_0)| + |g(x_0) - x_0| \leq \lambda|x - x_0| + (1 - \lambda)r \leq r$. Das bedeutet, dass g das Intervall I nach I abbildet.

Sei $x_0 \in I$ beliebig und $x_{n+1} := g(x_n)$. Dann ist

$$|x_n - x_{n+1}| = |g(x_{n-1}) - g(x_n)| \leq \lambda \cdot |x_{n-1} - x_n| \leq \lambda^n \cdot |x_0 - x_1|.$$

Die rechte Seite strebt gegen Null. Da I kompakt ist, besitzt (x_n) eine gegen ein $x^* \in I$ konvergente Teilfolge. Aber dann muss schon (x_n) selbst gegen x^* konvergieren. Außerdem ist

$$|g(x^*) - x^*| \leq |g(x^*) - g(x_n)| + |g(x_n) - x^*| \leq \lambda \cdot |x^* - x_n| + |x_{n+1} - x^*|.$$

Die rechte Seite konvergiert gegen Null. Also muss $g(x^*) = x^*$ sein.

Sind x, y zwei Fixpunkte mit $x \neq y$, so ist

$$|x - y| = |g(x) - g(y)| \leq \lambda|x - y| < |x - y|.$$

Das kann nicht sein. Also ist der Fixpunkt eindeutig bestimmt. ∎

4.3.3. Folgerung

Ist $g : [x_0 - r, x_0 + r] \to \mathbb{R}$ stetig differenzierbar, $0 < \lambda < 1$, $|g'(x)| \leq \lambda$ für $|x - x_0| < r$, sowie $|g(x_0) - x_0| \leq (1 - \lambda)r$, so gibt es genau ein $x^* \in I$ mit $g(x^*) = x^*$.

BEWEIS: Nach dem Mittelwertsatz ist $|g(x) - g(y)| = |g'(c)(x - y)| \leq \lambda|x - y|$. Also kann man den Fixpunktsatz anwenden. ∎

Wir kommen zurück zum Newton–Verfahren. $f : [a, b] \to \mathbb{R}$ sei eine stetig differenzierbare Funktion, zu der wir eine Nullstelle suchen. Außerdem sei $f'(x) \neq 0$ für $x \in [a, b]$. Dann können wir durch

$$g(x) := x - \frac{f(x)}{f'(x)},$$

eine stetig differenzierbare Funktion $g : [a, b] \to \mathbb{R}$ definieren. Als Startpunkt können wir $x_0 := (a + b)/2$ wählen, die Folge (x_n) sei durch $x_{n+1} := g(x_n)$ definiert. Wenn alle x_n in $[a, b]$ liegen und die Folge gegen ein x^* konvergiert, so liegt auch dieser Grenzwert in $[a, b]$. Nun ist

$$f(x^*) = 0 \iff g(x^*) = x^*.$$

Unser Problem ist also ein Fixpunktproblem, und wir versuchen, den Fixpunktsatz auf die Funktion g anzuwenden. Ist f zweimal differenzierbar, so ist

$$g'(x) = 1 - \frac{f'(x)^2 - f(x)f''(x)}{f'(x)^2} = \frac{f(x)f''(x)}{f'(x)^2}.$$

Dieser Ausdruck sollte $\leq \lambda < 1$ auf dem ganzen Intervall sein. Weiter ist

$$g(x) - x = -\frac{f(x)}{f'(x)},$$

und um den Fixpunktsatz anwenden zu können, müssen wir noch die Startbedingung fordern:

$$|g(x_0) - x_0| \leq (1 - \lambda)r.$$

Das führt nun zu folgendem Satz:

4.3.4. Konvergenz des Newton–Verfahrens

Sei $f : I := [a, b] \to \mathbb{R}$ eine zweimal stetig differenzierbare Funktion und $f'(x) \neq 0$ für $x \in I$. Außerdem gebe es ein λ mit $0 < \lambda < 1$, so dass gilt:

$$\left|\frac{f(x)f''(x)}{f'(x)^2}\right| \leq \lambda \text{ für } x \in I \quad \text{und} \quad \left|\frac{f(x)}{f'(x)}\right| \leq (1 - \lambda)\frac{b - a}{2}.$$

Dann konvergiert die Folge $x_0, x_1, x_2, \ldots$ mit

$$x_0 \in I \text{ (beliebig), und } x_{n+1} = x_n - \frac{f(x_n)}{f'(x_n)}$$

gegen eine Nullstelle von f in I, und es gibt genau eine solche Nullstelle.

Außerdem hat man folgende Fehlerabschätzung:

$$\text{Ist } 0 < M \leq \min_I |f'(x)|, \text{ so ist } |x_n - x^*| \leq \frac{|f(x_n)|}{M}.$$

Ist f sogar dreimal stetig differenzierbar, so konvergiert die Folge „quadratisch" gegen x^*, d.h. es ist

$$|x_{n+1} - x^*| \leq C \cdot (x_n - x^*)^2,$$

mit einer von n unabhängigen Konstanten $C > 0$.

BEWEIS: Unsere vorangegangenen Betrachtungen zeigen, dass die Funktion

$$g(x) := x - \frac{f(x)}{f'(x)}$$

die Voraussetzungen des Fixpunktsatzes erfüllt, also genau einen Fixpunkt x^* besitzt, und der ist dann natürlich die einzige Nullstelle von f.

Die Fehlerabschätzung erhält man aus dem Mittelwertsatz, angewandt auf f. Es ist nämlich

$$f(x_n) = f(x_n) - f(x^*) = f'(\xi) \cdot (x_n - x^*),$$

mit einem Punkt ξ zwischen x_n und x^*. Daraus folgt:

$$|x_n - x^*| = |\frac{f(x_n)}{f'(\xi)}| \leq \frac{|f(x_n)|}{M}.$$

Für die Abschätzung der Konvergenzgeschwindigkeit benutzen wir die Taylorformel. Ist f dreimal stetig differenzierbar, so ist g zweimal stetig differenzierbar, und es gilt:

$$g(x) = g(x^*) + g'(x^*)(x - x^*) + \frac{g''(c)}{2}(x - x^*)^2,$$

mit einem Punkt c zwischen x und x^*.

Es ist $g(x^*) = x^*$ und $g'(x^*) = 0$, weil $f(x^*) = 0$ ist. Setzen wir

$$C := \frac{1}{2} \cdot \max_I |g''(x)|,$$

so ist offensichtlich

$$|x_{n+1} - x^*| = |g(x_n) - x^*| \leq C \cdot |x_n - x^*|^2.$$

Damit ist alles gezeigt.   ∎

Der Nachteil des obigen Satzes besteht darin, dass seine Voraussetzungen schwer nachzuprüfen sind. Wir geben daher noch eine einfachere Version an.

4.3.5. Einfache Voraussetzungen für das Newton–Verfahren

Sei $f : I := [a, b] \to \mathbb{R}$ dreimal stetig differenzierbar, $f(a) < 0$ und $f(b) > 0$. Außerdem gebe es Konstanten $C > 0$ und $\delta > 0$, so dass auf ganz I gilt:

$$f'(x) \geq \delta \quad und \quad 0 \leq f''(x) \leq C.$$

Wählt man dann den Startpunkt $x_0 \in I$ so, dass $f(x_0) > 0$ ist, so konvergiert die oben definierte Newton-Folge $x_0, x_1, x_2, \ldots$ gegen eine Nullstelle von f, und es gelten die gleichen Abschätzungen wie im vorigen Satz.

BEWEIS: Nach dem Zwischenwertsatz hat f auf $[a, b]$ eine Nullstelle, und da f streng monoton wachsend ist, kann es nur eine solche Nullstelle x^* in I geben. Ist $f(x_0) > 0$, so muss $x_0 > x^*$ sein.

Ist $x > x^*$, so ist $f(x) > 0$ und $f'(x) > 0$, also $g(x) = x - \frac{f(x)}{f'(x)} < x$. Das bedeutet, dass die Newton-Folge (mit $x_{n+1} = g(x_n)$) monoton fällt.

Behauptung: $x_n \geq x^*$ für alle n.

BEWEIS dafür durch Induktion nach n: Für $n = 0$ ist die Aussage wahr. Ist nun auch $x_n \geq x^*$, so betrachten wir die Funktion

$$\varphi(x) := f(x) - f(x_n) - f'(x_n)(x - x_n).$$

Es ist $\varphi'(x) = f'(x) - f'(x_n) \leq 0$ für $x \leq x_n$, denn nach Voraussetzung ist f' monoton wachsend. Das bedeutet aber, dass φ monoton fallend ist.

Da $\varphi(x_n) = 0$ ist, muss $\varphi(x) \geq 0$ für $x \leq x_n$ sein. Insbesondere ist auch $\varphi(x_{n+1}) \geq 0$. Aber da $x_{n+1} = g(x_n)$ ist, ist $\varphi(x_{n+1}) = f(x_{n+1})$. Dass $f(x_{n+1}) \geq 0$ ist, bedeutet aber, dass $x_{n+1} \geq x^*$ ist. Das war zu beweisen.

Nach dem Satz von der monotonen Konvergenz konvergiert (x_n) monoton fallend gegen ein x^{**}. Also konvergiert $g(x_n)$ gegen $g(x^{**})$. Andererseits konvergiert $g(x_n) = x_{n+1}$ auch gegen x^{**}. Das ist nur möglich, wenn $g(x^{**}) = x^{**}$ ist, also $f(x^{**}) = 0$. Da es nur eine Nullstelle gibt, muss $x^{**} = x^*$ sein. Das zeigt die Konvergenz der Newton-Folge gegen eine Nullstelle von f.

Da $f'(x)$ nach unten durch eine positive Konstante beschränkt ist und $f(x)$ in der Nähe von x^* beliebig klein wird, lassen sich die Voraussetzungen des Newton-Verfahrens in einer genügend kleinen Umgebung von x^* herstellen, und dort beweist man die Abschätzungen.   ∎

4.3.6. Beispiele

A. Sei $f(x) := x^2 - c$, $c > 1$. Wir suchen die Nullstelle $\sqrt{c}$ von f mit Hilfe des Newton-Verfahrens.

Auf $[1, c]$ erfüllt f die Voraussetzungen von oben:

$f(1) < 0$, $f(c) > 0$, $f'(x) = 2x$, also $f'(x) \geq 2 > 0$ und $0 < f''(x) \leq 2$. Die Newton-Folge (x_n) mit dem Startwert $x_0 := c$ und

$$x_{n+1} = x_n - \frac{x_n^2 - c}{2x_n} = \frac{1}{2}(x_n + \frac{c}{x_n})$$

muss also gegen $x^* = \sqrt{c}$ konvergieren.

Im Falle $c = 2$ erhält man z.B.:

n	x_n	$2/x_n$
0	2	1
1	1.5	1.33333
2	1.41666	1.41177
3	1.41421	1.41421

Das ergibt $\sqrt{2} \approx 1.41421$.

B. Sei $f(x) := x^3 + 2x - 5$, also $f'(x) = 3x^2 + 2$, $f''(x) = 6x$.

Hier ist $f(1) = -2 < 0$, $f(2) = 7 > 0$, $f'(x) \geq 5 > 0$ und $6 \leq f''(x) \leq 12$. Wir suchen die Nullstelle x^* von f in $[1, 2]$, deren Existenz schon durch den Zwischenwertsatz gesichert ist. Da die nötigen Voraussetzungen erfüllt sind, konvergiert die Newton-Folge mit $x_0 = 2$ gegen x^*. Außerdem haben wir die Fehlerabschätzung

$$|x_n - x^*| \leq \frac{1}{5}|f(x_n)|.$$

Wir erhalten:

n	x_n	$\frac{1}{5}|f(x_n)|$
0	2	1.4
1	1.5	0.275
2	1.342857	0.02144
3	1.32838	$< 10^{-3}$
4	1.32826	≈ 0

Damit ist $x^* \approx 1.3283$.

II) Numerische Integration

Die Idee bei der numerischen Integration ist einfach. Das bestimmte Integral einer Funktion f – als Flächeninhalt unter dem Graphen – wird durch den Flächeninhalt einfacherer Figuren approximiert. Während sich Riemann'schen Summen aus Rechtecken zusammensetzen, werden hier zunächst Trapeze benutzt (was schon zu einer erstaunlichen Verbesserung der Genauigkeit führt), und dann setzt man noch an Stelle des Geradenstücks durch zwei Interpolationspunkte $(a, f(a))$ und $(b, f(a))$ ein Parabelstück durch die Punkte $(a, f(a))$, $\big((a+b)/2, f((a+b)/2)\big)$ und $(b, f(b))$. Im ersteren Fall ergibt sich die „Trapezregel", im zweiten die „Simpson'sche Regel", die zu sehr genauen Resultaten führt, weil sich positive und negative Fehleranteile zumindest teilweise gegeneinander aufheben (siehe Skizze!).

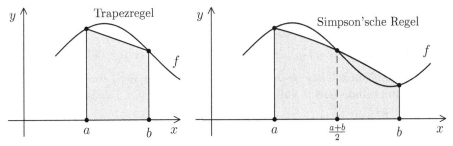

Da wir bei dem Verfahren zu gegebenen Funktionsdaten „interpolierende" Polynome konstruieren und den dabei auftretenden Fehler kontrollieren müssen, leiten wir dafür geeignete Formeln her. Die Polynome sind schnell gefunden, mit Hilfe der „Lagrange-Polynome" L_ν zu einem n-Tupel $(a_1, \ldots, a_n)$, für die gilt:

$$L_\nu(a_\mu) = \begin{cases} 1 & \text{für } \nu = \mu, \\ 0 & \text{sonst.} \end{cases}$$

Die Linearkombination $p = \sum_{\nu=1}^{n} f(a_\nu) L_\nu$ leistet dann die gewünschte Interpolation. Der Fehler ergibt sich im Wesentlichen durch mehrfache Anwendung des Satzes von Rolle. Für die Simpson-Näherung braucht man noch Interpolationspolynome, die zusätzlich in einem der gegebenen Punkte bis zur ersten Ableitung mit der Funktion f übereinstimmen.

4.3.7. Satz (Interpolationsformeln)

Sei I ein Intervall und $f : I \to \mathbb{R}$ n-mal differenzierbar.

a) Sind $a_1, \ldots, a_n \in I$ paarweise verschieden, so gibt es genau ein Polynom p mit $\mathrm{grad}(p) \le n - 1$ und $p(a_\nu) = f(a_\nu)$ für $\nu = 1, \ldots, n$.

b) Zu jedem $x \in I$ gibt es ein $\xi \in I$ mit

$$f(x) = p(x) + (x - a_1) \cdots (x - a_n) \frac{f^{(n)}(\xi)}{n!} \; .$$

c) Es gibt genau ein Polynom q mit $\mathrm{grad}(q) \le n$, $q(a_\nu) = f(a_\nu)$ für $\nu = 1, \ldots, n$ und $q'(a_1) = f'(a_1)$. Zu jedem $x \in I$ gibt es ein $\xi \in I$ mit

$$f(x) = q(x) + (x - a_1)^2 (x - a_2) \cdots (x - a_n) \frac{f^{(n+1)}(\xi)}{(n+1)!} \; .$$

BEWEIS: a) Für $\nu = 1, \ldots, n$ ist jeweils durch

$$L_\nu(x) = L_\nu(a_1, \ldots, a_n; x) := \prod_{\mu \ne \nu} \frac{x - a_\mu}{a_\nu - a_\mu}$$

das ν-te „Lagrange-Polynom" gegeben, mit $L_\nu(a_\nu) = 1$ und $L_\nu(a_\mu) = 0$ für $\nu \ne \mu$. Wir setzen dann

$$p(x) := f(a_1) L_1(x) + \cdots + f(a_n) L_n(x).$$

Offensichtlich ist p ein Polynom vom Grad $n - 1$ und $p(a_i) = f(a_i)$ für $i = 1, \ldots, n$.

Sind p_1, p_2 zwei Lösungen des gestellten Problems, so ist $p_1 - p_2$ ein Polynom vom Grad $\le n-1$ mit mindestens n Nullstellen (nämlich $a_1, \ldots, a_n$). Das ist nur möglich, wenn $p(x) \equiv 0$ ist.

b) Sei $x \in I$ fest gewählt. Ist $x = a_i$ für ein i, so ist nichts zu zeigen. Daher setzen wir voraus, dass $x \ne a_i$ für alle i gilt, und definieren

$$g(t) := f(t) - p(t) - c(t - a_1) \cdots (t - a_n), \text{ mit } c := \frac{f(x) - p(x)}{(x - a_1) \cdots (x - a_n)} \; .$$

Offensichtlich hat g die Nullstellen $a_1, \ldots, a_n$ und außerdem die Nullstelle x. Nach dem Satz von Rolle liegt zwischen je zwei Nullstellen von g mindestens eine Nullstelle von g'. Also besitzt g' mindestens n Nullstellen. Genauso folgt nun, dass g'' mindestens $n - 1$ Nullstellen besitzt, und nach endlich vielen Schritten erhält man, dass $g^{(n)}$ mindestens eine Nullstelle ξ besitzt.

Weil $\mathrm{grad}(p) \leq n - 1$ ist, ist $p^{(n)}(t) \equiv 0$. Setzen wir $h(t) := (t - a_1) \cdots (t - a_n) = t^n + \text{Terme niedrigeren Grades}$, so ist $h^{(n)}(t) \equiv n!$ und daher

$$0 = g^{(n)}(\xi) = f^{(n)}(\xi) - c \cdot n!,$$

also $c = f^{(n)}(\xi)/n!$ und $f(x) = p(x) + (x - a_1) \cdots (x - a_n) \cdot \dfrac{f^{(n)}(\xi)}{n!}$.

c) Setzt man $\widetilde{L}_\nu(x) := \dfrac{x - a_1}{a_\nu - a_1} \cdot L_\nu(x)$, für $\nu = 2, \ldots, n$, so ist $\widetilde{L}_\nu(a_\nu) = 1$ und $\widetilde{L}_\nu(a_i) = 0$ für $i \neq \nu$. Außerdem ist $\widetilde{L}'_\nu(a_1) = 0$ (weil $\widetilde{L}_\nu(x)$ den Faktor $(x - a_1)^2$ enthält). Wir machen dann den Ansatz

$$q(x) = \big(c_0 + c_1(x - a_1)\big) \cdot L_1(x) + f(a_2) \cdot \widetilde{L}_2(x) + \cdots + f(a_n) \cdot \widetilde{L}_n(x).$$

Es ist $q(a_1) = c_0$ und $q(a_\nu) = f(a_\nu)$ für $\nu \geq 2$. Da ja auch $q(a_1) = f(a_1)$ gelten soll, setzen wir $c_0 := f(a_1)$.

Die Forderung $q'(a_1) = f'(a_1)$ wird erfüllt, wenn $f'(a_1) = c_1 + c_0 \cdot L'_1(a_1)$ ist, also $c_1 := f'(a_1) - f(a_1) \cdot L'_1(a_1)$.

Mit diesen Werten ist $q(x)$ ein Polynom vom Grad $\leq n$, das die gewünschten Eigenschaften besitzt. Wenn es zwei solche Polynome q_1, q_2 gibt, dann gilt für $q := q_1 - q_2$:

$$\mathrm{grad}(q) \leq n, \quad q(a_\nu) = 0 \text{ für } \nu = 1, \ldots, n \text{ und } q'(a_1) = 0.$$

Ist $q(x) \not\equiv 0$, so ist $q(x) = c(x - a_1) \cdots (x - a_n)$ und daher

$$q'(a_1) = c(a_1 - a_2) \cdots (a_1 - a_n) \neq 0.$$

Das ist aber ein Widerspruch.

Sei nun $x \in I$ fest gewählt und $x \neq a_i$ für alle i. Wir definieren

$$g(t) := f(t) - q(t) - c(t - a_1)^2(t - a_2) \cdots (t - a_n),$$

$$\text{mit } c := \frac{f(x) - q(x)}{(x - a_1)^2(x - a_2) \cdots (x - a_n)}.$$

Wieder hat g die Nullstellen $a_1, \ldots, a_n$ und außerdem die Nullstelle x. Nach dem Satz von Rolle besitzt g' mindestens n Nullstellen, von denen keine mit einem a_i zusammenfällt. Aber g' hat außerdem noch eine Nullstelle in a_1. Also hat g'' mindestens n Nullstellen, und nach endlich vielen Schritten erhält man, dass $g^{(n+1)}$ noch mindestens eine Nullstelle ξ besitzt.

Dann ist

$$0 = g^{(n+1)}(\xi) = f^{(n+1)}(\xi) - c \cdot (n+1)!,$$

also $f(x) = q(x) + (x - a_1)^2(x - a_2) \cdots (x - a_n) \cdot f^{(n+1)}(\xi)/(n+1)!$. ∎

4.3.8. Spezielle Trapezregel

Sei $f : [a, b] \to \mathbb{R}$ zweimal differenzierbar und $|f''(x)| \leq k$ für $x \in [a, b]$. Ist $p_1(x) = c_0 + c_1 x$ das eindeutig bestimmte lineare Polynom mit $p_1(a) = f(a)$ und $p_1(b) = f(b)$, so ist

$$\int_a^b p_1(x)\,dx = \frac{b - a}{2}\big(f(a) + f(b)\big)$$

und

$$\left| \int_a^b f(x)\,dx - \int_a^b p_1(x)\,dx \right| \leq \frac{k}{12}(b - a)^3.$$

BEWEIS: Es ist

$$\int_a^b p_1(x)\,dx = \left. \left(c_0 x + \frac{c_1}{2}x^2\right) \right|_a^b = (b - a)\left[c_0 + \frac{c_1}{2}(b + a)\right]$$

$$= \frac{b - a}{2}\big[(c_0 + c_1 a) + (c_0 + c_1 b)\big] = \frac{b - a}{2}[f(a) + f(b)].$$

Nach der ersten Interpolationsformel gibt es zu jedem $x \in [a, b]$ ein $\xi = \xi(x)$ mit $f(x) - p_1(x) = (x - a)(x - b) \cdot f''(\xi)/2$. Mit der Substitution $x = \varphi(t) = t(b - a) + a$ (und $\varphi'(t) = b - a$) erhält man:

$$\int_a^b (x - a)(b - x)\,dx = \int_0^1 (\varphi(t) - a)(b - \varphi(t))\varphi'(t)\,dt$$

$$= (b - a)^3 \int_0^1 t(1 - t)\,dt$$

$$= (b - a)^3 \left. \left(\frac{t^2}{2} - \frac{t^3}{3}\right) \right|_0^1 = \frac{(b - a)^3}{6},$$

also $\left| \int_a^b f(x)\,dx - \int_a^b p_1(x)\,dx \right| \leq \frac{k}{2} \int_a^b (x - a)(b - x)\,dx = \frac{k}{12}(b - a)^3.$ ∎

4.3.9. Kepler'sche Fassregel

Sei $f : [a, b] \to \mathbb{R}$ dreimal differenzierbar und $|f'''(x)| \leq K$ für $x \in [a, b]$. Ist $p_2(x) = c_0 + c_1 x + c_2 x^2$ das eindeutig bestimmte quadratische Polynom mit $p_2(a) = f(a)$, $p_2(b) = f(b)$ und $p_2((a + b)/2) = f((a + b)/2)$, so ist

$$\int_a^b p_2(x)\,dx = \frac{b - a}{6}\left(f(a) + 4f\left(\frac{a + b}{2}\right) + f(b)\right)$$

und

$$\left| \int_a^b f(x)\,dx - \int_a^b p_2(x)\,dx \right| \leq \frac{K}{2880}(b - a)^5.$$

BEWEIS: Sei $h := (b - a)/2$. Dann ist

$$
\int_{-h}^{h} p_2(x)\, dx = \left(c_0 x + \frac{c_1}{2}x^2 + \frac{c_2}{3}x^3\right)\bigg|_{-h}^{h} = 2c_0 h + \frac{2}{3}c_2 h^3
$$

$$
= \frac{h}{3}\left[(c_0 - c_1 h + c_2 h^2) + (c_0 + c_1 h + c_2 h^2) + 4c_0\right]
$$

$$
= \frac{h}{3}\left[p_2(-h) + 4p_2(0) + p_2(h)\right].
$$

Mit der Substitution $\varphi(t) = t + m$ (mit $m := (a + b)/2$, also $\varphi(-h) = a$ und $\varphi(h) = b$) erhält man

$$
\int_a^b p_2(x)\, dx = \int_{-h}^{h} p_2(\varphi(t))\, dt
$$

$$
= \frac{h}{3}\left[p_2(\varphi(-h)) + 4p_2(\varphi(0)) + p_2(\varphi(h))\right]
$$

$$
= \frac{b - a}{6}\left[p_2(a) + 4p_2(m) + p_2(b)\right]
$$

$$
= \frac{b - a}{6}\left[f(a) + 4f(m) + f(b)\right].
$$

Wir müssen jetzt den Fehler abschätzen. Dafür wird ein ganz besonderer Trick benutzt. Wir approximieren f durch ein quadratisches Polynom und dann dieses quadratische Polynom durch ein kubisches Polynom mit gleichem Integral. Zur Fehlerabschätzung benutzen wir das kubische Polynom.

Für eine beliebige dreimal differenzierbare Funktion $g : [a, b] \to \mathbb{R}$ bezeichne Q_g das eindeutig bestimmte quadratische Polynom mit $Q_g(a) = g(a)$, $Q_g(m) = g(m)$ und $Q_g(b) = g(b)$. Die Zuordnung $g \mapsto Q_g$ ist offensichtlich linear.

Ist nun $g(t) = p(t) = c_0 + c_1 t + c_2 t^2$ selbst ein quadratisches Polynom, so ist $p'(t) = c_1 + 2c_2 t$, $p''(t) = 2c_2$ und $p'''(t) \equiv 0$. Weil es zu jedem $x \in [a, b]$ ein ξ mit

$$
p(x) - Q_p(x) = (x - a)(x - m)(x - b) \cdot \frac{p'''(\xi)}{3!} = 0
$$

gibt, ist $p = Q_p$.

Ist f_0 das durch $f_0(t) := (t - m)^3$ gegebene spezielle kubische Polynom, so ist

$$
\int_a^b f_0(t)\, dt = \int_{-h}^{h} t^3\, dt = 0
$$

und

$$
\int_a^b Q_{f_0}(t)\, dt = \frac{h}{3}\left[f_0(a) + 4f_0(m) + f_0(b)\right] = \frac{h}{3}\left[(-h)^3 + h^3\right] = 0.
$$

Ist $q(t)$ ein beliebiges Polynom dritten Grades, so gibt es eine Konstante c, so dass $q - c f_0$ ein Polynom zweiten Grades ist. Dann folgt:

$$\int_a^b q(t)\, dt = \int_a^b \big(q(t) - cf_0(t)\big)\, dt = \int_a^b Q_{q-cf_0}(t)\, dt = \int_a^b Q_q(t)\, dt.$$

Wir wenden diese Überlegungen auf das spezielle kubische Polynom $q_0(t)$ mit

$$q_0(a) = f(a),\ q_0(m) = f(m),\ q_0(b) = f(b) \text{ und } q_0'(m) = f'(m)$$

an. Offensichtlich ist $Q_{q_0} = Q_f$, also

$$\int_a^b Q_f(x)\, dx = \int_a^b Q_{q_0}(x)\, dx = \int_a^b q_0(x)\, dx\,.$$

Nach der zweiten Interpolationsformel gibt es zu jedem x ein $\xi = \xi(x)$ mit

$$f(x) - q_0(x) = (x-a)(x-m)^2(x-b) \cdot \frac{f^{(4)}(\xi)}{4!}\,.$$

Also ist

$$\left| \int_a^b f(x)\, dx - \int_a^b Q_f(x)\, dx \right| \le \frac{K}{24} \int_a^b (x-a)(x-m)^2(b-x)\, dx.$$

Mit $\varphi(t) = t + m$ ist

$$
\begin{aligned}
\int_a^b (x-a)(x-m)^2(b-x)\, dx &= \int_{-h}^h (\varphi(t) - a)(\varphi(t) - m)^2(b - \varphi(t))\, dt \\
&= \int_{-h}^h (t+h)t^2(-t+h)\, dt \\
&= \int_{-h}^h t^2(h^2 - t^2)\, dt = \left(\frac{h^2}{3}t^3 - \frac{1}{5}t^5 \right)\Big|_{-h}^h \\
&= \frac{4}{15}h^5 = \frac{1}{120}(b-a)^5.
\end{aligned}
$$

Daraus folgt die Behauptung.   ∎

Wir wollen jetzt die obigen Ergebnisse benutzen, um das Integral einer Funktion $f : [a, b] \to \mathbb{R}$ numerisch zu berechnen.

Die einfachere, aber auch etwas ungenauere Methode ist die allgemeine Trapezregel. Dazu unterteilen wir $[a, b]$ in n Teilintervalle der Länge $h := (b-a)/n$. Es sei $x_i := a + ih$, für $i = 0, 1, \ldots, n$. Dann ist

$$a = x_0 < x_1 < x_2 < \ldots < x_n = b,$$

und $x_i - x_{i-1} = h$ für $i = 1, \ldots, n$.

Das Trapez mit den Ecken $(x_{i-1}, 0)$, $(x_i, 0)$, $(x_i, f(x_i))$ und $(x_{i-1}, f(x_{i-1}))$ hat die Fläche

$$F_i(h) := \frac{h}{2}(f(x_{i-1}) + f(x_i)),$$

und $T(h) := \displaystyle\sum_{i=1}^{n} F_i(h)$ kann als Approximation für $\displaystyle\int_a^b f(x)\,dx$ benutzt werden.

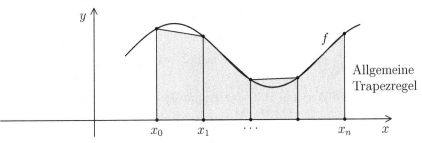

Allgemeine
Trapezregel

Es ist

$$
\begin{aligned}
T(h) &= F_1(h) + F_2(h) + \cdots + F_n(h) \\
&= h \cdot \left[\frac{f(x_0) + f(x_1)}{2} + \frac{f(x_1) + f(x_2)}{2} + \cdots + \frac{f(x_{n-1}) + f(x_n)}{2} \right] \\
&= h \cdot \left[\frac{f(a) + f(b)}{2} + \sum_{i=1}^{n-1} f(a + ih) \right].
\end{aligned}
$$

4.3.10. (Allgemeine) Trapezregel

*Sei $f : [a,b] \to \mathbb{R}$ zweimal differenzierbar, $|f''| \leq k$ auf $[a,b]$, $n \in \mathbb{N}$, $h := (b-a)/n$
und $x_i := a + ih$ für $i = 0, \ldots, n$, sowie*

$$T(h) = h \cdot \left(\frac{f(a)}{2} + \sum_{i=1}^{n-1} f(a + ih) + \frac{f(b)}{2} \right).$$

Dann ist

$$\left| \int_a^b f(x)\,dx - T(h) \right| \leq \frac{k}{12n^2}(b-a)^3.$$

BEWEIS: Nach der speziellen Trapezregel ist

$$\int_a^b f(x)\,dx = \sum_{i=1}^{n} \int_{x_{i-1}}^{x_i} f(x)\,dx = \sum_{i=1}^{n} \left[\frac{h}{2}\big(f(x_{i-1}) + f(x_i)\big) + \Delta_i \right],$$

wobei für den „Fehler" Δ_i die Abschätzung $|\Delta_i| \leq \dfrac{k}{12} \cdot h^3$ gilt. Daher ist

$$\int_a^b f(x)\,dx = T(h) + \Delta, \text{ mit } \Delta = \Delta_1 + \cdots + \Delta_n,$$

also $|\Delta| \leq n \cdot \dfrac{k}{12} \cdot h^3 = \dfrac{k}{12n^2}(b-a)^3.$ ∎

4.3.11. Beispiel

Sei $f(x) := \dfrac{1}{x}$, $a = 1$ und $b = 2$. Dann ist

$$\int_a^b f(x)\,dx = \int_1^2 \frac{1}{x}\,dx = \ln(2) - \ln(1) = \ln(2).$$

Wir wollen diesen Wert mit Hilfe der Trapezregel näherungsweise berechnen. Dazu sei $n = 5$, also $h = \dfrac{b-a}{n} = \dfrac{1}{5}$. Das führt zu der Unterteilung

$$x_0 = 1,\ x_1 = \frac{6}{5},\ x_2 = \frac{7}{5},\ x_3 = \frac{8}{5},\ x_4 = \frac{9}{5} \text{ und } x_5 = 2.$$

Für den Näherungswert ergibt sich somit:

$$
\begin{aligned}
T(h) &= \frac{b-a}{2n}\Big[f(x_0) + f(x_n) + 2\cdot\sum_{i=1}^{n-1} f(x_i)\Big] \\
&= \frac{1}{10}\Big[1 + \frac{1}{2} + 2\cdot\big(\frac{5}{6} + \frac{5}{7} + \frac{5}{8} + \frac{5}{9}\big)\Big] \\
&\approx \frac{1}{10}[1.5 + 2\cdot(0.8333 + 0.7143 + 0.6250 + 0.5556)] \\
&= \frac{1}{10}[1.5000 + 5.4564] = 0.69564.
\end{aligned}
$$

Für die Fehlerabschätzung brauchen wir $f''(x) = \dfrac{2}{x^3}$. Auf dem Intervall $[1,2]$ ist $1 \leq x^3 \leq 8$, also $|f''(x)| \leq 2$. Das ergibt:

$$|\ln(2) - T(h)| \leq \frac{nh^3}{12}\cdot 2 = \frac{1}{6\cdot 25} = 0.0066\ldots < 0.01,$$

also $0.685 < \ln(2) < 0.706$.

Der Taschenrechner liefert $\ln(2) = 0.6931471\ldots$. Unsere Fehlerabschätzung ist also in Ordnung, aber das Ergebnis der Approximation ist noch relativ ungenau.

Eine bessere Approximation erhält man mit der Kepler'schen Fassregel.

Dazu bestimmen wir zu je zwei Punkten x_{i-1}, x_i das quadratische Polynom g_i, das in den drei Punkten x_{i-1}, x_i und $(x_{i-1} + x_i)/2$ jeweils mit f übereinstimmt und ersetzen das Integral von f durch das viel leichter zu berechnende Integral von g_i.

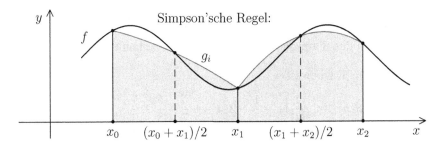

Simpson'sche Regel:

4.3.12. Simpson'sche Regel

Sei $f : [a,b] \to \mathbb{R}$ *viermal differenzierbar,* $|f^{(4)}| \leq K$ *auf* $[a,b]$, $h := (b-a)/n$, $x_i := a + ih$ *für* $i = 0, 1, 2, \ldots, n$ *und*

$$S(h) := \frac{h}{6} \cdot \left[f(a) + f(b) + 2 \cdot \sum_{i=1}^{n-1} f(x_i) + 4 \cdot \sum_{i=1}^{n} f\left(\frac{x_{i-1}+x_i}{2}\right) \right].$$

Dann ist

$$\left| \int_a^b f(x)\, dx - S(h) \right| \leq \frac{K}{2880 n^4} (b-a)^5.$$

BEWEIS: Die Kepler'sche Fassregel liefert die Beziehung

$$\int_a^b f(x)\, dx = \sum_{i=1}^{n} \int_{x_{i-1}}^{x_i} f(x)\, dx = \sum_{i=1}^{n} (S_i(h) + \Delta_i)$$

mit $S_i(h) := \dfrac{h}{6}\left(f(x_{i-1}) + f(x_i) + 4f\left(\dfrac{x_{i-1}+x_i}{2}\right)\right)$ und $|\Delta_i| \leq \dfrac{K}{2880} \cdot h^5$.

Das ergibt die Simpson'sche Näherungssumme

$$
\begin{aligned}
S(h) \;:=\; & S_1(h) + \cdots + S_n(h) \\
=\; & \sum_{i=1}^{n} \frac{h}{6}[f(x_{i-1}) + f(x_i) + 4 \cdot f\left(\frac{x_{i-1}+x_i}{2}\right)] \\
=\; & \frac{h}{6} \cdot \left[f(x_0) + f(x_n) + 2 \cdot \sum_{i=1}^{n-1} f(x_i) + 4 \cdot \sum_{i=1}^{n} f\left(\frac{x_{i-1}+x_i}{2}\right) \right]
\end{aligned}
$$

und die Beziehung

$$\int_a^b f(x)\, dx = S(h) + \Delta, \text{ mit } \Delta := \Delta_1 + \cdots + \Delta_n$$

und

$$|\Delta| \leq n \cdot \frac{K}{2880} \cdot h^5 = \frac{K}{2880 n^4}(b-a)^5.$$

∎

4.3.13. Beispiel

Wir wenden nun das Simpson–Verfahren auf die Berechnung von $\ln(2)$ an:

Es sei wieder $n = 5$. Dann ist

$$
\begin{aligned}
S(h) &= \frac{1}{30}\Big[1 + \frac{1}{2} + 2 \cdot (\frac{5}{6} + \frac{5}{7} + \frac{5}{8} + \frac{5}{9}) \\
&\quad + 4 \cdot (\frac{10}{11} + \frac{10}{13} + \frac{10}{15} + \frac{10}{17} + \frac{10}{19})\Big] \\
&\approx \frac{1}{30}[6.9564 + 13.8380] \approx 0.6931466.
\end{aligned}
$$

Wie gut dieses Ergebnis ist, zeigt die Fehlerabschätzung. Es ist $f^{(4)}(x) = \dfrac{24}{x^5}$, also $|f^{(4)}| \le 24$. Damit ist

$$
|\ln(2) - S(h)| \le \left(\frac{1}{5}\right)^4 \cdot \frac{24}{2880} = \frac{24}{1\,800\,000} \approx 1.333\ldots \cdot 10^{-5} < 10^{-4} = 0.0001.
$$

Das sagt uns, dass $0.69304 < \ln(2) < 0.69325$ ist. Die ersten drei Stellen nach dem Komma sind gesichert, die 4. Stelle muss zwischen 0 und 2 liegen. Das ist schon ein sehr gutes Ergebnis. Benutzt man eine feinere Unterteilung, so kann man das Ergebnis weiter verbessern.

Zusammenfassung

In diesem Abschnitt werden ausschließlich numerische Methoden behandelt. Ein wichtiges Hilfsmittel ist der **Fixpunktsatz**, der im 2. Band noch verallgemeinert wird. Hier geht es um eine stetige Funktion g auf einem abgeschlossenen Intervall I mit Mittelpunkt x_0 und Radius r. Wenn es ein $\lambda \in \mathbb{R}$ mit $0 < \lambda < 1$ gibt, so dass die im Folgenden beschriebenen Bedingungen erfüllt sind, so besitzt g in I genau einen **Fixpunkt** x^* (für den also $g(x^*) = x^*$ gilt). Man braucht dafür

1. die **Startbedingung** $|g(x_0) - x_0| \le (1 - \lambda)r$, und

2. die **Kontraktionsbedingung** $|g(x) - g(y)| \le \lambda|x - y|$, für alle $x, y \in I$.

Die beiden Bedingungen stellen sicher, dass die Iterationsfolge $x_{n+1} := g(x_n)$ das Intervall I nicht verlässt und außerdem gegen einen Grenzwert konvergiert. Die Stetigkeit von g und die Kompaktheit des Intervalls I sind dabei ausschlaggebend.

Aus dem Fixpunktsatz folgt die Konvergenz des **Newton-Verfahrens** zur Lösung einer nichtlinearen Gleichung $f(x) = 0$. Auch hier beginnt man mit einem Startwert x_0, der möglichst geschickt gewählt werden sollte (z.B. zwischen zwei Punkten a, b mit $f(a) < 0 < f(b)$). Die Iteration ist gegeben durch

$$x_{n+1} := x_n - \frac{f(x_n)}{f'(x_n)}.$$

Damit ist klar, dass man $f'(x) \neq 0$ im betrachteten Intervall fordern muss. Màn schneidet die Tangente an den Graphen von f im Punkte x_n mit der x-Achse und erhält so den Punkt x_{n+1}.

Hinreichende Bedingungen für die Konvergenz des Verfahrens im Falle einer zweimal stetig differenzierbaren Funktion $f : [a, b] \to \mathbb{R}$ sind die Ungleichungen

$$\left| \frac{f(x)f''(x)}{f'(x)^2} \right| \leq \lambda \quad \text{und} \quad \left| \frac{f(x)}{f'(x)} \right| \leq (1 - \lambda)\frac{b - a}{2}.$$

Ist $|f'(x)| \geq M > 0$, so erhält man außerdem die Fehlerabschätzung $|x_n - x^*| \leq |f(x_n)|/M$. Ist f sogar dreimal stetig differenzierbar, so ist $|x_{n+1} - x^*| \leq C \cdot (x_n - x^*)^2$, mit einer von n unabhängigen Konstanten $C > 0$. Ist $f(a) < 0 < f(b)$, $f'(x) \geq \delta$ (und damit f insbesondere streng monoton wachsend), f konvex und f'' beschränkt auf $[a, b]$, so konvergiert das Newton-Verfahren auf jeden Fall gegen die Nullstelle, die zwischen a und b liegen muss.

Für die numerische Integration werden zunächst **Interpolationsformeln** hergeleitet. Ist $f : I \to \mathbb{R}$ n-mal differenzierbar, so gibt es zu paarweise verschiedenen Punkten $a_1, \ldots, a_n \in I$

- genau ein Polynom vom Grad $\leq n - 1$ mit $p(a_\nu) = f(a_\nu)$ für $\nu = 1, \ldots, n$,

- genau ein Polynom q vom Grad $\leq n$ mit der gleichen Eigenschaft und der Zusatzbedingung, dass $q'(a_1) = f'(a_1)$ ist.

Zu jedem x gibt es $\xi, \eta \in I$, so dass gilt:

$$f(x) - p(x) = (x - a_1) \cdots (x - a_n)\frac{f^{(n)}(\xi)}{n!}$$

$$\text{und} \quad f(x) - q(x) = (x - a_1)^2(x - a_2) \cdots (x - a_n)\frac{f^{(n+1)}(\eta)}{(n + 1)!}.$$

Bei der numerischen Integration wird der Integrand durch ein geeignetes Interpolationspolynom ersetzt, und zwar bei der Trapezregel durch ein lineares und bei der Simpson'schen Regel durch ein quadratisches Polynom. Der Näherungswert ist jeweils das – einfach zu berechnende – Integral des Interpolationspolynoms. Der Fehler kann mit Hilfe der obigen Formeln abgeschätzt werden. Bei der **speziellen Trapezregel** und der **Kepler'schen Fassregel** wird jeweils mit den Stützpunkten a, $(a+b)/2$ und b gearbeitet. Teilt man das Ausgangsintervall $I = [a, b]$ in n gleiche Teile und führt man die Prozeduren für jedes Teilintervall durch, so erhält man in der Summe:

1. **Allgemeine Trapezregel:**
   Sei $f : [a, b] \to \mathbb{R}$ zweimal differenzierbar, $|f''| \leq k$ auf $[a, b]$, $n \in \mathbb{N}$, $h := (b - a)/n$ und $x_i := a + ih$ für $i = 0, \ldots, n$, sowie

   $$T(h) = h \cdot \left(\frac{f(a)}{2} + \sum_{i=1}^{n-1} f(a + ih) + \frac{f(b)}{2} \right).$$

   Dann ist $\quad \left| \int_a^b f(x)\,dx - T(h) \right| \leq \frac{k}{12n^2}(b - a)^3.$

2. **Simpson'sche Regel:**
   Sei $f : [a, b] \to \mathbb{R}$ viermal differenzierbar, $|f^{(4)}| \leq K$ auf $[a, b]$, $n \in \mathbb{N}$, $h := (b - a)/n$, $x_i := a + ih$ für $i = 0, 1, 2, \ldots, n$ und

   $$S(h) := \frac{h}{6} \cdot \left[f(a) + f(b) + 2 \cdot \sum_{i=1}^{n-1} f(x_i) + 4 \cdot \sum_{i=1}^{n} f\left(\frac{x_{i-1} + x_i}{2} \right) \right].$$

   Dann ist $\quad \left| \int_a^b f(x)\,dx - S(h) \right| \leq \frac{K}{2880n^4}(b - a)^5.$

4.3.14. Aufgaben

A. Bestimmen Sie mit Hilfe des Newton–Verfahrens eine Nullstelle von $f(x) := x^3 - 2x - 5$ auf 4 Nachkommastellen genau.

B. Lösen Sie die Gleichung $x^2 + 2 = e^x$ mit Hilfe des Newton–Verfahrens.

C. Mit dem Newton–Verfahren soll eine Nullstelle von $f(x) := x^5 - x^4 - x + 2$ gesucht werden. Warum klappt das nicht mit dem Startwert $x_0 := 1$? Schreiben Sie ein Computerprogramm für die Anwendung des Newton–Verfahrens auf $f(x)$. Was geht schief mit dem Startwert $x_0 := 2$?

D. Bestimmen Sie ein quadratisches Polynom p, das in 0, $\pi/2$ und π mit $f(x) := \sin x$ übereinstimmt. Schätzen Sie die Differenz $|f(x) - p(x)|$ in $x = \pi/4$ ab.

E. Berechnen Sie $\int_0^1 (x^3 + 3x^2 - x + 1)\,dx$ einmal direkt und einmal numerisch mit Hilfe der Kepler'schen Fassregel. Kommentieren Sie das Ergebnis.

F. Berechnen Sie $\pi/4 = 0.7854\ldots$ mit Hilfe des Integrals $\int_0^1 \frac{dx}{1 + x^2}$, sowohl mit der Trapez-, als auch mit der Simpson'schen Regel. Benutzen Sie dazu die Teilpunkte 0, 0.25, 0.5, 0.75 und 1.

G. Berechnen Sie $\int_0^\pi \frac{\sin x}{x}\,dx$ mit Hilfe der Simpson'schen Regel (mit $n = 2$).

4.4 Uneigentliche Integrale

Zur Motivation: Bisher können wir nur beschränkte Funktionen über abgeschlossenen Intervallen integrieren. Wir wollen uns jetzt auch mit unbeschränkten Funktionen über offenen Intervallen beschäftigen. Die Idee dabei besteht darin, die Funktion zunächst über ein abgeschlossenes Intervall zu integrieren (was schon für sich einen Grenzübergang darstellt) und dann das offene Intervall durch solche abgeschlossenen Intervalle auszuschöpfen. Das ist dann ein zweiter Grenzübergang.

Wir beginnen mit einem Beispiel:

Sei $f(x) := 1/\sqrt{x}$. Dann ist $\lim\limits_{x \to 0+} f(x) = +\infty$, also f über $[0, 1]$ nicht integrierbar.

Andererseits ist $F(x) := 2\sqrt{x}$ eine Stammfunktion von $f(x)$, und daher

$$\int_\varepsilon^1 f(x)\, dx = F(1) - F(\varepsilon) = 2(1 - \sqrt{\varepsilon}).$$

Nun lassen wir ε gegen Null gehen und erhalten $\lim\limits_{\varepsilon \to 0+} \int_\varepsilon^1 f(x)\, dx = 2$.

Da dieser Grenzwert existiert, wollen wir ihn gerne als Integral von f über $(0, 1]$ auffassen. Damit das möglich ist, müssen wir den Integralbegriff erweitern.

Definition   (**uneigentliches Integral über** $[a, b)$)

Sei $f : [a, b) \to \mathbb{R}$ eine stückweise stetige Funktion. Der Grenzwert

$$\int_a^b f(t)\, dt := \lim_{x \to b-} \int_a^x f(t)\, dt$$

wird als **uneigentliches Integral** bezeichnet. Falls er existiert, nennt man das uneigentliche Integral **konvergent**, andernfalls **divergent**.

Analog erklärt man das uneigentliche Integral einer stückweise stetigen Funktion $f : (a, b] \to \mathbb{R}$ durch den rechtsseitigen Limes, wie im obigen Beispiel. Man kann zeigen, dass dieser Begriff auf abgeschlossenen Intervallen nichts Neues bringt.

Ist f eine stückweise stetige Funktion auf einem offenen Intervall (a, b), so bildet man das uneigentliche Integral, indem man einen Punkt $c \in (a, b)$ wählt und die uneigentlichen Integrale von f über $(a, c]$ und über $[c, b)$ bildet und dann addiert. Das Ergebnis hängt nicht von der Wahl des Punktes c ab. Wichtig ist nur, dass man beide Grenzübergänge unabhängig voneinander durchführt!

4.4.1. Beispiel

Wir betrachten $f(x) := 1/x^\alpha$ auf $(0, b]$ für verschiedene α.

a) Ist $\boxed{\alpha = 1}$, so ist $F(x) := \ln(x)$ eine Stammfunktion für $f(x)$, und daher

$$\int_\varepsilon^b \frac{1}{x}\,dx = \ln(b) - \ln(\varepsilon) \longrightarrow +\infty \text{ für } \varepsilon \to 0.$$

Das uneigentliche Integral divergiert!

b) Ist $\boxed{\alpha \neq 1}$, so ist $F(x) := -\dfrac{1}{(\alpha - 1)x^{\alpha-1}}$ Stammfunktion für f.

Wir betrachten zunächst den Fall $\boxed{\alpha < 1}$: dann ist

$$\int_\varepsilon^b \frac{1}{x^\alpha}\,dx = -\frac{1}{\alpha - 1} \cdot \left(\frac{1}{b^{\alpha-1}} - \frac{1}{\varepsilon^{\alpha-1}} \right).$$

Da $1 - \alpha > 0$ ist, strebt $1/\varepsilon^{\alpha-1} = \varepsilon^{1-\alpha}$ gegen Null für $\varepsilon \to 0$.

Also existiert $\displaystyle\int_0^b \frac{1}{x^\alpha}\,dx = -\frac{1}{(\alpha - 1)b^{\alpha-1}}$ für $\alpha < 1$.

Insbesondere ist $\displaystyle\int_0^1 \frac{1}{x^\alpha}\,dx = \frac{1}{1 - \alpha}$,   z.B. $\displaystyle\int_0^1 \frac{1}{\sqrt{x}}\,dx = 2$.

c) Ist $\boxed{\alpha > 1}$, so ist $\alpha - 1 > 0$, und $1/\varepsilon^{\alpha-1}$ strebt gegen $+\infty$ für $\varepsilon \to 0$. In diesem Fall divergiert das uneigentliche Integral.

Das bedeutet z.B., dass $\displaystyle\int_0^1 \frac{1}{x^2}\,dx$ nicht konvergiert.

Bisher haben wir nur über beschränkte offene Intervalle integriert. Jetzt wollen wir das auf ganz $\mathbb{R}$ oder zumindest auf eine Halbachse ausdehnen.

Definition (uneigentliches Integral über $[a, \infty)$)

Sei $f : [a, +\infty) \to \mathbb{R}$ eine stückweise stetige Funktion. Dann wird auch der Grenzwert

$$\int_a^\infty f(t)\,dt := \lim_{x \to \infty} \int_a^x f(t)\,dt$$

als **uneigentliches Integral** bezeichnet. Konvergenz und Divergenz des uneigentlichen Integrals erklärt man wie oben, uneigentliche Integrale über $(-\infty, b]$ definiert man analog.

4.4.2. Beispiel

Wir betrachten noch einmal $f(x) = 1/x^\alpha$ für verschiedene α.

a) $\boxed{\alpha = 1}$: $\displaystyle\int_a^x \frac{1}{t}\,dt = \ln(x) - \ln(a)$ strebt für $x \to +\infty$ gegen $+\infty$.

Das uneigentliche Integral divergiert also auch hier.

b) Ist $\boxed{\alpha < 1}$, so ist $\int_a^x \frac{1}{t^\alpha}\,dt = -\frac{1}{\alpha - 1} \cdot \left(\frac{1}{x^{\alpha-1}} - \frac{1}{a^{\alpha-1}} \right)$, wobei

$\frac{1}{x^{\alpha-1}} = x^{1-\alpha}$ gegen $+\infty$ strebt, für $x \to \infty$. Auch dieses Integral divergiert.

c) Ist $\boxed{\alpha > 1}$, so konvergiert das uneigentliche Integral offensichtlich. Das bedeutet, dass insbesondere das Integral $\int_1^\infty \frac{1}{x^2}\,dx$ konvergiert, während $\int_1^\infty \frac{1}{\sqrt{x}}\,dx$ divergiert. So ist z.B. $\int_1^\infty \frac{1}{x^2}\,dx = 1$.

Zur besseren Visualisierung folgt noch eine Illustration. Jede Funktion der Form $1/x^\alpha$, deren Graph über $(0,1)$ (bzw. über $(1,\infty)$) ganz innerhalb der hellgrau gefärbten Fläche verläuft, ist integrierbar.

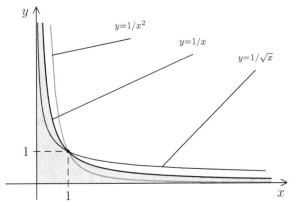

Insbesondere ergibt sich, dass

$$\int_0^\infty \frac{1}{x^\alpha}\,dx$$

für **kein** α konvergiert!

Uneigentliche Integrale über ganz $\mathbb{R}$ werden durch zwei voneinander unabhängige Grenzprozesse berechnet:

Definition (uneigentliches Integral über $\mathbb{R}$)

Sei $f : \mathbb{R} \to \mathbb{R}$ eine stückweise stetige Funktion. Das uneigentliche Integral $\int_{-\infty}^{+\infty} f(t)\,dt$ konvergiert genau dann, wenn die beiden uneigentlichen Integrale

$$\int_{-\infty}^0 f(t)\,dt \quad \text{und} \quad \int_0^{+\infty} f(t)\,dt$$

konvergieren. Der Wert des Integrals über ganz $\mathbb{R}$ ist gleich der Summe der Werte der Teilintegrale, d.h. es ist

$$\int_{-\infty}^{+\infty} f(t)\,dt = \lim_{\substack{a \to -\infty \\ b \to +\infty}} \int_a^b f(t)\,dt.$$

Man beachte, dass in der letzten Formel a und b unabhängig voneinander gegen die Grenzen streben. Manchmal findet man auch noch den folgenden Grenzwert:

$$HW \int_{-\infty}^{+\infty} f(t)\, dt := \lim_{r \to \infty} \int_{-r}^{+r} f(t)\, dt.$$

Man spricht vom *Cauchy'schen Hauptwert*. Es kann passieren, dass dieser Hauptwert existiert, obwohl das uneigentliche Integral von f über $\mathbb{R}$ divergiert.

Wenn keine explizite Stammfunktion gegeben ist, wird es schwierig mit dem Nachweis von Konvergenz oder Divergenz eines uneigentlichen Integrals. Für den Fall gibt es aber gewisse Vergleichskriterien. Wir betrachten nur einen Typ von uneigentlichen Integralen, für die anderen Typen gelten analoge Aussagen.

Definition   (absolute Konvergenz)

Das uneigentliche Integral $\int_a^\infty f(x)\, dx$ *konvergiert absolut*, falls $\int_a^\infty |f(x)|\, dx$ konvergiert. Für andere Typen von uneigentlichen Integralen definiert man die absolute Konvergenz entsprechend.

4.4.3. Gewöhnliche und absolute Konvergenz

Sei f stückweise stetig über $[a, \infty)$. Konvergiert das uneigentliche Integral $\int_a^\infty f(x)\, dx$ absolut, so auch im gewöhnlichen Sinne, und es ist

$$\left| \int_a^\infty f(x)\, dx \right| \le \int_a^\infty |f(x)|\, dx.$$

BEWEIS: Für $x \in [a, \infty)$ ist $0 \le |f(x)| - f(x) \le 2|f(x)|$. Ist $A_n \ge a$ eine monoton wachsende Folge, die gegen $+\infty$ konvergiert, so ist

$$0 \le \int_a^{A_n} \big(|f(x)| - f(x) \big)\, dx \le 2 \int_a^{A_n} |f(x)|\, dx.$$

Das Integral $Y_n := \int_a^{A_n} |f(x)|\, dx$ konvergiert monoton wachsend gegen $Y := \int_a^\infty |f(x)|\, dx$. Das Integral $X_n := \int_a^{A_n} \big(|f(x)| - f(x) \big)\, dx$ in der Mitte wächst ebenfalls mit n monoton (da der Integrand nicht negativ wird) und ist durch $2Y$ nach oben beschränkt, konvergiert also nach dem Satz von der monotonen Konvergenz (auch wenn wir den Grenzwert i.a. nicht kennen). Die Differenz $\int_a^{A_n} f(x)\, dx = Y_n - X_n$ konvergiert dann ebenfalls für $n \to \infty$. Das zeigt die Konvergenz des uneigentlichen Integrals $\int_a^\infty f(x)\, dx$ und damit auch die Konvergenz von $|\int_a^{A_n} f(x)\, dx|$ gegen $|\int_a^\infty f(x)\, dx|$.

Die Ungleichungen $|\int_a^{A_n} f(x)\, dx| \le \int_a^{A_n} |f(x)|\, dx \le \int_a^\infty |f(x)|\, dx$ bleiben beim Grenzübergang $n \to \infty$ erhalten.   ∎

Die Umkehrung des Satzes ist falsch, dafür werden wir weiter unten ein Beispiel angeben.

4.4.4. Majorantenkriterium für uneigentliche Integrale

Es seien f und g zwei stückweise stetige Funktionen über einem Intervall I, mit $|f| \leq g$. Konvergiert das uneigentliche Integral über g, so konvergiert das uneigentliche Integral über f absolut.

BEWEIS: Wieder sei $A_n \geq a$ eine monoton wachsende Folge, die gegen $+\infty$ konvergiert. Dann ist

$$0 \leq \int_a^{A_n} |f(x)| \, dx \leq \int_a^{A_n} g(x) \, dx.$$

Das Integral auf der rechten Seite konvergiert monoton wachsend (da der Integrand nicht negativ ist) gegen $\int_a^\infty g(x) \, dx$. Das Integral in der Mitte wächst ebenfalls mit n monoton und ist nach oben beschränkt, konvergiert also nach dem Satz von der monotonen Konvergenz. Das zeigt die absolute Konvergenz des uneigentlichen Integrals über f. ∎

Ähnlich wie bei den Reihen nennt man hier die Funktion g eine ***Majorante*** für f.

4.4.5. Folgerung

Sei $f : [a, \infty) \to \mathbb{R}$ stetig

1. *Gibt es ein $C > 0$, ein $\alpha > 1$ und ein $b \geq a$, so dass $|f(t)|t^\alpha \leq C$ für $t \geq b$ ist, so konvergiert das uneigentliche Integral $\int_a^\infty f(t) \, dt$ absolut.*

2. *Gibt es ein $C > 0$ und ein $b \geq a$, so dass $f(t) \cdot t \geq C$ für $t \geq b$ ist, so divergiert das uneigentliche Integral.*

BEWEIS: Im ersten Fall ist $C \cdot t^{-\alpha}$ eine geeignete Majorante, im zweiten Fall ist $C \cdot t^{-1}$ eine Minorante. ∎

4.4.6. Beispiele

A. $\int_1^\infty \dfrac{\cos x}{x^2} \, dx$ konvergiert, weil $\int_1^\infty \dfrac{1}{x^2} \, dx$ konvergiert.

B. Wir zeigen die Konvergenz des „Fehlerintegrals" $\int_{-\infty}^{+\infty} e^{-x^2} \, dx$. Es ist

$$\int_1^r e^{-x} \, dx = -\int_1^r (e^{-x})' \, dx = -(e^{-r} - e^{-1}),$$

und dieser Ausdruck konvergiert gegen $1/e$ für $r \to \infty$. Also konvergiert das uneigentliche Integral $\int_1^\infty e^{-x} \, dx$.

Analog ist

$$\int_{-\infty}^{-1} e^x \, dx = \lim_{r \to \infty} \int_{-r}^{-1} (e^x)' \, dx = \lim_{r \to \infty} (e^{-1} - e^{-r}) = e^{-1}.$$

Für $x \geq 1$ ist $x^2 \geq x$, also $e^{-x^2} \leq e^{-x}$.

Für $x \leq -1$ ist $x^2 = |x|^2 \geq |x| = -x$, also $-x^2 \leq x$. Damit ist dort $e^{-x^2} \leq e^x$. Setzt man alles zusammen, so folgt die Konvergenz des Fehlerintegrals.

C. Die (überall stetige) Funktion $f(x) := (\sin x)/x$ ist über $[0, \infty)$ nicht absolut integrierbar, denn es ist

$$\int_0^{k\pi} \Big| \frac{\sin x}{x} \Big| \, dx = \sum_{\nu=1}^{k} \int_{(\nu-1)\pi}^{\nu\pi} \Big| \frac{\sin x}{x} \Big| \, dx$$

$$\geq \sum_{\nu=1}^{k} \frac{1}{\nu\pi} \int_{(\nu-1)\pi}^{\nu\pi} |\sin x| \, dx = \frac{2}{\pi} \sum_{\nu=1}^{k} \frac{1}{\nu},$$

und dieser Ausdruck strebt für $k \to \infty$ gegen Unendlich.

Es ist also nicht so ohne Weiteres möglich, die etwaige Konvergenz von $\int_0^\infty (\sin x/x) \, dx$ mit Hilfe des Majorantenkriteriums zu zeigen. Man muss sich etwas Trickreicheres einfallen lassen.

Wir können die Integration bei 1 beginnen und setzen

$$F(x) := \int_1^x \sin t \, dt.$$

Dann ist F differenzierbar, $F(1) = 0$, $F'(x) = \sin x$ und

$$|F(x)| = |\cos(1) - \cos(x)| \leq 2.$$

Wir benutzen nun partielle Integration:

$$\int_1^x \frac{\sin t}{t} \, dt = \int_1^x \frac{1}{t} \cdot F'(t) \, dt = \frac{F(t)}{t} \Big|_1^x - \int_1^x \Big(-\frac{F(t)}{t^2} \Big) \, dt$$

$$= \frac{F(x)}{x} + \int_1^x \frac{F(t)}{t^2} \, dt.$$

Da F beschränkt ist und $1/x$ für $x \to \infty$ gegen Null konvergiert, brauchen wir nur den zweiten Term zu betrachten. Es ist $|F(t)/t^2| \leq 2/t^2$, und

$$\int_1^x \frac{2}{t^2} \, dt = -\frac{2}{t} \Big|_1^x = 2 - \frac{2}{x}$$

strebt für $x \to \infty$ gegen 2. Also konvergiert $\int_1^\infty F(t)/t^2 \, dt$ und damit auch das Integral $\int_1^\infty (\sin t)/t \, dt$.

Zum Schluss wollen wir noch den engen Zusammenhang zwischen Reihen und uneigentlichen Integralen hervorheben:

4.4.7. Vergleichssatz

Sei $m \in \mathbb{N}$ und $f : [m, \infty) \to \mathbb{R}$ positiv, stetig und monoton fallend. Dann haben die Reihe $\sum\limits_{k=m}^{\infty} f(k)$ und das uneigentliche Integral $\int\limits_{m}^{\infty} f(x)\, dx$ das gleiche Konvergenzverhalten.

BEWEIS: Auf dem Intervall $[k, k+1]$ ist $f(k) \geq f(x) \geq f(k+1)$, also auch

$$f(k) \geq \int_{k}^{k+1} f(x)\, dx \geq f(k+1)$$

und damit

$$\sum_{k=m}^{N} f(k) \geq \int_{m}^{N+1} f(x)\, dx \geq \sum_{k=m+1}^{N+1} f(k).$$

Daraus folgt die Behauptung. ∎

4.4.8. Beispiel

Aus dem Vergleichssatz und unseren Kenntnissen über uneigentliche Integrale folgt sofort:

$$\sum_{n=1}^{\infty} \frac{1}{n^{\alpha}} \text{ konvergiert genau dann, wenn } \alpha > 1 \text{ ist.}$$

So ist etwa $\sum\limits_{n=1}^{\infty} \dfrac{1}{n}$ divergent und $\sum\limits_{n=1}^{\infty} \dfrac{1}{n\sqrt{n}} = \sum\limits_{n=1}^{\infty} \dfrac{1}{n^{1.5}}$ konvergent.

Zusammenfassung

Sei $f : [a, b) \to \mathbb{R}$ eine stückweise stetige Funktion. Der Grenzwert

$$\int_{a}^{b} f(t)\, dt := \lim_{x \to b-} \int_{a}^{x} f(t)\, dt$$

wird als **uneigentliches Integral** bezeichnet. Falls er existiert, nennt man das uneigentliche Integral **konvergent**, andernfalls **divergent**.

Sei $f : [a, +\infty) \to \mathbb{R}$ eine stückweise stetige Funktion. Dann wird auch der Grenzwert

$$\int_{a}^{\infty} f(t)\, dt := \lim_{x \to \infty} \int_{a}^{x} f(t)\, dt$$

als uneigentliches Integral bezeichnet. Konvergenz und Divergenz erklärt man wie oben, und analog definiert man das uneigentliche Integral über $(-\infty, b]$.

Ein uneigentliches Integral über ein an beiden Seiten offenes Intervall setzt man (nach Wahl eines beliebigen Zwischenpunktes) aus zwei Integralen zusammen. Dabei muss man nur darauf achten, dass die beiden Grenzübergänge unabhängig voneinander durchgeführt werden. Andernfalls erhält man nur den **Cauchy'schen Hauptwert**, z.B.

$$HW \int_{-\infty}^{+\infty} f(t)\, dt := \lim_{r \to \infty} \int_{-r}^{+r} f(t)\, dt.$$

Man nennt f **absolut uneigentlich integrierbar**, falls $|f|$ im gewöhnlichen Sinne uneigentlich integrierbar.

Besonders wichtig sind die Vergleichssätze:

- **Vergleich von gewöhnlicher und absoluter Konvergenz:** Sei f stückweise stetig über $[a, \infty)$. Konvergiert das uneigentliche Integral über f absolut, so auch im gewöhnlichen Sinne, und es ist

$$\left| \int_a^\infty f(x)\, dx \right| \le \int_a^\infty |f(x)|\, dx.$$

- **Majorantenkriterium für uneigentliche Integrale:** Es seien f und g zwei stückweise stetige Funktionen über einem Intervall I, mit $|f| \le g$. Konvergiert das uneigentliche Integral über g, so konvergiert das uneigentliche Integral über f absolut.

Um diese Sätze anwenden zu können, braucht man Vergleichsfunktionen. Dazu eine Tabelle für die Funktion $f(x) := 1/x^\alpha$ auf $(0, \infty)$ für verschiedene α:

	$0 < x < 1$	$1 < x < +\infty$
$\alpha < 1$	Konvergenz	Divergenz
$\alpha = 1$	Divergenz	Divergenz
$\alpha > 1$	Divergenz	Konvergenz

Zum Schluss sei noch der **Vergleichssatz** erwähnt.

Sei $m \in \mathbb{N}$ und $f : [m, \infty) \to \mathbb{R}$ positiv, stetig und monoton fallend. Dann haben die Reihe $\sum_{k=m}^\infty f(k)$ und das uneigentliche Integral $\int_m^\infty f(x)\, dx$ das gleiche Konvergenzverhalten.

Ergänzungen

I) Einige Beweise werden einfacher, wenn man das folgende Kriterium zur Verfügung hat:

4.4.9. Cauchykriterium für uneigentliche Integrale

Sei $f : [a, +\infty) \to \mathbb{R}$ eine stückweise stetige Funktion. Das uneigentliche Integral $\int_a^\infty f(x)\,dx$ konvergiert genau dann, wenn gilt:

$$\forall\, \varepsilon > 0 \;\exists\, C = C(\varepsilon) \geq a, \text{ s.d. } \left| \int_{x_1}^{x_2} f(x)\,dx \right| < \varepsilon \text{ für } C < x_1 < x_2 \text{ ist.}$$

BEWEIS:

„$\Longrightarrow$": Das uneigentliche Integral konvergiere gegen $A \in \mathbb{R}$. Ist $\varepsilon > 0$ vorgegeben, so wählen wir $C = C(\varepsilon)$ so, dass

$$\left| \int_a^r f(x)\,dx - A \right| < \frac{\varepsilon}{2} \text{ für } r \geq C \text{ ist.}$$

Für $C < x_1 < x_2$ gilt dann:

$$
\begin{aligned}
\left| \int_{x_1}^{x_2} f(x)\,dx \right| &= \left| \int_a^{x_2} f(x)\,dx - \int_a^{x_1} f(x)\,dx \right| \\
&= \left| \left(\int_a^{x_2} f(x)\,dx - A \right) + \left(A - \int_a^{x_1} f(x)\,dx \right) \right| \\
&\leq \left| \int_a^{x_2} f(x)\,dx - A \right| + \left| \int_a^{x_1} f(x)\,dx - A \right| \\
&< \frac{\varepsilon}{2} + \frac{\varepsilon}{2} = \varepsilon.
\end{aligned}
$$

„$\Longleftarrow$": Nun sei das Kriterium erfüllt.

Wir setzen $x_n := a + n$ für $n \in \mathbb{N}$. Dann ist (x_n) eine monoton wachsende Folge mit $\lim_{n \to \infty} x_n = +\infty$.

Wir setzen außerdem $A_n := \int_a^{x_n} f(x)\,dx$. Wir wollen zeigen, dass die Folge (A_n) gegen eine reelle Zahl A konvergiert, und dass A gerade das uneigentliche Integral ist.

Sei $\varepsilon > 0$ vorgegeben. Wir wählen $C = C(\varepsilon)$ gemäß dem Kriterium. Außerdem wählen wir $n_0 \in \mathbb{N}$ so groß, dass $x_n \geq C$ für $n \geq n_0$ ist. Für solche n gilt:

$$|A_n - A_{n_0}| = \left| \int_{x_{n_0}}^{x_n} f(x)\,dx \right| < \varepsilon.$$

Daraus folgt, dass (A_n) das Cauchykriterium erfüllt und dementsprechend gegen ein $A \in \mathbb{R}$ konvergieren muss.

Wir wollen zeigen, dass $\lim_{r \to \infty} \int_a^r f(x)\,dx = A$ ist. Dazu sei noch einmal ein $\varepsilon > 0$ vorgegeben. Wir wählen $n_0 \in \mathbb{N}$ so, dass $|A_n - A| < \frac{\varepsilon}{2}$ und $\left| \int_{x_n}^r f(x)\,dx \right| < \frac{\varepsilon}{2}$ für $n \geq n_0$ und $r > x_n$ ist. Für solche r ist dann

$$
\begin{aligned}
\left| \int_a^r f(x)\,dx - A \right| &= \left| \int_a^{x_n} f(x)\,dx + \int_{x_n}^r f(x)\,dx - A \right| \\
&\leq \left| \int_{x_n}^r f(x)\,dx \right| + |A_n - A| \\
&< \frac{\varepsilon}{2} + \frac{\varepsilon}{2} = \varepsilon.
\end{aligned}
$$

Damit ist alles gezeigt. ∎

II) Die Theorie der uneigentlichen Integrale liefert neue interessante Funktionen, z.B. die Gammafunktion:

Die *Gammafunktion* $\Gamma : (0, \infty) \to \mathbb{R}$ wird definiert durch

$$\Gamma(x) := \int_0^\infty e^{-t} t^{x-1} \, dt.$$

Dabei ist $t^{x-1} = e^{(x-1)\ln t}$.

Das uneigentliche Integral $\Gamma(1) = \int_0^\infty e^{-t} \, dt = -(e^{-t}) \big|_0^\infty = 1$ konvergiert offensichtlich.

Nun sei $x > 0$ und $x \neq 1$. Wir untersuchen zunächst die Konvergenz des uneigentlichen Integrals auf $(0, 1]$. Dort ist $1 < e^t \le e$, also $|e^{-t} t^{x-1}| < t^{x-1}$.

Ist $x > 1$, so strebt t^{x-1} für $t \to 0$ gegen Null und es gibt keine Probleme. Für $0 < x < 1$ ist aber auch $0 < 1 - x < 1$, und das uneigentliche Integral über $t^{x-1} = 1/t^{1-x}$ konvergiert.

Nun zeigen wir die Konvergenz des Integrals auf $[1, \infty)$. Da die Exponentialfunktion stärker als jede Potenz wächst, strebt $t^2 \cdot (t^{x-1} e^{-t}) = e^{-t} t^{x+1}$ für $t \to \infty$ gegen Null. Also gibt es eine Zahl $C > 0$ und ein t_0, so dass $e^{-t} t^{x+1} \le C$ für $t \ge t_0$ ist. Mit 4.4.4.5 (Seite 329) folgt die Konvergenz des Integrals.

Es gilt:

a) $\Gamma(1) = 1$.

b) $\Gamma(x + 1) = x \cdot \Gamma(x)$.

Zum BEWEIS von (b):

Es ist $\Gamma(x + 1) = \int_0^\infty e^{-t} t^x \, dt$. Mit partieller Integration erhält man:

$$\int_\varepsilon^r e^{-t} t^x \, dt = -e^{-t} t^x \Big|_\varepsilon^r + x \int_\varepsilon^r e^{-t} t^{x-1} \, dt.$$

Der erste Summand strebt gegen 0, der zweite gegen $x \cdot \Gamma(x)$, für $r \to \infty$ und $\varepsilon \to 0$.

Insbesondere folgt nun:

$$\begin{aligned}
\Gamma(2) &= \Gamma(1 + 1) = 1 \cdot \Gamma(1) = 1, \\
\Gamma(3) &= \Gamma(2 + 1) = 2 \cdot \Gamma(2) = 2 \\
\Gamma(4) &= \Gamma(3 + 1) = 3 \cdot \Gamma(3) = 2 \cdot 3
\end{aligned}$$

und allgemein $\Gamma(n + 1) = n \cdot \Gamma(n) = n!$ für $n \in \mathbb{N}$. Die Gammafunktion interpoliert also die Fakultäten!

4.4.10. Aufgaben

A. Zeigen Sie: $\displaystyle\int_0^1 \frac{\sin x}{x^\alpha} \, dx$ konvergiert für $\alpha < 2$ und $\displaystyle\int_1^\infty \frac{\sin x}{x^\alpha} \, dx$ konvergiert für $\alpha > 0$ und konvergiert absolut für $\alpha > 1$.

B. Zeigen Sie, dass das Integral $\displaystyle\int_1^\infty \frac{\sqrt{x}}{\sqrt{1 + x^4}} \, dx$ konvergiert.

C. Berechnen Sie die Werte der Integrale

$$\int_{-1}^1 \frac{dx}{\sqrt{1-x^2}}\,, \quad \int_0^1 \frac{\arcsin x}{\sqrt{1-x^2}}\,dx \quad \text{und} \quad \int_1^\infty \frac{\ln x}{x^2}\,x\,.$$

D. Konvergiert das uneigentliche Integral $\int_0^{\pi/2} \ln \sin x\, dx$?

E. Zeigen Sie:

(a) $\int_0^\infty \dfrac{\sin x}{1+x^2}\,dx$ konvergiert absolut.

(b) $\int_{-\infty}^{+\infty} \dfrac{x+\sin x}{1+x^2}\,dx$ existiert nicht.

(c) $\lim\limits_{r\to\infty} \int_{-r}^r \dfrac{x+\sin x}{1+x^2}\,dx = 0$.

F. Berechnen Sie die Ableitungen der Funktionen

$$f_1(x) := \ln\ln x \quad \text{und} \quad f_\alpha(x) := (\ln x)^{1-\alpha} \ (\text{für } \alpha \neq 1).$$

Untersuchen Sie das Konvergenzverhalten des Integrals $\int_2^\infty \dfrac{dx}{x(\ln x)^\alpha}$ für verschiedene α. Leiten Sie daraus eine Aussage über das Konvergenzverhalten der Reihe $\sum\limits_{n=2}^\infty \dfrac{1}{n(\ln n)^\alpha}$ ab.

G. Berechnen Sie den Wert der Integrale

$$\int_1^5 \frac{dx}{\sqrt{5-x}} \quad \text{und} \quad \int_0^\infty \frac{8}{x^4+4}\,dx.$$

H. Konvergieren die folgenden Integrale?

$$\int_1^5 \frac{3}{x\ln x}\,dx \quad \text{und} \quad \int_0^\infty (1-\tanh x)\,dx \quad (\text{mit } \tanh x := \frac{\sinh x}{\cosh x}).$$

4.5 Parameterintegrale

Zur Einführung: In diesem Paragraphen sollen parameterabhängige Integrale der Form

$$F(x_1,\dots,x_n) = \int_a^b f(x_1,\dots,x_n,t)\,dt$$

mit stetigem f untersucht werden. Gefragt wird nach stetiger und differenzierbarer Abhängigkeit von den Parametern $x_1, \ldots, x_n$ (vor und nach der Integration). Solche Parameterintegrale haben vielfältige Anwendungen und sind zudem das Paradebeispiel für die Vertauschung von Grenzübergängen. Außerdem werden „Doppelintegrale" der Form

$$\int_a^b \int_c^d f(s,t) \, dt \, ds$$

untersucht. Das beschert uns einen ersten Ausblick in die Theorie der mehrfachen Integration.

Sei $B \subset \mathbb{R}^n$ offen, $I = [a,b] \subset \mathbb{R}$ ein abgeschlossenes Intervall und $f : B \times I \to \mathbb{R}$ eine stetige Funktion.

4.5.1. Hilfssatz

Ist $(\mathbf{x}_k)$ eine in B gegen ein $\mathbf{x}_0$ konvergente Punktfolge und $f_k : I \to \mathbb{R}$ definiert durch $f_k(t) := f(\mathbf{x}_k, t)$, so konvergiert die Funktionenfolge f_k auf I gleichmäßig gegen $f_0(t) := f(\mathbf{x}_0, t)$.

BEWEIS: Die punktweise Konvergenz folgt sofort aus der Stetigkeit von f.

Die Menge $Q := \{\mathbf{x}_k : k \in \mathbb{N}\} \cup \{\mathbf{x}_0\}$ ist kompakt, und daher auch die Menge $Q \times I$. Also ist $f|_{Q \times I}$ gleichmäßig stetig. Nun sei ein $\varepsilon > 0$ vorgegeben. Dann gibt es ein $\delta > 0$, so dass für $\mathbf{x}, \mathbf{y} \in Q$ und $t \in I$ gilt:

$$\|\mathbf{x} - \mathbf{y}\| < \delta \implies |f(\mathbf{x}, t) - f(\mathbf{y}, t)| < \varepsilon.$$

Wählen wir $k_0 \in \mathbb{N}$ so groß, dass $\|\mathbf{x}_k - \mathbf{x}_0\| < \delta$ für $k \geq k_0$ ist, so ist $|f_k(t) - f_0(t)| < \varepsilon$ für $t \in I$ und $k \geq k_0$.   ∎

4.5.2. Stetigkeit des Parameterintegrals

Unter den obigen Voraussetzungen ist $F(\mathbf{x}) := \displaystyle\int_a^b f(\mathbf{x}, t) \, dt$ stetig.

BEWEIS: Sei $\mathbf{x}_0 \in B$ und $(\mathbf{x}_k)$ eine gegen $\mathbf{x}_0$ konvergente Folge. Laut Hilfssatz konvergiert $f_k(t) := f(\mathbf{x}_k, t)$ gleichmäßig gegen $f_0(t) := f(\mathbf{x}_0, t)$.

Nach dem Satz über die Vertauschbarkeit von Limes und Integral konvergiert dann

$$F(\mathbf{x}_k) = \int_a^b f_k(t) \, dt \quad \text{gegen} \quad \int_a^b f_0(t) \, dt = F(\mathbf{x}_0).$$

Das bedeutet, dass F in $\mathbf{x}_0$ stetig ist.   ∎

Wir möchten jetzt die differenzierbare Abhängigkeit von Parametern untersuchen. Dazu müssen wir die Begriffe „Differenzierbarkeit" und „Ableitung" auf Funktionen von mehreren Veränderlichen ausdehnen. In voller Allgemeinheit wird das erst im zweiten Band geschehen, aber hier können wir schon über „partielle Differenzierbarkeit" sprechen, bei der jede Variable isoliert betrachtet wird.

Sei $B \subset \mathbb{R}^n$ offen, $f : B \to \mathbb{R}$ eine stetige Funktion und $\mathbf{a} = (a_1, \ldots, a_n) \in B$ ein fester Punkt. Dann können wir für $i = 1, \ldots, n$ die Funktionen

$$f_i(t) := f(a_1, \ldots, a_{i-1}, a_i + t, a_{i+1}, \ldots, a_n) = f(\mathbf{a} + t\,\mathbf{e}_i)$$

auf einem geeigneten Intervall $(-\varepsilon, +\varepsilon)$ betrachten. Ist f_i in $t = 0$ differenzierbar, so sagt man, f sei in $\mathbf{a}$ **partiell nach x_i differenzierbar**. f heißt in $\mathbf{a}$ **(einmal) partiell differenzierbar**, falls f in $\mathbf{a}$ nach jeder Variablen partiell differenzierbar ist. Unter der **partiellen Ableitung** von f nach x_i in $\mathbf{a}$ versteht man die Ableitung

$$\begin{aligned} D_i f(\mathbf{a}) := f_i'(0) &= \lim_{t \to 0} \frac{f_i(t) - f_i(0)}{t} \\ &= \lim_{t \to 0} \frac{f(\mathbf{a} + t\,\mathbf{e}_i) - f(\mathbf{a})}{t}. \end{aligned}$$

Man benutzt auch die Bezeichnungen

$$\frac{\partial f}{\partial x_i}(\mathbf{a}) = f_{x_i}(\mathbf{a}) := D_i f(\mathbf{a}), \text{ für } i = 1, \ldots, n.$$

Ist $F_i(s) := f(a_1, \ldots, a_{i-1}, s, a_{i+1}, \ldots, a_n) = f_i(s - a_i)$, so ist

$$D_i f(\mathbf{a}) = \lim_{t \to 0} \frac{F_i(a_i + t) - F_i(a_i)}{t} = \lim_{s \to a_i} \frac{F_i(s) - F_i(a_i)}{s - a_i} = \frac{dF_i}{ds}(a_i).$$

Um die i-te partielle Ableitung $f_{x_i}(\mathbf{a})$ auszurechnen, muss man in $f(x_1, \ldots, x_n)$ für $j \neq i$ die Variablen x_j durch die entsprechenden Komponenten a_j von $\mathbf{a}$ ersetzen. Danach hängt die Funktion nur noch von der einen verbliebenen Variablen x_i ab und kann im gewöhnlichen Sinne nach dieser Variablen an der Stelle a_i differenziert werden.

4.5.3. Beispiele

A. Die Funktion $f(x, y) := x^2 - y^2$ soll an der Stelle $\mathbf{a} := (1, 1)$ partiell nach x und y differenziert werden. Es ist

$$f_x(1, 1) = \frac{d}{dx}\Big|_1 f(x, 1) = \frac{d}{dx}\Big|_1 (x^2 - 1) = 2x\Big|_{x=1} = 2$$

und

$$f_y(1, 1) = \frac{d}{dy}\Big|_1 f(1, y) = \frac{d}{dy}\Big|_1 (1 - y^2) = -2y\Big|_{y=1} = -2.$$

Man kommt zu dem gleichen Ergebnis, wenn man zunächst die jeweils unbeteiligte Variable als Konstante auffasst, nach der anderen differenziert und dann die Komponenten des Punktes, in dem differenziert werden soll, einsetzt:

- Differentiation von $x \mapsto f(x,y) = x^2 - y^2$ im gewöhnlichen Sinne (bei festgehaltenem y) liefert $f_x(x,y) = 2x$ (weil die Ableitung der „Konstanten" y^2 nach x verschwindet).

- Einsetzen des Punktes $\mathbf{a} = (1,1)$ ergibt $f_x(1,1) = 2$ (wobei in diesem speziellen Fall nur noch $x = 1$ einzusetzen ist, weil der einzige Term, der y enthielt, schon weggefallen ist).

B. Sei $f(x,y,z) := x^2 \cdot \cos(yz)$. Wir gehen gleich nach der zweiten Methode vor und setzen gar keinen speziellen Punkt ein.

Um f partiell nach x zu differenzieren, muss man die Variablen y und z als Konstante betrachten und die Funktion $x \mapsto x^2 \cdot \cos(yz)$ im gewöhnlichen Sinne differenzieren. Dann erhält man

$$\frac{\partial f}{\partial x}(x,y,z) = 2x \cdot \cos(yz).$$

Um f partiell nach y zu differenzieren, muss man die Variablen x und z festhalten und die Funktion $y \mapsto x^2 \cdot \cos(yz)$ differenzieren. Das ergibt

$$\frac{\partial f}{\partial y}(x,y,z) = x^2 \cdot (-\sin(yz) \cdot z) = -x^2 z \sin(yz),$$

und analog erhält man schließlich

$$\frac{\partial f}{\partial z}(x,y,z) = -x^2 y \sin(yz).$$

C. Leider hat die partielle Differenzierbarkeit einer Funktion noch nicht einmal deren Stetigkeit zur Folge. Betrachten wir dazu die Funktion

$$f(x,y) := \begin{cases} \dfrac{xy^2}{x^2 + y^4} & \text{für } (x,y) \neq (0,0) \\ 0 & \text{für } (x,y) = (0,0). \end{cases}$$

Die Funktionen $x \mapsto f(x,0) \equiv 0$ und $y \mapsto f(0,y) \equiv 0$ sind natürlich im Nullpunkt differenzierbar. Also ist f in $\mathbf{0} = (0,0)$ partiell differenzierbar. Andererseits ist f dort nicht stetig. Ist nämlich (a_ν) eine Nullfolge, so konvergiert $\mathbf{x}_\nu := ((a_\nu)^2, a_\nu)$ gegen $(0,0)$, aber es ist

$$\lim_{\nu \to \infty} f(\mathbf{x}_\nu) = \lim_{\nu \to \infty} \frac{(a_\nu)^4}{2(a_\nu)^4} = \frac{1}{2} \neq f(0,0).$$

Ist $f : B \to \mathbb{R}$ in allen Punkten von B partiell nach x_i differenzierbar, so kann man die Funktion $D_i f := f_{x_i} : \mathbf{x} \mapsto f_{x_i}(\mathbf{x})$ bilden. Ist diese Funktion auf B stetig, so nennt man f auf B **stetig nach x_i partiell differenzierbar**. Gilt dies für alle Variablen x_i, so nennt man f auf B **stetig partiell differenzierbar**. Wir werden im zweiten Band sehen, dass f in diesem Falle auch stetig auf B ist.

4.5.4. Lemma (schwacher Mittelwertsatz im $\mathbb{R}^n$)

Sei $f : U_\varepsilon(\mathbf{x}_0) \to \mathbb{R}$ partiell differenzierbar und $\mathbf{x} \in U_\varepsilon(\mathbf{x}_0)$ beliebig. Die Punkte $\mathbf{z}_0, \ldots, \mathbf{z}_n$ seien definiert durch $\mathbf{z}_0 := \mathbf{x}_0$ und $\mathbf{z}_i := \mathbf{z}_{i-1} + (x_i - x_i^{(0)}) \cdot \mathbf{e}_i$ für $i = 1, \ldots, n$.

Dann liegen alle $\mathbf{z}_i$ und die Verbindungsstrecken von $\mathbf{z}_{i-1}$ nach $\mathbf{z}_i$ in $U_\varepsilon(\mathbf{x}_0)$, und auf jeder dieser Verbindungsstrecken gibt es einen Punkt $\mathbf{c}_i$, so dass gilt:

$$f(\mathbf{x}) = f(\mathbf{x}_0) + \sum_{i=1}^{n} \frac{\partial f}{\partial x_i}(\mathbf{c}_i) \cdot (x_i - x_i^{(0)}).$$

BEWEIS: Es ist $\mathbf{z}_i = (x_1, \ldots, x_i, x_{i+1}^{(0)}, \ldots, x_n^{(0)})$, also

$$\|\mathbf{z}_i - \mathbf{x}_0\| = \|(x_1 - x_1^{(0)}, \ldots, x_i - x_i^{(0)}, 0, \ldots, 0)\| \le \|\mathbf{x} - \mathbf{x}_0\| < \varepsilon.$$

Das bedeutet, dass alle $\mathbf{z}_i$ in $U_\varepsilon(\mathbf{x}_0)$ liegen. Es ist klar, dass dann auch die Verbindungsstrecken in $U_\varepsilon(\mathbf{x}_0)$ liegen.

Zum Beweis des schwachen Mittelwertsatzes:

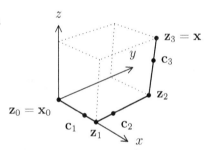

Sei $\sigma_i : [0,1] \to \mathbb{R}$ definiert durch

$$\sigma_i(t) := x_i^{(0)} + t(x_i - x_i^{(0)})$$

und $F_i : (x_i^{(0)} - \varepsilon, x_i^{(0)} + \varepsilon) \to \mathbb{R}$ definiert durch

$$F_i(s) := f(x_1, \ldots, x_{i-1}, s, x_{i+1}^{(0)}, \ldots, x_n^{(0)}).$$

Beide Funktionen sind differenzierbar, also auch

$$f_i(t) := F_i \circ \sigma_i(t) = f(x_1, \ldots, x_{i-1}, \sigma_i(t), x_{i+1}^{(0)}, \ldots, x_n^{(0)}) = f(\mathbf{z}_{i-1} + t(\mathbf{z}_i - \mathbf{z}_{i-1})).$$

Nach dem Mittelwertsatz gibt es ein $\xi_i \in (0,1)$ mit $f_i(1) - f_i(0) = f_i'(\xi_i)$. Dabei ist $f_i(0) = f(\mathbf{z}_{i-1})$, $f_i(1) = f(\mathbf{z}_i)$ und

$$f_i'(\xi_i) = F_i'(\sigma_i(\xi_i)) \cdot \sigma_i'(\xi_i) = f_{x_i}(\mathbf{z}_{i-1} + \xi_i(\mathbf{z}_i - \mathbf{z}_{i-1})) \cdot (x_i - x_i^{(0)}).$$

Setzen wir $\mathbf{c}_i := \mathbf{z}_{i-1} + \xi_i(\mathbf{z}_i - \mathbf{z}_{i-1})$, so ist

$$\sum_{i=1}^{n} \frac{\partial f}{\partial x_i}(\mathbf{c}_i) \cdot (x_i - x_i^{(0)}) = \sum_{i=1}^{n}(f(\mathbf{z}_i) - f(\mathbf{z}_{i-1})) = f(\mathbf{x}) - f(\mathbf{x}_0).$$

∎

4.5.5. Spezielle Kettenregel im $\mathbb{R}^n$

Ist $B \subset \mathbb{R}^n$ offen, $\alpha : I \to B$ in $t_0 \in I$ differenzierbar und $f : B \to \mathbb{R}$ partiell differenzierbar und in $\mathbf{a} := \alpha(t_0)$ sogar stetig partiell differenzierbar, so ist auch $f \circ \alpha$ in t_0 differenzierbar, und es gilt:

$$(f \circ \alpha)'(t_0) = \sum_{i=1}^{n} \frac{\partial f}{\partial x_i}(\alpha(t_0)) \cdot \alpha_i'(t_0).$$

BEWEIS: Wir wählen ein $\varepsilon > 0$, so dass $U_\varepsilon(\mathbf{a}) \subset B$ ist, und ein $\delta > 0$, so dass $\alpha(t) \in U_\varepsilon(\mathbf{a})$ ist, für $|t - t_0| < \delta$. Nach dem Lemma gibt es zu jedem $t \in (t_0 - \delta, t_0 + \delta)$ Punkte $\mathbf{c}_1, \ldots, \mathbf{c}_n \in U_\varepsilon(\mathbf{a})$ mit $\|\mathbf{c}_i - \mathbf{a}\| \leq \|\alpha(t) - \mathbf{a}\|$ und

$$f(\alpha(t)) - f(\alpha(t_0)) = \sum_{i=1}^{n} \frac{\partial f}{\partial x_i}(\mathbf{c}_i)(\alpha_i(t) - \alpha_i(t_0)).$$

Teilt man beide Seiten durch $t - t_0$ und lässt man t gegen t_0 gehen, so erhält man die Behauptung. Dabei geht insbesondere die Stetigkeit der partiellen Ableitungen f_{x_i} in $\mathbf{a}$ ein. ∎

4.5.6. Differentiation von Parameterintegralen

Ist $f(\mathbf{x}, t)$ auf $B \times I$ stetig partiell differenzierbar nach $x_1, \ldots, x_n$, so ist $F(\mathbf{x}) := \int_a^b f(\mathbf{x}, t)\, dt$ stetig partiell differenzierbar auf B, und für $i = 1, \ldots, n$ ist

$$\frac{\partial F}{\partial x_i}(\mathbf{x}) = \int_a^b \frac{\partial f}{\partial x_i}(\mathbf{x}, t)\, dt.$$

BEWEIS: O.B.d.A. können wir uns auf den Fall $n = 1$ beschränken.

Sei $x_0 \in B$ und (x_k) eine in B gegen x_0 konvergente Folge. Wir müssen zeigen, dass die Folge der Differenzenquotienten $(F(x_k) - F(x_0))/(x_k - x_0)$ gegen $\int_a^b f_x(x_0, t)\, dt$ konvergiert. Dabei können wir annehmen, dass $x_k \neq x_0$ für alle k ist und dass es ein abgeschlossenes Intervall $J \subset B$ gibt, das alle x_k enthält.

Wir setzen $g_k(t) := (f(x_k, t) - f(x_0, t))/(x_k - x_0)$ und $g(t) := f_x(x_0, t)$ und zeigen, dass (g_k) auf I gleichmäßig gegen g konvergiert. Dazu sei ein $\varepsilon > 0$ vorgegeben. Da

f_x auf der kompakten Menge $J \times I$ gleichmäßig stetig ist, gibt es ein $\delta > 0$, so dass für $(x, t) \in J \times I$ gilt:

$$|x - x_0| < \delta \implies |f_x(x, t) - f_x(x_0, t)| < \varepsilon.$$

Wir wählen ein k_0, so dass $|x_k - x_0| < \delta$ für $k \geq k_0$ ist. Nach dem Mittelwertsatz gibt es zu jedem solchen k und zu jedem $t \in I$ ein $c_k(t)$ zwischen x_0 und x_k mit

$$g_k(t) = f_x(c_k(t), t).$$

Für $k \geq k_0$ ist auch $|c_k(t) - x_0| < \delta$ und daher $|g_k(t) - g(t)| < \varepsilon$, für alle $t \in I$.

Der Satz über die Vertauschbarkeit von Limes und Integral liefert nun:

$$\frac{F(x_k) - F(x_0)}{x_k - x_0} = \int_a^b \frac{f(x_k, t) - f(x_0, t)}{x_k - x_0} \, dt = \int_a^b g_k(t) \, dt \to \int_a^b g(t) \, dt$$

für $k \to \infty$. Also ist F in x_0 differenzierbar und $F'(x_0) = \int_a^b f_x(x_0, t) \, dt$. Die Stetigkeit von F' folgt aus dem Satz über die Stetigkeit des Parameterintervalls. ∎

4.5.7. Beispiel

Für $x \in \mathbb{R}$ sei

$$F(x) := \int_0^1 \frac{e^{-(1+t^2)x^2}}{1 + t^2} \, dt.$$

Dann ist

$$\begin{aligned}
F'(x) &= -\int_0^1 2x \cdot e^{-(1+t^2)x^2} \, dt = -2xe^{-x^2} \int_0^1 e^{-t^2 x^2} \, dt \\
&= -2e^{-x^2} \int_0^x e^{-u^2} \, du \quad \text{(Substitution } tx = u\text{)}.
\end{aligned}$$

Einerseits ist jetzt

$$-\int_0^x F'(t) \, dt = F(0) - F(x) = \int_0^1 \frac{dt}{1 + t^2} - F(x) = \frac{\pi}{4} - F(x)$$

und andererseits gilt – mit $f(t) := \int_0^t e^{-u^2} \, du$ – die Beziehung

$$\begin{aligned}
-\int_0^x F'(t) \, dt &= \int_0^x \left(2e^{-t^2} \int_0^t e^{-u^2} \, du\right) dt \\
&= 2\int_0^x f'(t) f(t) \, dt = 2 \int_{f(0)}^{f(x)} v \, dv \\
&= f(x)^2 = \left(\int_0^x e^{-u^2} \, du\right)^2.
\end{aligned}$$

Zusammen liefert das die Gleichung

$$\left(\int_0^x e^{-u^2}\,du\right)^2 = \frac{\pi}{4} - F(x).$$

Da $F(x)$ für $x \to \infty$ gegen Null konvergiert, folgt daraus

$$\int_0^\infty e^{-u^2}\,du = \frac{1}{2}\sqrt{\pi}\,.$$

Wir betrachten nun eine stetige Funktion auf einem abgeschlossenen Rechteck,

$$f : [a,b] \times [c,d] \to \mathbb{R}.$$

Dann sind die Funktionen

$$F_1(s) := \int_c^d f(s,t)\,dt \quad \text{bzw.} \quad F_2(t) := \int_a^b f(s,t)\,ds$$

stetig und daher wieder integrierbar. Überraschenderweise gilt:

4.5.8. Satz von Fubini für stetige Funktionen

$$\int_a^b \int_c^d f(s,t)\,dt\,ds = \int_c^d \int_a^b f(s,t)\,ds\,dt.$$

BEWEIS: Für $c \leq \tau \leq d$ sei $g(s,\tau) := \int_c^\tau f(s,t)\,dt$. Diese Funktion ist nach dem Satz über die Stetigkeit von Parameterintegralen für jedes feste τ eine stetige Funktion von s, und nach dem Hauptsatz der Differential- und Integralrechnung ist g für festes $s \in [a,b]$ nach τ stetig partiell differenzierbar, mit

$$\frac{\partial g}{\partial \tau}(s,\tau) = f(s,\tau).$$

Also können wir den Satz über die Differenzierbarkeit von Parameterintegralen anwenden:

$$\varphi(\tau) := \int_a^b g(s,\tau)\,ds = \int_a^b \left(\int_c^\tau f(s,t)\,dt\right)\,ds$$

ist stetig differenzierbar, mit $\varphi'(\tau) = \int_a^b f(s,\tau)\,ds$.

Nun ist $\varphi(c) = 0$ und $\varphi(d) = \int_a^b \int_c^d f(s,t)\,dt\,ds$, also

$$\int_c^d \int_a^b f(s,t)\,ds\,dt = \int_c^d \varphi'(t)\,dt = \varphi(d) - \varphi(c) = \int_a^b \int_c^d f(s,t)\,dt\,ds.$$

Damit ist alles gezeigt.   ∎

4.5.9. Beispiele

A. Wir betrachten $f(x, y) := x^y$ auf $[0, 1] \times [a, b]$, mit $0 < a < b$. Die Voraussetzungen des Satzes von Fubini sind erfüllt. Die rechte Seite ist leicht ausgerechnet:

$$\int_a^b \int_0^1 x^y \, dx \, dy = \int_a^b \left(\frac{1}{y+1} x^{y+1} \Big|_{x=0}^{x=1} \right) dy = \int_a^b \frac{1}{y+1} \, dy = \ln \left(\frac{b+1}{a+1} \right).$$

Die linke Seite führt auf ein komplizierteres Integral:

$$\int_0^1 \int_a^b x^y \, dy \, dx = \int_0^1 \left(\int_a^b e^{y \cdot \ln x} \, dy \right) dx = \int_0^1 \left(\frac{1}{\ln x} e^{y \cdot \ln x} \Big|_{y=a}^{y=b} \right) dx$$

$$= \int_0^1 \frac{x^b - x^a}{\ln x} \, dx.$$

Das ist ein uneigentliches Integral, bei dem nicht sofort klar ist, wie man es ausrechnen sollte. Mit Hilfe des Satzes von Fubini haben wir jedoch schon den Wert!

B. Die Funktion

$$f(x, y) := \frac{y^2 - x^2}{(x^2 + y^2)^2}$$

ist auf $[0, 1] \times [0, 1] \setminus \{(0, 0)\}$ definiert, aber im Nullpunkt nicht mehr stetig. Der Satz von Fubini kann nicht angewandt werden, aber dennoch existieren die iterierten Integrale:

Ist $(x, y) \neq (0, 0)$, so existieren die Funktionen $F_1(x, y) := x/(x^2 + y^2)$ und $F_2(x, y) := -y/(x^2 + y^2)$, mit $(F_1)_x = (F_2)_y = (y^2 - x^2)/(x^2 + y^2)^2$. Für $y > 0$ ist daher

$$\int_0^1 f(x, y) \, dx = \frac{x}{x^2 + y^2} \Big|_{x=0}^{x=1} = \frac{1}{1 + y^2}$$

und

$$\int_0^1 \int_0^1 f(x, y) \, dx \, dy = \int_0^1 \frac{1}{1 + y^2} \, dy = \arctan(y) \Big|_{y=0}^{y=1} = \arctan(1) = \frac{\pi}{4}.$$

Andererseits ist

$$\int_0^1 \int_0^1 f(x, y) \, dy \, dx = \int_0^1 \left(\frac{-y}{x^2 + y^2} \Big|_{y=0}^{y=1} \right) dx = \int_0^1 \frac{-1}{1 + x^2} \, dx$$

$$= -\arctan(x) \Big|_{x=0}^{x=1} = -\arctan(1) = -\frac{\pi}{4}.$$

Es ist also gefährlich, bei mehrfachen Integralen einfach so drauf los zu integrieren!!

Statt eines Doppelintegrals kann man auch mehrfache Integrale betrachten:

Ist $f : [a_1, b_1] \times [a_2, b_2] \times \ldots \times [a_n, b_n] \to \mathbb{R}$ stetig, so existiert das iterierte Integral

$$\int_{a_1}^{b_1} \int_{a_2}^{b_2} \ldots \int_{a_n}^{b_n} f(x_1, x_2, \ldots, x_n)\, dx_n \ldots dx_2\, dx_1.$$

Mit dem Satz von Fubini und einem Induktionsbeweis kann man zeigen, dass der Wert des Integrals nicht von der Reihenfolge der Integrationen abhängt.

Jetzt wollen wir noch eine etwas kompliziertere Situation betrachten:

Es seien $\varphi, \psi : I := [a, b] \to \mathbb{R}$ zwei differenzierbare Funktionen mit $\varphi \leq \psi$. Die Menge

$$N := \{(x, t) \in I \times \mathbb{R} \mid \varphi(x) \leq t \leq \psi(x)\}$$

nennt man einen **Normalbereich** (bezüglich der x-Achse).

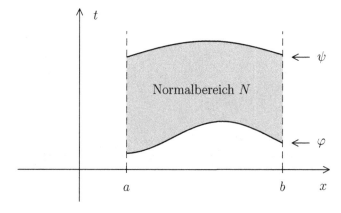

Nun sei U eine offenen Umgebung der Menge N im $\mathbb{R}^2$ und $f : U \to \mathbb{R}$ eine stetige und nach der ersten Variablen stetig partiell differenzierbare Funktion. Dann gilt:

4.5.10. Satz (Leibniz'sche Formel)

$F(x) := \displaystyle\int_{\varphi(x)}^{\psi(x)} f(x, t)\, dt$ ist auf $[a, b]$ differenzierbar, mit

$$F'(x) = \int_{\varphi(x)}^{\psi(x)} \frac{\partial f}{\partial x}(x, t)\, dt + f(x, \psi(x))\psi'(x) - f(x, \varphi(x))\varphi'(x).$$

BEWEIS: Sei $c \leq \varphi(x) \leq \psi(x) \leq d$ auf I. Die Funktion $g(x, \tau) := \displaystyle\int_c^\tau f(x, t)\, dt$ ist nach τ und nach x stetig partiell differenzierbar. Also ist

$$\widetilde{F}(x, u, v) := \int_u^v f(x, t)\, dt = g(x, v) - g(x, u)$$

nach allen drei Variablen stetig differenzierbar. Außerdem ist

$$F(x) = \widetilde{F}(x, \varphi(x), \psi(x)).$$

Die Anwendung der speziellen Kettenregel ergibt:

$$
\begin{aligned}
F'(x) &= \frac{\partial \widetilde{F}}{\partial x}(x, \varphi(x), \psi(x)) + \frac{\partial \widetilde{F}}{\partial u}(x, \varphi(x), \psi(x))\varphi'(x) + \frac{\partial \widetilde{F}}{\partial v}(x, \varphi(x), \psi(x))\psi'(x) \\
&= \frac{\partial \widetilde{F}}{\partial x}(x, \varphi(x), \psi(x)) - \frac{\partial g}{\partial \tau}(x, \varphi(x))\varphi'(x) + \frac{\partial g}{\partial \tau}(x, \psi(x))\psi'(x) \\
&= \int_{\varphi(x)}^{\psi(x)} \frac{\partial f}{\partial x}(x, t)\, dt - f(x, \varphi(x))\varphi'(x) + f(x, \psi(x))\psi'(x).
\end{aligned}
$$

∎

Eine typische Anwendung der Parameterintegrale ist die Variationsrechnung. Wir betrachten dies in einer einfachen Situation. Sei $I = [a, b]$ und $\mathcal{L} : I \times \mathbb{R} \times \mathbb{R} \to \mathbb{R}$ eine stetig partiell differenzierbare Funktion, deren Ableitungen nochmals stetig partiell differenzierbar sind. Wie in der Physik bezeichnen wir $\mathcal{L}$ als **Lagrange-Funktion**. Es seien c_1, c_2 zwei Konstanten und $K := \{\varphi \in \mathcal{C}^2([a, b]) : \varphi(a) = c_1 \text{ and } \varphi(b) = c_2\}$.

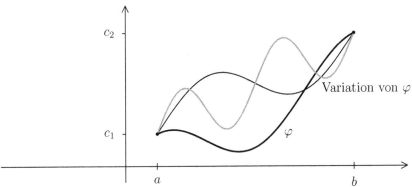

Untersucht wird das „Lagrange-Funktional" $S : K \to \mathbb{R}$ mit

$$S[\varphi] := \int_a^b \mathcal{L}(t, \varphi(t), \varphi'(t))\, dt\,.$$

Gesucht ist ein φ, für das $S[\varphi]$ minimal wird.

4.5.11. Euler'sche Gleichung

Notwendig dafür, dass $S[\varphi]$ minimal ist, ist die Gültigkeit der Gleichung

$$\frac{d}{dt}\left(\frac{\partial \mathcal{L}}{\partial y}(t, \varphi(t), \varphi'(t))\right) - \frac{\partial \mathcal{L}}{\partial x}(t, \varphi(t), \varphi'(t)) \equiv 0.$$

BEWEIS: Sei $S[\varphi] \leq S[\psi]$ für alle $\psi \in K$ und $g : [a, b] \to \mathbb{R}$ eine zweimal stetig differenzierbare Funktion mit $g(a) = g(b) = 0$. Dann liegt auch $\varphi + \varepsilon g$ für jedes $\varepsilon \in \mathbb{R}$ in K, und es ist $S[\varphi] \leq S[\varphi + \varepsilon g]$.

Das bedeutet, dass $F(\varepsilon) := S[\varphi + \varepsilon g]$ bei $\varepsilon = 0$ ein Minimum besitzt. Nach den Sätzen über Parameter-Integrale hängt F differenzierbar von ε ab, und es muss natürlich $F'(0) = 0$ sein. Aber mit $\mathbf{x}(t, \varepsilon) := (t, \varphi(t) + \varepsilon \varphi(t), \varphi'(t) + \varepsilon \varphi'(t))$ gilt:

$$
\begin{aligned}
0 = F'(0) &= \int_a^b \frac{\partial}{\partial \varepsilon} \Big|_{\varepsilon=0} \mathcal{L}\big(\mathbf{x}(t, \varepsilon)\big)\, dt \\
&= \int_a^b \left(\frac{\partial \mathcal{L}}{\partial x}\big(\mathbf{x}(t, 0)\big) g(t) + \frac{\partial \mathcal{L}}{\partial y}\big(\mathbf{x}(t, 0)\big) g'(t) \right) dt \\
&= \int_a^b \left(\frac{\partial \mathcal{L}}{\partial x}\big(\mathbf{x}(t, 0)\big) - \frac{d}{dt}\Big[\frac{\partial \mathcal{L}}{\partial y}\big(\mathbf{x}(t, 0)\big) \Big] \right) g(t)\, dt .
\end{aligned}
$$

Der letzte Schritt ergibt sich durch partielle Integration, unter Beachtung von $g(a) = g(b) = 0$. Setzen wir $f(t) := \frac{\partial \mathcal{L}}{\partial x}(\mathbf{x}(t, 0)) - \frac{d}{dt}\Big[\frac{\partial \mathcal{L}}{\partial y}(\mathbf{x}(t, 0)) \Big]$, so haben wir zu zeigen, dass $f(t) \equiv 0$ ist. Angenommen, es gibt ein $t_0 \in (a, b)$ mit $f(t_0) \neq 0$, etwa $f(t_0) =: r > 0$. Dann gibt es ein $\delta > 0$, so dass $f(t) > r/2$ für $|t - t_0| < \delta$ ist.

Wie wir anschließend sehen werden, können wir g so wählen, dass $g(t) > 0$ für $|t - t_0| < \delta$ und sonst überall $g(t) = 0$ ist.

Das führt zu der Gleichung

$$
0 = \int_{t_0-\delta}^{t_0+\delta} f(t) g(t)\, dt \geq \frac{r}{2} \int_{t_0-\delta}^{t_0+\delta} g(t)\, dt > 0 .
$$

Das ist ein Widerspruch, es muss wirklich $f(t) \equiv 0$ sein.   ■

4.5.12. Lemma

Ist $t_0 \in \mathbb{R}$ und $\delta > 0$, so gibt es eine beliebig oft differenzierbare Funktion $g : \mathbb{R} \to \mathbb{R}$, die auf $(t_0 - \delta, t_0 + \delta)$ positiv und sonst überall $= 0$ ist.

BEWEIS: Die Funktion

$$
h(x) := \begin{cases} \exp(-1/x^2) & \text{für } x > 0 \\ 0 & \text{für } x \leq 0 \end{cases}
$$

ist beliebig oft differenzierbar und > 0 genau dann, wenn $x > 0$ ist. Also ist für $c > 0$ die Funktion $h_c(x) := h(c + x) \cdot h(c - x)$ auch beliebig oft differenzierbar, und > 0 genau dann, wenn $-c < x < c$ ist.

Die Funktion $g(t) := h_\delta(t - t_0)$ leistet das Gewünschte.   ■

Bemerkung: Die Gültigkeit der Euler'schen Gleichung sagt nichts darüber aus, ob wirklich ein Minimum vorliegt. Das muss man stets mit zusätzlichen Mitteln untersuchen. Jede Lösung der Euler'schen Gleichung bezeichnet man als eine **Extremale** des jeweiligen Variationsproblems.

4.5.13. Beispiel

Für $\varphi \in K$ sei $\alpha : [a, b] \to \mathbb{R}^2$ definiert durch $\alpha(t) := (t, \varphi(t))$. Das ist ein stetig differenzierbarer Weg, dessen Länge durch

$$L(\alpha) = \int_a^b \|\alpha'(t)\| \, dt = \int_a^b \sqrt{1 + \varphi'(t)^2} \, dt$$

gegeben wird. Wir benutzen die Lagrangefunktion $\mathcal{L}(t, x, y) := \sqrt{1 + y^2}$. Dann erhalten wir das Variationsfunktional

$$S[\varphi] = \int_a^b \mathcal{L}(t, \varphi(t), \varphi'(t)) \, dt = L(\alpha).$$

Dass $S[\varphi]$ minimal wird, bedeutet, dass α ein Verbindungsweg kürzester Länge zwischen (a, c_1) und (b, c_2) ist. Notwendig dafür ist die Gültigkeit der Euler'schen Gleichung

$$\frac{d}{dt}\left(\frac{\partial \mathcal{L}}{\partial y}(t, \varphi(t), \varphi'(t))\right) - \frac{\partial \mathcal{L}}{\partial x}(t, \varphi(t), \varphi'(t)) \equiv 0 \, ,$$

also

$$
\begin{aligned}
0 &\equiv \frac{d}{dt}\left(\frac{\varphi'(t)}{\sqrt{1 + \varphi'(t)^2}}\right) = \frac{\varphi''(t)\sqrt{1 + \varphi'(t)^2} - \varphi'(t)^2\varphi''(t)(1 + \varphi'(t)^2)^{-1/2}}{1 + \varphi'(t)^2} \\
&= \frac{\varphi''(t)}{(1 + \varphi'(t)^2)^{3/2}} \, .
\end{aligned}
$$

Das gilt genau dann, wenn $\varphi''(t) \equiv 0$ ist, also $\varphi(t) = ct + d$. Weil $\varphi(a) = c_1$ und $\varphi(b) = c_2$ sein soll, ist

$$\varphi(t) = \frac{1}{b-a}\big((c_2 - c_1)t - (ac_2 - bc_1)\big).$$

Zunächst ist die Verbindungsstrecke nur ein Kandidat für ein Minimum, aber jeder verbindende Polygonzug ist länger (wegen der Dreiecksungleichung), und daher ist auch jeder verbindende Weg länger als die Verbindungsstrecke.

So einfach geht es natürlich nicht immer. Zunächst ermittelt man nur Extremalen, und dann muss man mit externen Mitteln herauzubekommen versuchen, ob es sich um Minima handelt.

Zusammenfassung

In diesem Abschnitt standen Parameterintegrale im Mittelpunkt, sowie die Vertauschbarkeit von Integral und Ableitung bzw. die Vertauschbarkeit von zwei oder mehreren Integrationen. Ausgangspunkt ist die folgende Situation: Sei $B \subset \mathbb{R}^n$ offen, $I = [a, b] \subset \mathbb{R}$ ein abgeschlossenes Intervall und $f : B \times I \to \mathbb{R}$ eine stetige Funktion. Dann folgt zunächst einmal, dass das **Parameterintegral**

$$F(\mathbf{x}) := \int_a^b f(\mathbf{x}, t) \, dt$$

auf B stetig ist.

Für die Untersuchung der Vertauschbarkeit von Integral und Ableitung mussten **partielle Ableitungen** eingeführt werden:

$$D_i f(\mathbf{a}) = \frac{\partial f}{\partial x_i}(\mathbf{a}) = f_{x_i}(\mathbf{a}) = \lim_{t \to 0} \frac{f(\mathbf{a} + t \, \mathbf{e}_i) - f(\mathbf{a})}{t}, \text{ für } i = 1, \dots, n.$$

Einfache Regeln wie die Linearität der Ableitung oder die Produktregel übertragen sich sinngemäß. Wichtig ist die **spezielle Kettenregel im $\mathbb{R}^n$**: *Ist $B \subset \mathbb{R}^n$ offen, $\alpha : I \to B$ in $t_0 \in I$ differenzierbar und $f : B \to \mathbb{R}$ partiell differenzierbar und in $\mathbf{a} := \alpha(t_0)$ sogar stetig partiell differenzierbar, so ist auch $f \circ \alpha$ in t_0 differenzierbar, und es gilt:*

$$(f \circ \alpha)'(t_0) = \sum_{i=1}^n \frac{\partial f}{\partial x_i}(\alpha(t_0)) \cdot \alpha_i'(t_0).$$

Jetzt kann der Satz über die **Differentiation von Parameterintegralen** formuliert werden:

Ist $f(\mathbf{x}, t)$ auf $B \times I$ stetig partiell differenzierbar nach $x_1, \dots, x_n$, so ist $F(\mathbf{x}) := \int_a^b f(\mathbf{x}, t) \, dt$ stetig partiell differenzierbar auf B, und für $i = 1, \dots, n$ ist

$$\frac{\partial F}{\partial x_i}(\mathbf{x}) = \int_a^b \frac{\partial f}{\partial x_i}(\mathbf{x}, t) \, dt.$$

Ist $f : [a, b] \times [c, d] \to \mathbb{R}$ stetig so sind auch die Funktionen

$$F_1(s) := \int_c^d f(s, t) \, dt \quad \text{bzw.} \quad F_2(t) := \int_a^b f(s, t) \, ds$$

stetig und es gilt der **Satz von Fubini für stetige Funktionen**:

$$\int_a^b \int_c^d f(s, t) \, dt \, ds = \int_c^d \int_a^b f(s, t) \, ds \, dt.$$

Sind $\varphi, \psi : I := [a, b] \to \mathbb{R}$ zwei differenzierbare Funktionen mit $\varphi \le \psi$, so nennt man die Menge

$$N := \{(x, t) \in I \times \mathbb{R} \mid \varphi(x) \leq t \leq \psi(x)\}$$

einen **Normalbereich** (bezüglich der x-Achse). Ist $f : N \to \mathbb{R}$ eine stetige und nach der ersten Variablen stetig partiell differenzierbare Funktion, so gilt die **Leibniz'sche Formel**:

$$F(x) := \int_{\varphi(x)}^{\psi(x)} f(x, t) \, dt \ \textit{ist auf } [a, b] \textit{ differenzierbar, mit}$$

$$F'(x) = \int_{\varphi(x)}^{\psi(x)} \frac{\partial f}{\partial x}(x, t) \, dt + f(x, \psi(x))\psi'(x) - f(x, \varphi(x))\varphi'(x).$$

Als Anwendung der Theorie der Parameterintegrale wurde ein Beispiel aus der Variationsrechnung betrachtet. Sei $I = [a, b]$ und $\mathcal{L} : I \times \mathbb{R} \times \mathbb{R} \to \mathbb{R}$ eine zweimal stetig partiell differenzierbare Funktion, auch als **Lagrange-Funktion** bezeichnet. Für zwei Konstanten c_1, c_2 und den Funktionenraum $K := \{\varphi \in \mathcal{C}^2([a, b]) : \varphi(a) = c_1 \text{ and } \varphi(b) = c_2\}$ wird das **Lagrange-Funktional** $S : K \to \mathbb{R}$ mit

$$S[\varphi] := \int_a^b \mathcal{L}(t, \varphi(t), \varphi'(t)) \, dt \,.$$

Notwendig dafür, dass $S[\varphi]$ minimal ist, ist die Gültigkeit der **Euler'schen Gleichung**

$$\frac{d}{dt}\left(\frac{\partial \mathcal{L}}{\partial y}(t, \varphi(t), \varphi'(t))\right) - \frac{\partial \mathcal{L}}{\partial x}(t, \varphi(t), \varphi'(t)) \equiv 0 \,.$$

Ergänzungen

I) Wir wollen hier im Anhang uneigentliche Parameter-Integrale betrachten. Dabei beschränken wir uns auf einen Typ, für die anderen Integraltypen gelten analoge Aussagen. Es sei $I \subset \mathbb{R}$ ein beschränktes Intervall, $J := [a, \infty)$ und $f : I \times J \to \mathbb{R}$ eine stetige Funktion. Für jedes $x \in I$ möge das Integral

$$F(x) := \int_a^\infty f(x, t) \, dt$$

konvergieren.

Definition   **(gleichmäßige Konvergenz uneigentlicher Integrale)**

Wir sagen, dass $\int_a^\infty f(x, t) \, dt$ auf I *gleichmäßig konvergiert*, falls es zu jedem $\varepsilon > 0$ ein $R = R(\varepsilon) \geq a$ gibt, so dass

$$\left| F(x) - \int_a^r f(x, t) \, dt \right| < \varepsilon$$

für $r \geq R$ und alle $x \in I$ gilt.

4.5.14. Cauchykriterium für uneigentliche Parameterintegrale

Das uneigentliche Parameterintegral $\int_a^\infty f(x,t)\,dt$ konvergiert genau dann gleichmäßig auf I, wenn gilt:

$$\forall\,\varepsilon > 0 \; \exists\, R = R(\varepsilon) \geq a, \; \text{so dass } \Big|\int_b^c f(x,t)\,dt\,\Big| < \varepsilon \text{ für } R < b < c \text{ und alle } x \in I \text{ ist.}$$

BEWEIS:

„$\Longrightarrow$": Das Integral konvergiere gleichmäßig auf I gegen $F(x)$. Ist $\varepsilon > 0$ vorgegeben, so wählen wir $R = R(\varepsilon)$ so, dass

$$\Big|\int_a^r f(x,t)\,dt - F(x)\,\Big| < \frac{\varepsilon}{2} \text{ für } r \geq R \text{ und } x \in I \text{ ist.}$$

Für $R < b < c$ und $x \in I$ gilt dann:

$$\begin{aligned}
\Big|\int_b^c f(x,t)\,dt\,\Big| &= \Big|\int_a^c f(x,t)\,dt - \int_a^b f(x,t)\,dt\,\Big|\\[2mm]
&= \Big|\Big(\int_a^c f(x,t)\,dt - F(x)\Big) + \Big(F(x) - \int_a^b f(x,t)\,dt\Big)\,\Big|\\[2mm]
&\leq \Big|\int_a^c f(x,t)\,dt - F(x)\,\Big| + \Big|\int_a^b f(x,t)\,dt - F(x)\,\Big|\\[2mm]
&< \frac{\varepsilon}{2} + \frac{\varepsilon}{2} = \varepsilon.
\end{aligned}$$

„$\Longleftarrow$": Nun sei das Kriterium erfüllt.

Sei $\varepsilon > 0$ vorgegeben. Wir wählen $R = R(\varepsilon)$ gemäß dem Kriterium. Weiter sei $r > R$. Für $s > r$ und beliebiges $x \in I$ ist dann

$$\Big|\int_a^s f(x,t)\,dt - \int_a^r f(x,t)\,dt\,\Big| = \Big|\int_r^s f(x,t)\,dt\,\Big| < \varepsilon.$$

Daraus folgt:

$$\Big|F(x) - \int_a^r f(x,t)\,dt\,\Big| = \lim_{s\to\infty}\Big|\int_a^s f(x,t)\,dt - \int_a^r f(x,t)\,dt\,\Big| \leq \varepsilon$$

für alle $x \in I$, und das war zu zeigen. ∎

4.5.15. Majorantenkriterium für uneigentliche Parameterintegrale

Es gebe eine stetige Funktion $\varphi : [a,\infty) \to \mathbb{R}$, so dass gilt:

1. $|f(x,t)| \leq \varphi(t)$ für alle $(x,t) \in I \times [a,\infty)$.

2. Das uneigentliche Integral $\int_a^\infty \varphi(t)\,dt$ konvergiert.

Dann konvergiert $\int_a^\infty f(x,t)\,dt$ auf I (absolut) gleichmäßig.

BEWEIS: Aus dem Majorantenkriterium für gewöhnliche uneigentliche Integrale folgt die absolute Konvergenz in jedem $x \in I$. Ist $a \leq b < c$, so ist

$$\left| \int_b^c f(x,t)\,dt \right| \le \int_b^c |f(x,t)|\,dt \le \int_b^c \varphi(t)\,dt \quad \text{für alle } x \in I.$$

Aus dem Cauchykriterium für uneigentliche Integrale und dem Cauchykriterium für uneigentliche Parameterintegrale folgt die behauptete gleichmäßige Konvergenz. ∎

4.5.16. Stetigkeit von uneigentlichen Parameterintegralen

Wenn $F(x) := \displaystyle\int_a^\infty f(x,t)\,dt$ *auf dem Intervall* I *gleichmäßig konvergiert, so ist* F *dort stetig.*

BEWEIS: Die Funktionen $F_n(x) := \int_a^{a+n} f(x,t)\,dt$ sind stetig auf I, und die Folge (F_n) konvergiert auf I gleichmäßig gegen F. Also ist auch F stetig. ∎

4.5.17. Differenzierbarkeit von uneigentlichen Parameterintegralen

Sei $f : I \times [a,\infty) \to \mathbb{R}$ *stetig. Für jedes* $x \in I$ *konvergiere das uneigentliche Integral* $F(x) := \int_a^\infty f(x,t)\,dt$. *Außerdem sei* f *stetig nach* x *partiell differenzierbar und* $G(x) := \int_a^\infty f_x(x,t)\,dt$ *konvergiere auf* I *gleichmäßig. Dann ist* F *auf* I *differenzierbar, und es gilt:*

$$F'(x) = \int_a^\infty \frac{\partial f}{\partial x}(x,t)\,dt.$$

Der Satz gilt übrigens sinngemäß auch für alle anderen Typen von uneigentlichen Integralen.
BEWEIS: Es sei wieder $F_n(x) := \int_a^{a+n} f(x,t)\,dt$. Dann ist F_n differenzierbar und

$$F_n'(x) = \int_a^{a+n} \frac{\partial f}{\partial x}(x,t)\,dt.$$

Weil (F_n) punktweise gegen F und (F_n') gleichmäßig gegen G konvergiert, ist F differenzierbar und $F' = G$. ∎

II) Jetzt wollen wir die Gammafunktion weiter untersuchen.

Offensichtlich können wir

$$\Gamma(x) = \int_0^\infty e^{-t} t^{x-1}\,dt$$

als uneigentliches Parameterintegral auffassen. Wir greifen die Abschätzungen von Seite 334 auf. Weil $|e^{-t} t^{x-1}| \le C \cdot t^{-2}$ für genügend großes t und $|e^{-t} t^{x-1}| \le t^{x-1}$ für $0 < t \le 1$ ist (wobei der Exponent $x - 1 > -1$ ist), konvergiert das Integral $\int_0^\infty e^{-t} t^{x-1}\,dt$ über jedem Intervall $I \subset \mathbb{R}_+$ gleichmäßig. Also ist Γ stetig auf $(0, \infty)$.

Der Integrand $f(x,t) = e^{-t} t^{x-1}$ ist stetig nach x partiell differenzierbar, mit

$$\frac{\partial f}{\partial x}(x,t) = \ln t \cdot e^{-t} \cdot t^{x-1} = \ln(t) \cdot f(x,t).$$

Für $0 < t < 1$ und $0 < \alpha \le x \le \beta$ ist $|\ln(t) \cdot t^{x-1} e^{-t}| \le t^{\alpha/2-1} \cdot |t^{\alpha/2} \ln(t)|$. Weil $t^{\alpha/2} \ln(t)$ für $t \to 0$ gegen Null konvergiert und $\alpha/2 - 1 > -1$ ist, konvergiert das Integral über $f_x(x,t)$ auf $[\alpha, \beta] \times (0,1]$ gleichmäßig. Weil $\ln t \le t$ ist, gilt für $0 < \alpha \le x \le \beta$ und $t \ge 1$ die Abschätzung $|\ln(t) \cdot t^{x-1} e^{-t}| \le t^\beta e^{-t}$. So folgt, dass das Integral auch auf $[\alpha, \beta] \times [1, \infty)$ gleichmäßig konvergiert.

Also ist $\Gamma(x)$ differenzierbar, mit

$$\Gamma'(x) = \int_0^\infty \ln(t) e^{-t} t^{x-1}\,dt.$$

Induktiv kann man sogar zeigen, dass Γ beliebig oft differenzierbar ist.

Es gibt noch einen interessanten Wert der Gammafunktion:

$$\Gamma(\frac{1}{2}) = \int_{-\infty}^{\infty} e^{-x^2}\, dx = \sqrt{\pi}.$$

BEWEIS: Wir benutzen folgende Aussage: Ist $\varphi : [0, \infty) \to [0, \infty)$ surjektiv und differenzierbar, mit $\varphi'(x) > 0$ für $x > 0$, so ist

$$\int_{0}^{\infty} f(t)\, dt = \int_{0}^{\infty} f(\varphi(x))\varphi'(x)\, dx.$$

Das soll heißen: Konvergiert eines dieser beiden Integrale, so auch das andere, und die Grenzwerte sind gleich. Zum Beweis benutzt man die Substitutionsregel innerhalb endlicher Grenzen und geht dann auf beiden Seiten der Gleichung zu den uneigentlichen Integralen über.

Mit $t = \varphi(x) := x^2$ folgt nun:

$$\begin{aligned}
\Gamma(\frac{1}{2}) &= \int_{0}^{\infty} e^{-t} t^{-1/2}\, dt = \int_{0}^{\infty} e^{-x^2} \cdot (x^2)^{-1/2} \cdot 2x\, dx \\
&= 2 \cdot \int_{0}^{\infty} e^{-x^2}\, dx = \int_{-\infty}^{\infty} e^{-x^2}\, dx.
\end{aligned}$$

Wir haben aber schon gezeigt, dass $\displaystyle\int_{0}^{\infty} e^{-x^2}\, dx = \frac{1}{2}\sqrt{\pi}$ ist. ∎

III) Zum Schluss sollen ein paar einfache Tatsachen über **Fourierreihen** hergeleitet werden.

Es geht dabei um eine Form der Reihenentwicklung, die besonders auf periodische Funktionen zugeschnitten ist. Wir beschränken uns dabei auf Funktionen mit der Periode 2π. Ein typisches Beispiel sind die *trigonometrischen Polynome*

$$T_N(x) := \frac{a_0}{2} + \sum_{n=1}^{N}(a_n \cos nx + b_n \sin nx).$$

Wir wollen als Erstes Formeln für die Berechnung der Koeffizienten a_n und b_n aufstellen. Dazu brauchen wir einige einfache Ergebnisse über trigonometrische Integrale. Für $n \in \mathbb{Z}$, $n \neq 0$, ist

$$\int_{-\pi}^{\pi} \cos nt\, dt = \frac{\sin nt}{n}\Big|_{-\pi}^{\pi} = 0 \quad \text{und} \quad \int_{-\pi}^{\pi} \sin nt\, dt = -\frac{\cos nt}{n}\Big|_{-\pi}^{\pi} = 0.$$

Für die weiteren Berechnungen brauchen wir die Additionstheoreme:

$$\begin{aligned}
\sin(\alpha + \beta) &= \sin\alpha\cos\beta + \cos\alpha\sin\beta \\
\text{und} \quad \cos(\alpha + \beta) &= \cos\alpha\cos\beta - \sin\alpha\sin\beta.
\end{aligned}$$

Seien n und m beliebige natürliche Zahlen. Wegen $\sin\alpha\cos\beta = \frac{1}{2}[\sin(\alpha + \beta) + \sin(\alpha - \beta)]$ ist

$$\int_{-\pi}^{\pi} \sin nt \cos mt\, dt = \frac{1}{2}\int_{-\pi}^{\pi} \sin(n+m)t\, dt + \frac{1}{2}\int_{-\pi}^{\pi} \sin(n-m)t\, dt = 0,$$

wegen $\cos\alpha\cos\beta = \frac{1}{2}[\cos(\alpha + \beta) + \cos(\alpha - \beta)]$ ist

$$\int_{-\pi}^{\pi} \cos nt \cos mt\, dt = \frac{1}{2}\int_{-\pi}^{\pi} \cos(n+m)t\, dt + \frac{1}{2}\int_{-\pi}^{\pi} \cos(n-m)t\, dt = \begin{cases} \pi & \text{falls } n = m \\ 0 & \text{sonst.} \end{cases}$$

und wegen $\sin\alpha\sin\beta = \frac{1}{2}[\cos(\alpha-\beta) - \cos(\alpha+\beta)]$ ist

$$\int_{-\pi}^{\pi} \sin nt \sin mt\, dt = \frac{1}{2}\int_{-\pi}^{\pi}\cos(n-m)t\, dt - \frac{1}{2}\int_{-\pi}^{\pi}\cos(n+m)t\, dt = \left\{\begin{array}{ll} \pi & \text{falls } n=m \\ 0 & \text{sonst.} \end{array}\right.$$

Setzt man diese Ergebnisse ein, so erhält man für die Koeffizienten a_n und b_n die Formeln

$$a_0 = \frac{1}{\pi}\int_{-\pi}^{\pi} T_N(t)\, dt\,,$$

$$a_n = \frac{1}{\pi}\int_{-\pi}^{\pi} T_N(t)\cos nt\, dt\,,\ \text{für } n\geq 1,$$

$$\text{und}\quad b_n = \frac{1}{\pi}\int_{-\pi}^{\pi} T_N(t)\sin nt\, dt\ \text{für } n\geq 1\,.$$

Dabei spielt es keine Rolle, über welches Intervall der Länge 2π integriert wird.

BEWEIS für die letzte Aussage: Seien $a,b\in\mathbb{R}$ beliebig und $f:\mathbb{R}\to\mathbb{R}$ periodisch mit Periode 2π. Dann folgt mit der Substitutionsregel und der Periodizität von f die Gleichung

$$\int_a^b f(x)\, dx = \int_{a+2\pi}^{b+2\pi} f(u-2\pi)\, du = \int_{a+2\pi}^{b+2\pi} f(u)\, du.$$

Daraus ergibt sich:

$$\int_a^{a+2\pi} f(x)\, dx = \int_a^0 f(x)\, dx + \int_0^{a+2\pi} f(x)\, dx = \int_{a+2\pi}^{2\pi} f(x)\, dx + \int_0^{a+2\pi} f(x)\, dx = \int_0^{2\pi} f(x)\, dx.$$

∎

Sind jetzt irgendwelche Zahlen a_n und b_n gegeben und konvergiert die Folge der zugehörigen trigonometrischen Polynome T_N auf $\mathbb{R}$ punktweise, so ist der Grenzwert wieder eine periodische Funktion. Deshalb liegt es nahe, die folgenden Begriffe einzuführen:

Definition   (Fourierkoeffizienten und Fourierreihe)

Ist $f:\mathbb{R}\to\mathbb{R}$ stückweise stetig und periodisch mit Periode 2π, so definiert man die ***Fourierkoeffizienten*** von f durch

$$a_0 := \frac{1}{\pi}\int_{-\pi}^{\pi} f(t)\, dt\,,$$

$$a_n := \frac{1}{\pi}\int_{-\pi}^{\pi} f(t)\cos nt\, dt\,,\ \text{für } n\geq 1,$$

$$\text{und}\quad b_n := \frac{1}{\pi}\int_{-\pi}^{\pi} f(t)\sin nt\, dt\,,\ \text{für } n\geq 1\,.$$

Die Reihe

$$Sf(t) := \frac{a_0}{2} + \sum_{n=1}^{\infty}(a_n\cos nt + b_n\sin nt).$$

nennt man die ***Fourierreihe*** von f.

Bemerkung: Ist $f:[-\pi,\pi]\to\mathbb{R}$ stückweise stetig und $f(-\pi) = f(\pi)$, so kann man f periodisch auf ganz $\mathbb{R}$ fortsetzen. Deshalb definiert man periodische Funktionen meist nur auf einem Periodenintervall.

4.5.18. Die Fourierkoeffizienten gerader und ungerader Funktionen

Für die Fourierkoeffizienten einer stückweise stetigen Funktion f gilt:

   1. Ist f eine gerade Funktion, so ist $b_n = 0$ für $n \geq 1$.

   2. Ist f eine ungerade Funktion, so ist $a_n = 0$ für $n \geq 0$.

BEWEIS: Ist f gerade, so ist $f(t) \sin nt$ für jedes $n \geq 1$ ungerade, und dann ist

$$b_n = \frac{1}{\pi} \int_{-\pi}^{\pi} f(t) \sin nt \, dt = 0,$$

weil sich die positiven und die negativen Teile wegheben.

Ist f ungerade, so ist $a_0 = 0$. Außerdem ist dann die Funktion $f(t) \cos nt$ ungerade, also $a_n = 0$ für alle $n \geq 1$. ∎

4.5.19. Beispiel

Wir betrachten die stückweise glatte (und periodisch fortgesetzte) Funktion

$$f_0(x) := \begin{cases} \dfrac{\pi - x}{2} & \text{für } 0 < x < 2\pi, \\[2mm] 0 & \text{für } x = 0 \text{ und } x = 2\pi. \end{cases}$$

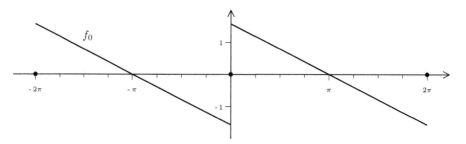

Weil $f_0(-x) = f_0(2\pi - x) = \big(\pi - (2\pi - x)\big)/2 = (x - \pi)/2 = -f_0(x)$ für $-\pi < x < 0$ gilt, ist f_0 eine ungerade Funktion und $a_n = 0$ für $n \geq 0$.

Zur Berechnung von b_n integrieren wir über $[0, 2\pi]$. Es ist

$$\begin{aligned} b_n &= \frac{1}{2\pi} \int_0^{2\pi} (\pi - x) \sin nx \, dx = -\frac{1}{2\pi} \int_0^{2\pi} x \sin nx \, dx \\[2mm] &= \frac{x \cos(nx)}{2\pi n} \Big|_0^{2\pi} - \frac{1}{2\pi n} \int_0^{2\pi} \cos nx \, dx = \frac{1}{n}. \end{aligned}$$

Die Fourierreihe von f_0 hat demnach die Gestalt

$$Sf_0(x) = \sum_{n=1}^{\infty} \frac{\sin nx}{n}.$$

Es stellt sich generell die Frage, unter welchen Umständen die Fourierreihe einer stückweise stetigen Funktion konvergiert, und – im Falle der Konvergenz – wogegen.

Ohne Beweis zitieren wir den

4.5.20. Hauptsatz der harmonischen Analyse

Sei $f : \mathbb{R} \to \mathbb{R}$ stückweise glatt und periodisch mit Periode 2π. Dann konvergiert die Fourierreihe S_f punktweise gegen die „Mittelwertfunktion"

$$M_f(x) := \frac{1}{2}\big(f(x-) + f(x+)\big),$$

die in allen stetigen Punkten von f mit der Funktion f übereinstimmt.

Auf jedem abgeschlossenen Intervall, auf dem f stetig ist, konvergiert die Fourierreihe von f sogar gleichmäßig.

Wir werden dieses Ergebnis am Beispiel der oben betrachteten Funktion f_0 verifizieren. In den Berechnungen sind viele Elemente des allgemeinen Beweises enthalten.

Als erstes Hilfsmittel brauchen wir das

4.5.21. Lemma von Riemann-Lebesgue

Sei $f : [a, b] \to \mathbb{R}$ stetig differenzierbar und $F(x) := \displaystyle\int_a^b f(t)\sin(xt)\,dt$. Dann gilt:

$$\lim_{x \to \infty} F(x) = 0.$$

BEWEIS: Sei $x \neq 0$. Dann ist

$$F(x) = -\int_a^b f(t)\Big(\frac{\cos(xt)}{x}\Big)'\,dt = -f(t)\frac{\cos(xt)}{x}\,\Big|_a^b + \frac{1}{x}\int_a^b f'(t)\cos(xt)\,dt.$$

Weil f und f' auf $[a, b]$ stetig sind, gibt es eine Konstante $M > 0$, so dass $|f(t)| \leq M$ und $|f'(t)| \leq M$ für alle $t \in [a, b]$ gilt. Damit ist

$$|F(x)| \leq \frac{2M}{|x|} + \frac{M(b-a)}{|x|},$$

und der Ausdruck auf der rechten Seite strebt für $x \to \infty$ gegen Null.   ∎

4.5.22. Satz

Für $0 < x < 2\pi$ ist $\displaystyle\sum_{k=1}^{\infty} \frac{\sin kx}{k} = \frac{\pi - x}{2}.$

BEWEIS: Für $x = \pi$ ist die Aussage trivial. Es reicht dann, $\pi < x < 2\pi$ anzunehmen.

Wir verwenden die Formel

$$\sum_{k=1}^{n} \cos kt = \frac{\sin(n + \frac{1}{2})t}{2\sin\frac{1}{2}t} - \frac{1}{2}.$$

Der Beweis dafür wird zunächst für $t \neq 2k\pi$ geführt (vgl. Aufgabe H in 2.4), am besten unter Verwendung der komplexen Schreibweise. Mit Hilfe der Regel von de l'Hospital kann die Formel auch für $t = 2k\pi$ bewiesen werden. Dann folgt mit $\int_\pi^x \cos kt\,dt = (\sin kx)/k$:

$$\sum_{k=1}^{n} \frac{\sin kx}{k} = \int_\pi^x \frac{\sin(n + \frac{1}{2})t}{2\sin\frac{1}{2}t}\,dt - \frac{1}{2}(x - \pi).$$

Weil $f(t) := 1/(2\sin(t/2))$ auf $[\pi, x]$ stetig differenzierbar ist, strebt

$$F(y) := \int_\pi^x \frac{1}{2\sin\frac{1}{2}t}\sin(yt)\,dt$$

nach Riemann-Lebesgue für $y \to \infty$ gegen Null.

Weil $\displaystyle\sum_{k=1}^n \frac{\sin kx}{k} = \frac{\pi - x}{2} + F(n + \frac{1}{2})$ ist, folgt der Satz.   ∎

Wir haben damit bewiesen, dass $Sf_0(x)$ punktweise gegen $f_0(x)$ konvergiert (im Nullpunkt ist die Aussage trivial), und wir zeigen jetzt:

Die Fourierreihe von f_0 konvergiert auf jedem Intervall $[\delta, 2\pi - \delta]$ (mit $\delta > 0$) gleichmäßig gegen die Funktion f_0.

BEWEIS: Wir benutzen die komplexe Schreibweise. Es sei

$$T_n(x) := \sum_{k=1}^n \sin kx = \mathrm{Im}\big(\sum_{k=1}^n e^{ikx}\big).$$

Dann folgt:

$$\begin{aligned}
|T_n(x)| &\leq \big|\sum_{k=1}^n e^{ikx}\big| = \big|\sum_{k=1}^n (e^{ix})^k\big| \\
&= \big|\frac{(e^{ix})^{n+1} - e^{ix}}{e^{ix} - 1}\big| = \big|\frac{e^{ixn} - 1}{e^{ix} - 1}\big| \\
&\leq \frac{2}{|e^{ix/2} - e^{-ix/2}|} = \frac{1}{\sin(x/2)} \leq \frac{1}{\sin(\delta/2)}.
\end{aligned}$$

Für $m > n$ ist also

$$\begin{aligned}
\big|\sum_{k=n}^m \frac{\sin kx}{k}\big| &= \big|\sum_{k=n}^m \frac{T_k(x) - T_{k-1}(x)}{k}\big| \\
&= \big|\sum_{k=n}^m T_k(x)\big(\frac{1}{k} - \frac{1}{k+1}\big) + \frac{T_m(x)}{m+1} - \frac{T_{n-1}(x)}{n}\big| \\
&\leq \frac{1}{\sin(\delta/2)}\big(\frac{1}{n} - \frac{1}{m+1} + \frac{1}{m+1} + \frac{1}{n}\big) = \frac{2}{n\sin(\delta/2)}.
\end{aligned}$$

Das ergibt schließlich für die Partialsummen $T_n(x)$ die Abschätzung

$$\begin{aligned}
\|f - T_n\| &= \big\|\sum_{k=0}^\infty \frac{\sin kx}{k} - \sum_{k=0}^n \frac{\sin kx}{k}\big\| \\
&= \big\|\sum_{k=n+1}^\infty \frac{\sin kx}{k}\big\| \\
&= \lim_{m\to\infty}\big\|\sum_{k=n+1}^m \frac{\sin kx}{k}\big\| \\
&\leq \frac{2}{(n+1)\sin(\delta/2)},
\end{aligned}$$

und die rechte Seite strebt für $n \to \infty$ gegen Null. Das zeigt die gleichmäßige Konvergenz der Fourierreihe.   ∎

An den Unstetigkeitsstellen schießen die Partialsummen der Fourierreihe um einen unangenehm hohen Betrag über das Ziel hinaus, und die Approximation wird mit wachsendem n sogar schlechter. Das liegt daran, dass T_n jeweils an der Stelle $x_n := \pi/(n+1)$ sein kleinstes Maximum hat und der Wert $T_n(x_n)$ für $n \to \infty$ gegen einen Wert oberhalb der Zahl $\int_0^\pi (\sin u)/u \, du = 1.85193705\ldots$ strebt und damit um ca. 18% über $\dfrac{\pi}{2} = \lim\limits_{x \to 0+} f_0(x)$ liegt. Dieses Verhalten wird das ***Gibbs'sche Phänomen*** genannt, und es ist bei allen unstetigen, stückweise glatten, periodischen Funktionen zu beobachten. Es folgt eine Illustration mit zwei solchen Partialsummen.

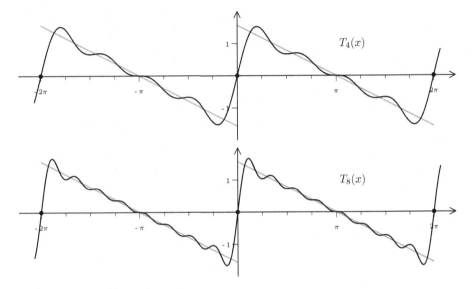

Es gibt viele interessante Anwendungen für Fourierreihen. Unter anderem können wir Werte von gewissen konvergenten Reihen gewinnen, nach denen wir bisher vergeblich gesucht haben.

Die Reihe $F(x) := \sum_{n=1}^\infty (\cos nx)/n^2$ ist auf ganz $\mathbb{R}$ gleichmäßig konvergent, weil sie eine konvergente Majorante besitzt. Die gliedweise differenzierte Reihe $-\sum_{n=1}^\infty (\sin nx)/n$ konvergiert gleichmäßig auf $[\delta, 2\pi - \delta]$ gegen $f_0(x)$. Also ist F auf $[\delta, 2\pi - \delta]$ differenzierbar und besitzt dort die Ableitung

$$F'(x) = \frac{x - \pi}{2}, \quad \text{woraus} \quad F(x) = \left(\frac{x - \pi}{2}\right)^2 + C \text{ folgt,}$$

mit einer reellen Konstanten C. Weil bei der zweiten Gleichung beide Seiten auf ganz $\mathbb{R}$ stetig sind, muss die Gleichung sogar überall gelten.

Wir können nun diese Gleichung integrieren und erhalten einerseits

$$\int_0^{2\pi} F(x)\, dx = 2\pi C + \int_0^{2\pi} \left(\frac{x - \pi}{2}\right)^2 dx = 2\pi C + \frac{2}{3}\left(\frac{x - \pi}{2}\right)^3 \Big|_0^{2\pi} = 2\pi C + \frac{\pi^3}{6}$$

und andererseits

$$\int_0^{2\pi} F(x)\, dx = \sum_{n=1}^\infty \int_0^{2\pi} \frac{\cos nx}{n^2}\, dx = 0.$$

Also ist $C = -\dfrac{\pi^2}{12}$. Das liefert die Gleichung

$$\sum_{n=1}^\infty \frac{\cos nx}{n^2} = \left(\frac{x - \pi}{2}\right)^2 - \frac{\pi^2}{12}.$$

Setzt man auf beiden Seiten $x = 0$ ein, so erhält man

$$\sum_{n=1}^{\infty} \frac{1}{n^2} = \frac{\pi^2}{6}.$$

4.5.23. Aufgaben

A. Sei $f(x, y, z) := \sin(x^2 + e^y + z)$ (auf $\mathbb{R}^3$). Berechnen Sie alle partiellen Ableitungen.

B. Berechnen Sie für $xy \neq 1$ die partiellen Ableitungen von

$$f(x, y) := \arctan \frac{x + y}{1 - xy}.$$

C. Berechnen Sie für $(x, y) \neq (0, 0)$ die partiellen Ableitungen von $f(x, y) := \ln(x^2 + y^2)$ und $g(x, y) := 1/\sqrt{x^2 + y^2}$.

D. Sei $f : [-1, 1] \times [0, \pi/2] \to \mathbb{R}$ definiert durch $f(x, t) := x^2 \sin t$. Berechnen Sie $F(x) := \int_0^{\pi/2} f(x, t)\, dt$ und verifizieren Sie, dass $F'(x) = \int_0^{\pi/2} f_x(x, t)\, dt$ ist.

E. Sei $|a| < 1$, $|b| < 1$, $a < b$ und $f : [a, b] \times [0, 1] \to \mathbb{R}$ definiert durch

$$f(x, t) := \frac{x}{\sqrt{1 - x^2 t^2}},$$

sowie $F(x) := \int_0^1 f(x, t)\, dt$. Berechnen Sie $F'(x)$ auf zweierlei Weise.

F. Sei $F(x) := \int_0^{\infty} \frac{1 - e^{-xt}}{t e^t}\, dt$ für $x > -1$. Berechnen Sie zunächst $F'(x)$ und daraus dann durch Integration $F(x)$.

G. Berechnen Sie $x \cdot F'(x)$ für $F(x) := \int_0^{\pi/2} \ln(1 + x \sin^2 t)\, dt$ und bestimmen Sie daraus $F(x)$ (für $x \geq 0$).

H. Berechnen Sie die Ableitung von $F(x) := \int_{\cos x}^{\sin x} \frac{e^{xt}}{t}\, dt$.

I. Berechnen Sie die Ableitung von $F(x) := \int_{17x}^{e^x} \frac{\sin(xt)}{t}\, dt$.

J. Sei $f : \mathbb{R} \to \mathbb{R}$ stetig und $a < b$. Zeigen Sie, dass $F(x) := \dfrac{1}{b - a} \int_a^b f(x + t)\, dt$ differenzierbar ist, und berechnen Sie die Ableitung.

K. Bestimmen Sie eine Funktion $\varphi : [1, 2] \to \mathbb{R}$ mit $\varphi(1) = 1$ und $\varphi(2) = 2$, die eine Extremale für das Lagrange-Funktional $S[\varphi] := \int_1^2 \dfrac{\varphi'(t)^2}{t^3}\, dt$ ist.

5 Lösungen und Hinweise

5.1 Lösungen zu Kapitel 1

Zu den Aufgaben in 1.1

A. (a) ist falsch, (b) ist falsch, (c) ist wahr, (d) und (e) sind falsch.

B. (a) 1, 2, 3, 4, 6, 8, 12.

(b) Mit quadratischer Ergänzung erhält man: $|x - 4/3| < 1/3$, also $x < 1$ oder $x > 5/3$.

(c) Die Auflösung der Gleichung $2x - 3 = (3x - 5)^2$ liefert $x = 2$ und $x = 14/9$. Damit $3x - 5 = \sqrt{2x - 3} \geq 0$ ist, muss $x \geq 5/3$ sein, also $x = 2$.

(d) Die Menge enthält nur die Elemente 1 und 2.

(e) Man muss etwas knobeln. Die gesuchte Menge ist $= \{1, 2, 3, 5, 10\}$.

C. Es ist zu zeigen, dass die Aussagen „$(x \in A)\,$**oder**$\,\big((x \in B)\,$**und**$\,(x \in C)\big)$" und „$\big((x \in A)\,$**oder**$\,(x \in B)\big)\,$**und**$\,\big((x \in A)\,$**oder**$\,(x \in C)\big)$" äquivalent sind. Man macht das am besten mit Hilfe von Wahrheitstafeln.

D. Sei $A \Delta B = A \Delta C$, und $x \in B$. Man unterscheidet zwei Fälle:

a) Ist $x \in A \cap B$, so liegt x in $A \cup C$ und nicht in $A \Delta C$, also in C.

b) Ist $x \notin A \cap B$, so liegt x in $A \Delta B = A \Delta C$, also nicht in $A \cap C$. Weil x nicht in A liegt, muss x auch in diesem Falle in C liegen. Das bedeutet: $B \subset C$. Vertauscht man die Rollen von B und C, so erhält man auch $C \subset B$.

E. Weil a/b hier als die eindeutig bestimmte Lösung der Gleichung $bx = a$ definiert wurde und $b(b^{-1}a) = (bb^{-1})a = 1 \cdot a = a$ ist, muss $a/b = b^{-1}a$ sein.

a) Die erste Aussage folgt aus der Definition. Weil $1 \cdot 1 = 1$ ist, ist $1^{-1} = 1$, also $n/1 = 1^{-1} \cdot n = 1 \cdot n = n$.

b) Ist $a/b = c/d$, so ist $b^{-1}a = d^{-1}c$, also

$$bc = b(dd^{-1})c = (bd)(d^{-1}c) = (bd)(b^{-1}a) = (bd)(ab^{-1}) = \ldots = ad.$$

Ist umgekehrt $ad = bc$, so ist

$$b^{-1}a = b^{-1}(ad)d^{-1} = b^{-1}(bc)d^{-1} = (b^{-1}b)(cd^{-1}) = d^{-1}c.$$

© Springer-Verlag GmbH Deutschland, ein Teil von Springer Nature 2020
K. Fritzsche, *Grundkurs Analysis 1*,
https://doi.org/10.1007/978-3-662-60813-5_5

c) Es ist $(ax)b = (xa)b = b(xa) = (bx)a$, also $(ax)/(bx) = a/b$.

Es ist $(xy)(x^{-1}y^{-1}) = y(xx^{-1})y^{-1} = yy^{-1} = 1$, also $(xy)^{-1} = x^{-1}y^{-1}$. Daraus folgt (etwas abgekürzt):

$$(a/b) \cdot (c/d) = (b^{-1}a)(d^{-1}c) = (b^{-1}d^{-1})(ac) = (bd)^{-1}(ac) = (ac)/(bd)$$

und

$$(a/b) + (c/d) = b^{-1}a + (b^{-1}b)(d^{-1}c) = (b^{-1}d^{-1})(da + bc) = (ad + bc)/(bd).$$

Zu den Aufgaben in 1.2

A. a) Es gibt ein x, für das **nicht** die Aussage $A(x)$ gilt.

b) Es gibt ein x, so dass die Aussage $A(x, y)$ für kein y gilt.

B. Die Aussagen sind nicht äquivalent. Beispiel: „Jeder Mensch besitzt eine Mutter" und „Es gibt eine Frau, die die Mutter von jedem Menschen ist".

C. Man führt die Aussagen auf die entsprechenden logischen Sachverhalte zurück. Dann muss man allerdings noch die folgenden Regeln beweisen:

$$\big(\exists x : A(x)\big) \, \textbf{und} \, B \iff \exists x : \big(A(x) \, \textbf{und} \, B\big)$$

und

$$\big(\forall x : A(x)\big) \, \textbf{oder} \, B \iff \forall x : \big(A(x) \, \textbf{oder} \, B\big)$$

Die erste Regel kann man folgendermaßen einsehen: Die Aussage „$\big(\exists x : A(x)\big) \, \textbf{und} \, B$" bedeutet, dass für ein spezielles x_0 die Aussage „$A(x_0) \, \textbf{und} \, B$" wahr ist. Dann ist aber auch die Aussage „$\exists x : \big(A(x) \, \textbf{und} \, B\big)$" wahr, und die Umkehrung gilt genauso. Die zweite Regel erhält man aus der ersten durch Verneinung. Bei der dritten Regel kann man ein $x \in X$ betrachten. Dann muss man nur zeigen:

$$\textbf{nicht} \, \big(\exists i \in I : x \in A_i\big) \iff \big(\forall i : \textbf{nicht} \, (x \in A_i)\big).$$

Das ist aber klar, wegen der Verneinungsregeln für Quantoren.

D. Sei $N(n) := n^3 + 2n$. Dann ist $N(3k) = 3 \cdot (9k^3 + 2k)$, $N(3k+1) = (3x+1) + 2(3k+1) = 3(x+2k+1)$ und $N(3k+2) = (3y+8) + 2(3k+2) = 3(y+2k+4)$, also $N(n)$ immer durch 3 teilbar.

E. a) $n^3 + 11n$ ist immer gerade, also durch 2 teilbar. Und wie bei der obigen Aufgabe folgt die Teilbarkeit durch 3.

b) Hier kann man Induktion benutzen. Für $n = 1$ kommt 0 heraus, das ist durch 27 teilbar. Ist die Behauptung für n bewiesen, also $N := 10^n + 18n - 28$ durch 27 teilbar, so ist

$$10^{n+1} + 18(n + 1) - 28 = 10^{n+1} - 10^n + 18 + N = 9 \cdot (10^n + 2) + N.$$

Weil $10^n + 2 = 9x + 1 + 2$ (mit einer ganzen Zahl x) durch 3 teilbar ist, folgt die Behauptung für $n + 1$.

F. Ist $0 < a < b$, so ist auch $0 < a^2 < ab < b^2$. Mit einem trivialen Induktionsbeweis folgt die allgemeine Aussage. Betrachtet man auch negative Zahlen, so wird die Aussage falsch. Zum Beispiel ist $-2 < -1 < 1$ und $(-2)^2 > (-1)^2 = 1^2$. Allerdings gilt: Ist $a < b < 0$, so ist $0 < b^2 < a^2$.

G. Ist $0 < a < 1$, so ist auch $0 < 1 - a < 1$ und $0 < 1 - a^2 < 1$. Mit der Bernoulli'schen Ungleichung ist dann

$$(1 - a)^n (1 + na) < (1 - a)^n (1 + a)^n = (1 - a^2)^n < 1 < n.$$

H. Für $a, b \in \mathbb{R}$ und $n \in \mathbb{N}$ ist die Formel

$$(a + b)^n = \sum_{k=0}^{n} \binom{n}{k} a^{n-k} b^k$$

zu beweisen. Das geht mit Induktion nach n. Der Fall $n = 1$ ist trivial, auf beiden Seiten erhält man den Ausdruck $a + b$. Ist die Formel schon für $n \geq 1$ bewiesen, so folgt:

$$
\begin{aligned}
(a + b)^{n+1} &= (a + b)^n \cdot (a + b) = \sum_{k=0}^{n} \binom{n}{k} a^{n-k} b^k \cdot (a + b) \\
&= \sum_{k=0}^{n} \binom{n}{k} a^{n+1-k} b^k + \sum_{k=0}^{n} \binom{n}{k} a^{n-k} b^{k+1} \\
&= a^{n+1} + \sum_{k=1}^{n} \binom{n+1}{k} a^{n+1-k} b^k + b^{n+1} = \sum_{k=0}^{n+1} \binom{n+1}{k} a^{n+1-k} b^k.
\end{aligned}
$$

I. a) Der erste Beweis ist simpel. Der Induktionsanfang ist trivial, und es ist

$$\sum_{k=1}^{n+1} = \frac{n(n + 1)}{2} + (n + 1) = \frac{(n + 1)(n + 2)}{2}.$$

b) Auch bei der zweiten Formel ist der Induktionsanfang trivial. Induktionsschluss:

$$
\begin{aligned}
\sum_{k=1}^{n+1} k^2 &= \frac{n(n + 1)}{6} (2n + 1) + (n + 1)^2 = \frac{n + 1}{6} \big(n(2n + 1) + 6(n + 1) \big) \\
&= \frac{n + 1}{6} \big(2n(n + 2) + 3(n + 2) \big) = \frac{n + 1}{6} (n + 2)(2n + 3).
\end{aligned}
$$

J. Man verwende Induktion nach n und setze $1 \le k \le n$ voraus. Ist $n = 1$, so steht links eine 1 und rechts ebenfalls. Ist die Formel für n bewiesen, so ist

$$\sum_{i=k}^{n+1} \binom{i-1}{k-1} = \sum_{i=k}^{n} \binom{i-1}{k-1} + \binom{n}{k-1} = \binom{n}{k} + \binom{n}{k-1} = \binom{n+1}{k}.$$

K. Es ist $S_n = \sum_{k=1}^{n} \Big(\dfrac{1}{k} - \dfrac{1}{k+1} \Big) = 1 - \dfrac{1}{n+1} = \dfrac{n}{n+1}$.

L. Es ist $n^2 = \sum_{i=1}^{n} \big(i^2 - (i-1)^2 \big) = \sum_{i=1}^{n} (2i-1) = \sum_{i=0}^{n-1} (2i+1)$.

M. Es ist $1 - \dfrac{1}{k^2} = \dfrac{(k-1)(k+1)}{k \cdot k}$, also $P_n = \dfrac{1 \cdot 3}{2 \cdot 2} \cdot \dfrac{2 \cdot 4}{3 \cdot 3} \cdot \dfrac{3 \cdot 5}{4 \cdot 4} \cdots \dfrac{(n-1)(n+1)}{n \cdot n}$.
Ohne allzu genau hinzusehen, rät man jetzt schon, dass $P_n = (n+1)/2n$ ist. Der genaue Beweis kann mit Induktion geführt werden.

N. a) Ist $x > 0$, so ist $x^2 = x \cdot x > 0$, nach dem 3. Axiom der Anordnung. Ist $x < 0$, so ist $-x > 0$ und $x^2 = (-x)(-x) > 0$. Insbesondere ist dann $1 = 1 \cdot 1 > 0$.

b) Die Menge $M := \{1\} \cup \{x \in \mathbb{R} : x \ge 2\}$ enthält definitionsgemäß die 1. Sei nun $x \in M$ ein beliebiges Element. Ist $x = 1$, so ist $x+1 = 1+1 = 2 \in M$. Ist $x \ne 1$, so ist $x \ge 2$, also $x + 1 \ge 2 + 1 > 2$ und wieder $x + 1 \in M$. Also ist M induktiv. Da $\mathbb{N}$ in jeder induktiven Menge liegt, muss $\mathbb{N} \subset M$ gelten. Also enthält $\mathbb{N}$ keine reelle Zahl x mit $1 < x < 2$.

c) Man zeige durch Induktion: Ist $n \in \mathbb{N}$ und $n \ge 2$, so gibt es ein $m \in \mathbb{N}$ mit $m+1 = n$. Der Induktionsanfang ist der Fall $n = 2$, und der ist klar, weil $2 = 1+1$ ist. Der Induktionsschluss ist trivial, denn $n+1$ hat schon die gewünschte Gestalt. Die Induktionsvoraussetzung wird hier gar nicht gebraucht.

Sind $n, m \in \mathbb{N}$ und ist $m - n > 0$, so ist $m - n \in \mathbb{N}$. Der Beweis kann mit Hilfe des obigen Ergebnisses durch Induktion nach n geführt werden.

Sei nun $n < m + 1$. Wäre $m = 1$, so wäre $n < 2$, also $n = 1$ und nichts mehr zu zeigen. Ist $m \ge 2$ und nicht $n \le m$, so muss $m < n$ und außerdem $m = m' + 1$ (mit $m' \in \mathbb{N}$) sein. Daraus folgt $m' + 1 < n < m' + 2$, also $1 < n - m' < 2$. Das kann nicht sein. Also muss $n \le m$ sein.

Zu den Aufgaben in 1.3

A. a) Nach der 2. Dreiecksungleichung ist $|a| - |b| \le |a - b|$ und $|a| = |b - (b - a)| \ge |b| - |a - b|$, also $-|a - b| \le |a| - |b| \le +|a - b|$.

b) Man unterscheidet am besten die vier Fälle „$x < -1$", „$-1 \leq x < 1$", „$1 \leq x \leq 3$" und „$3 < x$". Dann kann man jeweils die Betragsstriche auflösen. Im dritten Fall erhält man die Gleichung $x = x$, die natürlich immer erfüllt ist. In allen anderen Fällen gibt es keine Lösung in dem betrachteten Bereich. Also ist $[1, 3]$ die Lösungmenge.

c) In diesem Fall unterscheide man die Fälle „$x \leq 1/2$", „$1/2 < x < 1$" und „$1 \leq x$". Im ersten Fall erhält man die Bedingung $x > 0$, im zweiten Fall die Bedingung $3x < 2$, im dritten Fall keine erfüllbare Bedingung.

Die Lösungsmenge ist also die Menge $\{x \in \mathbb{R} : 0 < x < 2/3\}$.

B. a) $\inf(M_1) = 0 \notin M_1$ und $\sup(M_1) = 1 \in M_1$.

b) 0 und 1 gehören nicht zu M_2. Es ist aber $\inf(M_2) = 0$ und $\sup(M_2) = 1$.

c) Es ist $M_3 = \{x \in \mathbb{R} : -2 < x^2 - 1 < 2\} = \{x \in \mathbb{R} : 0 \leq x^2 < 3\} = (-\sqrt{3}, +\sqrt{3})$, also $\inf(M_3) = -\sqrt{3}$ und $\sup(M_3) = \sqrt{3}$.

C. Ansatz: $|a_n| < \varepsilon \iff (3n - 1)/2 > 1/\varepsilon \iff n > 2/(3\varepsilon) + 1/3$.

Dann schreibt man den Beweis richtig auf: Sei $\varepsilon > 0$. Ist $n_0 > 2/(3\varepsilon) + 1/3$ (was nach Archimedes möglich ist), so folgt für $n \geq n_0$ die Ungleichung $|a_n| < \varepsilon$.

D. Es ist $b_n = 1 - \dfrac{n}{n+1} = \dfrac{1}{n+1}$, und das ist offensichtlich eine Nullfolge.

E. Es ist $c_n = \dfrac{1 + 2 + \cdots + n}{n^2} = \dfrac{n(n+1)}{2n^2} = \dfrac{n+1}{2n} = \dfrac{1}{2}\left(1 + \dfrac{1}{n}\right) \geq \dfrac{1}{2}$. Also kann c_n keine Nullfolge sein.

F. Ist $0 < a_n, b_n < \varepsilon$, so ist

$$0 < \frac{a_n^2 + b_n^2}{a_n + b_n} < \frac{\varepsilon(a_n + b_n)}{a_n + b_n} = \varepsilon.$$

Diese Ungleichungen kann man verwenden, um zu zeigen, dass (c_n) eine Nullfolge ist.

G. Ist $a \geq 0$, so ist $\sqrt{a}$ die eindeutig bestimmte Zahl $x \geq 0$ mit $x^2 = a$.

a) Sei $u := \sqrt{x}$ und $v := \sqrt{y}$, so ist $u^2 = x$ und $v^2 = y$, also $(uv)^2 = u^2 v^2 = xy$ und daher $uv = \sqrt{xy}$.

b) Zum Beispiel ist $3 = \sqrt{9} = \sqrt{4 + 5}$, aber $\sqrt{4} + \sqrt{5} = 2 + \sqrt{5} = 4.236\ldots$

c) Wäre $0 \leq \sqrt{x} \leq \sqrt{y}$, so wäre auch $0 \leq x \leq y$. Letzteres ist aber falsch. Also muss $\sqrt{x} > \sqrt{y}$ sein.

d) Es ist $x + y - 2\sqrt{xy} = (\sqrt{x} - \sqrt{y})^2 \geq 0$, also $\sqrt{xy} \leq (x + y)/2$.

Zu den Aufgaben in 1.4

A. Mit Ausnahme von M_2 sind alles Funktionsgraphen.

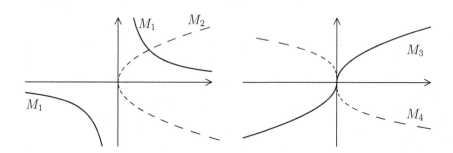

B. Eine affin-lineare Funktion hat die Gestalt $f(x) = mx + c$. Setzt man die vorgeschriebenen Werte ein, so kann man m und c ausrechnen. Das ergibt in diesem Fall

$$f(x) = \begin{cases} 2 + 2x & \text{für } -1 \leq x \leq 1, \\ \frac{1}{3}(16 - 4x) & \text{für } 1 < x \leq 4. \end{cases}$$

Eine quadratische Funktion g, die eine nach unten geöffnete Parabel mit Scheitelpunkt (x_s, y_s) beschreibt, hat die Gestalt $g(x) = a(x - x_s)^2 + y_s$, mit einer reellen Zahl $a < 0$. Schreibt man noch einen Wert vor, so kann man a ausrechnen.

Hier ergibt sich: $g(x) = -\dfrac{4}{9}(x - 1)^2 + 4$.

C. Man überzeugt sich leicht davon, dass

$$g(x) \begin{cases} < 0 & \text{für } x < 1/2, \\ \geq 0 & \text{für } x \geq 1/2 \end{cases} \quad \text{und} \quad f(x) \begin{cases} \leq 2 & \text{für } x \leq -1/2, \\ > 2 & \text{für } x > -1/2 \end{cases}$$

ist. Daraus folgt:

$$f \circ g(x) := \begin{cases} 4x + 1 & \text{für } x < 1/2, \\ 4x^2 - 4x + 4 & \text{für } 1/2 \leq x \leq 2, \\ x^2 + 2x + 4 & \text{für } x > 2 \end{cases}$$

und

$$g \circ f(x) := \begin{cases} 4x + 5 & \text{für } x \leq -1/2, \\ 2x + 4 & \text{für } -1/2 < x < 0, \\ x^2 + 4 & \text{für } x \geq 0. \end{cases}$$

D. Ist $F(x_1) = F(x_2)$, so ist $(x_1, f(x_1)) = (x_2, f(x_2))$, also $x_1 = x_2$. Der Injektivitätsbeweis ist also trivial. Dennoch ist das Ergebnis nicht unwichtig.

E. Es ist

$$\chi_{M\cap N}(x) = 1 \iff x \in M \cap N \iff x \in M \text{ und } x \in N$$
$$\iff \chi_M(x) = 1 \text{ und } \chi_N(x) = 1 \iff \chi_M(x) \cdot \chi_N(x) = 1.$$

Und es ist

$$\chi_{M\cup N}(x) = 1 \iff x \in M \cup N$$
$$\iff (x \in M \setminus N) \textbf{ oder } (x \in N \setminus M) \textbf{ oder } (x \in M \cap N)$$
$$\iff (\chi_M(x) = 1 \textbf{ und } \chi_N(x) = 0) \textbf{ oder}$$
$$(\chi_N(x) = 1 \textbf{ und } \chi_M(x) = 0) \textbf{ oder}$$
$$(\chi_M(x) = \chi_N(x) = 1)$$
$$\iff \chi_M(x) + \chi_N(x) - \chi_M(x) \cdot \chi_N(x) = 1.$$

F. a) f und g seien beide injektiv. Ist $g \circ f(x_1) = g \circ f(x_2)$, so ist $f(x_1) = f(x_2)$ und daher auch $x_1 = x_2$. Also ist $g \circ f$ injektiv.

b) Seien f und g beide surjektiv. Ist $z \in C$ vorgegeben, so gibt es ein $y \in B$ mit $g(y) = z$ und dann ein $x \in A$ mit $f(x) = y$.

G. f bildet $(-\infty, 2]$ offensichtlich bijektiv auf $(-\infty, 3]$ ab, und $(2, \infty)$ bijektiv auf $(3, \infty)$. Daraus folgt die Bijektivität von f, und es ist

$$f^{-1}(y) := \begin{cases} \frac{1}{2}(y+1) & \text{für } y \leq 3, \\ y - 1 & \text{für } y > 3. \end{cases}$$

Die Umkehrabbildung erhält man durch Auflösung der Gleichung $f(x) = y$ in den beiden Fällen $x \leq 2$ und $x > 2$.

H. a) $f(x) = g(x) = x$ ist streng monoton wachsend auf $\mathbb{R}$, nicht aber das Produkt $f(x) \cdot g(x) = x^2$.

b) Zusatzvoraussetzung: $f > 0$ und $g > 0$ auf $\mathbb{R}$. Ist $x_1 < x_2$, so ist $0 < f(x_1) < f(x_2)$ und $0 < g(x_1) < g(x_2)$. Deshalb ist

$$f(x_1)g(x_1) < f(x_2)g(x_1) < f(x_2)g(x_2),$$

also $f \cdot g$ streng monoton wachsend.

I. Der Beweis wird schrittweise geführt.

1) Weil $f(0) = f(0 + 0) = f(0) + f(0)$ ist, muss $f(0) = 0$ sein.

2) Wegen $0 = f(0) = f(x - x) = f(x) + f(-x)$ ist $f(-x) = -f(x)$.

3) Für $k \in \mathbb{N}$ ist $f(kx) = f(x + \cdots + x) = f(x) + \cdots + f(x) = k \cdot f(x)$.

4) Sei $a := f(1)$. Dann gilt für $n, m \in \mathbb{N}$:

$$am = f(m) = f\big(n \cdot (m/n)\big) = n \cdot f(m/n), \text{ also } f(m/n) = a \cdot (m/n).$$

5) Wegen (2) und (4) ist $f(q) = aq$ für jede rationale Zahl q.

6) Sei x reell und beliebig. Wir nehmen an, es ist $f(x) \neq ax$.

    a) Ist $f(x) < ax$, so gibt es ein $q \in \mathbb{Q}$ mit $f(x) < aq < ax$. Weil jetzt $q < x$ und $f(q) = aq > f(x)$ ist, kann dieser Fall nicht eintreten.

    b) Den Fall $f(x) > ax$ führt man genauso zum Widerspruch.

Also muss $f(x) = ax$ sein.

Zu den Aufgaben in 1.5

A. Das Ergebnis ist der Vektor $\mathbf{x} = (-14, 73, 42)$.

B. Es ist $\|\mathbf{a}\| = \sqrt{14}$, $\|b\| = \sqrt{74}$ und $\|\mathbf{c}\| = p\sqrt{134}$, sowie

$$\mathrm{dist}(\mathbf{b}, \mathbf{c}) = \|\mathbf{c} - \mathbf{b}\| = \sqrt{74 + 36p + 134p^2}.$$

C. Sei $\mathbf{a} := (0, 1, 1)$ und $\mathbf{v} := (4, 1, 0)$. Gesucht ist $\mathbf{p} = \mathbf{a} + t\mathbf{v}$ mit $(\mathbf{p} - \mathbf{x}_0) \bullet \mathbf{v} = 0$.

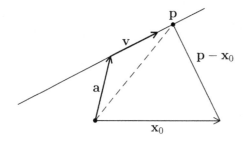

Die Gleichung liefert $0 = (4t - 10, t - 3, -4) \bullet (4, 1, 0) = 17t - 43$, also $t = 43/17$. Damit ist $\mathbf{p} = \frac{1}{17}(172, 60, 17)$.

Es gibt auch einen anderen Weg: Ist $\mathbf{m}$ die orthogonale Projektion von $\mathbf{x}_0$ auf $\mathbf{v}$ und $\mathbf{n}$ die orthogonale Projektion von $\mathbf{a}$ auf $\mathbf{v}$, so ist $\mathbf{p} = \mathbf{a} + (\mathbf{m} - \mathbf{n})$. Man erhält dabei natürlich das gleiche Ergebnis.

D. Es soll $(c_1, c_2, c_3) \bullet (1, -1, 0) = (c_1, c_2, c_3) \bullet (0, 1, -1) = 0$ sein. Das liefert die Gleichungen $c_1 - c_2 = c_2 - c_3 = 0$, also $\mathbf{c} = (x, x, x)$ mit einem beliebigen $x \in \mathbb{R}$, $x \neq 0$.

E. Es ist $(7,3) - (-1,1) = (8,2)$ und $(3,-3) - (1,5) = (2,-8)$. Zufällig stehen die beiden Geraden aufeinander senkrecht.

Ein Punkt auf L_1 hat die Gestalt $\mathbf{x} = (-1+8t, 1+2t)$. Liegt $\mathbf{x}$ auch auf L_2, so hat $\mathbf{x}$ die Gestalt $\mathbf{x} = (1+2s, 5-8s)$. Gleichsetzen liefert $8t = 2+2s$ und $2t = 4 - 8s$, also $s = 4t - 1$ und $t = 2 - 4s$. Es gibt genau eine Lösung, nämlich $t = 2 - 16t + 4 = 6 - 16t$, also $t = 6/17$ und $\mathbf{x} = \frac{1}{17}(31, 29)$.

F. Es ist

$$\begin{aligned} \|\mathbf{a} - \mathbf{b}\|^2 &= (\mathbf{a} - \mathbf{b}) \cdot (\mathbf{a} - \mathbf{b}) = \mathbf{a} \cdot \mathbf{a} - \mathbf{a} \cdot \mathbf{b} - \mathbf{b} \cdot \mathbf{a} + \mathbf{b} \cdot \mathbf{b} \\ &= \|\mathbf{a}\|^2 - 2\,\mathbf{a} \cdot \mathbf{b} + \|\mathbf{b}\|^2 \end{aligned}$$

und $\mathbf{a} \cdot \mathbf{b} = \|\mathbf{a}\| \cdot \|\mathbf{b}\| \cos \angle(\mathbf{a}, \mathbf{b})$.

G. $2 - \|\mathbf{x}_0\|$ ist der Abstand, den $\mathbf{x}_0$ vom Rand der Kugel (in diesem Falle also Kreisscheibe) $B_2(0)$ hat. Deshalb setze man $\varepsilon := \frac{1}{2}(2 - \|\mathbf{x}_0\|) = 1 - \frac{1}{2}\|\mathbf{x}_0\|$. Für $\mathbf{x} \in B_\varepsilon(\mathbf{x}_0)$ gilt dann:

$$\|\mathbf{x}\| \le \|\mathbf{x} - \mathbf{x}_0\| + \|\mathbf{x}_0\| < \varepsilon + \|\mathbf{x}_0\| = 1 - \frac{1}{2}\|\mathbf{x}_0\| + \|\mathbf{x}_0\| = 1 + \frac{1}{2}\|\mathbf{x}_0\| < 2.$$

H. Unter Verwendung der Formel $(z-w)(z+w) = z^2 - w^2$ kann man Nenner leicht reell machen. Dann erhält man:

$$z_1 = 1 + i, \quad z_2 = 0 \quad \text{und} \quad z_3 = 3 + 4i.$$

I. a) Offensichtlich ist $w_1 = 2$ und dann auch $|w_1| = 2$.

b) Es ist $|-1 + i| = \sqrt{1 - i^2} = \sqrt{2}$, also $|w_2| = \sqrt{2}^3 = 2\sqrt{2}$.

J. Es ist $(1-i)(2-i)(3-i) = (1-3i)(3-i) = -10i$, also $z = -5/(10i) = i/2$.

K. Sei $z = x + iy$. Dann ist

$$|z - i| < |z + i| \iff |y - 1| < |y + 1| \iff y > 0.$$

Die Lösungsmenge ist also die obere Halbebene $H := \{z = x + iy : y > 0\}$.

L. Ist $z = x + iy$ und $z^2 = -2i$, so ist $x^2 - y^2 = 0$ und $xy = -1$, also $x^2 = y^2 = 1$. Somit gibt es zwei Lösungen:

$$z_1 = -1 + i \quad \text{und} \quad z_2 = 1 - i.$$

Zu den Aufgaben in 1.6

A. Es ist $c_n = a_n$ und $c_j = a_j + \alpha c_{j+1}$, also

$$c_0 = a_0 + \alpha(a_1 + \alpha(a_2 + \alpha(\dots))) = f(\alpha).$$

Ist $f(x) = x^5 - 7x^3 + 9x^2 + x + 3$ und $\alpha = 2$, so ist $n = 5$, $c_5 = 1$, $c_4 = 0 + \alpha \cdot c_5 = 2$, $c_3 = -7 + \alpha \cdot c_4 = -3$, $c_2 = 9 + \alpha \cdot c_3 = 3$, $c_1 = 1 + \alpha \cdot c_2 = 7$ und schließlich $c_0 = 3 + \alpha \cdot c_1 = 17$.

B. Es ist $(3x^5 - x^4 + 8x^2 - 1) : (x^3 + x^2 + x) = 3x^2 - 4x + 1$, Rest $11x^2 - x - 1$, und

$$(x^5 - x^4 + x^3 - x^2 + x - 1) : (x^2 - 2x + 2) = x^3 + x^2 + x - 1, \text{ Rest } -3x + 1.$$

C. Ist $f(x) = \sum_{i=0}^{n} a_i x^i$ und $g(y) = \sum_{j=0}^{m} b_j y^j$, so ist

$$
\begin{aligned}
g \circ f(x) &= \sum_{j=0}^{m} b_j f(x)^j = \sum_{j=0}^{m} b_j \big((\text{Terme vom Grad} \leq n-1) + a_n x^n\big)^j \\
&= \sum_{j=0}^{m} b_j \Big((\text{Terme vom Grad} \leq nj-1) + (a_n x^n)^j\Big) \\
&= (\text{Terme vom Grad} \leq nm-1) + b_m a_n x^{nm}.
\end{aligned}
$$

Weil $a_n \neq 0$ und $b_m \neq 0$ ist, folgt die Behauptung.

D. a) Ist $f(x) = \sum_{k=0}^{n} a_k x^k$, so ist

$$
\begin{aligned}
f(x+h) - f(x) &= \sum_{k=0}^{n} a_k \big((x+h)^k - x^k\big) \\
&= \sum_{k=0}^{n} a_k (x^k + kx^{k-1}h + \dots + h^k - x^k) \\
&= \Big(\sum_{k=1}^{n} a_k k x^{k-1}\Big) h + h^2 \cdot g(h) = Df(x) \cdot h + h^2 \cdot g(h),
\end{aligned}
$$

wobei g ein Polynom in h ist, mit Koeffizienten, die von (dem festen) x abhängen. Speziell ist $D(x - \alpha)^n = n \cdot (x - \alpha)^{n-1}$.

b) Sei $f(x + h) = f(x) + Df(x) \cdot h + h^2 \cdot p(h)$ und $g(x + h) = g(x) + Dg(x) \cdot h + h^2 \cdot q(h)$. Dann ist

$$
\begin{aligned}
(fg)(x+h) &= \big(f(x) + Df(x)h + h^2 p(h)\big)\big(g(x) + Dg(x)h + h^2 q(h)\big) \\
&= (fg)(x) + \big(Df(x)g(x) + f(x)Dg(x)\big) h + h^2(\dots), \\
\text{also } D(fg)(x) &= Df(x)g(x) + f(x)Dg(x).
\end{aligned}
$$

c) f besitzt genau dann eine Nullstelle α der Vielfachheit ≥ 2, wenn $f(x) = (x - \alpha)^s \cdot g(x)$ mit $s \geq 2$ und $g(\alpha) \neq 0$ ist. Trifft das zu, so ist

$$
\begin{aligned}
Df(x) &= s(x - \alpha)^{s-1}g(x) + (x - \alpha)^s Dg(x) \\
&= (x - \alpha) \cdot [s(x - \alpha)^{s-2}g(x) + (x - \alpha)^{s-1}Dg(x)],
\end{aligned}
$$

also α auch Nullstelle von $Df(x)$.

Sei umgekehrt α gemeinsame Nullstelle von f und Df. Wir nehmen an, dass $f(x) = (x - \alpha) \cdot g(x)$ mit $g(\alpha) \neq 0$ ist. Dann ist $Df(x) = 1 \cdot g(x) + (x - \alpha) \cdot Dg(x)$ und daher $0 = Df(\alpha) = g(\alpha)$. Das kann nicht sein.

E. Ist p ungerade, so ist $p \geq 1$ und $f(1) = 1 + \cdots + 1 = p \neq 0$. Sei nun $\alpha \neq 1$ eine reelle Nullstelle von f. Dann ist

$$
0 = (\alpha - 1)f(\alpha) = \alpha^p - 1, \quad \text{also } \alpha^p = 1.
$$

Weil p ungerade ist, muss $\alpha = 1$ sein, und das hatten wir schon ausgeschlossen. Also kann f keine (reelle) Nullstelle besitzen.

F. Es ist $k := \text{grad}(f) \geq 1$. Ist $g := 1/f$ ein Polynom, so ist auf jeden Fall $g \neq 0$ und $\text{grad}(g) \geq 0$. Dann ist $0 = \text{grad}(1) = \text{grad}(fg) = \text{grad}(f) + \text{grad}(g) \geq 1$. Das kann nicht sein, d.h., $1/f$ kann kein Polynom sein.

G. Sei $f(x) = a_0 + a_1x + \cdots + a_nx^n$.

a) Sei $f(-x) = f(x)$ für alle x. Dann ist $a_1x + a_3x^3 + \cdots \equiv 0$ und daher $a_1 = a_3 = \ldots = 0$.

b) Sei umgekehrt $a_{2k+1} = 0$ für $k \geq 0$. Dann ist $f(x) = a_0 + a_2x^2 + a_4x^4 + \cdots$ und das ist offensichtlich eine gerade Funktion.

H. Polynomdivision ergibt

$$
R(x) = x + 1 + \frac{x + 2}{x^2 - 1} = x + 1 + \frac{x + 2}{(x - 1)(x + 1)}.
$$

Der Ansatz $\dfrac{a}{x - 1} + \dfrac{b}{x + 1} = \dfrac{x + 2}{(x - 1)(x + 1)}$ liefert das Gleichungssystem $a + b = 1$ und $a - b = 2$, also $a = 3/2$ und $b = -1/2$.

I. Durch Zerlegung des Nenners erhält man den komplexen Ansatz

$$
R(x) = \frac{A}{x - i} + \frac{B}{x + i} + \frac{C}{x - 1} + \frac{D}{x + 2}.
$$

Multipliziert man jeweils $R(x)$ mit der Nullstelle $x - \alpha$ und setzt man dann α ein, so erhält man den gesuchten Koeffizienten. Zum Beispiel ist

$$A = \frac{2x^3 + 3x + 2}{(x + i)(x^2 + x - 2)}\Big|_{x=i} = \frac{i + 2}{2(3i - 1)} = \frac{5i - 5}{20} = \frac{1}{4}(i - 1).$$

Genauso erhält man

$$B = -\frac{1}{4}(1 + i), \quad C = \frac{7}{6} \quad \text{und} \quad D = \frac{4}{3}.$$

Nun ist

$$\frac{(i - 1)/4}{x - i} - \frac{(1 + i)/4}{x + i} = \frac{(i - 1)(x + i) - (1 + i)(x - i)}{4(x^2 + 1)} = \frac{-x - 1}{2(x^2 + 1)},$$

also $R(x) = \dfrac{-x - 1}{2(x^2 + 1)} + \dfrac{7/6}{x - 1} + \dfrac{4/3}{x + 2}.$

J. (etwas trickreich!) Es gibt ganze Zahlen c und d, so dass alle Zahlen ca_i und db_j in $\mathbb{Z}$ liegen. Wählt man $|c|$ und $|d|$ minimal, so kann man erreichen, dass jeweils $ca_0, \ldots, ca_{n-1}$ teilerfremd und $db_0, \ldots, db_{m-1}$ teilerfremd sind.

Sei $D := cd$. Es soll gezeigt werden, dass $D = \pm 1$ ist. Wenn es einen Primteiler p von D gäbe, dann könnte der nicht alle ca_i und auch nicht alle db_j teilen. Sind i_0 und j_0 minimale Indizes, so dass p kein Teiler von ca_{i_0} und kein Teiler von sb_{j_0} ist, dann ist $(cf)(dg) = \ldots + (ca_{i_0}db_{j_0} + pq)x^{i_0+j_0} + \ldots$ (mit einer ganzen Zahl q). Das zeigt, dass $D \cdot (fg)$ einen Koeffizienten besitzt, der nicht durch p teilbar ist. Weil fg nach Voraussetzung ganzzahlige Koeffizienten besitzt und p ein Teiler von D ist, kann das nicht sein. Also muss $D = \pm 1$ (und dann auch $c = \pm 1$ und $d = \pm 1$) sein. Das bedeutet, dass schon alle a_i und b_j ganzzahlig waren.

K. a) Ist $u^3 + v^3 = q$ und $uv = -p/3$, so ist

$$\begin{aligned} (u + v)^3 + p(u + v) &= u^3 + 3u^2v + 3uv^2 + v^3 + p(u + v) \\ &= q - p(u + v) + p(u + v) = q. \end{aligned}$$

b) Ist $u^3 + v^3 = q$ und $u^3v^3 = -p^3/27$, so sind u^3 und v^3 nach Vieta die Nullstellen des quadratischen Polynoms $y^2 - qy - p^3/27$.

Also ist $u^3 = \dfrac{1}{2}(q + \sqrt{q^2 + 4p^3/27})$ und $v^3 = \dfrac{1}{2}(q - \sqrt{q^2 + 4p^3/27})$. Die Zahlen u und v erhält man durch Ziehen der 3. Wurzel.

c) Man verwendet (a) und setzt hier $p = 63$ und $q = 316$. Dann ist $q/2 = 158$ und $p/3 = 21$, also

$$u = \sqrt[3]{\frac{q}{2} + \sqrt{\left(\frac{q}{2}\right)^2 + \left(\frac{p}{3}\right)^3}} = \sqrt[3]{158 + \sqrt{158^2 + 21^3}} = \sqrt[3]{158 + 185} = 7$$

und $v = \sqrt[3]{\dfrac{q}{2} - \sqrt{\left(\dfrac{q}{2}\right)^2 + \left(\dfrac{p}{3}\right)^3}} = \sqrt[3]{158 - \sqrt{158^2 + 21^3}} = \sqrt[3]{158 - 185} = -3$

Eine Lösung der kubischen Gleichung ist dann $x = u + v = 4$.

5.2 Lösungen zu Kapitel 2

Zu den Aufgaben in 2.1

A. a) Es ist $|a_n| = 1/(3 \cdot 4 \cdots (n-1)) < 1/(n-1)$, und das ist offensichtlich eine Nullfolge.

b) Die Teilfolge $b_{2k} = 1/k$ konvergiert gegen 0, die Teilfolge $b_{2k+1} = 0$ ist konstant und konvergiert ebenfalls gegen 0. Also ist (b_k) beschränkt und besitzt nur einen Häufungspunkt, ist also konvergent.

B. Sei $|b_n| \leq C$ für alle n, $\varepsilon > 0$ vorgegeben. Dann gibt es ein n_0, so dass $|a_n| < \varepsilon/C$ für $n \geq n_0$ ist. Es folgt: $|a_n b_n| < (\varepsilon/C) \cdot C = \varepsilon$ für $n \geq n_0$.

C. $a_n = (3/5)^n + (2/5)^n$ konvergiert gegen Null.

$b_n = (6n^2 + 2)/n^2 = 6 + 2/n^2$ konvergiert gegen 6.

Sei $c_n = u_n + v_n$ mit $u_n = 3n/3^n$ und $v_n = 2 + 1/n$. Offensichtlich konvergiert (v_n) gegen 2. Bei (u_n) ist es etwas schwieriger. Per Induktion kann man zeigen, dass $n^2 < 2^n$ für $n \geq 5$ gilt. Also ist erst recht $n^2 < 3^n$ und damit $3n/3^n < 3n/n^2 = 3/n$. Das bedeutet, dass (u_n) gegen Null und c_n gegen 2 konvergiert.

D. $|\sqrt{a_n} - \sqrt{a}| = \dfrac{|a_n - a|}{\sqrt{a_n} + \sqrt{a}} \leq \dfrac{|a_n - a|}{\sqrt{a}}$ strebt für $n \to \infty$ gegen Null.

E.

$$\text{Es gilt:} \quad a_{n+1} \geq a_n \quad \Longleftrightarrow \quad (2n-5)(3n+2) \geq (2n-7)(3n+5)$$
$$\Longleftrightarrow \quad 6n^2 - 11n - 10 \geq 6n^2 - 11n - 35.$$

Weil $10 \leq 35$ ist, muss auch $a_{n+1} \geq a_n$ sein. Die Folge wächst monoton.

Weiter ist $a_1 = -1$, $a_2 = -3/8$, $a_3 = -1/11$, $a_4 = 1/14$, und von nun an sind alle a_n positiv. Weil $a_{100} = 193/302 \approx 0.64$ ist, kann man vermuten, dass $c = 1$ eine obere Schranke ist. Tatsächlich ist

$$a_n = \frac{2n-7}{3n+2} < \frac{2n}{2n+(n+2)} < 1, \text{ für alle } n \in \mathbb{N}.$$

F. Die rationalen Zahlen liegen dicht in $\mathbb{R}$. Es gibt also zu jedem $n \in \mathbb{N}$ eine rationale Zahl q_n mit $|q_n - a| < 1/n$. Dann konvergiert (q_n) gegen a.

G. Nach der Bernoullischen Ungleichung ist $1 \geq u_n > 1 - n \cdot (1/n^2) = 1 - 1/n$, also $\lim_{n \to \infty} u_n = 1$. Setzt man $a_n := (1 + 1/n)^n$, so ist $u_n/a_n = ((n-1)/n)^n = x_n$, also $\lim_{n \to \infty} x_n = 1/e$. Weiter ist $y_n \cdot x_n \cdot (1 + 1/(n+1)) = a_{n+1}$, also $\lim_{n \to \infty} y_n = e^2$.

H. Wir betrachten nur den Fall, dass (a_n) monoton wächst und zeigen, dass a dann sogar obere Schranke von (a_n) ist. Wenn nicht, dann müsste es ein $a_{n_0} > a$ geben. Dann wäre aber $a_n > a_{n_0} > a$ für fast alle n und a kein Häufungspunkt.

Es folgt, dass (a_n) konvergiert, und der Grenzwert ist dann der einzige Häufungspunkt. Also konvergiert (a_n) gegen a.

I. Die Aussage ist eigentlich trivial. In jeder Umgebung von a liegen fast alle Glieder der Folge und damit auch fast alle Glieder einer beliebigen Teilfolge.

J. Es ist $a_n = n(n+1)(2n+1)/(6n^3) = (1 + 1/n)(2 + 1/n)/6$, und diese Folge konvergiert gegen $1/3$.

K. Sei $\varepsilon > 0$. Dann gibt es ein n_0, so dass $|a_n - a| < \varepsilon/2$ für $n \geq n_0$ gilt. Und es gibt ein $n_1 \geq n_0$, so dass $\dfrac{|a_1 - a|}{n} + \cdots + \dfrac{|a_{n_0} - a|}{n} < \dfrac{\varepsilon}{2}$ für $n \geq n_1$ ist. Dann gilt:

$$
\begin{aligned}
|b_n - a| &= \left| \frac{a_1 + \cdots + a_n}{n} - a \right| \\[2mm]
&= \left| \frac{(a_1 - a) + \cdots + (a_n - a)}{n} \right| \\[2mm]
&\leq \frac{|a_1 - a|}{n} + \cdots + \frac{|a_{n_0} - a|}{n} + \frac{|a_{n_0+1} - a|}{n} + \cdots + \frac{|a_n - a|}{n} \\[2mm]
&\leq \frac{\varepsilon}{2} + \frac{\varepsilon}{2} \cdot \frac{n - n_0}{n} < \varepsilon \text{ für } n \geq n_1.
\end{aligned}
$$

L. Zunächst ist $a_n > 0$ für alle n. Ist nämlich $a_i > 0$ für alle $i < n$, so ist auch $a_n = 1/(a_1 + \cdots + a_{n-1}) > 0$.

Daraus folgt, dass $a_n + 1/a_n > 1/a_n$ und damit $a_{n+1} = 1/(1/a_n + a_n) < a_n$ ist. Außerdem ist (a_n) nach unten durch Null beschränkt, also konvergent gegen eine Zahl $a \geq 0$.

Wir nehmen an, es sei $a > 0$. Da $a_n \geq a$ für alle n gilt, ist dann $a_1 + \cdots + a_n \geq n \cdot a$ und $a_{n+1} \leq 1/(na)$. Für $n > 1/a^2$ ist aber $1/(na) < a$. Das ergibt einen Widerspruch, es muss $a = 0$ sein.

M. a) (z_n) besitzt die Teilfolge $z^{2k} = (-1)^k$ mit den Häufungspunkten 1 und -1 und kann daher nicht konvergieren.

b) Es ist $|1 + i| = \sqrt{2}$, also $|w_n| = 2^{-n/2}$. Damit ist (w_n) eine Nullfolge.

N. Konvergiert $z_n = x_n + i y_n$ gegen $z_0 = x_0 + i y_0$, so konvergiert (x_n) gegen x_0 und (y_n) gegen y_0. Aber dann konvergiert auch $\bar{z}_n = x_n - i y_n$ gegen $x_0 - i y_0 = \bar{z}_0$ und $|z_n|^2 = x_n^2 + y_n^2$ gegen $x_0^2 + y_0^2 = |z_0|^2$. Daraus folgt, dass $|z_n| = \sqrt{|z_n|^2}$ gegen $\sqrt{|z_0|^2} = |z_0|$ konvergiert.

O. Die Beweise funktionieren genauso wie bei den Grenzwertsätzen für skalare Folgen. Als Beispiel sei hier nur Aussage (c) betrachtet.

Sei $\varepsilon > 0$ vorgegeben und ein n_0 gewählt, so dass $\|\mathbf{a}_n - \mathbf{a}\| < \varepsilon$ und $\|\mathbf{b}_n - \mathbf{b}\| < \varepsilon$ für $n \geq n_0$ gilt. Insbesondere ist dann $\|\mathbf{a}_n\|$ durch eine positive Konstante c beschränkt und daher für fast alle n

$$\begin{aligned}
|\mathbf{a}_n \bullet \mathbf{b}_n - \mathbf{a} \bullet \mathbf{b}| &= |\mathbf{a}_n \bullet (\mathbf{b}_n - \mathbf{b}) + (\mathbf{a}_n - \mathbf{a}) \bullet \mathbf{b}| \\
&\leq \|\mathbf{a}_n\| \cdot \|\mathbf{b}_n - \mathbf{b}\| + \|\mathbf{a}_n - \mathbf{a}\| \cdot \|\mathbf{b}\| \quad \text{(Cauchy-Schwarz)} \\
&\leq c \cdot \varepsilon + \|\mathbf{b}\|\varepsilon,
\end{aligned}$$

und das wird beliebig klein.

P. a) Ist $\delta > 0$ gegeben und $\mathbf{x} \in U_\delta(\mathbf{x}_0)$, so ist

$$|x_\nu - x_\nu^{(0)}| \leq \sqrt{(x_1 - x_1^{(0)})^2 + \cdots + (x_n - x_n^{(0)})^2} < \delta \text{ für } \nu = 1, \ldots, n,$$

also $U_\delta(\mathbf{x}_0) \subset Q_\delta(\mathbf{x}_0)$.

Ist umgekehrt ein $\varepsilon > 0$ gegeben, $\delta := \varepsilon/\sqrt{n}$ und $\mathbf{x} \in Q_\delta(\mathbf{x}_0)$, so ist

$$\|\mathbf{x} - \mathbf{x}_0\| = \sqrt{(x_1 - x_1^{(0)})^2 + \cdots + (x_n - x_n^{(0)})^2} < \sqrt{n\delta^2} = \varepsilon,$$

also $Q_\delta(\mathbf{x}_0) \subset U_\varepsilon(\mathbf{x}_0)$.

b) $Q_\delta(\mathbf{x}_0)$ ist ein Würfel, und das kartesische Produkt von Würfeln ist wieder ein Würfel.

Q. Sei $\mathbf{x}_1 \in \mathbf{x}_0 + M$. Dann gibt es ein $\mathbf{x}_2 \in M$, so dass $\mathbf{x}_1 = \mathbf{x}_0 + \mathbf{x}_2$ ist. Sei $\varepsilon > 0$ so gewählt, dass $B_\varepsilon(\mathbf{x}_2) \subset M$ ist. Für $\mathbf{x} \in B_\varepsilon(\mathbf{x}_1)$ gilt dann: $\mathbf{x} = \mathbf{x}_0 + (\mathbf{x} - \mathbf{x}_0)$ und $\|(\mathbf{x} - \mathbf{x}_0) - \mathbf{x}_2\| = \|\mathbf{x} - \mathbf{x}_1\| < \varepsilon$, also $\mathbf{x} - \mathbf{x}_0 \in B_\varepsilon(\mathbf{x}_2) \subset M$ und $\mathbf{x} \in \mathbf{x}_0 + M$.

R. Sei $(\mathbf{x}_\nu)$ eine Folge von Punkten in A, die gegen ein $\mathbf{x}_0 \in \mathbb{R}^n$ konvergiert. Da die Punktfolge in jeder Menge A_n liegt und da die A_n abgeschlossen sind, muss auch der Grenzwert $\mathbf{x}_0$ in jedem A_n und damit in A liegen.

S. a) (x_n) und (y_n) besitzen jeweils die Null als Häufungspunkt. Die Folge $(\mathbf{z}_n)$ setzt sich aus den beiden Teilfolgen $\mathbf{z}_{2k} = (1/k, k)$ und $\mathbf{z}_{2k+1} = (k, 1/k)$ zusammen. Hätte $(\mathbf{z}_n)$ einen Häufungspunkt $\mathbf{z}_0$, so müssten in jeder Umgebung von $\mathbf{x}_0$ wenigstens von einer der beiden Teilfolgen unendlich viele Glieder liegen. Aber das geht nicht.

b) Die Folge (x_n) konvergiere gegen x_0, die Folge (y_n) habe den Häufungspunkt y_0. Dann ist (x_0, y_0) ein Häufungspunkt von $(\mathbf{z}_n)$.

T. Die Menge A besitzt keinen Häufungspunkt, enthält also alle ihre Häufungspunkte. Damit ist sie abgeschlossen.

Die Menge B hat $\mathbf{0} = (0,0)$ als Häufungspunkt, aber der Nullpunkt gehört nicht zu B. Daher ist B nicht abgeschlossen.

Zu den Aufgaben in 2.2

A. Im 1. Schritt teilt man das Intervall von 0 bis 1 in n gleiche Teile und markiert im Intervall $I_1 := [0, (n-m)/n]$ die ersten m Teile. Das geht, weil $2m < n$ ist, also $m < n - m$, und liefert den Beitrag m/n. Der markierte Teil entspricht genau $m/(n-m)$ des Intervalls I_1.

Im zweiten Schritt teilt man das Rest-Intervall von $(n-m)/n$ bis 1 (der Länge m/n) wieder in n gleiche Teile und markiert im Intervall I_2, das aus den ersten $(n-m)/n$ des Restintervalls besteht, die ersten m davon. Das ergibt den Beitrag $(m/n)^2$, und der markierte Teil entspricht genau $m/(n-m)$ des Intervalls I_2. So geht es weiter.

B. Sei $x := 0.123123123\ldots$, also $1000x - x = 123$. Dann ist $x = 123/999 = 41/333$.

C. Eine Majorante ist die geometrische Reihe

$$\sum_{n=1}^{\infty} \frac{g-1}{g^n} = \frac{g-1}{g} \sum_{n=0}^{\infty} g^{-n}.$$

D. a) $(k+1)/k^2 = 1/k + 1/k^2$ ist eine monoton fallende Nullfolge. Man kann das Leibniz-Kriterium anwenden.

b) Die zweite Reihe konvergiert gegen $\exp(-3 - \mathrm{i}) - 1$.

c) Das Quotientenkriterium hilft! Es ist $a_{n+1}/a_n = (n/(n+1))^n$, und diese Folge konvergiert gegen $1/e < 1$.

E. a) Teleskopreihe:

$$\sum_{k=0}^{\infty} \frac{1}{4k^2 - 1} = \frac{1}{2} \lim_{N \to \infty} \sum_{k=0}^{N} \left(\frac{1}{2k-1} - \frac{1}{2k+1} \right) = -\frac{1}{2}.$$

b) Summe zweier geometrischer Reihen, Grenzwert $= 1 - 1/4 = 3/4$.

c) Kombination zweier geometrischer Reihen, Grenzwert $= 1 + (1/2)\,\mathrm{i}$.

F. $\sum_{n=1}^{\infty} 1/n^2$ ist konvergente Majorante.

G. a) Wegen der Monotonie ist $2^n a_{2^n} \geq a_{2^n} + a_{2^n+1} + \cdots + a_{2^{n+1}-1}$.

b) Ist $r \in \mathbb{N}$, so ist $2^r > 2^0 = 1$. Mit dem Widerspruchsprinzip folgt dann, dass auch $2^{r/s} = \sqrt[s]{2^r} > 1$ ist.

c) Sei $a_n = 1/n^q$ mit $q > 1$. Dann ist $2^n a_{2^n} = (2^{1-q})^n$. Also ist die Reihe $\sum_{n=1}^{\infty} 2^n a_{2^n}$ eine konvergente geometrische Reihe und daher $\sum_{n=1}^{\infty} a_n$ auch konvergent.

H. Wenn a_n/b_n gegen 1 konvergiert, dann gibt es ein n_1, so dass $a_n/b_n > 1/2$ für $n \geq n_1$ ist. Deshalb ist $b_n < 2a_n$ für $n \geq n_1$. Ist $\sum_{n=1}^{\infty} a_n$ konvergent, so ist nach dem Majorantenkriterium auch $\sum_{n=1}^{\infty} b_n$ konvergent.

Genauso gibt es ein n_2, so dass $a_n/b_n < 3/2$ für $n \geq n_2$ ist, also $a_n < 3b_n/2$. Ist $\sum_{n=1}^{\infty} b_n$ konvergent, so konvergiert auch $\sum_{n=1}^{\infty} a_n$.

I. a) Aus den Voraussetzungen folgt, dass $1/2 < a_n/b_n < 3/2$ für $n \geq n_0$ gilt, also $b_n < 2a_n < 3b_n$. Mit dem Majorantenkriterium (und dem Widerspruchsprinzip) folgt die Behauptung.

b) Es ist

$$\frac{1}{\sqrt{n(n+10)}} \Big/ \frac{1}{n} = \frac{n}{\sqrt{n(n+10)}} = \frac{1}{\sqrt{1+10/n}},$$

und dieser Ausdruck strebt gegen 1. Der Vergleich mit der harmonischen Reihe liefert die Divergenz der zu untersuchenden Reihe.

J. a) Es ist $n!/(n+2)! = 1/\big((n+1)(n+2)\big) < 1/n^2$. Die Reihe konvergiert.

b) Sei $a > 0$, $b > 0$ und $a_n := 1/(an+b)$, sowie $b_n := 1/n$. Dann konvergiert $a_n/b_n = 1/(a + b/n)$ gegen $1/a$. Es gibt also ein n_0, so dass $a_n/b_n > 1/(2a)$ für $n \geq n_0$ gilt, also $a_n > b_n/(2a)$. Daraus folgt, dass $\sum_{n=1}^{\infty} a_n$ divergiert.

c) Ist $a_n := (3^n n!)/n^n$, so ist $a_{n+1}/a_n = 3(n+1)n^n/(n+1)^{n+1} = 3 \cdot (n/(n+1))^n$. Dieser Ausdruck konvergiert gegen $3/e > 1$. Also divergiert die Reihe.

K. Die Behauptung folgt ganz einfach aus dem Beweis des Leibniz-Kriteriums.

L. Es ist $\sum_{n=0}^{\infty} q^n = 1/(1-q)$, also

$$\frac{1}{(1-q)^2} = \Big(\sum_{n=1}^{\infty} q^n\Big) \cdot \Big(\sum_{m=0}^{\infty} q^m\Big) = \sum_{k=0}^{\infty} \sum_{n+m=k} q^{n+m} = \sum_{k=0}^{\infty} (k+1)q^k.$$

Zu den Aufgaben in 2.3

A. a) $\lim_{x\to 3}(3x+9)/(x^2-9) = \lim_{x\to 3} 3/(x-3)$ existiert nicht.

b) $\lim_{x\to -3}(3x+9)/(x^2-9) = \lim_{x\to -3} 3/(x-3) = -1/2$.

c) $\lim_{x\to 0-} x/|x| = -1$ und $\lim_{x\to 0+} x/|x| = 1$.

d) $\lim_{x\to -1}(x^2+x)/(x^2-x-2) = \lim_{x\to -1} x/(x-2) = 1/3$.

e) $\lim_{x\to 3}(x^3-5x+4)/(x^2-2) = 16/7$.

f) $\lim_{x\to 0}(\sqrt{x+2}-\sqrt{2})/x = \lim_{x\to 0} 1/(\sqrt{x+2}+\sqrt{2}) = 1/(2\sqrt{2})$.

B. Es ist $\lim_{x\to x_0-} f(x) = \lim_{x\to x_0} f_1(x) = f_1(x_0) = f_2(x_0) = \lim_{x\to x_0} f_2(x) = \lim_{x\to x_0+} f(x)$. Nach Satz 2.3.4 existiert dann auch der beidseitige Limes von $f(x)$ für $x \to x_0$ und stimmt mit $f(x_0)$ überein.

C. Offensichtlich ist $f(x)$ stetig für $x \neq 1$. Weil $\lim_{x\to 1}(x^2+2x-3)/(x-1) = \lim_{x\to 1}(x+3) = 4$ ist, kann f durch Einsetzen dieses Wertes stetig ergänzt werden.

Die Funktion $g(x)$ ist nicht definiert für $x = -1$ und $x = 4$, in allen anderen Punkten stetig. Weiter ist $\lim_{x\to -1} g(x) = \lim_{x\to -1}(x^3-x^2-2x+2)/(x-4) = -2/5$, während $\lim_{x\to 4} g(x) = 42/0$ nicht existiert. Also kann g bei $x = -1$ stetig ergänzt werden, nicht aber bei $x = 4$.

D. Es ist

$$
\begin{aligned}
\lim_{x\to\infty}\left(\sqrt{4x^2-2x+1}-2x\right) &= \lim_{x\to\infty}\frac{4x^2-2x+1-4x^2}{\sqrt{4x^2-2x+1}+2x} \\
&= \lim_{x\to\infty}\frac{-2x+1}{\sqrt{4x^2-2x+1}+2x} \\
&= \lim_{x\to\infty}\frac{-2+1/x}{2+\sqrt{4-2/x+1/x^2}} = -1/2.
\end{aligned}
$$

E. Division mit Rest liefert

$$
\frac{4x^3+5}{-6x^2-7x} = -\frac{2}{3}x + \frac{7}{9} + \frac{5+49x/9}{-6x^2-7x}.
$$

Also ist $L(x) = (-2/3)x + 7/9$, und $g(x) := (5+49x/9)/(-6x^2-7x)$ strebt für $x \to \infty$ gegen 0.

F. Die Graphen von $y = x$ und $y = x^2$ treffen sich bei $(0,0)$ und bei $(1,1)$. Dort ist f offensichtlich stetig. In jedem anderen Punkt x_0 ist $x_0 \neq x_0^2$, und es gibt Folgen $(x_\nu), (y_\nu)$ mit $x_\nu \to x_0$, $y_\nu \to x_0$, $f(x_\nu) \to x_0$ und $f(y_\nu) \to x_0^2$. Daher kann f dort nicht stetig sein.

G. a) Ist $x = x_0 + h$, so ist $|x^2 - x_0^2| = |h^2 + 2x_0 h|$. Ist $x_0 > 0$ und $|h| < \delta$, so ist $|x^2 - x_0^2| \le |h|^2 + 2x_0|h|$. Damit dieser Ausdruck $< \varepsilon$ wird, muss $|h|^2 + 2x_0|h| - \varepsilon < 0$ sein, also $|h| < \delta := -x_0 + \sqrt{x_0^2 + \varepsilon}$.

b) Ist $x_0 = 0.2$, so ergibt sich für $\varepsilon = 0.01$ die Zahl $\delta \approx 0.023$.

Ist $x_0 = 20$. so ergibt sich $\delta \approx 0.00024$.

H. Für reelle Zahlen ist $\big| |a| - |b| \big| \le |a - b|$, denn es ist

$$|a| - |b| = |(a - b) + b| - |b| \le |a - b| + |b| - |b| = |a - b|$$

und (wegen der Ungleichung $|a - b| \ge |a| - |b|$)

$$-|a - b| = -|b - a| \le -(|b| - |a|) = |a| - |b|.$$

Ist $x_0 \in I := [a, b]$ und $\varepsilon > 0$ vorgegeben, so gibt es ein $\delta > 0$, so dass $|f(x) - f(x_0)| < \varepsilon$ für $x \in I$ und $|x - x_0| < \delta$ ist. Aber dann ist erst recht $\big| |f(x)| - |f(x_0)| \big| < \varepsilon$ für diese x, also $|f|$ in x_0 stetig.

Es ist $\max(f, g) = \frac{1}{2}(f + g + |f - g|)$. Mit f und g ist auch $|f - g|$ und damit $\max(f, g)$ stetig.

I. Sei $f(x) = (x - x_0)^k \cdot f^*(x)$ und $g(x) = (x - x_0)^s \cdot g^*(x)$, mit $k \ge s$ und Polynomen f^*, g^*, die in x_0 keine Nullstelle besitzen. Dann ist $f(x)/g(x) = (x - x_0)^{k-s} \cdot f^*(x)/g^*(x)$, und der Limes für $x \to x_0$ existiert offensichtlich.

J. Es ist $p(0) = a_0 < 0$, und für $k \in \mathbb{N}$ ist $p(k) = k^n\big(a_0 k^{-n} + \cdots + a_{n-1} k^{-1} + a_n\big)$. Für $k \to +\infty$ strebt die Klammer auf der rechten Seite gegen $a_n > 0$. Also ist $p(k) > 0$ für genügend großes k. Nach dem Zwischenwertsatz muss p eine positive Nullstelle besitzen.

K. Es ist $p(1) = 1 - 7 - 2 + 14 - 3 + 21 = 36 - 12 = 24 > 0$ und $p(2) = 32 - 7 \cdot 16 - 16 + 56 - 6 + 21 = -6 \cdot 16 + 71 = -25 < 0$. Nach dem Zwischenwertsatz muss zwischen 1 und 2 eine Nullstelle liegen.

Tatsächlich ist $p(x) = (x - 7)(x^2 + 1)(x^2 - 3)$, die gesuchte Nullstelle ist $x = \sqrt{3}$.

L. Ist $f(0) = 0$ oder $f(1) = 1$, so ist man fertig. Es sei also $f(0) > 0$ und $f(1) < 1$. Wir definieren $g(x) := f(x) - x$. Dann ist g stetig auf $[0, 1]$, $g(0) > 0$ und $g(1) < 0$. Nach dem Zwischenwertsatz gibt es ein c zwischen 0 und 1 mit $g(c) = 0$, also $f(c) = c$.

M. Sei $x_0 \in \mathbb{R}$, sowie $\varepsilon > 0$ beliebig vorgegeben, $c := f(x_0) - \varepsilon$ und $d := f(x_0) + \varepsilon$. Dann ist $(x_0, c) \in U_-$ und es gibt ein $\delta_- > 0$, so dass $U_{\delta_-}(x_0, c) \subset U_-$ ist. Analog folgt die Existenz einer Zahl $\delta_+ > 0$, so dass $U_{\delta_+}(x_0, d) \subset U_+$ ist.

Sei nun $\delta := \min(\delta_-, \delta_+)$. Ist $|x - x_0| < \delta$, so liegt (x, c) in $U_{\delta_-}(x_0, c)$ und (x, d) in $U_{\delta_+}(x_0, d)$. Das bedeutet, dass $f(x_0) - \varepsilon < f(x) < f(x_0) + \varepsilon$ ist, also $|f(x) - f(x_0)| < \varepsilon$.

N. a) Für $(x, y) \neq (0, 0)$ und $t \neq 0$ ist $f(tx, ty) = t \cdot f(x, y)$, und dieser Ausdruck strebt für festes (x, y) gegen Null.

b) Sei (a_n) eine Nullfolge und $b_n := -(1 - a_n^2)a_n$. Dann ist auch (b_n) eine Nullfolge und

$$f(a_n, b_n) = \frac{a_n^2}{a_n - (1 - a_n^2)a_n} = \frac{a_n}{1 - (1 - a_n^2)} = \frac{1}{a_n}$$

strebt für $n \to \infty$ gegen Unendlich. Also ist f im Nullpunkt nicht stetig.

O. Annahme, es gibt Folgen $\mathbf{x}_n \in K$ und $\mathbf{y}_n \in B$ mit $\mathrm{dist}(\mathbf{x}_n, \mathbf{y}_n) \to 0$. Dann gibt es eine Teilfolge $(\mathbf{x}_{n_i})$, die gegen einen Punkt $\mathbf{x}_0 \in K$ konvergiert. Es ist $\mathrm{dist}(\mathbf{x}_0, \mathbf{y}_{n_i}) \leq \mathrm{dist}(\mathbf{x}_0, \mathbf{x}_{n_i}) + \mathrm{dist}(\mathbf{x}_{n_i}, \mathbf{y}_{n_i})$, und das strebt gegen Null. Also konvergiert $(\mathbf{y}_{n_i})$ gegen $\mathbf{x}_0$, und weil B abgeschlossen ist, muss $\mathbf{x}_0$ zu B gehören. Das ist ein Widerspruch.

P. Sei S die Menge der Unstetigkeitsstellen von f. Es kann sich nur um Sprungstellen handeln. Ist $x \in S$ und $y_-(x) := f(x-)$, $y_+(x) := f(x+)$. Wegen der Monotonie muss $y_-(x) \leq y_+(x)$ sein und im Falle einer echten Sprungstelle sogar $y_-(x) < y_+(x)$. Dann kann man eine rationale Zahl $q(x)$ mit $y_-(x) < q(x) < y_+(x)$ finden. Sind $x_1 < x_2$ zwei Sprungstellen, so ist $y_+(x_1) \leq y_-(x_2)$, also $q(x_1) < q(x_2)$. Damit ist $\{q(x) : x \in S\}$ eine Teilmenge von $\mathbb{Q}$, und jedem Element $s \in S$ wird genau ein $q(s) \in \mathbb{Q}$ zugeordnet. Also ist S höchstens abzählbar.

Q. M_1 ist nicht einmal abgeschlossen.
M_2 ist nicht beschränkt.
M_3 ist nicht abgeschlossen, denn der Grenzwert von $(1/n)$ liegt nicht in M_3.
M_4 ist abgeschlossen und beschränkt, also kompakt.
M_5 ist nicht abgeschlossen, weil die irrationalen Punkte fehlen.
M_6 ist zwar abgeschlossen, aber nicht beschränkt.

R. Endliche Vereinigungen und Durchschnitte von abgeschlossenen Mengen sind wieder abgeschlossen. Außerdem bleiben beschränkte Mengen bei diesen Operationen beschränkt. Daraus folgt die Kompaktheit.

S. Auch hier ist klar, dass $K_1 \times \ldots \times K_n$ wieder abgeschlossen und beschränkt ist, wenn die einzelnen K_i es sind.

T. a) Klar ist, dass K eine beschränkte Menge ist. Sei nun $(\mathbf{x}_n)$ eine Folge von Punkten in K, die im $\mathbb{R}^n$ gegen ein $\mathbf{x}_0$ konvergiert. Da die Glieder der Folge in jeder Menge K_n liegen, gehört auch $\mathbf{x}_0$ zu jedem K_n und damit zu K. Also ist K auch abgeschlossen und damit kompakt.

b) Wählt man in jedem K_n einen Punkt $\mathbf{y}_n$, so erhält man eine beschränkte Folge. Nach dem Satz von Bolzano-Weierstraß besitzt diese einen Grenzwert $\mathbf{y}_0$. Da $\mathbf{y}_0$ auch Grenzwert der in K_r enthaltenen Folge $(\mathbf{y}_n)_{n \geq r}$ ist, gehört $\mathbf{y}_0$ zu jedem K_r und damit zu K.

U. a) Ist f stetig, so ist G_f abgeschlossen und beschränkt.

b) Sei G_f kompakt und $x_0 \in [a, b]$. Ist f in x_0 nicht stetig, so gibt es ein $c > 0$ und eine Folge (x_n) in $[a, b]$, die gegen x_0 konvergiert, so dass $|f(x_n) - f(x_0)| \geq c$ für alle n ist. Die Folge $(x_n, f(x_n))$ besitzt aber eine Teilfolge $(x_{n_i}, f(x_{n_i}))$, die gegen ein Element $(x_0, y_0) \in G_f$ konvergiert. Dann muss $y_0 = f(x_0)$ sein und daher $(f(x_{n_i}))$ gegen $f(x_0)$ konvergieren. Das ist ein Widerspruch. Also ist f überall stetig.

V. Sei $M \subset [-R, R]$. Da f gleichmäßig stetig ist, gibt es ein $\delta > 0$, so dass $|f(x_1) - f(x_2)| < 1$ für alle $x_1, x_2 \in M$ mit $|x_1 - x_2| < \delta$ ist. Ist $n\delta > 2R$, so muss $f(M)$ in einem Intervall der Länge n liegen. Damit ist f beschränkt.

Zu den Aufgaben in 2.4

A. Ist $x < 1$, so ist $f_n(x) = 0$ für alle n.

Ist $x \geq 1$, so gibt es genau ein $n \in \mathbb{N}$ mit $x \in [n, n+1)$. Dann ist $f_n(x) = 1/n$ und $f_m(x) = 0$ für $m \neq 0$. Also konvergiert die Reihe $\sum_{n=1}^{\infty} f_n$ überall punktweise absolut gegen Null. Weil $\sum_{n=1}^{\infty} \|f_n\| = \sum_{n=1}^{\infty} 1/n$ divergent ist, konvergiert die Reihe aber nicht normal.

Sei $\varepsilon > 0$ vorgegeben. Ist $n_0 \geq 1/\varepsilon$, $m > n_0$ und $x \in \mathbb{R}$, so ist entweder $f_n(x) = 0$ für alle n mit $n_0 + 1 \leq n \leq m$, oder es gibt ein n zwischen $n_0 + 1$ und m, so dass $f_n(x) = 1/n < \varepsilon$ und $f_k(x) = 0$ für $k \neq n$ ist. Auf jeden Fall ist dann $|\sum_{n=n_0+1}^{m} f_n(x)| < \varepsilon$ für alle $x \in \mathbb{R}$.

B. a) $|c_n/c_{n+1}| = n^k/(n+1)^k = (1 - 1/(n+1))^k$ strebt gegen $R = 1$.

b) $|c_{n+1}/c_n| = \dfrac{(n+1)n^n}{(n+1)^{n+1}} = \dfrac{1}{(1 + 1/n)^n}$ strebt gegen $1/e$. Also ist $R = e$.

c) $|c_n/c_{n+1}| = 2^n/2^{n+1} = 1/2$. Also ist auch $R = 1/2$.

d) Es ist $\exp(\mathrm{i}n\pi) = \cos(n\pi) + \mathrm{i}\sin(n\pi) = (-1)^n$, also $|c_n/c_{n+1}| = (n+2)/(n+1) = 1 + 1/(n+1)$ und $R = 1$.

e) Hier ist $c_{2k+1} = 0$ und

$$\left| \frac{c_{2k}}{c_{2k+2}} \right| = \frac{2^{2k+2}((k+1)!)^2}{2^{2k}(k!)^2} = 4(k+1)^2,$$

und das strebt gegen Unendlich. Also ist $R = \infty$.

f) $|c_n/c_{n+1}| = (1/3)\sqrt{(n+2)/(n+1)} = (1/3)\sqrt{1 + 1/(n+1)}$ strebt gegen $R = 1/3$.

C. a) Es ist $P(x) = \sum_{n=0}^{\infty} a_n(x-4)^n$ mit $a_n = 2^n/3$. Das Quotientenkriterium liefert den Konvergenzradius $R = 1/2$, also das Konvergenzintervall $(7/2, 9/2)$.

$P(7/2) = 3 \cdot \sum_{n=0}^{\infty} 2^n \cdot (-1/2)^n = 3 \cdot \sum_{n=0}^{\infty}(-1)^n$ divergiert, und genauso $P(9/2) = 3 \cdot \sum_{n=0}^{\infty} 1$.

b) Hier ist $P(x) = \sum_{n=0}^{\infty} c_n(x - (-3))^n$, mit $c_n = n^3$ und $c_n/c_{n+1} = (n/(n + 1))^3$. Also ist der Konvergenzradius $R = 1$ und das Konvergenzintervall $(-4, -2)$.

$P(-4) = \sum_{n=0}^{\infty}(-1)^n n^3$ und $P(-2) = \sum_{n=0}^{\infty} n^3$ divergieren.

D. a) Die erste Reihe ist eine geometrische Reihe, die für $|z - 1| < 2$ konvergiert, gegen $3/(1 - (z - 1)/(-2)) = 6/(1 + z)$.

b) Die zweite Reihe konvergiert aus dem gleichen Grund für $|z| < 1/\sqrt{3}$ gegen $-1/(4(1 - 3z^2)) = 1/(12z^2 - 4)$.

c) Hier handelt es sich um die Reihe $\sum_{n=0}^{\infty}(-1)^n z^{2n}/n! = \sum_{n=0}^{\infty}(-z^2)^n/n! = \exp(-z^2)$. Der Konvergenzradius ist Unendlich.

E. Ist $x = \log_a(b)$, so ist $b = a^x = \exp(x \ln a)$, also $x = (\ln b)/(\ln a)$. Dabei muss $a \neq 1$ sein.

a) Offensichtlich ist dann $\log_a b \cdot \log_b a = 1$.

b) Die Gleichung bedeutet, dass $\log_3(4x^2) = 2$ ist, also $4x^2 = 3^2 = 9$ und $x = 3/2$ (das negative Vorzeichen kommt nicht in Frage).

c) Es ist $\log_{a^n}(x^m) = \dfrac{m \ln x}{n \ln a} = \dfrac{m}{n} \cdot \log_a x$.

F. Sei $s := \sin x$, $c := \cos x$ und $t := \tan x$. Dann ist $t = s/c$ und $c = \sqrt{1 - s^2}$. Aus der Gleichung $s/\sqrt{1 - s^2} = t$ erhält man $s^2 = t^2(1 - s^2)$, also $s = t/\sqrt{1 + t^2}$. Daraus ergibt sich $c = 1/\sqrt{1 + t^2}$.

G. Es ist $\sin(\pi/2) = 1$ und $\cos(\pi/2) = 0$. Außerdem sind beide Funktionen zwischen 0 und $\pi/2$ positiv.

Sei $s := \sin(\pi/4)$ und $c := \cos(\pi/4)$. Dann ist $i = \exp((\pi/2)i) = \exp((\pi/4)i)^2 = (c + si)^2 = c^2 - s^2 + 2sci$, also $(c - s)(c + s) = 0$ und $2cs = 1$. Daraus folgt: $c = s$ und $c^2 = 1/2$, also $\sin(\pi/4) = \cos(\pi/4) = \dfrac{1}{2}\sqrt{2}$.

Nun sei $s := \sin(\pi/6)$ und $c := \cos(\pi/6)$. Dann ist $s^2 + c^2 = 1$ und $(c+s\,\mathrm{i})^3 = \exp((\pi/6)\,\mathrm{i})^3 = \mathrm{i}$, also $c^3 - 3cs^2 = 0$ und $3c^2 s - s^3 = 1$. Daraus folgt, dass $c^3 + 3c^3 - 3c = 0$ ist, also $c^2 = 3/4$ und $c = \sqrt{3}/2$. Zusammen ergibt das

$$\sin(\pi/6) = \frac{1}{2} \quad \text{und} \quad \cos(\pi/6) = \frac{1}{2}\sqrt{3}.$$

Schließlich ist $\exp((\pi/3)\,\mathrm{i}) = \exp((\pi/6)\,\mathrm{i})^2 = (\sqrt{3} + \mathrm{i})^2/4 = 1/2 + (1/2)\sqrt{3}\,\mathrm{i}$, also

$$\sin(\pi/3) = \frac{1}{2}\sqrt{3} \quad \text{und} \quad \cos(\pi/3) = \frac{1}{2}.$$

H. Sei $D_N(x) := \displaystyle\sum_{n=-N}^{N} e^{\mathrm{i}nx}$. Dann gilt:

$$(e^{\mathrm{i}x} - 1)D_N(x) = \sum_{n=-N}^{N} e^{\mathrm{i}(n+1)x} - \sum_{n=-N}^{N} e^{\mathrm{i}nx} = e^{\mathrm{i}(N+1)x} - e^{-\mathrm{i}Nx}.$$

Multiplikation mit $e^{-\mathrm{i}\frac{x}{2}}$ ergibt: $(e^{\mathrm{i}\frac{x}{2}} - e^{-\mathrm{i}\frac{x}{2}}) \cdot D_N(x) = e^{\mathrm{i}(N+\frac{1}{2})x} - e^{-\mathrm{i}(N+\frac{1}{2})x}$, also $D_N(x) = \dfrac{\sin(N+\frac{1}{2})x}{\sin\frac{x}{2}}$ für $x \neq 2k\pi$. Daraus folgt:

$$\frac{1}{2} + \sum_{n=1}^{N} \cos(nx) = \frac{1}{2} \cdot \left(1 + \sum_{n=1}^{N} 2\cos(nx)\right) = \frac{1}{2} \cdot \left(1 + \sum_{n=1}^{N}(e^{\mathrm{i}nx} + e^{-\mathrm{i}nx})\right)$$

$$= \frac{1}{2} \cdot \sum_{n=-N}^{N} e^{\mathrm{i}nx} = \frac{\sin(N+\frac{1}{2})x}{2\sin\frac{x}{2}}.$$

I. Ist $0 < x \leq 2$ so ist $x - x^3/6 < \sin x < x$ und $1 - x^2/2 < \cos x < 1 - x^2/2 + x^4/24$. Daraus folgt:

$$1 - \frac{x^2}{6} < \frac{\sin x}{x} < 1 \quad \text{und} \quad \frac{x}{2} - \frac{x^3}{24} < \frac{1 - \cos x}{x} < \frac{x}{2}.$$

Daraus folgt die Behauptung.

J. Sei $x_n := 1/(n\pi)$ und $y_n := 1/(2n\pi + \pi/2)$. In beiden Fällen handelt es sich um Nullfolgen. Es ist aber $\sin(1/x_n) = \sin(n\pi) = 0$ und $\sin(1/y_n) = \sin(\pi/2 + 2n\pi) = 1$. Aus dem Folgenkriterium kann man nun entnehmen, dass $\lim_{x\to 0} \sin(1/x)$ nicht existiert.

K. Es ist

$$\sinh x \cosh y + \cosh x \sinh y =$$
$$= \frac{1}{4}\Big((e^x - e^{-x})(e^y + e^{-y}) + (e^x + e^{-x})(e^y - e^{-y})\Big)$$
$$= \frac{1}{2}(e^x e^y - e^{-x}e^{-y}) = \sinh(x + y).$$

L. Nach der Methode der quadratischen Ergänzung erhält man:

$$z^2 - (3+4\,\mathrm{i}\,)z - 1 + 5\,\mathrm{i} = 0$$
$$\Longleftrightarrow \quad (z - (3+4\,\mathrm{i}\,)/2)^2 = (4\,\mathrm{i} - 3)/4$$
$$\Longleftrightarrow \quad z - (3+4\,\mathrm{i}\,)/2 = \pm(1+2\,\mathrm{i}\,)/2.$$

Das ergibt die beiden Lösungen $z_1 = 2 + 3\,\mathrm{i}$ und $z_2 = 1 + \mathrm{i}$.

Zu den Aufgaben in 2.5

A. 1) Sei f integrierbar, also $I_*(f) = I^*(f) = I_{a,b}(f)$. Dann gibt es zu jedem $\varepsilon > 0$ Zerlegungen $\mathfrak{Z}'$ und $\mathfrak{Z}''$ von $I = [a,b]$ mit

$$I_{a,b} - U(f,\mathfrak{Z}') < \frac{\varepsilon}{2} \quad \text{und} \quad O(f,\mathfrak{Z}'') - I_{a,b} < \frac{\varepsilon}{2}.$$

Ist $\mathfrak{Z}$ eine gemeinsame Verfeinerung von $\mathfrak{Z}'$ und $\mathfrak{Z}''$, so ist

$$O(f,\mathfrak{Z}) - U(f,\mathfrak{Z}) \le \big(O(f,\mathfrak{Z}'') - I_{a,b}(f)\big) + \big(I_{a,b}(f) - U(f,\mathfrak{Z}')\big) < \varepsilon.$$

2) Sei umgekehrt das Kriterium erfüllt. Ist $\varepsilon > 0$ und $\mathfrak{Z}$ eine Zerlegung, so dass $O(f,\mathfrak{Z}) - U(f,\mathfrak{Z}) < \varepsilon$ ist, so ist auch

$$0 \le I^*(f) - I_*(f) \le O(f,\mathfrak{Z}) - U(f,\mathfrak{Z}) < \varepsilon.$$

Da das für jedes ε gilt, ist $I^*(f) = I_*(f)$.

3) Sei $f : [a,b] \to \mathbb{R}$ beschränkt und monoton wachsend, $m \le f(x) \le M$ für alle $x \in [a,b]$. Ist $\varepsilon > 0$ vorgegeben, so gibt es ein $n \in \mathbb{N}$, so dass $(b-a)(M-m)/n < \varepsilon$ ist. Wählt man eine äquidistante Zerlegung $\mathfrak{Z} = \{x_0, x_1, \ldots, x_n\}$ von $[a,b]$, so ist $x_i - x_{i-1} = (b-a)/n$, und aus der Monotonie folgt:

$$O(f,\mathfrak{Z}) - U(f,\mathfrak{Z}) = \sum_{i=1}^{n}(M_i - m_i)(x_i - x_{i-1}) = \frac{b-a}{n}\sum_{i=1}^{n}(M_i - m_i)$$
$$\le \frac{b-a}{n}(M-m) < \varepsilon.$$

B. 1) Sei $f(x) = 2x - 2x^2$. Man teile $[0,1]$ in n gleiche Teile der Länge $1/n$ und wähle $\xi_i := i/n = x_i$. Dann ist

$$\Sigma(f,\mathfrak{Z},\boldsymbol{\xi}) = \sum_{i=1}^{n} f(i/n) \cdot 1/n$$
$$= \sum_{i=1}^{n}\big(2i/n - 2(i/n)^2\big) \cdot 1/n = \frac{2}{n^2}\sum_{i=1}^{n} i - \frac{2}{n^3}\sum_{i=1}^{n} i^2$$
$$= \frac{2}{n^2} \cdot \frac{n(n+1)}{2} - \frac{2}{n^3} \cdot \frac{n(n+1)(2n+1)}{6}$$
$$= \frac{n+1}{n} - \frac{(n+1)(2n+1)}{3n^2} = \frac{(n+1)(n-1)}{3n^2} = \frac{1}{3}\Big(1 - \frac{1}{n^2}\Big),$$

und dieser Ausdruck konvergiert gegen $1/3$.

2) Sei $f(x) = x^2 - 2x$. Man teile $[0,2]$ in n gleiche Teile der Länge $2/n$ und wähle $\xi_i := x_i = 2i/n$. Dann ist

$$
\begin{aligned}
\Sigma(f, \mathfrak{Z}, \boldsymbol{\xi}) &= \sum_{i=1}^{n} f(2i/n) \cdot 2/n = \sum_{i=1}^{n} (4i^2/n^2 - 4i/n) \cdot 2/n \\
&= \frac{8}{n^3} \sum_{i=1}^{n} i^2 - \frac{8}{n^2} \sum_{i=1}^{n} i \\
&= \frac{8}{n^3} \cdot \frac{n(n+1)(2n+1)}{6} - \frac{8}{n^2} \cdot \frac{n(n+1)}{2} \\
&= \frac{4(n+1)(2n+1)}{3n^2} - \frac{4(n+1)}{n} \\
&= \frac{4(n+1)}{3n^2}(1 - n) = -\frac{4}{3}\left(1 - \frac{1}{n^2}\right),
\end{aligned}
$$

und das konvergiert gegen $-4/3$.

3) Sei $f(x) = e^x$. Man teile $[0,1]$ in n gleiche Teile der Länge $1/n$ und wähle $\xi_i := (i-1)/n = x_{i-1}$. Dann ist

$$
\begin{aligned}
\Sigma(f, \mathfrak{Z}, \boldsymbol{\xi}) &= \sum_{i=0}^{n-1} e^{i/n} \cdot \frac{1}{n} = \frac{1}{n} \sum_{i=0}^{n-1} (e^{1/n})^i = \frac{1}{n} \cdot \frac{e-1}{e^{1/n} - 1} \\
&= (e-1) \cdot \frac{1/n}{e^{1/n} - 1}.
\end{aligned}
$$

Da $(e^x - 1)/x$ für $x \to 0$ gegen 1 konvergiert, strebt $\Sigma(f, \mathfrak{Z}, \boldsymbol{\xi})$ für $n \to \infty$ gegen $e - 1$.

C. Da rationale und irrationale Zahlen dicht liegen, ist $U(f, \mathfrak{Z}) = 0$ und $O(f, \mathfrak{Z}) = 1$ für jede Zerlegung $\mathfrak{Z}$. Wäre $\chi_{\mathbb{Q}}$ integrierbar, so müsste $O(f, \mathfrak{Z}) - U(f, \mathfrak{Z})$ bei geeigneten Zerlegungen beliebig klein werden. Das ist nicht der Fall.

D. a) Sei f ungerade, $f^+ := f|_{[0,a]}$, $f^- := f|_{[-a,0]}$ und $\varepsilon > 0$ vorgegeben.

Wir wählen eine genügend feine Zerlegung $\mathfrak{Z} = \{x_0, x_1, \ldots, x_n\}$ von $[0,a]$ (mit $x_0 = 0$ und $x_n = a$), so dass für jede Wahl von Zwischenpunkten $|\Sigma(f^+, \mathfrak{Z}, \boldsymbol{\xi}) - I_{0,a}(f^+)| < \varepsilon$ ist. Sei $\mathfrak{Z}^- := \{-x_n, -x_{n-1}, \ldots, -x_1, -x_0\}$. Dann ist

$$
\begin{aligned}
\Sigma(f^-, \mathfrak{Z}^-, -\boldsymbol{\xi}) &= \sum_{i=1}^{n} f(-\xi_i)(-x_{i-1} - (-x_i)) \\
&= -\sum_{i=1}^{n} f(\xi_i)(x_i - x_{i-1}) = -\Sigma(f^+, \mathfrak{Z}, \boldsymbol{\xi}).
\end{aligned}
$$

Also ist $|\Sigma(f^-, 3^-, -\boldsymbol{\xi}) - (-I_{0,a}(f))| = |\Sigma(f^+, 3, \boldsymbol{\xi}) - I_{0,a}(f^+)| < \varepsilon$. Daraus folgt, dass $I_{-a,0}(f) = -I_{0,a}(f)$ und $I_{-a,a}(f) = I_{-a,0}(f) + I_{0,a}(f) = 0$ ist.

b) Sei f gerade und $\widetilde{f} : [-a, a] \to \mathbb{R}$ definiert durch

$$\widetilde{f}(x) := \begin{cases} -f(x) & \text{für } x < 0 \\ f(x) & \text{für } x \geq 0. \end{cases}$$

Dann ist $\widetilde{f}$ ungerade und

$$\begin{aligned}
\int_{-a}^{a} f(x)\,dx &= \int_{-a}^{0} f(x)\,dx + \int_{0}^{a} f(x)\,dx = -\int_{-a}^{0} \widetilde{f}(x)\,dx + \int_{0}^{a} f(x)\,dx \\
&= \left(\int_{-a}^{0} \widetilde{f}(x)\,dx + \int_{0}^{a} \widetilde{f}(x)\,dx \right) - \int_{-a}^{0} \widetilde{f}(x)\,dx + \int_{0}^{a} f(x)\,dx \\
&= 2 \int_{0}^{a} f(x)\,dx.
\end{aligned}$$

E. a) Sei $g : [a+c, b+c] \to \mathbb{R}$ definiert durch $g(x) := f(x-c)$. Ist $3 = \{x_0, \ldots, x_n\}$ eine Zerlegung von $[a, b]$ und $\xi_i \in [x_{i-1}, x_i]$, so ist $3^* := \{x_0 + c, \ldots, x_n + c\}$ eine Zerlegung von $[a + c, b + c]$ und $\xi_i + c \in [x_{i-1} + c, x_i + c]$. Wir setzen $\boldsymbol{\xi}^* := (\xi_1 + c, \ldots, \xi_n + c)$. Dann ist

$$\begin{aligned}
\Sigma(g, 3^*, \boldsymbol{\xi}^*) &= \sum_{i=1}^{n} g(\xi_i + c)\big((x_i + c) - (x_{i-1} + c)\big) \\
&= \sum_{i=1}^{n} f(\xi_i)(x_i - x_{i-1}) = \Sigma(f, 3, \boldsymbol{\xi}).
\end{aligned}$$

Also müssen auch die Integrale übereinstimmen.

b) Sei $h : [ca, cb] \to \mathbb{R}$ definiert durch $h(x) := f(x/c)$. Ist $3 = \{x_0, \ldots, x_n\}$ eine Zerlegung von $[a, b]$ und $\xi_i \in [x_{i-1}, x_i]$, so ist $3^* := \{cx_0, \ldots, cx_n\}$ eine Zerlegung von $[ca, cb]$ und $c\xi_i \in [cx_{i-1}, cx_i]$. Wir setzen $\boldsymbol{\xi}^* := (c\xi_1, \ldots, c\xi_n)$. Dann ist

$$\begin{aligned}
\Sigma(h, 3^*, \boldsymbol{\xi}^*) &= \sum_{i=1}^{n} h(c\xi_i)\big(cx_i - cx_{i-1})\big) \\
&= c \sum_{i=1}^{n} f(\xi_i)(x_i - x_{i-1}) = c\Sigma(f, 3, \boldsymbol{\xi}).
\end{aligned}$$

Daraus folgt die Behauptung.

F. a) Es ist

$$\begin{aligned}
\frac{(n + 1)^{p+1} - n^{p+1}}{p+1} &= \frac{n^{p+1} + (p+1)n^p + \cdots + (p+1)n + 1 - n^{p+1}}{p+1} \\
&= n^p + \text{positive Terme} > n^p
\end{aligned}$$

und wegen der Beziehung $x^{q+1} - y^{q+1} = (x-y)\sum_{i=0}^{q} x^{q-i}y^i$ ist

$$(n+1)^{p+1} - n^{p+1} = ((n+1) - n)\sum_{i=0}^{p}(n+1)^{p-i}n^i$$

$$< 1\cdot\sum_{i=0}^{p}(n+1)^p = (p+1)(n+1)^p.$$

b) Induktionsanfang: Ist $n = 1$, so ergeben sich die Ungleichungen

$$0 < 1/(p+1) < 1,$$

die offensichtlich erfüllt sind.

Der Schritt von n nach $n+1$:

$$\sum_{k=1}^{(n+1)-1} k^p = \sum_{k=1}^{n-1} k^p + n^p < \frac{n^{p+1}}{p+1} + \frac{(n+1)^{p+1} - n^{p+1}}{p+1} = \frac{(n+1)^{p+1}}{p+1}$$

und

$$\sum_{k=1}^{n+1} k^p = \sum_{k=1}^{n} k^p + (n+1)^p > \frac{n^{p+1}}{p+1} + \frac{(n+1)^{p+1} - n^{p+1}}{p+1} = \frac{(n+1)^{p+1}}{p+1}.$$

c) Multipliziert man die in (b) bewiesenen Ungleichungen mit a^{p+1}/n^{p+1}, so erhält man:

$$\frac{a}{n}\sum_{k=1}^{n-1}\left(\frac{ak}{n}\right)^p < \frac{a^{p+1}}{p+1} < \frac{a}{n}\sum_{k=1}^{n}\left(\frac{ak}{n}\right)^p.$$

Sei nun $f : [0,a] \to \mathbb{R}$ definiert durch $f(x) := x^p$. Wir teilen das Intervall in n gleiche Teile der Länge a/n. Dann ist $x_k = ak/n$, für $k = 0,1,\ldots,n$. Es folgt:

$$U(f,\mathfrak{Z}) = \frac{a}{n}\sum_{k=0}^{n-1} f(x_k) < \frac{a^{p+1}}{p+1} < \frac{a}{n}\sum_{k=1}^{n} f(x_k) = O(f,\mathfrak{Z}).$$

Weil f stetig und monoton ist, strebt $O(f,\mathfrak{Z}) - U(f,\mathfrak{Z})$ für $n \to \infty$ gegen Null. Also ist $\int_0^a x^p\,dx = a^{p+1}/(p+1)$.

G. Sei $f(x) = 1/x$. Man verwende die Zerlegung $\mathfrak{Z} := \{x_0,x_1,x_2,x_3\} = \{1, 4/3, 5/3, 2\}$. Dann erhält man die Untersumme

$$U(f,\mathfrak{Z}) = \frac{1}{3}\cdot\left(\frac{3}{4} + \frac{3}{5} + \frac{1}{2}\right) = \frac{37}{60}$$

und die Obersumme

$$O(f,\mathfrak{Z}) = \frac{1}{3}\cdot\left(1 + \frac{3}{4} + \frac{3}{5}\right) = \frac{47}{60}.$$

Der Mittelwert zwischen Untersumme und Obersumme beträgt $(37/60 + 47/60)/2 = 84/120 = 7/10$. Also ist $\ln(2) \approx 0.7$, mit einem Fehler von $(O(f, 3) - U(f, 3))/2 = 1/12 < 0.09$.

Tatsächlich ist $\ln(2) \approx 0.69314718\ldots$.

H. a) Ist $f(x_0) = 0$, so ist $f(x) = f(x_0 + (x - x_0)) = f(x_0) \cdot f(x - x_0) = 0$ für alle x. Das kann nicht sein.

b) Es ist $f(0) \neq 0$ und $f(0) = f(0 + 0) = f(0) \cdot f(0)$, also $f(0) = 1$. Sei $a := f(1)$. Dann ist $a = f(1/2 + 1/2) = f(1/2)^2 \geq 0$, also sogar > 0.

Es ist $f(n) = f(1 + \cdots + 1) = a^n$ und $1 = f(0) = f(n + (-n)) = a^n \cdot f(-n)$, also $f(-n) = a^{-n}$.

Weiter ist $a = f(1) = f(n \cdot (1/n)) = f(1/n + \cdots + 1/n) = f(1/n)^n$ und damit $f(1/n) = \sqrt[n]{a}$. Das bedeutet, dass $f(q) = a^q$ für jede rationale Zahl q gilt.

Wegen der Stetigkeit von f ist auch $f(x) = a^x$ für jede reelle Zahl x.

5.3 Lösungen zu Kapitel 3

Zu den Aufgaben in 3.1

A. Offensichtlich handelt es sich um rationale Funktionen von zusammengesetzten Funktionen von elementaren differenzierbaren Funktionen. Also sind f, g und h überall dort differenzierbar, wo sie definiert sind. Wer schlau ist, führt bei $f(x)$ zunächst eine Polynomdivision aus und vermeidet so die Quotientenregel. Auf jeden Fall ist $f'(x) = 2x$, für $x \neq \pm 1$. Bei $g(x)$ kommt (außerhalb $x = 0$) die Quotientenregel ins Spiel, aber auch Ketten- und Produktregel. Das Ergebnis ist

$$g'(x) = \frac{6\cos(3x)}{x^2} - \frac{4\sin(3x)}{x^3} + \cos x - x \sin x.$$

Die dritte Funktion stellt man am besten in der Form $h(x) = \exp(\sqrt{x} \cdot \ln x)$ dar. Dann ist $h'(x) = x^{\sqrt{x}} \cdot (\ln x + 2)/(2\sqrt{x})$.

Bei $k(x)$ muss mehrfach Ketten- und Produktregel angewandt werden. Um die Übersicht zu behalten, kann man z.B. die drei vorkommenden Exponentialfunktionen mit verschiedenen Bezeichnungen versehen:

$$h(x) = \alpha(x \cdot \beta(x \cdot \gamma(x^2))).$$

Dann ist

$$h'(x) = h(x) \cdot \beta(x \cdot \gamma(x^2)) \cdot [1 + x \cdot \gamma(x^2) \cdot \{1 + 2x^2\}].$$

B. Es ist $f'(x) = a\sin x + (ax + b)\cos x + c\cos x - (cx + d)\sin x = (a - d - cx)\sin x + (b + c + ax)\cos x$. Also muss man $a = d$ und $c = 0$ setzen, sowie $b = -c$ und $a = 1$. Das ergibt $a = d = 1$ und $b = c = 0$, also $f(x) = x\sin x + \cos x$.

C. Offensichtlich sind beide Funktionen außerhalb $x = 0$ differenzierbar. Die Berechnung der Ableitung sei dem Leser überlassen. Was ist aber bei $x = 0$? Für f ergibt sich als Differenzenquotient

$$\frac{f(x) - f(0)}{x - 0} = \frac{f(x)}{x} = \sin\left(\frac{1}{x}\right).$$

Diese Funktion hat keinen Grenzwert für $x \to 0$. Damit ist f in 0 nicht differenzierbar. Die Funktion f ist allerdings im Nullpunkt stetig, denn $|\sin(1/x)|$ bleibt durch 1 beschränkt und $x \cdot \sin(1/x)$ strebt dann für $x \to 0$ gegen Null. Jetzt sieht man, dass der Differenzenquotient von $g(x)$ für $x \to 0$ gegen 0 konvergiert. Damit ist g in $x = 0$ differenzierbar und $g'(0) = 0$.

D. Man sollte sich erst mal die Aufgabenstellung klarmachen. Dass $f'(x_0) > 0$ ist, bedeutet, dass die Tangente an den Graphen von f bei x_0 ansteigt. Dann liegt es natürlich nahe, dass die Werte von f links von x_0 unterhalb von $c = f(x_0)$ liegen, und rechts von x_0 oberhalb. Aber das gilt sicher nur in der Nähe von x_0. Wie nahe? Hier wird behauptet, dass es eine komplette (wenn auch sicher sehr kleine) ε-Umgebung von x_0 gibt, auf der sich f wunschgemäß verhält. Das erscheint plausibel, aber es bleibt dennoch der Verdacht, dass f in der Nähe von x_0 zu stark „wackeln" könnte. Ein Widerspruchsbeweis könnte Klarheit bringen, aber er würde in diesem Fall doch zu recht umständlichen Überlegungen führen.

Wagen Sie doch einmal einen direkten Beweis! Dass f in x_0 differenzierbar ist, liefert eine Darstellung $f(x) = f(x_0) + (x - x_0) \cdot \Delta(x)$, mit einer in x_0 stetigen Funktion Δ. Nach Voraussetzung ist $\Delta(x_0) = f'(x_0) > 0$. Dann gibt es eine ganze ε-Umgebung von x_0, auf der $\Delta > 0$ ist. Für jedes x aus dieser Umgebung gilt: Ist $x < x_0$, so ist $f(x) - f(x_0) = (x - x_0) \cdot \Delta(x) < 0$, also $f(x) < f(x_0)$. Ist $x > x_0$, so folgt analog, dass $f(x) > f(x_0)$ ist.

Zur Übung können Sie ja einen Widerspruchsbeweis führen und ihn mit dem direkten Beweis vergleichen.

E. Es liegt nahe, Induktion zu verwenden. Im Falle $n = 1$ erhält man die schon bewiesene normale Produktregel, beim Schluss von n auf $n + 1$ kommt ebenfalls die Produktregel zum Einsatz. Man beachte die Ähnlichkeit zur binomischen Formel!

F. Am Rand des Intervalls nimmt f die Werte $f(-1/2) = 1/8$ und $f(4) = 17$ an. Wenn f seinen kleinsten oder größten Wert in einem Punkt x_0 im Innern des Intervalls annimmt, so muss dort ein lokales Maximum oder Minimum vorliegen, also $f'(x_0) = 0$ sein. Es ist $f'(x) = 3x^2 - 6x = 3x(x - 2)$. Kandidaten für lokale Extremwerte sind die Punkte $x_1 := 0$ und $x_2 = 2$. Nun ist $f(x_1) = 1$ und $f(x_2) = -3$. Also nimmt f seinen kleinsten Wert im Innern des Intervalls bei x_2 und seinen größten Wert am Rande des Intervalls bei $x = 4$ an.

G. f: Minimaler Wert bei $x = \pm\sqrt{2}$, maximaler Wert bei $x = -3$.
g: Minimaler Wert bei $x = -\pi/6$, maximaler Wert bei $x = \pi$.

H. Man zeige, dass $f'(x) = -2(2\sin x - 1)(\sin x + 1)$ ist. Daraus lässt sich alles ableiten.

I. Es ist $2yy' = 3x^2 + 2x$, also $y' = (3x^2 + 2x)/2y$, sofern $y \neq 0$ ist. Liegt eine waagerechte Tangente vor, so muss $y' = 0$, also $x(3x + 2) = 0$ sein. Die Möglichkeit $x = 0$ scheidet aus. Also muss $x = -2/3$ sein. Dann ist $y^2 = 4/27$, also $y = \pm(2/3)\sqrt{3}$.

J. Die **Lösung** ist sehr einfach. Interessanter sind die Konsequenzen. Überlegen Sie sich, in welche Richtung die Produktionszahlen verändert werden sollten, wenn die Grenzkosten niedriger als die Durchschnittskosten sind.

Zu den Aufgaben in 3.2

A. Definiert und stetig ist f_a auf $M_a := \{x : x \geq -a/2\}$, differenzierbar nur für $x > -a/2$. Weiter ist

$$f_a'(x) = \frac{5x^2 + 2ax}{\sqrt{2x + a}} \quad \text{und} \quad f_a''(x) = \frac{15x^2 + 12ax + 2a^2}{(2x + a)\sqrt{2x + a}}.$$

Das liefert ein lokales Minimum bei $x = 0$ und ein lokales Maximum bei $x = -(2/5)a$. Am Rand des Definitionsbereiches, bei $x = -a/2$ liegt ebenfalls ein lokales Minimum vor. Obwohl f_a'' zwei Nullstellen hat, kommt nur eine davon als Wendepunkt in Frage (warum?), nämlich $x = \left(-(2/5) + \sqrt{2/75}\right)a$. Man bestätige, dass dort tatsächlich ein Wendepunkt vorliegt, nach Möglichkeit ohne Verwendung der dritten Ableitung.

B. a) Ist x_0 Nullstelle k-ter Ordnung von $p(x)$ und $\deg(p) = n$, so ist $p(x) = (x - x_0)^k \cdot q(x)$ mit einem Polynom q der Ordnung $n - k$. Differenzieren ergibt die Behauptung.

b) Durch Probieren erhält man die Nullstelle $x_1 = 1$. Daher ist

$$p(x) = (x - 1)(x^3 - 11x^2 + 35x - 25).$$

Nochmaliges Probieren ergibt $p(x) = (x-1)^2(x^2 - 10x + 25) = (x-1)^2(x-5)^2$. Insbesondere sind dann $x_1 = 1$ und $x_2 = 5$ Nullstellen von

$$p'(x) = 4x^3 - 36x^2 + 92x - 60 = 4(x-1)(x-5)(x-3).$$

Man ermittelt, dass bei x_1 und x_2 Minima und bei $x_3 = 3$ ein Maximum vorliegen muss. Wendepunkte gibt es bei den beiden Nullstellen von $p''(x) = 12x^2 - 72x + 92$.

Als Zusatzaufgabe sollte man sich überlegen, ob es sich um isolierte bzw. globale Extremwerte handelt.

C. Man schreibe f in der Form $f(x) = f(0) + x \cdot \Delta(x)$ und zeige, dass $\Delta(x)$ für $x \to 0$ gegen 1 konvergiert. Zur Lösung des zweiten Teils berechne man $f'(x)$ für $x \neq 0$ und untersuche das Verhalten von f' in den Punkten $x_\nu := 1/(2\pi\nu)$. Es zeigt sich, dass f in diesen Punkten fällt. Indirekt kann man nun auch folgern, dass f nicht stetig differenzierbar ist.

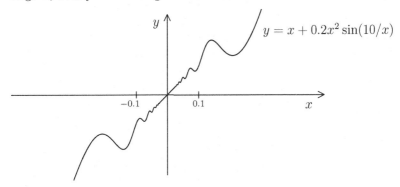

$$y = x + 0.2x^2 \sin(10/x)$$

D. Die Existenz des Minimums zeigt man durch Betrachtung der Werte von f, ohne Benutzung von Ableitungen. Es zeigt sich dann allerdings, dass $f'(0) = 0$ ist. Der zweite Teil ergibt sich daraus, dass eine Folge von Punkten x_ν mit $x_\nu \to 0$ und $f'(x_\nu) = 0$ existiert.

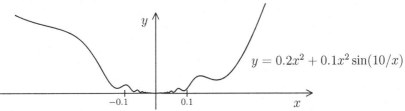

$$y = 0.2x^2 + 0.1x^2 \sin(10/x)$$

Weil $f(x) = x^2(2 + \sin(1/x)) \geq x^2$ ist, liegt sogar ein isoliertes Minimum vor.

E. a) Die Voraussetzungen sind erfüllt, es ist

$$\lim_{x \to 0}\left(\frac{1}{\ln(1+x)} - \frac{1}{x}\right) = \lim_{x \to 0}\frac{x - \ln(1+x)}{x \cdot \ln(1+x)} = \lim_{x \to 0}\frac{1 - 1/(1+x)}{\ln(1+x) + x/(1+x)}$$

$$= \lim_{x \to 0}\frac{x}{(1+x)\ln(1+x) + x}$$

$$= \lim_{x \to 0}\frac{1}{\ln(1+x) + 2} = \frac{1}{2}.$$

b) Man verwende die Formel $a^x = \exp(x \cdot \ln a)$. Dann ist

$$\lim_{x \to 0} \left(\frac{1}{x}\right)^{\sin x} = \lim_{x \to 0} \exp(-\sin x \cdot \ln x) = \lim_{x \to 0} \exp\big((-\sin x/x) \cdot (x \ln x)\big).$$

Wir wissen schon, dass $\sin x/x$ für $x \to 0$ gegen 1 und $x \ln x$ für $x \to 0$ gegen 0 strebt. Also geht das Produkt gegen Null und die zu untersuchende Funktion gegen $e^0 = 1$.

c) Es ist

$$\lim_{x \to 0} \frac{x - \tan x}{x - \sin x} = \lim_{x \to 0} \frac{1 - 1/\cos^2 x}{1 - \cos x} = \lim_{x \to 0} \frac{\cos^2 x - 1}{\cos^2 x (1 - \cos x)}$$
$$= -\lim_{x \to 0} \frac{1 + \cos x}{\cos^2 x} = -2.$$

F. Es ist $-C \le f'(x) \le C$ für $x \in I$, nach dem Schrankensatz also

$$-C \le \frac{f(y) - f(x)}{y - x} \le C \text{ für } x < y.$$

Daraus folgt: $|f(y) - f(x)| \le C \cdot (y - x)$.

Ist $x > y$, so erhält man $|f(y) - f(x)| \le C \cdot (x - y)$. Beide Resultate zusammen ergeben die Behauptung.

G. Sei $\varepsilon > 0$ vorgegeben. Dann gibt es ein $\delta > 0$, so dass für $x \in U_\delta(x_0)$ und $x \ne x_0$ gilt: $c - \varepsilon \le f'(x) \le c + \varepsilon$, also $|(f - c \cdot \mathrm{id})'(x)| \le \varepsilon$ auf $U_\delta(x_0) \setminus \{x_0\}$. Aus dem Schrankensatz folgt nun:

$$|f(x) - f(x_0) - c \cdot (x - x_0)| \le \varepsilon \cdot |x - x_0|, \quad \text{für } x \in U_\delta(x_0),$$

also

$$c - \varepsilon \le \frac{f(x) - f(x_0)}{x - x_0} \le c + \varepsilon.$$

Das bedeutet, dass $\lim_{x \to x_0} \dfrac{f(x) - f(x_0)}{x - x_0} = c$ ist. ∎

Ein alternativer Beweis (ohne Schrankensatz) könnte folgendermaßen ausse-hen:

Sei (x_ν) eine beliebige Folge in I, die gegen x_0 konvergiert. Außerdem sei ein $\varepsilon > 0$ vorgegeben. Es gibt dann ein $\delta > 0$, so dass $|f'(x) - c| < \varepsilon$ für $|x - x_0| < \delta$ ist. Ist ν so groß, dass $|x_\nu - x_0| < \delta$ ist, sowie c_ν ein Punkt zwischen x_ν und x_0 mit $D(x_\nu, x_0) = f'(c_\nu)$ (Mittelwertsatz!), so ist auch $|c_\nu - x_0| < \delta$ und daher $|D(x_\nu, x_0) - c| = |f'(c_\nu) - c| < \varepsilon$. So folgt, dass die Differenzenquotienten $D(x_\nu, x_0)$ gegen c konvergieren. ∎

Etwas allgemeiner kann man aus dem obigen Ergebnis folgern:

Sei $f : I \to \mathbb{R}$ stetig, x_0 ein innerer Punkt von I und f in jedem Punkt $x \neq x_0$ differenzierbar. Außerdem sei

$$\lim_{x \to x_0-} f'(x) = \lim_{x \to x_0+} f'(x) =: c.$$

Dann ist f in x_0 differenzierbar und $f'(x_0) = c$.

Klar, wenn linksseitiger und rechtsseitiger Limes existieren und beide gleich sind, dann existiert auch der gewöhnliche Limes.

H. Die Funktion ist stetig und links und rechts vom Nullpunkt beliebig oft differenzierbar, mit Ableitungen $1 + x - 4x^3$ und e^x. Beide Ausdrücke streben für $x \to 0$ gegen 1. Also ist f differenzierbar und

$$f'(x) = \begin{cases} 1 + x - 4x^3 & \text{für } x < 0, \\ 1 & \text{in } x = 0, \\ e^x & \text{für } x > 0. \end{cases} .$$

Offensichtlich ist f' stetig. Leitet man nochmals ab, so erhält man die Terme $1 - 12x^2$ und e^x. Wieder erhält man einen gemeinsamen Grenzwert. Also ist f zweimal differenzierbar und

$$f''(x) = \begin{cases} 1 - 12x^2 & \text{für } x < 0, \\ 1 & \text{in } x = 0, \\ e^x & \text{für } x > 0. \end{cases} .$$

Diese Funktion ist wieder stetig und links und rechts vom Nullpunkt differenzierbar, aber der Grenzwert $\lim_{x \to 0} f'''(x)$ existiert nicht. Schreibt man $f''(x) = f''(0) + x \cdot \Delta''(x)$, so ist $\lim_{x \to 0-} \Delta''(x) = 0$ und $\lim_{x \to 0+} \Delta''(x) = 1$. Also ist f in 0 nicht dreimal differenzierbar.

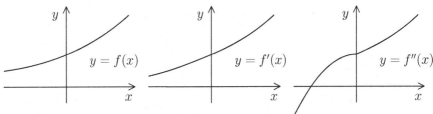

Wie man sieht, passen die beiden Teile von $f(x)$ bei $x = 0$ gut zusammen und ergeben einen glatten Funktionsgraphen. Mit jedem Differentiationsvorgang verliert man aber etwas von dieser Glätte.

I. Die **Lösung** ist sehr einfach. Der Wendepunkt von $f(x) = ax^3 + bx^2 + cx + d$ liegt bei $x = -b/3a$.

J. Die Ableitung der gesuchten Funktion muss die drei Nullstellen $x = 0$ und $x = \pm 1$ aufweisen. Also machen wir den Ansatz

$$f'(x) = \alpha \cdot x \cdot (x - 1)(x + 1) = \alpha \cdot (x^3 - x).$$

Eine mögliche Funktion f ist dann gegeben durch $f(x) = \frac{\alpha}{4}x^4 - \frac{\alpha}{2}x^2 + \beta$. Damit $f(0) = 1$ ist, muss $\beta = 1$ gesetzt werden. Dann ist $f(\pm 1) = \frac{\alpha}{4} - \frac{\alpha}{2} + 1$. Damit sich hier der Wert -1 ergibt, muss $\alpha = 8$ gesetzt werden. Tatsächlich leistet $f(x) = 2x^4 - 4x^2 + 1$ das Gewünschte.

K. Es werden elementare Kenntnisse aus der Geometrie vorausgesetzt.

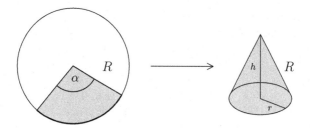

Die Grundfläche des Kreiskegels beträgt $F = r^2\pi$, wobei r der Radius ist. Die Höhe h ist durch $r^2 + h^2 = R^2$ gegeben. Der Umfang der Grundfläche des Kreiskegels muss mit der Grenzlinie des Kreissektors übereinstimmen: $2r\pi = \alpha \cdot R$ (wenn α im Bogenmaß angegeben wird). So erhält man r als Funktion von R und α, und damit auch das Volumen $V = \frac{1}{3}F \cdot h$:

$$V = \frac{R^3}{12\pi}\alpha^2\sqrt{1 - \frac{\alpha^2}{4\pi^2}}.$$

Jetzt kann man – bei festem R – ein Maximum bestimmen. Es zeigt sich, dass das Ergebnis nur von α abhängt, nicht von R.

L. a) Die Funktion ist auf ganz $\mathbb{R}$ definiert und gerade. Sie hat offensichtlich keine Nullstellen und ist sogar überall positiv.

Für $x \to \pm\infty$ strebt $f(x)$ gegen Null. Die x-Achse tritt in beiden Richtungen als horizontale Asymptote auf.

Es ist $f'(x) = -2x/(x^2 + r)^2$. Eine Nullstelle gibt es nur bei $x = 0$. Da $f(0) = 1/r$ und $f(x) \leq 1/r$ für alle $x \in \mathbb{R}$ gilt, besitzt f bei $x = 0$ ein lokales und zugleich globales Maximum. Andere Extremwerte kann es nicht geben.

Weiter ist $f''(x) = \left(-2(x^2+r)^2 + 8x^2(x^2+r)\right)/(x^2+r)^4 = (6x^2 - 2r)/(x^2+r)^3$. Nullstellen treten bei $a_\pm := \pm\sqrt{r/3}$ auf. Ist $x < a_-$ oder $x > a_+$, so ist $f''(x) > 0$, also f konvex. Für $|x| < a_+$ ist f konkav. Insbesondere liegen bei $\pm a$ Wendepunkte vor.

b) $f(x) := x^2/\sqrt{x^2-4}$ ist für $|x| \geq 4$ definiert und für $|x| > 4$ differenzierbar. Es handelt sich um eine gerade und positive Funktion, die für $x < -2$ und $x \to -2$ (bzw. für $x > 2$ und $x \to 2$ gegen $+\infty$ strebt. Wir haben also vertikale Asymptoten bei $x = \pm 2$.

Es ist $f'(x) = x(x^2-8)/(x^2-4)^{3/2}$. Da f in $x = 0$ nicht definiert ist, muss man nur die Nullstellen $x = \pm 2\sqrt{2}$ betrachten. Da $f''(x) = (4x^2 + 32)/(x^2-4)^{5/2}$ überall positiv ist, liegen zwei Minima vor, und es gibt keine Wendepunkte.

Man kann sogar zeigen, dass $y = x$ und $y = -x$ schräge Asymptoten sind.

c) $f(x) := x + 1/x$ ist für $x \neq 0$ definiert und ungerade. Für $x > 0$ und $x \to 0$ strebt $f(x)$ gegen $+\infty$, für $x < 0$ und $x \to 0$ gegen $-\infty$.

Es ist $f'(x) = 1 - 1/x^2$ und $f''(x) = 2/x^3$. Die erste Ableitung verschwindet bei $x = \pm 1$. Da $f''(-1) < 0$ ist, liegt dort ein lokales Maximum vor. Da $f''(1) > 0$ ist, haben wir bei $x = 1$ ein lokales Minimum. Wendepunkte kann es nicht geben.

$f(x) - x = 1/x$ strebt für $x \to +\infty$ und $x \to -\infty$ gegen Null. Also ist durch $y = x$ eine schräge Asymptote gegeben.

d) $f(x) := x^2 + 1/x$ ist auch für alle $x \neq 0$ definiert. Die Funktion ist allerdings weder gerade noch ungerade.

Für $x \to +\infty$ und für $x > 0$ und $x \to 0$ strebt $f(x)$ gegen $+\infty$. Für $x < 0$ und $x \to 0$ strebt $f(x)$ gegen $-\infty$, für $x \to -\infty$ gegen $+\infty$.

Es ist $f'(x) = 2x - 1/x^2$ und $f''(x) = 2 + 2/x^3$. Eine Nullstelle von f' gibt es nur bei $x_0 = 1/\sqrt[3]{2}$. Da $f''(x_0) = 6 > 0$ ist, liegt dort ein lokales Minimum vor. Andere Extremwerte gibt es nicht. Die 2. Ableitung verschwindet genau bei $x_1 = -1$. Es ist $f'''(x) = -6/x^4$, also $f'''(x_1) = -6 \neq 0$. Das zeigt einen Wendepunkt bei x_1.

Zu den Aufgaben in 3.3

A. Die Funktion nimmt positive Werte auf den Intervallen $(0,2)$ und $(3,4)$ an. Das Integral über $f(x)$ und diese beiden Intervalle liefert den gesuchten Flächeninhalt. Zum Integrieren benutzt man am besten die Darstellung $f(x) = x^3 - 5x^2 + 6x$.

B. a) $F(x) := \begin{cases} x & \text{für } x < 1 \\ x^2 - x & \text{für } x \geq 1 \end{cases}$ ist Stammfunktion von f.

b) Die Funktion G mit $G(x) := nx - \dfrac{n(n+1)}{2}$ für $n \leq x < n+1$ ist Stammfunktion von g.

C. $2\sqrt{x}$ ist Stammfunktion von $1/\sqrt{x}$. Etwas kniffliger ist es beim zweiten Integral. Mit etwas Überlegen und Probieren kann man aber herausfinden, dass $(2/5)x^2\sqrt{x}$ Stammfunktion von $x\sqrt{x}$ ist. Im nächsten Paragraphen werden Methoden vorgestellt, wie man solche Stammfunktionen etwas systematischer finden kann.

D. Man erhält sehr einfach eine stetige Funktion F, so dass $F' = f$ außerhalb des Nullpunktes gilt. Dass die Ableitung f in $x = 0$ eine Sprungstelle besitzt, zeigt, dass F dort nicht differenzierbar sein kann.

E. Es ist $\tan(t) = -\dfrac{\cos'(t)}{\cos(t)} = (\ln \circ |\cos|)'(t)$. Allerdings können wir das Integral nur berechnen, wenn $\cos(t)$ im Integrationsintervall keine Nullstelle besitzt!

$u/(1 + u^2)$ ist die Ableitung von $\dfrac{1}{2}\ln(1 + u^2)$.

F. Ist $G(y) := \displaystyle\int_0^y g(t)\,dt$ und $F(x) := G(\varphi(x)) = \displaystyle\int_0^{\varphi(x)} g(t)\,dt$, so ist $F'(x) = G'(\varphi(x)) \cdot \varphi'(x) = g(\varphi(x)) \cdot \varphi'(x)$. Im vorliegenden Fall ist $g(t) = e^t$ und $\varphi(x) = \sin(x)$.

G. Man sieht sofort, dass $\mu(f')$ der Differenzenquotient $(f(b) - f(a))/(b - a)$ ist. Damit lassen sich alle Fragen sehr leicht beantworten.

H. Es handelt sich um eine DGL mit getrennten Variablen: $y' = f(x)g(y)$ mit $f(x) = 1/(2x)$ und $g(y) = (1+y^2)/y$. Wegen der Anfangsbedingung betrachte man alles auf $\mathbb{R}_-$. Dann ist $G(y) = \dfrac{1}{2}\ln(1 + y^2)$ Stammfunktion von $1/g$ und $F(x) = \dfrac{1}{2}\ln|x|$ Stammfunktion von f. Man erhält:

$$\varphi(x) = -\sqrt{-2x - 1}.$$

I. Hier liegt eine lineare DGL vor: $y' + a(x)y = b(x)$ mit $a(x) = 1/x$ und $b(x) = x^3$. Die allgemeine Lösung der zugehörigen homogenen Gleichung hat die Gestalt $y_h(x) = c/x$. Eine partikuläre Lösung der inhomogenen Gleichung ist $y_p(x) = \dfrac{1}{5}x^4$. Die Lösung zur Anfangsbedingung $y(1) = 0$ ist dann

$$\varphi(x) = \frac{1}{5}(x^4 - 1).$$

Zu den Aufgaben in 3.4

A. Aus der Gleichung $4x^2 = 1 - u$ folgt $8x\,dx = -du$, also

$$\int \frac{x}{\sqrt{1-4x^2}}\,dx = -\frac{1}{8}\int \frac{du}{\sqrt{u}} = -\frac{1}{4}\sqrt{1-4x^2} + C.$$

B. Es ist $2x\,dx = du$ und $x^4 = (u-1)^2$, also

$$
\begin{aligned}
\int \sqrt{1+x^2}\cdot x^5\,dx &= \frac{1}{2}\int \sqrt{u}(u-1)^2\,du \\
&= \frac{1}{7}(1+x^2)^{7/2} - \frac{2}{5}(1+x^2)^{5/2} + \frac{1}{3}(1+x^2)^{3/2} + C.
\end{aligned}
$$

C. Es ist $x = 1/u$, also $dx = -u^{-2}\,du$ und

$$\int \frac{e^{1/x}}{x^2}\,dx = -\int e^u\,du = -e^{1/x} + C.$$

D. Setze $u := x$ und $v := \sinh x$. Dann ist $u\,dv = x\cosh x\,dx$ und $v\,du = \sinh x\,dx$, also

$$
\begin{aligned}
\int 3x\cosh x\,dx &= 3\int u\,dv = 3uv - 3\int v\,du \\
&= 3x\sinh x - 3\int \sinh x\,dx = 3x\sinh x - 3\cosh x + C.
\end{aligned}
$$

E. a) Setze $u = e^x$, also $x = \ln u$ und $dx = du/u$.

Damit ergibt sich $\int e^x/(1+e^{2x})\,dx = \arctan(e^x) + C$.

b) Verwende Substitution $u = \varphi(x) = x^3$, mit $\varphi'(x) = 3x^2$.

Damit ergibt sich $\int x^2\sin(x^3)\,dx = (1/3)\int \sin u\,du = -\cos(x^3)/3$.

c) Es ist $x^4 + 2 = (5x^4 + 10)/5$. Setze also $\varphi(x) := x^5 + 10x$, mit $\varphi'(x) = 5x^4 + 10$. Das ergibt

$$\int \frac{x^4 + 2}{(x^5 + 10x)^5}\,dx = \frac{1}{5}\int \frac{\varphi'(x)}{\varphi(x)^5}\,dx = -\frac{1}{20(x^5 + 10x)^4}.$$

d) Setze $\varphi(x) := x^3 + 3x^2 + 1$. Dann ist $\varphi'(x) = 3(x^2 + 2x)$ und

$$\int \frac{x^2 + 2x}{\sqrt[3]{x^3 + 3x^2 + 1}}\,dx = \frac{1}{3}\int \frac{\varphi'(x)}{\sqrt[3]{\varphi(x)}}\,dx = \frac{1}{2}(x^3 + 3x^2 + 1)^{2/3}.$$

e) Setze $u = \varphi(x) = x^2$. Dann ist $x = \sqrt{u}$ und $du = 2x\,dx$, also

$$\int_1^5 \frac{x}{x^4 + 10x^2 + 25}\, dx = \frac{1}{2} \int_1^{25} \frac{du}{(u+5)^2} = \frac{1}{2} \int_6^{30} \frac{dv}{v^2} = \frac{1}{15}.$$

f) Setze $u = \sqrt{\sqrt{x}+1}$. Dann ist $u^2 = \sqrt{x}+1$, also $x = (u^2-1)^2$ und $dx = 4u(u^2-1)$. Es folgt:

$$
\begin{aligned}
\int \sqrt{\sqrt{x}+1}\, dx &= 4\int (u^4 - u^2)\, du = 4\left(\frac{u^5}{5} - \frac{u^3}{3}\right)\\
&= \frac{4}{15}\sqrt{\sqrt{x}+1}\,(3x - \sqrt{x} - 2) + C.
\end{aligned}
$$

g) Mit $t = \varphi(x) = x^2$ erhält man

$$\int x\sqrt[3]{4-x^2}\, dx = \frac{1}{2}\int \varphi'(x)\sqrt[3]{4-\varphi(x)}\, dx = \frac{1}{2}\int \sqrt[3]{4-t}\, dt = -\frac{3}{8}(4-x^2)^{4/3}.$$

h) Setzt man $u = \sqrt[3]{x}$, so ist $x = u^3$ und $dx = 3u^2\, du$, also

$$\int (x+2)\sqrt[3]{x}\, dx = \int (u^3+2)u \cdot 3u^2\, du = 3\int (u^6 + 2u^3)\, du = \frac{3}{7}x^{7/3} + \frac{3}{2}x^{4/3}.$$

i) Man verwendet die Beziehung

$$\cos x = \frac{1 - \tan^2(x/2)}{1 + \tan^2(x/2)},$$

sowie die Substitution $u = \tan(x/2)$, $x = 2\arctan u$ und $dx = (2/(1+u^2))\, du$. Dann ist

$$
\begin{aligned}
\int \frac{dx}{5 + 3\cos x}\, dx &= \int \frac{1}{5 + 3(1-u^2)/(1+u^2)} \cdot \frac{2}{1+u^2}\, du\\
&= \int \frac{1}{4+u^2}\, du = \frac{1}{2}\int \frac{1}{1+t^2}\, dt\\
&= \frac{1}{2}\arctan\left(\frac{1}{2}\tan\left(\frac{x}{2}\right)\right).
\end{aligned}
$$

F. Es ist $c_0 = \pi/2$ und $c_1 = 1$. Für $n \geq 1$ ist

$$
\begin{aligned}
c_{n+1} &= \int_0^{\pi/2} \sin^n t \sin t\, dt = \sin^n t(-\cos t)\Big|_0^{\pi/2} + n\int_0^{\pi/2} \sin^{n-1} t \cos^2 t\, dt\\
&= n\int_0^{\pi/2} \sin^{n-1} t(1 - \sin^2 t)\, dt = nc_{n-1} - nc_{n+1},
\end{aligned}
$$

also $c_{n+1} = \dfrac{n}{n+1}c_{n-1}$.

Daraus folgt:

$$c_{2k} = \frac{\pi}{2} \cdot \frac{1 \cdot 2 \cdots (2k-1)}{2 \cdot 4 \cdots (2k)} \quad \text{und} \quad c_{2k+1} = \frac{2 \cdot 4 \cdots (2k)}{1 \cdot 3 \cdot (2k+1)}.$$

Zu den Aufgaben in 3.5

A. (x, y, z) liegt genau dann auf C, wenn (x, y) auf dem ebenen Kreis um $(0, 0)$ mit Radius 3 liegt und $z = 2 - y$ ist. Da bietet sich folgende Parametrisierung an:

$$\boldsymbol{\alpha}(t) := (3\cos t, 3\sin t, 2 - 3\sin t), \text{ mit } \boldsymbol{\alpha}'(t) = (-3\sin t, 3\cos t, -3\cos t).$$

B. Es ist $\boldsymbol{\alpha}'(t) := (-r\sin t, r\cos t, k)$, also $\|\boldsymbol{\alpha}'(t)\| = \sqrt{r^2 + k^2}$ und

$$L(\boldsymbol{\alpha}) = \int_a^b \|\boldsymbol{\alpha}'(t)\| \, dt = \sqrt{r^2 + k^2}(b - a).$$

C. Es ist $\boldsymbol{\alpha}'(t) = (-3\cos^2 t \sin t, 3\sin^2 t \cos t)$ und $\|\boldsymbol{\alpha}'(t)\| = 3|\cos t \sin t|$, also

$$\mathbf{T}_\alpha(t) = \begin{cases} (-\cos t, \sin t) & \text{für } 0 \le t < \pi/2, \\ (\cos t, -\sin t) & \text{für } \pi/2 \le t < \pi, \\ (-\cos t, \sin t) & \text{für } \pi \le t < 3\pi/2, \\ (\cos t, -\sin t) & \text{für } 3\pi/2 \le t \le 2\pi. \end{cases}$$

Es ist $\boldsymbol{\beta}'(t) = (-2e^{-2t}, 2, 0)$ und $\|\boldsymbol{\beta}'(t)\| = 2\sqrt{1 + e^{-4t}}$, also

$$\mathbf{T}_\beta(t) = \left(-\frac{e^{-2t}}{\sqrt{1 + e^{-4t}}}, \frac{1}{\sqrt{1 + e^{-4t}}}, 0\right).$$

D. Es ist $\boldsymbol{\alpha}'(t) = (1, \sin t + t\cos t, \cos t - t\sin t)$ und $\|\boldsymbol{\alpha}'(t)\| = \sqrt{2 + t^2}$, also

$$L(\boldsymbol{\alpha}) = \int_0^\pi \|\boldsymbol{\alpha}'(t)\| \, dt = \int_0^\pi \sqrt{2 + t^2} \, dt.$$

Dieses Integral ist nicht so leicht auszuwerten, aber es geht.

1. Schritt: $t = \sqrt{2}\sinh u$, also $dt = \sqrt{2}\cosh u \, du$, liefert

$$\int \sqrt{2 + t^2} \, dt = 2\int \cosh^2 u \, du = \frac{1}{2}\int (e^{2u} + e^{-2u} + 2) \, du = \frac{1}{2}(\sinh(2u) + 2u).$$

Weil $\sinh(2u) = 2\sinh u \cosh u = 2\sinh u\sqrt{1 + \sinh^2 u}$ und $u = \operatorname{arsinh}(t/\sqrt{2})$ ist, folgt:

$$\begin{aligned} \int \sqrt{2 + t^2} \, dt &= \sinh u\sqrt{1 + \sinh^2 u} + u \\ &= \frac{t}{\sqrt{2}}\sqrt{1 + \frac{t^2}{2}} + \ln\left(\frac{t}{\sqrt{2}} + \sqrt{1 + \frac{t^2}{2}}\right) \\ &= \frac{t}{2}\sqrt{2 + t^2} + \ln\left(t + \sqrt{2 + t^2}\right) - \frac{1}{2}\ln 2. \end{aligned}$$

Also ist $L(\boldsymbol{\alpha}) = \frac{\pi}{2}\sqrt{2 + \pi^2} + \ln\left(\pi + \sqrt{2 + \pi^2}\right) - \frac{1}{2}\ln 2.$

E. Es ist $\boldsymbol{\alpha}'(t) = (\sinh t, \cosh t, 1)$ und daher

$$
\begin{aligned}
s_{\boldsymbol{\alpha}}(t) &= \int_0^t \|\boldsymbol{\alpha}'(\tau)\| \, d\tau \\
&= \int_0^t \sqrt{\sinh^2 \tau + \cosh^2 \tau + 1} \, d\tau \\
&= \sqrt{2} \int_0^t \sqrt{1 + \sinh^2 \tau} \, d\tau \\
&= \sqrt{2} \int_0^t \cosh \tau \, d\tau = \sqrt{2} \sinh t.
\end{aligned}
$$

F. Es ist $\boldsymbol{\alpha}'(t) = (1, \sinh t)$, $\boldsymbol{\alpha}''(t) = (0, \cosh t)$ und $\|\boldsymbol{\alpha}'(t)\| = \sqrt{1 + \sinh^2 t} = \cosh t$.

Dann ist die Krümmung gegeben durch

$$
\begin{aligned}
\kappa_{\boldsymbol{\alpha}}^{or}(t) &= \frac{\alpha_1'(t)\alpha_2''(t) - \alpha_1''(t)\alpha_2'(t)}{\|\boldsymbol{\alpha}'(t)\|^3} \\
&= \frac{\cosh t}{\cosh^3 t} = \frac{1}{\cosh^2 t}.
\end{aligned}
$$

G. Es ist $\boldsymbol{\alpha}'(t) = (1, \cos t)$ und $\boldsymbol{\alpha}''(t) = (0, -\sin t)$. Daher ist

$$
\kappa_{\boldsymbol{\alpha}}(t) = |\kappa_{\boldsymbol{\alpha}}^{or}(t)| = \left| \frac{-\sin t}{\sqrt{1 + \cos^2 t}^{\,3}} \right|,
$$

also $\kappa_{\boldsymbol{\alpha}}(\pi/2) = 1$ und $\kappa_{\boldsymbol{\alpha}}(3\pi/2) = 1$.

H. Es geht hier um die Krümmung von Raumkurven.

a) Es ist $\boldsymbol{\alpha}'(t) = (1, 2, 3)$ und $\|\boldsymbol{\alpha}'(t)\| = \sqrt{14}$, also

$$
\mathbf{T}_{\boldsymbol{\alpha}}(t) = \frac{1}{\sqrt{14}}(1, 2, 3) \quad \text{und} \quad \mathbf{T}_{\boldsymbol{\alpha}}'(t) \equiv (0, 0, 0).
$$

Daher verschwindet die Krümmung von $\boldsymbol{\alpha}$ überall.

b) Es ist $\boldsymbol{\beta}'(t) = (\cos t - \sin t, \sin t + \cos t, 1)e^t$, und

$$
\|\boldsymbol{\beta}'(t)\| = e^t \sqrt{(1 - 2\sin t \cos t) + (1 + 2\sin t \cos t) + 1} = e^t \sqrt{3}.
$$

Also ist

$$
\begin{aligned}
\mathbf{T}_{\boldsymbol{\beta}}(t) &= \frac{1}{\sqrt{3}}(\cos t - \sin t, \sin t + \cos t, 1) \\
\text{und} \quad \mathbf{T}_{\boldsymbol{\beta}}'(t) &= \frac{1}{\sqrt{3}}(-\sin t - \cos t, \cos t - \sin t, 0),
\end{aligned}
$$

und daher

$$
\kappa_{\boldsymbol{\beta}}(t) = \frac{\|\mathbf{T}_{\boldsymbol{\beta}}'(t)\|}{\|\boldsymbol{\beta}'(t)\|} = \frac{1}{3}\sqrt{2}e^{-t}.
$$

I. a) Durch $r = a$ wird der Kreis um $(0,0)$ mit Radius a beschrieben. Die Gleichung $r = 2\sin t$ ist äquivalent zu der Gleichung $r^2 = 2r\sin t$, also $x^2 + y^2 = 2y$ bzw. $x^2 + (y-1)^2 = 1$. Das ist der Kreis um $(0,1)$ mit Radius 1.

b) Betrachten wir zunächst die logarithmische Spirale $r = e^t$. Hier ist $r'(t) = r(t) = e^t$, also

$$\begin{aligned}\boldsymbol{\alpha}'(t) &= (r'(t)\cos t - r(t)\sin t, r'(t)\sin t + r(t)\cos t) \\ &= e^t(\cos t - \sin t, \sin t + \cos t).\end{aligned}$$

Daher ist

$$s_{\boldsymbol{\alpha}}(t) = \int_0^t \|\boldsymbol{\alpha}'(\tau)\|\, d\tau = \sqrt{2}\int_0^t e^\tau\, d\tau = \sqrt{2}(e^t - 1).$$

Im Falle der archimedischen Spirale ist

$$\boldsymbol{\alpha}'(t) = (a\cos t - at\sin t, a\sin t + at\cos t),$$

also

$$s_{\boldsymbol{\alpha}}(t) = a\int_0^t \sqrt{1 + \tau^2}\, d\tau.$$

Wie man dieses Integral auswertet, kann man in Aufgabe (D) nachlesen.

Zu den Aufgaben in 3.6

A. Es ist $p(D)[1] = a_0$ und $p(D) - a_0\mathrm{id} = a_1 D + a_2 D^2 + \cdots + a_n D^n$.

Weil $D^n[x^k] = \begin{cases} k! & \text{für } n = k, \\ 0 & \text{für } n > k \end{cases}$ ist, folgt:

$$(p(D) - a_0\mathrm{id})[x] = a_1 \quad \text{und} \quad (p(D) - a_0\mathrm{id})[x^m] = 0 \text{ für } m > 1.$$

Entsprechend ist

$$(p(D) - a_0\mathrm{id} - a_1 D)[x^2] = 2a_2 \quad \text{und} \quad (p(D) - a_0\mathrm{id} - a_1 D)[x^m] = 0 \text{ für } m > 2.$$

Hat man schließlich $a_0, a_1, \ldots, a_{n-1}$ bestimmt, so ist

$$a_n = \frac{1}{n!}\big(p(D) - a_0\mathrm{id} - a_1 D - \ldots - a_{n-1}D^{n-1}\big)[x^n].$$

B. a) Das charakteristische Polynom $p(x) = x^3 - 7x + 6$ hat die Nullstellen 1, 2 und -3. Also bilden die Funktionen e^x, e^{2x} und e^{-3x} ein Fundamentalsystem.

b) Das charakteristische Polynom $p(x) = x^3 - x^2 - 8x + 12$ hat die Nullstellen 2 (mit Vielfachheit 2) und -3 (mit Vielfachheit 1). Das ergibt das Fundamentalsystem e^{2x}, $x \cdot e^{2x}$ und e^{-3x}.

c) Das charakteristische Polynom $p(x) = x^3 - 4x^2 + 13x = x(x^2 - 4x + 13)$ hat die Nullstellen $x = 0$ und $x = 2 \pm 3\,\mathrm{i}$. Das ergibt zunächst die komplexen Lösungen 1, $e^{(2+3\mathrm{i})x}$ und $e^{(2-3\mathrm{i})x}$ und daher die reellen Lösungen 1, $e^{2x} \cos(3x)$ und $e^{2x} \sin(3x)$.

C. Ein Fundamentalsystem bilden 1, e^{-x} und e^{3x}.

D. Das charakteristische Polynom ist $p(x) = x^4 + 4x^3 + 6x^2 + 4x + 1 = (x+1)^4$. Also erhält man als Fundamentalsystem e^{-x}, xe^{-x}, $x^2 e^{-x}$ und $x^3 e^{-x}$.

E. Das charakteristische Polynom $p(x) = x^3 - 1$ hat die komplexen Lösungen 1 und $x = (-1 \pm \mathrm{i}\sqrt{3})/2$. Das ergibt die reellen Lösungen e^x, $e^{-x/2} \cos\big((\sqrt{3}/2)x\big)$ und $e^{-x/2} \sin\big((\sqrt{3}/2)x\big)$.

F. a) ist trivial, denn $p(D)$ ist ein linearer Operator.

b) Es ist $D[g + \mathrm{i}\,h] = D[g] + \mathrm{i}\,D[h]$ und daher auch $p(D)[g + \mathrm{i}\,h] = p(D)[g] + \mathrm{i}\,p(D)[h]$ für jedes Polynom $p(x)$ (mit reellen Koeffizienten). Daraus folgt:

$$Q(t) = p(D)[\mathrm{Re}(Y) + \mathrm{i}\,\mathrm{Im}(Y)] = p(D)[\mathrm{Re}(Y)] + \mathrm{i}\,p(D)[\mathrm{Im}(Y)].$$

Ein Vergleich der Realteile ergibt die Behauptung.

5.4 Lösungen zu Kapitel 4

Zu den Aufgaben in 4.1

A. 1) Die Reihe sei gleichmäßig konvergent, es sei $S_n := \sum_{\nu=0}^{n} f_\nu$. Zu jedem $\varepsilon > 0$ gibt es ein n_0, so dass $|f(x) - S_n(x)| < \varepsilon$ für $n \geq n_0$ und alle $x \in I$ gilt.

Beginnt man etwa mit $\varepsilon = 1$, so sieht man, dass $a_n := \|f - S_n\| < \infty$ für fast alle n ist. Außerdem ist $|f(x) - S_n(x)| \leq a_n$ für alle $x \in I$. Und es ist auch klar, dass (a_n) eine Nullfolge ist. Dabei spielen die ersten Terme der Folge keine Rolle.

2) Das Kriterium sei mit der Nullfolge (a_n) erfüllt. Ist $\varepsilon > 0$, so gibt es ein n_0, so dass $a_n < \varepsilon$ für $n \geq n_0$ ist. Dann ist aber auch $|f(x) - S_n(x)| < \varepsilon$ für $n \geq n_0$ und alle $x \in I$. Das bedeutet, dass (S_n) gleichmäßig gegen f konvergiert.

B. Es ist

$$\sum_{\nu=0}^{n} \frac{1}{(x+\nu)(x+\nu+1)} = \sum_{\nu=0}^{n} \left(\frac{1}{x+\nu} - \frac{1}{x+\nu+1} \right)$$
$$= \frac{1}{x} - \frac{1}{x+n+1}.$$

Also konvergiert die Funktionenreihe punktweise gegen $f(x)$.

Ist $x > 0$, so ist

$$|f(x) - S_n(x)| = \frac{1}{x + n + 1} < \frac{1}{n + 1}.$$

Mit dem Kriterium aus der vorigen Aufgabe (oder direkt) folgt die gleichmäßige Konvergenz.

C. Offensichtlich konvergiert (f_n) punktweise gegen die Nullfunktion.

Es ist $f_n(0) = 0$ für alle n. Ist $x \neq 0$, so ist

$$f_n(x) = \frac{1}{n + 1/x^2} \leq \frac{1}{n}.$$

Daraus folgt die gleichmäßige Konvergenz.

D. a) Ist $x_0 > 0$, so gibt es ein n_0, so dass $1/n < x_0$ und daher $f_n(x_0) = 0$ für $n \geq n_0$ ist. Außerdem ist $f_n(0) = 0$ für alle n.

b) Es ist

$$
\begin{aligned}
\int_0^1 f_n(x)\,dx &= \int_0^{1/(2n)} 4n^2 x\,dx + \int_{1/(2n)}^{1/n} (4n - 4n^2 x)\,dx \\
&= 2n^2 x^2 \Big|_0^{1/(2n)} + \left(4nx - 2n^2 x^2\right) \Big|_{1/(2n)}^{1/n} \\
&= \frac{1}{2} + \left(4 - 2 - 2 + \frac{1}{2}\right) = 1.
\end{aligned}
$$

c) Die Reihe kann nicht gleichmäßig konvergieren, weil Limes und Integral nicht vertauschen.

E. Sei $x > a$ (für $x < a$ ändern sich nur ein paar Vorzeichen). Dann ist

$$
\begin{aligned}
\lim_{n \to \infty} f_n(x) &= \lim_{n \to \infty} (f_n(x) - f_n(a)) + c \\
&= \lim_{n \to \infty} \int_a^x f_n'(t)\,dt + c = \int_a^x g(t)\,dt + c.
\end{aligned}
$$

Also konvergiert (f_n) punktweise gegen eine Funktion f mit

$$f(x) = \int_a^x g(t)\,dt + c.$$

Offensichtlich ist dann f differenzierbar und $f' = g$.

Es bleibt noch die gleichmäßige Konvergenz von (f_n) auf abgeschlossenen Teilintervallen zu zeigen. Dazu sei $J \subset I$ ein abgeschlossenes Intervall der Länge ℓ, das a enthält. Für $x \in J$ ist

$$f(x) - f_n(x) \;=\; \int_a^x g(t)\,dt + c - \int_a^x f_n'(t)\,dt - f_n(a)$$

$$=\; \int_a^x \big(g(t) - f_n'(t)\big)\,dt + (c - f_n(a)),$$

also $|f(x) - f_n(x)| \le \ell \cdot \|g - f_n'\| + (c - f_n(a))$.

Weil $(f_n(a))$ gegen c und (f_n') gleichmäßig gegen g konvergiert, folgt die gleichmäßige Konvergenz von (f_n) gegen f auf J.

F. a) $f_n(0) = 0$ konvergiert natürlich gegen 0.

b) Ist $0 < |x| < 1$, so konvergiert (x^{2n}) gegen Null und daher auch $(f_n(x))$ gegen Null.

c) Ist $|x| = 1$, so ist auch $x^{2n} = 1$ und $(f_n(x))$ konvergiert gegen $1/2$.

d) Ist $|x| > 1$, so wächst x^{2n} über alle Grenzen. Daher konvergiert $f_n(x) = 1/(1 + 1/(x^{2n}))$ gegen 1.

e) Wir haben gezeigt, dass (f_n) punktweise gegen die Funktion

$$f(x) := \begin{cases} 0 & \text{für } |x| < 1, \\ 1/2 & \text{für } |x| = 1, \\ 1 & \text{für } |x| > 1. \end{cases}$$

Da diese Funktion unstetig ist, ist die Konvergenz nicht gleichmäßig.

G. Sei $f(x) := \lim_{n\to\infty} f_n(x)$. Dann ist $f(x) = 0$ für $0 \le x < 1$ und $f(1) = 1$. Diese Funktion ist integrierbar (die Funktion $F : \mathbb{R} \to \mathbb{R}$ mit $F(x) := 1$ für $x \le 1$ und $F(x) := x$ für $x > 1$ ist Stammfunktion), es ist $\int_0^1 f(t)\,dt = F(1) - F(0) = 0$.

Andererseits ist $\displaystyle\int_0^1 f_n(t)\,dt = \int_0^1 t^n\,dt = \frac{1}{n+1}$, und daher auch

$$\lim_{n\to\infty} \int_0^1 f_n(t)\,dt = 0.$$

Die Folge (f_n) konvergiert nicht gleichmäßig auf $[0,1]$, weil ihre Grenzfunktion nicht stetig ist.

H. Aus dem Leibniz-Kriterium folgt, dass die Reihe punktweise gegen eine Funktion f konvergiert. Aus den Voraussetzungen folgt (mit $u_N := S_{2N-1}$ und $v_N := S_{2N}$):

$f_n \ge 0$, $v_N \le v_{N+1} \le \ldots \le u_{N+1} \le u_N$ und $u_N - v_N$. Die Folgen (u_N) und (v_N) konvergieren monoton fallend bzw. wachsend gegen f. Dann ist

$$|f(x) - v_N(x)| = f(x) - v_N(x) \leq u_N(x) - v_N(x) = f_{2N}(x) \text{ für alle } x,$$

also $\|f - v_N\| \leq \|f_{2N}\|$. Daraus folgt, dass (v_N) gleichmäßig gegen f konvergiert. Genauso zeigt man, dass (u_N) und schließlich S_N gleichmäßig gegen f konvergiert.

I. Die Reihe konvergiert punktweise gegen $f(x) := 1/(1 - x)$. Da die Grenzfunktion für $x \to +1$ unbeschränkt ist, überträgt sich das auf die Partialsummen. Die Reihe konvergiert zwar auf jedem abgeschlossenen Teilintervall gleichmäßig, kann aber nicht auf dem ganzen Intervall $(-1, 1)$ gleichmäßig konvergieren.

Zu den Aufgaben in 4.2

A. Da $f(x)$ eine abbrechende (und daher überall konvergente) Potenzreihe mit Entwicklungspunkt $x_0 = 0$ ist, ergibt sich dort nichts Neues.

Es ist $f(2) = 7$, $f'(2) = 5$, $f''(2) = 2$ und $f^{(k)}(2) = 0$ für $k \geq 3$, also

$$f(x) = 7 + 5(x - 2) + (x - 2)^2.$$

Das Ergebnis erhält man auch ohne Berechnung von Ableitungen:

$$
\begin{aligned}
f(x) &= 1 + (x - 2 + 2) + (x - 2 + 2)^2 \\
&= 3 + (x - 2) + (x - 2)^2 + 4(x - 2) + 4 = 7 + 5(x - 2) + (x - 2)^2.
\end{aligned}
$$

B. Es ist $f'(x) = (1/2)x^{-1/2}$, $f''(x) = -(1/4)x^{-3/2}$, $f'''(x) = (3/8)x^{-5/2}$ und $f^{(4)}(x) = -(15/16)x^{-7/2}$. Dann ist

$$T_4 f(x) = 1 + \frac{1}{2}(x - 1) - \frac{1}{8}(x - 1)^2 + \frac{1}{16}x^3 - \frac{5}{128}(x - 1)^4$$

und $R_4(x) = \dfrac{f^{(5)}(c)}{5!}(x - 1)^5 = \dfrac{7}{256}c^{-9/2}(x - 1)^5$, mit c zwischen 1 und x.

C. Aus der Definition der hyperbolischen Funktionen und der Exponentialreihe folgt die Darstellung

$$\sinh x = \sum_{k=0}^{\infty} \frac{x^{2k+1}}{(2k + 1)!} \quad \text{und} \quad \cosh x = \sum_{k=0}^{\infty} \frac{x^{2k}}{(2k)!}.$$

Mit dem Satz über den Konvergenzradius von Potenzreihen mit Lücken erhält man die Konvergenz der Reihen auf $\mathbb{R}$. Da man aber konvergente Reihen nur umgeformt hat, ist das eigentlich nicht nötig.

D. Induktionsanfang: Es ist $f(x) = f(x_0) + R_0(x)$, also

$$R_0(x) = f(x) - f(x - 0) = \int_{x_0}^x f'(t)\,dt.$$

Induktionsschluss von $n-1$ nach n: Nach Induktionsvoraussetzung ist

$$
\begin{aligned}
R_{n-1}(x) &= \frac{1}{(n-1)!} \int_{x_0}^x (x-t)^{n-1} f^{(n)}(t)\,dt \\
&= -\int_{x_0}^x \left(\frac{(x-t)^n}{n!} \right)' f^{(n)}(t)\,dt \\
&= \frac{(x-x_0)^n}{n!} f^{(n)}(x_0) + \int_{x_0}^x \frac{(x-t)^n}{n!} f^{(n+1)}(t)\,dt.
\end{aligned}
$$

Damit folgt:

$$
\begin{aligned}
R_n(x) &= f(x) - T_n f(x) = f(x) - T_{n-1}f(x) - \frac{f^{(n)}(x_0)}{n!}(x-x_0)^n \\
&= R_{n-1}(x) - \frac{f^{(n)}(x_0)}{n!}(x-x_0)^n = \int_{x_0}^x \frac{(x-t)^n}{n!} f^{(n+1)}(t)\,dt.
\end{aligned}
$$

E. a) Es ist

$$
\begin{aligned}
h(x) &= \ln(1+x) - \ln(1-x) = \sum_{\nu=1}^\infty (-1)^{\nu+1} \frac{x^\nu}{\nu} - \sum_{\nu=1}^\infty (-1)^{\nu+1} \frac{(-x)^\nu}{\nu} \\
&= \sum_{\nu=1}^\infty \left(1 + (-1)^{\nu+1}\right) \frac{x^\nu}{\nu} = 2 \sum_{k=0}^\infty \frac{x^{2k+1}}{2k+1}.
\end{aligned}
$$

b) Wir brauchen noch die Ableitungen von h:

$$h'(x) = \frac{1}{1+x} + \frac{1}{1-x}, \quad h''(x) = -\frac{1}{(1+x)^2} + \frac{1}{(1-x)^2}$$

und schließlich

$$h^{(5)}(x) = \frac{24}{(1+x)^5} + \frac{24}{(1-x)^5}.$$

Es ist $h(1/11) = \ln\big((1+1/11)/(1-1/11)\big) = \ln(1.2)$. Weiter ist

$$T_4 h(x) = 2x + \frac{2}{3}x^3 \quad \text{und} \quad R_4(x) = \left(\frac{1}{5(1+c)^5} + \frac{1}{5(1-c)^5} \right) x^5,$$

mit einem c zwischen 0 und x.

Jetzt ist $1 + c > 1$ und $1 - c > 1 - 1/11 = 10/11$, also

$$|R_4(1/11)| < \frac{1}{5 \cdot 11^5}\left(1 + \left(\frac{11}{10}\right)^5\right) = \frac{1}{5}\left(\frac{1}{11^5} + \frac{1}{10^5}\right) < 0.000005.$$

Außerdem ist $T_4 h(1/11) = 2/11 + 2/(3 \cdot 11^3) \approx 0.18181818 + 0.00050087 = 0.182319056$. Die ersten vier Stellen hinter dem Komma sind gesichert, es ist $\ln(1.2) \approx 0.1823$.

F. Es ist

$$\frac{1}{\sqrt{1-x^2}} = \left(1 + (-x^2)\right)^{-1/2} = \sum_{n=0}^{\infty} \binom{-1/2}{n}(-x^2)^n.$$

Dabei ist

$$\binom{-1/2}{n} = \frac{\left(-\frac{1}{2}\right)\left(-\frac{1}{2}-1\right)\cdots\left(-\frac{1}{2}-n+1\right)}{n!} = \frac{(-1)^n}{n!2^n}3 \cdot 5 \cdots (2n-1).$$

Wegen $n!2^n = 2 \cdot 4 \cdot 6 \cdots 2n$ ist

$$\arcsin'(x) = \frac{1}{\sqrt{1-x^2}} = \sum_{n=0}^{\infty} \frac{1 \cdot 3 \cdot 5 \cdots (2n-1)}{2 \cdot 4 \cdot 6 \cdots (2n)}x^{2n}.$$

Setzen wir $a_n := \dfrac{1 \cdot 3 \cdot 5 \cdots (2n-1)}{2 \cdot 4 \cdot 6 \cdots (2n)}$, so folgt:

$$\begin{aligned}
\arcsin x &= \int_0^x \frac{dt}{\sqrt{1-t^2}} = \sum_{n=0}^{\infty} a_n \int_0^x t^{2n}\, dt = \sum_{n=0}^{\infty} a_n \frac{x^{2n+1}}{2n+1} \\
&= x + \frac{1}{2 \cdot 3}x^3 + \frac{1 \cdot 3}{2 \cdot 4 \cdot 5}x^5 + \frac{1 \cdot 3 \cdot 5}{2 \cdot 4 \cdot 6 \cdot 7}x^7 + \cdots
\end{aligned}$$

G. 1) Sei $f(x) = o(g(x))$ und $h(x) = o(g(x))$. Dann strebt

$$\frac{f(x) \pm h(x)}{g(x)} = \frac{f(x)}{g(x)} + \frac{h(x)}{g(x)}$$

für $x \to 0$ gegen Null.

2) Ist $f(x) = o(g(x))$ und $h(x) = o(f(x)) = o(o(g(x)))$, so strebt

$$\frac{h(x)}{g(x)} = \frac{h(x)}{f(x)} \cdot \frac{f(x)}{g(x)}$$

gegen Null.

3) Es ist $1 - u + u \cdot (u/1 + u) = (1 - u^2 + u^2)/(1+u) = 1/(1+u)$, also

$$\frac{1}{1 + g(x)} = 1 - g(x) + g(x) \cdot \frac{g(x)}{1 + g(x)}.$$

Da $\lim_{x \to 0} g(x) = 0$ ist, ist

$$g(x) \cdot \frac{g(x)}{1 + g(x)} = o(g(x)).$$

H. Es ist

$$
\begin{aligned}
f'(x) &= 5\sin^4 x \cos x, \\
f''(x) &= 20\sin^3 x \cos^2 x - 5\sin^5 x, \\
f'''(x) &= 60\sin^2 x \cos^3 x - 65\sin^4 x \cos x, \\
f^{(4)}(x) &= 120\sin x \cos^4 x - 440\sin^3 x \cos^2 x + 65\sin^5 x \\
\text{und } f^{(5)}(x) &= 120\big[\cos^5 x - 4\cos^3 x \sin^2 x\big] \\
&\quad - 440\big[3\sin^2 x \cos^3 x - 2\sin^4 x \cos x\big] \\
&\quad + 325\sin^4 x \cos x.
\end{aligned}
$$

Es ist

$$
\begin{aligned}
f'(x) = 0 \quad &\Longleftrightarrow \quad \sin x = 0 \quad \textbf{oder} \quad \cos x = 0 \\
&\Longleftrightarrow \quad x = x_k := k\pi \quad \textbf{oder} \quad x = y_k := (2k+1)\frac{\pi}{2}.
\end{aligned}
$$

Weiter ist $f''(x_k) = 0$ und $f''(y_k) = -5\sin^5(x) = 5 \cdot (-1)^{k+1}$. Ist k gerade, so liegt in y_k ein Maximum vor. Ist k ungerade, so liegt dort ein Minimum vor. Für x_k kann noch keine Entscheidung getroffen werden.

Es ist auch noch $f'''(x_k) = f^{(4)}(x_k) = 0$, aber $f^{(5)}(x_k) = 120 \cdot (-1)^k$. Also besitzt f in x_k kein lokales Extremum.

Zu den Aufgaben in 4.3

A. Es ist $f(2) = -1 < 0$ und $f(3) = 16 > 0$, also muss es in $[2,3]$ eine Nullstelle geben. Man kann $x_0 := 2$ setzen. Mit $f'(x) = 3x^2 - 2$ erhält man:

$$
\begin{aligned}
x_1 = x_0 - \frac{f(x_0)}{f'(x_0)} &= 2.1 \quad \text{und } f(x_1) = 0.061 > 0, \\
x_2 = x_1 - \frac{f(x_1)}{f'(x_1)} &\approx 2.09456812 \quad \text{und } f(x_2) \approx 0.000185711 > 0, \\
x_3 = x_2 - \frac{f(x_2)}{f'(x_2)} &\approx 2.09455148 \quad \text{und } f(x_3) \approx -0.000000017 < 0.
\end{aligned}
$$

Die gesuchte Nullstelle x^* muss im Intervall (x_3, x_2) liegen, d.h. es ist $x^* = 2.09456\ldots \pm 0.00001$, also $x^* = 2.0945\ldots$.

B. Sei $f(x) := x^2 + 2 - e^x$, also $f'(x) = 2x - e^x$. Wegen $f(1) = 3 - e > 0$ und $f(2) = 6 - e^2 = 6 - 7.389\ldots < 0$ muss eine Nullstelle in $[1,2]$ liegen. Wir setzen $x_0 := 1.5$ (mit $f(x_0) \approx -0.231689 < 0$). Dann ergibt sich:

$$x_1 = x_0 - \frac{f(x_0)}{f'(x_0)} \approx 1.3436 \quad \text{und } f(x_1) \approx -0.027555879 < 0,$$

$$x_2 = x_1 - \frac{f(x_1)}{f'(x_1)} \approx 1.3195 \quad \text{und } f(x_2) \approx -0.00046988 < 0,$$

$$x_3 = x_2 - \frac{f(x_2)}{f'(x_2)} \approx 1.3191.$$

Die gesuchte Nullstelle ist $x^* = 1.3193 \pm 0.0003$.

C. Zunächst ist festzustellen, dass eine Plausibilitätsbetrachtung zur Existenz einer Nullstelle fehlt. Es ist $f'(x) = 5x^4 - 4x^3 - 1$. Mit dem Startwert $x_0 = 1$, $f(x_0) = 1 > 0$ und $f'(x_0) = 0$ (waagerechte Tangente in x_0) kann man die Iteration $x_1 = x_0 - f(x_0)/f'(x_0)$ nicht durchführen.

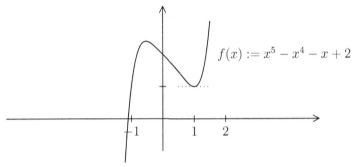

$$f(x) := x^5 - x^4 - x + 2$$

Der Startwert $x_0 = 2$ liefert

$$x_1 \approx 1.65957,$$
$$x_2 \approx 1.37297,$$
$$x_3 \approx 1.0686,$$
$$x_4 \approx -0.52934$$
$$\text{und} \quad x_5 \approx 169.5250.$$

Die Folge konvergiert nicht oder zumindest zu langsam.

D. Es ist $\sin(0) = 0$, $\sin(\pi/2) = 1$ und $\sin(\pi) = 0$. Das ergibt

$$p(x) = -(4/\pi^2)x^2 + (4/\pi)x.$$

Dann ist $|f(\pi/4) - p(\pi/4)| = \dfrac{\pi}{4} \cdot \dfrac{\pi}{4} \cdot \dfrac{3\pi}{4} \cdot \dfrac{\cos(\pi/4)}{6} \approx 0.005524271$.

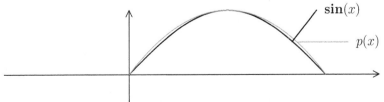

$$\sin(x)$$

$$p(x)$$

E. Es ist

$$\int_0^1 (x^3 + 3x^2 - x + 1)\,dx \;=\; \left. (x^4/4 + x^3 - x^2/2 + x)\,\right|_0^1$$

$$= \; 0.25 + 1 - 0.5 + 1 = 1.75.$$

Nach der Fassregel ist

$$\int_0^1 (x^3 + 3x^2 - x + 1)\,dx \;\approx\; \frac{1}{6}\Big(f(0) + 4f(1/2) + f(1)\Big)$$

$$= \; \frac{1}{6}\big(1 + 1/2 + 3 - 2 + 4 + 1 + 3 - 1 + 1\big)$$

$$= \; 10.5/6 \;=\; 1.75.$$

Das muss so sein, denn bei der Fehlerabschätzung wird ja ein kubisches Polynom benutzt.

F. Sei $f(x) := 1/(1 + x^2)$. Dann ist

$$\begin{aligned}
f(0) &= 1.00000, \\
f(0.25) &= 16/17 = 0.94118, \\
f(0.5) &= 4/5 = 0.80000, \\
f(0.75) &= 16/25 = 0.64000 \\
\text{und}\quad f(1) &= 1/2 = 0.50000.
\end{aligned}$$

Außerdem ist $f'(x) = \dfrac{-2x}{(1+x^2)^2}$, $f''(x) = \dfrac{6x^2 - 2}{(1+x^2)^3}$, $f'''(x) = 24 \cdot \dfrac{x - x^3}{(1+x^2)^4}$ und $f^{(4)}(x) = 24 \cdot \dfrac{5x^4 - 10x^2 + 1}{(1+x^2)^5}$.

Sei $N_i(x) := (1 + x^2)^i$. Weil $f'''(x) = 24 \cdot x(1 - x^2)/N_4(x)$ auf $(0,1)$ positiv ist, wächst $f''(x)$ dort streng monoton von -2 nach 0.5. Also ist $|f''(x)| \leq 2$ auf $[0,1]$.

Weil $(1 + x^2)^5 - (5x^4 - 10x^2 + 1) = x^{10} + 5x^8 + 10x^6 + 5x^4 + 15x^2 \geq 0$ für alle x ist, ist $\dfrac{5x^4 - 10x^2 + 1}{(1+x^2)^5} \leq 1$ und $|f^{(4)}(x)| \leq 24$ auf $[0,1]$.

Bei der Trapezregel kann daher der Fehler durch $1/96 = 0.01041666\ldots$ (bei 4 Teilintervallen) abgeschätzt werden, und bei der Simpson'schen Regel (bei 2 Teilintervallen) durch $24/(2880 \cdot 16) = 1/1920 = 0.000520833\ldots$.

Die Trapezregel ergibt

$$\frac{\pi}{4} = \frac{1}{4}\Big(\frac{1}{2} + 0.94118 + 0.80000 + 0.64000 + \frac{1}{4}\Big) = 0.78 \pm 0.02.$$

Bei der Simpson'schen Regel können wir die Teilpunkte 0, 0.5 und 1, also $h = 1/2$ benutzen, dann müssen keine neuen Teilungspunkte berücksichtigt werden und der Rechenaufwand ist der Gleiche wie bei der Trapezregel. Es ergibt sich

$$\frac{\pi}{2} = \frac{1}{12}\Big(1 + 0.5 + 2 \cdot 0.8 + 4 \cdot (0.94118 + 0.64000)\Big) = 0.7854 \pm 0.0006.$$

G. Die Werte von $(\sin x)/x$ sind tabelliert, weil sie in der Fourier-Theorie gebraucht werden.

$n = 2$, $a = 0$, $b = \pi$, $h = \pi/2$, also

$$S(h) = \frac{\pi}{12}[1 + 0 + 2 \cdot \frac{2}{\pi} + 4 \cdot \left(\frac{\sin(\pi/4)}{\pi/4} + \frac{\sin(3\pi/4)}{3\pi/4}\right) = \frac{\pi}{12} + \frac{1}{3} + \frac{8\sqrt{2}}{9} \approx 1.852211.$$

Zu den Aufgaben in 4.4

A. a) Es ist $\sin x/x^\alpha = \Big(\sin x/x\Big) \cdot 1/x^{\alpha-1}$, wobei der erste Faktor stetig und durch 1 beschränkt ist. Für $\alpha < 2$ konvergiert $\int_0^1 1/x^{\alpha-1}\,dx$.

b) Weil $|\sin x/x^\alpha| \le 1/x^\alpha$ ist, konvergiert $\int_1^\infty \sin x/x^\alpha\,dx$ für $\alpha > 1$ absolut.

c) Für $\alpha > 0$ kann man wie in 4.4.6, Beispiel C, vorgehen und partielle Integration benutzen. Mit den dortigen Bezeichnungen ist $\int_1^x \sin t/t^\alpha\,dt = \int_1^x F'(t)/t^\alpha\,dt$, und $|F(t)/t^{\alpha+1}| \le 2/t^{\alpha+1}$.

Das liefert die Konvergenz für $\alpha > 0$.

B. Für $x \ge 1$ ist

$$\frac{\sqrt{x}}{\sqrt{1 + x^4}} = \sqrt{\frac{1}{x^3 + 1/x}} < \frac{1}{x^{3/2}}.$$

Weil $3/2 > 1$ ist, konvergiert das Integral.

C. a) Eine Stammfunktion von $1/\sqrt{1 - x^2}$ ist die Funktion $\arcsin(x)$. Damit erhält man sehr schnell den Wert π.

b) Mit der Substitution $u = \arcsin x$ erhält man

$$\int_0^{1-\varepsilon} \frac{\arcsin x}{\sqrt{1 - x^2}}\,dx = \int_0^{\arcsin(1-\varepsilon)} u\,du = \frac{\arcsin(x)^2}{2} \Big|_0^{1-\varepsilon} \to \frac{\pi^2}{8} \text{ für } \varepsilon \to 0.$$

c) Mit der Substitution $x = e^t$ erhält man

$$\int_1^\infty \frac{\ln x}{x^2}\, dx = \int_0^\infty t e^{-t}\, dt = \Gamma(2) = 1.$$

Eigentlich müsste man erst über endliche Intervalle integrieren und dann den Grenzübergang vornehmen. Mit etwas Übung schafft man das in einem Schritt.

D. Für $0 < x \le \pi/2$ ist

$$|\ln \sin x| = \left| \ln\left(\frac{\sin x}{x} \cdot x \right) \right| = \left| \ln \frac{\sin x}{x} + \ln x \right| \le g(x) + |\ln x|,$$

wobei $g(x) := |\ln(\sin x/x)|$ auf $[0, \pi/2]$ stetig und $\lim_{x \to 0} g(x) = 0$ ist. Weiter konvergiert $\int_0^1 \ln x\, dx = (x \cdot \ln x - x) \Big|_0^1 = -1$, weil $\lim_{x \to 0+} x \ln x = 0$ ist. Also konvergiert auch das Ausgangs-Integral.

E. a) Es ist $|(\sin x)/(1 + x^2)| \le 1/(1 + x^2)$ und

$$\int_0^\infty \frac{1}{1 + x^2}\, dx = \arctan x \Big|_0^\infty = \frac{\pi}{2}.$$

b) Für $x \ge 1$ ist $\dfrac{x}{1 + x^2} \ge \dfrac{x}{2x^2} = \dfrac{1}{2x}$, also

$$\int_1^R \frac{x}{1 + x^2}\, dx \ge \frac{1}{2} \int_1^R \frac{1}{x}\, dx = \frac{1}{2} \ln x \Big|_1^R \to \infty \text{ für } R \to \infty.$$

Wegen (a) kann dann auch $\int_1^\infty (x + \sin x)/(1 + x^2)\, dx$ nicht konvergieren.

c) $\lim_{r \to \infty} \int_{-r}^r \dfrac{x + \sin x}{1 + x^2}\, dx = 0$ gilt, weil der Integrand eine ungerade Funktion ist.

F. Es ist $f_1'(x) = 1/(x \ln x)$ und $f_\alpha'(x) = (1 - \alpha)/(x(\ln x)^\alpha)$.

Für $\alpha \ne 1$ ist

$$\begin{aligned}
\int_2^k \frac{dx}{x(\ln x)^\alpha} &= \frac{1}{1 - \alpha} (\ln x)^{1-\alpha} \Big|_2^k \\
&= \frac{1}{1 - \alpha} \left[(\ln k)^{1-\alpha} - (\ln 2)^{1-\alpha} \right] \\
&\to \begin{cases} +\infty & \text{falls } \alpha < 1, \\ \text{Grenzwert} & \text{falls } \alpha > 1. \end{cases}
\end{aligned}$$

Wir betrachten noch den Fall $\alpha = 1$. Es ist

$$\begin{aligned}
\int_2^k \frac{dx}{x \ln x} &= \ln \ln x \Big|_2^k \\
&= \ln \ln(k) - \ln \ln(2) \to +\infty \text{ für } k \to \infty.
\end{aligned}$$

Als Folgerung ergibt sich:

$$\sum_{n=2}^{\infty} \frac{1}{n(\ln n)^{\alpha}} \text{ ist konvergent für } \alpha > 1, \text{ sonst divergent.}$$

G.

$$\int_{1}^{5-\varepsilon} \frac{dx}{\sqrt{5-x}} = -2(5-x)^{1/2} \Big|_{1}^{5-\varepsilon} = -2\sqrt{\varepsilon} + 4$$

konvergiert für $\varepsilon \to 0$ gegen 4.

Ist $b > 0$ und $a = \sqrt{2b}$, so ist $(x^2 - ax + b)(x^2 + ax + b) = x^4 + b^2$, also $(x^2 - 2x + 2)(x^2 + 2x + 2) = x^4 + 4$. Der Ansatz

$$\frac{Ax + B}{x^2 + 2x + 2} + \frac{Cx + D}{x^2 - 2x + 2} = \frac{8}{x^4 + 4}$$

liefert $A = 1$, $B = 2$, $C = -1$ und $D = 2$. daher ist

$$\begin{aligned}
\int_{0}^{r} \frac{8\,dx}{x^4 + 4} &= \int_{0}^{r} \frac{x+2}{x^2 + 2x + 2}\,dx - \int_{0}^{r} \frac{x-2}{x^2 - 2x + 2}\,dx \\
&= \int_{0}^{r} \frac{t+1}{t^2 + 1}\,dt - \int_{0}^{r} \frac{t-1}{t^2 + 1}\,dt \\
&\qquad \text{(mit den Substitutionen } x = t - 1 \text{ bzw. } x = t + 1) \\
&= 2\arctan(r),
\end{aligned}$$

und das konvergiert für $r \to \infty$ gegen π.

H. a) $\int_{r}^{5} \frac{3}{x\ln x}\,dx = 3\ln\ln x \Big|_{r}^{5} = 3\big(\ln\ln(5) - \ln\ln(r)\big)$ strebt für $r \to 1+$ gegen $+\infty$. Das Integral divergiert.

b) Es ist $\tanh'(x) = 1/\cosh^2 x$. Wir setzen $\tanh x = u$. Dann ist $u^2 = 1 - 1/\cosh^2 x$, also $\cosh^2 x = 1/(1 - u^2)$ und

$$\begin{aligned}
\int (1 - \tanh x)\,dx &= \int \frac{1-u}{1-u^2}\,du \\
&= \int \frac{du}{1+u} = \ln(1 + \tanh x).
\end{aligned}$$

Also konvergiert $\int_{0}^{r} (1 - \tanh x)\,dx = \ln(1 + \tanh r)$ gegen $\ln(2)$ (für $r \to \infty$). (Dass $\tanh r$ für $r \to \infty$ gegen 1 konvergiert, leitet man sehr einfach aus der Gleichung $\cosh^2(x) - \sinh^2(x) = 1$ her.)

Zu den Aufgaben in 4.5

A. $f_x = 2x \cos(x^2 + e^y + z)$, $f_y = e^y \cos(x^2 + e^y + z)$ und $f_z = \cos(x^2 + e^y + z)$.

B. $f_x = (1 + y^2)/(1 + x^2 + y^2 + x^2 y^2)$ und $f_y = (1 + x^2)/(1 + x^2 + y^2 + x^2 y^2)$.

C. $f_x = 2x/(x^2 + y^2)$, $f_y = 2y/(x^2 + y^2)$.

$g_x = y^2/(x^2 + y^2)^{3/2}$, $g_y = -xy/(x^2 + y^2)^{3/2}$.

D. Es ist
$$F(x) = \int_0^{\pi/2} x^2 \sin t \, dt = x^2(-\cos t) \Big|_0^{\pi/2} = x^2,$$

also $F'(x) = 2x$. Andererseits ist
$$\int_0^{\pi/2} f_x(x,t) \, dt = \int_0^{\pi/2} 2x \sin t \, dt = 2x.$$

E. Es ist $f_x(x,y) := 1/\sqrt{1 - x^2 y^2}^{\,3}$,

$$F(x) = \int_0^1 \frac{x}{\sqrt{1 - x^2 t^2}} \, dt = \int_0^x \frac{du}{\sqrt{1 - u^2}} = \arcsin x$$

(bei Verwendung der Substitution $u = xt$) und daher $F'(x) = 1/\sqrt{1 - x^2}$, und andererseits

$$F'(x) = \int_0^1 f_x(x,t) \, dt = \int_0^1 \frac{dt}{\sqrt{1 - x^2 t^2}^{\,3}} = \frac{t}{\sqrt{1 - x^2 t^2}} \Big|_0^1 = \frac{1}{\sqrt{1 - x^2}}.$$

F. Es ist
$$F'(x) = \int_0^\infty e^{-(x+1)t} \, dt = \frac{1}{x+1},$$

also $F(x) = \ln(x + 1)$.

G. Sei $f(x,t) := \ln(1 + x \sin^2 t)$. Dann ist $f_x(x,t) = \sin^2 t/(1 + x \sin^2 t)$ und daher

$$
\begin{aligned}
x \cdot F'(x) &= \int_0^{\pi/2} \left(1 - \frac{1}{1 + x \sin^2 t} \right) dt \\
&= \pi/2 - \frac{1}{\sqrt{1 + x}} \arctan\left(\sqrt{1 + x} \tan t \right) \Big|_0^{\pi/2} \\
&= \frac{\pi}{2} \left(1 - \frac{1}{\sqrt{1 + x}} \right).
\end{aligned}
$$

Das Integral wurde hier ausnahmsweise der Formelsammlung entnommen. Man kann es aber auch mit den bekannten Methoden rational machen und dann integrieren.

Also ist $F'(x) = \dfrac{\pi}{2} \dfrac{\sqrt{1+x}-1}{x\sqrt{1+x}}$, sowie $F(0) = 0$. Bei der Integration verwende man die Substitution $u^2 = 1 + x$. Dann ist

$$F(x) = \frac{\pi}{2} \int_1^{\sqrt{1+x}} \frac{u-1}{(u^2-1)u} 2u\,du = \frac{\pi}{2} \int_1^{\sqrt{1+x}} \frac{2\,du}{u+1} = \pi \ln \frac{1+\sqrt{1+x}}{2}.$$

H. Mit der Leibniz-Formel erhält man

$$\begin{aligned} F'(x) &= \int_{\cos x}^{\sin x} e^{xt}\,dt + e^{x\sin x}\cot x + e^{x\cos x}\tan x \\ &= e^{x\sin x}\big(\cot x + 1/x\big) + e^{x\cos x}\big(\tan x - 1/x\big). \end{aligned}$$

I.

$$F'(x) = \frac{1}{x}\sin(xt)\,\Big|_{1/x}^{e^x} + \sin(xe^x) + \sin(1)/x = \sin(xe^x)(1 + 1/x).$$

J. Es ist

$$\begin{aligned} (b-a)\cdot \frac{F(x+h)-F(x)}{h} &= \frac{1}{h}\int_a^b f(x+h+t)\,dt - \frac{1}{h}\int_a^b f(x+t)\,dt \\ &= \frac{1}{h}\left[\int_{a+x+h}^{b+x+h} f(u)\,du - \int_{a+x}^{b+x} f(u)\,du\right] \\ &= \frac{1}{h}\left[\int_{b+x}^{b+x+h} f(u)\,du - \int_{a+x}^{a+x+h} f(u)\,du\right] \end{aligned}$$

und das konvergiert für $h \to 0$ gegen $f(x+b) - f(x+a)$.

Also ist $F'(x) = \dfrac{1}{b-a}\big(f(x+b) - f(x+a)\big)$.

K. Hier ist $S[\varphi] = \displaystyle\int_1^2 \frac{\varphi'(t)^2}{t^3}\,dt = \int_1^2 \mathcal{L}\big(t, \varphi(t), \varphi'(t)\big)\,dt$, also $\mathcal{L}(t,x,y) = y^2/t^3$.

φ ist genau dann eine Extremale von S, wenn gilt:

$$0 \equiv \frac{d}{dt}\left(\frac{2\varphi'(t)}{t^3}\right) = \frac{2(\varphi''(t)t - 3\varphi'(t))}{t^4}.$$

Das ist genau dann der Fall, wenn $\varphi''(t)t = 3\varphi'(t)$ ist, also $(\ln\varphi')'(t) = 3/t$, d.h. $\ln\varphi'(t) = 3\ln t + C_1$, bzw. $\varphi'(t) = C_2 \cdot t^3$ (mit $C_2 = e^{C_1}$) und $\varphi(t) = (C_2/4)t^4 + C_3$. Mit den Anfangsbedingungen erhält man $\varphi(t) := (t^4+14)/15$.

Hinweise zum Trainingsbuch

Das „Trainingsbuch zur Analysis 1" wurde zur ersten und zweiten Auflage des Grundkurses konzipiert und enthält deshalb die Lösungen zu den Aufgaben im Grundkurs. Aber auch zur Darstellung in der dritten Auflage gibt es deutliche Unterschiede: Im Trainingsbuch findet man zu fast jeder Übungsaufgabe Hinweise, die es dem Leser erleichtern sollen, die Lösung aus eigener Kraft zu finden. Wer es dann immer noch nicht schafft, findet im Anhang eine ausführliche Lösung, oftmals ausführlicher als hier in der dritten Auflage des Grundkurses.

Ansonsten präsentiert das Trainingsbuch zahlreiche neue und zum Teil auch anspruchsvollere Beispiele, und außerdem Ergänzungen zum Inhalt des Grundkurses. Im Folgenden wird kurz zusammengefasst, was den Leser dort erwartet:

1.1: Bemerkungen zur Axiomatik und zur Modellierung, insbesondere im Zusammenhang mit dem Körper $\mathbb{R}$ der reellen Zahlen. Außerdem werden die verschiedenen Beweismethoden diskutiert. Der Spezialfall der vollständigen Induktion wird ausführlich in Abschnitt 1.2 behandelt.

In 1.3 wird die Äquivalenz verschiedener Formulierungen des Vollständigkeitsaxioms bewiesen.

In 1.4 findet man eine Einführung in Relationen, insbesondere Äquivalenzrelationen und funktionale Relationen (also Funktionen). Auch die Begriffe „injektiv" und „surjektiv" werden thematisiert.

1.6: Benutzung des Horner-Schemas zur Durchführung von Polynom-Divisionen und Tricks zur Berechnung von Partialbruchzerlegungen.

In 2.1 wird die Technik des Konvergenzbeweises ausführlich erklärt und gezeigt, dass der Satz von der monotonen Konvergenz äquivalent zum Vollständigkeitsaxiom ist. Außerdem geht es um die Konvergenz induktiv definierter Folgen, das Cauchykriterium, den Nachweis von Nullfolgen mit einer Quotientenformel, Häufungspunkte und die Begriffe „Limes inferior" und „Limes superior".

2.2: Hilfe bei Konvergenzuntersuchungen von unendlichen Reihen.

2.3: Nach Betrachtungen von Grenzwerten von Funktionen werden Funktionen mit abzählbar vielen Unstetigkeitsstellen untersucht und speziell die „Regelfunktionen" eingeführt, die eine wichtige Rolle in der Integralrechnung spielen. Außerdem wird gezeigt, wie man bei kompakten Mengen von lokalen Eigenschaften auf globale Eigenschaften schließen kann.

In 2.4 werden Regelfunktionen als Grenzwerte von normal konvergenten Reihen von Treppenfunktionen erkannt. Außerdem wird ein Identitätssatz für Potenzreihen bewiesen. Für die Praxis werden Berechnungen im Zusammenhang mit den Winkelfunktionen vorgeführt, die Funktionen „Sekans" und „Cosekans" definiert und gezeigt, wie man z.B. den Cosinus numerisch berechnen kann.

© Springer-Verlag GmbH Deutschland, ein Teil von Springer Nature 2020
K. Fritzsche, *Grundkurs Analysis 1*,
https://doi.org/10.1007/978-3-662-60813-5

In 2.5 lernt man verschiedene Integrierbarkeitskriterien kennen und erfährt, dass die Regelfunktionen integrierbar sind.

Die Abschnitte 3.1 und 3.2 vertiefen den Differenzierbarkeitsbegriff, den Mittelwertsatz und den Konvexitätsbegriff an Hand von Beispielen und Skizzen. Darüber hinaus wird erklärt, was „steigende" und „fallende" Funktionen sind, der Satz von Darboux bewiesen, Anwendungen der Regeln von de l'Hospital durchgerechnet und einige Kurvendiskussionen durchgeführt.

In 3.3 wird der Begriff der „Stammfunktion" und auch der Hauptsatz verallgemeinert auf Funktionen, die nur außerhalb einer abzählbaren Menge stetig bzw. differenzierbar sind. Außerdem werden separable Differentialgleichungen untersucht.

3.4.: Training der Techniken der Integralberechnung (partielle Integration und Substitutionsregel).

3.5 enthält viele Beispiele von Kurven. Außerdem wird die Polardarstellung von Kurven und der Begriff des Krümmungskreises eingeführt.

In 3.6 geht es um die Lösung von inhomogenen linearen Differentialgleichungen.

In Abschnitt 4.1 werden die normale und die gleichmäßige Konvergenz von Funktionenreihen verglichen, es wird die Theorie der Regelfunktionen ergänzt und schließlich mit Hilfe des Lemmas von Riemann-Lebesgue das Konvergenzverhalten einer speziellen Fourierreihe untersucht.

4.2 handelt vom Konvergenzverhalten von Taylorreihen, und es werden etwas schwierigere Taylorentwicklungen ermittelt (etwa von $\arcsin(x)$ und $\tan(x)$).

4.3 (Numerische Anwendungen) enthält konkrete Rechenbeispiele.

Abschnitt 4.4 zeigt, wie man mit uneigentlichen Integralen umgeht.

In 4.5 geht es um die Ableitung von Parameterintegralen, insbesondere im Falle der Gamma-Funktion. Außerdem gibt es eine kurze Einführung in die Laplace-Transformation und ihre Anwendung auf lineare Differentialgleichungen, und es wird die Lösung des Brachystochronen-Problems als Anwendung der Variationsrechnung vorgeführt.

Nach dem Anhang mit den Lösungen folgt noch ein Literaturverzeichnis, in dem die gängigen Lehrbücher so ausführlich besprochen werden, dass man sich leicht noch ein Werk als Sekundärliteratur heraussuchen kann.

Literaturverzeichnis

Ein echter Klassiker:

[1] Richard Courant: *Vorlesungen über Differential- und Integralrechnung, Band 1.* Springer (1930 – 1971).

Moderne Klassiker:

[2] Martin Barner, Friedrich Flohr: *Analysis I.* Walter de Gruyter, 4. Auflage (1991).

[3] Otto Forster: *Analysis 1.* Springer Spektrum, 12. Auflage (2015).

[4] Harro Heuser: *Lehrbuch der Analysis, Teil 1.* vieweg, 17. Auflage (2009).

[5] Konrad Königsberger: *Analysis 1.* Springer, 6. Auflage (2013).

[6] Walter Rudin: *Analysis.* Oldenbourg Verlag, 2. Auflage (2002).

[7] Wolfgang Walter: *Analysis 1.* Springer Grundwissen Mathematik, 5. Auflage (1999)

Weitere moderne Autoren:

[8] Theodor Bröcker: *Analysis I.* Spektrum Akademischer Verlag, 2. Auflage (1995).

[9] Stefan Hildebrandt: *Analysis 1.* Springer, 1. Auflage (2002).

[10] Horst S. Holdgrün: *Analysis, Band 1.* Leins Verlag Göttingen, 1. Auflage (1998).

[11] Winfried Kaballo: *Einführung in die Analysis I.* Spektrum Akademiacher Verlag, 2. Auflage (2000).

Englischsprachige Literatur:

[12] Tom M. Apostol: *Calculus, volume 1.* John Wiley & Sons, Inc., second Edition (1967).

[13] Serge Lang: *Undergraduate Analysis* (früher *Analysis I*). Springer, second Edition (2001).

Ein typisches amerikanisches Calculus-Buch:

[14] James Stewart: *Calculus.* Brooks/Cole Publishing Company, fourth Edition (1999).

© Springer-Verlag GmbH Deutschland, ein Teil von Springer Nature 2020
K. Fritzsche, *Grundkurs Analysis 1*,
https://doi.org/10.1007/978-3-662-60813-5

Bourbaki-Schule:

[15] Nicolas Bourbaki: *Elements of Mathematics, Functions of a Real Variable (Elementary Theory)*. Springer (Übersetzung der französischen Ausgabe von 1961).

[16] Jean Dieudonné: *Grundzüge der modernen Analysis.* Vieweg - Logik und Grundlagen der Mathematik , 2. Auflage(1972).

Bücher für Ingenieure:

[17] Rainer Ansorge, Hans Joachim Oberle: *Mathematik für Ingenieure, Band 1.* Akademie Verlag Berlin (1994).

[18] Günter Bärwolff: *Höhere Mathematik für Naturwissenschaftler und Ingenieure* Elsevier - Spektrum Akademischer Verlag (2004).

[19] Albert Fetzer, Heiner Fränkel: *Mathematik 1 und 2.* Springer, 5. Auflage (2004 bzw. 1999).

[20] Kurt Meyberg, Peter Vachenauer: *Höhere Mathematik 1 und 2.* Springer, 5. bzw. 3. Auflage (1999).

[21] Thomas Rießinger: *Mathematik für Ingenieure.* Springer, 4. Auflage (2004).

Zur linearen Algebra:

[22] Theodor Bröcker: *Lineare Algebra und Analytische Geometrie.* Birkhäuser, 1. Auflage (2003).

[23] Gerd Fischer: *Lehrbuch Lineare Algebra und Analytische Geometrie.* Springer Spektrum, 2. Auflage (2012).

[24] Falko Lorenz: *Lineare Algebra I.* Spektrum Akademischer Verlag, 4. Auflage (2003).

Für einen ganz langsamen Einstieg:

[25] Klaus Fritzsche: *Mathematik für Einsteiger.* Springer Spektrum, 5. Auflage (2015).

Und als Ergänzung zum Grundkurs:

[26] Klaus Fritzsche: *Trainingsbuch zur Analysis 1.* Springer Spektrum (2013).

Symbolverzeichnis

© Springer-Verlag GmbH Deutschland, ein Teil von Springer Nature 2020
K. Fritzsche, *Grundkurs Analysis 1*,
https://doi.org/10.1007/978-3-662-60813-5

Stichwortverzeichnis

© Springer-Verlag GmbH Deutschland, ein Teil von Springer Nature 2020
K. Fritzsche, *Grundkurs Analysis 1*,
https://doi.org/10.1007/978-3-662-60813-5

Printed in the United States
By Bookmasters